DES NOTABLES DU MAKHZEN A L'EPREUVE DE LA "GOUVERNANCE"

Couverture : **Rbati Mohamed Ben Ali (1861-1939)** aquarelle sur papier, 20 x 31cm « *Bab el Fahs, porte de la Mendoubia* » 1930. Collection Omar Akalay

Ce livre est publié avec le concours de l'Institut National d'Aménagement et d'Urbanisme.

Ed. L'HARMATTAN-INAU - RABAT, 2003
ISBN : 2-7475-3273-9

Aziz EL MAOULA EL IRAKI

DES NOTABLES DU MAKHZEN A L'EPREUVE DE LA "GOUVERNANCE"

ELITES LOCALES, TERRITOIRES, GESTION URBAINE ET DEVELOPPEMENT AU MAROC

(Cas de Trois villes moyennes de la Région Nord-Ouest)

Préface de Mohamed Tozy

Institut National d'Aménagement et d'Urbanisme
BP 6215 Rabat Institut
Email: inau@maghrebnet.net.ma

L'Harmattan
5-7, rue de l'Ecole-Polytechnique 75005
Paris
Email: harmat@wanadoo.fr

AVANT-PROPOS

Ce livre est une version remaniée d'une thèse de doctorat d'Etat en Géographie soutenue à Paris I en 1999. Les itinéraires et situations locales décrites dans ce travail ont été réalisés entre 1996 et 1999.

Certaines descriptions de parcours individuels restent des passages obligés dans notre problématique et dans notre approche du sujet; elles ne constituent en aucun cas une fin en soi de cette recherche.

Ce travail n'aurait pas pu être réalisé sans la disponibilité et l'amabilité de toutes les personnes interviewées à Souk Larbaa, Tiflet et Chefchaouen, qu'elles trouvent ici l'expression de ma profonde reconnaissance.

Je voudrais exprimer tous mes remerciements aux collègues qui m'ont plus ou moins accompagné dans ce travail : Mohamed Tamim, Mohamed Tozy, Pierre Signoles, Michel Rochefort, Abdelghani Abouhani, Abdellah Lahzam, Mohamed Boukhafa.

Enfin mes remerciements s'adressent à toutes les personnes ayant contribué à la réalisation de cette étude, mais dont les noms ne figurent pas sur cette liste.

PREFACE

L'innovation scientifique vient des marges des disciplines institutionnalisées. Cette thèse rappelée par les plus grands historiens des sciences (T.Kuhn, « The stucture of scientific revolutions »,Chicago, 1970) a été largement vérifiée par le travail que nous présente Aziz Iraki. Il se situe à la périphérie de plusieurs disciplines : la géographie à laquelle il a emprunté un sens de la spatialisation, les sciences de l'urbanisme qui lui ont permis de cheminer dans les dédales des relations complexes entre collectivités locales et autorités chargées de la production des « villes », des enjeux de l'aménagement et des extensions urbaines et enfin la sociologie politique qui lui a permis de placer la question de la production des élites au centre de sa problématique. Le résultat est passionnant, une approche à la fois empirique et historique débouche sur une reconstitution des mécanismes de production des élites locales, longtemps méprisés par la science politique institutionnelle. Il a pu aussi dénouer les fils des stratégies d'adaptation du système au changement aussi bien démographique, que politique (importance prise par le foncier dans la définition des ressources nécessaires à produire des élites de substitution aux itinéraires traditionnels qu'étaient le nationalisme et les circuits notabilaires).

Le livre s'appuie sur une solide expérience de terrain et une connaissance des enjeux locaux et nationaux qui ont façonné les différentes séquences historiques. Cette familiarité avec les niveaux macro et micro du politique permet de cerner la nature de la demande et de l'offre du personnel politique à un moment donné. Et, surtout, de démultiplier les niveaux d'observation en liant tantôt l'élite aux enjeux de pouvoir, tantôt aux enjeux économiques voire sécuritaire. Le travail donne ainsi de la substance à des trajectoires archétypiques et met l'empirie au service d'une lecture synoptique que les politologues font du système politique sans pour autant avoir une prise comparable sur les réalités quotidiennes des itinéraires de l'élite locale. Cette façon de faire inédite est précieuse à un moment où le système politique connaît des mutations profondes aussi bien dans ses fonctions extractives et de régulation que dans les stratégies de légitimation.

De nouvelles données de la vie politique locale obligent le système à s'adapter pour absorber les tensions et tirer profit de nouveaux statuts émergeants.

Le Maroc connaît actuellement un renversement de l'équilibre rural/urbain sur lequel se construisait toute l'architecture électorale des quarante dernières années. Si l'on y ajoute les effets, même atténués, d'une mondialisation qui accélère les recompositions territoriales et favorise apparemment un changement de signification du local qui se trouve désenclavé et projeté de façon brutale dans une relation directe avec le monde, on peut s'attendre à l'émergence de nouvelles catégories d'acteurs sociaux et politiques qui vont se positionner par rapport à ces transformations pour les activer, les maîtriser ou les freiner. La connaissance de ces acteurs et de leur stratégie est essentielle pour mieux réfléchir sur les questions de gouvernance et de gestion urbaine.

Le parcours aussi bien des anciennes que des nouvelles élites est déterminé par toute une série de facteurs. Nous pouvons citer, entre autres, le changement de taille de l'élite du fait de la poussée démographique et de la diversification et la multiplication des positions de pouvoir, ainsi que la déruralisation, le rajeunissement, et l'élévation du niveau d'instruction.

Ces tendances lourdes conjuguées à une histoire politique singulière alternant des moments de tension et d'ouverture ont façonné en quelque sorte le destin des élites locales.

On peut, sans trop trahir le déroulement du cours de l'histoire politique et en s'appuyant sur un de aspects développés par ce travail pour les régions de Chefchaouen, de Tiflet et de Souk Larbaa avancer l'hypothèse d'une histoire des itinéraires des élites locales en trois temps. Le temps des notables ruraux à statut prescrit, le temps des fonctionnaires et le temps d'une relative fragmentation de l'élite avec l'accès de profils inédits : technocrates, militants associatifs...

Le temps des fellahs.

Le profil moyen du conseiller communal se réduisait dans le titre du travail de Rémy Leveau au notable rural soutenu par les fellahs. La volonté politique de casser au niveau du découpage l'ordre tribal n'a pas sacrifié en même temps le réseau des notables ruraux : gros propriétaire terrien ou représentant de familles de notables locaux. Seules les villes ont échappé à la domination de ces profils avec une présence massive des enseignants affiliés aux partis du mouvement national. A Agadir, Casablanca, Fès, la variable appartenance partisane a pu perturber ce jeu, d'autant plus que le mouvement national était porteur d'un projet qui suscitait une certaine adhésion.

Durant les élections municipales de 1960, 1963, 1969 et 1976, la structure de l'élite a très peu changé.

Le temps des fonctionnaires.

En 1976, le taux d'analphabétisme des conseillers dépassait 83 % et les agriculteurs représentaient 27,9 % des conseillers. Mais déjà, les premiers signes d'un changement important dans la structure de l'élite étaient apparus.

Les communales ont vu la participation de 42 607 candidats avec 24 876 candidats sans appartenance politique. Sans s'attarder sur le contexte politique de l'époque, il faut noter que l'accès au champ politique, aux côtés de l'ancienne élite rurale, d'une nouvelle élite s'est fait sur incitation de l'administration et en dehors, sinon contre, l'institution partisane. Ce renouvellement partiel d'une élite loyale et dépolitisée, puisée essentiellement dans et avec une administration en pleine expansion, a permis de dissocier la citadinité d'une sensibilité exclusive de gauche. M.A Parejo voit dans ces élections « une restauration de nouvelles bases pour le régime après une longue période d'exception et l'absence d'institutions représentatives » (M A Parejo, les élites politiques marocaines : les parlementaires, 1977-93, Grenade, 1997, p.339)

L'amorce d'une fragmentation et d'une déruralisation de l'élite locale

Ce n'est pas le fait qu'il y ait actuellement plus d'électeurs citadins que de ruraux qui est le plus important, c'est le statut de la campagne dans le paysage politique qui est intéressant d'observer. Le désenclavement du monde rural, avant même l'ouverture des pistes et la généralisation du PNRR(1), par le moyen d'une mobilité accrue et un redéploiement du territoire rural dans la ville, voire en dehors du pays, a changé la nature et la portée de l'acte de voter ou de celui de se présenter.

En 1983, les agriculteurs représentaient 43 % des candidats, en 1992 ils sont 28 % et en 1997, 22 %. 1997 va connaître aussi un rajeunissement important 40 % des candidats ont moins de 44 ans ; le niveau d'instruction est en nette amélioration : les candidats ayant fréquenté l'université ont doublé entre 1983 et 1997 passant de 10 % à 22 %.

Cette périodisation reste certes très grossière, voire schématique, le travail de Aziz Iraki y apporte une première réponse située dans le temps et dans l'espace, mais combien précieuse pour une meilleure stimulation de la recherche empirique. Déjà, les mêmes questions posées par l'auteur sont d'actualité à Fquih Bensaleh, Tiznit, Smara ou Tétouan.

Enfin, ses observations rejoignent nos propres constats sur le terrain (gouvernance locale) d'approcher des figures inédites de l'élite locale qui vont du notable traditionnel qui conjugue une généalogie forte et une appropriation foncière au big man local dont le capital se réduit au contrôle d'un lieu stratégique de l'administration fructifiant l'héritage des années de plomb et de l'économie planifiée pour finir avec le militant associatif. Ce travail nous renvoie une histoire des élites locales intimement liée à la nature des ressources disponibles, à l'état des équilibres entre Monarchie et classe politique et aux cadres institutionnels qui les régit et qui vise en priorité à garantir la pérennité du système sans bouleverser son principe hiérarchique qui fait du Makhzen le support culturel structurant.

Mohamed TOZY.
Professeur à la Faculté des Sciences Juridiques
Economiques et Sociales de Casablanca.

1 Le P.N.R.R. a été initié en 1995 suite à un diagnostic des pistes rurales réalisé par la Direction des Routes et de la Circulation Routière (DRCR). Sur 38.000 Km inventoriés, seuls 18% ont été jugés dans un bon état ou dans un état moyen alors que 57% des localités sont soit inaccessibles par véhicules en tout temps, soit souffrant d'un enclavement saisonnier. La DRCR a ainsi recensé13.330 Km nécessitant des interventions prioritaires, mais a retenu les 11.236 Km les plus urgents pour le PNRR (dont 5149 Km de construction de routes revêtues et 6087 Km des routes non revêtues à aménager) sur 7 à 9 ans, soit un rythme annuel moyen de 1200 Km (550 Km en construction et 650 Km en aménagement de piste).

«(le) pouvoir (est) partout, ce n'est pas qu'il englobe tout, c'est qu'il vient de partout », il n'y aurait pas alors à le voir «dans l'existence première d'un point central, dans un foyer unique de souveraineté d'où rayonneraient des formes dérivées et descendantes ; c'est le socle mouvant des rapports de force qui induisent sans cesse, par leur inégalité, des états de pouvoir mais toujours locaux et instables ».

M.FOUCAULT « Histoire de la sexualité.La volonté de savoir » Gallimard, Paris, 1976, p 122.

Introduction Generale

Les années 90 ont été marquées par un regain d'intérêt pour l'étude des élites au Maghreb[1], et au Maroc en particulier[2]. Pendant longtemps on pouvait déceler des réticences des chercheurs à recourir au concept d'élite. Ce dernier alimentait un débat idéologique sur la "minorité qui commande", qui gouverne réellement et dispose d'importantes ressources de pouvoir dans les organisations sociales[2']. Pourtant, des études sur les comportements des élites, les logiques de représentation existant entre elles et « leurs » populations aideraient certainement à montrer toute la spécificité de la construction du politique dans nos sociétés. Elles permettraient de vérifier un présupposé largement entretenu : l'existence d'une césure entre l'élite et les populations qu'elle est censée représenter. Privilégier l'étude des comportements d'une élite en actes, en interrogeant davantage les carrières politiques, les rapports des élites aux populations et, en dernière analyse, les modalités du leadership, éclairerait un peu plus la situation.

Cette approche s'écarte quelque peu de celle qui privilégie l'étude des éléments de la domination d'une minorité par la force et l'idéologie pour mieux insister sur les rapports de type transactionnel entre l'élite et les populations.

Cet angle d'observation vise moins l'étude des élites que celle du leadership. Il recoupe celui de diverses études faites en Afrique subsaharienne qui ont pu souligner la spécificité d'un politique peu concerné par des convictions ou de grandes causes idéologiques, mais ancré dans des entretiens de factions qui spéculent sur des rétributions en échange de soutiens temporaires (J.P. Daloz, 1999), mais pas seulement.

---

1 Atelier de Recherche « les notabilités locales au Maghreb » XI° rencontre de l'AFEMAM – Aix en Provence 1996. Programme de recherche de A.Hénia et l'IRMC de Tunis ayant regroupé un réseau de chercheurs maghrebins autour du thème : Les notabilités et leur rôle dans l'articulation des entités locales et des espaces englobants – Tunis, septembre 1998.

2 Cela se remarque notamment à travers des thèses de doctorat en science politique : A.Abouhani, A. Benhaddou, S. Tangeaoui, M.Catusse ..ou dans les thèmes de colloques et rencontres internationales (Rencontre de Tétouan organisée par le Groupement d'Etudes et de Recherches sur la Méditerranée sur le thème de « Nouvelles élites, nouveaux défis,pour quelle Méditerranée » Octobre 2001, colloque du GRET-Faculté de Droit de Rabat sous le thème « Elites, gouvernance et gestion du changement »Fevrier 2002, Third Mediterranean Social and Political Research Meeting organisé par l'Institut Européen de Florence :workshop « New Elected Local Authorities : Local Political Elite and Their Social Position »Montecatini Terme et Florence, Mars 2002…

2' C'est Vilfredo PARETO qui développa, en réaction à la doctrine de lutte de classe de K. Marx, l'essence hiérarchique de toute société, la nécessité et la légitimité des minorités dirigeantes par le recours aux aptitudes individuelles (aptitude à diriger) sans donner à l'approche la dimension sociologique de la relation sociale, la détention des moyens de production et la domination directe ou indirecte sur les représentations collectives et la culture.(V. PARETO, "Manuel d'économie politique" Paris, 1909.)
Formation, transformation et/ou remplacement des groupes dominants suppose différentes conceptions d'approche de l'organisation sociale de départ allant d'une lecture en termes d'élite cohérente, monolithique, d'élite du pouvoir (regroupant les entreprises capitalistes, les seigneurs de la guerre et le directoire politique dans le cas des Etats Unis décrit par C. Wright Mills (WRIGHT MILLS. C : "L'élite du pouvoir" F. Maspero. 1990.)ou de classe dominante (conscience de classe) à celle d'une multiplicité d'élites hétérogènes relativement indépendantes qui exercent des fonctions directrices et dont la compétition empêche le monopole du pouvoir. La grande question du primat de l'économique, de l'existence d'un groupe restreint possédant les moyens de productions, qui exerce son contrôle même sur les autres couches de la classe dominante et assure la reproduction du mode de production dominant, de la relative autonomie du pouvoir politique... restera toujours posé ,et ce , même lorsqu'il s'agit d'étudier les élites locales.

Sans reprendre la totalité de certaines de ces analyses qui donnent à la relation verticale une profondeur socioculturelle partagée, un patrimoine culturel commun des plus dominants aux plus dominés,[3]nous nous proposons de visiter ces élites en actes, comprises comme détentrices de positions de pouvoir (élites à statut) ou comme recelant des ressources de pouvoir et une légitimité dérivant de leur comportement avec la population.

En effet, au Maroc, nous assistons depuis les années 90 à une mise en avant de nouvelles figures de leaders issus d'un mouvement associatif en « effervescence », le développement local passerait alors de plus en plus par l'intégration de ces nouveaux acteurs dans le système de gestion locale[4].

Face à cette nouvelle tendance, l'étude des élites politiques reste, à l'opposé, dominée par des approches qui privilégient les moyens de la cooptation dans un système politique supposé entièrement manipulé par le centre. Les deux approches semblent, paradoxalement, opérer dans des contextes socio-politiques et culturels différents : un fossé les sépare, accentué par la faible participation actuelle de ces nouveaux leaders à la gestion politique locale.

Les élites locales auraient une fonction d'intermédiation entre un territoire local (une communauté locale territorialisée) et un centre (Etat-nation), un territoire global. Comme le note Jean-Philippe Bras, «leur pouvoir serait assis sur des ressources de pouvoir internes à la collectivité, s'inscrivant dans le territoire. Mais celles-ci sont généralement surdéterminées par des ressources de pouvoir externes, en provenance du centre, ou d'autres périphéries, ou d'autres centres. Intervient toujours un mécanisme de reconnaissance du notable par le centre, qui peut aller jusqu'à la participation à sa désignation. La très grande variété des ressources de pouvoir (internes-externes) des notables et de leurs combinaisons, détermine une pluralité de profils des notables locaux qu'il faut mettre en regard avec les espaces de négociation entre pouvoir central et entités locales »[5].

En usant plus du terme d'élites, moins connoté (collaboration avec les autorités coloniales, référence marquée par le rural), nous retiendrons cette pluralité des profils des élites dans une large palette qui balaie d'un extrême à l'autre. A une extrémité, celles qui bénéficient essentiellement des ressources externes, mais n'ont que peu de légitimité au niveau local. A l'autre, celles qui sont fortement enracinées dans leur collectivité, porteuses des demandes sociales, mais non reconnues au centre (et ne recevant alors aucune ressource externe à redistribuer). A l'une et à l'autre nous attribuerons le terme d'élite, puisque détenant des ressources de pouvoir dans une fonction d'intermédiation.

Or, l'étude du système politique marocain est longtemps restée imprégnée par la grille du patrimonialisme[6], voire du néo-patrimonialisme[7], les liens de patronage tendant à

3 J-P DALOZ « Le (non) renouvellement des élites en Afrique subsaharienne » Centre d'Etude d'Afrique Noire (CEAN) ,Bordeaux 1999

4 voir « Gouvernance et sociétés civiles , les mutations urbaines au Maghreb » sous la direction de Mostafa Kharoufi. Edition Afrique Orient , Rabat, 2000, « La société civile au Maroc », « Approche participative et développement rural »in Rapport national sur le développement humain au Maroc 1998-1999.PNUD…

5 J-P BRAS : Rapport de synthèse de l'atelier « les notabilités et leur rôle dans l'articulation des entités locales et des espaces englobants » Table ronde de Tunis IRMC 1998

6 le pouvoir politique étant centré sur l'autorité personnelle d'un leader suprême, son entourage étant formé sur la base de critères quasi –familiaux, un type de domination fortement personnalisée, orienté vers la protection, le maintien de l'élite installée au pouvoir (A.Saaf).

7 Le néo-patrimonialisme revêtirait la forme d'un pouvoir politique se développant sous le mode du patronage politique à travers des liens asymétriques sur la base de l'échange de protection et de services sensibles pour les partenaires. (A.Saaf)

s'organiser dans le cadre de réseaux (J.Waterbury). Cette stabilité théorique interroge à plus d'un titre. Même si on peut remarquer à la suite de Abdellah Saaf [8] que Rémy Leveau ou John Waterbury voyaient déjà les prémisses d'une transformation du modèle par le biais de l'urbanisation croissante du pays ou du rôle de la scolarisation dans la mobilité sociale, le néo-patrimonialisme prédomine encore dans certaines analyses récentes. Revisitant les fondements des pouvoirs autoritaires dans les sociétés arabes et s'appuyant sur le cas marocain, Abdellah Hammoudi écrit encore à la fin des années 90 : « Ces trente années furent une période cruciale que la maison royale mit à profit pour pénétrer en profondeur tous les secteurs de la production. L'arbitrage autoritariste repose sur le monopole des ressources stratégiques, en vue d'une redistribution de nature politique, et du maintien en respect des bourgeoisies par la précarité qu'induit le système des faveurs… ».

Cette analyse pose surtout problème lorsqu'elle est portée sur le notable : « le notable a envahi presque toutes les sphères de la vie, et c'est en cela que son portrait s'avère capital... Le syndrome du notable informe le chemin du succès dans la fonction publique, dans les cercles ministériels, dans les partis politiques (majorité et opposition), dans les milieux universitaires et intellectuels, dans les syndicats et le monde des affaires... Les notables, ou apprentis notables doivent arborer tous les signes de ralliement qui relèvent pour la plupart des cinq prescriptions islamiques de base …d'autres signes non moins importants s'imposent. Il en est ainsi du respect dû au maître, au chef, au père et aux anciens. A tous, l'apprenti notable doit manifester de la soumission et se mettre « à leur service », s'il espère se hisser un jour à l'une des positions d'où il se ferait lui-même servir…Réussiront donc ceux qui prouvent leur capacité à représenter ces valeurs d'une part, et d'autre part à capter les biens et services que monopolise et distribue une administration qui en fait fonctionne comme un réseau de notabilités. D'idéologie qui anime les individus, il n'y a que cet islam et l'exigence de conformité »[9]. Cette vision du notable et des élites en général reste axée sur les capacités de soumission au centre et, par extension, accorde un poids démesuré aux ressources externes.

Elle rejoint celle de Rémy Leveau pour qui, les élites locales ont surtout joué un rôle stabilisateur, limitant l'expansion de la bourgeoisie urbaine. Rémy Leveau la définit ainsi comme un ensemble "d'individus qui, tout en participant à l'exercice du pouvoir administratif ou judiciaire, ne font pas partie de l'administration comme des agents de carrière qui peuvent être déplacés d'un poste à l'autre. Ce groupe comprendra non seulement ceux qui exercent ce type de pouvoir, mais ceux qui l'ont exercé, et ceux qui seraient susceptibles de l'exercer en mobilisant, sur le plan politique, un ensemble de liens interpersonnels s'appliquant à une aire d'influence locale plus ou moins étendue" [10]. Chez Rémy Leveau l'élite locale se confond avec le notable rural qui, pendant la période coloniale, a assuré l'administration du territoire (politique des caïds de tribus) et qui, après une période de transition à la fin des années 50 a été "évacué" politiquement, (fonctionnarisation des caïds qui ne relèvent plus du cadre tribal), mais pas économiquement. Le nouveau cadre territorial (réforme communale) a été calqué plus ou moins sur le cadre tribal afin de réutiliser les *cheikhs*, anciens *cheikhs*, fils ou neveux d'anciens caïds toujours appuyés sur le groupe ethnique et bénéficiant d'une manne d'argent favorisant leur main mise sur le monde rural [11].

8 A.SAAF : « Maroc, espérance d'Etat moderne » Afrique – Orient 1999.

9 A. HAMMOUDI : « Maîtres et disciples » éd. du Toubkal/ Maisonneuve et Larose 2001, p.60-61

10- R. LEVEAU : "le fellah marocain défenseur du trône" Presses de la Fondation National des Sciences Politiques 2° édition 1985.

11- La promotion nationale a longtemps joué ce rôle. R. Leveau estime qu'elle arrivait à employer jusqu'à 80.000 ruraux par an op. cit. p.70.

L'étude de l'élite locale dans les stratégies de cooptation du pouvoir central s'explique certainement par la nature du régime qui tend à contrôler et à susciter des réseaux politiques ne dépendant que du centre, d'autant plus que l'Etat joue un rôle prédominant dans les investissements et dans le circuit de "redistribution" des revenus. L'allégeance se fait suivant l'efficacité du service rendu, le leader se transforme en courtier : "On passe du patronage local phrasé en termes de parenté à un clientélisme d'Etat (...), mais cette position de pouvoir se combine toujours avec des positions autonomes dans la société locale ... La notabilité locale puise ses racines dans des phénomènes qui échappent au contrôle direct du système politique [12]. Le débat sur l'élite locale laissera toujours en lame de fond "la réalité du pouvoir local", et les sources de sa "légitimité.

S'agissant de l'urbain, si les situations se présentent avec beaucoup de diversité, les villes connaissent, toutes, un phénomène de mutation rapide aussi bien par le gonflement de la masse des fonctionnaires que par un apport massif de ruraux qui bouleversent les anciens statuts.

Déjà, en 1979, un groupe d'anthropologues menant une étude sur le souk de Sefrou avait avancé l'hypothèse ambitieuse des groupes non stables (par opposition à l'organisation sociale en groupes d'intérêts ou en groupe lignagers) [13]. Le caractère privé et individualiste du droit musulman, la faiblesse des corporations urbaines, mais surtout la crise économique (faibles possibilités d'emploi et de revenus) et l'arrivée constante de nouveaux migrants entraînent, "dans un monde considéré comme essentiellement arbitraire, la constitution de réseaux multiples fondés sur un calcul d'avantages mutuels (qui) approvisionne chaque individu en identité suffisante pour créer un "esprit de corps" ...non imputable à un groupe repérable dans la structure sociale" [14]. L'atomisation de la société locale implique alors, d'une part, la recherche de formes de solidarités (en même temps que de protection) purement privées où l'Etat joue un rôle central, d'autre part l'alimentation de contre-élites, sur des bases souvent religieuses, dans les champs délaissés par l'Etat qui donnent lieu à des actions localisées.

Plusieurs tendances actuelles favorisent en effet l'éclatement, sinon l'ouverture du modèle ancien. En quarante ans, le Maroc est passé d'un pays faiblement peuplé à majorité rurale à un pays de près de 30 millions d'habitants dont plus de la moitié dans les villes. L'urbanisation est devenue un véritable défi qui a nécessité de l'Etat une modernisation de son appareil administratif et un resserrement de son maillage territorial. Ceci s'est traduit par une professionnalisation des tâches de contrôle et une multiplication des niveaux de l'administration territoriale. Dans ce processus, on assiste de plus en plus à une relative autonomie des agents déconcentrés qui agissent dans le sens d'une dépatrimonialisation. De même que ce contrôle a exigé une augmentation du rythme de production des élites. Mohamed Ibrahimi voit dans cette dernière période(70-90) un déclin des notables ruraux traditionnels au profit de générations plus jeunes (natifs des années 40), qualifiés de technocrates, moins affiliés aux partis traditionnels du mouvement national, et plus ouverts sur la culture occidentale par leur formation dans le supérieur.[15]

12- J. LECA - Y. SCHEMEIL « Clientélisme et patrimonialisme dans le Monde Arabe » Art. dact. p.40.

13- GEERTZ. C., GEERTZ. H., ROSEN L. "Meaning and order in Moroccan Society", Londres, Cambridge University Press cité par J. LECA et Y. SCHEMEIL op. cit. 1979.

14- J. LECA et Y. SCHEMEIL op. cit.

15- M.IBRAHIMI. « Grandeur et décadence des élites rurales » in « La société civile au Maroc » sous la direction de Noureddine El Aoufi. Edition Smer Rabat,1992.

Cette nouvelle donne correspond certainement aux interstices ouverts par la décentralisation de 1976. Mais, plus que cela, les capacités redistributives de l'Etat diminuent (poids de la dette extérieure, déficit de la balance commerciale...) alors qu'il abandonne son monopole sur plusieurs secteurs économiques par leur libéralisation ou leur privatisation (transport urbain, services de distribution de l'eau et de l'assainissement, l'électricité, filière céréalière, exportation des produits agricoles ...). La fin de l'Etat providence correspond à une véritable crise urbaine marquée par le chômage, l'érosion du pouvoir d'achat des couches moyennes, l'augmentation continue du nombre de diplômés – chômeurs et la défaillance de la gestion urbaine (insécurité, absence d'infrastructures de base dans les quartiers les plus peuplés, difficultés de transport...).

Ce nouveau contexte s'est ouvert avec la multiplication des acteurs de la gestion urbaine (à côté du pacha, du gouverneur et de l'élu se retrouve l'O.N.G, les entreprises privées gérant l'eau, l'électricité, les transports, ...) mais aussi avec une nouvelle approche prônée par les organismes internationaux favorisant « la participation des populations » alors que le système politique global devient moins frileux face à l'organisation « non contrôlée » des populations. Avec cette modification du contexte social global, ne sommes-nous pas passés à ce que nomme F. Navez Bouchanine[16] « *un contexte pluriinstanciel* qui, contrairement au contexte passé, ne place pas l'obligé dans un système fermé d'obligations réciproques ou de dépendance à un seul pouvoir ». Dans leurs relations aux populations, les élites urbaines montreraient certainement des mécanismes de spoliation, mais, s'inscrivant dans ce contexte, les logiques de leadership seraient marquées par un rapport d'échange (certes asymétrique). Ce rapport nécessite parfois l'introduction de relais, intermédiaires entre ces élites et la population.

Les années 90 restent marquées par une certaine ouverture du système politique (libération des prisonniers politiques, adhésion du Maroc aux déclarations des Droits de l'Homme, création du Conseil National des Droits de l'Homme) qui a été encore plus affirmée avec le nouveau règne de Mohamed VI. Le marasme économique qui accompagne cette période d'ouverture semble favoriser une plus forte implication politique de certaines couches sociales jusque là écartées de la vie politique locale.

Les couches moyennes qui voient une dégradation de leurs conditions de vie se mobilisent de plus en plus à partir de leur quartier. Les diplômés –chômeurs utilisent leurs compétences pour porter cette demande sociale. Le lieu d'expression de ces nouveaux acteurs passe immanquablement par le territoire où ils bénéficient de plus d'ancrage. C'est dans les associations de quartiers qu'ils s'expriment le plus (associations sportives, associations culturelles, associations de résidents), mais ils intègrent tout aussi facilement les élections locales. Si l'apparition de ces nouveaux acteurs semble signifier une certaine démocratisation, elle impliquerait ainsi la présence d'une élite non voulue par le centre. L'interrogation du leadership ne peut que se départir des logiques de soutiens externes pour épouser davantage celles des compétences propres à l'élite et son comportement vis à vis des populations.

Cette approche des élites locales à travers les modalités de leadership exigerait ainsi l'étude des **élites en actes**. Deux lieux essentiels intéressent les élites dans un contexte marqué par un relatif retrait de l'Etat dans l'investissement économique face à la

---

16 F. Navez Bouchanine « Autour du territoire, la société civile» in « La société civile au Maroc» op. cit.

globalisation et par ses faibles capacités d'intervention dans les principaux secteurs sociaux urbains (habitat, infrastructures de base...) : **l'investissement économique (Partie I) et la gestion urbaine (Partie II)**. Ces deux lieux d'observation ne peuvent toutefois se donner à voir que dans des territoires « en situation ». En effet, la notabilité puise ses racines dans les valeurs du « local » : solidarité ethnique, historique des groupes lignagers, importance des considérations locales (« les familles dont les noms s'imposent »), mais aussi « vivre ensemble », prestige du savoir moderne (symbolisé dans le diplôme) restent à interroger dans différents contextes. Le "local" se présente avec suffisamment de diversité pour ne pas le tronquer comme l'ont fait les études au niveau national. Spécificité et diversité impriment l'élite locale dans sa production et dans son rapport au pouvoir central.

La production de l'élite locale suppose, comme pour la notabilité, une construction sociale; produit d'un jeu de représentations, elle implique la construction d'une légitimité. Olivier Feneyrol parle de "l'homme d'un lieu auquel il est identifié", de production d'espaces de gestion et de représentation politique ayant un degré d'autonomie de fonctionnement et un fondement identitaire suffisant pour que se développe une vie politique territorialisée" (17). Il s'agit du "local" en tant que "territoire" de la société locale dans sa relation au pouvoir central à travers des relais.

Nous avons choisi dans cet essai de nous appuyer sur **le cas des villes intermédiaires au Maroc.** Plusieurs raisons nous ont menés à ce choix. Petites villes et villes moyennes se distinguent de plus en plus dans un prêt à penser mondial où elles constitueraient les supports spatiaux de la promotion idéologique du « développement local ». Elles seraient des lieux d'apprentissage de la démocratie et de recomposition des pouvoirs à l'échelle locale (M. Bertrand et A. Dubresson , 1997). De même que ces lieux singuliers seraient caractérisés par des pratiques citadines originales qui favoriseraient, voire génèreraient, les proximités de tous types inhérents aux tissus urbanisés de taille réduite (G. Sautter ,1981) Champs d'exploration mieux adaptés que la grande ville en tant que socio-système spatialisé, l'analyse de ce type de ville permettrait de mieux mesurer le rapport de l'Etat au local (A. Osmont)

L'ensemble de ces assertions laissera toujours ouvert le débat sur les spécificités de ces sociétés citadines. Ne partant pas de la logique du milieu, le dynamisme d'une ville n'exprimerait que celui des différents acteurs qui s'y produisent et la qualité des articulations établies entre eux. En définitive, « plus l'Etat s'efface, plus les différences entre les villes augmenteraient. Des villes auraient davantage de moyens de prospérer, du fait d'un tissu social mieux articulé sur le tissu économique, notamment en raison de la présence d'élites qui feraient corps avec leur ville. »(18) Ici, le rapport à l'espace oscille entre des mobilités intégrant le réseau relationnel des élites et leur ancrage prenant appui sur la ville. Plus que cela, la crise de l'Etat et la plus large part d'initiative laissée aux collectivités locales augmenteraient ces différenciations. Si les élites urbaines ayant une légitimité locale acquièrent des ressources externes distribuées par le centre suivant le "statut" réservé par l'Etat à l'espace local concerné, cette interrelation va produire une spécificité de l'élite locale

17- Olivier FENEYROL "Notabilités urbaines et pouvoir local dans la Tunisie indépendante" in "Les notabilités locales au Maghreb" Atelier de recherche XI° Rencontre de l'AFEMAM - Aix en Provence 1996.

18- J-L PIERMAY « Armatures urbaines en Afrique centrale : mutations par le bas , mutations par le haut » in « Petites et moyennes villes d'Afrique noire » Karthala, 1997.

qui influe aussi bien sur la "négociation" des conflits au niveau local que sur l'investissement et le développement. C'est dans ce sens aussi qu'il va falloir lire la différence entre les "régions" en tant que "productrices" d'élites nationales.

Enfin, les dynamiques sociales à l'œuvre, pourront souligner les spécificités liées à l'ancrage historique des villes ou à des tissus de taille réduite qui favoriseraient des relations sociales citadines originales dans une approche qui intègre le « temps » et les différentes échelles spatiales dans la dynamique du changement socio-spatial[19].

19 B. LEPETIT et D. PUMAIN « Temporalités urbaines » Anthropos 1999.

Partie I

ELITES LOCALES, TERRITOIRES ET DEVELOPPEMENT

INTRODUCTION

Les élites locales nous paraissent agir aussi bien sur les choix de développement que sur l'aménagement urbain. Le développement local ne constitue pas pour nous une démarche qui voudrait partir d'espaces réduits ("small is beautiful") pour impulser le développement. Le changement d'échelle ne change nullement la nature des problèmes structurels de développement. Toutefois, dans l'articulation au « global » qui imprime au "local" son intégration au marché capitaliste, les structures locales ne peuvent être réduites à une "feuille blanche", ou à un certain niveau de "résistance", leur approche se doit d'être entreprise de "l'intérieur", dans leur capacité et logique de fonctionnement/adaptation / contournement / césure qui leur donne des spécificités propres.

Dans ce sens, les élites locales restent aussi bien imprégnées par leur environnement économique (largement articulé / imposé par des orientations nationales et internationales) que par des spécificités propres à leur milieu culturel d'interconnaissance, de liens entres membres d'une communauté et son espace. Comme le rappelle Christiane Gagnon, "il n'y a pas un territoire, mais une multitude de territoires construits par des acteurs. Et ces territoires forment des réseaux qui ont une spécificité, voire une singularité, qu'il convient d'examiner concrètement à la lumière des stratégies et pratiques des acteurs locaux... D'un côté la logique a-spatiale reposant sur les impératifs d'un mode de production fordiste, commande une mobilité des capitaux, des biens et des personnes. De l'autre côté, une logique territoriale valorise les ressources et les valeurs humaines, les initiatives et la création de l'emploi local, l'appartenance à la communauté, à son territoire" (20).

L'étude des élites locales dans leur action de développement a été abordée d'une façon générale sous l'angle des sciences politiques. Qu'il s'agisse de l'"autonomie" de l'entrepreneur ou de celle de l'élite politique locale, notre essai ne pourra pas contourner la question.

Nous nous placerons donc dans le prolongement de ces études tout en marquant les spécificités de la ville moyenne. Une question fondamentale reste alors posée :

- Jusqu'où les élites locales relaient-elles les impulsions économiques externes en utilisant les potentialités locales ?

La réponse à cette question suppose aussi bien l'étude des atouts propres à l'élite locale dans son milieu (richesse, savoir, prestige, valeurs du groupe...) lui permettant de se placer comme "réceptrice" des impulsions externes que celle de ses capacités à relayer ces impulsions et/ou à utiliser des opportunités nationales voire internationales dans leur articulation aux potentialités locales ("leur ville et sa région").

Par ailleurs, cette question reste traversée par une double lame de fond :

- Quelle est la place du « local » dans les configurations territoriales que construisent ces élites ?

20- Christiane GAGNON "La recomposition des territoires - développement local viable" L'Harmattan 1994.

- Quelle place occupe la valorisation foncière dans le comportement économique et politique de l'élite locale ?

Analysée à travers les pratiques de l'espace, la territorialité dessinée par ces élites arrive-t-elle à correspondre à des espaces plus ou moins homogènes où l'identité d'appartenance reste vivace, affirmant par-là même un espace de légitimation ?

Y-a-t-il réellement "enracinement dans le local" ou ces élites dessinent-elles plusieurs territorialités remettant en question aussi bien leur rôle de médiateur que celui de principal acteur de développement, la ville moyenne n'étant qu'une simple courroie de transmission pour accéder à l'élite nationale aussi bien économique que politique ?

L'enrichissement par le foncier est un atout majeur entre les mains des élites locales des villes moyennes. Comment la logique de valorisation foncière des élites locales interfère, d'une part, avec celle du médiateur, d'autre part avec celle de l'acteur du développement économique? Comment le statut foncier (melk - collectif essentiellement) intervient dans la médiation ?

Variété du "local"et choix des sites d'étude

Si toutes les recherches récentes au Maroc s'accordent pour affirmer la part croissante des petites et moyennes villes dans l'urbanisation du pays, elles montrent aussi leur grande hétérogénéité, liant davantage leur croissance à leur localisation dans une région donnée. Une caractéristique qui fait intervenir la place de l'histoire car l'ensemble des sous-espaces hérités d'un passé récent connaissent des mutations très différenciées suivant la date et le degré de leur intégration au marché d'une part et leur spécialisation d'autre part. De là, les dynamiques urbaines générées ne peuvent avoir partout le même contenu. Ce dernier suivra directement, d'une part, le degré d'insertion et le rôle de chaque sous-espace dans l'économie nationale voire internationale et dans le remodelage administratif du territoire et d'autre part, le type de structuration sociale générée dans ses adaptations/innovations récentes... A ces critères d'intégration au marché s'ajoute celui de la continuité historique qui différencie clairement entre des villes de création récente (fortement intégrées au marché capitaliste, élite locale récente) et les villes traditionnelles, et enfin, celui du statut foncier. En effet, l'importance du foncier dans le comportement de l'élite locale et la variété des statuts fonciers au Maroc demandent de distinguer parmi les localités, celles où prédomine le statut melk des statuts collectif ou domanial.

Par ailleurs, l'interaction entre le local et le centre est une constante à interroger dans toute sa profondeur historique allant du type de relations entre le pouvoir central et les sociétés locales pendant la période précoloniale jusqu'aux grandes décisions nationales actuelles intégrant les différents espaces dans une place et un rôle déterminé (relais de l'Etat, contournement, cooptation - intégration nationale...). Si la période coloniale a constitué un moment fort dans la fixation de certains rôles économiques de la ville moyenne et de la mise en avant de certaines élites locales (grands caïds, premières écoles - collèges formation de nouvelles élites), la période actuelle, depuis le départ des colons, a favorisé la formation et le développement rapide de nouvelles élites ou la reconversion des élites traditionnelles.

La société locale et ses élites dépendent dans une large part de la relation au centre qui permet la reprise « d'affaires » autrefois appartenant à des colons ou l'obtention de faveurs administratives (agréments, marchés d'Etat...). Les périodes d'élargissement de la base de classe du pouvoir (marocanisation - reprise des terres de colonisation agricoles) correspondent à des situations particulières que les élites locales ont plus ou moins exploitées suivant leurs rapports au pouvoir central d'une part, et la place qu'occupe la société locale dans l'"administration du territoire" du Makhzen d'autre part.

Notre approche dans cette étude se référera donc constamment aux éléments explicatifs historiques entre le local et le centre, les bases du local, la relation élite locale / élite nationale et les capacités d'adaptation des élites locales fondées sur la manipulation de l'appareil administratif. "L'élite économique" baigne dans un environnement social, politique et culturel qui imprègne son action en tant qu'acteur de développement. Au Maroc plus qu'ailleurs, les éléments de "l'extra économique" sont prégnants. Il ne s'agit pas pour nous d'étudier la théorie du pouvoir local, mais de mesurer le poids du politique chez certains acteurs du développement local.

Afin d'éviter l'étude monographique, des sous-espaces diversifiés seront ainsi étudiés. Ils permettront l'analyse comparative et l'étoffement des approches proposées.

Le choix porté sur trois villes du Nord-Ouest(21) répond aux différents critères précités alors que leur poids démographique respectif les regroupe dans une même catégorie de villes qui les différencie essentiellement des grandes villes (30.000 à 50.000 habitant) (22).

Trois archétypes se dégagent dans cette région et formeront la base d'interrogation du "local" :

- Chefchaouen, ville ancienne du XV° siècle, forte autonomie par rapport au pouvoir central, colonisation espagnole, "marginalité" économique, élite traditionnelle urbaine, statut melk dominant.
- Souk Larbaa, ville de création récente dans une zone de prédilection du Makhzen, colonisation française, assez forte intégration économique, élite urbaine récente, statut collectif dominant.
- Tiflet, ville de création récente dans une zone ayant connu des périodes de coupure avec le Makhzen, proximité de la capitale politique, colonisation française, assez forte intégration économique, élite traditionnelle rurale, statut melk dominant.

Elites locales, des entrepreneurs ?

Quel sens donner à l'action économique des élites locales et à la notion d'entrepreneur local ?

Dans le modèle weberien, l'entreprise s'est affirmée contre des formes traditionnelles de production et d'échange (communautés domestiques, pressions lignagères) pour s'ériger en tant qu'instance qui produit ses valeurs et conduites propres sur les acteurs économiques. L'Etat a eu alors pour tâche de créer un contexte propice en favorisant une structure légale, une pérennité des conventions... L'entrepreneur est décrit comme un homme de changement

21- La région du Nord-Ouest fait l'objet d'investigations personnelles depuis 1983 (date de démarrage du Schéma d'Armature Rurale de la région Nord-Ouest réalisé au sein de l'Institut National d'Aménagement et d'urbanisme).

22- Si la taille démographique se reflète pleinement dans la question du "pouvoir local" pour distinguer entre villes intermédiaires et grandes villes (voir infra), la taille de la ville intermédiaire reste assez floue. Les trois villes choisies ont une population qui oscille entre 30.000 et 50.000 habitants en 1994 (Chefchaouen 31.410 hts, Souk Larbaa 37.216 hts, Tiflet 49.918 hts).

au comportement ascétique (le profit procuré par le travail n'étant pas dépensé, mais réinvesti) qui aspire au progrès qu'il cherche à diffuser à partir de son entreprise[23].

Il en est de même pour l'entrepreneur chez Schumpeter lequel dégage l'analyse de la logique sociale, du comportement moyen, pour s'intéresser à des aspects qualifiés de subjectifs tels que non seulement la propension à investir, mais la part à investir, la part à épargner ou l'efficacité de la direction technique (dureté, âpreté au gain, puissance de travail). L'éclairage est mis alors sur la capacité de rompre la routine, d'accomplir des tâches novatrices en révolutionnant la routine de production, en exploitant une invention ou une possibilité technique inédite. Ce sont des décisions stratégiques qui ont permis le développement de dynasties industrielles alors que la simple gestion du patrimoine, quelle qu'en soit par ailleurs la qualité, a toujours été un signe de déclin [24].

L'erreur serait de donner à ce modèle un caractère transhistorique, en dehors de la société qui lui a donné naissance. Dans le monde arabe, et au Maroc en particulier, "l'entrepreneur" se trouve au contraire, d'une part inséré dans des communautés domestiques et des réseaux de relations qui s'adaptent fortement aux fins économiques (recrutement de main-d'œuvre, financement, recherche de marché), d'autre part plongé dans une logique de notabilité, une logique de statut, de thésaurisation et de prestige [25]. L'économie n'est pas séparée du social (économie encastrée). De même que le marché « est soumis à une logique profonde qui n'en accepte qu'une seule forme définie par les trois caractères suivants : c'est un champ de forces produit par les tensions politiques structurellement contradictoires ou temporairement convergents entre agents (et non un espace d'échange, où la liberté de formation des prix est garantie par l'Etat) : un lieu d'arbitrage entre l'obligation physique de la production et l'obligation sociale de la distribution (et non le lieu d'arbitrage entre préférences économiques individuelles); enfin, il fournit l'occasion d'équilibrer les pressions antagonistes du monde extérieur et de l'identité collective au bénéfice, le plus souvent, de celle-ci (et non pas l'opportunité de saisir un avantage comparatif pour conquérir des parts de marché[26] ». L'entrepreneur et sa relation à l'Etat n'ont que trop été décriés. René Gallisot voit ces derniers comme des "courtiers, des placiers, des représentants, des adjudicataires, des mandataires, des commissionnaires et pourquoi pas des "fermiers de l'Etat" et par dessus le marché, des trafiquants et des spéculateurs [27]. "Un couple central apparaît, celui de la combinaison de l'entreprise privée et de l'Etat, ce couple privé/public qui porte l'entreprise à travers la colonisation et que l'indépendance révèle à lui-même, en rendant systématique même le recours à l'Etat".[28]. Sans revenir jusqu'aux profondeurs historiques, (existence d'une "bourgeoisie" dans le Maroc Pré-colonial ? la période de transition durant les cinquante années qui ont précédé la pénétration coloniale,...), le rôle prépondérant de l'Etat ne peut être nié même si la vague néolibérale actuelle (plans d'ajustement structurels, réduction des secteurs publics, privatisation d'entreprises publiques...) voit dans les initiatives productives des entrepreneurs privés une solution à la crise.

23- Max WEBER "L'éthique protestante et l'esprit du capitalisme" ed. Plon 1964 Paris.

24- J. SCHUMPETER "Capitalisme, Socialisme et Démocratie" Ed. Payot. 1970.
J. SCHUMPETER "Impérialisme et classes sociales" ed. de Minuit. 1972.

25- Voir R. GALLISSOT "De la colonisation à l'indépendance, les métamorphoses du couple entreprises privées-Etat "in entreprises et entrepreneurs en Afrique" l'Harmattan 1983.

26 - Michel CHATELUS, Yves SCHEMEIL "Stratégies économiques et politiques industrielles dans le monde arabe" - in Monde Arabe n°120 Avril-Juin 1988.

27- René GALLISSOT. op. cit.

28- René GALLISSOT. op. cit.

Définir alors l'entrepreneur découlerait d'une position qui ne peut chercher la neutralité à travers la gestion. "L'entrepreneur ne serait qu'un opérateur combinant des facteurs de production et assurant directement les risques de ses choix et le sort de ses activités"(29). Saïd Tangeaoui désigne par entrepreneurs "des hommes qui, grâce à une stratégie délibérée, ou à un concours de circonstances, ou les deux à la fois, décident de créer leur propre entreprise. Pour parvenir à cette fin, ils mobilisent plusieurs atouts. Ceux-ci sont de divers ordres et ne se limitent pas au capital financier. Dans le contexte marocain, en effet, plusieurs facteurs, non financiers, interviennent, et dont l'impact peut se révéler décisif. Mais quels que soient les moyens employés et la stratégie adoptée, l'entrepreneur est un homme qui veut réussir et rentabiliser cette réussite en pesant sur le cours des choses"(30). Dans cette approche l'entrepreneur est analysé à travers deux logiques : "d'une part une logique économique fondée sur l'esquisse et la mise en oeuvre d'un projet... d'autre part une logique sociale et politique ; car la réalisation du profit, qui constitue une des motivations multiples des entrepreneurs, n'est pas une fin en soi. Au-delà, ce qui est en jeu, à travers les démonstrations des acteurs économiques, c'est l'acquisition d'un statut social indépendant et l'exercice d'un pouvoir d'influence sur les affaires de la cité". En fait, ce qu'il tente de montrer, "c'est l'émergence d'un nouveau groupe social, l'amorce d'un processus inversible de constitution d'une société civile qui entend s'affirmer et s'organiser de manière indépendante et autonome". L'existence ou pas de l'entrepreneur "autonome" se pose encore une fois en sciences politiques. Les démonstrations de Saïd Tangeaoui au niveau national n'ont pu aboutir qu'à signaler certes des changements dans les mécanismes (compétitions économiques et politiques) et institutions (administratives, bancaires et politiques) relevant d'un univers rationnel et moderne. Mais la prégnance "des comportements sécrétés dans le cadre de l'espace socio-politique traditionnel"(31) est là dès qu'il s'agit de grandes décisions économiques (le déroulement des récentes privatisations des entreprises publiques ne fait que le confirmer).

Au-delà de son aspect politique, n'y a-t-il pas à déceler, dans le comportement économique de ces acteurs, des actes d'investissement porteurs de développement ? Cette question renvoie à celle du développement local : "les entrepreneurs ne sont ni les vedettes, ni les fantômes du développement, simplement ils en sont et peuvent en être, sous certaines conditions qui restent grandement à analyser, des acteurs véritables"(32).

Passant de l'échelle nationale à l'échelle locale et notamment à la ville moyenne, l'hypothèse sous-jacente, ici, serait que l'action de développement n'est porteuse d'avenir que lorsqu'elle est menée par des individus enracinés dans une collectivité. Sans aller jusqu'à donner au capital de relation interne au groupe une importance primordiale dans l'impulsion et le développement de l'investissement de l'entrepreneur au niveau local, les marques d'appartenance à un milieu et/ou à un groupe de référence peuvent constituer des atouts non négligeables. Ainsi en est-il pour la circulation des dons qui traduisent des échanges de reconnaissances mutuelles d'identité (Mauss). De même que l'élite locale a des "devoirs" envers la collectivité qui l'a élue et parfois portée au niveau national (administrations centrales, députation...). Devoirs qui s'exprimeraient à travers des investissements au niveau local. La question de l'appartenance se greffe par ailleurs sur des "conditions d'investissements optimales", puisque l'entrepreneur bénéficie généralement d'un

29- S. ELLIS et Y. A. FAURE "Entreprises et entrepreneurs Africains" ed. Karthala - 1995.
30- Saïd TANGEAOUI "les entrepreneurs marocains" ed Karthala 1993 p. 29.
31- S. TANGEAOUI op. cit. P307.
32- ELLIS et FAURE op. cit. p.12.

réseau de relation et d'une bonne connaissance des conditions locales (recherche d'un terrain, cautions administratives, main-d'œuvre locale...). L'enracinement serait alors un atout pour le développement local, même si sa signification n'est pas la même suivant les localités (villes traditionnelles, villes de création récente...). Etudiant les entrepreneurs de Sfax, certains en font la source de la "réussite d'une collectivité". Ainsi, P. N Denieuil, A. Zghal ou M. Bouchrara trouvent dans la revendication d'appartenance des Sfaxiens une contribution pour tracer le creuset d'un type de développement autonome où la relation à l'autre est contrôlée et maîtrisée. Les conséquences de cette fermeture (rareté économique, rejet du pouvoir central) induisant une propension à innover et à entreprendre [(33)].

En langue arabe, comme le remarque Fatima Bouterfa [(34)], le terme de "mouquaoula" (entreprise) signifie également conférence, discussion. Le "mouquaouil" rappelle l'importance de l'oral, de la parole de la négociation et des rapports humains qui les sous-tendent plutôt que des actes écrits. L'importance de la "négociation" se retrouve aussi bien dans les relations qu'il entretient avec sa collectivité que dans celles qui le lient au pouvoir central et à ses agents locaux. Logique de statut, logique de prestige, logique de notabilité, mais aussi stratégie de reproduction comme le note N. Ibn Abdeljalil[(35)]. La stratégie de reproduction couvre l'ensemble des champs d'action de l'individu (voir infra). Toute augmentation et/ou sauvegarde du patrimoine passe par-delà les générations et nécessite de rendre compte de stratégies de fécondité, le choix du conjoint, de l'établissement scolaire..(P. Bourdieu). L'entrepreneur se trouve inséré dans une logique économique (recherche de réalisation du profit) fortement encastrée dans son patrimoine culturel et social (réseau relationnel "interne", conditions de réalisation d'une logique éducative et successorale...) d'une part et autrement conditionnée par son rapport au "centre" d'autre part.

A observer le parcours individuel de ces entrepreneurs dans les petites et moyennes villes, nous les voyons agir aussi bien comme investisseurs dans le secteur commercial, ou productif dans l'arrière pays que comme des prédateurs à l'affût de toute occasion de spéculation par anticipation ou par interposition dans les domaines fonciers et immobiliers. Or, avoir un patrimoine foncier hérité ne suffit pas. Sa "fructification" passe par le pouvoir politique et la négociation au niveau local.

Il ne s'agit plus alors d'entrepreneur, mais "d'une force d'interposition entre l'Etat et la société civile". Quelle que soit la faiblesse de la représentation de ces élites, leur élection et/ou leur proximité de l'administration (accès à l'information) leur permet d'avoir des attributions et des moyens administratifs et économiques qui participent à la redistribution (autorisations administratives, marché public et dérogations permettent la création de réseaux de clientèle). De même que cette proximité leur permet un captage de ressources et une action plus directe sur la propriété foncière. Ce pouvoir politique est alors utilisé pour contrôler les populations. Depuis 1976, la Charte communale a délégué aux élus, les deux compétences : délivrance des autorisations de lotir et de construire et l'action sur les terrains urbanisables en équipements d'infrastructures. Un pouvoir considérable sur la gestion

---

33- Pierre - Noël DENIEUIL "Les entrepreneurs du développement". L'éthno-industrialisation en Tunisie : La dynamique de Sfax". L'Harmattan 1992.

34- F. BOUTERFA "Le jeune entrepreneur marocain" Mémoire de DEA Aix en Provence 1994.

35- IBN ABDELJALIL N "Le créateur d'entreprise" Lamalif n° 173 - 1986 p.42. Les motivations économiques, psychologiques et sociales se résument dans "la réalisation d'un bien être matériel et une assise financière pour la famille devant permettre la constitution d'un patrimoine personnel succession".

foncière si l'on considère le pouvoir de contrôler la création et l'extension des lotissements, de reconnaître aux projets de construction la conformité aux règles et prescriptions d'urbanisme en vigueur et enfin celui d'agir sur la régularisation[36] (rendre apte à la construction au sens normatif des lotissements non réglementaires).

A revenir alors sur ces acteurs investisseurs dans la ville moyenne, une distinction nette est à faire entre ceux qui bénéficient d'un pouvoir politique local, voire national, et ceux qui disposent d'une entreprise (communale, industrielle ou autre), d'un projet qu'ils veulent mener à terme. L'action de l'un et de l'autre sera différente même si le pouvoir passe continuellement d'une forme dans une autre[37].

En fait, il s'agit davantage pour nous de "dégager" l'élite au-delà de la simple détention d'une richesse. Quelque soit le groupe supérieur d'une petite ville, ce dernier ne peut "revendiquer" une autonomie par rapport au pouvoir central. Bien au contraire, nous assistons de plus en plus à une urbanisation rapide où la périphérie des villes se pose comme un enjeu, ressource de pouvoir. Qu'il s'agisse d'anciennes familles de propriétaires fonciers ou de nouveaux, la valorisation foncière passe par une "négociation" avec le personnel d'autorité et les services techniques chargés de l'urbanisme. Elle dépendra fortement du "poids" de toute élite locale (mandat électif et son niveau, capacité d'organiser un réseau horizontal). Nous voulons insister ici sur ces institutions (bases nécessaires du pouvoir local) qui permettent en même temps d'acquérir et de conserver la richesse. Il ne s'agit pas pour nous de nous positionner sur le débat d'un pouvoir central seul capable de renouveler des élites locales ou d'un pouvoir total organisant l'ensemble de la vie politique et économique locale. Mais qu'elle soit cooptée ou qu'elle émerge de circuits informels, l'élite locale, vue ici comme groupe supérieur, ne pourra fructifier et conserver sa richesse dans la ville sans une "négociation permanente" avec les autorités locales et centrales qui passe par une implication dans la vie politique locale et ses institutions.

Cette distinction virtuelle élite locale/entrepreneurs locaux dépend en fait du type et du degré d'implication du niveau central dans la formation, la conservation et le développement de la richesse et du pouvoir de l'individu dans un cas, des capacités "d'acquisition d'un statut social indépendant et l'exercice d'un pouvoir d'influence sur les affaires de la cité" dans l'autre.

Jusqu'où l'implication politique et son corollaire économique (spéculation foncière, gestion foncière, redistribution) "entrave"-t-il ou favorise-t-il l'investissement productif local de la part d'une partie de l'élite locale? Et, à contrario, partant de la base de l'"ascension" des entrepreneurs (origine du capital, puissance et influence de la famille, formation, expérience professionnelle, fonction administrative...), quels projets d'expansion économique et quel rôle est donné à la ville et à son arrière-pays par ces entrepreneurs dans leurs trajectoires individuelles ?

36- A. ABOUHANI "Le pouvoir local et l'espace urbain au Maroc : Le cas de Tabriquet Nord à Salé" Thèse de Doctorat d'Etat en Droit Public - Faculté de Sciences Juridiques, Economiques et Sociales - Rabat 1988. p.279-288.

37- En effet, comme le rapporte P. Bourdieu : "Toute tentative pour traiter isolément une forme de richesse, par exemple, la richesse, ne peut conduire qu'à une réussite partielle... La richesse peut découler du pouvoir militaire ou de l'influence exercée sur l'opinion qui, de leur côté, peuvent aussi découler de la richesse "on doit considérer que le pouvoir, comme l'énergie, passe continuellement d'une forme dans une autre, la tâche de la science sociale étant de rechercher les lois de ces transformations" (in B. Russel, power, A New Social Analysis, Londres, Georges Allen and Unwin Led).

Des territorialités

Si la sociologie politique "étudie" l'élite locale ou l'entrepreneur sous l'angle de l'analyse du pouvoir, si l'économie politique "étudie" l'entrepreneur dans une finalité ultime: sa participation à créer un processus entraînant la croissance, l'abord de ces thèmes par le géographe le met à la croisée des disciplines : il revendique une compréhension globale propre à la relation Individu - Société - Espace. Cette revendication insiste particulièrement sur l'espace temporel et géographique insuffisamment "valorisé" dans les études économiques, sociologiques ou politiques. L'étude de la territorialité par le bas acquiert ici toute son importance. Une territorialité qui n'est pas comprise comme notion qui expliquerait le sentiment de propriété, "d'espace où l'individu se sent territorialement bien", ou un "comportement par lequel des personnes utilisant des espaces semblables s'identifient à cet espace et désirent en marquer leur contrôle" mais comme un processus où identité et contrôle du territoire se construisent(38). L'espace est aussi bien objectivé par l'individu qui y voit des intérêts économiques, des besoins relationnels ou affectifs, que transmis par la mémoire collective. Sans chercher à expliciter l'objet de l'un ou l'autre, nous nous situerons à un premier niveau de constat par la description des lieux et de leur fonction dans la trajectoire de vie des entrepreneurs. Notre but, ici, est aussi bien de détecter l'utilisation du territoire qui est faite par l'individu, que son exemplarité sociale. Le degré d'ouverture au monde extérieur dépend tout autant de la position sociale que des relations familiales et extra-familiales tissées par l'individu. L'espace de déploiement des différents "entrepreneurs" dans la ville différera suivant plusieurs critères (origines, lieux liés au réseau de parenté, des affaires, de la position sociale, du (des) secteur(s) d'activité....).

Cependant, nous remarquons de plus en plus de nouvelles territorialités, non plus basées sur des liens entres les membres d'une communauté et son espace, mais comme pratiques individuelles de l'espace où chaque individu se forge sa propre territorialité : "une territorialisation en "libre-service" comme le note P. Signoles(39), transcendant les frontières spatiales pour trouver sa cohérence dans les lieux de la représentation sociale. Ceci sera d'autant plus vrai pour des réseaux d'entrepreneurs dont "le liant se manifeste dans l'expression d'une proximité culturelle instrumentalisée à des fins économiques à partir d'un projet "ethno-culturel" (appartenir à une société, à une culture ou à une diaspora)"(40) et/ou pour des élites locales ayant atteint une stature nationale qui les place dans des milieux sociaux (haute société urbaine casablancaise) leur demandant une redéfinition identitaire (habitudes de vie, manières, jugements de valeurs...). Territorialité et identité évoluant vers des caractéristiques composites, notre tâche ici sera moins de délimiter l'ensemble des éléments explicatifs qui les sous-tendent que de décrire "les espaces de déploiement" qu'ils génèrent. Une description qui servirait à dégager des espaces conformes aux besoins profonds des hommes(41), élément essentiel dans l'établissement des cadres géographiques et institutionnels adéquats pour le développement local.

38- Antoine S. BAILLY "La Perception de l'espace urbain" Centre de Recherche d'Urbanisme 1978 P.83-86.

39- Rapport scientifique - URBAMA - Tours - Juin 1994 p.297.

40- P. N. DENIEUIL "Entrepreneurs et entreprises au Maghreb - de l'inventaire des thèmes à l'identification d'un champ" - in Correspondances IRMC - Tunis.

41- A. BAILLY op. cit.

Méthodologie et Approche

De ce qui précède découle notre démarche qui se propose d'étudier trois cas suffisamment "éloignés" l'un de l'autre pour couvrir une partie de la diversité géographique des villes moyennes. Chaque cas représente par ailleurs un archétype ayant des caractéristiques propres permettant de mieux cerner les spécificités du "local" susceptibles d'influer sur son articulation au niveau national, voire international. Chaque ville sera donc traitée séparément afin que tous les contours, toutes les particularités soient analysées dans un même "bloc". Une même grille de lecture traversera les différents cas afin de permettre une synthèse finale qui isolerait invariants et spécificités dans les facteurs intervenant sur "l'élite locale, ferment du développement". Pour chaque cas, la démarche poursuivie couvre deux volets :

1- Historique et principales caractéristiques de l'élite locale,

2- Elite locale, élite économique et territorialité,

Historique et principales caractéristiques de l'élite locale

Avant d'étudier l'élite locale en actes, il s'agit d'effectuer une première typologie s'appuyant sur plusieurs critères (origine familiale, sociale, géographique, niveau d'instruction, participation à l'exercice du pouvoir administratif ou judiciaire, fonction et secteurs d'investissement...) et permettant une certaine "lecture de la ville" dans sa profondeur historique. Ce premier dégrossissement permet de souligner, encore une fois, l'importance historique, la spécificité du "terroir", mais également les caractéristiques générales de l'expression ancienne et nouvelle du leadership dans les villes moyennes.

Outre les sources bibliographiques "classiques", nous n'avons pas utilisé ici une méthode relevant d'une sociologie du pouvoir(42). Partant de l'approche consensuelle (le pouvoir s'acquiert par le "centre") nous avons établi des listes de toutes les personnes ayant (ou ayant eu) des mandats électoraux, celles qui représentent les différentes professions dans la ville (*amine*) et enfin celles qui ont un statut déjà réalisé (et que les autorités locales considèrent comme notables). Bien entendu, la capacité de représentation reste à démontrer, de même que les ressorts (économique, famille "traditionnelle", prestige, diplôme...) qui font le pouvoir, mais l'établissement de cette première liste a l'avantage de pouvoir réaliser une première typologie des personnes qui posséderaient un "pouvoir" dans la ville d'une part et de tracer les premiers contours de la représentation de l'élite locale chez les agents de l'autorité locale d'autre part. En effet, outre les listes des *amine* et des élus (anciens et nouveaux), la liste des *a'yane* constitue un moyen d'information intéressant à interroger. Cette liste est établie par la Division des Affaires Générales de la Province ou de la

---

42- Pierre GREMION en avait recensé trois :

La méthode réputationnelle qui part d'un classement des leaders ayant le plus de pouvoir pour dégager des "cliques" qui contrôlent tout ou partie de l'activité sociale.

La méthode décisionnelle qui part d'un échantillon de décisions prises dans la ville pour analyser les gains et les pertes des acteurs qui s'affrontent dans les décisions.

La méthode positionnelle qui part de l'analyse des conduites des acteurs détenant des positions d'autorité dans la ville.

Chacune de ces méthodes présente des biais : hiérarchisation des hommes par un groupe de juges, échantillon de décisions significatives, critère de choix de la position des acteurs montrent une certaine fragilité de ces méthodes. Voir : - Pierre GREMION "le pouvoir périphérique : Bureaucrates et notables dans le système politique français" ed. Seuil - 1976. p.244-248.

Préfecture avec l'aide des *moqadmine*[43]. Elle sert aussi bien pour les convocations aux fêtes nationales que pour les opérations de collecte d'argent (pour l'organisation des fêtes nationales, participation au compte sécheresse, loterie des Forces Armées Royales...) ou de manifestations de propagande. Si elle met en avant toutes les personnes ayant un statut acquis, elle incorpore aussi les élites émergentes des quartiers périphériques.

Cependant, l'établissement des premiers contours d'une typologie de l'élite locale nous a demandé aussi le recours à des personnes ressources pour donner une "consistance" à ces listes en incorporant une série de critères et d'informations sur toutes les personnes énumérées dans ces listes (origine géographique, sociale, histoire de vie de la famille, niveau d'instruction, secteur d'activité, type d'implication dans la vie politique locale...).

Elite locale, élite économique et territorialité

Le second volet concerne "l'élite économique" dans la ville.

"Formons une classe de ceux qui ont les indices les plus élevés dans la branche où ils déploient leur activité et donnons à cette classe le nom d'élite " (Pareto). Cette définition de l'élite a été fortement critiquée[44] et pose plusieurs problèmes "idéologiques" et méthodologiques sur les principes de notation à l'intérieur de chaque branche (jugement par ses pairs, par divers groupes sociaux) et les principes de pondération entre les branches d'activités.

En effet, nous pouvons avancer que tout essai de distinction d'une élite économique pose la question : l'élite pour qui ? En tant qu'objet socialement préconstruit, nous ne pourrons échapper à une part du "subjectif" dans toute technique de sélection des personnalités au niveau individuel.

La ville moyenne au Maroc et particulièrement les villes de moins de 50.000 habitants constituent des milieux socio-économiques où l'interconnaissance est encore forte et où le statut des individus dans les diverses branches d'activités sont connues. En partant des divers secteurs d'investissement dans la ville, nous avons pu faire émerger les personnes les plus "connues" ou bénéficiant d'une réputation dans la branche d'activité. Cette opération a pu être réalisée à partir de plusieurs sources de données : les fichiers des patentes, les informations recueillies auprès des services socio-économiques de la municipalité et/ou de la Province, ainsi que ceux de la Division de l'Urbanisme (lotisseurs-promoteurs). L'importance des redevances payées pour la patente, le nombre de lotissements réalisés, la représentation dans la profession... nous ont permis d'établir une liste de noms par secteur où émergent deux à trois personnes en tant que "leaders". Confronté à la "réputation dans le secteur", les mêmes noms émergent. Cette méthode bénéficie certainement du fait qu'il y ait peu de personnes concernées dans chaque activité, ce qui permet d'une part leur identification rapide et d'autre part l'introduction de données complémentaires sur chaque personne (origine familiale, origine géographique, instruction/fonctionnaire, autres activités).

43- Moqqadem (pluriel Moqqadmine) : terme maintenu ayant changé de contenu, autrefois désignant "celui qui arrive le premier", celui qui représente le douar vis à vis de l'extérieur. Actuellement c'est l'agent de l'Etat de base qui touche à tous les domaines de l'activité administrative. Il est sous les ordres du Cheikh, qui lui-même est responsable à l'égard du Caïd. Il exécute les ordres et signale les infractions commises par ses administrés. Voir pour plus de précision "P. CHAMBERGEAT "L'administration et le douar" in RGM n°8 - 1965.

44- Olgierd LEWANDOWSKI "Différenciation et mécanismes d'intégration de la classe dirigeante - L'image sociale de l'élite d'après le Whoswho in France" in Revue Française de Sociologie n°XV - 1974.

Cette distribution par secteur n'en demeure pas moins assez fictive dans la mesure où un même agent économique peut "traverser" plusieurs secteurs. Si la question s'est posée pour la représentation de certains "entrepreneurs" dans la branche, nous avons généralement retenu l'activité ayant permis l'ascension sociale de l'entrepreneur considéré. Les cas de "non-distinction" de l'activité dominante de "l'entrepreneur" sont, de plus, très rares et ils concernent alors des personnes qui font partie "obligatoirement" de l'échantillon (car il faut préciser, encore une fois, le nombre restreint de ce qui fait l'élite économique dans le milieu socio-économique étudié). Représentativité à l'intérieur de la branche d'activité, pondération entre les branches d'activité ne se pose pas ici car notre objet n'est ni la "détection" de l'élite locale dans son ensemble, ni l'identification de l'élite économique dans sa globalité. Il s'agit davantage d'identifier les personnes ayant un poids économique qui les rend susceptible de "porter" des actions de développement. C'est ainsi que les professions libérales (avocat, architecte, médecin, expert comptable, pharmacien...) ainsi que les fonctionnaires (de l'administration, de l'enseignement...) ont été écartés de l'étude de par leur "nature" même. En effet, dans ce type de ville, les possibilités d'accumulation des médecins, pharmaciens, enseignants... sont très réduites (faiblesse de la demande). Ils ne se "transforment" que très rarement en investisseurs (à l'inverse de leurs confrères des grandes villes qui investissent fréquemment dans l'agriculture moderne, la promotion immobilière ou la création d'écoles et de cliniques privées) alors qu'ils intègrent de plus en plus la sphère politique qui leur procurera davantage d'atouts dans la ville.

- Délimiter l'entrepreneur dans la ville, celui qui a investi et qui est susceptible de le faire nous met dans des situations très floues puisque, comme le remarque à propos Antony. G. Hopkins "le terme d'entrepreneur" ne devrait pas s'appliquer qu'aux individus montrant certains comportements en affaires... ; l'innovation ne se limite pas aux grandes entreprises; des entrepreneurs suiveurs peuvent aussi prendre des risques en s'écartant de leurs pratiques habituelles"[(45)].

Une limite peut toutefois être posée dans l'histoire des individus : comment distinguer entre des trajectoires de vie empreintes d'un système et d'une stratégie de survie de celles qui relèvent d'un système d'accumulation? Cette distinction suppose des comportements et des moyens propres à des classes sociales différentes puisque "saisir l'occasion" n'est réellement accessible qu'aux seuls détenteurs des instruments nécessaires pour se les approprier[(46)]. Les classes défavorisées restent enfermées dans des stratégies défensives car elles ne peuvent mobiliser que des informations économiques limitées. Si plusieurs cas observés nous montrent néanmoins une mobilité sociale rapide, nous pouvons toutefois admettre l'existence de deux catégories d'acteurs dont les stratégies diffèrent même dans leur relation à la famille et au groupe[(47)].

La distinction est d'autant plus difficile à opérer ici que certaines situations montrent des passages rapides "de la survie à l'accumulation", en particulier lorsque les opérateurs évoluent dans l'illicite (contrebande, kif,...). Ces situations sont certes importantes à relever dans un pays où de grandes fortunes se sont faites en moins de dix ans, mais leur repérage

---

45- Antony G. HOPKINS. op. cit.

46- Pierre BOURDIEU "Avenir de classe et causalité du probable" Revue Française de Sociologie : XV, 1974

47- En phase de décollage, les liens familiaux peuvent faire obstacle, il y a resserrement du réseau des solidarités et repliement sur l'unité élémentaire alors que la pauvreté aurait ses cercles vicieux de devoirs de solidarités qui enchaînent les moins démunis aux plus dépourvus. Le décollage supposerait une rupture.

est plus que délicat. Nous nous contenterons donc de décrire "des cas" où l'individu concerné a déjà réalisé un certain patrimoine économique (l'ascension sociale décrite à travers eux permettra alors de mesurer l'importance de la mobilité sociale et d'expliquer ces décollages rapides).

La démarche préconisée ici pèche certainement par un certain empirisme, mais elle permet, dans un microcosme économique restreint, de toucher toutes les personnes qui "comptent économiquement" dans la ville.

L'étude des stratégies économiques (crédit, épargne, investissement destiné à assurer la reproduction du patrimoine économique) ne prend toute sa signification que lorsqu'elle est intégrée dans le système des stratégies de reproduction, unité qui s'établit dans la pratique à travers la stratégie de fécondité (nombre de prétendants au patrimoine, mariage tardif, célibat...), les stratégies successorales (patrimoine / déperdition), les stratégies éducatives (agents capables de recevoir l'héritage du groupe), les stratégies d'investissement social (relations sociales mobilisables, transformées en obligations durables), les stratégies matrimoniales (alliances avec des groupes au moins équivalents, entretien de relations sociales), les stratégies idéologiques (qui visent à légitimer les privilèges en les naturalisant) et les stratégies économiques(48). Si la connaissance (synchronique et diachronique) du patrimoine économique, culturel et social de chaque fraction de classe est nécessaire pour rendre raison des stratégies consciemment ou inconsciemment orientées vers la reproduction du patrimoine, elle l'est tout autant lorsqu'il s'agit de l'individu.

L'étude de la stratégie économique doit être ainsi intégrée au sein de l'histoire de vie de chaque acteur inséré dans une période où se succèdent plusieurs générations.

Jean Daniel Reynaud, commentant la notion d'habitus(49) de Pierre Bourdieu constate que, "bien qu'elle revienne à l'habitus d'inventer les réponses et les comportements conformes et de prendre des initiatives, bien que la grande loi d'ensemble soit celle de la reproduction, il reste une marge d'action et d'innovation possible pour les individus"(50).

La position sociale confère à l'individu des outils spécifiques et l'habitus diffère selon les sujets en fonction de leurs positions sociales. Cependant constate M. Lussault "il n'y a pas là une gangue indestructible (...) mais un cadre configurant de l'action, dont l'émancipation s'avère toujours possible, grâce à la réflexivité, au retour du sujet sur lui-même qui peut prendre plusieurs formes (...) et qui laisse des capacités de "liberté" réelles" (51).

48- Pierre BOURDIEU.op. cit.

49- L'habitus, défini comme système des schèmes intériorisés qui permettent d'engendrer toutes les pensées, les perceptions et les actions caractéristiques d'une culture (...) l'habitus permet de donner une description fidèle et une interprétation pénétrante de la manière dont les comportements individuels prennent leur sens et leur orientation à partir d'une position sociale et l'héritage social qui s'est accumulé sur cette position. Qu'il s'agisse des relations entre sexes, du don et de l'échange, de l'usage des biens culturels, l'individu découvre dans les situations mêmes où il est engagé les règles qui orientent ses actes. Il les invoque ou les active, mais elles sont déjà là. Elles le dirigent même s'il est loin d'en voir une claire conscience ; elles forment comme un inconscient social". J.D. REYNAUD "Les règles du jeu : l'action collective et la régularisation sociale" A. Colin, Paris, 1997 p.65.

50- Pierre BOURDIEU le formule ainsi : "les agents (...) bien qu'ils soient les produits de la structure, font et refont sans cesse la structure, et peuvent même, sous certaines conditions structurales, la transformer plus ou moins radicalement". P. BOURDIEU - "Raisons pratiques - Sur la théorie de l'action" Paris - Seuil - 1994 - p.173.

51- M. LUSSAULT "L'espace en actions" Diplôme d'Habilitation. Université de Tours, 1996. p156.

Le recours au témoignage de l'acteur devient alors primordial. C'est à travers une lecture de plusieurs trajectoires, de projets entrepreneuriaux individuels que nous repérerons les répétitions, les aspects récurrents qui permettent le passage de "l'individu" à son exemplarité sociale. Si nous nous sommes fixés un certain nombre d'études de cas pour chaque localité au départ de nos investigations sur le terrain (autour d'une douzaine), ces nombres n'étaient qu'indicatifs. Nous n'avons arrêté nos investigations qu'une fois que plusieurs trajectoires-types se dégageaient et que nous assistions à une "saturation" par répétition quant aux processus qui traversent ces trajectoires. La représentativité statistique de l'échantillon n'a pas de sens ici, puisque c'est le "terrain", à partir d'entrevues successives, qui nous a dicté le moment de l'arrêt sur un "échantillon représentatif" des entrepreneurs dans la ville étudiée.

La lecture des histoires de vie(52) s'effectuera en fonction de trois grilles de lecture :
- La première concerne les facteurs dominants ou qui paraissent influencer le plus le comportement économique des entrepreneurs ;
- La seconde touche aux "stratégies d'investissement" lorsqu'elles existent et au poids des différents secteurs économiques dans ces stratégies (dans la ville et son arrière pays(53).
- La troisième reconstruit les territorialités liées à l'investissement économique et à la reproduction des "entrepreneurs".

Dans un premier temps, l'objectif étant de cerner la logique économique qui orienterait tel ou tel personnage vers un investissement futur dans la ville ou son arrière-pays, nous nous attacherons à expliciter :

- les circonstances qui ont présidé à son ascension sociale (et les ressources dont il dispose du fait de sa situation sociale globale : origine sociale, formation, capital culturel, savoir-faire, revenus liés à l'activité, rente foncière...),
- la légitimation et le rapport au politique,
- la place des structures communautaires et du réseau d'interconnaissance,
- et les contraintes liées à l'environnement économique.

La seconde grille de lecture met davantage en exergue potentialités locales et orientation de l'investissement. Elle indique les limites propres à l'environnement géographique et économique alors que la territorialité dessinée par ces entrepreneurs (troisième grille) montre des "espaces d'appartenance" spécifiques et/ou une intégration à une dynamique nationale, voire internationale, relevant de la recherche du profit propre à une activité donnée, un rapprochement des centres de décisions,... Même s'il ne s'agit que de villes moyennes non représentatives de l'ensemble des zones étudiées (Rharb, Rif, Zemmour) les territorialités dessinées par ces entrepreneurs orientent vers ces "locomotives" du fait régional qui peuvent dessiner des "espaces d'appartenance" dont il faudra tenir compte en tant que cadre d'action du développement local.

52- W. MILLS "L'imagination sociologique" Maspero - 1967 "L'individu ne peut penser sa propre expérience et prendre la mesure de son destin qu'en se situant dans sa période... L'individu contribue, si peu que ce soit, à la formation de cette société, et à son histoire, dans le temps même où il est produit par la société, et poussé, l'épée dans les reins, par son histoire. L'imagination sociologique permet de saisir histoire et biographie et les rapports qu'elles entretiennent à l'intérieur de la société". p.8.

53- L'arrière pays de chacune des villes étudiées sera délimité dans le premier chapitre historique. Cette délimitation s'appuiera sur les deux critères : l'emprise foncière urbaine et la zone de recrutement démographique périphérique.

En fait, ces trois grilles de lecture se recoupent dans une typologie qui distingue les acteurs qui "se contentent" de réagir mécaniquement à des sollicitations de marchés de ceux qui ont une action qui peut permettre de dépasser les différentes contraintes qui se posent (contraintes liées à l'environnement politique, économique, et/ou géographique, d'une part ; au contexte familial, d'autre part). Ces derniers seraient porteurs d'un projet qui innove, introduit des techniques, des "concepts", que les intéressés ont observé ailleurs et qu'ils adaptent aux réalités locales. Le sens de l'innovation suppose également une adaptation à la demande et/ou l'ouverture sur de nouveaux marchés.

Dans le même temps, l'espace de déploiement de l'entrepreneur reste à interroger dans ce qu'il implique pour le développement local. Si la ville moyenne a toujours été vue comme un tremplin (économique et politique), ne constitue-t-elle pas aussi le territoire de prédilection de "nouvelles classes moyennes"? L'analyse prospective sera ainsi proposée pour chaque cas.

CHAPITRE I

DU PARTICULARISME URBAIN D'UNE ELITE TRADITIONNELLE A L'EMERGENCE D'UNE NOUVELLE ELITE

(Cas de Chefchaouen)

SECTION I/ HISTOIRE SOCIALE ET CONJONCTURES POLITIQUES ET ECONOMIQUES : CONTINUITE ET RUPTURE

S.S.1- La période pré-coloniale : instabilité du pouvoir et nivellement social

La création de la ville de Chefchaouen et son évolution ne peuvent se départir de l'histoire de la région et des tribus qui la peuplent. Qu'il s'agisse des Ghomara, des Bni Arous ou des Khmas (territoire tribal sur lequel s'est construite la ville), ils ont formé des entités tribales suffisamment fortes et densément peuplées(54) pour constituer soit un enjeu pour l'administration centrale, soit un levier pour constituer des forces "indépendantes" revendiquant le pouvoir. Ainsi, de 682 à 1898, les Ghomara n'ont obéi "et n'ont été fidèles qu'à une seule maison royale ; celle des Idrissite (55). S'ils ont été les premiers à les soutenir (avec les Senhaja voisins), dans leur installation au pouvoir (789 à 922), ils constituèrent la base arrière des Idrissite après leur défaite de Fès en 925. "Les Ghomara lui demeurèrent fidèles et déployèrent une telle bravoure en soutenant leur cause qu'ils les mirent en état de fonder, dans ce pays, un nouvel empire" (56). Une situation qui durera plus de 5 ans. Ce n'est qu'en 1078 que Youssef Ben Tachafine envahit les Ghomara et, commence une série d'insurrections menées souvent soit par des religieux contre le pouvoir central et ses armées,

---

54- Auguste MOULIERAS. "Le Maroc inconnu - étude géographique et sociologique" A. Challamel éditeur, Paris, 1899. En 1898, Moulieras en fait les estimations suivantes.
- La tribu des Ghomara est estimée à 235.000 habitants pouvant lever près de 33.500 combattants,
- La tribu des Khmas évaluée à 250.000 habitants peut mettre en ligne de bataille plus de 35.000 fantassins.

55- MOULIERAS op. cit. p. 349.

56- IBN KHALDOUN, "Histoire des Berbères", tome 2 p. 146.

soit par des prétendants au trône qui trouvent dans cette région un écho à leurs revendications [57].

Les Ghomara et Khmas forment ainsi une zone "bastion Idrissite" qui a donné au fait religieux et à la compétition sur la légitimité du pouvoir central, une lame de fond permanente d'où il serait difficile de retirer le cas particulier de la ville de Chefchaouen.

En effet, la seconde moitié du XV° siècle reste marquée par un affaiblissement du pouvoir mérinide et son corollaire, l'occupation des villes de Tanger, Azila et Sebta. Les "Beni Rached, Cherifs d'El Alam et maîtres du pays des Ghomara" bâtirent ainsi la ville de Chefchaouen afin de recruter et de combattre pour la "guerre sainte"[58]. Si le Cherif Idrissite, Aboul Hassan ben Abou Mohamed, dit Abou Djemaa El Alami fonda la ville de Chefchaouen à son retour de Grenade (1471) afin de mener la guerre sainte, ses motivations étaient tout autant politiques. Eloignés du pouvoir central, les Idrissite trouvaient dans leur fief une nouvelle façon de braver le pouvoir central par la création d'une base de défense et de recrutement autonome. La création de Chefchaouen relève autant d'une volonté d'affirmation politique des Idrissite vis à vis du pouvoir central[59] que d'une nécessaire guerre sainte contre les Portugais. L'histoire de la ville et de son rapport au pouvoir central connaîtra ainsi une série de péripéties qui montrent aussi bien des velléités d'indépendance dans les périodes de faiblesse du Makhzen et de montée d'une force locale (Raissouni, Abdelkrim) qu'une recherche de protection pendant les périodes d'insécurité et d'attaques des tribus des Ghomara et de Khmas.

En effet, de sa création à 1560, les Beni Rached ont monopolisé le pouvoir créant ainsi un véritable gouvernement dont l'autorité touchait tout le territoire Jbala qui était alors, exonéré d'impôts. Après une "autonomie" qui va durer près d'un siècle, Chefchaouen va être soumise à l'autorité du Makhzen par les Saâdiens qui y nommèrent le *pacha* El Elge (1561).

57- Historique réalisé par Moulieras à partir de Ibn Khaldoun et Kitab El Istiksa

1165-1166 :	Sebâ Ben Mounrafad des Ghomara avec les Senhaja s'insurgent contre la domination Almohade.
1228	Mohamed ben Abi T'aouadjin mène la révolte des Djbalas.
1236	Le sultan Er Rachid envoie son vizir avec une armée prélever l'impôt.
1270	Le sultan merinide Abou Youssef envahit Ghomara.
1275	Les Ghomara prennent part à la formidable croisade musulmane dirigée contre les Espagnols.
1304	Ouhman ben Ali a la se soulève contre le sultan mérinide Abou Yacoub.
1308	Extension de l'insurrection à partir des Ghomaras.
1359	Les Ghomara prêtent leur concours au prétendant au trône Abou Salem.
1384	Un nouveau prétendant au trône. El H'asen est soutenu par les Ghomaras.
1481	Tarera est saccagée par le gouverneur de Ceuta.
1533	Tarera est saccagée par Alvare de Baçan.
1560	Le Cherif Abdellah restaure Tarera.
1585	Hadj Cekhour (de Lakhmas) entraîne la révolte contre le Sultan Mohamed Ben Abdellah. Expédition Royale. El Ayachi est nommé gouverneur des Khmas et des Ghomara.
1765-66	Expédition de Mohamed Ben Abdellah.
1792	Khmas se soulèvent à la voix d'un de ses talebs Mohamed Ben Abdeslam(Zit'an). Il est nommé finalement Caïd de Lekhmas.
1890-91	El Hassan Ben Mohamed dirige une expédition sur les Ghomara.
1903-1919	Mohamed Ahmed Ben Mohamed Raïsouli règne en maître dans la région du Nord-Ouest (voir Walter Harris p. 191-257).

58- Ahmed Ben Khaled EN-NACIRI ES-SLAOUI "Kitab el Istiqsa" traduction vol. IV Archives marocaines 1956 - p. 506-507.

59- (...) petite ville pleine d'artisans et de marchands. Il y réside un seigneur qui commande à plusieurs tribus de ces montagnes. C'est lui qui a commencé à donner un essor à ces pays. Il s'était révolté contre le roi de Fès" LÉON L'AFRICAIN. "Description de l'Afrique" ed. Maisonneuvre - Paris 1956.

Ce dernier établit les structures administratives du Makhzen : place forte[60], contrôle administratif et économique (*mohtassib, amine*), et encadrement idéologique (*Oulama*).

Chefchaouen a connu alors durant près de deux siècles une certaine stabilité assurée par le pouvoir central. C'est à partir de la seconde moitié du XVIII° siècle, sous le règne de Mohamed Ben Abdellah que l'insécurité s'est installée avec les attaques répétées des Ghomara et des Khmas (en 1758 et 1792, expédition de Mohamed Ben Abdellah en 1765 - 1766) qui ont continué durant tout le XIX° siècle (expédition de El Hassan Ben Mohamed en 1890-91 contre les Ghomara). Cette période de trouble et d'insécurité, bien reflétée par Moulieras à la fin du XIX° siècle montre aussi bien le "jeu" subtil du makhzen avec les tribus avoisinantes et leurs chefs [61] que la faible protection dont jouissait la population urbaine. Ainsi remarquait-il que "bien que située sur le territoire de Khmas, la ville de Chefchaouen n'a jamais été soumise à cette tribu. Les attaques sont fréquentes, mais faiblement organisées. Sorti de la ville, l'insécurité règne" [62]... "La ville d'Echchaouen est dépourvue de ce que nous appelons administration, police, armée, services des eaux, de la voirie, douane, octroi, tribunal. Chacun se protège comme il peut, à commencer par le caïd, dont l'existence de lièvre est faite de terreurs, d'alertes sans cesse renaissantes. Au moindre signal d'émeute,... file sur Tétouan. Echchaouen est une ville libre. Elle a bien à sa tête un fonctionnaire cherifien décoré du titre de caïd, mais elle ne lui obéit en aucune façon, ne paie aucun impôt, sauf quelques cadeaux récoltés parmi les familles les plus riches"[63].

Cette description du poids du pouvoir central et de ses représentants dans la ville à la fin du XIX° siècle montre malgré ses exagérations [64], une situation floue où d'une part le Makhzen n'assure pas la protection de la ville (les attaques des Khmas sont repoussées par la population), d'autre part ses structures administratives semblent inopérantes.

L'instabilité décrite ici concerne en fait tout le Maroc du Nord qui a connu la domination de Bou Hmara, prétendant du Rif et Raïsouli (cherif Moulay Ahmed Ben Mohamed

60- Un manuscrit portugais de 1596 fait la description suivante de Chefchaouen "c'est une place grande et forte, pouvant fournir 400 cavaliers et 100 tirailleurs à pieds. Elle est située dans le royaume de Fès mais relève du Roi".
"Une description du Maroc sous le règne de Moulay Ahmed El Mansour" manuscrit portugais traduit par" comte Henry de Castriers 1909.

61- L'épisode du soulèvement de Mohamed Ben Abdeslam dit Zit'an, taleb de lakhmas, montre un ancien caïd (El R'nimi) de Khmas puni par le monarque pour avoir cherché à soumettre les R'zaoua sans y parvenir (son armée a été anéantie). Après une expédition assurée par le frère du Sultan qui permet la soumission des Bni Idder, Bni Gorfet et Khmas. Le sultan offre à Zit'an le caïdat de Khmas. Zit'an accepte et se retire à Tétouan.
voir Ahmed Ben Khaled EN-NACIRI ES SLAOUI op. cit. Tome IV p. 133-134 traduction.

62 - MOULIERAS "voir brigandage et sensualisme p. 145 et suivantes.

63 - MOULIERAS op. cit. p. 128.

64 - L'auteur essaie de montrer en permanence la force et l'autonomie des tribus face à l'impuissance du Makhzen pour justifier le nécessaire recours à une "mission civilisatrice".

descendant de Moulay Abdessalam Ben Mchich El Alami) qui contrôlait la province de Tanger et les Jbala[65].

Si Moulieras dépeint une situation caractérisée par "la férocité des tribus, leur destruction par des luttes intestines, leur opposition au monde civilisé et à l'autorité défaillante du sultan", force est de constater avec Germain Ayache[66] l'existence de gouverneurs représentants directs du Sultan et de *Kasba* ; casernes fortifiées, avec garnison. En effet, un équilibre fragile résultait de la relation pouvoir central/population. Si le premier avait un rôle central dans la défense du territoire contre les étrangers et secondairement dans la fonction d'arbitrage dans les litiges internes (entre tribus) susceptibles de dégénérer, les seconds étaient astreints à payer l'impôt et à contribuer militairement pour la défense du territoire.

La fonction de chacun ne prend son sens que par l'existence d'une autorité religieuse capable de mener à bien la lutte contre les incursions étrangères. Les structures tribales sont alors sauvegardées et les populations peuvent consentir à payer quelques tributs et à garder parmi elles un représentant du pouvoir central. Or, dans la périphérie de Chefchaouen c'est l'autorité religieuse qui est souvent remise en question dans une région-bastion de la première dynastie marocaine. Plusieurs facteurs vont participer à la montée de ces grands commandements depuis la seconde moitié XIX° siècle. En effet, le Rif constitue un cul de sac de l'empire marocain, alors que, le commerce maritime marocain s'effectuait presque exclusivement du côté Atlantique. Sur la Méditerranée, les points accessibles étaient entre les mains des espagnols, ce qui a favorisé très tôt (1860) le commerce de contrebande (dispense des droits de douane, trafic de marchandises prohibées - importation d'armes, exportation de bétail). Ouverture du marché et pénétration du fusil de guerre vont favoriser, comme dans le Sud, le développement des grands commandements [67].

65 - Walter HARRIS " le Maroc disparu" réédité "le Maroc au temps des sultans" ed. Ballard 1994 -p. 218-219
- Moulay Ahmed ben Mohamed Ra¨ssouli, cherif Idrissite des Bni Arous : après avoir reçu une instruction religieuse à Tétouan, Raïssouli a occupé une place de choix dans la "politique locale" du Nord-Ouest (Jbalas et région de Tanger - Tétouan) durant plus de 20 ans. W. Harris en fait une description assez laconique.
- Emprisonné pendant quatre années à Essaouira il fut relâché sur intervention de Hadj Mohamed Torres (représentant du Sultan à Tanger).
- Attaque des troupes chérifiennes en 1903 avec essai de capture de Raïsouli sans succès.
- 1904 capture de l'ambassadeur américain par Raïssouli. Raïssouli obtient en échange de sa libération le commandement de la région de Tanger et une rançon.
- Janvier 1907 envoi de troupes chérifiennes sans succès
- Accord entre Raïssouli et Bouhmara qui le nomme gouverneur de certaines tribus Jbala.
- Avril 1907 capture de l'ambassadeur anglais Maclean par Raïssouli.
- Raïssouli obtient la protection anglaise et 20.000 livres sterling pour la libération de Maclean.
- Raïssouli proclame Moulay Hafid dans le Nord. Il est nommé gouverneur de toutes les tribus du Nord-Ouest mais abandonne sa carte de protection anglaise.
- 1912, occupation de Tétouan par les Espagnols et échec de toutes les tentatives militaires Espagnoles dans la zone contrôlée par Raïssouli.
- Septembre 1919, envoi de 12.000 soldats et prise du contrôle de la route Tanger - Tétouan par les Espagnols.

66 - Germain AYACHE "Société Rifaine et pouvoir central marocain" in "Etude d'histoire marocaine" ed. SMER Rabat 1983.

67- Voir Robert MONTAGNE "Les Berbères et le Makhzen dans le Sud du Maroc" Librairie Felix Alcan 1930 Paris. En effet, seuls les riches peuvent se procurer ces nouvelles armes et munitions et avoir un monopole de la violence localement alors que le vieux fusil permettait un certain équilibre (peu efficace, il faisait la place à la négociation, plus accessible : tous les membres de la tribu possédaient leur fusil). Mais l'ouverture du marché fut assurément plus déterminante, puisque permettant le développement d'une hiérarchisation sociale latente (qui ne se traduisait que dans l'obtention de certains privilèges, alors que l'étroitesse des petits marchés locaux limitaient les capacités d'enrichissement personnelles. Ici, la théorie de la segmentarité nous paraît peu opérante pour expliquer le développement du phénomène des "grands caïds").

Période de faiblesse de pouvoir central, celle-ci se traduit par l'abandon du "*Jihad*" face aux incursions espagnoles. Plus que cela, Germain Ayache cite quatre interventions des troupes Chérifiennes dans le Rif, toutes conséquentes à des démêlés locaux avec les espagnols et la grande émotion des tribus qui voient "les troupes du sultan et un prince à leur tête (1861), venir leur imposer la volonté d'une nation étrangère" (68). Une situation toute propice au ralliement des populations à l'appel de Bou Hmara en 1902 ou à celui de Raïssouli dans les Jbala. Ainsi, Chefchaouen a connu encore, de 1913 jusqu'en 1920, une période de relative autonomie avec la domination du cherif Raïssouni, détenteur d'un patrimoine foncier allant jusqu'aux portes du Gharb (Khlott) puis avec Abdelkrim Khattabi de 1924 à 1926 (Chefchaouen faisait partie du territoire de la République du Rif).

Peut-on dire alors avec Jamal Mouhamer que "Chefchaouen, de sa fondation par une communauté Andalouse, par un cherif et de son rôle dans le Jihad et la vie religieuse des montagnes de Rif, détenait la légitimité d'un pouvoir autonome... la gestion locale étant basée sur les coutumes et sans aucune référence aux textes du pouvoir central" (69).

La réalité restait sans doute plus complexe, comme en témoigne la "gestion" du *Mellah* décrite par Moulieras : "Le caïd d'Echchaoun perçoit à titre d'impôt, trois francs par an et par tête de juif... Il est interdit à tout hébreu de posséder un immeuble quelconque. La terre appartient au sultan, et les maisons que l'on bâtit sur cette terre sont également la propriété du grand *Cherif*. Le juif est donc l'éternel locataire du despote de Fas" (70). Une description qui tranche avec le peu de pouvoir dont jouissait le représentant local du pouvoir central. Quelque soit la vision globale que l'on peut se faire, l'instabilité du pouvoir dans la région de Chefchaouen en a fait une ville où les structures du Makhzen n'ont fonctionné que par intermittence, ce qui va marquer profondément la structuration sociale dans cette ville.

- Economiquement, Chefchaouen a joué un rôle non négligeable dans la région Nord. Point de passage entre Fès et Sebta (fig. 1), elle a pu développer très tôt son commerce et son artisanat. Elle est décrite ainsi comme "un centre industriel où on fabrique des armes en assez grande quantité, des fusils marocains, principalement des sabres, des dagues. Les tisserands confectionnent de beaux haïks, des djellabas solides... Les cuirs font l'objet d'un important trafic... Les charpentiers et les menuisiers travaillent dans leurs ateliers les bois des grandes forêts voisines... les innombrables boutiques de fruits et légumes, les épiciers, les gargotes". De même que son arrière pays lui fournit les produits maraîchers... "le jardinage constituant une des richesses de cette région si bien pourvue d'eau" (71).

68- Dépêche du Ministre résident d'Espagne à Tanger adressée au Ministre d'Etat à Madrid en 1863 cité par J. BECKER, Histoire de Marruecos.

69- J. MOUHAMER "les transformations sociales et spatiales d'une petite ville marocaine: exemple de Chefchaouen" thèse de Géographie Université du Mirail Toulouse 1994.

70- MOULIERAS. op. cit. p. 141.

71- MOULIERAS. p. 126 et 148.

Figure 1

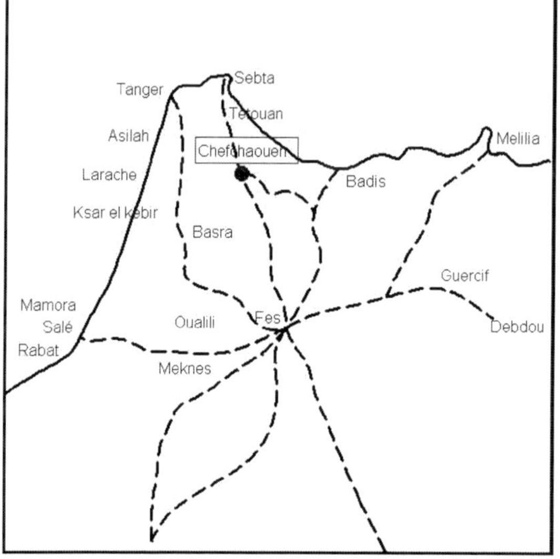

Source : d'après Léon L'Africain

Chefchaouen était donc un centre artisanal renforcé par la présence d'un quartier juif constituant un véritable "atelier" très dynamique (ferblantiers, cordonniers, tisserands, tailleurs, épiciers, vente de papier, encre, coton, soie, bougies, chaussures...) qui permettait les échanges avec les grandes villes du Sud (Fès ou Rabat) et du Nord (Tétouan et Sebta). Cependant, ce rôle commercial et artisanal a connu de fortes perturbations lors des longues périodes d'insécurité décrites précédemment.

Commerçants et artisans n'ayant pas de milice pour les défendre deviennent des groupes à la recherche de protection pour mener à bien leur activité.

Instabilité politique et instabilité économique vont aller de pair pour donner toute sa spécificité à cette ville qui diffère en bien des points des grandes villes du Makhzen.

En effet, s'agissant de Fès, la structure sociale a bien souvent été décrite par sa bipolarité [(72)]. Il y a deux types de frontières qui s'entrecroisent : celle que tracent les facteurs politiques entre l'oligarchie qui domine l'appareil d'Etat (*El Khassa*) d'une part et la "bourgeoisie" (*El Ayane*) d'autre part ; celle que détermine la puissance économique et sociale, c'est à dire le clivage fondé sur les critères sociaux et matériels opposant une classe privilégiée où se retrouvent l'oligarchie dirigeante et la "bourgeoisie" d'une part et les masses populaires d'autre part" [(73)]. Tracée à grands traits, c'est une organisation sociale où

72- Voir Roger LETOURNEAU "Fès avant le protectorat" Thèse de lettres Université Paris 1950 - J.J. THARRAUD "Fès ou la bourgeoisie de l'Islam" in Revue des deux mondes 1930 - F. WEISGERBER "Description de la ville de Fès" in Bulletin sociologie géographique 1899. D. BENALI "Un exemple de transition. Fès au XIX° siècle in R.J.P.E.M n°8 1980. D. BENALI "Essai sur la formation économique et sociale du Maroc Précolonial" Thèse d'Etat en Economie - Grenoble 1976.

73- D. BENALI "Essai sur la formation économique et sociale du Maroc Précolonial" Thèse d'Etat en Economie - Grenoble 1976 - p.195.

l'on retrouvait d'un côté une classe dominante qui regroupait : - Les agents d'autorité du makhzen, familles souvent externes à la ville et exerçant les fonctions de *pacha*, gouverneur, caïd... - Les grands négociants assurant aussi les fonctions d'encadrement économique (*mohtassib, amine*, voire postes de représentation nationale (74)). - Les *oulema* qui assurent l'encadrement idéologique. De l'autre côté, *el amma* (les masses urbaines) formée par les petits artisans et boutiquiers d'une part et les ouvriers et apprentis d'autre part (au bas de l'échelle sociale se retrouvait des "étrangers" souvent "marginalisés" dans des petits métiers (porteurs d'eau, domestiques...). Le système makhzanien reposait sur l'exploitation des petits producteurs par l'intermédiaire du système corporatif (75) et par le monopole du commerce par les gros négociants (vente des matières premières aux artisans et achat de leurs produits).

Or, à Chefchaouen, deux éléments fondamentaux viennent "perturber" ce système : d'une part, nous avons pu relever la faible permanence des facteurs d'accumulation (pouvoir central et fonctions administratives, stabilité et sécurité à l'intérieur et à l'extérieur de la ville pour la constitution de fortunes de grands négociants), d'autre part les périodes "d'autonomie" se concrétisaient par une non imposition des artisans.

Ces deux facteurs expliquent une situation assez particulière de la couche sociale supérieure de cette ville au début du siècle. En effet, concernant les grands négociants, on ne pouvait dénombrer que quelques familles (El Hadri, El Ayssr, El Alami, Rissouni, Erramli...) qui ont pu s'intégrer dans un commerce national (avec Tanger - Tétouan - Ksar El Kebir, Fès) voire international avec certains pays d'Orient (Egypte). Mais souvent, l'état d'insécurité intérieure les a forcé à émigrer à Tanger ou Tétouan (famille El Hadri). De même, peu de familles ont pu bénéficier d'une permanence dans la fonction publique (*Imam* de mosquée, *Nidara* des *habous*, Justice...) comme ce fut le cas pour la famille des Alami. Or, "dans la ville précoloniale au Maroc, principalement à Fès ou Salé, la connaissance de l'Islam et de la science accorde considération et respect. Parmi les oulamas sont choisis le personnel administratif, les secrétaires et juristes. Certaines fonctions telles que celles de *qadi* ou de *moufti el joumouâ* dans la grande mosquée donnent un grand prestige (gratification, cadeaux et clientèle), si ce n'est des possibilités matérielles importantes par la gestion de biens *Habous*". Mais si "les *oulama* de Fès avaient le pouvoir de consacrer le Sultan dans ses droits au pouvoir par une *fetwa*" (76) en réponse à leur nomination, ceux de Chefchaouen ont baigné dans un milieu souvent hostile au pouvoir central. La permanence des fonctions n'étant pas assurée, nous ne retrouvons pas dans cette ville un groupe de familles de fonctionnaires du Makhzen à l'instar des Tazi, Bennani, El Mokri, El Fassi... El Mernissi de Fès qui ont pu s'enrichir à partir de leur position de pouvoir et créer des réseaux de clientèles(77). Enfin, les faibles périodes de sécurité ne pouvaient pas favoriser une emprise

74- R. LETOURNEAU "C'était parmi eux (hommes d'affaires) que le sultan choisissait ses financiers et ses hauts fonctionnaires de douanes : la fortune des familles comme les Tazi et les Mokri vient de là" p. 447 in "Fès avant le protectorat".

75- L. MASSIGNON décrit ce système à travers le mohtassib nommé par le makhzen assurant la qualité du produit, la fixation des taxes, amendes.. aidé en cela par l'amine désigné par ses pairs, bloque la production par des exigences de qualité et une forte imposition. in Louis MASSIGNON "Enquête sur les corporations musulmanes d'artisans et de commerçants au Maroc" in Revue du Monde Musulman 1924.

76- A. NOUSCHI "Qu'est ce qu'un bourgeois, qu'est ce qu'un notable?" in Cahiers de la Méditerranée n°45 Décembre 1992 Université de Nice p. 235.

77- Il en est de même à Salé où K. BROWN a pu constater le choix du gouverneur, du cadi, du mufti, du nadir el habous ou du mohtasseb parmi les familles de notables. Fonctions qui rehaussent le prestige de ces familles et élargissent les bases de leur richesse.

foncière importante dans l'arrière pays. La couche sociale supérieure dans ce cas montre de grandes faiblesses quant à ses capacités d'accumulation, la différenciation sociale se faisant davantage à travers le capital culturel et/ou le prestige dû à l'origine familiale (*Chorfa*).

En effet, comme nous dit l'historien Chefchaouni Ali Rissouni "Le seul conflit qui existait entre les familles chefchaounis, c'est celui qui se rapportait à la richesse religieuse, spirituelle et scientifique. Le respect des autres était suffisant. D'ailleurs, les familles ici étaient toutes égales, il y avait un rapprochement entre riches et pauvres et Chefchaouen ne connaît pas de grandes familles à l'instar de celle du Glaoui de Marrakech". Cette assertion correspond bien à la situation que connaissaient les artisans. Si l'on admet leur faible imposition et donc, une position (financière) sur le marché qui les met plus à l'abri face aux négociants. Occupant plusieurs membres de la famille (la femme, les enfants...), le tissage associé à la couture traditionnelle permettaient le maintien dans une position sociale peu éloignée de celle des couches supérieures, d'autant plus que des *chorfa* étaient à la tête des corporations les plus importantes, leur donnant un pouvoir considérable dans la ville. Avec ces derniers, la mobilité sociale par le biais du commerce et de l'enseignement restait relativement ouverte, surtout avec la pénétration coloniale.

Ainsi donc, à la veille de la pénétration coloniale à Chefchaouen, la ville connaissait certes quelques différenciations sociales, mais son élite se distinguait davantage par le savoir et les sciences. L'absence de sources d'accumulation que constitue le rapprochement et l'action du pouvoir par le centre (réseau de clientèle, protection, élargissement des possibilités d'action et d'enrichissement...) semble avoir joué aussi dans le sens de ce nivellement par le bas. A l'instar de son rôle économique national, Chefchaouen n'a pu engendrer un nombre important de gros négociants (*tujjar*) comme ce fut le cas de Fès (pour ces *tujjar* qui ont pu toucher au début du siècle le Caire ou l'Europe). Plus encore, les seuls qui ont pu arriver à ce stade ont fini par déserter la ville et s'installer à Tétouan ; ville plus propice pour le commerce international. L'élite urbaine ne se distinguait pas par la richesse.

Si petits et moyens commerçants et artisans constituaient la base de la structure sociale, la science religieuse dans cette "ville sainte" a toujours constitué la condition la plus sûre de la notabilité et de la promotion sociale. Même Raissouni Alami tirait sa puissance de ses origines (*cherif*) et du respect qu'elle lui procurait [78].

Les *Chorfa*, très nombreux dans cette ville, jouissaient certainement d'un prestige qui les prédisposaient à jouer les premiers rôles aussi bien en tant qu'autorité religieuse que dans la hiérarchie administrative ou dans le commerce.

S.S.2- 1920-1945 : La période des grandes mutations socio-économiques et spatiales

La période du protectorat Espagnol a été celle qui a engendré le plus de mobilité sociale. Plusieurs facteurs expliquent cette situation.

Occupée qu'en 1920, la ville a été aussitôt mise sous contrôle militaire avant d'être "libérée" par Abdelkrim Khattabi en 1924, puis occupée de nouveau en 1926. Elle est érigée

78- Haj Mohamed Krikech fait part de cette anecdote :
Après le rapt de deux femmes Chefchaounis par les Khmas, leur évasion a été assurée par leur famille, mais leur protection a été assurée par le cherif Raissouni dont la maison constituait une sorte de "Horm" pour les Khmas.

très tôt (1928) en municipalité et dotée d'un conseil municipal formé des notables de la ville et d'une administration "makhzanienne" traditionnelle (*pacha, caïd, mohtassib, cadi,...*) sous la coupe d'une administration espagnole de contrôle. La politique espagnole d'administration du territoire constitue une première caractéristique à retenir [79]. En effet, après une longue période d'instabilité, les anciennes fonctions makhzen vont trouver une permanence et les fonctions administratives vont s'ouvrir davantage avec les possibilités que permettent les Institutions de formation (Institut Islamique de Chefchaouen, de Tétouan, Quaraouiyine de Fès) et ce que R. Leveau appelle les "emplois moyens dans la hiérarchie administrative" pour lesquels le contact avec la population locale exigeait la connaissance de l'arabe ou du berbère (postiers, infirmiers, agents des travaux publics, instituteurs...).

Parallèlement, la stabilité politique va permettre la reprise des activités commerciales et artisanales de la ville avec son arrière pays d'une part et son ouverture par la création des routes carrossables reliant Tétouan et Ouazzane dans une zone où la contrebande restait tolérée [80], d'autre part.

Une conjoncture qui va se renforcer par les besoins d'une base militaire importante (prostitution, commerce de tissu, matériaux de construction, produits alimentaires...). En 1945, 277 commerces sont ainsi recensés et un mouvement d'industrialisation est entamé par la puissance coloniale. L'industrie du bois et des produits forestiers se développe (une scierie, quatre menuiseries industrielles) ainsi que celle de la maroquinerie (une tannerie, deux unités de fabrication de chaussures) et du tissage (unité de production de tapis) [81]. Chefchaouen connaît alors un afflux de population massif, elle atteint 14 476 habitants en 1946 avec un taux d'accroissement annuel de population de 3% entre 1925 et 1946. Cette période correspond également au maintien de la production artisanale (276 ateliers de tissage et de couture) qui arrive à assurer en partie l'insertion des migrants ruraux.

Au niveau politique, cette période va connaître le "recul" de l'élite traditionnelle et l'apparition de nouvelles familles souvent issues du milieu rural qui vont occuper des postes de commandement (il en est ainsi pour le pacha El Yazid Ba Salah des Ghomara, du Caïd Zitane des Khmas, du rifain Si Abdellah Lamarti premier Secrétaire de la municipalité de Chefchaouen, du Khalifa Mfadel Qadour Hmamou des Bni Zeroual). Leur place dans l'administration va constituer souvent un tremplin pour l'acquisition de grandes propriétés foncières et la constitution de nouvelles fortunes.

Cependant, si une partie de l'élite traditionnelle a souvent refusé la collaboration directe (pour mener une action nationaliste active dans le parti de la Réforme Marocaine créé par

79- Les Espagnols n'ont véritablement colonisé la zone Nord qu'après 1926. La façon dont les Espagnols exerçaient leur protectorat différait de l'approche française : "plus modeste et plus intimement mêlée par son genre de vie aux Marocains que ne l'était la colonisation française dans le Sud" Mais cette approche touchait aussi au rapport avec l'élite locale. Les Espagnols avaient mis à la tête du gouvernement du protectorat espagnol un délégué du Sultan (Khalifa résidant à Tétouan et nommé par eux) "suivant les aléas des rapports entre le général Franco et les nationalistes Abdelkhaleq Torres (personnalité issue de la bourgeoisie tétouanaise formée au Caire et en Espagne, fondateur du parti de la réforme Marocaine) sera tantôt ministre du gouvernement khalifien, tantôt condamné à l'exil... les conflits avec l'administration espagnole n'allaient jamais aussi loin que ceux de l'Istiqlal avec l'administration française" (R. Leveau). Cette attitude particulièrement coulante (P. De Mas) se reflétait aussi à travers la tolérance de la contrebande destinée à la zone française, des pratiques de déboisement ou de la culture du cannabis. Au même moment, les Rifains, par leur recrutement dans l'armée espagnole, contribuaient grandement à la victoire de Franco.

80- Paolo DE MAS "Marges marocaines" Projet Remplod. La Haye 1978.

81- Voir J. MOHAMER. op. cit. p. 468.

Abdelkhaleq Torres à Tétouan), elle a su assurer sa reproduction à travers l'intégration des fonctions administratives ou le développement du commerce (la distribution des produits manufacturés et alimentaires va constituer une source d'investissement importante) (82).

Pour les petites familles d'artisans et de commerçants les possibilités de mobilité sociale restaient ouvertes, les conversions dans le commerce "moderne" et/ou la formation des enfants dans les Instituts Islamiques ont été d'un grand recours (les plus connues restent certainement les familles Chahboun, El Harras, Tlidi, ou Raïssouni qui ont "produit" quatre personnes qui comptent parmi l'élite(83). Les activités commerciales, autant que l'intégration d'un système de formation dans une époque où ce dernier restait relativement fermé, ont permis un renouvellement de l'élite locale pendant cette période de forte mutation.

L'après guerre va s'ouvrir par un déclin économique de la ville qui se répercutera à tous les niveaux ; face à un ralentissement des subventions de l'Etat Espagnol aux colons désireux de s'installer à Chefchaouen se profile la concentration de l'investissement industriel (industrie du bois) à Tétouan et la marginalité économique de Chefchaouen devant des circuits commerciaux de plus en plus orientés vers la côte. Les prémisses de l'indépendance vont augmenter le nombre de départs parmi lesquels on enregistrait de grandes fortunes(84), mais surtout des familles de résistants qui s'intégraient dans le mouvement national et s'installaient dans les grandes villes.

Parallèlement, les commerçants plus ouverts sur les grandes villes du Nord, en relation permanente avec la colonie espagnole, vont être les principaux bénéficiaires du départ des colons et de l'achat de leurs biens(85). Cependant, la reprise des terres et des biens des colons ne prend pas ici l'importance qu'elle a eu dans la zone de colonisation française vu la faiblesse de l'investissement colonial dans cette région (En 1946 les espagnols ne représentaient que 7,4% de la population de Chefchaouen).

Ainsi, les trente ans de colonisation espagnole ont amené pour la première fois une permanence de l'administration centrale qui a grandement contribué à des mutations sociales essentielles : face à une relative continuité de l'élite traditionnelle est venue se greffer une

---

82- Nous retrouvons ainsi Moulay Hassan Alami cadi puis pacha à Chefchaouen, My Hmed Bendriss, cadi el Mechouar, Khalid Rissouni pacha à Larache chargé de la délivrance des autorisations pour la distribution des denrées alimentaires lors de la grande famine du Rif...

83- Chahboun : Enseignant,
EL Harras : Avocat retraité.
Raissouni : Boulangerie, moderne
Tlidi : Promoteur immobilier.

84- La plus remarquable était celle de Moulay Hassan El Alami qui s'installa à Tétouan.

85- Ainsi retrouve-t-on l'origine des biens fonciers des familles Semmar et Lamarti dans la ville nouvelle.

nouvelle élite, plus rurale, appuyée par l'administration coloniale alors que l'ouverture commerciale et la circulation ont permis un plus grand redéploiement des petits artisans(86). La récession économique de l'après guerre va montrer les limites que constitue une mauvaise adaptation aux nouveaux circuits d'échange et les débuts des grands départs d'une partie de l'élite traditionnelle vers les grandes villes.

S.S.3- 1945-1975 : régression urbaine et confiscation du pouvoir local.

Une grande continuité se dessine dans la période située entre la fin du protectorat Espagnol et le milieu des années 70. En effet, si on a pu noter quelques reprises heureuses des biens Espagnols (surtout fonciers), la plupart des unités industrielles vont par contre fermer leurs portes. Les plus touchées seront assurément celles liées à l'exploitation forestière et au bois (menuiseries, usine de pipe) qui trouvent désormais davantage de difficultés à s'approvisionner en bois avec le contrôle plus strict (relativement) opéré par la nouvelle administration (87).

Economiquement, la ville va connaître les difficultés du secteur de l'artisanat dans les villes traditionnelles avec la concurrence accrue des produits manufacturés, la hausse des prix des matières premières et un marché local de plus en plus étroit. Le nombre d'ateliers tombe de 730 à 219 unités entre 1945 et 1971 alors que l'artisanat occupe toujours la majeure partie de la population active dans la ville (34% en 1971).

Le rôle commercial de Chefchaouen connaît le même sort avec le développement des petits centres ruraux (Bab Berred, Bab Taza, Talambot, Tanakoub...) et une circulation plus fluide entre Ouazzane et Tétouan. Chefchaouen commence à perdre même son rôle de centre d'échange (à travers son souk) avec son arrière-pays, alors que la distribution des produits manufacturés lui échappe de plus en plus au profit de Ouazzane et surtout de Tétouan.

Face à ces "indicateurs-catastrophes", deux faits notoires se dégagent: un investissement (1972) dans une usine de traitement de la laine et de tissage employant 157 personnes. (dont 50 occasionnels) et le début d'une activité touristique impulsée à partir des villes de Tanger - Tétouan à la fin des années 60. Chefchaouen fait alors partie des sites à visiter dans les circuits du Nord et bénéficie en 1970 d'un investissement de l'Etat et de la construction d'un hôtel trois étoiles de 180 lits et du début de l'investissement privé local dans des petites pensions ou hôtel (une étoile) qui atteignent 139 lits en 1975 dans six unités.

86- Ces mutations sociales se retrouvent pleinement dans l'étude de la mobilité socio professionnelle inter-générationnelle réalisée par J. MOHAMER pour la génération arrivée à l'âge adulte entre 1942 et 1957. Ainsi les fils de gros négociants se sont orientés en priorité vers des professions demandant une formation et nous retrouvons 58,5% d'entre eux, salariés de l'Etat (39%) ou cadres intermédiaires (19,5%). Un peu plus du tiers 36,6% ont repris le métier de leur père, le reste ayant émigré à l'étranger.
La même orientation se retrouve chez l'élite ayant bénéficié très tôt d'une formation : Salariés de l'Etat, cadres intermédiaires. Pour les premiers, 66,7% de leurs fils sont devenus des cadres supérieurs. Pour les seconds, 60% de leurs fils ont gardé le même statut alors que 20% d'entre eux ont pu atteindre des études supérieures. Les artisans vont connaître des situations divergentes : seuls 36,4% vont garder le même métier alors qu'une partie d'entre eux va investir dans le commerce et services (18,2%), l'autre partie ne pourra que s'intégrer en tant qu'ouvrier (27,2%), employé dans le privé (9,1%) ou rester sans travail (9,2%).

87- Voir infra - cas n° 3

Durant cette période, la léthargie économique s'imprime aussi au niveau politique et social. Au lendemain de l'indépendance, est nommé pacha de la ville un résistant du parti de la Réforme Marocaine (intégré dans le parti de l'Istiqlal après l'indépendance), ancien secrétaire de la compagnie d'électricité de Chefchaouen. Il reste en poste jusqu'en 1961 et fait partie de l'élite urbaine Istiqlalienne qui a exercé le pouvoir dans les premières années de l'indépendance avant d'en être écarté. Sa gestion a été jugée trop coercitive au niveau de l'application des règles juridiques et fiscales, se souciant peu des us et coutumes dans une région qui perdait tous ses atouts (recrutement dans l'armée, travail saisonnier en Algérie, recul du secteur artisanal et commercial...). La parenthèse istiqlalienne durera jusqu'en 1963, correspondant à la période "d'épuration" des fonctionnaires de l'Istiqlal [88].

Lors des élections communales de 1960, 17 élus sur 21 étaient Istiqlaliens. Il s'agissait de membres de familles Andalouses ou *Chorfa* (Alami, Harras, Ayssar) et 10 personnes de familles originaires de la périphérie (surtout de Khmas), mais installés à Chefchaouen depuis deux à trois siècles (Tlidi, Boudiab, Riane...) En fait, seul un Istiqlalien était nouvellement installé à Chefchaouen. Ces élus Chefchaouni faisaient partie souvent de l'élite traditionnelle puisque parmi eux nous recensons 12 commerçants (la plupart sont également propriétaires fonciers, mais la moitié d'entre eux sont issus de familles modestes d'artisans (4) ou de *taleb*), un propriétaire foncier, un fonctionnaire, un instituteur et deux artisans.

L'élite politique locale qui a "fait de la résistance" se retrouve à la tête de la gestion de la ville : le pacha, son khalifa ou le président du conseil municipal avaient été emprisonnés par les autorités espagnoles à Chefchaouen même et bénéficiaient d'une popularité, et d'une légitimité auprès de la population locale.

Comme le souligne Remy Leveau il n'y a pas eu de rupture entre les élites locales, avant et après l'indépendance. Tout concourt à affirmer leur particularisme. Culturel d'abord, par la référence au modèle espagnol et à une formation souvent acquise à Madrid et Grenade ou au Caire pour ceux d'entre eux qui sont passés par les Quaraouiynes de Fès[89]. Politique ensuite, par un rôle "mitigé" qui s'est traduit par une opposition à la pénétration coloniale espagnole, une collaboration avec les nationalistes contre le protectorat français bénéficiant en cela d'une certaine tolérance des autorités espagnoles[90] (la zone Nord et Chefchaouen a souvent servi de refuge pour les nationalistes du "Sud"), une dilution dans le mouvement national, puis une réaffirmation face à la "bureaucratie du Sud".

88- P. DEMAS. p.117-118.
(la moitié des caïds nommés dans la période comprise entre 1956 et 1960 quittent la scène et ce sont les anciennes élites rurales qui réintègrent l'administration en tant que caïds ou présidents des conseils communaux).

89- Dès 1928, des missions d'étudiants Tétouanais ont été envoyées à Naplouse, suivies de deux missions au Caire en 1938.
Voir M'hammad BENABOUB "Les missions culturelles de Tétouan au Moyen Orient : la mission à Naplouse et les missions au Caire" in "Elites et pouvoir dans le Monde Arabe pendant la période moderne et contemporaine" Université de Tunis. C.E.R.E.S Série Histoire n°5 - Tunis 1992.

90- Les relations controversées entre le mouvement nationaliste du Maroc Khalifien et les autorités du Protectorat espagnol ont été bien relatées par Abdelmajid BENJELLOUN "Le pouvoir colonial espagnol et le mouvement nationaliste marocain dans l'ex-zone d'influence espagnole au Maroc -1930-1956" in "Elites et pouvoir dans le Monde Arabe" op. cit.

Dès 1963, Chefchaouen a été touchée dans un mouvement d'épuration d'ensemble qui a débouché, dans un premier temps, par le remplacement du *pacha* et de son *khalifa*, puis par l'octroi de la gestion de la municipalité à un ancien militaire ayant exercé des fonctions d'autorité sous le protectorat espagnol. C'est la période de reconquête du pouvoir par le F.D.I.C, parti qui se distingue par "la défense d'intérêts locaux allié à la bureaucratie et à la monarchie contre des forces qui voudraient modifier le statuquo"(91). Jusqu'en 1976, le Mouvement Populaire va tenir les devants de la scène avec une forte implication des autorités locales : seule une partie de l'élite urbaine participe à la gestion de la ville.

Ce marasme économique et politique va se traduire socialement par une hémorragie continue des éléments les plus avancés de l'élite locale. Ceci a commencé dès 1956 avec la visite de Mohamed V dans les provinces du Nord et le recrutement dans l'armée des éléments ayant un minimum de formation (c'est ainsi que nous retrouvons de hauts gradés dans les familles Rahmouni, Alami, Ben Hmed, Krikech, Riane...).

Face à la chute de l'artisanat et du commerce, petits artisans, commerçants ou propriétaires fonciers ont tous, suivant leur capital culturel et relationnel, investi dans la formation de leurs enfants. Un bref aperçu de l'infrastructure scolaire(92) montre un effort des pouvoirs publics aux lendemains de l'indépendance puis, un arrêt qui va durer près de 30 ans. En 1970, il y avait bien des revendications pour la construction d'un collège à Chefchaouen mais le "désenclavement" et l'augmentation de la fluidité de la circulation entre les villes ajoutés à l'absence d'établissements de formation supérieure ont joué dans le sens d'une orientation des flux d'étudiants Chefchaouni vers les grandes villes du Nord, essentiellement Tétouan et l'Espagne. Nous retrouvons deux types de formation chez l'élite urbaine de Chefchaouen. Le premier traditionnel, concerne le passage par la Quaraouyine et l'Egypte. (voir encadré 1). Le second est davantage orienté vers l'Espagnol et les grandes villes du Nord (voir encadré 2).

91- R. LEVEAU op. cit. p.205.

92- Etablissements scolaires d'enseignement fondamental 1° et 2° cycle.

	Etablissement	Année	Nombre de salles
Premier cycle	My Ali Ben Rached	1930	12
	Hassan Abi Joumana	1936	10
	My Ali Nawazly	1958	10
	El Kods	1980	10
	Soulayman Hawat	1982	10
	A. Torres	1984	10
Deuxième cycle	Imam Chadli	1935	08
	El Machichi	1956	24
	Hassan I	1984	30

***Source** : Délégation Provinciale du Ministère de l'Education Nationale - Chefchaouen.*

❶ "M.C. est le fils d'un petit commerçant ambulant (commerce d'épices) de Chefchaouen. Si son grand-père était "mouaddine", l'activité principale de ces khmassis de 3ème génération était le "draz".

Après ses premières classes à l'Institut Islamique de Chefchaouen, il refuse le travail avec son père qu'il juge insuffisant et impossible pour acquérir son "indépendance" (il recevait alors 10 Dh par mois). A l'occasion de l'envoi d'une "mission" à Fès, M. C. est pris parmi les élèves (y figuraient alors Mohamed Zitane, la "mission" suivante a vu la participation du professeur El Haras, Abdelkader El Afia, le futur secrétaire général du Ministère des Habous et des Affaires Islamiques...). A Fès, le logement est gratuit et les élèves assurent leurs études par la lecture du Coran. En 1953, date de l'exil de Mohamed V, l'université Quaraouiyine [93] est fermée et les élèves de Chefchaouen sont renvoyés à Tétouan. M. C. fait une "quête" avec d'autres élèves auprès des notables, artisans... et arrive à collecter l'argent nécessaire pour aller continuer ses études au Caire. De retour au pays, il obtient un poste d'enseignant à Chefchaouen. Très tôt, (1960) il crée la revue "chiraâ" avec quelques amis enseignants. Il se présente dès 1963 aux élections municipales sous les couleurs du P.D.I [94]. Il est réélu pendant près de 30 ans (jusqu'en 1992) et mène une vie syndicale active au secrétariat de l'Union Marocaine du Travail. En 1992, il est derrière la constitution de l'Association Ibn Machich pour la sauvegarde du patrimoine. Au sein du conseil municipal, il a assuré lors de son dernier mandat (1983-1992), la présidence de la commission d'urbanisme. Il a aussi fait quelques opérations de "promotion immobilière" tout en créant une coopérative de construction (coopérative El Fath de 28 adhérents, actuellement inactive).

L'ensemble de son "investissement" a été mis dans la formation de ses enfants. Ses trois fils et ses deux filles ont tous une formation universitaire à Casablanca et Tétouan (licence en droit, sciences économiques...)".

❷ "M. H. est originaire d'une famille andalouse. Il a 64 ans, si son grand-père était *"Kharaz"* (cordonnier) avant l'arrivée des colons, son père était *Fqih* dans la grande mosquée de Chefchaouen. Fils aîné d'une famille de sept enfants (quatre garçons et trois filles), il obtient son "baccalauréat" Espagnol dans les années 50 et intègre la fonction publique (le ministère de la justice) à Chefchaouen jusqu'en 1967. Il décide alors de s'installer à Tétouan et poursuit ses études en droit à la faculté de Grenade. Son installation à Tétouan est définitive, il prend sa retraite de la fonction publique en 1992 et entame une carrière d'avocat. La formation de ses enfants reste une de ses priorités :

- son aîné (36 ans) a poursuivi des études d'ingénieur à Casablanca,
- son cadet (34 ans) a arrêté ses études au baccalauréat Espagnol obtenu à Tétouan,
- son benjamin (32 ans) a fait ses études d'Architecture à Rabat. Il est actuellement architecte dans la municipalité de Chefchaouen.
- de ses trois filles nées à Tétouan, la plus jeune (19 ans) est étudiante à la faculté de Lettres de Tétouan. La cadette (25 ans) a une formation d'informaticienne à Casablanca. L'aînée (29 ans) poursuit toujours ses études en Espagne".

93- Université Islamique de Fès.

94- Parti démocratique de l'indépendance fondé par Mohamed Bel Hassan Ouazzani (à partir de 1960 P.D.C Parti démocratique constitutionnel).

Qu'il s'agisse de l'un ou de l'autre cas, l'acquisition d'un savoir, la mobilité sociale par l'école et la formation sont des caractéristiques qui puisent leurs racines dans le fond culturel Chefchaouni. Ainsi voit-on une solidarité (participation financière collective) se développer pour aider les membres de la collectivité les plus aptes à progresser dans leurs études et intégrer l'université. En tant que valeur propre à la société locale ; la distinction par le savoir et le respect pour son détenteur, sont des caractéristiques intrinsèques de l'élite locale.

S.S.4- 1975 à nos jours : Redynamisation économique, continuité et "fractures" de l'élite locale.

Cette période reste marquée par quatre faits majeurs, dont, la promotion administrative de Chefchaouen en tant que province (1975) constituera le véritable catalyseur. En effet, l'arrivée des fonctionnaires "du Sud" et l'implantation des différents services extérieurs dans la ville vont être à la base de la reprise économique de la moitié des années 70 qui voit en même temps : un développement du tourisme, un regain des apports (quoique peu significatifs) des travailleurs marocains à l'étranger, et une nette augmentation des cultures spéculatives (pendant ces vingt dernières années) dans la périphérie proche de Chefchaouen (principalement chez les Ghomara).

Assurément, nous pouvons relever la forte corrélation qui existe entre **la promotion administrative et le développement des commerces et services**. Ainsi, le nombre des établissements commerciaux va plus que doubler dans la période intercensitaire 1971-1982, (passant de 403 locaux à 882 [95]). Une situation qui va connaître cependant un ralentissement lors des quinze dernières années (1171 établissements en 1992, soit une augmentation de 33%[96]) mais qui montre surtout une réponse aux besoins de base de la population (en forte progression) et de la demande touristique. Le rôle commercial de la ville ne connaîtra toutefois, pas de changement ; les centres ruraux continuent à proliférer dans la périphérie immédiate de Chefchaouen (Bab Taza, Bni Derkoul, Bab Berred...).

Si les services d'entretien et de réparation ont suivi la même logique que celle des commerces, les services spécialisés ont connu un étoffement relatif dans la même période avec la multiplication du nombre d'avocats, de médecins, pharmaciens mais également des banques, assurances.... [97].

C'est dans le même sens qu'il faut relever l'importance du nombre de fonctionnaires qui concerne 1748 personnes en 1982 contre seulement 370 en 1971 (soit une augmentation de 372%), la création à partir de 1975 de cinq entreprises de construction avec registre de commerce (alors que jusque là, il n'existait que des maalem avec des salariés) et la multiplication des emplois dans le secteur des B.T.P (163 en 1971 contre 710 en 1982).

Le mouvement d'urbanisation déclenché durant cette période[98] va ouvrir de nouvelles terres à l'urbanisation: de la médina et du noyau colonial vont se développer de nouveaux

---

95- J. MOUHAMER. op. cit. p.488.

96- Direction de la statistique 1992.

97- Il faut relever qu'en tant que chef lieu de Province, le niveau d'équipement privé de Chefchaouen reste l'un des plus bas.
Voir IRAKI Aziz et SOUAFI Mohamed "Equipements et services, armature urbaine et stratégie d'aménagement". in Annales Marocaines d'Economie n°3 - 1992..

98- Le nombre de permis de construire délivré entre 1975 et 1987 est six fois plus important que celui de la période précédente (1960-74). Le nombre de construction connaît une augmentation de 63%.

quartiers le long de la route menant à Tétouan. **L'augmentation des valeurs foncières** va encourager la pratique de lotissements privés[(99)]. La bataille pour la valorisation du patrimoine foncier privé va s'ouvrir avec la nouvelle charte communale de 1976 et les nouvelles attributions du président du conseil municipal : de nouveaux acteurs apparaissent.

Parallèlement, **le secteur touristique** va connaître une certaine expansion avec la création de quinze petites pensions et trois hôtels de une à deux étoiles; ce qui permet d'atteindre 468 lits en pension non classées et 410 lits dans les hôtels classés (soit une multiplication par 4,8 du nombre de lits en pension entre 1975 et 1995). Pour les hôtels, il n'y a eu qu'une faible augmentation vu la taille des hôtels et la fermeture de l'un d'entre eux (hôtel Magou).

Ceci correspond à l'évolution du nombre des arrivées ou des nuitées dans la ville qui montre une courbe ascendante durant les années 80 et enfin la chute enregistrée après la guerre du Golfe [(100)]. Ce tourisme touche essentiellement une clientèle venant d'Espagne (53% des arrivées) et accessoirement de France (13%), d'Allemagne (6%) des Etats Unis (3,2%) ou d'Italie (2,3%). Il a besoin du relais des agences de Tanger et de Tétouan, et subit les aléas d'un tourisme orienté par les tours-opérateurs européens. Mais le brassage que permet le tourisme depuis ces vingt dernières années montre aussi l'émergence de nouveaux acteurs qui ont pris conscience de la richesse culturelle de leur ville pour sa promotion touristique.

Contrairement à l'ensemble des secteurs précités, celui de **l'artisanat** va continuer à régresser dans sa part liée aux emplois directs. Commerces, services, B.T.P et emplois administratifs vont connaître un bond de près de 13 points entre 1971 et 1982 (passant de 50,05% à 62,96%) alors que dans le même temps, l'industrie et l'Artisanat régressent de près de 4 points.

Cependant, l'artisanat continue à participer pour près de 22% à l'emploi direct. Il constitue, sur le plan social, un secteur stratégique dans la ville puisqu'il occupe 285 artisans membres de dix coopératives, près de 1400 artisans non organisés et une main d'oeuvre employée de 1587 personnes auxquels il faut ajouter les artisans à domicile estimés à mille[(101)]. Le maintien de ce secteur, alors que sa production reste destinée en grande partie au marché local, l'exportation ayant un caractère résiduel, montre son adéquation à la demande locale aussi bien urbaine que rurale. L'évolution des différentes sous-branches montre aussi cette adaptation avec le maintien de celle de la confection, du tissage ou des babouchiers et la multiplication des menuiseries qui a suivi le boom de la branche des

99- Nous avons pu recenser la création de 10 lotissements privés autorisés, alors que les autorisations de construire concernant plus de 3 logements s'élèvent à 246 entre 1985 et 1994 (Municipalité de Chefchaouen).

100- Tourisme 1985-1991

Années	Arrivées	Nuitées
1985	18.547	23.395
1986	19.479	23.816
1987	-	-
1988	23.676	29.872
1989	26.263	33.272
1990	24.233	31.875
1991	19.946	26.765

***Source** : Délégation du Tourisme de Tétouan*

101- SDAU de Chefchaouen 1993. Direction de l'Urbanisme et de l'Architecture.

B.T.P[102]. Mais le secteur artisanal reste plus conçu comme "moyen de subsistance que comme moyen d'accumulation"[103] malgré le développement de coopératives qui chercheraient à conquérir des marchés extérieurs.

Enfin, **l'industrie** presqu'inexistente depuis les années 70, n'a bénéficié que d'une volonté affichée (par les autorités provinciales et le conseil municipal) depuis une dizaine d'années pour la création d'une zone industrielle de 20 hectares (retenue dans le Plan d'Aménagement et le Schéma Directeur). Dans les faits, nous n'enregistrons qu'une briqueterie créée en 1988 par des Chefchaouni (employant quelques 23 personnes) et une usine de confection (prêt à porter) pour l'export créée par un homme d'affaires de Bni Hmed installé à Tanger. L'usine qui employait près de 250 personnes n'a fonctionné que pendant quelques mois entre l'hiver 95 et le printemps 96. Enfin, cinq boulangeries industrielles ont été créées dans les années 80 employant quelques 38 personnes.

Même si Chefchaouen bénéficie de crédits avantageux (dans le cadre des accords avec l'Union Européenne pour le développement de la zone Nord) plusieurs entraves à l'investissement industriel sont relevées par les banquiers de la place: localisation, éloignement d'un port, manque de main d'œuvre qualifiée, inexistence d'une zone industrielle, faible initiative locale et inadaptation aux normes "modernes" de gestion exigées par les organismes financiers...

C'est dans le même sens qu'il faudrait analyser les apports très mitigés de nouveaux acteurs : **les résidents marocains à l'étranger, les trafiquants de kif** (Cannabis) **et les petits cultivateurs de kif de la périphérie urbaine**.

En effet, nous pouvons lire cette situation à travers l'augmentation des dépôts bancaires disponibles de Chefchaouen (54,4 millions de Dh en 1993), et la faible part des crédits accordés (18 millions de DH). Comme les autres villes du Nord, Chefchaouen n'utilise que 20% des dépôts constitués alors que 40% sont appliqués aux besoins financiers de Casablanca, les 40% restants constituent un fonds institutionnel de réserve monétaire) [104].

Plus précisément, l'importance et l'apport des résidents marocains à l'étranger (R.M.E) restent relativement faibles comparés aux centres urbains du Rif Central [105]. Ainsi, chez les Bni Khaled voisins, une enquête sur 46 douars a pu recenser quelques 64 résidents marocains à l'étranger ayant réalisé un investissement. Seuls deux d'entre eux l'ont fait dans la ville de Chefchaouen [106]. Ce chiffre reste encore faible chez les Ghomara [107]. Sur une

---

102-

Métiers	Artisans	Apprentis
Tisserand	98	106
Tailleur artisanal	47	79
Tailleur moderne	20	28
Babouchier et maroquinerie	29	38
Menuiserie	50	140
Total	244	391

***Source** : Délégation Provinciale de l'Artisanat 1993.*

103- J. MOHAMER p.487.

104- Source : Bank El Maghrib cité par le SDAU.

105- Voir pour Imzouren et Bni Bouayach : EL MOSSATI Lhadi "la dynamique urbaine actuelle dans le Rif central" mémoire DESAU - INAU - Rabat 1993.

106- SAHMOUDI Najib "L'émergence de la ville dans le pays Ghomara : le cas de la tribu des Beni Khaled et de son chef lieu Bab Berred". Mémoire DESEAU - INAU - Rabat 1997.

107- Périphérie immédiate de Chefchaouen qui connaît surtout une émigration interne.

centaine d'émigrés ayant investi sur un échantillon de 482, A. Ahmadan n'a pu recenser que 8 investissements à Chefchaouen contre respectivement 43 et 23 à Tétouan et Tanger (108). Malgré le caractère partiel de cette information, elle indique la faible attraction qu'opère la ville sur cette catégorie d'acteur. En dehors de l'investissement pour la construction d'un logement dans le quartier périphérique de Aïn Haouzi ou l'obtention d'un lot dans les lotissements privés, l'investissement réalisé par les R.M.E n'a touché que quelques commerces et plus particulièrement une boulangerie moderne et un café dans la zone résidentielle. Seul un R.M.E a réalisé un ensemble avec des douches modernes et quelques neuf logements.

Le développement des cultures illicites dans la périphérie immédiate de Chefchaouen depuis la moitié des années 70 a provoqué de fortes transformations sociales. Si Chefchaouen, petite ville à très forte interconnaissance a présenté moins d'atouts pour l'installation des trafiquants de kif, elle a développé dans le même temps un tourisme tourné vers la consommation de kif. Chefchaouen est devenue un centre-étape pour des consommateurs européens qui trouvent dans les petites pensions les conditions idéales (logement et nourriture bon marché, fourniture et consommation de kif sur place). Dans le même temps, les petits cultivateurs de kif de Khmas et des Ghomara ont pu, avec l'augmentation de leurs revenus, s'ouvrir des possibilités d'installation dans les quartiers périphériques de la ville (surtout à Aïn Haouzi - voir infra). Cette pratique ne concerne par contre que peu d'agriculteurs des Bni Kahled : sur 353 personnes ayant investi dans une ville du Nord, seuls quatre l'ont fait à Chefchaouen par la construction d'un logement, le reste se répartit entre les villes de Tanger et Tétouan(109).

Située actuellement au coeur de la zone de culture du kif, Chefchaouen ne pouvait que connaître une certaine évolution des mœurs, mais celle-ci ne peut être comparée à la situation des grandes villes du Nord (Tanger et Tétouan) où les trafiquants sont devenus "des exemples" pour la jeunesse. Ici, le blanchiment d'argent est difficile, Chefchaouen ne reçoit que très peu d'investissements de la part des trafiquants de kif (moins de 5% pour les trafiquants de Ghomara d'après Ahmadane (110)). Si un grand trafiquant de Bab Berred a eu des marchés d'Etat pour son entreprise de B.T.P. dans les années 80, ce dernier a vite fait de répartir sur Tétouan. C'est dans l'immobilier que l'on a pu recenser cinq opérateurs, le plus important a réalisé 25 logements et 16 garages. Le seul qui ait investi dans un petit hôtel de 27 chambres a connu des problèmes lors de la vague d'arrestation de 1995-96 (l'hôtel est fermé actuellement). Ainsi, les secteurs d'investissement correspondent assez bien à ceux des trafiquants Ghomari (111), mais leur volume reste très faible. Comme toujours pour les activités illicites, il est difficile de porter un jugement précis sur la véritable portée économique et sociale du développement des cultures de kif sur la ville. Mais, comme pour le reste des activités dans la région, Chefchaouen ne semble avoir bénéficié que d'apports certes résiduels, mais qui sont loin d'être négligeables (petits dealers, pensions, constructions dans les quartiers périphériques...).

108- A. AHMADANE "L'évolution récente d'un espace rural périphérique marocain : le pays Rhomara" op. cit.- p. 526.

109- N. SAHMOUDI op. cit.

110- AHMADANE est arrivé à la répartition suivante : Tétouan 17%, Tanger 12%, Fès 10%, Chefchaouen et le pays Ghomara 5%, Casablanca Rabat et le Sud 28%, le reste dans les achats de terres dans le Rharb, le Loukkos...

111- A. AHMADANE en donne la répartition suivante : 42% dans l'immobilier, 38% corruption et dépenses somptuaires, 11% dans les cafés, hôtels et restaurants, 9% dans l'industrie et l'agriculture moderne.

Ce bref aperçu des nouvelles transformations économiques dans la ville permet de mieux mesurer les mutations engendrées au niveau des différentes couches sociales. L'augmentation des valeurs foncières va constituer le véritable renouveau de l'élite traditionnelle qui peut désormais, faire quelques petites opérations de promotion immobilière à partir d'un patrimoine foncier souvent hérité. Les familles de commerçants, d'artisans et d'enseignants sont toutes concernées ! L'enjeu du foncier va faire apparaître davantage les motivations de ces familles dans la gestion urbaine. L'élargissement de la demande locale avec l'arrivée d'une masse de fonctionnaires va aussi leur permettre une redéploiement vers des commerces et services plus spécialisés (équipement ménager, boulangerie moderne...) Le tourisme, par contre, ne touchera que la frange de cette élite qui était déjà ouverte sur l'extérieur (ayant souvent résidé ailleurs et revenu à la ville d'origine), alors que les "étrangers" représentent 40% des propriétaires de pensions et hôtels(112).

Dans le même temps, la multiplication des possibilités d'intégrer des établissements de formation supérieure à Tétouan (Ecole Normale, facultés des Sciences et des Lettres) et l'octroi de bourses a permis une multiplication rapide de jeunes diplômés. L'étude de la mobilité socioprofessionnelle inter-générationnelle réalisée par J. Mouhamer montre, pour la génération arrivée à l'âge adulte entre 1972 et 1980, une orientation vers la formation pour l'ensemble des couches sociales. Ainsi, les artisans ont assuré à 50% de leurs enfants une formation leur permettant de devenir des cadres intermédiaires. Les commerçants, malgré une transmission du capital et de la profession à 50% de leur progéniture, ont assuré à 26,7% d'entre elle des études longues leur permettant de devenir des cadres supérieurs. Enfin, cadres supérieurs et cadres intermédiaires ont permis une formation à leur fils dans plus de 83% de cas, ce qui permet de les retrouver : pour les premiers à 50% dans la fonction publique, le reste en tant que cadres intermédiaires ; pour les seconds à 33,3% dans la fonction publique et 33,3% comme cadres intermédiaires. Après l'intégration des plus nantis (en diplôme ou en "connaissances") dans l'administration locale, Chefchaouen connaît déjà son lot de diplômés - chômeurs et ses mouvements de protestation (manifestation, sitting en face du siège de la Province en Septembre 1996).

A "l'ouverture" de la ville sur l'extérieur par l'arrivée massive de "fonctionnaires du Sud" a correspondu aussi l'arrivée de nouveaux acteurs : ceux des professions libérales "étrangers" à la ville. Ainsi, quinze des vingt avocats que compte la ville viennent de l'extérieur, de même que deux médecins et deux pharmaciens. Seuls cinq avocats, un architecte, un dentiste et un pharmacien sont originaires de Chefchaouen. Les Chefchaouni anciennement formés ont pris l'habitude de s'installer dans les grandes villes du Nord ou à Casablanca.

Les nouvelles générations sont de plus en plus en contact avec ces apports de l'extérieur. Le côté traditionnel (artisanat - commerce) laisse de plus en plus la place à une ville de fonctionnaires, de diplomés-chômeurs, enseignants, avocats qui revendiquent une place dans la ville. Ils occupent la ville nouvelle et ses cafés (café spécialisé dans le jeu d'échecs, café des syndicalistes...), de même que la scène associative ou le parti de l'Union Socialiste des Forces Populaires. A Chefchaouen, ce qu'il conviendrait d'appeler la nouvelle élite n'a pas le même patrimoine que l'élite traditionnelle (patrimoine foncier, *chorfa*, enracinement au terroir des vieilles familles andalouses...). Elle entre en compétition avec elle et accuse cette dernière d'abus dans la gestion des affaires de la cité. L'occasion de

112- Liste des pensions et hôtels. Municipalité de Chefchaouen 1997.

s'affirmer lui sera offerte lors des élections communales de 1992 et à travers le développement du mouvement associatif à partir du début des années 90 (voir infra).

Un bilan, reprenant l'ensemble des membres élus dans les différents conseils municipaux depuis 1960, montre plusieurs caractéristiques propres à cette ville ancienne où le "savoir" a toujours eu une grande place. Ainsi, plus de 32% des élus sont issus de l'enseignement. Si l'on ajoute les fonctionnaires, avocats, journalistes, ce chiffre atteint plus de 57%.(voir tableau 1)

Tableau n° 1 : Profession des élus du conseil municipal (1960 - 1992) Chefchaouen

Profession	Nombre	Pourcentage	
Enseignant	21	32,8	
Fonctionnaire	14	21,9	57,8
Avocat, Journaliste	02	3,1	
Commerçant	17		26,6
Artisan	05		7,8
Propriétaire foncier **	01		
Entrepreneur B.T.P	02		7,8
Industriel	01		
Hôtelier	01		
Total	64		100

** *Les données de la municipalité ont dû être corrigées.*

Les commerçants sont certes fortement représentés (26,56%), mais ils n'ont joué un rôle important que lors du premier conseil où ils restaient majoritaires. Depuis, leur proportion à diminué de façon significative pour ne représenter que 12% des élus dans les conseils suivants. Depuis 1963, ce sont soit des enseignants, soit un journaliste qui ont été à la tête de la gestion de la ville [113]. Ils représentaient chacun des intérêts divergents, mais ils font tous partie d'une intelligentsia urbaine de formation traditionnelle ou moderne très présente dans la ville.

Les autres professions sont faiblement représentées. Elles montrent soit des activités nouvelles (entrepreneur dans les B.T.P, hôtelier, industriel) intéressant très peu de personnes, mais qui ont acquis une notoriété dans la ville par leur rôle novateur dans le secteur, soit l'activité traditionnelle artisanale toujours en régression, plus représentée dans ses organes propres (*amine* des corporations).

Depuis 1963, l'élite politique a été choisie parmi ce nombre élevé d'enseignants, d'avocats, de journalistes. L'origine géographique des élus locaux montre une permanence des vieilles familles de Chefchaouen ou de la périphérie qui se sont installées depuis plusieurs générations. Ils représentent à eux deux 64,4% des élus qui ont passé au moins un mandat à la municipalité de Chefchaouen depuis 1960 (voir tableau). Les élections

113 - 1969 : Omar Hassan Hamidoun, enseignant
- 1976 : Omar Hassan Hamidoun, enseignant
- 1983 : Med Saad Alami, journaliste
- 1992 : Med Saadoun, enseignant, directeur de l'enseignement.

législatives de 1963 ont ainsi vu le "siège emporté par un candidat Istiqlal, né à Chaouen et revenu dans cette ville pour enseigner à l'Institut Islamique local, après des études à la Karaouyne" (114). Depuis, deux figures de "stature nationale" se partagent les deux postes de député (1983-1992) :- le premier, originaire de Bni Hmed, avocat à Marrakech et membre du Bureau Politique de l'Union Constitutionnelle -le second, originaire de Chefchaouen a très tôt commencé ses études à Rabat avant de rejoindre le Caire pour des études de journalisme. De famille traditionnellement Istiqlalienne, il fait partie du bureau politique de l'Istiqlal et revient régulièrement dans cette ville qu'il a géré dans les années 80 (1983-1992).

Cette domination de la vie politique par des familles traditionnelles locales n'a cependant pas toujours été sans heurts. La grande parenthèse de 1963 à 1976 a connu la mise en avant d'anciens caïds de la colonisation ou de nouvelles élites, surtout issues du corps enseignant et de fonctionnaires du Sud qui ont eu en main la gestion de la ville tandis que les compétences des instances élues restaient dérisoires devant celles de l'autorité locale. Ceci explique un pourcentage de plus en plus élevé d'élus originaires de la périphérie de Chefchaouen ou d'autres milieux urbains durant cette période(voir tableau 2)

Tableau n°2 : Origine des élus locaux dans les différents conseils municipaux depuis 1960 Chefchaouen

Mandat	Chefchaouen	Nés à Chefchaouen, installés plusieurs générations (périphérie)	Nés à l'extérieur de Chefchaouen
1960-63	07	08	04
1963-69	04 *	03	03
1969-76	04	01	03
1976-83	03	00	07
1983-92	07	01	03
1992-97	08	01	06
Total	33	14	26
%	45,2	19,2	35,6

Source : Municipalité de Chefchaouen et enquête personnelle.
** chaque élu n'est comptabilisé qu'une seule fois.*

Les élections de 1983 vont constituer un tournant dans la vie politique locale et "le retour aux affaires" des vieilles familles Istiqlaliennes durant près de neuf ans. Mais les grandes mutations de la fin des années 80 voient l'apparition de nouveaux acteurs, d'une nouvelle élite qui apparaît à travers le nouveau conseil municipal de 1992 où la part des élus nés dans d'autres milieux urbains atteint 40%.

Au sein des différentes professions, la désignation des *amine* reste aussi pour nous, une occasion pour repérer des élites locales potentielles. En effet, depuis le début des années 80, l'organisation de certaines professions passait par la désignation d'un représentant de chaque profession auprès de l'autorité locale. A Chefchaouen, la désignation des *amine* se fait suivant la procédure suivante :

114- R. LEVEAU. op. cit. p.108.

- Convocation par lettre de tous les membres (par l'autorité locale) pour la réunion - élection.
- La réunion est présidée par l'autorité locale représentée par le *pacha* et coprésidée par le *mohtassib*.
- L'ouverture d'un registre est assurée par le membre le plus âgé et un secrétaire (le membre le plus jeune de la profession). Une fois les candidats listés, l'élection se fait à bulletin secret.

Cependant, nous précise le responsable du bureau des affaires économiques de la municipalité de Chefchaouen, très souvent il y a déjà entente sur une personne choisie par le groupe pour son expérience, son impartialité et sa connaissance du métier. La procédure n'est pas suivie alors, on désigne dés le départ la personne choisie. Lorsqu'il s'agit de métiers qui se transmettent de père en fils on laisse souvent à une famille le soin de représenter la profession. Ainsi en est-il de la famille El Firdaoussi chez les tisserands, Laamarti chez les commerçants de tissu ou Lghouri chez les tanneurs. Pour les professions plus "récentes" nous retrouvons encore des familles traditionnelles Chefchaouni à leur tête : El Haras pour la construction, El Qouar chez les bazaristes, El Alami pour la couture moderne, la photographie et la coiffure, Rahmouni chez les menuisiers et les bouchers..... Ces représentants des commerces, services et artisanat (au nombre de 22 en 1992) ont toutes les caractéristiques de l'élite locale : ayant un enracinement et une certaine notoriété auprès de leurs pairs, ils bénéficient de la confiance de l'autorité locale qui les charge de régler les différends qui peuvent jaillir au sein de leur profession, mais également d'assurer le bon approvisionnement de la population en certains produits... Il faut souligner ici que les familles traditionnelles Chefchaouni ne sont pas représentées dans les petits métiers (porte faix, réparation radio, ferronniers) ou dans les activités artisanales en déperdition (depuis l'élection de 1992, ce n'est plus la famille El Ghouri qui représente les tanneurs, mais Makhchane, un récent émigré des Khmas).

Un autre lieu d'observation de l'élite locale concerne les élections de la Chambre de l'Artisanat de Tétouan, et la section de Chefchaouen (qui délivre les autorisations d'exercer et organise les réunions des coopératives). Ces élections montrent depuis 1989 une prédominance de *l'amine* des menuisiers qui fût vice-président de la Chambre de Tétouan, réélu en 1993 et 1996. Face à lui, le nouvel *amine* des *deraza* est aussi membre du conseil municipal depuis 1992 et élu à la Chambre de l'Artisanat depuis 1993. Ces deux personnes représentent bien les tendances actuelles. La première concerne des vieilles familles Chefchaouni Istiqlaliennes qui ont occupé une activité artisanale en forte croissance avec le développement de l'urbanisation, la seconde touche surtout de nouveaux migrants ayant occupé la place dans des activités artisanales délaissées par les vieilles familles de Chefchaouen (*draz :* tissage traditionnel). Ils revendiquent un rôle dans le nouvel échiquier de la vie politique locale à travers leur adhésion à l'U.S.F.P.

Ainsi, à brosser à grands traits les premières caractéristiques de l'élite locale à Chefchaouen nous pouvons avancer quatre traits majeurs :

1- <u>Une grande continuité/ adaptation de l'élite traditionnelle</u> qui rend difficile le discours qui oppose élite traditionnelle et élite moderne. Les vieilles familles traditionnelles occupent toujours une place prépondérante dans la vie de la cité. Pour les besoins de leur reproduction, certains d'entre eux se sont intégrés dans la fonction publique au niveau central, d'autres ont pu investir dans les autres villes du Nord et bénéficier d'anciens réseaux de relation (tissés à travers les siècles), mais toutes les ouvertures ou opportunités locales ont été exploitées avant tout par ces familles qui bénéficiaient du capital financier, culturel, et relationnel nécessaire (intégration dans la fonction publique au niveau local, valorisation du foncier, développement des nouvelles activités commerciales ou artisanales).

2- La seconde caractéristique, corollaire de la première, restera certainement l'inexistence d'une nouvelle élite, de nouveaux opérateurs qui occuperaient de nouvelles activités économiques ou qui bénéficieraient d'une position de pouvoir (délégué par le pouvoir central) leur permettant de remettre en question la "suprématie" de l'élite traditionnelle. Cette question relève des rapports anciens entre l'élite locale et le Makhzen, qui ont toujours été très tendus mais aussi très mitigés. Le cooptage de l'élite locale au centre semble plus le fait de migrants Chaouni résidants des grandes villes. Il n'existe pas ici, de grandes fortunes réalisées pour services rendus au Makhzen, bénéficiant d'une position de pouvoir permettant le développement d'un réseau de clientèle. Ceci peut être le fait de quelques cas de l'élite traditionnelle mais même avec la cassure de 1963, nous n'avons pas vu émerger une nouvelle élite. Ce n'est que dernièrement qu'est apparue une élite en formation qui regroupe des cadres intermédiaires, avocats, enseignants, artisans...

3- De même, la relative fermeture de la ville et de son élite par un particularisme urbain exacerbé pourrait expliquer en plus des maigres potentialités locales, la faible présence d'investisseurs ou d'agents économiques externes à la région. Même les trafiquants de kif n'ont pas trouvé dans cette ville les bonnes conditions pour leur installation.

4- Chefchaouen, ville sainte, ville traditionnelle, connaît la prédominance d'une intelligentsia urbaine qui a pu obtenir les moyens de sa reproduction (développement des institutions de formation, promotion administrative de la ville...) et une place particulière dans le paysage politique local qu'il faudra interroger.

SECTION II/ COMPORTEMENT ÉCONOMIQUE D'UNE ELITE "TRADITIONNELLE", ET ÉMERGENCE DE NOUVEAUX ENTREPRENEURS

S.S.1- Élite économique et secteurs d'investissement

L'évolution des différents secteurs économiques imprègne le type d'élite économique que nous rencontrons dans la ville. Sans revenir sur l'historique des différentes conjonctures économiques qu'a connu Chefchaouen, nous pouvons isoler ses principaux secteurs d'investissement depuis sa promotion administrative (1975)) comme suit :

- Développement des grossisteries et de certains commerces spécialisés.
- Développement de la promotion immobilière et des activités liées au B.T.P.
- Développement du secteur touristique et de ses activités annexes.
- L'artisanat constitue de plus en plus un secteur de survie peu enclin à l'investissement (le développement de la menuiserie relève davantage du secteur des B.T.P).
- L'industrie ne bénéficie pas encore de suffisamment d'atouts pour connaître un investissement.

Si l'artisanat continue à occuper plus de 20% de l'emploi direct, les opérateurs Chefchaouni traditionnels se sont orientés de plus en plus vers les commerces et services et la promotion immobilière. Ils constituent un type d'acteurs particulier, parce que, bénéficiant du capital culturel, financier et relationnel nécessaire, ils ont été les premiers à réagir à des sollicitations de marchés avec la venue de fonctionnaires et de marchés d'Etat.

L'importance de la petite promotion immobilière

Entre 1985 et 1995, nous avons enregistré 246 opérations immobilières ayant obtenu une autorisation de construire et qui visent la création de trois logements et plus (voir tableau n°3).

Tableau n° 3 : Nombre d'autorisations de construire délivrées pour des ensembles d'au moins trois logements entre 1985 et 1994

Année	Nbre d'autorisations	Année	Nbre d'autorisations
1985	05	1990	17
1986	03	1991	21
1987	48	1992	51
1988	32	1993	13
1989	26	1994	30

Source : Municipalité 1996. Dépouillement personnel.

Seuls 30% de ces opérations ont été le fruit d'un petit promoteur immobilier (115). 70% des cas concernent soit des constructions familiales (le père construit des logements pour ses enfants, des frères s'associent dans une construction commune...) soit des opérations faites dans un but de promotion (vente ou location). Dans tous les cas de figure, ces chiffres montrent l'importance de la petite promotion immobilière "familiale" dans la ville. Toutes les familles qui possédaient un terrain hérité, n'ont pas hésité à le morceler et à le construire.

De même, la petite promotion immobilière retrouvée dans quelques 75 autorisations, montre sur 25 cas (petits promoteurs), une quinzaine qui impliquent des promoteurs originaires de Chefchaouen ayant réalisé leurs opérations à partir de terrains hérités. Toutes les familles traditionnelles Chefchaouni sont concernées : Alami, Essemar, Tlidi, Laamarti, Ben Mimoun, Bekkali, Rahmouni, Hadri, Zitane, El Ayssar.... Pour le reste, si nous retrouvons trois petits promoteurs "étrangers" (originaires des Bni Derkoul et de Guercif), les sept autres sont des Chefchaouni (artisans, bazaristes, commerçants) qui ont commencé par de petites opérations sur un patrimoine hérité et ont poursuivi par l'achat de terrains, construction et vente/location.

La petite promotion immobilière à Chefchaouen a ainsi intéressé une grande partie de l'élite économique Chefchaouni.

Le développement de quelques commerces spécialisés

Depuis 1975, l'activité commerciale de Chefchaouen est restée caractérisée par la

115- Ayant réalisé au moins deux opérations autorisées, ces chiffres visent moins à cerner l'importance de la promotion immobilière qu'à détecter les "entrepreneurs" qui sont derrière cette promotion. Toutes les opérations réalisées sans autorisation de construire ne sont pas prises en compte. De même que le cahier récapitulatif de la Division Technique (de la Municipalité) qui a permis ce recensement montre certains retards dans sa tenue.

multiplication des commerces de détail, la diminution de l'aire de desserte des grossistes et l'apparition de certains commerces spécialisés.

En termes de secteur d'investissement pour des "entrepreneurs éventuels", nous avons recensé une augmentation du nombre de grossistes et demi-grossistes en produits alimentaires (farine, thé, sucre...) passant de quatre à treize entre 1971 et 1990. Cette augmentation correspond certes à un accroissement de la population à desservir. Mais cette dernière reste essentiellement urbaine. Chefchaouen a une aire de desserte du commerce de gros de plus en plus réduite. El Dahan(116) a délimité ce rayonnement aux environs immédiats de la ville (Communes rurales de Talambot Sud et Derdara) pour le commerce de la farine et, à une distance de vingt kilomètres pour le thé et le sucre. Cette situation s'explique par la "concurrence" des souks ruraux, desservis de plus en plus par des grossistes installés dans des petits centres ruraux (Zoumi, Mokrisset,...). Le même auteur signale par ailleurs le foisonnement de nouveaux marchands-camioneurs ambulants qui desservent directement les petites épiceries rurales de la province.

Pendant cette même période, les commerces spécialisés ont connu une évolution constante, profitant des fonctionnaires d'immigration récente ou des petits producteurs de Kif de la périphérie. C'est ainsi que le nombre de commerces d'ameublement, de vente de matelas, de produits électroménager est passé de six à trente entre 1971 et 1993, de même que celui des matériaux de construction et des drogueries (39 établissements en 1997 contre sept établissements en 1971(117).

Si beaucoup de ces établissements sont de petits commerces(118), d'autres sont le fruit d'un investissement de l'élite économique locale.

L'agriculture : de grandes difficultés d'investissement

Tous les "entrepreneurs" issus de veilles familles Chefchaouni ont pu nous faire état de la possession d'un patrimoine foncier à la périphérie de la ville. Dans la majeure partie des cas, lorsque ce patrimoine était éloigné de la ville, il y a eu vente des terres. Avec le développement de la culture du kif jusque dans la périphérie immédiate de Chefchaouen (douar El Kelaa de la Commune Rurale de Talambot Sud) à la fin des années 70, la "bourgeoisie foncière citadine" de Chefchaouen semble avoir cédé ce patrimoine "gênant", ne pouvant elle même pratiquer ce type de culture. Cet état de fait se retrouve dans la faiblesse du patrimoine foncier citadin: 565 hectares pour 295 propriétaires, soit une moyenne de 2,6 hectares par propriétaire(119) dans une zone marquée par la micro propriété. Cette propriété foncière citadine concerne dans 63% des cas, des personnes ayant des terres à Talambot Sud (25,7%) ou Derdara (37,3%). En fait, il s'agit d'une majorité de migrants ruraux de la périphérie de Chefchaouen, la bourgeoisie terrienne Chefchaouni n'existe plus(120)! Pauvreté du milieu naturel, division des terres par

116- M. EL DAHAN "Chaouen et sa Région" Thèse de doctorat en géographie - Université de Tours 1996.

117- Pour plus de détails voir M. EL DAHAN. op. cit. p.206.

118- 73 établissements sur 85 n'ont pas été touchés par le fisc en 1989.

119- Recensements réalisés par M. El Dahan auprès des mokadmines op. cit

Propriétés foncières citadines des Chefchaouni

	Cercle de Bou Hmed	C. Bab Taza	C. Bab Berred	C. Mokrisset	TOTAL
Nbre Propriétaires	130	150	06	09	295
Superficie en ha	129	391	14	31	565

120- M. EL DAHAN op. cit. P.358, voir les catégories socioprofessionnelles des propriétés Chaounies.

héritage, développement de la culture du kif sont autant de facteurs qui ont pu limiter l'investissement de l'élite économique Chefchaounie dans l'agriculture.

Le recensement des crédits à moyen terme octroyés par la Caisse Régionale du Crédit Agricole (C.R.C.A) de Chefchaouen dans le cercle de Bab Taza laisse apparaître l'état que vit cette agriculture. Le financement concerne essentiellement l'achat d'animaux de rente, des plantations dans la commune rurale de Tanakoub, et quelques achats de matériel agricole (l'unité de production avicole de Derdara n'a pas fait appel à la CRCA pour son financement). A travers l'évolution de la masse de ce type de crédit et de son orientation (voir tableau n°4), nous constatons la faiblesse des projets d'investissements dans l'agriculture et un organisme de financement qui soutient de plus en plus la construction de logements, de commerces et services ou d'achat de camions. L'ensemble des crédits "fonds de roulement" concerne soit des artisans et commerçants de Chefchaouen soit des crédits de campagne octroyés aux petits agriculteurs de la périphérie qui cultivent du Kif. Une spéculation qui demande des frais de campagne importants (achat d'engrais, irrigation, main d'oeuvre...).

Tableau n° 4 : Les crédits à moyen terme (CMT) octroyés par la CRCA dans le cercle de Bab Taza entre 1991 et 1996

	1991			1992			1993		
	Nbre	CMT	%	Nbre	CMT	%	Nbre	CMT	%
Construction étable	1	24 000		3	46 000		0	0	
Achat animaux de rente	7	171 000		6	137 000		3	46 400	
Embouche	6	126 700		5	100 000		3	34 646	
Alimentation poussin	0	0		0	0		0	0	
Exploitation forestière	3	39 700		3	60 000		0	0	
Adduction d'eau	1	15 000		1	15 000		0	0	
Matériel agricole	0	0		6	351 000		1	26 260	
Plantation	0	0		0	0		1	5 000	
Habitat Rural	5	195 000	14,90	3	235 000		6	193 100	
Achat camions	2	700 000	53,48	2	290 000		0	0	
Four artisanal	0	0		0	0		0	0	
Construction café	0	0		0	0		0	0	
Aménagement local commerci	0	0		0	0		0	0	
Equipement station service	0	0		0	0		0	0	
Fonds de roulement	3	38 000		6	166 000		14	185 800	
Total	28	1 308 700		35	1 400 000		28	491 206	

	1994			1995			1996		
	Nbre	CMT	%	Nbre	CMT	%	Nbre	CMT	%
Construction étable	0	0		0	0		0	0	
Achat animaux de rente	2	15 150		2	35 350		3	56 140	
Embouche	5	138 000		6	160 000		3	96 000	
Alimentation poussin	0	0		1	25 000		0	0	
Exploitation forestière	2	26 000		0	0		0	0	
Adduction d'eau	0	0		0	0		0	0	
Matériel agricole	0	0		2	14 250		0	0	
Plantation	2	181 800		1	10 000		0	0	
Habitat Rural	5	638 232	29,05	6	355 800		0	50 150	
Achat camions	4	298 000	13,56	0	0		0	0	
Four artisanal	1	14 140		0	0		0	0	
Construction café	4	353 500	16,09	0	0		1	40 400	
Aménagement local commerci	5	70 082		1	25 500		0	0	
Equipement station service	0	0		1	199 980		0	0	
Fonds de roulement	27	461 500	21,01	69	2 039 500	71,17	60	2 153 400	89,87
Total	57	2 196 404		89	2 865 380			2 396 090	

Source : CRCA Chefchaouen. Dépouillement personnel.

S.S.2- Une élite économique traditionnelle

La recherche des opportunités locales : atouts et contraintes

Le terme de "traditionnel" par opposition à "moderne" pour qualifier l'élite économique relèverait aussi bien de l'origine sociale et familiale que d'un certain mode de gestion. L'élite traditionnelle serait ainsi une élite issue de familles Chefchaouni qui posséderait un certain héritage de la tradition qui se traduit dans un même passé socio-économique, des valeurs, une éthique religieuse et surtout un capital de relations au sein d'un réseau.

L'appartenance au groupe ou au réseau permettant l'enrichissement demande donc un minimum de "temps" pour l'intégration et élimine de fait, les nouveaux arrivés.

Dans le même sens, le traditionnel ne relèverait pas d'un quelconque système d'investissement minimum par opposition au moderne qui permettrait l'accumulation, la rentabilisation et les profits. Il concernerait un mode de gestion qui ne se baserait que sur des relations interpersonnelles et sur un capital de relations locales pour saisir, profiter des opportunités et permettre l'enrichissement. Par opposition, nous ne pourrons pas nous avancer dans le sens inverse : la modernité dans la gestion impliquant un éloignement des relations interpersonnelles et des rapports plus codifiés dans le sens d'une rationalité de type capitaliste. Bien au contraire, le patrimoine culturel (capital social, relationnel...) reste une constante du local qui peut être utilisé dans une logique de gestion qui intègre l'innovation et la prise de risque dans son projet d'entreprise.

Il faut reconnaître la justification empirique de ce travail, basé sur des entretiens qualitatifs avec des "entrepreneurs". Trois types de question ont balisé ces entretiens :

1/ L'origine familiale, la situation sociale de la famille d'origine, les bases de l'ascension sociale et le niveau d'instruction et de formation.

2/ L'investissement, l'épargne, la situation matrimoniale imbriqués dans la dynamique économique et sociale porteuse, inscrits dans des réseaux familiaux et relationnels, la légitimation et le rapport au pouvoir dans la ville.

3/ L'ouverture vers d'autres horizons et la place de Chefchaouen dans le projet économique.

Les "histoires" de vie qui présentent une exemplarité par des aspects répétitifs ou similaires nous amènent à proposer une typologie des cas qui présentent des similitudes dans la manière de gérer le capital social et économique (voir liste des cas présentés en note [121]).

121- Liste de cas présentés :

Cas n°1 : (A.F) Cherif Idrissite, ancien fonctionnaire, commerce spécialisé.

Cas n°2 : (E.R) D'origine andalouse, d'une famille installée depuis le XVII° siècle à Chefchaouen, riche héritier, propriétaire foncier, promoteur immobilier.

Cas n°3 : (T.L) Originaire des Khmas d'une famille installée depuis quatre siècles à Chefchaouen, bazariste.

Cas n°4 : (M.D) Originaire de Kelaa Sraghna, d'une famille installée depuis le début du siècle à Chefchaouen, promoteur immobilier.

Cas n°5 : (H.F) Originaire du Rif, d'une famille installée à Chefchaouen depuis la fin du XIX° siècle, grossiste en produits alimentaires.

Cas n°6 : (Z) Originaire des Khmas, d'une famille installée depuis quatre générations à Chefchaouen, industriel.

Cas n°7 : (B.M) D'origine andalouse, d'une famille installée depuis la fin du siècle dernier, bazariste et hôtelier (tourisme)

Cas n°8 : (H) D'origine andalouse, d'une famille installée depuis le début du siècle, hôtelier (tourisme).

A- Origines sociales et familiales et bases de l'ascension sociale

S'agissant de familles originaires de Chefchaouen, l'élite traditionnelle ne ressemble en rien au "self made man", entrepreneur parti de rien. Bien souvent, le niveau matériel de départ était peu élevé mais dans tous les cas rencontrés leur ascension a été entamée à partir d'une famille influente, d'un "nom" respectable, d'une activité commerciale, d'une rente foncière, d'un niveau de formation... Ces atouts se présentent avec une grande diversité. Le port du nom d'une famille respectable ou fortunée ne suffit pas. Une affaire familiale se doit d'évoluer avec la conjoncture économique du moment. Une expérience professionnelle nécessite souvent un capital initial et un réseau de connaissances pour trouver sa valorisation... Les cas de figure sont sans doute fort nombreux, mais nous illustrerons cette diversité à travers trois catégories (où le capital "famille" reste une constante : l'histoire de vie d'un individu ne vaut que par sa place dans un processus historique familial et sociétal).

- Le premier type associe le port du nom d'une riche famille traditionnelle à une fortune héritée ou un capital initial permettant le lancement d'un projet qui aura mobilisé un certain niveau de formation et un réseau de relations local.

Cas n°1 :

> "A.F. a 51 ans, il appartient à une famille de Chorfa Idrissite bien enracinés dans la ville. Son père était propriétaire (terrien) de vergers situés à la périphérie de la ville. Il laisse neuf enfants: six garçons et trois filles.
>
> A.F. est l'aîné des garçons. Il obtient son brevet (certificat 2° cycle) dans les années 60. Son père arrive à lui procurer un poste de "comptable" dans le seul hôtel classé que comptait la ville. Quelques années plus tard, il continue la même fonction dans un hôtel de Tétouan;
>
> Son père décède en 1968. Trois années plus tard, l'épargne réalisée et une part de l'héritage lui permettent d'ouvrir une droguerie. Une partie des terres héritées situées à la sortie de la ville devient de plus en plus "centrale". Il y aménage un second magasin d'ameublement".

A.F possède actuellement deux commerces d'ameublement parmi les plus prospères de la ville.

Cas n°2 :

> "E.R. a 45 ans, sa famille est originaire d'Andalousie. Venus très tôt à Chefchaouen (le premier "fandouk" de la ville, construit en 1670, appartenait à sa famille) les premiers E.R étaient "*hammar*" (122) et possédaient des vergers dans les zones périphériques de la ville. Le père de E.R. était très riche. A son décès en 1956, il laissa plusieurs terres agricoles, des maisons, une somme de vingt millions de centimes (fortune colossale pour l'époque) et un fils unique.
> *"Au décès de mon père je n'avais que trois ans. J'ai suivi mes études à Chefchaouen jusqu'à la 5ème année secondaire puis je suis allé en Espagne pour poursuivre mes études. Malheureusement, je n'ai pas réussi (des études supérieures) et je suis retourné à Chefchaouen. Au départ, j'ai continué à exploiter les terres agricoles héritées de mon père en recourant à des "Khammas" alors que les maisons étaient louées. Puis j'ai procédé à la vente des terres dans les années 70 pour réaliser des opérations immobilières".*

E.R. porte le nom d'une riche famille traditionnelle. Malgré des études interrompues, son réseau de relations associé à la fortune héritée lui permettent le "lancement" dans la promotion immobilière dont il est devenu l'un des principaux piliers dans la ville.

122- Hammar : personne qui louait ses mulets et accompagnait les commerçants sur les trajets Chefchaouen-Fès et Chefchaouen-Tanger ou Tétouan.

- Le second type associe l'expérience acquise dans une "affaire familiale" et un capital initial familial à un réseau de relations permettant le lancement d'un projet plus adapté.

Cas n°3 :

"T.L. a 52 ans, originaire des "Khmas", sa famille s'est installée à Chefchaouen depuis quatre siècle (on prête même à l'un de ses ancêtres, saint protecteur de la ville, la construction de la "Djama El Kdim"). Son père faisait le commerce de la laine et possédait plusieurs "azibs" à la périphérie de la ville.

T.L. est le benjamin d'une famille de quatre garçons et cinq filles. A la mort de son père en 1956, l'aîné de ses frères a ouvert un commerce de produits de l'artisanat. Si tous ses frères n'ont connu que l'école coranique, T.L. est arrivé en 4ème année secondaire. Il abandonne les études en 1965 pour s'occuper du "bazar" que tenait son frère.

En 1973, décède son frère aîné. Avec son frère M(cadet) ils décident de vendre la maison familiale du père et d'aménager (avec l'argent de la vente) un des plus grands bazars de la médina de Chefchaouen".

Cas n°4 :

"M.D a 44 ans, sa famille est originaire d'El Kelaa Sraghna. Elle s'est installée à Chefchaouen à la fin du siècle dernier et y a exercé le métier de "*Hammar*". Son père a, dès les années trente, été artisan, ("*Kherraz*") (123). En 1970, il a commencé à réaliser de petites opérations immobilières. M.D. a abandonné très tôt l'école pour aller travailler avec son père. Dès l'âge de 18 ans, il travaille dans une petite entreprise de construction pour une entreprise de Tanger. En 1975, son père lui cède un lot de terrain. Il réalise alors sa première opération de promotion immobilière. Son aîné (46 ans) s'est aussi "autonomisé" en ouvrant un commerce de matériaux de construction".

La famille M.D. n'a pas le prestige d'autres familles de Chefchaouen, mais elle a eu le temps de se constituer un réseau d'inter-connaissances suffisant pour se lancer très tôt dans le domaine de la construction et de la petite promotion immobilière. M.D. a profité d'une expérience du père et d'une formation auprès de lui, avant de bénéficier du capital initial pour réaliser sa première "affaire". Il compte actuellement parmi les plus grands promoteurs immobiliers de la ville.

- Le troisième type associe l'héritage d'une affaire familiale à l'établissement d'un réseau de relations permettant de saisir l'opportunité qui constituera la base de lancement d'un "projet" d'adaptation de l'affaire initiale à la conjoncture économique.

Cas n° 5 :

"H.F. a 63 ans, sa famille est originaire du Rif. Elle s'est installée à Chefchaouen à la fin du XIX° siècle. Son grand-père était "*Hammar*" avant de créer son propre commerce entre Fès et Chefchaouen. Il s'était marié à Chefchaouen puis a pris une deuxième femme à Ghzaoua qui constituait une étape sur le trajet de Fès où il acheta des terres.

Son père n'a continué que l'activité commerciale. A sa mort, H.F. arrêta ses études (4ème année secondaire) pour reprendre le commerce familial. Entre temps, son frère cadet avait fait des études jusqu'à la 7ème année secondaire (enseignement originel) sans pouvoir décrocher le baccalauréat. Après cet échec, il a commencé à travailler avec H.F. dans le "commerce familial". H.F. est alors un membre actif du parti de l'Istiqlal. En 1970, ils deviennent quotataires pour les denrées de base (farine, thé, sucre,...), les années qui suivirent furent très prospères dans ce secteur. Ils comptent parmi les plus grands commerçants de la ville".

123- Cordonnier.

Les différents cas présentés montrent tous des potentialités familiales qui ont permis une adaptation de l'activité d'origine soit par l'injection d'un capital (toujours familial), soit par l'intermédiaire d'un réseau de relations permettant la création de situations de "monopole". Lorsqu'il y a changement de secteur d'activité, patrimoine hérité joue un rôle encore plus grand.

Qu'il s'agisse des commerces spécialisés, du commerce de gros ou de la promotion immobilière, cette élite économique se distingue par son enracinement local. Il n'y a pas à Chefchaouen de nouveaux venus qui occuperaient les premières places. Le nom porté, la fortune évaluée en patrimoine foncier et/ou l'activité initiale (artisanat, commerce) sont des conditions pour former le réseau d'inter-connaissances nécessaires au "lancement" et à l'adaptation de cette élite aux nouvelles conjonctures du marché. Ici, la formation requise ne paraît pas constituer une base de l'ascension sociale. Certes, nous ne sommes pas en présence d'analphabètes, mais tous les cas montrent un niveau d'instruction qui ne dépasse pas le baccalauréat. Les études sont le plus souvent abandonnées pendant le second cycle. Ces "entrepreneurs" ont eu très tôt à s'occuper de l'affaire familiale ou à aider à sa bonne marche, ce qui explique leur jeune âge qui contraste avec l'étendue de leur expérience (dans leurs domaines respectifs) et de leur réseau de relations dans la ville.

Ce niveau de formation serait sans doute à corréler au type d'activité exercée et à sa gestion. Souvent, quelques notions rudimentaires de comptabilité suffisent. Le "projet d'investissement" n'est jamais fondé sur une étude de faisabilité préalable, il relève davantage de l'opportunité (cas 1, 3, 4, 5) ou du mimétisme (cas n°2). L'activité commerciale ou la promotion immobilière reposent sur un minimum de formation, mais elles requièrent une longue expérience où les relations interpersonnelles, familiales et clientélistes jouent un rôle décisif. La recherche de l'homme intègre, qui assure certaines médiations, la capacité de gérer un réseau de fournisseurs, de clientèle, de personnel administratif... restent les véritables conditions de la réussite.

B- La place du réseau de relations dans l'orientation de l'investissement

L'orientation de l'investissement laisse peu de place dans ces cas pour la construction d'un projet individuel qui porterait l'action de l'entrepreneur. L'investissement reste fortement empreint d'une part par des conjonctures économiques qui ouvrent des marchés potentiels et montrent la voie à des investissements par simple effet de mimétisme (sans mesure des chances de réussite future), d'autre part par le type de réseau de relations dont bénéficie l'acteur et ses capacités à saisir toute opportunité permettant d'agir en situation de "monopole" ou d'obtenir des "gains faciles".

L'élite économique traditionnelle pourrait alors se distinguer suivant le réseau de relations que gère chaque "entrepreneur". Suivant qu'il soit local ou extra local, le réseau permettrait de toucher plus ou moins d'opportunités (et donc de possibilités d'enrichissement), laissant aux moins lotis la seule "arme" du mimétisme.

- "Entrepreneurs" à réseau de relations local.

Cas n°1 :

> "A.F. a deux commerces d'ameublement parmi les plus "prospères" de la ville. A partir de 1984 et jusqu'au début des années 90, il lance, en association, plusieurs petites opérations immobilières qu'il réalise sans crédit (achat du terrain, construction et vente). Les années 90 marquent une régression de cette activité : les coûts de la construction augmentent, la demande

diminue et les invendus coûtent chers. A.F. a arrêté cette activité et ne s'adonne plus qu'à ses commerces où il a intégré sa fille aînée"

Cas n°5 :

H.F. est l'un des grossistes en produits alimentaires les plus anciens et le plus connu dans la ville. "En 1970, le commerce était prospère. *On a acheté une propriété de dix hectares à Mharchine (périphérie de Chefchaouen) et on y a construit une étable. On y fait de l'élevage. Nous possédons 50 ovins et 10 bovins. C'est le Azzab qui s'en occupe. C'est l'activité commerciale qui constitue la principale source de nos revenus. Ceux procurés par l'agriculture et l'élevage restent aléatoires par manque d'entretien et de confiance.*

En 1975 on avait l'idée de monter une briqueterie. Mais le projet n'a pas été réalisé parce qu'on était méfiants : on n'était pas qualifiés et nos ressources financières n'étaient pas suffisantes. C'est pourquoi nous nous sommes orientés, depuis, vers l'immobilier. Les habitations construites sont destinées à la location.

On a toujours l'intention d'investir, on pense à l'aviculture. Mon frère a déjà contacté un vétérinaire qui a amené des machines. A l'intérieur de la ville, il n'y a rien à faire. L'avenir est à la campagne. Déjà un investisseur de Meknès produit du poulet de chair à Derdara (8km de Chefchaouen) et il marche très bien. Si on fait cette unité de production de poulet de chair on va écouler notre marchandise, non seulement à Chefchaouen, mais également en dehors de cette ville. A Chefchaouen il n'y a que les fonctionnaires et les retraités, c'est pourquoi la dynamique de l'activité commerciale ne se fait qu'entre le 26 du mois qui s'écoule et le 5 du mois suivant. Pour la levure, on n'écoule même pas 500 kgs par semaine.

Mon frère et moi ne pensons pas investir ailleurs parce qu'on a peur de perdre l'argent que nous avons amassé ici, à Chefchaouen, d'une manière légale".

Les frères H.F. font partie de l'élite économique traditionnelle connue pour son relatif enrichissement. Lors de la constitution d'un groupe d'investisseurs pour la construction d'un moulin moderne, il a été fait appel à eux. Mais ils n'étaient pas les promoteurs du projet. Ce dernier est actuellement bloqué.

Ces deux cas montrent certes des réseaux de relations assez limités(124) qui ne permettent qu'un investissement local. Mais ce dernier correspond aussi à des possibilités de gestion et de financement. "L'idée" d'une briqueterie a intéressé tous les groupes constitutifs de cette élite, mais son opérationalisation n'a pu être réalisée que par celui qui avait le plus d'atouts (voir infra). Réseau relationnel, qualification et financement se conjuguent. Ainsi, les frères H.F. ne possèdent que peu d'atouts dans ce domaine. Les directeurs des principales banques de la place se plaignent du faible nombre de crédits(125) octroyés dans le cadre d'une ligne de crédit ouverte par l'Union Européenne pour le développement des provinces du Nord. Ils justifient cela par les nouvelles conditions d'octroi du crédit (exigence des justificatifs et des écrits : étude de faisabilité, facture proformat, factures fournisseurs - déblocage du crédit par tranche, mal acceptées par les investisseurs potentiels).

124- Aucun, n'a pu toucher les instances économiques régionales.

125- Les deux banques privées de Chefchaouen font la même constatation. Une seule a financé depuis 1994 trois à quatre projets d'investissement parmi lesquels une boulangerie moderne (300.000 dh) réalisée par un RME résidant en Espagne, une unité avicole réalisée par un Meknassi (400.000 dh) et un projet de montage de plaques solaires initié par un jeune Casablancais travaillant en Italie (non réalisé).
"La Banque finance surtout l'acquisition de matériel et de véhicule de transport, assure le fond de roulement des artisans et commerçants. Le crédit jeune promoteur n'a concerné dans la province que des crédits d'installation de jeunes diplômés de professions libérales (avocat, médecin, pharmacien)". assure le Directeur de la Principale Banque de la place.

L'initiative et la recherche d'un enrichissement sont permanents mais ils entrent dans "l'univers social" de chacun. Ainsi pourrons-nous qualifier de "mimétisme" l'investissement dans la promotion immobilière, mais chacun l'a adapté à sa logique (rente sur le long terme, opportunité foncière, de relation...). Il en est de même pour l'idée de l'investissement dans l'aviculture. Elle part du succès réalisé par un investisseur étranger, mais se confond avec la nécessité de fuir toute activité liée au seul marché interne de la ville de Chefchaouen (situation vécue). Le projet avicole permet le développement d'une activité en relation avec un marché élargi peut-on lire à travers les propos de H.F, mais le montage institutionnel et financier du projet n'est toujours pas réalisé !

- "Entrepreneur" à réseau de relations régional.

Cas n° 3 :

"T et son frère (M) ont un des plus grands bazars de Chefchaouen. M est un membre actif de l'Istiqlal. Très tôt, il a été élu au conseil municipal. De 1960 à 1976 il passe trois mandats et compte parmi l'élite urbaine commerçante qui a occupé les premières places dans la Municipalité. Cette place l'a très vite introduit comme membre élu de la Chambre de Commerce et de l'Industrie de Tétouan durant vingt ans.

En 1976, il entre en relation avec des rifains qui cherchaient un associé pour la "reprise" de l'usine de fabrication de pipes (appartenant auparavant à un colon Espagnol). M et son frère s'associent à eux. T devient exploitant forestier pendant quatre ans : une manière d'alimenter l'usine en bois (il faisait travailler alors plus de soixante personnes dans les forêts). Les restrictions faites à l'exploitation des forêts par l'administration vont lui faire abandonner cette activité et entraîner la fermeture de l'usine.

En 1980, les deux frères décident de réaliser un projet de lotissement pour villas sur un terrain hérité de leur père, situé à la périphérie de la ville. Ils réalisent la voirie et l'assainissement et commencent aussitôt la vente des lots sans branchement à l'électricité. L'AEP n'est autorisée et branchée qu'en 1981. Quarante lots de 180 m2 chacun, sans recours au crédit bancaire, les ventes de lots se font difficilement.
L'influence de M dans la Chambre du Commerce et de l'Industrie de Tétouan a permis à son frère d'y être élu de 1983 à 1992.

Les deux frères ont arrêté leur association sur le bazar en 1993. Ils ont déjà construit des maisons secondaires à Martil (périphérie de Tétouan - centre balnéaire). Ils voudraient lancer des opérations de promotion immobilière à Martil où le marché est porteur".

Cas n° 2 :

"E.R a été l'un des premiers promoteur immobilier de Chefchaouen. La promotion immobilière a été très prospère dans le début des années 70. En 1978, il ouvre un commerce de matériaux de construction, puis il crée une briqueterie avec six associés. Les Chefchaouni y sont majoritaires (deux anciens commerçants et deux promoteurs immobiliers), mais des "étrangers" (à la ville) y sont associés. Cette briqueterie[126] fonctionne avec un conseil d'Administration, un Directeur et une trentaine d'employés. Ce projet a mis près de sept ans pour voir le jour.

E.R possède encore des terres héritées de son père dans un quartier périphérique de la ville (Sidi Boujemâa). C'est là qu'il s'est présenté aux élections locales. Battu en 1983, il est élu en 1992 sous l'étiquette du RNI [127]. Il occupe actuellement le poste de premier adjoint du

126- La briqueterie a des problèmes de fabrication. Les briques sont réputées de mauvaise qualité. L'usine ne répond qu'à 30% de la demande locale - 70% proviennent de Tétouan.

127- Le Rassemblement National des Indépendants : nouveau parti dont l'administration a favorisé la constitution à partir du regroupement des élus SAP (sans appartenance politique).

président dans le conseil municipal. Depuis 1993, il est aussi membre élu à la Chambre du Commerce et de l'Industrie de Tétouan.

E.R se plaint des frais d'équipement élevés du terrain à Chefchaouen, de l'augmentation des prix du foncier, du coût de la construction et de la faible demande actuelle. Des conditions qui l'orientent de plus en plus vers Tétouan et Martil.

E.R a présenté avec des associés un dossier d'investissement pour la création d'une usine de déroulage et de découpage de fer. Il pense créer avec des investisseurs "étrangers" une usine de confection (128)".

L'élargissement du réseau de relations et la forte implication dans la vie politique locale permettent de saisir le maximum d'opportunités qui se présente localement. Ainsi en est-il (cas n°3) de la transformation du bazar avec le développement du tourisme, de la promotion immobilière ou de l'association dans l'usine de fabrication de pipes. Le comportement face à l'investissement se fait sans risques. Il n'y a pas de prêts bancaires, le lotissement s'est fait dans "l'illégalité". Les relations au sein du conseil municipal ont permis d'obtenir les dérogations nécessaires pour diminuer les coûts d'équipement et les reporter dans le temps. Le même comportement se dégage de la gestion "minière" de l'usine de pipe, ne fonctionnant que grâce aux largesses que pouvait permettre l'administration des Eaux et Forêts dans l'exploitation des forêts.

Il en est de même lorsque le réseau relationnel permet de capter les éventuels investisseurs étrangers (cas n°2). L'initiative est certes porteuse, mais il s'agit d'investissements donnant des états de monopole (briqueterie) dans un domaine où la demande est assurée.

L'élargissement du réseau relationnel aurait pu impliquer d'autres modes de gestion. Or, si nous constatons un plus grand recours aux banques (E.R. y a recours pour toutes ses opérations de promotion immobilière et pour ses dossiers d'investissement industriel), le rapport (à la banque) reste de type clientèliste. E.R se plaint essentiellement, de la centralisation des décisions à Casablanca et du manque de confiance alors que pour le banquier le financement du projet de E.R (usine de déroulage et de découpage du fer) n'a pas été accepté par la banque (700.000 Dh), car, ne respectant pas les conditions d'octroi de crédit (étude de faisabilité...). *"l'élite économique Chefchaouni ne veut pas d'un crédit qui demande des justificatifs en permanence et d'un déblocage par tranche".* (129) Les relations interpersonnelles permettent d'obtenir plus d'avantages et moins de contraintes.

C- Composition de la famille, stratégie de succession et gestion du patrimoine.

La question abordée ici touche tous les cas rencontrés à Chefchaouen puisqu'il s'agit essentiellement d'"entreprises" familiales.

128- Il ne fait là que reprendre une idée réalisée par un investisseur "étranger". Les contraintes à l'investissement sont présentées plus loin. Pendant l'hiver 95, un homme d'affaire originaire de Bni Hmed ayant des usines de confection à Tanger décide de créer une usine à Chefchaouen. Le conseil Municipal l'a soutenu et lui a fourni un local (loyer modéré) avec l'aide de la Province. Trois cadres techniques sont venus de Tanger ainsi que son fils, qui assura la gestion. 250 personnes ont ainsi été employées jusqu'à l'été 96, date de la fermeture de l'usine dûe à un conflit autour du paiement et du salaire des employés. L'ouverture de cette usine a de fortes relations avec une recherche de "territorialisation" de cet homme d'affaires qui a échoué aux élections locales et législatives de 1992 sous l'étiquette du Mouvement Populaire et compte se représenter en 1997.

129- Le Directeur de la Principale Banque de Chefchaouen.

- Le patrimoine familial hérité laissé en indivision pose un problème de gestion et de prise de décision où interfère la position de chaque membre de la famille, ses compétences, sa formation... Si l'aîné est souvent le membre le plus approprié pour "reprendre" l'affaire familiale, plusieurs cas montrent le contraire. Le benjamin peut s'avérer posséder davantage d'atouts personnels pour saisir les opportunités qui se présentent à lui. S'agissant de l'investissement, le patrimoine laissé en indivision offre une tendance favorable lorsque les bénéficiaires restent en nombre réduit et s'épaulent mutuellement. Cependant, plus l'aîné avance dans l'âge, plus se profile une gestion qui impliquerait d'autres héritiers, plus la tendance est au partage du patrimoine et à "l'individualisation" dans le cadre de la famille nucléaire. L'acte de séparation marque alors un recul dans les capacités d'investissement.

Cas n°3 :

> En 1993, T décide d'arrêter l'association avec son frère dans l'affaire du bazar. Il lui avance l'argent de sa part et dispose ainsi d'un bien personnel. T voudrait faire de la promotion immobilière à Martil où il possède une maison secondaire et où réside sa belle-famille, mais ses aspirations s'essoufflent. Ses enfants sont encore à l'école, son fils aîné entame en 1997 son baccalauréat et projette de faire des études supérieures. L'arrêt de l'association avec son frère était une décision qui lui a coûté "la possibilité de s'ouvrir sur d'autres horizons"

- En fait, les cas "d'affaires" laissées en indivision sont de plus en plus rares. Dans sa gestion, l'"entreprise familiale" repose sur la composition de la famille nucléaire et sur les relations familiales. Partant de relations de confiance, le recours au frère, à la soeur ou au cousin est toujours privilégié lorsque la famille nucléaire ne le permet pas [(130)] ou lorsque "l'entrepreneur" est encore célibataire [(131)].

Partant de la composition de la famille nucléaire, il est difficile de cerner une véritable stratégie de succession de "l'entrepreneur". Pour notre part, nous nous sommes limités à souligner les contraintes et atouts qui se présentent à ce dernier dans son orientation de l'investissement. Ainsi en est-il lorsqu'un enfant diplômé arrive à gérer une partie du patrimoine familial[(132)], laissant davantage de possibilités d'investissement à "l'entrepreneur".

Cas n°1 :

> "A.F. a dix enfants : deux garçons et huit filles. L'aînée a arrêté ses études au baccalauréat ainsi que la cadette pour s'occuper des deux magasins du père. Depuis 1991, elles se sont toutes deux mariées. La cadette a suivi son mari à Stehat, l'aînée a épousé un architecte Chefchaouni (qui exerce à la Division de l'Urbanisme) et continue à gérer un des plus importants commerce d'ameublement de la ville. Si A.F. a arrêté de faire de la promotion immobilière, l'aide de ses filles lui a permis de développer davantage ses commerces en ciblant mieux son offre à une demande essentiellement rurale (malgré les quelques restitutions qui sont faites aux paysans producteurs de cannabis depuis 1996, ces derniers continuent à constituer une demande potentielle non négligeable pour les commerces spécialisés (adaptés) de la ville. L'adaptation n'implique pas des produits pouvant être procurés par les circuits de la contrebande (électroménager, électronique...), mais ceux fabriqués localement (matelas, couvertures, fours à pain électrique...) dont le coût ne nécessite pas le recours à Tétouan). Parmi ses frères et soeurs, A.F est celui qui a "réussi". On compte parmi eux un petit promoteur immobilier, un commerçant en bois, un menuisier, un propriétaire d'un petit club de sport, une institutrice et un chômeur"

130- Voir cas n°6 et 7.

131- Voir cas n°8.

132- Voir cas n°1 et 6.

Composition de la famille nucléaire, stratégie de succession, relations familiales interfèrent différemment suivant les cas dans l'orientation de l'investissement ; qu'il s'agisse de l'entrepreneur innovateur ou de l'"entrepreneur" à la recherche d'opportunités, "la famille" est fortement impliquée dans la gestion du patrimoine. Elle agit ainsi, soit en catalyseur donnant une dynamique par l'ouverture du champ couvert par l'entrepreneur (un parent occupant une part du travail autrefois réalisé par lui), soit en frein lorsque la succession n'est pas assurée ou qu'un patrimoine familial doit être partagé.

D- Contraintes locales et investissement

Par contraintes locales à l'investissement nous entendons un ensemble de conditions spécifiques dans lequel se fait l'investissement. Il concerne aussi bien la localisation géographique de la ville que son potentiel technique (qualification, formation), le type et le niveau de la demande interne, le potentiel industriel, le niveau des services, le niveau des équipements et infrastructures de base... Cet aspect n'a que trop été étudié dans le cas des villes moyennes à travers des indices d'équipement, de formation, de niveau de vie comparé à ceux du potentiel industriel et commercial[133]... Notre objet ici est de retracer, non pas une situation objective confirmée par des chiffres, mais le point de vue des principaux opérateurs économiques locaux sur la place qu'occupe la ville dans leur stratégie d'investissement et/ou dans leur "projet d'entreprise" et les contraintes qu'elle présente dans le secteur d'activité ou d'investissement de l'opérateur.

S'agissant du secteur commercial, ces contraintes et leur "dépassement" sont ainsi formulées par l'un des plus grands grossistes en produits alimentaires de la ville.

Cas n°5 :

> *"Au cours des années 70, le commerce était prospère. Mais à partir des années 80, celui-ci a connu un déclin sans précédent. La raison est simple, le "rayonnement" des commerçants Chefchaouni s'est réduit. Avant, on vendait notre marchandise à Tanakoub et Bni Hmed, actuellement on l'écoule essentiellement dans la ville même. Pour les bouteilles de gaz par exemple, on vendait entre 20.000 et 30.000 bouteilles. Actuellement nous n'arrivons même pas à écouler 5.000 à 6.000 bouteilles (...) Chefchaouen est une ville de fonctionnaires et de retraités. A l'intérieur de la ville il n'y a plus rien à faire (...). On a toujours l'intention d'investir soit en créant une unité de production de poulet de chair, soit en construisant une briqueterie".*

L'un des principaux promoteurs immobiliers exprime le même argumentaire, mais "débouche" sur des conclusions différentes.

Cas n°4 :

> *"Dans le secteur de la construction et de la promotion immobilière il y a de l'argent. Mais ce n'est plus à Chefchaouen qu'on le fait, c'est ailleurs, à Tétouan, par exemple. La construction à Chefchaouen coûte chère. J'ai de l'expérience dans ce domaine, j'ai construit l'Hôtel Marrakech. A Chefchaouen je n'arrive à vendre qu'une seule maison par an. Les gens qui achètent sont presque tous des RME ou des gens de la région.*
> *Les marchés d'Etat ont tous été donnés à des entreprises localisées à l'extérieur. Parmi les Chefchaouni, il n'y a que moi, associé à E.R. qui avions pris en sous traitance la construction d'un espace vert et de quelques maisons de fonctionnaires. Je travaille surtout avec les particuliers. Je pense aller à Tétouan. Je sais que cette ville demande beaucoup d'argent. Mais, puisque nous achetons tout (matériaux, matière première...) de Tétouan, pourquoi ne*

133- Voir IRAKI A., SAKROUHI A. et SOUAFI M. : "Armature Urbaine" - op. cit.

pas aller s'y installer? J'ai déjà acheté des terrains à Martil et je pense y monter un projet. De 60 Dh le m2 le prix du terrain à Martil a connu une hausse considérable. Quelqu'un a acheté un lot à 600.000 Dh".

Les "entrepreneurs" locaux intéressés par l'investissement industriel posent plusieurs contraintes que nous retrouvons dans les propos de E.R.

Cas n°2 :

"Pour construire, je recours toujours au crédit bancaire, mais il n'y a pas d'encouragements de la part des banques. On pense créer une usine de confection puisque la main d'oeuvre locale est bon marché. L'investisseur cherche toujours des avantages, mais à Chefchaouen il n'y en a pas, sauf celui de la main d'oeuvre. En plus, la main d'oeuvre est trop politisée par la présence des syndicats. Par contre, à Tanger il y a moins de problèmes de ce côté là.
A Chefchaouen, il n'y a pas de confiance de la part des banques. On a un problème de financement. On a présenté un dossier d'investissement pour la création d'une usine de déroulage et de découpage de fer, mais on a eu des problèmes avec la banque. Les décisions sont trop fortement centralisées au niveau de Casablanca. La banque à Chefchaouen ne donne des crédits que pour l'achat de camions. Elle nous impose beaucoup de contraintes pour l'octroi d'un crédit alors qu'elle bénéficie localement de dépôts importants (voir supra).
Le problème des impôts se pose également. On paie moins d'impôts et de taxes à Tanger qu'à Chefchaouen. En plus, il n'y a pas à Chefchaouen d'autres entreprises industrielles (absence d'un tissu industriel) qui accompagnent, ce qui entraîne une hausse des coûts de production (frais de transport supplémentaires). Le promoteur privé n'y trouve pas de terrain disponible adéquat à la construction (superficie suffisante, terrain peu accidenté, possibilité d'équipement...). Depuis quelques années, les promoteurs immobiliers / tacherons ne pouvaient pas concurrencer les trafiquants de drogue qui (ne faisant cela que pour blanchir l'argent de la drogue), pratiquent des prix très bas. Avec la campagne d'assainissement, le commerce (des matériaux de construction) a connu une certaine amélioration. Seuls les "vrais" commerçants ont continué à exercer cette activité..." (134).

Ainsi, les "contraintes" "rapportées" ici reprennent celles que vivent l'ensemble des petites villes et villes moyennes :

- Absence d'un tissu industriel,
- Absence des services tertiaires supérieurs,
- Absence de cadres intermédiaires et de main d'oeuvre qualifiée,
- Faiblesse du marché local,

Par contre, les spécificités locales se retrouvent davantage dans les éléments suivants :

- Eloignement des principaux axes d'urbanisation et des ports.
- Absence de zone industrielle,
- Main d'oeuvre fortement politisée,
- Faiblesse des avantages fiscaux,
- Forte concurrence des produits de la contrebande,
- Présence d'opérateurs spécifiques (trafiquants de drogue) et logique de blanchiment de l'argent de la drogue.

134- Lors du premier semestre 1996, une campagne dite d'assainissement a couvert le pays. Dans la région Nord elle a touché les milieux de la contrebande et du trafic de kif. Quelques grands trafiquants ont été arrêtés dans ce cadre et traduits devant la justice.

Ces différentes contraintes contribuent sans doute à expliquer la faiblesse de l'investissement industriel dans la ville. Si ce dernier est souvent le fait d'opérateurs économiques ayant un large champ de déploiement qui permet d'apprécier les avantages comparatifs entre les localisations, leur enracinement local leur permettrait l'utilisation maximale des atouts locaux pour dépasser plusieurs de ces contraintes. Or, cette logique n'est pas la leur, ils ne font que suivre les sollicitations du marché sans adapter une offre adéquate qui demande de l'innovation. Les contraintes précitées constituent alors des "murs insurmontables". La faiblesse du marché local est incriminée jusqu'au jour où un investisseur "étranger" montre la voie de secteurs d'investissements porteurs. Par mimétisme, l'idée sera reprise. Ce type d'opérateur économique ne peut pas engendrer le changement, ses horizons suivent son capital de relations. Les contraintes précitées agissent comme un obstacle auquel il n'y a pas à s'adapter mais qu'il faut contourner par un réseau de relations perpétuant la même logique (mimétisme, opportunités à saisir). C'est le sens à donner à un investissement Chefchaouni qui s'oriente de plus en plus vers les grandes villes du Nord (Tanger et Tétouan). Les entrepreneurs innovateurs se font rares.

S.S.3- Des entrepreneurs qui s'adaptent aux contraintes locales

Les contraintes locales sont nombreuses et parmi elles, nous pouvons reprendre celles relatives à l'environnement social et culturel qui "impose" certains comportements économiques (logique de prestige, "respecter son rang",...). Ces logiques impliquent un "comportement moyen" ou une tendance globale que nous retrouvons dans les différents cas décrits précédemment. Or, force est de constater que malgré leur rareté, des cas "opposés" ont pu être approchés. En effet, comme le souligne J. Schumpeter(135) la logique sociale n'indique pas à l'entrepreneur la part à investir ou à épargner ni la décision d'accomplir des tâches novatrices. Cette part du "subjectif" "fait" l'entrepreneur. Nous le situerons en tant que porteur d'un projet qui permet l'action. L'action est comprise alors comme la prise d'une série de décisions permettant le dépassement des différentes contraintes qui se présentent. Ce dépassement ne peut se réaliser que par le recours à l'innovation, à l'initiative qui introduit de nouvelles techniques, de nouveaux "concepts", de nouveaux marchés"...

A Chefchaouen, les entrepreneurs innovateurs sont rares. Souvent, au niveau sectoriel, le cas reste unique, une situation qui mérite une description au cas par cas.

A- Le nouvel industriel

Si à Sfax ou à Fès, nous parlons des nouveaux industriels comme d'une catégorie d'entrepreneurs, à Chefchaouen nous ne retrouvons qu'un seul cas de reconversion (passage d'une activité commerciale ou artisanale à l'aventure industrielle). Cet exemple est d'autant plus important qu'il retrace une histoire de vie qui englobe une bonne partie de l'histoire récente de Chefchaouen. Cet entrepreneur est porteur d'un projet dont les premières actions se concrétisent dans les années 60, contrairement aux nouveaux entrepreneurs des vingt dernières années.

Cas n°6 :

> "Z. a 80 ans. Il est issu d'une famille originaire de Khmass installée depuis quatre à cinq générations dans la ville. Son père, tisserand artisan ("*derraz*") lui assura très tôt des études en l'envoyant dans une des missions des élèves Chefchaouni à Fès où il poursuivit ses études. De

135- J. SCHUMPETER "Classes sociales et impérialisme" ed. Minuit - Paris 1972.

retour à Chefchaouen, Z. comprit tout l'intérêt d'importer soi-même sa matière première (la laine) et de la travailler. Il devint commerçant en laine qu'il commença à importer à partir du port de Tanger. Z. vit alors entre Chefchaouen et Tanger. Il fait le "pont" entre le commerce de la laine, son traitement et la fabrication des tissus traditionnels. La laine importée est confiée à des femmes à domicile. C'est en 1973 qu'il décida d'introduire la machine dans le traitement de la laine : la seule usine de filature moderne de la ville était née ! Z. a vendu des terres agricoles héritées pour "monter" cette usine. Chefchaouen, mais aussi Tétouan constituaient des marchés potentiels non négligeables pour les produits de cette usine. Le secteur spécialisé dans la confection des étoffes de laine avait encore une certaine vitalité (134 locaux exerçaient à cet effet en 1971 [(136)]). Dans les années 70, les profits amassés dans cette double activité ont permis à Z. d'investir dans une seconde usine de filature du coton à Tanger dés 1980. Un de ses neveux fut chargé de la diriger. Pour parfaire l'intégration de ces différentes activités liées à la laine, Z. a commencé à fabriquer des tapis dans son usine de Tanger. Cette dernière absorbait près de 30% de la production de laine filée de l'usine de Chefchaouen. Des problèmes liés à la qualification de la main d'oeuvre, à la qualité du produit et à la préférence du tapis de Rabat sur les marchés étrangers ont amené Z. à délocaliser une partie de l'activité de l'usine de Tanger à Rabat. Z. a commencé par s'associer avec un Rbati dans une manufacture de tapis puis, il arrêta cette association pour monter un atelier. La laine filée vient toujours de Chefchaouen. Elle est confiée à une personne sur place qui assure la gestion, le recrutement de la main d'oeuvre et la production. Z. ne s'occupe pas de la production ici ; il récupère les tapis qu'il commercialise par la suite. L'extension de ses activités s'est faite aussi par l'intégration de son fils cadet (détenteur d'une maîtrise en "psychologie" obtenue en France) pour la gestion de l'usine de Chefchaouen. Cette dernière emploie actuellement 150 ouvriers. 70 à 80 tonnes de laine sont acheminées chaque mois de Tanger. La capacité de production est de 2 à 3 tonnes de laine/jour. L'essentiel de la production est écoulé en dehors de Chefchaouen dont l'activité artisanale décline (65% des locaux de tisserands ont fermé entre 1971 et 1993).

Z. a toujours vécu entre Chefchaouen et Tanger. Il réside à Tanger. De 1983 à 1992 il est élu municipal et président du conseil provincial. A 80 ans, Z. reste encore à la tête de l'entreprise familiale. Il assure l'intégration des différentes unités de production.

Z. a deux fils qui résident à Chefchaouen. Une mésentente avec le fils aîné a poussé ce dernier à "s'autonomiser" en créant des commerces spécialisés (équipement domestique, pièces détachées de voitures et pneumatiques). Le fils cadet est associé à son frère et assure la gestion de l'usine. Depuis la fin des années 80, le secteur de la laine à Chefchaouen est en crise. Le directeur de l'usine se plaint des charges trop lourdes (impôts, salaires...) et verrait bien l'éventualité de la fermeture de l'usine. Mais elle est là, intégrée dans un projet qui a mis quarante ans pour se réaliser. Elle s'éteindra peut être avec son investigateur".

Z. est l'exemple même de l'entrepreneur innovateur qui a su utiliser tous ses atouts locaux d'une part et adopter une stratégie qui épouse les fluctuations du marché suivant les capacités propres de l'entreprise familiale. Sorti très tôt de Chefchaouen, cet entrepreneur a vite utilisé ses connaissances acquises dans de grandes villes (Tanger et Fès) pour opérer une "territorialisation" de type économique où il a pu compter sur la tradition familiale (tisserands) et son réseau de relations local pour la prolonger dans une activité productrice nouvelle. Cette dernière a pu bénéficier d'un marché local. Sa stratégie d'investissement ne s'est pas arrêtée là. Les opportunités qu'ouvrent la grande ville du Nord ont permis de varier son activité (dans le même secteur) en s'adressant à un marché plus large (le coton et le textile). La confection de tapis et sa délocalisation lui ont permis de s'adapter aux difficultés du marché de la laine en utilisant une grande part de la production de fil de laine. Il s'agit d'un projet en construction permanente qui suit certes, des sollicitations du marché, mais qui

136- Voir EL DEHAN Mohamed "Chaouen et sa région " op. cit. p. 184.

ne se contente pas de gérer un patrimoine. Les "ouvertures" et délocalisations nécessitent un capital relationnel qui a pu être acquis dans les grandes villes. Il a permis une plus forte intégration, mais aussi une plus grande adaptation des unités de production les plus en difficulté. Si cet entrepreneur a varié ses activités, ces dernières n'allaient pas dans le sens des opportunités "multisectorielles", mais dans le recadrage permanent dans un même secteur d'activité.

L'activité politique montre le développement d'un réseau relationnel extra local qui a permis une certaine "territorialisation". Cet entrepreneur a été élu, non pas sous l'étiquette des partis traditionnels locaux (Istiqlal, mouvement populaire, P.D.C) mais sous celle d'un parti de l'Administration(137). Absentéiste, sans action sur le conseil municipal, il est par contre Président du Conseil Provincial. Son "rayonnement régional" en tant qu'entrepreneur lui a permis d'occuper un poste politique(138), mais qui le met au centre de toutes les opportunités qui se présentent au niveau provincial.

Ce cas éclaire toute la complexité de l'environnement socioculturel et économique de Chefchaouen. Par son départ précoce et le tissage d'un large réseau relationnel, Z. montre la possibilité de l'intégration des potentialités locales dans une logique nationale voire internationale de la confection de tapis pour l'exportation.

Toutefois, son côté isolé (il est le seul à la faire) souligne les faibles capacités du milieu et les difficultés d'intégration actuelles de la ville dans le marché mondial.

B- Les jeunes entrepreneurs

Par jeunes entrepreneurs, nous entendons la génération qui a fait ses études après l'indépendance (1956) et dont l'action dans la ville se situe à partir des années 70. Au niveau sectoriel, il s'agit essentiellement d'activités liées au tourisme, le secteur qui a pu connaître un renouveau pendant cette période. A l'image de la petite promotion immobilière dans la ville, la transformation d'une maison traditionnelle (souvent héritée) de la médina en pension a connu un grand effet de mimétisme auprès des familles Chefchaouni, mais également auprès de nouveaux migrants de la périphérie, et surtout du Rif. Au départ, ce secteur a surtout impliqué des Chefchaouni qui résident ou résidaient à l'extérieur ainsi que des Rifains originaires d'Al Hoceïma. (voir Tableau n°5). Très vite il s'est "propagé" auprès "d'investisseurs" ignorant tout d'un secteur fort spécialisé.

Tableau n° 5
Origine des propriétaires des pensions et Hôtels de Chefchaouen (par période)

Période	Nombre	Origine des propriétaires
1970-75	05	03 Chefchaouen, 01 Rif, 01 Espagne
1976-80	04	02 Chefchaouen, 02 Rif
1981-85	02	02 Chefchaouen
1986-90	07	02 Chefchaouen, 01 Rif, 02 periph, 01 Gharnata, 01 ind.
1991-95	08	04 Chefchaouen, 02 Ghomara, 01 Espagne, 01 Indéterminé

Source : Municipalité - Division Economique et Sociale - 1997. Dépouillement personnel.

137- L'Union Constitutionnelle.
138- Le conseil Provincial.

Il en est de même pour le développement des bazars, établissements spécialisés dans la vente d'articles de l'artisanat et de certaines antiquités qui ont "suivi" le développement touristique de la ville. Leur nombre a en effet connu une forte augmentation, passant de 14 en 1971 à 39 puis à 69 en 1996 (139).

Dans ce secteur relativement nouveau, un marasme s'est installé depuis la guerre du Golfe. Le touriste se fait rare et certains hôtels ferment (l'hôtel Magou construit en 1982 est fermé. Il va être transformé en galerie marchande "Kissarya"). Face à cette situation générale, trois entrepreneurs se distinguent par des investissements nouveaux (1997) concernant une galerie d'art, l'extension d'un restaurant ou la construction du plus grand hôtel "privé" de la ville (140)

Le capital culturel, un aspect déterminant dans la réussite de l'entrepreneur dans le secteur touristique.

Cas n°7 :

"B.M a 47 ans. Il est issu d'une famille d'origine Andalouse de Mharchine (périphérie de Chefchaouen) qui s'est installée à Chefchaouen à la fin du siècle dernier. Son père, grossiste de produits alimentaires, possède aussi un patrimoine foncier important dans la ville qui lui a permis de réaliser quelques opérations de promotion immobilière.

B.M est l'aîné d'une famille de cinq enfants. Il a arrêté ses études au CM2 puis a commencé à travailler avec son père. En 1972, ce dernier l'aide pour l'ouverture d'un bazar dans la médina. B.M était alors très jeune (20 ans), le contact permanent avec les touristes (surtout espagnols) lui permet de réaliser plusieurs voyages en Espagne où il apprend la langue et densifie son réseau de relations. Très avenant, ce célibataire endurci a su se créer les connaissances nécessaires pour ouvrir un local commercial en Andalousie qui joue le rôle de "Hall d'exposition permanent" des produits d'artisanat qu'il exporte.

B.M s'approvisionne essentiellement à partir de Fès et de Marrakech, mais aussi d'Essaouira, de Safi et de Rabat. Son atout majeur reste la connaissance profonde du marché auquel il s'adresse (Espagne et Allemagne). Ses commanditaires peuvent exiger de lui des produits "non conventionnels". Il "marche" surtout avec des commandes personnalisées auprès des artisans. Chefchaouen n'intervient que très peu dans ce commerce. Des femmes sont sollicitées pour la fabrication de tapis et de certaines étoffes de laine, mais B.M travaille surtout pour l'exportation (à partir de Tanger). Son bazar n'écoule même pas 30% des produits vendus. Il sert plutôt comme dépôt (ou comme moyen de contact pour vendre à une plus grande échelle). Ce n'est pas sans fierté que B.M déclare ne pas utiliser les guides (ou faux guides qui jouent le rôle de rabatteur) et avoir une clientèle fidèle.

C'est dans le même sens que B.M gère un Hôtel qu'il a pris en location depuis 1980. Composé de 9 chambres et d'un restaurant, cet hôtel qui fonctionne avec quatre employés possède un très fort taux de remplissage. Sa clientèle lui vient directement d'Europe, elle est fonction de relations interpersonnelles. B.M voit cet hôtel comme un "échantillon".

Il a acheté un terrain sur la route de Ras El Ma (à la sortie de la ville) dans les années 80, et a commencé la construction d'un hôtel de 44 chambres en 1993. Un investissement très lourd, sans recours au crédit bancaire (ce qui entraîne les rumeurs de blanchiment d'argent de la drogue), le chantier traîne en longueur. Après quatre années, les gros oeuvres ne sont pas terminés. B.M justifie cette lenteur par une situation du tourisme qui a régressé ces deux dernières années".

139- EL DEHAN. op. cit. P208.

140- Les deux hôtels quatre étoiles de la ville ont été construits par l'Etat et sont en cours de privatisation.

Le cas de B.M montre également une certaine intégration de ses différents investissements, autour du secteur touristique, ou du moins, d'une demande externe à laquelle il s'est parfaitement adapté.

Dans cette entreprise, B.M est aidé par ses autres frères qui sont ses associés. Mais il demeure le "cerveau" qui a pris son autonomie vis-à-vis du père et qui dirige l'entreprise.

B.M reste loin de toute activité politique qui toucherait à la gestion municipale, mais il déplore l'état de la médina qui demande des actions de restauration des bornes fontaines, du moulin à eau,... Dans ce sens, B.M est prêt à aider financièrement. Mais il n'a aucune action publique (association,...).

Le second cas rejoint ce dernier avec quelques particularités.

Cas n°8 :

"H. a 35 ans, sa famille est d'origine andalouse anciennement installée à Chefchaouen. Son père, commerçant puis promoteur immobilier réside à Tanger depuis 1985. H. a étudié à Chefchaouen et très tôt il a "fait le faux guide" pendant les week-ends. Son frère aîné, installé en Hollande depuis 25 ans, l'a beaucoup aidé pour voyager en Europe pendant ses vacances. Son contact avec l'étranger s'est très vite établi. Avec l'argent amassé pendant l'année scolaire, H. achetait des produits d'artisanat qu'il allait vendre en Espagne pour payer ses vacances. Après son baccalauréat obtenu en 1981, il fera une licence en lettre en Andalousie.

Dès son entrée au Maroc en 1985, il maintient ses contacts avec l'Espagne et "monte" un petit projet de pension-restaurant. L'aide familiale a été déterminante dans ce projet. Si son frère aîné (RME) l'a aidé pour le financement (40%), son père lui céda la maison familiale de Chefchaouen qui allait être transformée en pension. Sans recours au crédit, les premières transformations aboutissaient à l'ouverture du restaurant en rez de chaussée (le chantier a duré prés de quatre années : suivant la faible cadence du financement). Il travaille alors seul et épargne l'argent pour les transformations nécessaires à une pension de six chambres à l'étage. En 1992, H. fait appel à son petit frère de Tanger pour l'aider à tenir son affaire. Il choisit son personnel essentiellement parmi ses connaissances à Chefchaouen (trois femmes de ménage et six employés de cuisine). En 1993, H. réalise un de ses hobby, l'ouverture d'une galerie d'art. En 1997, H. aménage une terrasse (qui lui permettra un agrandissement de son restaurant) ainsi qu'une transformation des chambres.

L'esprit dans lequel est menée cette entreprise reste unique à Chefchaouen. H. est fortement imprégné par une valorisation de la culture andalouse, cultivée de plus en plus dans les milieux universitaires andalous depuis quelques années. Il a aussi tissé des liens d'amitié avec plusieurs cercles d'intellectuels andalous. Leurs rapports vont dans les deux sens. (H. s'y déplace souvent).

H. "*préfère travailler avec les amoureux de Chefchaouen*", il a ainsi nommé son entreprise "la maison de H". Sa pension - restaurant a un cachet particulier qui regroupe tous ces intellectuels andalous qui circulent ici comme chez eux (70% de sa clientèle vient d'Andalousie, 90% est espagnole). La gestion de son restaurant est simple. N'ayant pas fait d'école hôtelière, H. se suffit de ses quelques connaissances culinaires locales pour offrir à sa clientèle "*ce qu'il mange lui même*" avec comme principe "*des prix raisonnables et une qualité du service*". Le résultat est là. En toutes périodes de l'année ce restaurant ne désemplit pas tandis que tous ses concurrents se plaignent de la baisse des flux de touristes depuis la guerre du golfe.

H. est arrivé à créer un espace chaleureux où le "touriste" trouve un contact local qui le relie directement au patrimoine architectural de Chefchaouen, loin des faux guides et des "arnaques". En fait, c'est de tourisme culturel qu'il s'agit. Un créneau qu'il occupe pleinement: "*il faut être créatif pour faire venir ces amoureux de Chefchaouen chaque année. Nous organisons pour cela des activités diverses. Outre la découverte de la médina ou les circuits pédestres en montagne, en basse saison, nous avons initié des activités qui permettent une meilleure connaissance de notre patrimoine culturel (cours d'Arabe, cours de cuisine...).*

Mais ce n'est pas pour autant que l'aspect commercial est délaissé : "*Nous recevons souvent ici des hôteliers Espagnols que nous invitons gratuitement. Cette année, nous fêterons le 10ème anniversaire de la maison, nous lancerons beaucoup d'invitations. Nous travaillons beaucoup aussi avec des diplomates en poste au Maroc, qui apprécient ce que nous faisons*".

L'esprit de cette entreprise se résume en fait dans l'objectif recherché par son entrepreneur : "*Mon rêve est de créer comme un club privé. Ce club regrouperait une clientèle très restreinte autour d'activités culturelles. Vingt à trente personnes en permanence me suffiraient pour réaliser cet objectif. J'espère y arriver dans les années qui viennent. D'ailleurs, je ne veux pas agrandir cette entreprise pour recevoir davantage de clientèle. Je ne pourrais plus, alors, m'en occuper.*

-Al qana'a rizq. (Le contentement est un trésor).

H. a aussi son côté "artiste" qu'il développe dans sa galerie. "*Je fais de la décoration pour mes amis Espagnols. Je (leur) travaille des sculptures (bois, fer forgé), de la poterie... Des objets que je fabrique moi même et que je donne à reproduire. Je travaille sur commande. Mais il faut dire que, la galerie, c'est surtout un hobby. Je n'y gagne pas grand-chose*".

A partir de son capital culturel, H. aborde aussi les affaires de la cité. Il est ainsi, l'un des fondateurs d'une association culturelle des plus actives dans la ville. "*Après le constat d'échec de l'association El Machichi pour la sauvegarde de la médina*[141]*, avec des étudiants, enseignants et artisans, nous avons créé cette association pour conserver le patrimoine architectural de Chefchaouen, mais à travers des actions sur le terrain* [142]". H. a conscience de la valeur aussi bien culturelle qu'économique que renferme la médina qui constitue le principal support de son activité et la raison même de sa résidence à Chefchaouen. L'association a émis trois lettres de protestation au conseil municipal et au pacha pour protester contre certaines transformations qui ne respectent pas le patrimoine architectural de la ville (arcades, couleur des ouvertures, matériaux des portes d'entrée)".

Les retombées économiques du tourisme sur le développement local dépendent dans une large mesure du type de tourisme en question. Le tourisme culturel, avec toutes ses spécificités, a déjà quelques longueurs d'avance en Europe et dans les principaux pays occidentaux. Au Maroc, c'est à travers le tourisme de montagne que nous retrouvons quelques actions dans le Haut-Atlas ou dans les zones présahariennes[143]. Les centres

141- Voir infra.

142- L'Association Rif Al Andalous fonctionne avec les cotisations de ses adhérents, et avec le dons de Chafchaouni travaillant à l'extérieur, des ONG ou d'organismes internationaux. Elle a ainsi organisé pendant l'été 1996, trois chantiers de propreté et de peinture sur 3 km dans la médina avec la participation de jeunes bénévoles. Ces chantiers ont eu un tel succès auprès des populations que les plus grands notables de la ville ont été obligés de les rejoindre "en fin de parcours". Ces journées étaient ponctuées par des remises de prix symboliques aux "femmes" (maison / propreté) et par une exposition de peinture.
L'association Rif Al Andalous forme aussi l'interface d'une grande opération de restauration menée entre le gouvernement Andalou et la municipalité dans le quartier Sebaniines.
Elle s'est imposée comme un véritable acteur dans la ville. Son projet actuel, après détection de "points noirs" dans la médina (habitations nécessitant des réparations) devient plus interventioniste. L'association est à la recherche de financement. La province lui a promis des fonds.

143- Cf. IRAKI Aziz et TAMIM Mohamed "Evaluation du tourisme de montagne dans la vallée du Mgoun "Projet Haut Atlas Central, PNUD. Direction des Affaires Rurales. PNUD/MOR/2/010 - 1997.

anciens n'ont été investis que par le tourisme des multinationales, intégrant peu les populations locales. A Chefchaouen, le développement du tourisme par des "entrepreneurs" locaux s'est fait le plus souvent dans le cadre d'opportunités sur lesquelles l'acteur n'avait que peu de prise. Recevant sa clientèle de Tanger ou de Tétouan à travers des agences de voyages, une réorientation des flux de touristes sur d'autres localités fait chuter toute la structure mise en place. Dans ces cas, "l'entrepreneur" a surtout "entendu parler du touriste", il l'a côtoyé de loin et cherche à répondre à ses exigences par des "clichés" d'un mode de vie qu'il ne connaît pas. Il pourra tout au plus s'adapter à une clientèle, mais ne pourra pas agir sur elle.

Chez les jeunes entrepreneurs précités la situation se présente différemment. Certes, ils ont bénéficié d'atouts matériels ou financiers de leurs familles respectives mais la principale raison de leur réussite reste non seulement leur adaptation, mais également l'impulsion de la demande qu'ils arrivent à provoquer par leur connaissance intime de la vie de "l'autre" (relations interpersonnelles, invitations....) et des mécanismes de fonctionnement du tourisme culturel dans les pays émetteurs. Dans le cours de leur vie passée et actuelle, c'est la permanence de relations interpersonnelles et de longs séjours passés en Europe (Espagne surtout) qui ont permis, lorsque ce ne sont pas des études, ces connaissances et une expérience qui ont enrichi leur capital culturel. Ce dernier devient un atout majeur dans une période de crise du tourisme qui demande, pour son dépassement, "une spécialisation" et des relations professionnelles dans les pays émetteurs en dehors du bon vouloir des tours-opérateurs et des agences touristiques des grandes villes du Nord. Dans ce sens, la proximité de l'Andalousie constitue un avantage, puisque le touriste peut venir en voiture passer un week-end à Chefchaouen sans avoir besoin d'autres intermédiaires (campagnie aérienne,...) pour une mise en contact entre le client et l'entrepreneur.

La dimension économique de ces entreprises reste par ailleurs modeste, leur gestion fait fortement appel à une aide familiale. Si elles constituent des exemples trop peu nombreux pour remplacer l'élite économique traditionnelle, elles restent suffisamment expressives des attentes et atouts d'une jeunesse qui demande certains droits dans la cité (bien représentée à travers les nouvelles associations culturelles).

QUELQUES ENSEIGNEMENTS

L'élite économique traditionnelle reste encore dominante à Chefchaouen, elle se caractérise par une recherche permanente d'opportunités basée sur un réseau de relations qui permettent l'acquisition de situations de monopoles ou d'opérations lucratives bénéficiant de dérogations administratives. Réseau de relations, effet de mimétisme et suivisme sont des caractéristiques majeures de cette élite, mais cette dernière constitue en même temps le potentiel indispensable pour assurer l'ancrage local de toute opération de développement. Les opportunités créées par des impulsions externes (effets induits de la promotion administrative, tourisme, demande des populations riveraines...) ont toutes été relayées par une élite locale, et très peu par des agents externes à la ville (sauf dans le domaine des grandes entreprises des BTP). Est-ce à dire que des hommes d'affaires des grandes villes n'ont pas été tentés par l'investissement à Chefchaouen ? Plusieurs projets ont connu des démarches qui n'ont finalement jamais abouti (usine d'eau minérale, usine de panneaux solaires, usine de confection...). L'élite économique traditionnelle de Chefchaouen semble constituer un rempart incontournable. Elle est à l'affût de tout projet d'investissement qu'elle ne peut admettre que si elle y est associée. Un comportement qui augmente les contraintes locales à l'investissement.

A Chefchaouen, tout se passe comme si l'on avait affaire à une vieille société paysanne plongée dans ses pratiques millénaires, toute impulsion externe étant relayée par les notables locaux.

Les caractéristiques de l'élite économique traditionnelle de Chefchaouen peuvent-elles être dissociées de l'espace géographique et de la société locale ? En tant que pratique sociale, le comportement entrepreneurial n'a de sens que dans le contexte concret (social, culturel et spatio-temporel) qui le produit.

Peut-il se construire dans un contexte où la société locale connaît relativement peu de relations avec l'extérieur ? Ne lui faut-il pas une construction de réseau de relations inter-villes, chacune ayant ses spécificités technologiques, sociales, culturelles ? N'est-ce pas dans l'échange d'expériences, de techniques... que se forge ce comportement ? La ville ne se développe que si elle même-bénéficie d'une situation de carrefour dans les réseaux d'échange, une situation que Chefchaouen a perdu depuis le milieu du XVIII° siècle (144).

L'élite économique traditionnelle reste ainsi le produit de l'Histoire économique de la ville et de sa place dans le réseau urbain.

Si l'innovation doit venir de l'extérieur, alors nous le constatons aussi à travers ceux qui, originaires de cette ville, ont bénéficié du contact avec l'extérieur, ceux qui ont connu d'autres expériences, d'autres techniques, et ont pu développer un réseau de relations capable de soutenir un projet économique novateur dans la ville. Le capital culturel et relationnel joue alors un rôle plus important que la simple détention de moyens financiers. Force est de constater cependant le nombre réduit de ces cas. Le contact permanent avec l'extérieur et la non-résidence à Chefchaouen ont abouti souvent à "l'expatriement" d'une grande partie de l'élite Chefchaouni. La présence de ces entrepreneurs innovateurs dans la ville exige donc de ces derniers d'autres conditions. Dans les fragments d'histoires de vie que nous avons pu exposer, l'altérité et le contact avec "l'autre" dans ce qu'il conviendrait d'appeler le tourisme culturel exige de l'entrepreneur un travail permanent sur sa propre image. Comme le dit A. Khatibi, "on naît, on se découvre et on devient marocain" (145). La prégnance du rapport à la ville de Chefchaouen chez ces entrepreneurs ne pouvait qu'aboutir à une réappropriation de ces lieux à travers leur projet entrepreunial. Il s'agit d'une territorialisation dans le sens identitaire qui réaffirme son appartenance à ce territoire.

S'agissant de l'espace de déploiement de cette élite économique et de la construction d'une territorialité propre, l'ouverture sur la région Nord reste frappante. Dans son histoire, Chefchaouen et ses habitants ont longtemps fait partie d'une région (Ghomara, Khmas) fort hostile au pouvoir central. Elle a connu de longues périodes de relative autonomie. Cette situation a été renforcée par une césure spatiale et culturelle instaurée par la colonisation Espagnole de la région Nord. Les courants commerciaux avec le Sud s'amenuisent et

144- L'orientation du Maroc maritime au milieu du XVIII° siècle et des villes côtières ont favorisé Tétouan qui devient le principal débouché de Fès. Chefchaouen ne profitait alors que du commerce qui reliait Fès à Tétouan. Une situation qui allait empirer avec l'installation du Protectorat Espagnol dans la zone Nord et la réorientation des flux commerciaux de Fès vers le nouveau port de Kénitra.

145- Conférence "civilisation marocaine et mondialisation" 28 Mai 1997 - Institut Agronomique et Vétérinaire Hassan II Rabat.

Chefchaouen se tourne vers les grandes villes du Nord, avec qui débute une histoire coloniale commune [146]. M. El Dahan signale, pour Chefchaouen, l'importance de cette frontière dans son environnement immédiat (30 km au Sud-Ouest de la ville) qui allait réorienter la ville en direction Nord sans que cette frontière ne lui procure les "avantages" de la contrebande (non tolérée dans sa zone).

La mise en place dans les années 50 d'une voie revêtue entre Chefchaouen et Tétouan permettra une liaison permanente entre ces deux villes distantes de 60 km [147]. Tétouan va être choisie comme "capitale administrative" de la zone Nord, l'ensemble des flux humains, administratifs et économiques vont alors se tourner vers cette ville. Chefchaouen n'ayant plus d'intégration au Sud n'aura plus qu'un seul exutoire : les deux métropoles du Nord et essentiellement Tétouan.

La dépendance administrative de Tétouan pendant la période coloniale va se poursuivre jusqu'en 1974. Mais la promotion administrative de Chefchaouen ne va limiter que quelque peu cette dépendance qui se maintient pour les services supérieurs de la Santé, la Cour d'Appel, la Conservation Foncière, la Police (Commissaire Divisionnaire), l'Office National des Transports (passage du permis de conduire), les principales facultés (Lettres et Sciences Humaines, Sciences, Etudes Islamiques, Ecole Normale qui intègrent obligatoirement les bacheliers de la province de Chefchaouen) ou les services tertiaires supérieurs privés (Assurance, Banque régionale, Bureaux de contrôle,...).

Chefchaouen restera fortement intégrée à la péninsule tingitane et ses villes. En 1982, 76,6% des migrants Chefchaouni se sont orientés vers ces villes : Tétouan ayant une place privilégiée (21,9% des migrants), alors que Rabat et Casablanca n'en ont accueilli que 16% (respectivement 13% et 3%).

Ainsi, à travers l'histoire de cette dépendance vont se créer des liens sociaux produits par la proximité (mémoire des lieux). Chefchaouni et Tétouanais vont partager des références communes, si ce n'est un partage de ressources (hôpital, faculté...). Tétouan fait de plus en plus partie des espaces de vie des Chefchaouni. Pour ces derniers, outre le recours aux différents services et équipements, Tétouan reste le centre de loisirs du week-end. De même que Martil constitue le lieu d'estivage des Chefchaouni et Tétouanais. Cette tendance globale va véritablement s'ancrer dans les élites locales des deux villes.

En effet, l'histoire coloniale va constituer une phase d'intégration du mouvement nationaliste de la zone Nord qui va concerner essentiellement les villes, dont Chefchaouen. Pendant cette phase, les nationalistes ont compris le rôle essentiel que pouvait jouer l'instruction, en tant qu'arme contre le colonialisme. Des initiatives importantes ont concerné la sphère de l'enseignement libre, la création de l'école "Al Ahlia" en 1925 à Tétouan et l'envoi des missions de Tétouan à Naplouse et au Caire 1928-1938 [148]. La formation de

146- La zone de Protectorat Espagnol ne jouit en principe que d'une autonomie administrative, le traité franco-espagnol reconnaissant la souveraineté du Sultan sur tout le territoire national. Or, le "Khalif" présenté par l'Espagne dans la zone contrôlée par elle, est vu comme l'égal du Sultan, favorisant la séparation des deux zones : espagnole et française.

147- Trois compagnies privées faisaient chacune deux rotations par jour. voir EL DAHANE op. cit. P99.

148- Voir M'hammed BENABOUB op. cit.

l'élite politique passait par Tétouan avant de regagner Chefchaouen pour organiser localement le mouvement. Qu'il s'agisse du parti des Réformes Nationales de Abdelkhalek Torres ou du parti de l'Unité Marocaine, l'élite politique du Nord s'est formée dans un même "moule" (le nationalisme n'était toléré qu'à l'intérieur des limites des villes). A l'image de Chahboun, Zitane, Harras ou El Alami, l'élite Chefchaouni a pu construire à travers un même itinéraire politique et de formation un réseau de relations interindividuelles qui s'est prolongé dans le temps. L'école et la formation a intéressé deux filières (Moyen-Orientale et Espagnole) qu'ont connu Chefchaouni et Tétouannais. La construction de ces relations ajoutée au rapprochement des modes de vie et de l'origine de ces deux populations (Andalous, Chorfa Idrissite et Bekkaliines) ont fini par rejaillir sur les relations matrimoniales. Actuellement, tout Chefchaouni a un membre de sa famille proche à Tétouan. La proximité a fini par créer un même espace de vie (malgré la distance). Ici, le déploiement d'une même famille entre Chefchaouen et Tétouan n'influe que peu sur le niveau de relation. En termes de territorialité, Tétouan "agit" comme une métropole qui "enveloppe" Chefchaouen. Bien plus qu'une satellisation, le réseau social créé dans cette histoire commune dépasse l'espace de vie pour toucher l'espace d'investissement et de reproduction. L'élite économique Chefchaouni se redéploie facilement à Tétouan et Tanger. De même que, résidant dans l'une des deux métropoles du Nord, elle maintient ses activités économiques et politiques à Chefchaouen. Même si les apports (économiques) n'ont pas le même poids pour chacune de ces localités, la proximité joue ici aussi un rôle non négligeable. Elle permet ces actions en retour des entrepreneurs Chefchaouni agissant dans les grandes métropoles du Nord, ce qui se fait plus rarement chez ceux installés dans les grandes villes de Casablanca ou Rabat. Dans la construction de ces territorialités, il est difficile de rendre compte de tous les réseaux où les activités sociales se conjuguent avec d'autres et se complexifient [(149)]. Tout au plus avons-nous esquissé ici des territorialités susceptibles de délimiter des espaces géographiques conformes aux pratiques et représentations des entrepreneurs locaux, (en laissant de côté quelques cas isolés : rapport avec l'Espagne, rapport avec Casablanca et Rabat....).

149- Denise PUMAIN et J. M. OFFNER. "Réseaux et Territoires" ed. l'aube territoire 1996.
D. PUMAIN voit dans ces réseaux "des figures Kaléidoscopiques aux contours changeants et diversifiés".

CHAPITRE II

EMERGENCE ET LIMITES D'UNE ELITE ECONOMIQUE DANS UN ESPACE CARREFOUR

(Cas de Souk Larbaa)

SECTION I/ CONJONCTURES ÉCONOMIQUES ET POLITIQUES ET ITINERAIRE D'UNE ÉLITE URBAINE.

S.S.1- Création d'un centre de colonisation dans le "Bled Makhzen"

Le Rharb (150) a longtemps constitué une "marge" entre le Nord et le Sud du pays. Le triangle du Rharb ne connaissait pas d'agglomération urbaine. Le paysage était dominé par quelques habitations de grands caïds (*qaria*), des casbahs (Kénitra et Sidi Kacem) et surtout, des souks qui assuraient la vie de relation (échange de produits plaine - montagne, ville - campagne...). Partout, "la route Tanger-Fès, suivie par les ambassadeurs et les marchands, était jalonnée par d'authentiques petites villes, relais commerciaux et jalons militaires soigneusement protégés : Acilah, Larache, Ksar El Kebir, Ouazzane"(151). L'implantation coloniale entraîna la désorganisation de ce réseau par la création de frontières entre les zones de protectorat français et espagnol (en plus de la zone de Tanger). Avec la colonisation française, les flux commerciaux ont été réorientés vers le Sud, entraînant une régression des centres de Larache, Acilah et Ksar El Kébir au profit du nouveau port de Kénitra et d'un nouveau réseau urbain local formant le triangle Souk Larbaa, Kénitra, Sidi Kacem (et ses relais Sidi Yahya, Mechraa Bel Kciri et Sidi Slimane), base de l'exploitation coloniale.

Le Rharb, région en contact direct avec la zone de dissidence du Rif a toujours été un lieu stratégique, siège de commandement sous l'autorité du Makhzen (voir infra). Avec la pénétration coloniale, le contrôle de ces zones du Nord passait par un encadrement du Rharb par ses extrémités : Mehdia et Kénitra à l'Ouest, Sidi Kacem (Petit Jean) à l'Est et Arbaoua au Nord. Dès 1912, avec le tracé des frontières, Arbaoua n'était plus qu'un poste militaire au profit de Mechraa Bel Kciri qui devint Chef lieu du cercle de Sebou (1914). Mais très vite, ce fut au tour de Souk Larbaa de prendre le commandement du Rharb septentrional (1923), une promotion qui allait être relayée par la création d'un noyau de peuplement européen, associé à des lotissements agricoles suburbains, des services administratifs et un renforcement du rôle commercial de la ville.

150- La région du Rharb correspond à la plaine du bas Sebou et à ses bordures de collines et de plateaux. Il regroupe trois ensembles. Dans sa partie septentrionale, le Haut-Rharb, qui appartient au niveau géologique au domaine prérifain (collines...). A l'Ouest, sa façade océanique formée de dunes (le Sahel) "descend" jusqu'à l'embouchure du Sebou et le port de Kénitra. Au centre, la plaine partagée entre ses sols hydromorphes (tirs) et ses dépressions inondables, a longtemps été exploitée de façon épisodique comme zone de parcours.

151- J. LE COZ "Quelques problèmes géographiques des petites villes d'Afrique du Nord" P41. in L'annuaire de l'Afrique du Nord. 1972.

A- Le Rharb septentrional : des tribus arabes dans le bled Makhzen

Les premières installations des tribus Arabes dans le Rharb se sont faites par de grands mouvements de déportations opérés dés 1187 par Yacoub El Mansour(152). Sefiane et Khlot, division des Djochem, furent des milices aux services des Almohades puis des Mérinides. D'abord tribus guich pendant l'époque Mérinide, elles furent déchues par les Saadiens, rayées des contrôles de l'armée et soumises à l'impôt. Les Beni Malek voisins seraient (153) des Zoghba installés par les Mérinides durant la seconde moitié du treizième siècle. Ils connaîtront le même sort que leurs "frères" Sefiane : le contrôle militaire de la plaine fut confié à d'autres corps de tribus.

Expéditions punitives, amputations de territoire et apport de populations exogènes jalonneront l'histoire du Rharb septentrional pendant quatre siècles :

- Installation d'un corps de Bouakher (détaché du guich de soldats noirs de Meknès) par Moulay Ismaïl,
- Attaque du pacha Ahmed Ben Ali Er Rifi en 1741,
- Expédition punitive de Moulay Abdellah (1748). Bouakhar et guich des Oudaïa contraignent Sefiane et Beni Malek à se réfugier à Larache,
- Installation des Berbères Guerrouan, dissidents de 1771 à 1782, par le Sultan Sidi Mohamed Ben Abdellah,
- Installation des Bouakhar de Tanger et de Larache et des Berbères Mejjat en 1776.

A la veille de la pénétration coloniale, le Rharb septentrional est ainsi peuplé des deux tribus des Sefiane et Beni Malek auxquelles se sont joints un certain nombre de Bouakher. Ait Immour, Mejjat et Guerrouan ne séjournèrent que peu de temps, alors que quelques groupements d'Algériens originaires de Zamora prés de Tiaret, arrivés en 1806, achetèrent des terres chez les Hareth et s'établirent non loin de Souk Larbaa : ils sont connus sous le nom de Oulad Ben Aouda El Hartiyn Es Sofianiyn (154).

Beni Malek et Sefiane sont des tribus Naïba (155). En fait, des tribus soumises à l'impôt. Un impôt qui n'était fixé ni dans la quantité ni dans la date de sa perception. Cette caractéristique, malgré l'existence de terres collectives (156), de solidarités fondées sur des liens de parenté et d'institutions de gestion collective, va imprimer une structure sociale de type féodal.

152- "C'est pour diminuer de la grande puissance des tribus arabes d'Ifriquiya alliées des Beni Ghanya révoltées, (qu'il) décida de transporter au Maroc les Djochem qui comprenaient, les Beni Djaber, les Khlot et les Sofyan". D'après la Mission Scientifique du Maroc "Villes et Tribus du Maroc - Rabat et sa Région" op. cit. P27 à 43.

153- D'après la Mission Scientifique du Maroc "Villes et Tribus du Maroc" TIV. op. cit. Mais Jacques Berque pose des questions sur leur origine "Seuls les Sofyan ont une histoire. Rien ne nous parle des Bni Malek avant la crise maraboutique du XVI° siècle.... ils seraient les frères des Sofyan, ce qui d'ailleurs postule leur cohabitation étroite entre eux" Michaux-Bellaire fait deux hypothèses... "descendants des Arabes Qoraïch envoyé par le Sultan pour réduire les Khlot révoltés ou bien ils seraient issus des notables expédiés par le Sultan Saadien Mohamed Ach-Cheikh vers 1555..." Voir Jean Lecoz "le Rharb - fellah et colons" P236-240.

154- Villes et Tribus Tome IV op cit. P29.

155- "C'est le Sultan Mohamed Ech-chaikh qui établit le premier ce droit de Kharaj dans le Rharb sous le nom de Naïba, et c'est sous le règne de son fils, Abdellah El Gharib Billah, que le mode de perception de cet impôt fut établi par le recensement des tentes" Villes et Tribus P47. L'impôt de naïba (assimilé au Kharaj) relevait d'une théorie qui affirme "l'appartenance de toutes les plaines au Bit El Mal du moment que les habitants de l'époque de la conquête ont péri ou disparu, et le Kharaj sur ces terres dépend du bon plaisir du Sultan maître du sol" (J. Le Coz). Il s'agit en fait de l'exercice d'un droit de souveraineté.

156- J. Le Coz définit les terres collectives par un caractère fondamental : l'égalité potentielle des droits de tous les membres de la collectivité à la jouissance de la terre.

En effet, "plus que le sol dont il y avait surabondance, c'est la *Zouja* (attelage), ou encore le troupeau qui étaient les véritables moyens de production et les signes de richesse". Plus une famille avait un fort potentiel démographique, plus elle pouvait assurer le gardiennage d'un troupeau toujours plus grand, d'une part conséquente sur les terres collectives et d'une autorité morale dans la Jmaa. Cette différenciation sociale, présente dans toutes les sociétés agraires est relayée ici par une organisation politico administrative de soumission à l'impôt. "Toute autorité effective émanait de la personne du Sultan. Celui-ci, par l'intermédiaire de ses ministres et de serviteurs de son palais, la déléguait aux caïds qui à leur tour investissaient leurs subordonnés, caïds inférieurs ou cheikhs, qui eux-mêmes choisissaient les moqqadems de douar... et chacun, autant pour rentrer dans ses fonds que pour accroître l'étendue de ses avoirs, cherchait à tirer le maximum de sa situation, en particulier en élargissant son patrimoine foncier... Le bled se décomposait ainsi en zones d'influence de grands personnages, chefs de coterie et possesseurs de vastes fiefs dans lesquels ils exerçaient un pouvoir discrétionnaire"[(157)] Chaque grande famille avait ses groupes satellites qui constituaient à leur tour une clientèle. Dans ce système, le fellah démuni bénéficiait d'une certaine protection émanant souvent de liens de parenté mais il ne restait pas à l'abri de dépossession, exactions...

Au courant du XIX° siècle, l'organisation politico administrative des Beni Malek et Sefiane connut plusieurs changements. Jusqu'en 1860, ces deux tribus étaient le plus souvent sous le contrôle d'un seul caïd puissant (ayant parfois le contrôle de toute la région du Nord [(158)]) : Mohamed Es Slaoui El Boukhari (1808), Mohamed Ben Ichchou El'Aroui (1822), Si Bou Selham Astot (1844), Abdelkrim Ben Aouda (1850) et ses descendants jusqu'en 1862. Ces grands caïds avaient la particularité de faire partie de groupes exogènes aux tribus Sefiane et Beni Malek.

Après 1860 et jusqu'au règne de Moulay Abdel Aziz, le gouvernement de chaque tribu fut donné à deux *karia* ; les Habassi chez les Beni Malek et les Oulad Ben Aouda chez les Sefiane. Avec l'affaiblissement du pouvoir central et ses besoins constants d'argent, le morcellement des tribus entre plusieurs caïds commença. Les Sefiane ont été devisés en quatre fractions et les Beni Malek en trois. Il y eut même la "vente" de sous-fractions (celle des Oulad Youssouf des Sefiane fut "achetée" par un ancien chamelier sous le règne de Moulay Abd El Hafid [(159)]). Luttes internes, destitutions, et "achat" auprès du Sultan ont fini par regrouper sous un même commandement (1908) les Sefiane avec le caïd Si Mohamed El Kreizi (Bou garn) et les Beni Malek avec le caïd Si Tayyeb Ben Ech-cherkaoui El Khalifi.

La particularité du Haut Rharb réside dans la puissance et la fortune des grandes familles, tirées de l'exercice du pouvoir politico-administratif et sa durée extrêmement courte. Comme le note Michaux Bellaire "La prospérité d'une famille ne se maintint jamais au delà de deux ou trois générations, le plus souvent, elle disparut avec celui qui en fut l'auteur"[(160)]. En fait, le pouvoir central n'a jamais accepté une prospérité ostentatoire. La disgrâce passait toujours par la manipulation des dualités internes, une pratique relevée dans toutes les régions du Maroc.

157- J. LE COZ "Le Rharb, fellah et colon" P291.

158- "Si Bouslham Astot gouvernait Tanger, Arzila, le Fahç, la Gharbiya, le Sahel, le Khlot, les Sofyan, les Beni Malek et toute la région des Djebala" (villes et tribus Tome IV P35).

159- Villes et Tribus du Maroc - Tome IV P39-41.

160- E. MICHAUX. BELLAIRE (1913) in "Villes et Tribus du Maroc". Tome IV.

Les grandes familles et leur importance se retrouvaient ici dans ces *karia*; grandes habitations autour desquelles gravite une population satellite. Trois d'entre elles ont marqué l'histoire récente du Rharb Septentrional: Habbassi, Ben Aouda et Oulad Daouïa.

La première a abrité une famille qui a gouverné les Beni Malek pendant plus de cinquante ans. Au début du siècle, le vieux caïd Bou Beker El Habbassi mourut complètement ruiné à Fès.

Les Oulad Ben Aouda, émigrés d'Algérie ont gouverné les Sefiane depuis 1860 et acquis de vastes propriétés. En 1902, plusieurs membres de leurs familles furent emprisonnés pour renoncer à leur héritage. Quelques années plus tard, le reste de leur patrimoine foncier fut dilapidé par des cohéritiers.

Les Oulad Daouïa fut la famille la plus puissante du Haut Rharb durant le XIX° siècle. Fils d'un cheikh des Oulad Messoud (des Beni Malek), Haj Mohamed, bénéficiant de l'appui des *chorfa* de Ouazzane a pu "lancer" cette famille dans une alliance avec le Sultan Moulay El Hassan et les grandes familles Habbassi et Ben Aouda. Ils occupèrent ainsi la fonction *d'amine de l'achour* (perception d'impôt) pour le Rharb sous le règne du Sultan Mohamed Ben Abderahman et avaient l'administration des quatre grands pâturages du Makhzen dans le Rharb. Une situation qui leur permit de placer parents et alliés dans les postes clefs, et acquérir des propriétés évaluées à 10.000 hectares au début du siècle [161]. A ces biens ruraux s'ajoutaient des immeubles et propriétés dans la plupart des grandes villes (Tanger, Meknès, Fès, Rabat, Salé, Larache, Ksar El Kebir). Une opulence qui ne tarda pas à transformer leurs relations au pouvoir central. Le grand Vizir Ba Ahmed leur enleva les fonctions d'*amine* el *Achour* et des pâturages et leur réclama des sommes considérables. Plus tard, les Béni Ahsen, leurs voisins du Sud, les pillèrent. Obligés de se réfugier à Larache et Tanger, ils demandèrent alors la protection française (1906).

Face à la faible pérennité des grandes familles, le système politico-administratif du Rharb corrélé à une différenciation sociale dans le système tribal (partage selon la *Zouja*, accaparement de fonctions représentatives...) ont fourni en permanence des caïds et des cheikhs[162] qui seront fortement utilisés par la colonisation française.

En effet, s'appuyant sur le principe de protection et d'association[163] depuis la fin du XIX° siècle, ces pratiques vont s'accentuer pendant les dix années qui précédèrent la pénétration coloniale. De plus en plus nombreux étaient les marocains qui sollicitaient une carte de protégé leur permettant de bénéficier de tous les privilèges accordés aux Européens (ne pas payer l'impôt et échapper aux exactions des caïds). Protection et association permettaient d'échapper à l'autorité du Sultan en même temps qu'elles attisaient les conflits

161- Mais J. LE COZ remarque que leur patrimoine fut évalué à 10.000 hectares lors de sa récupération par la Société du Rio Sinu.

162- Sur les terres collectives les caïds recevaient pour la durée de leur commandement quelques 200 ou 300 hectares choisis dans les bonnes terres de la plaine. Leurs khalifas et les cheikhs bénéficiaient de parts plus modestes, d'une vingtaine d'hectares (J. LE COZ P300).

163- Le principe de Protection remonte à 1767, il fut confirmé lors de la convention de Madrid (1880). Il assure une garantie, au delà du système politico administratif du Makhzen alors que l'Association permettait la garantie d'une exploitation sans acquisition et d'une préservation des biens de l'associé (convention de Madrid) faisant de lui un protégé officieux.

en tribu par l'introduction d'un statut spécial procuré par une alliance avec "l'étranger". Le Haut Rharb a été l'une des régions les plus impliquées par cette colonisation indirecte. Jean le Coz l'explique par "la nature paisible des populations, la sécurité et la commodité de la route makhzen Tanger-Fès, la proximité des bases d'opérations, Tanger, Larache, El Ksar..., le vaste rayonnement du Souk de l'Arba et l'appel des grands féodaux Daouïa et Ben Aouda"[164].

Plusieurs français d'Algérie et de Tunisie ont ainsi sillonné cette région, certains s'adonnaient au trafic des cartes de protection, s'associant ainsi avec les notables locaux.

Les premiers prémisses de développement de la ville de Souk Larbaa restent le résultat d'une association entre un ancien colon d'Algérie et le caïd Cherkaoui (caïd des Beni Malek depuis 1907). M. Boisset, venu en 1906, était chef du service des postes françaises, agent consulaire à Ksar El Kébir et représentant de la Société du Rio-Sinu (qui reprit les propriétés des Oulad Daouïa). D'abord protégé Allemand, Cherkaoui finira par prendre la protection française et assurer avec Boisset une dizaine d'associations sur le bétail avant de faire des achats de terres autour du Souk l'Arbaa de Sidi Aïssa. M. Boisset, fils de colon Algérien, était persuadé de la prospérité des affaires au voisinage d'un grand souk. Sur une superficie d'une cinquantaine d'hectares, "il édifia un fondouk qui tint lieu d'entrepôt, de marché permanent, de caravansérail. Aux alentours se constitua peu à peu un lotissement désordonné de baraques et de quelques maisons en dur. A quelques centaines de mètres de là, la Compagnie Marocaine ([165]) acquit également un terrain et ouvrit une succursale ([166])". Ce furent les premiers balbutiements du centre urbain.

Le choix de Souk Larbaa de Sidi Aïssa (appellation d'origine du Souk Larbâa actuel) a ainsi porté sur le plus grand marché du Rharb [considéré alors comme une des régions les plus commerçantes du Maroc (Michaux - Bellaire - 1913 P196)], près de la qoubba de Sidi Aïssa Ben El Hassan El Miçbahi et du douar (Malki des Tafaoutiya) de résidence du caïd Cherkaoui. Sa situation centrale dans le Haut Rharb, au point de passage de l'ancienne grande route Makhzen (Tanger-Fès), et au point de rencontre de cette route avec la nouvelle voie de Tanger-Rabat, en ont fait pendant longtemps l'un des plus grands souks du pays. (voir fig. 2).

164- J. LE COZ op cit. p.366.

165- La plus ancienne société anonyme établie au Maroc (1902), regroupe divers actionnaires dont la compagnie de navigation Paquet, la maison Schneider... réalisa d'abord d'importantes opérations immobilières à Oujda et Casablanca. Au Rharb, elle cherchait alors à prendre position, recruter des agents localement avant d'investir.

166- J. LE COZ op. cit. p.383.

Figure 2

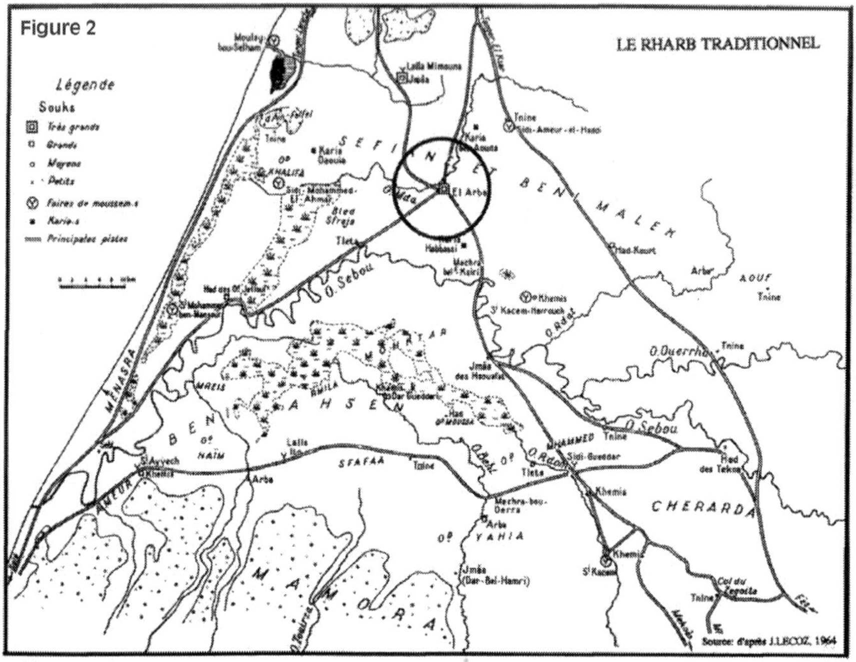

En 1918, la mission scientifique du Maroc le décrit en tant que tel, avec sa *Kissariya* (emplacement spécial réservé aux tissus et étoffes), ses marchands juifs qui faisaient le tour des souks du Rharb, mais passaient obligatoirement par celui de l'Arbaa de Sidi Aïssa. Ce souk attirait aussi bien les marchands de Larache et Ksar El Kebir que ceux de Fès pendant les périodes des grands *moussem* (167). La création des frontières au Nord a favorisé le développement de la contrebande. Souk Larbaa en a constitué l'un des principaux relais alors que la diminution des marchands de Larache et Ksar El Kébir était largement compensée par l'afflux de ceux de Salé et Kénitra (qui renferme désormais plusieurs agences des grandes maisons de Larache).

S.S.2- La lente progression du centre urbain face au renforcement de quelques élites rurales

Jusqu'en 1923, les efforts de l'Administration coloniale dans le Rharb septentrional se sont portées sur le centre de Mechraa Bel Kciri créé prés du gué de Kciri (167'), espérant créer un grand comptoir, tête de la navigation sur le Sebou et étape sur la route de Tanger-Fès. Un lotissement maraîcher y fut créé pour relancer l'économie en 1923, de même qu'une seconde expérience en 1930 (lotissement de Talaat Jazia) connurent un échec. Entre temps, l'initiative privée entreprise à Souk Larbaa a pu profiter du rôle commercial traditionnel de

167- Rassemblement festif des membres d'une ou de plusieurs tribus autour d'un saint.

167'- Avec l'établissement d'un poste militaire dés 1911, la création d'un souk en 1913, la promotion en tant que chef du cercle du Sebou en 1914 et le développement d'un grand lotissement de colonisation (1916).

ce centre : une supériorité qui a entraîné le déplacement du chef lieu de cercle à Souk Larbaa et l'établissement d'une gare sur la ligne Tanger-Fès. Désormais, ce centre constituera la véritable capitale du Haut-Rharb. De 1926 à 1960, la progression démographique de Souk Larbaa contrastera avec celle de Mechraa Bel Kciri (voir tableau n°6).

Tableau n°6 : Evolution démographique de 1926 à 1960

Centre \ Année	1926	1936	1952	1960
Mechraa Bel Kciri	456	-	1.037	5.315*
Souk Larbaa	1.282	2.750	7.836	11.624

** Augmentation due à l'agrandissement du périmètre urbain entre 1952 et 1960.*

Malgré ce développement relatif, Souk Larbaa atteint à peine 11.624 habitants en 1960. Durant la période coloniale, ce centre n'a connu un véritable bond démographique qu'entre 1936 et 1952 avec un taux d'accroissement annuel de 12,3% (contre 4% pour l'ensemble du Maroc urbain). Une situation qui s'explique davantage par les profondes mutations qu'ont connu alors les campagnes du Rharb avec les spoliations de terres aux paysans et la crise agricole des années 30. L'augmentation du nombre des migrants ruraux (11.000 migrants par an entre 1912 et 1926 contre 29.000 entre 1936 et 1952) ne pouvait que se répercuter sur les petits centres du Haut Rharb. Si Souk Larbaa ne bénéficiait alors ni d'une véritable industrie, ni d'une agriculture intensive, elle constituait toutefois la plaque tournante d'un trafic inter-zonal qui attira un nombre important de migrants. Situé sur un grand axe de circulation (route de Rabat-Tanger), carrefour routier et ferroviaire, Souk Larbaa a aussi bénéficié de sa situation de premier centre au voisinage de la frontière entre les zones françaises et espagnoles. Entre 1936 et 1956, cette coupure prit plus d'importance avec le régime franquiste et la situation économique qui prévalait alors (guerre, après guerre). Un trafic fructueux s'ensuivit "des troupeaux entiers de bovins franchissaient la frontière, tandis que dans le sens inverse, les étoffes venaient s'entasser dans les boutiques de la ville" (J. le Coz).

Ainsi, Souk Larbaa s'est développé par sa fonction commerciale dans une zone de contact (entre la plaine du Rharb et le pays Jbala) tout en ayant bénéficié des infrastructures de communication modernes. Une base, qui va longtemps imprimer la dynamique de l'économie locale.

Au niveau de son urbanisation, Souk Larbaa se développera avec une coupure spatiale et sociale très marquée. Suite à l'initiative de Boisset, "le village", ville européenne, se constituera autour de la gare et du carrefour routier. La partie Ouest de la voie ferrée verra se développer résidences, commerces et services alors que la partie Est renfermera les administrations de contrôle civil avec diverses annexes et le souk. Entre la gare et la route de Rabat, le périmètre urbain de la ville sera constitué en grande partie par l'intégration de terres collectives des Oulad Ben Sbâa (140 hectares) qui s'ajouteront aux cinquante hectares du lotissement Boisset et à quinze hectares du collectif des Tfaoutia. L'administration coloniale créera ainsi un premier lotissement urbain de 130 lots en 1924, avant d'adjoindre un lotissement de colonisation (Bâabcha) de 32 hectares réservé aux colons de Souk Larbaa, pour compléter "le complexe de colonisation" (168).

Loin du "village", à l'Est de la ville, prés d'une forêt d'eucalyptus sur des terres collectives se formera le bidonville "Kallito" (par référence à l'eucalyptus), principal réceptacle de la population marocaine. Jusqu'en 1960, l'essentiel de la population de la ville s'entassera dans ce quartier insalubre marquant une nette coupure avec le "village" occupé par les juifs et les colons.

Durant toute cette période, l'action de l'Administration coloniale ne touchera que très peu cette population marocaine fraîchement installée. Il n'y aura pas, à l'instar des Zemmour (collège de Khemisset, école de Tiflet....voir infra), une politique de formation de l'élite(169).

L'école musulmane de Souk Larbaa n'a été créée qu'en 1947 par Mathiot(170). Seuls deux classes étaient alors ouvertes (les enfants des colons et quelques fils de notables avaient une école de cinq à six classes depuis 1920. Le secondaire était alors dispensé à Rabat).

Jusqu'en 1957, cette école n'excédait pas les 30 élèves. La'miri, enseignant du secondaire près de la retraite, se rappelle de cette époque où 15 à 20 élèves de Souk Larbaa passaient le Certificat d'Etudes Primaires. Les meilleurs (quatre ou cinq), allaient passer l'examen d'entrée en sixième à Sidi Kacem. Seuls ceux ayant obtenu une bourse continuaient alors leurs études. A l'époque, "les gens ne voyaient que le CEP et l'embauche". Ce n'est qu'en 1957 qu'une classe fut ouverte pour 17 collégiens à Souk Larbaa(171).

168- Le terme est de J. LE COZ "Autour du "centre" gravitèrent des lots de petite, moyenne et grande colonisation dont la spécificité n'était pas liée aux seules données de la dimension mais surtout au rôle qui leur était dévolu dans le cadre du "complexe de colonisation" : les petits lots vivriers ayant vocation d'apporter la nourriture à la population du centre, les moyens et les grands de fournir des matières premières à ses industries de conditionnement ou de transformation" in "Petites villes d'Afrique du Nord" op. cit. J. LE COZ P41 op. cit.

169- Bruno ETIENNE en dressa le tableau suivant :

"La Conception de Lyautey en matière d'enseignement se dessina clairement à travers la création des écoles au nom suggestif" Ecole des fils de notables où était donné un enseignement en Français et Arabe destiné à préparer les élèves à l'enseignement secondaire; quant aux enfants du peuple, au moins pour commencer, ils étaient de préférence dirigés vers des écoles professionnelles.

Ce système fut vite assoupli et les écoles franco musulmanes furent ouvertes à toutes les catégories sociales en même temps que les écoles des fils de notables devenaient des écoles comme les autres.

L'enseignement secondaire (collèges musulmans) établi sur une durée de 6 ans et sans baccalauréat, comprenait des connaissances modernes et des études traditionnelles. Vers 1920, peu nombreux étaient les jeunes gens ayant accompli leur scolarité dans les collèges musulmans de Fès et de Rabat. Mais l'institution était en place. A la fin des années 30, les associations des anciens élèves des collèges musulmans de Fès et de Rabat prirent part au devenir politique du pays. Occupant de nombreux postes d'enseignement ou de fonctionnaires et en s'installant dans les grandes villes comme avocats, médecins. A partir de 1944, ils ont milité dans les rangs de l'Istiqlal.

Le collège berbère d'Azrou et l'école militaire de Dar Bayda Meknès concernaient de jeunes berbères appartenant à des familles de notables de différentes tribus. Cette jeunesse, tournée vers l'armée, acquérait les vertus de la discipline. Entre les 2 guerres, elle entrait à peine dans la vie".

Bruno ETIENNE. Ouvrage collecif "La formation des élites politiques Maghrébines" CRESM Librairie générale de Droit et de Jurisprudence - Paris - 1975.

170- Ce personnage a marqué les esprits par son abnégation et sa persévérance. Responsable de l'enseignement musulman dans l'ensemble du cercle de Souk Larbaa, Mathiot n'avait que peu de moyens pour ouvrir des écoles. Souvent, l'entreprise était menée avec les futurs élèves et leurs parents. Il s'agissait surtout d'écoles professionnelles agricoles. Chaque école devait avoir sa forêt d'eucalyptus dont l'exploitation permettait la prise en charge d'une partie des frais d'entretien. Autour de Souk Larbaa, Mathiot créa les écoles de Oulad hamad (douar actuellement intégré dans la ville, de Bourk (à la sortie de la ville et de "la prison civile. Jean Lecoz cite Mathiot dans sa description de la "vie coloniale" à Souk Larbaa (souvenirs inédits - 1920 - 20 pages dactylo, malheureusement introuvable).

171- Elle le fut par Mathiot à la demande de ses élèves n'ayant pas obtenu de bourse pour continuer leurs études à Sidi Kacem.

Le développement très tardif des structures de l'enseignement dans la ville va fortement affecter la formation de l'élite urbaine.

Les seuls marocains qui occuperont alors une place de choix dans la vie urbaine seront des Soussi, berbères Ammeln et Ait Souab, installés dès les années trente dans les principales villes Atlantiques (voir infra). A travers le commerce alimentaire, ils formeront pendant longtemps le seul réseau social organisé au sein de la ville permettant une certaine promotion sociale. Les jeunes migrants Rharbaoui viennent encore avec peu d'expérience. Certains s'intègrent dans le petit commerce de détail, mais la plupart restent employés dans les fermes avoisinantes.

Au niveau politique :

Ecartée de la gestion de la ville, vivant dans des conditions d'insalubrité prononcées, cette population marocaine va trouver dans le bidonville de Kallito les éléments qui vont faire le lien avec le mouvement de la résistance qui se développa à la fin des années 40. Par sa position géographique, Souk Larbaa était le relais obligé entre la zone Nord et Sud du Maroc. La "souplesse" dont bénéficiait le mouvement de résistance du Nord de la part des autorités coloniales Espagnoles avait incité plusieurs départs de résistants recherchés par les polices françaises. Aït El Khal Ali, Brahim Togmouti, Cheikh El Haj Ezzemouri ont ainsi, tous participé à ces transferts de résistants vers le Nord. Kallito en formait la plaque tournante.

Face à cette population marocaine écartée des centres de décisions économiques et politiques, juifs et colons contrôlaient la ville. Si les colons ont accompagné la colonisation agricole et les principaux commerces et services qui lui sont liés, les juifs font partie de l'histoire du commerce dans le Rharb. Pendant tout le XIX° siècle, "le juif est un des organes essentiels de la vie du Gharb et de sa prospérité... Plusieurs familles juives venues d'El Ksar El Kebir étaient installées dans les trois *qaria* (Daouïa, Habassi et Ben Aouda) les plus importantes du Rharb (commerce de sucre, thé, épices, fournisseurs des chefs de maisons). Malgré la disparition de ces *qaria*, les juifs se retrouvent dans toute l'activité commerciale et financière du Rharb. "Des capitalistes juifs de Tanger avaient à Larache, à El Qçar et même à Ouazzan des agents auxquels ils ouvraient des comptes en argent et en marchandises; ces agents avaient eux-mêmes des employés qui parcouraient les marchés avec les "*gaitoun*" (tentes)... Ces employés s'occupaient en même temps de prêts sur gage..., des avances à faire sur les récoltes ou sur les laines... d'autres (employés) traitaient les achats de bestiaux, allaient prendre livraison des céréales ou des laines... Les juifs étaient les véritables banquiers des qaïds et des tribus elles-mêmes. (De même que) par les avances d'argent qu'ils faisaient, ils formaient un véritable organisme financier du Makhzen [(172)]".

Si les flux commerciaux ont été réorientés de Larache à Kénitra via Souk Larbaa et Sidi Slimane - Sidi Kacem, les maisons de commerce juives de Larache ont suivi le mouvement en établissant plusieurs succursales à Kénitra puis dans les autres villes du Rharb.

Souk Larbaa a le plus profité de cette situation puisque le nombre de juifs a atteint 536 individus sur une population urbaine de 7836 en 1951 (7% de la population du centre). Jusqu'en 1960, leur part dans la population urbaine restait élevée (462 sur 11.624 habitants) comparativement aux autres centres du Rharb (voir tableau n°7).

172- Ed MICHAUX BELLAIRE (1913) in "Villes et tribus du Maroc" op. cit. p.30-31.

Tableau n°7 : Les juifs dans les différentes villes du Rharb en 1960

Ville	Nombre
Souk Larbaa	462
Sidi Kacem	33
Mechraa Bel Kciri	26
Sidi Slimane	9
Sidi Yahya	1

Source : Jean Le Coz "Fellah et colons"

C'est depuis l'instauration du régime franquiste que les villes du Nord ont vu (Tanger et surtout Larache) les gros départs des juifs (1936-1940, qui ont correspondu aux débuts de l'essor du centre) et leur installation à Souk Larbaa. Rattachés à un réseau comprenant les principales villes de Larache, Tanger, Kénitra et Casablanca, ces juifs ont surtout occupé deux secteurs clefs dans la ville : le marché des céréales et le commerce de tissus (auxquels il faut ajouter les débuts d'une compagnie de transport des voyageurs).

Ainsi, jusqu'en 1960, la ville est un microcosme, (expression de décisions politiques exogènes), greffé sur la vie rurale. Il fonctionne par des agents externes (colons, agents de l'administration coloniale, juifs et Soussi). L'implication de la population Rharbaoui concerne surtout des gens démunis à la recherche de quelques revenus et la spoliation d'une partie des terres collectives des Ouled Ben Sbâa sur lesquelles s'est développée la ville.

L'organisation commerciale du Rharb dépendait toujours des grandes villes de Larache, Tanger et Ksar El Kebir au Nord - Fès et Ouazzane à l'Est - Rabat et Salé au Sud. Une organisation qui a dépourvu le Rharb de villes authentiques au profit de grands souks (Souks Larbaa et Jmâa de Lalla Mimouna). Malgré l'appui sur ce gros marché hebdomadaire, l'émergence d'une société locale va être difficile (une tribu spoliée, des migrants fraîchement installés, des élites locales impliquées dans la vie rurale et des réseaux urbains intégrant les grandes villes). La puissance coloniale va chercher un renforcement des élites rurales. Or ces dernières avaient déjà des relations privilégiées avec une ou deux grandes villes dont dépendait le Rharb. Une dichotomie va naître entre une région, le Haut -Rharb, où élites locales et élites rurales se confondent et des centres urbains en formation à la recherche de "représentants".

Si les grandes fortunes et la domination de grandes familles restaient éphémères durant tout le XIX° siècle, la période coloniale va être, au contraire, marquée par un renforcement de plusieurs pouvoirs locaux dans le Haut -Rharb. Ainsi retrouvait-on le caïd Remiki chez les Khlot [173], le caïd Cherkaoui chez les Beni Malek, les familles La'asri (Beni Malek de l'ouest après Cherkaoui), Krafes (Beni Malek Nord-région de Had Kourt) et Nejaî chez les Sefiane de l'ouest... Comme le note Jean Lecoz "L'insécurité et son corollaire, le besoin de protection ont bien disparu dès 1912, mais les cadres de l'organisation féodale ont survécu...l'administration née du Protectorat a même, dans une certaine mesure, consolidé le système en conservant le pouvoir caïdal. La cohésion familiale, dans de nombreux cas solidement entretenue a contribué à renforcer la puissance du lignage, la pratique du

173- Walter HARRIS le présente comme un serviteur de l'Espagne en 1911... un agent allemand aux actions suspectes et un rival de Raïsouli avant de servir la France - voir : "le Maroc au temps des Sultans" op.cit.

népotisme s'étant conservée, et les charges de khalifa, de cheikh ou de moqaddem étant distribuées à des parents ou alliés... la disgrâce dans laquelle pouvait tomber les dynasties administratives n'entraînait plus leur ruine. Aussi leurs fortunes ont-elles pu se consolider en prés d'un demi-siècle. [174] ".

C'est assurément les Krafes, dans la circonscription de Had Kourt, qui marquent le plus l'émergence et le renforcement de ces dynasties terriennes puisqu'ils détenaient quelques 20.000 hectares dans les années cinquante. A la mort de l'aïeul (Haj Abdeslem), trente sept chefs de familles reçurent chacun 270 hectares. Plusieurs d'entre eux créèrent des orangeraies.

Dans la circonscription de Souk Larbaa, plusieurs grandes familles se distinguent alors: la famille du caïd Cherkaoui s'est maintenue après la nomination de son fils comme *khalifa* du caïd des Béni Malek en 1918; les Nejaï, les La'asri et les Rmiqi.

- Les Nejaï, apparentés aux Daouia ont fourni pendant plus de trente ans des caïds à la colonisation chez les Sefiane de l'Ouest. Leur patrimoine foncier (489 hectares) est l'un des plus importants dans cette zone où la colonisation européenne a réduit la disponibilité en terres.
- Il en est de même pour la famille La'asri : Installée au début du siècle au douar Oulad Hsaïn, elle se renforcera avec le caïd Kacem au début des années quarante pour posséder 900 hectares sur les 1021 que compte le douar (voir infra).
- Venue des Khlot, une branche de la famille Rmiqi a élu domicile dans le Haut-Rharb avec les deux frères Jaloul et Hadj Mellali. Leur patrimoine foncier représentait alors quelques 8000 hectares et s'étendait jusqu'aux portes de Kénitra. C'est Hachmi Rmiqi qui représentera cette famille à la mort de son père et de ses deux frères [175]. Formé auprès du caïd Thami Nejaii, Hachmi Rmiqi renforcera le patrimoine familial sous la colonisation en s'associant à Ahmed Mansour Nejaii dans l'achat d'une propriété d'agrumes dans les Sefiane (200 hectares). Il s'associera également à Jaloul Nejaï (cousin et beau frère de Ahmed Nejaii) dans l'achat d'une propriété de 372 hectares chez Boisset (propriété attenante au périmètre urbain).

Plus à l'Ouest, le Cheikh des Oulad Khlifa détenait en 1956 quelques 96 hectares sur un collectif de 375 hectares et 300 hectares sur les 350 hectares melk du douar Sdoud.

Ces différentes situations montrent un renforcement économique et une certaine continuité. Parmi ces grandes familles, celle des Nejaï se singularisera aussi par la création de fermes modernes, et la formation de certains de ses membres. Ces vieilles familles avaient déjà des relations privilégiées avec des grandes villes. Les Nejaï possédaient des biens à Rabat et Salé de même que les Laasri, alors que les Krafes restaient plus liés à la ville de Larache.

Modernisation et formation passaient par ces grandes villes. L'élite rurale ne voyait alors dans le centre de Souk Larbaa que le chef lieu de cercle et son contrôleur civil qui sont venus s'adosser à l'ancien souk. Elle ne s'impliquera que très peu dans le développement de ce centre (achat de biens, associations,...).

174- J. LE COZ op. cit. P811.
175- A la mort de Hadj Mellali Rmiqi, Hachmi partage le patrimoine familial avec son oncle.

Ainsi, en 1956, les Nejaii ou le caïd El Bourki ne possédaient qu'une maison à Souk Larbaa. Le caïd Benaïssa L'asri y avait un immeuble et une villa. Ses frères (Bachir et M'hamed) y possédaient la *kissarya* du marché. Hachmi Rmiqi avait un grand terrain et l'hôtel du commerce dans le centre ville. Nejaii, Rmiqi, El Bourki ou L'asri ne possédaient à Souk Larbaa que quelques biens obtenus au gré de leurs relations avec les autorités coloniales et les colons.

S.S.3- L'indépendance politique : sélection, intégration nationale d'une partie de l'élite rurale et émergence d'une élite urbaine.

A- La sélection - intégration de grandes familles [176] caïdales

Pendant la fin du protectorat et la montée des mouvements de résistance, les élites rurales du Haut Rharb n'ont que peu montré leur enthousiasme contrairement à l'opposition politique qui se développa dans tout le Maroc urbain d'après guerre. Certes, on prête aux Krafes un soutien financier aux mouvements de résistance. De même que les Rmiki se rapprochèrent du roi Mohamed V et de sa cour par le mariage d'un de leurs membres avec la fille du trésorier du roi (Hmed Ben Yaich). Mais l'engagement le plus clair, fut celui du caïd Ahmed Mansour Nejaii qui s'exprima publiquement lors du passage du roi à Souk Larbaa au printemps 1947. Mis en résidence surveillée, il représentera la résistance du Rharb rural. Dès les premiers temps de l'indépendance politique, ces grandes familles Makhzen associées au mouvement nationaliste occuperont la scène politique locale à travers le parti de l'Istiqlal. Ahmed Mansour Nejaii sera nommé ministre de l'Agriculture par le roi Mohamed V, tandis que l'un de ses frères, Mustapha, caïd des Sefiane de l'Ouest sera élu aux élections législatives de Mai 1963.

Ahmed Mansour Nejaii représente l'exemple même d'une grande famille caïdale qui modernisera son exploitation agricole et occupera la place du colon. Très tôt, cet ingénieur agronome s'est distingué par l'adoption de nouvelles cultures et techniques [177]. "La nouvelle classe d'exploitants agricoles modernes est aussi diversifiée et aussi homogène que l'élite politique (...). Ils ont comblé le vide économique créé par le rapatriement progressif des intérêts européens et dans plusieurs cas le cultivateur moderne, le marchand de la ville et le fonctionnaire du gouvernement sont une seule et même personne" cette description de J. Waterbury [178] s'adapte parfaitement au cas des Nejaii dont le domaine, après le rachat des terres des colons, est évalué à quelques 2000 hectares en 1976 [179], et dans une moindre mesure pour cette famille caïdale des Beni Hsein, les Gueddari dans la région de Mechraa Bel Kciri [180].

176- Outre les sources d'informations bibliographiques nous avons eu recours pour la rédaction de ce chapitre à plusieurs personnes ressources locales dont : Hadj Jebli, hadj La'miri, Perez, Hadj Younes, Larbi Tfaouti Chqinef, Malek El Hindi..

177- Voir J. LE COZ op. cit.

178- J. WATERBURY op. cit. P166.

179- R. LEVEAU Op. cit. P141.

180- Hadj Ahmed Gueddari, propriétaire de 200 hectares fait aussi partie des familles caïdales dont un membre a été élu Président du Conseil Communal de Dar El Gueddari en 1960. Son ralliement à l'Istiqlal est plus tardif. "Il n'efface pas le souvenir de sa collaboration avec le pacha El Glaoui (R. LEVEAU).

Le rachat des terres de colonisation a été un moyen d'élargissement de la base de classe du régime. Il a permis un brassage des élites et l'intégration nationale d'une partie de l'élite rurale (181). Remarquant l'hétérogénéité des étiquettes politiques (Bekaii et le Mouvement Populaire, Kabbaj et l'UNFP, Nejaii et l'Istiqlal), J. Waterbury constate ainsi que "les intérêts des représentants de l'élite - quelles que soient leurs tendances politiques - se confondent dans la constitution et l'exploitation d'un patrimoine foncier. C'est dans ce domaine et aussi dans celui de l'adoption de méthodes culturales modernes que se fait le brassage le plus étroit des éléments citadins et ruraux de l'élite" (182).

Ce mouvement de sélection et d'intégration opérant une certaine continuité de l'élite a pour corollaire une perte du pouvoir discrétionnaire de certaines familles caïdales. En effet, la fonctionnarisation du caïd entraînera avec elle, le pouvoir d'extorsion qu'avaient certaines grandes familles de l'ancien système politico-administratif. Le caïd n'est plus choisi dans sa tribu. Mustapha Nejaii reste une exception. Malgré l'état de disgrâce dans lequel se sont retrouvées certaines familles, leur patrimoine melk a rarement été séquestré. Mais leur pouvoir discrétionnaire sur les terres collectives (pratique des apanages donnant une grande partie des terres collectives au caïd, cheikh,...) fut plus limité avec le recul de leur influence politique et les revendications des ayants-droit.

La famille La'asri a été très puissante depuis le début du siècle. Elle a atteint son apogée avec le caïd Kacem (fils de El Haj Mohamed La'asri) durant les années quarante. L'itinéraire poursuivi par les cinq enfants de ce dernier et leur progéniture montre une dilution de la puissance foncière de cette famille avec les divisions par l'héritage et des fortunes diverses (départ, fonctionnarisation....) :

- Ben aïssa qui était son *khalifa* a laissé quatre enfants dont deux cadres (un enseignant universitaire et un inspecteur du Ministère des transports) à Rabat et Casablanca et deux agriculteurs qui se sont alliés aux Nejaii par le mariage (l'un avec la soeur de Ahmed Najaii et l'autre avec la fille du caïd Mustapha Najaii).
- Benazzouz dont les enfants ont partagé l'héritage a un fils : Mohamed qui gère 300 hectares qu'il partage avec ses soeurs.
- El Bachir : ses cinq enfants vivent entre Rabat et Casablanca. Ils possèdent toujours 65 hectares chacun dans le douar Oulad Hssain.
- M'hamed a laissé un fils et deux filles qui se partagent 230 hectares.
- Allal : la famille la plus "démunie" dont les quatre fils vivent toujours sous le même toît à douar Oulad Hssain avec une propriété de quarante hectares.

Actuellement, aucun descendant du caïd Kacem n'a perpétué la puissance de cette famille. Les nombreux départs n'ont pas entraîné de "tertiairisation". Leur prestige n'a pas suffi pour s'accaparer de nouvelles terres après le départ des colons. Ils ne se distinguent ni en tant qu'"entrepreneurs modernes" dans l'agriculture (à l'image de Ahmed Nejaii), ni dans la vie politique locale.

181- J. WATERBURY le développe en ces termes "Tout le monde trouve son compte à ce grand mouvement d'achats et de ventes (500.000 hectares ont été rachetées par des Marocains aux colons sur un peu plus d'un million) : les élites, les colons et le régime. Le colon sachant qu'il doit partir tôt ou tard, la menace de l'expropriation au-dessus de sa tête, est bien content de vendre ses biens, au rabais, à des représentants de l'élite souvent bien placés au gouvernement pour assurer le transfert de son capital. Si les transactions continuent à la même allure, le régime s'épargnera le problème de la récupération des terres de colonisation privée et de leur aménagement. La montée d'une bourgeoisie terrienne intéressée elle aussi au statu-quo est, en soi, une bonne chose pour le système". J. Waterbury. op. cit. P165.

182- J. WATERBURY. op. cit. P167.

Avec Hachmi Rmiqi, un itinéraire particulier se dessine. Istiqlalien ayant ses entrées au palais, il sera nommé dès 1956 caïd à Arbaoua où il exercera jusqu'en 1963. Hachmi Rmiqi occupera ensuite le poste de caïd de Souk Larbaa durant quatorze ans (1963-1977) avant sa mise à la retraite. Son patrimoine foncier était alors géré par le fils d'un ancien gérant d'origine espagnole (Perez) alors que ses biens fonciers et immobiliers de Souk Larbaa ont été vendus à un Soussi de Souk Larbaa (Benhamou Abdellah). Après sa mort, Hachmi Rmiqi a laissé une propriété de 372 hectares en association avec Jeloul Nejaii et Perez. Aucun de ses héritiers n'a tenté une "reterritorialisation". Leur extériorité par rapport à la population locale se manifeste ici, la "gestion" du patrimoine se fait indirectement (voir infra).

L'exemple le plus probant de la décadence des grandes familles caïdales reste certainement celui de la famille de caïd Cherkaoui et de Si Bousselham Ben Sghir (grand propriétaire des Oulad Hamad). Si le caïd Cherkaoui restait le notable local qui a permis l'installation des colons chez les Tfaoutia, Kreiz et Oulad Hamad (voir infra), cette opération lui avait permis aussi de s'accaparer une grande partie des terres de ces collectivités. C'est cette étroite relation entre les populations locales et ce caïd tout puissant qui expliquerait la rapidité avec laquelle ont agi ses héritiers après la déclaration de l'Indépendance politique du pays. En effet, ses enfants (résidant à Casablanca) ont "bradé" trois propriétés de près de 1000 hectares dès 1956-57 (le prix de vente allait de 250 DH à 1000 DH l'hectare).

Oulad Ben Sbâa et Kreiz ont pu acquérir des propriétés de dix à quinze hectares. Mais cette vente précipitée, réalisée par plusieurs héritiers, a entraîné des malversations et des complications dans le partage du patrimoine foncier [183]. La famille du caïd Cherkaoui n'a plus aucun bien à Souk Larbaa.

La sélection - intégration d'une partie de l'élite rurale du Haut-Rharb se traduira par une certaine continuité. La représentation (au parlement) au niveau du cercle de Souk Larbaa restera occupée par les Nejaii jusqu'en 1986. Les deux législatures suivantes verront l'élection d'un ancien inspecteur issu d'une grande famille d'éleveurs puis celle d'un grand propriétaire foncier du Haut-Rharb. Depuis 1963, ce sont des membres de grandes familles rurales qui sont élus dans les différentes consultations électorales du cercle de Souk Larbaa. Certes, la population urbaine ne représente que quelque 30% de la population totale de ce cercle [184], mais l'influence rurale reste dominante. L'assise et l'enracinement des notables ruraux de la région prime encore sur une élite urbaine en émergence et à cours de légitimité. L'exemple le plus frappant de cette dichotomie se traduira dans les élections législatives de 1963 qui verront l'élection de Mansour Nejaii face à un libraire UNFP originaire du Souss (résidant à Souk Larbaa). Une élection qui a montré à ce Soussi le poids du particularisme tribal (au vu des résultats et du nombre très réduit des voix qui se sont portées sur lui d'après R. Leveau).

Par ailleurs, malgré sa forte croissance démographique et le renforcement de sa fonction administrative (voir infra), Souk Larbaa ne sera que peu investie par les grandes familles rurales. Leur "histoire" ancienne les a déjà orienté vers des grandes villes dans lesquelles ils possèdent des biens immobiliers et des investissements et scolarisent leurs enfants. Les Nejaii ne possèdent qu'une maison à Souk Larbaa, de même que le nouveau député (1992) de la circonscription. Sur l'ensemble des descendants de El Haj Mohamed

---

183- M. Perez, expert auprès des Tribunaux, chargé de l'opération n'a pu classer l'affaire de 75 acheteurs qu'en 1990.

184- En 1994, la population urbaine était de 38.775 habitants contre 81.065 habitants en milieu rural (RGPH 1994).

La'asri un seul habite à Souk Larbaa (sur 45 familles nucléaires) alors que les autres villes concernent 19 familles [185].

C'est le départ des colons, puis des juifs, qui se traduira par l'émergence d'une élite économique autochtone à Souk Larbaa. Jusqu'au début des années soixante ces différents départs vont permettre la reprise de certaines activités par les éléments les plus introduits dans ces milieux (de colons et de juifs) et les plus dynamiques. Souvent, d'anciens employés, devenus contremaîtres puis hommes de confiance puis associés, ont fini par s'accaparer des affaires "juteuses" au moment des grands départs (cas de la société de transport de voyageurs de Souk Larbaa reprise par un Soussi). Il en est de même pour les juifs collecteurs de grains, qui ont cédé leur place à quelques petits soukiers Rharbaoui intégrés dans cette activité ou des Soussi qui ont pu reprendre les stations service, cafés et hôtels détenus par les colons. Cette période marque l'émergence d'une élite urbaine qui se renforcera progressivement avec l'aide des prébendes de l'Etat et de certaines conjonctures économiques favorables.

Installés très tôt dans le secteur commercial de la ville, les Soussi vont devenir une pièce maîtresse de son économie. En 1988, ils représentaient plus de 30% des commerçants et prestataires de services alors que les commerces alimentaires et d'habillement et la restauration hôtellerie restaient leur domaine réservé (238 commerçants sur 317, soit 75%). Les Soussi contrôlent les secteurs clefs de l'activité commerciale alors que les Rharbaoui, souvent arrivés après l'indépendance politique, dominent plus des secteurs en relation avec le milieu rural : l'artisanat rural et la collecte de produits ruraux. Une double caractéristique qui marquera cette élite économique "autochtone".

B- Nouvelle conjoncture économique et renforcement de l'élite urbaine

Souk Larbaa connaîtra depuis 1960, une évolution très contrastée (voir tableau n°8)

Tableau n°8 : Evolution de la population de 1960 à 1994

Population 1960	Population 1971	TAA 60-71	Population 1982	TAA 71-82	Population 1994	TAA 82-94
11.624	15.455	2,55	25,057	4,26	37.216	3,35

Source : RGPH 1960, 1971, 1982, 1994.

La période 1960-1971 reste marquée par une perte de certaines fonctions commerciales et le départ des acteurs économiques les plus dynamiques. L'unité du pays retrouvée, Souk Larbaa perdait son rôle de poste relais aux produits de la contrebande entre la zone Nord et Sud du pays.

185- Lieu de résidence des descendants de Haj Mohamed La'asri

Rharb rural	: 25	Fès	: 01
Rabat		Kenitra	: 05
Larache	: 02	Safi	: 01
Casablanca	: 02	Ksar Kebir	: 01
Tanger	: 01	Moulay Bousselham	: 01
		Souk Larbaa	: 01

Cependant, en l'absence de toute activité industrielle (à l'exception d'une minoterie créée par un colon [186]), commerces et services occupaient toujours une place essentielle dans l'économie urbaine : prés de 32% des actifs occupés en 1971.

Pendant cette première période, le pouvoir de commandement administratif de Souk Larbaa n'allait que peu évoluer. Si Kénitra est promue chef lieu de province du Rharb et des Zaër - Zemmour en 1968, la zone de commandement de Souk Larbaa est amputée dans sa partie orientale au profit du nouveau cercle de Had Kourt. Entre 1965 et 1971, les centres de Kénitra, Sidi Slimane, Sidi Kacem vont voir leur nombre de fonctionnaires multiplié par deux alors que Souk Larbaa ne connaîtra qu'une augmentation de 12%[187]. Les services administratifs vont peu évoluer (caïdat, bureau de cercle, perception, subdivision des travaux publics, ONCF, recette postale). Même les services scolaires et sanitaires ne connaîtront que des extensions. Le lycée ne sera introduit que dans les années soixante-dix. Au niveau démographique, la ville connaîtra un accroissement annuel de 2,55%, alors qu'au niveau national, les villes de même taille enregistrent des taux de 3,95% (durant la même période intercensitaire).

Cette situation de relative déprise va vite être relayée par la forte croissance des années 70 et 80. Le centre croît alors avec un taux d'accroissement annuel de 4,26%, alors que l'emploi urbain reste dominé par les activités commerciales et de service qui emploient respectivement 47,3% et 45% des actifs occupés en 1982 et 1993 [188].

La fonction commerciale de Souk Larbaa restera essentielle dans l'économie urbaine. Elle est alimentée par une demande interne et externe non négligeables. L'étude de M. Chiguer a montré une aire d'influence commerciale qui s'étend sur un rayon de 40 kilomètres correspondant aux communes rurales de Karia Ben Aouda, Sidi Mohamed El Hamar, Lalla Mimouna, Souk Tlet, Sidi Ameur El Hadi et Sidi Boubker El Haj (limites administratives de 1982), soit une population de quelques 180.000 habitants localisée essentiellement au Nord-Ouest du Rharb[189]. Le recours de ces populations pour des produits semi-rares (habillement, matériaux de construction, équipement domestique, droguerie, quincaillerie) se porte sur Souk Larbaa qui voit une multiplication de ces services[190].

186- L'essentiel des entreprises agro-industrielles du Rharb Septentrional ont été implantées à Mechraa Bel Kciri qui est devenu le principal centre agro-industriel du Rharb avec les sucreries SUNAG et SUNACAS.

187- Nombre de fonctionnaires en 1965 et 1971

	1965	1971
Souk Larbaa	280	312
Kénitra	550	1090
Sidi Kacem	150	310
Sidi Slimane	190	350

188- M. JERKECH "Rôle d'une ville moyenne dans le développement et l'aménagement du territoire : cas de Souk El Arbaa du Rharb" - Mémoire DESEAU - INAU 1995 Rabat - P75.

189- M CHIGUER "Petites villes et centres ruraux dans le Rharb Septentrional" Université d'Aix Marcille - Institut de géographie - Doc. 3° Cycle. 1988 - P258.

190- Entre 1986 et 1993 leur nombre est passé de 128 à 156 dans les proportions suivantes :

	1986	1993
Habillement	79	82
Eqt dom. et mat. constr.	46	74
Total	128	156

Cet étoffement de l'appareil commercial relève aussi d'une augmentation de la demande interne avec le renforcement de la fonction administrative de la ville et l'arrivée de nombreux fonctionnaires.

Si l'aire de commandement du chef lieu de cercle de Souk Larbaa a connu une nouvelle amputation lors du découpage de 1982 avec la création du cercle de Souk Tlata (dont relèvent désormais les communes rurales de Lalla Mimouna, Souk Tlata, Sidi Mohamed Lahmar et Sidi Boubker El Haj), la fonction administrative du centre a été renforcée. D'une part, de nouveaux services liés au développement agricole vont apparaître dans les années 80 (Centre de Mise en Valeur, Eaux et Forêt, Caisse Locale de Crédit Agricole), d'autre part les services scolaires et sanitaires vont être multipliés (employant alors plus de 50% des fonctionnaires de la ville)(191). Souk Larbaa abrite par ailleurs l'une des principales casernes des forces auxiliaires de la région Nord. Le nombre de fonctionnaires recensé en 1993 atteint alors le chiffre de 1081 personnes (les agents auxiliaires, policiers et gendarmes non comptabilisés). Les fonctionnaires représentent ainsi 22,46% des actifs occupés dans la ville. Malgré la promotion tardive de cette ville en tant que municipalité (1993) et son statut de chef lieu de cercle, sa fonction administrative paraît essentielle. Plusieurs ministères y ont implanté des services d'ordre supérieur (tribunal de première instance, bureau du cadastre...). L'arrivée massive de fonctionnaires a donné un coup de fouet à l'économie urbaine et à la demande interne.

Ceci s'est traduit par l'installation de plusieurs professions libérales dans la ville. On ne compte pas moins de 17 avocats, 11 pharmaciens, 8 médecins, 3 experts comptables, deux dentistes et une école privée. [Malheureusement, il s'agit en grande partie d'éléments étrangers ayant peu d'attaches avec la ville et sa région(192). Leur implication dans la vie économique et politique de la ville est très faible (Seul le directeur (propriétaire) d'une école privé a une activité politique). Les professions libérales n'ont pas fait émerger ici "d'entrepreneurs" touchant à d'autres secteurs d'activités].

191- Evolution des équipements scolaires à Souk Larbaa.

	Date de création	Nbre de locaux
Ecoles Sayida Zineb	1920	10
Annexe Sayida Zineb	1947	07
Assaadiyne	1950	19
Idriss Azhar	1963	15
Hay Salam	1983	10
Hay Idari	1984	15
Hay Jdid	1990	10

Source : Municipalité Souk Larbaa.

192- Professions libérales à Souk Larbaa

Profession	Nombre d'étrangers	Nombre Rharbaoui
Avocat	14	01+02 Soussi nés à Souk Larbaa
Pharmacien	08	03
Médecin	07	01
Dentiste	02	00
Expert comptable	02	01
Ecole privé	00	01
Total	33	09

Source : enquête personelle - Municipalité

Outre les commerces et services spécialisés, la petite promotion immobilière dans le centre ville intéressera de plus en plus de petits entrepreneurs locaux qui en feront un secteur d'investissement d'appoint (voir infra). Le centre ville regroupe une majorité de fonctionnaires (35,36%), de commerçants (22%) et d'artisans (18%). Jusqu'en 1975, date de la création du quartier PAM et plus particulièrement jusqu'à la fin des années quatre vingt (avec la création du lotissement HIND (2483 lots), le centre ville constituait le lieu de résidence privilégié des catégories socio-professionnelles les plus aisées. L'intervention de l'Etat dans ce secteur sera tardive, mais déterminante, gelant en même temps l'initiative privée[193].

Nombre d'autorisations de construire pour des constructions de plus de deux logements

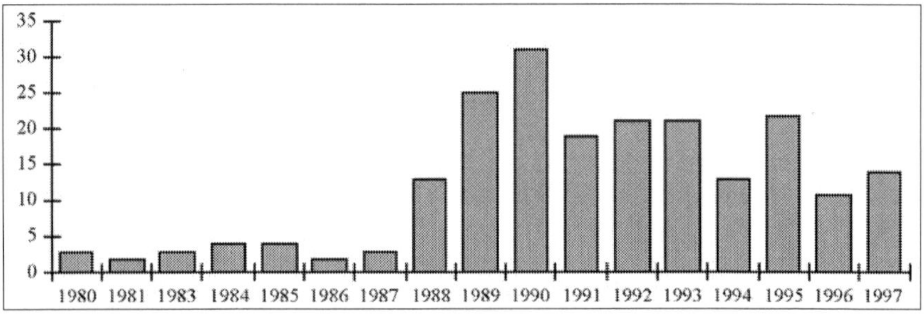

Source : Dépouillement des archives des autorisations de construire. Municipalité de Souk Larbaa - Octobre 1997.

Au début des années 80, la petite promotion immobilière (construction de petits immeubles) concernait surtout le centre ville. Nous retrouvons ici toute l'élite économique de la ville : Njima Aïssa, Boutejdir Brahim, Bourki Abdelatif, Assaouane Mohamed, Aouam Mustapha, Aouada Thami, Aznag Mohamed et Larbi, Lakbir Benhammou, Adnane Mohamed, Abed Abdelkrim, Mayou Bousselham [194]. A partir de 1991, il s'agit surtout de petits immeubles (R+2) dans les lotissements Hind, Takadoum ou Njima. Le nombre d'opérations reste malgré tout limité. Il concerne, dans plus de 90% des cas, des actions de promotion uniques et individuelles. Les seuls opérateurs qui se sont distingués dans ce secteur restent Njima, Boutejdir et surtout Assouan (en 1992 et 1996) et Aznag (des soussis) qui réalisèrent des R+4 dans le centre ville.

La production de lots par les initiatives privées a atteint 442 lots. Les deux seules opérations de lotissements ont concerné des promoteurs de Casablanca (Lazrak Aziz et Azeddine qui ont produit 70 lots) et un Sahraoui (né à Souk Larbaa) ancien cadre du Ministère de l'Intérieur installé à Kénitra (250 lots). Ces deux lotissements représentent plus de 72% des lots fournis par les promoteurs privés. Une troisième opération est en cours d'approbation. Elle concerne un lotissement de 30 hectares situé en dehors du périmètre urbain dont l'initiative revient aux héritiers du caïd Rmiqi, Jeloul Nejaii et Perez (voir infra).

193- L'ERAC, l'ANHI et l'intervention de la Municipalité avec l'aide du P.A.M ont produit 4157 lots et restructuré un quartier de 46 hectares alors que les lotissements privés ne totalisent qu'un peu plus de sept hectares avec 442 lots produits.

194- Dépouillement des archives des autorisations de construire. Municipalité de Souk Larbaa - Octobre 1997.

Le reste de la production de lots privés est peu significative. Elle montre de petits promoteurs à l'image de Adnane Mohamed ou Abid Hamadi qui côtoient des petites opérations de morcellement (deux à trois lots) d'un terrain hérité.

Le renforcement des activités de Souk Larbaa se fera également par l'entremise de sa place dans le réseau de communication et de transport. Véritable noeud routier entre le Nord et le Sud du pays (Tanger - Casablanca) et entre Tanger et Fès, Souk Larbaa bénéficiait de toutes les activités d'une agglomération routière [(195)]. Hormis l'organisation du transport des voyageurs en taxis (24 taxis y sont domiciliés et circulent dans un rayon de 50 kilomètres), Souk Larbaa "profite" du passage de 53 autocars. Une quinzaine d'autocars y prennent le départ et une compagnie de transport des voyageurs s'y développe fortement (voir infra).

Parallèlement, cette fonction de relais routier voit la multiplication des cafés, restaurants, hôtels dont le nombre de "patentés" atteint 130 en 1993 employant 398 personnes[(196)]. Les principaux cafés-restaurant et hôtels de la place restent la propriété de Soussi. Hadj Lamine, doyen des Soussi de Souk Larbaa en était le plus grand représentant [(197)].

Par ailleurs, de part et d'autre de la voie principale qui traverse la ville s'égrènent pompes à essence, mécaniciens, vulgarisateurs... M. Jerkech a estimé l'ensemble des emplois générés par l'économie routière à 582. Ce type d'activité connaît aussi certaines variations saisonnières avec une hausse des recettes en période estivale avec la traversée des résidents marocains à l'étranger et des vacanciers marocains [(198)].

En 1988, les flux de voyageurs de la CTM (Compagnie des Transports du Maroc) montrent une prédominance de la direction Sud (Kénitra - Casablanca) avec 68,2% des flux contre 22,8% pour Fès-Meknès et 10% pour Tanger-Tétouan. La création de la liaison autoroutière entre Larache et Kénitra en 1996 va toucher la fonction de relais du centre dans l'axe Tanger-Casablanca. Ceci va se traduire par un ralentissement de l'activité de certains cafés-restaurants et quelques fermetures. Mais la fonction de relais est toujours jouée dans le sens de Tanger-Meknès-Fès (région du Moyen Atlas). Le tracé de l'autoroute a en effet privilégié la partie occidentale du Rharb (Sahel), ce qui rend l'autoroute excentrée pour les voyageurs à destination des villes du Sud-Est du pays (voir infra).

195- J. F. TROIN. "Les agglomérations routières du Maroc : vers un nouveau mode de fixation des activités" Méditerranée n°112-1979.

196- Les rôles des patentes 1993 en donnent la ventilation suivante :

	Nbre d'établissements	Nbre d'employés
Milk bar	12	60
Débit boisson	36	72
Gargotier	09	18
Milk restaurant	05	30
Hôtel restaurant	03	35
Bar restaurant	01	14
Café maure	41	123
Boucher - Brochette	22	44
Hôtel logeur	01	02
Total	130	398

Source : Perception de Souk Larbaa.

197- Hadj Lamine est mort en 1997.

198- M. JERKECH. (voir tableau en annexe II.6).

Le renforcement des différentes activités commerciales et de service de Souk Larbaa profite en premier lieu à un réseau Soussi ancien qui a su s'adapter et saisir toutes les opportunités offertes dans la ville. Qu'il s'agisse de grossistes en produits alimentaires, de services spécialisés, d'entreprises de transport ou de services liés à la route, les Soussi occupent une place privilégiée. Ils constituent une composante essentielle de l'élite urbaine à Souk Larbaa.

Le développement des activités à Souk Larbaa s'est également appuyé sur l'enracinement rural de cette ville située entre le pays Jbala et le Rharb. Dans cette région productrice de céréales, la diminution de la pratique de l'autoconsommation familiale va correspondre à une augmentation continue de la part de la ville dans le circuit céréalier. Pendant longtemps, le circuit des grains fut réglementé et séparé de celui de sa transformation. La ville possède alors ses établissements de stockage et ses commerçants officiels agréés, légitimés ou proposés. Jusqu'en 1960, les juifs étaient les seuls commerçants agréés de Souk Larbaa, possédant une licence d'achat de céréales et des moyens de stockage. Des "*berghaz*" Rharbaoui (échelon de contact direct avec le fellah) ont progressivement pu obtenir une carte de légitimation (qui leur permettait surtout de travailler avec d'anciens commerçants) puis se "placer" lors du rachat des établissements de stockage des juifs comme agents agréés. Cinq céréalistes Rharbaoui et un Zemmouri se distinguent ainsi à Souk Larbaa. Les licences obtenues correspondent à un appui et au soutien porté au raffermissement d'une élite Rharbaoui urbaine à Souk Larbaa : El Qbaili et Kraimi en sont les meilleurs exemples.

En effet, le circuit de vente des céréales est resté longtemps entre les mains de commerçants privés ayant une carte de légitimation (délivrée par l'ONICL(199)) valable pour année agricole renouvelable. Ils assurent la collecte des céréales par achat direct auprès des agriculteurs et sur les souks. "Ils accordent des prêts et avances pour les labours à leurs clients ainsi que pendant la période de soudure et de moisson. Ils se font rembourser souvent en nature et avec des taux usuraires"(200). Ils jouent alors le rôle d'intermédiaire en rétrocédant la totalité de leurs achats aux commerçants agréés ou aux SCAM(201). El Qbaili et Kraimi étaient "légitimés" dés 1960, puis agréés en 1976. A cette date, ils avaient une situation de monopole dans la ville. Avec leurs moyens de stockage, ils centralisent les céréales rétrocédées par les petits commerçants et approvisionnent les minoteries industrielles. Comme la souligne Ibrahimi: "grâce au concours des banques, ils achètent des quantités importantes de céréales durant la première période de commercialisation (été) et les stockent pour les revendre au moment de la pénurie. L'ONICL leur verse alors une prime de stockage"(202). Jusqu'en 1984, ces deux Rharbaoui étaient seuls agréés à Souk Larbaa. Ce n'est qu'en 1986 que Aouam (un Zemmouri dont le père fut longtemps légitimé) reçu l'agrément. Essentiel pour expliquer la formation de certaines fortunes locales, l'agrément ne constitue plus, avec la libéralisation de la filière céréalière (1997), un privilège. Mais les agents agréés continuent de bénéficier des réseaux de relations tissés pour acheter et vendre d'autres produits agricoles (légumineuses, tournesol...).

199- ONICL : Office National Interprofessionnel des Céréales et Légumineuses : établissement public agissant sous la tutelle du Ministère de l'Agriculture qui a pour mission de veiller à la commercialisation. Il contrôle l'action des SCAM.

200- IBRAHIMI My Ali "Développement agricole et inégalités dans les campagnes marocaines" le cas du Gharb et de ses bordures - Université de Tours 1991- p. 307.

201- SCAM : Société Coopérative Agricole Marocaine chargée par l'Etat de la collecte, du stockage et de la diffusion des grains. Elle dispose d'entrepôts à Souk Larbaa et Mechraa Bel Kciri.

202- IBRAHIMI Ibid. p. 306.

Dans son rôle d'appui et de services à l'activité agricole, Souk Larbaa bénéficie d'un arrière pays riche. Cette région agricole est dominée par la céréaliculture et l'élevage. Disposant de terres riches et fertiles (95% de la Superficie Agricole Utile est en "tirs" (sols hydromorphes)), cette zone, qui n'a que peu profité des équipements et infrastructures coloniaux d'irrigation, ne possède que 6,4% de terres irriguées. Une situation, compensée quelque peu par une pluviométrie assez importante (500 mm de moyenne annelle).

Quelques cultures intensives ont certes été introduites (betterave à sucre et tournesol : 29,86% de la SAU) dans la zone occidentale chez les grands propriétaires, mais la céréaliculture reste la culture principale (44,72% de la SAU) avec les légumineuses (12%) et les cultures fourragères (13%). L'élevage est ici prédominant (importance des cultures qui lui sont associées) avec une forte proportion de bovins (production laitière) [203]. Cette région est ainsi l'une des plus grandes productrices de lait du Rharb puisque la seule coopérative de Sidi Aïssa (60 adhérents dans un rayon de 10 km autour du centre de Souk Larbaa) collecte près de 700.000 litres de lait annuellement.

Souk Larbaa bénéficie aussi depuis Janvier 1987, d'un centre de collecte de la Centrale Laitière/Maroc- Lait qui couvre le Rharb et la péninsule tingitane. Sa capacité de collecte dépasse les 8 millions de litres. Mais le lait collecté est destiné à approvisionner l'usine de pasteurisation de Meknès.

Dans son rôle d'encadrement de l'activité agricole, Souk Larbaa ne renferme que des services de faible importance (un centre de mise en valeur et une Caisse Locale du Crédit Agricole), mais l'intensification des systèmes de production agricole et l'augmentation des intrants nécessaires à la production ont permis l'installation de plusieurs commerces et services dans la ville. Les établissements de vente de matériel agricole, de pièces détachées, produits phytosanitaires, engrais, et aliments de bétail concernent ainsi 54 commerces (soit plus de 8% des établissements commerciaux que compte la ville).

Dans le même temps, l'emprise foncière de Souk Larbaa a progressé fortement. Sur l'ensemble des villes du Rharb, ce centre se distingue avec 23,4% de la propriété citadine recensée par les subdivisions agricoles de Mechra Bel Kciri et Sidi Allal Tazi. Si le cas des grandes villes s'explique aisément par la reprise de certaines terres de colons par des hauts commis de l'Etat et une bourgeoisie d'affaires résidant à Rabat et Casablanca, celui de Souk Larbaa marque la domiciliation dans cette ville de quelques grands propriétaires fonciers et de certains migrants ruraux ayant gardé des rapports avec leur douar d'origine.

Ainsi, le rayonnement foncier de Souk Larbaa touche surtout la commune rurale de Karia Ben Aouda (limites de 1982) qui concerne 82,4% de la propriété foncière des citadins de Souk Larbaa alors que celles de Sidi Mohamed El Ahmar, Souk Tlata du Rharb et de Nouirat se partagent le reste.

La grande propriété concerne quatorze personnes possédant 2226 hectares sur 3112 hectares soit 71% de la propriété citadine de Souk Larbaa. Il s'agit de familles d'anciens caïds ou de notables ruraux dont un membre réside à Souk Larbaa : Boughafour, El Bourki, El Hbichi, La'asri... [204] mais également de nouvelles élites urbaines d'origine Rharbaoui

203- 19.928 têtes bovines pour 33.270 têtes ovines (CMV Souk Larbaa 1994).

204- Les Remiqui sont recensés parmi les grands propriétaires de Souk Larbaa même si aucun héritier ne réside dans le centre.

qui ont investi dans leur région d'origine et y ont acquis un important patrimoine foncier. C'est le cas notamment de El Qbaïli (céréaliste, premier président de la Commune en 1960), Belhajja ou Zouaki (respectivement ancien fonctionnaire et ancien employé de Société à Souk Larbaa)...

Le reste de la propriété foncière citadine de Souk Larbaa se répartit entre quelques 35 propriétaires ayant entre 10 et 50 hectares et 87 propriétaires se partageant 121 hectares(205).

L'enracinement rural de Souk Larbaa passe par la domiciliation dans la ville des membres de ces familles rurales. Si, bien souvent, ceux issus de vieilles familles caïdales ont élu domicile à Souk Larbaa pour scolariser leurs enfants et investir dans quelques petites opérations immobilières, d'autres, moins pourvus au départ, ont fait l'action inverse. Partis en tant que *berghaz*, devenus céréalistes agréés, ils achètent ou louent des propriétés de plusieurs centaines d'hectares pour produire du grain. De même que des commerçants ou d'anciens fonctionnaires (Lebiad, Lemjahed, El Aydi...) Rharbaoui ont pu acquérir de petites propriétés (10 à 50 hectares) dans leur région d'origine. Ce double mouvement articule davantage la ville dans son arrière pays immédiat, faisant émerger deux types d'acteurs dans la ville. L'élite locale Rharbaoui de Souk Larbaa se différenciera alors davantage par son origine sociale que par les secteurs économiques qu'elle occupe. Toutefois, il y a à préciser le caractère récent de ces deux phénomènes et le type d'élite rurale concerné. C'est l'augmentation des possibilités de scolarisation (collège - lycée) corrélée au développement de la promotion immobilière dans les années 70-80 qui ont attiré quelques membres de cette élite. Il ne s'agit pas des membres influents des familles Remiqi, Nejaii ou La'asri, mais des fils de notables ruraux de moindre importance (dont le patrimoine foncier a connu des divisions par l'héritage : propriétés de 300 à 400 hectares divisée en plusieurs parts) qui ont certes affermi leurs droits sur un patrimoine foncier durant la colonisation, se sont "modernisés" quelque peu, mais n'ont pas eu le réseau de relation nécessaire pour opérer de grandes concentrations foncières avec le départ des colons (à l'instar des Nejaii). Leur action est restée "locale": tout se passe comme si les grandes villes (Kénitra et Casablanca-Rabat) ont "écrémé" les familles caïdales les plus intégrées (par la marocanisation, la cession des terres de colonisation, l'association des productions d'Agrumes,...) alors que Souk Larbaa n'a pu retenir que celles, ayant un patrimoine foncier de moindre importance, une gestion de type semi-capitaliste(206) et des attaches continues avec cette ville, qui leur permettent d'y saisir quelques opportunités.

S.S.4- Les années 90 : L'annonce d'un véritable marasme économique ou effets de conjonctures ?

Souk Larbaa a subi ces deux dernières années plusieurs effets conjugués qui se sont traduits par la fermeture de plusieurs commerces et le ralentissement de l'activité économique (surtout dans le secteur tertiaire). La "perte" d'une partie des flux des voyageurs vers Casablanca (et l'axe Atlantique) avec l'ouverture de l'autoroute a provoqué la fermeture de quelques cafés-restaurants et la perte des petits métiers (ambulants de fruits et légumes, friperie...) qui lui étaient liés. Plus que son incidence économique réelle, ces fermetures ont eu un effet psychologique très important puisqu'elles ont coïncidé avec l'opération d'assainissement (1996) qui a touché les produits de la contrebande et le rôle de relais que

205- M. CHIGUER. op. cit. p.141 à 145.
206- Dans le sens de P. PASCON et G. LAZAREV "Les caractéristiques des exploitations agricoles" - in Homme, Terre et Eau - n°2 1962 p. 58-59.

jouait Souk Larbaa ; avec la baisse des tarifs douaniers de l'automobile et le déclin du nombre de transactions de voitures importées, et avec la baisse des revenus des agriculteurs due aux mauvais rendements et à la libéralisation de la filière céréalière. De l'ensemble de ces facteurs, la baisse de la demande rurale reste certainement celui qui touche un élément structurel de l'économie urbaine. L'ouverture des barrières douanières et les privatisations touchent de plein fouet le revenu des agriculteurs du secteur céréalier. Dans sa lettre du mois de Novembre 1996, le Centre Marocain de Conjoncture précisait déjà : "depuis 1994, et en dépit d'une production agricole performante, les mécanismes de relance économique ne semblent plus fonctionner pleinement : les revenus des agriculteurs du secteur céréalier ont accusé une baisse avec la libéralisation de la filière céréalière". Maintenus grâce aux achats des minoteries durant les mois de Juin - Juillet, les prix aux producteurs ont chuté de 20% dès le mois d'Août avec l'importance massive de céréales. Dans le même temps, la restructuration de la Caisse Nationale de Crédit Agricole a demandé un durcissement dans la méthode de recouvrement des créances (faisant appel à la gendarmerie) alors que l'ensemble des intrants allaient connaître une montée des prix (augmentation des prix des fourrages de près de 98% avec la restauration d'une taxe à l'importation, augmentation des prix des engrais avec la privatisation de la principale entreprise publique de production d'engrais - Fertima, augmentation du prix du fuel de 18%...). Plus qu'une question locale, le revenu des agriculteurs du Haut-Rharb dépendra des mesures nationales prises pour le secteur. Dans cette région, des pluies abondantes pendant l'automne et l'hiver font reculer les superficies emblavées en céréales au profit de la culture de tournesol (plus tardive). Là encore, la Compagnie Marocaine de Commercialisation des Produits Agricoles (COMAPRA) qui assurait un prix au producteur de l'ordre de 400DH/ql s'est retirée laissant les producteurs entre les mains d'intermédiaires (de Kénitra, mais aussi Kraimi et Bouicha de Souk Larbaa). Ces derniers ont pu acheter le quintal de tournesol à 200 DH/ql chez quelques agriculteurs surendettés. L'intervention des autorités locales provinciales et de la Chambre de l'Agriculture à la suite des plaintes des agriculteurs ont fini par faire "reculer" la COMAPRA qui a pu proposer un prix "décent" aux agriculteurs (370 DH/ql).

Ainsi, le désengagement de l'Etat dans le secteur agricole peut causer de grandes pertes pour le développement de cette région. Les travaux en cours pour la mise en eau d'un périmètre irrigué de quelques 12.000 hectares dans la partie Nord-Ouest des Beni Malek deviennent un enjeu fondamental. Les assolements prévus par l'ORMVAG (Office Régional de Mise en Valeur Agricole du Gharb) réservent quelques 37,5% des superficies à la canne à sucre; 17,5% à la betterave à sucre; 17,5% au blé; 17,5% à la luzerne et au maïs fourrager et 10% aux maraîchages[207]. La libéralisation des assolements en cours dans les offices de mise en valeur entraînera certainement les ajustements nécessaires et le rejet de la sole de betterave chez les petits agriculteurs. Le passage à l'irrigation de ce vaste périmètre ne manquera pas de provoquer les transformations observées ailleurs dans le Rharb : concentration foncière[208], augmentation des rendements et revenus des cultures

207- L'assolement canne à sucre est prévu sur 3/4 des superficies et l'assolement quadriennal sur 1/4 des superficies. L'assolement canne à sucre est constitué de 50% de superficie de culture de canne à sucre et 50% de superficie d'assolement triennal réparti comme suit : 1 sole de betterave, 1 sole de blé suivi de maïs fourrage et une sole de luzerne.
L'assolement quadriennal comporte : une sole de betterave, une sole de blé, une sole de maïs fourrage, une sole de maraîchage d'hiver et une sole de maraîchage d'été suivi du bersim.
ORMVAG Kénitra. "Etude de faisabilité du périmètre du Mda". 1997.

208- N. BOUDERBALA "Quelques données élémentaires sur l'évolution des structures agraires dans la plaine du Gharb". in - Revue de géographie du Maroc - R.G.M. n°20 - 1971. Rabat.

sucrières[209], multiplication des activités induites par l'intensification du système de production, augmentation de l'emploi agricole[210]. Les cultures sucrières entraînent des périodes d'emploi du mois de Mars au mois de Juillet et une période "creuse" de Novembre à Février. Actuellement déjà, l'automne et l'hiver constituent les périodes où le chômage sévit le plus dans cette ville fortement liée à son arrière pays agricole. L'introduction des cultures maraîchères et fourragères toucheront fortement l'emploi et les revenus. Des implications qui pèseront autant que celles dues aux décisions centrales (en relation avec les organismes de financement internationaux) : politique des prix et libéralisation du secteur agricole.

SECTION II / LES ENTREPRENEURS LOCAUX : DE L'OUVERTURE A UN COMPORTEMENT DE RENTIER.

Introduction :

Les principaux secteurs économiques imprègnent le type d'élite économique dans la ville. L'étude des différentes conjonctures économiques permettait de retenir plusieurs secteurs d'investissement à Souk Larbaa :

- Développement de grossisteries et de commerces spécialisés,
- Développement de la promotion immobilière et des activités liées aux B.T.P.
- Développement des commerces et services liés à la route et au transport,
- Développement des activités de collecte des produits ruraux,
- Investissement dans l'agriculture et sa modernisation,
- Faiblesse des capacités industrielles.

Les entrepreneurs occupent ces différents secteurs suivant la conjoncture économique globale du secteur et leur propre stratégie d'accumulation. Si les conditions et potentialités locales influent sur le comportement économique de ces acteurs, nous essaierons autant que possible de placer ces facteurs comme une donnée commune à tous les entrepreneurs locaux. C'est ce qui leur permet d'émerger du "groupe" qui occupera davantage notre attention dans cette partie.

Réaliser une typologie des entrepreneurs pose le problème du/ou des critères fondamentaux donnant la spécificité de chaque type.

Si dans le cas de Chefchaouen, ville ancienne, l'origine sociale et familiale des entrepreneurs restait "homogène", ce critère ayant été écarté pour privilégier le comportement entrepreneurial, dans le cas de Souk Larbaa, les bases de l'ascension sociale des entrepreneurs diffèrent d'un individu à l'autre. Elles vont influer sur le comportement économique par les réseaux de relations qu'elles vont imprimer et le capital culturel qu'elles vont mobiliser. L'existence de réseaux "ethniques", notamment à travers le cas des entrepreneurs Soussi, externes à la région, reste important à interroger car il s'organise autour des activités commerciales, assurant un redéploiement des formes relationnelles. De même que la création récente de la ville va faire émerger une nouvelle élite économique Rharbaoui face à une élite rurale "résiduelle" traditionnelle peu impliquée dans le développement des activités dans la ville. La typologie proposée repose sur une

209- IBRAHIMI Med Ali op. cit. P. 376-378.

210- L'ORMVAG estime à 155 journées de travail la conduite de culture d'un hectare de betterave à sucre et à 135 (en moyenne) sur 4 ans pour un hectare de canne à sucre en irrigué.

différenciation au niveau du capital culturel et relationnel. Si les Soussi se distinguent par leur extériorité, leur réseau social, et leur relation particulière au pouvoir central, les Rharbaoui le sont autant. La descendance des vieilles familles de notables ruraux se singularise aussi bien par son capital culturel que par ses relations au "centre". Souk Larbaa n'a drainé vers elle que la frange la plus démunie de cette élite qui se distingue en tous points de vue de ces "nouveaux riches" Rharbaoui aux origines paysannes qui ont pu émerger grâce aux activités de monopole que leur ont assuré les agents de l'Etat.

Le comportement entrepreneurial sera interrogé dans un second temps. Il permettra de "discuter" de la pertinence d'une typologie des entrepreneurs basée sur l'origine géographique et sociale. L'innovation, la recherche de nouveaux marchés, l'introduction de nouvelles techniques seraient des caractéristiques subjectives que l'on retrouverait dans des milieux sociaux et culturels différenciés ? Si aussi, l'appui familial et relationnel (réseau de relations) est nécessaire dans tous les cas. Dans quelle mesure le "centre" a-t-il appuyé ces différents entrepreneurs ?

Ces questions permettront d'éclairer les spécificités de l'élite économique à Souk Larbaa dans son articulation au niveau politique et économique national.

S.S.1- L'élite rurale traditionnelle : rupture et continuité

De création récente, Souk Larbaa n'a que peu été investie par l'élite rurale traditionnelle. Cette dernière est composée par des grandes familles des caïds du début du siècle qui se sont taillées de grands domaines agricoles (souvent de plusieurs centaines d'hectares). Très tôt, ces familles se sont orientées vers les grandes villes de Rabat-Salé-Kénitra ou vers des villes du Nord : Larache et Tanger. Qu'il s'agisse de la formation de leurs enfants, de leurs réseaux de relations ou des investissements, Souk Larbaa n'a que peu été concernée. Pendant longtemps, ce bourg rural, qui ne permettait même pas la scolarisation des enfants, était délaissé par cette élite traditionnelle. Il va falloir attendre les années 50-60 pour voir s'installer à la périphérie de la ville, la partie de cette élite qui n'était pas déjà connectée à une grande ville. En fait, il s'agit assurément des élites rurales du Rharb les moins "pourvues". Nous ne retrouvons pas ici, les Rmiki, Njaï, Cherkaoui, ou Krafes. Souk Larbaa n'a drainé vers elle que quelques héritiers de cette élite qui ont gardé un enracinement local, un patrimoine familial "modeste" et quelques intérêts dans la ville (scolarisation, promotion immobilière,...).

A- L'ascension sociale

Cas n°1 :

B a 57 ans, il fait partie d'une famille de grands exploitants du Rharb qui pratiquaient l'élevage extensif avec la transhumance entre le tirs et le rmel.

> *"Mon père et ses deux frères étaient unis avec une division du travail précise: l'un assurait l'agriculture, l'autre l'élevage, et le troisième la coordination. Cette "unité" a éclaté en 1978. On a divisé, car il y a les enfants et l'évolution des mentalités. Avant, les parents étaient patients, se préoccupaient de l'ensemble des membres du foyer. Ce n'est pas le cas aujourd'hui.*
> *Je suis le plus jeune de la famille et j'ai eu la chance d'avoir été mis à l'école vers 1950.*
> *En 1940, Souk Larbaa était presque inexistante. Mes parents ont acheté des biens à Larache et à Salé. Peut être que dans leur esprit, aller à Larache c'était fuir éventuellement*

l'occupation française en cas de problème ?
Mes parents sont venus à Souk Larbaa en 1950 après une inondation dans le Rharb. Ils sont venus et ont acheté des locaux. Même dans la mentalité de nos parents, il y a l'aazib (lieu de travail) et le lieu de résidence!
Actuellement il y a toujours cette bi-localisation: bled filaha/blad rmel (terre du culture - terre de parcours) avec va-et-vient de l'une à l'autre. Au lieu d'aller alors au Rmel, on rentre au Centre!
L'objectif aussi, c'est la scolarisation des enfants.
J'ai fait mes études dans cette ville même au départ. Mes parents sont relativement aisés et m'ont poussé à continuer mes études à Kénitra puis à Casablanca.
En 1960, j'ai obtenu le baccalauréat option Sciences expérimentales. J'avais fait une demande à l'ONI (Office National de l'Irrigation) pour faire un stage pendant les trois mois de vacances, puis cela m'a plu. Cela me permettait d'avoir une indépendance vis à vis de la famille. De 1962 à 1971, comme première activité, j'ai commencé la préparation à une école d'ingénieurs, ça n'a pas abouti. J'ai fait des stages avec l'ONI à Dar Gueddari et, depuis 1971, je suis dans le privé, dans la coopérative rizicole de Sidi Allal Tazi.
Mais j'ai continué l'activité des parents dans l'agriculture. J'ai des frères au douar assl (d'origine) et d'autres ici en ville, mais on a tout séparé. Je suis autonome, j'ai une propriété où je fais de l'élevage laitier en stabulation et de l'agriculture en bour. J'utilise les semences sélectionnées, les pesticides, les engrais, le covercrup... la modernisation coûte chère avec la sécheresse.... Je vis entre Sidi Allal Tazi et Souk Larbaa, mais je retourne au douar toutes les fins de semaines."

Cette histoire de vie rappelle celle d'autres héritiers de l'élite rurale traditionnelle qui ont pu se constituer un patrimoine autonome. Leur spécificité réside dans l'acquisition d'une formation minimum qui leur a permis une "fonctionnarisation" rapide, dans une période où le pays manquait de cadres supérieurs (1960) pour remplacer l'administration coloniale. Au niveau local, ils ont constitué ici la continuité de ces notables ruraux (anciens caïds aux grands "fiefs") bénéficiant toujours de cette assise rurale (le domaine, même partagé, associé au "nom") à laquelle ils ont ajouté une formation et une fonctionnarisation. B est l'un des rares Rharbaoui de Souk Larbaa à occuper un poste dans l'administration de la coopérative rizicole.

A la base de cette continuité, nous retrouvons une autonomie prise après héritage et des conditions (recherchées) qui ont favorisé le contact plus ou moins permanent avec le milieu rural d'origine. Ainsi, B. a toujours travaillé à Souk Tleta, à proximité de ses terres. Dans sa stratégie de succession, il dit :

"la ville n'a pas de potentialités, pas même une zone industrielle. Aussi on dirige nos enfants dans ce sens (la ville n'est pas porteuse) : mes enfants sont scolarisés. L'aîné fait des études de pharmacie en Italie, il lui reste encore une année. Un autre est à Rabat, en première année de sciences économiques. Le troisième est en sixième année sciences expérimentales. Quant au dernier, j'envisage de l'orienter vers l'agriculture. Je prévois qu'il fasse des stages en agriculture et élevage dans la ferme expérimentale de l'Institut Agronomique et Vétérinaire Hassan II à Sidi Allal Tazi".

Il mène ainsi son exploitation en préparant la "relève", mais un seul de ses enfants l'assurera. Il connaît les limites de son projet.

Cas n°2 :

La famille BK [211], du nom d'une petite collectivité de 120 foyers (douar situé à trois kilomètres de Souk Larbaa) a connu une histoire très liée au développement de la ville. Le grand-père a été formé à Qaraouyine (Fès) avant de devenir *Adoul* (notaire religieux) du caïd Cherkaoui décédé en 1945, puis *Khalifa* cumulant alors les deux fonctions.

Il bénéficiait de toute la confiance du caïd Cherkaoui (illettré). Après son décès en 1953, un de ses fils se distinguera particulièrement. Traducteur pendant la colonisation, il occupera différents postes administratifs après l'indépendance politique du pays (*Khalifa* à Souk Larbaa, caïd à Had Kourt, super caïd à Khemisset et Sidi Slimane, Secrétaire Général des provinces de Khemisset et Taounat). L'exploitation familiale (200 hectares) autrefois axée sur l'élevage sera étendue par l'achat d'une ferme coloniale (70 hectares) en 1964. Actuellement, l'aîné de ses 17 enfants [212] gère cette exploitation :

Abdellatif est né à Bourk en 1946. Il a une part personnelle dans cette exploitation de 200 hectares qui appartient encore à son père et son oncle en indivision. Cette situation expliquerait une stratégie de succession particulière. Son investissement s'est orienté vers la formation de ses enfants.

"Je réside à Souk Larbaa depuis 1978. Quand mon fils aîné est entré dans le secondaire, avec les horaires variables, nous ne pouvions plus résider à la ferme.

J'ai deux enfants et j'ai consacré tous mes revenus à leurs études. Mon fils a 27 ans, il prépare un doctorat en Informatique à Montpellier où il est marié avec une algérienne. Ici, il a passé son baccalauréat puis deux années de mathématique-physique avant d'obtenir une licence en informatique. Ma fille a 23 ans, elle est en quatrième année dans une école privé de "management" à Rabat (elle s'est mariée dernièrement). Tout cela a nécessité des ponctions énormes et on continue à le faire !"
A la question de la reprise de la gestion des propriétés familiales, Abdellatif est formel : *"Même au niveau de mes frères, personne ne reprendra. J'ai un frère qui m'aide, mais je ne pense pas. La suite me semble impossible. Moi, je suis dégoûté et je veux laisser tomber. J'attend mon père ce qu'il veut faire. L'agriculture : on a fait des affaires jusqu'en 1980 et la courbe a changé de sens. Mes enfants ont leur idée : faire le commerce. Ils ne veulent pas reprendre... ".*

Abdellatif a également investi dans un immeuble qu'il donne en location, mais sa principale activité reste l'agriculture ("il regrette cet investissement face au non paiement du loyer par les locataires et au faible pouvoir d'achat de la majeur partie de la population").

Ce cas souligne la discontinuité, l'absence de relève et des stratégies d'investissement qui s'orientent vers l'extérieur dès que le patrimoine foncier reste en indivision entre plusieurs propriétaires (réels ou potentiels). Les logiques individuelles qui se dégagent montrent des acteurs qui cherchent leurs moyens de reproduction en dehors du patrimoine familial.

Cas n°3 :

Dans la même famille BK, un cousin de Abdellatif dessine un itinéraire différent.

211- Originaires du Sud du Sahara, les Boukhar, peuple réputé pour ses tendances guerrières furent d'abord envoyés par le Sultan Mohamed Ben Abdellah pour "punir" Sofiane et Beni Malek (1748), avant de s'installer en 1776 dans les environs de Souk Larbaa. Le douar Bourk localisé sur une petite colline dominant une plaine de plusieurs kilomètres reste une de leur localisation avec la présence (dans ce douar) du Marabout de Moulay Ali Chrif et d'un seul lignage (Bourk) regroupant les 120 foyers du douar - (Deux foyers supplémentaires de "Khammes" se sont installés en 1920).

212- Il est marié à deux femmes et réside actuellement à Kénitra.

E. BK a 40 ans, il a fait ses classes à Souk Larbaa, puis à Casablanca où il étudiait le Droit. C'est en 2ème année qu'il arrêta ses études pour s'occuper de l'exploitation familiale à la mort de son père. E. est l'aîné, il a usé de tous les moyens pour avoir sa propre exploitation. Ses frères sont à Kénitra. Ils font de la petite promotion immobilière mais ils ne s'occupent que de loin de ce qui leur reste du patrimoine rural familial.

E. BK gère actuellement 45 hectares. Il est porteur d'un projet : moderniser son exploitation.

Si la division par l'héritage est souvent posée dans ses effets sur le développement (morcellement, absentéisme, faibles possibilités de modernisation...),force est de constater des situations contraires lorsque les "parts" du domaine partagé gardent des superficies conséquentes. L'"autonomie" de l'agriculteur est une condition de l'investissement lorsque les tâches ne sont pas bien réparties entre les bénéficiaires d'un patrimoine familial. L'"autonomisation" permet au porteur d'un projet d'investissement de la réaliser dans son cadre de reproduction, au sein d'une stratégie globale.

B- L'investissement suit des chemins divers

A l'instar des autres opérateurs dans la ville, les héritiers de l'élite rurale traditionnelle vont orienter, lorsque leur réseau de connaissances leur permet, leur investissement vers quelques actions de promotion immobilière. Il en est ainsi de Abdellatif (cas n°2) qui construira un immeuble et une *kissaria* (petite galerie marchande) en rez de chaussée à la fin des années 80.

B (cas n°1) s'intégrera davantage dans la vie politique locale.

J'ai intégré la ville dès le jeune âge dans des associations : j'ai dirigé l'association de football de Souk Larbaa de 1960 à 1983! j'étais dans d'autres associations: des boules, de chasse...

** La politique?*

On ne donnait pas d'importance à cet aspect, mais on a senti cette responsabilité lorsqu'on a vu que, en cherchant la base de la ville ou des environs, ce sont des gens de l'extérieur qu'on trouve! ici les gens du bled ne s'installent pas. En 76 on a vécu la Marche Verte qui nous a donné un hamas (entrain) : on se posait des questions sur notre devenir et on a décidé de participer aux élections de 1976. On a intégré le Parti en 1983. j'ai participé en tant que président du Conseil de 1983 jusqu'en 1993.

E. BK (cas n°3) représente le cas de capacités locales mal relayées. En effet, son projet s'est articulé autour de son exploitation dans laquelle il a opéré quelques innovations.

"il y a d'abord les techniques agricoles: choix de variétés de semences pour les céréales, la betterave (cultivée en bour) du tournesol et de la coriandre qui est en première place (faite aussi en bour).
Pour l'élevage extensif (ovin), le manque d'eau nous a obligé de l'éliminer définitivement. Les vaches, on les abreuvait. On fait des ovins d'élevage qui demandent moins d'eau, avec des soins (quatre traitements par an, pour chaque saison).
On sème avec un semoir à précision pour la betterave, ça réduit le coût à l'hectare. Le tournesol, on le fait depuis environ huit ans. La coriandre est une activité ancienne, mais on a apporté des améliorations: binage au tracteur, traitement à la floraison...etc."
Avec la reprise des affaires de mon père, j'ai construit ma propre maison à Souk Larbaa, à mon goût, avec la sueur de mon front; pas de crédit. Je suis marié, j'ai deux enfants: un garçon de cinq ans et demi et une fille de 11 ans. Ma femme faisait des études, elle était couturière et dispose actuellement d'un local; (Il est marié avec la fille de l'un des plus anciens entrepreneurs Soussi de Souk Larbaa).

Malgré ses innovations E. avoue : *"On ne sait pas si ce qu'on fait est valable ou pas. Les jeunes travaillent seuls. Ils ne bénéficient d'aucune aide "les vieux partent, meurent...Ne restent que les héritiers avec de gros problèmes! la plupart ont acquis le métier d'agriculteur par tradition! Il n'y a pas d'arboriculture! Avec une association il peut y avoir des réunions, des séminaires, l'acquisition de connaissances sur les exigences du travail du sol. Les jeunes a ignorent ces innovations; Il n'y a pas de jeunes innovateurs. L'Etat devrait initier la formation professionnelle en milieu rural. Pourquoi on vient installer une école satellite d'enseignement général et ne pas mettre à côté un centre de formation aux métiers locaux ?*
Ici, l'agriculture est à plus de 90% de «tradition». Si j'avais de l'argent, j'aurai employé un technicien agricole. Je veux bien faire quelque chose dans le domaine agricole pour cette ville...
On a huit travailleurs agricoles permanents. Le nombre de saisonniers est variable. Avec la betterave on atteint 30 à 40 ouvriers pendant trois mois sur douze."

On voulait monter une association de jeunes agriculteurs pour avoir des facilités, pour encourager les agriculteurs (car jusqu'à présent il n'y a pas de coopérative agricole). Depuis deux ans qu'on court: tout est fermé!"

D'un point de vue économique, l'élite rurale traditionnelle qui a élu domicile à Souk Larbaa utilise davantage la ville comme lieu de résidence, de scolarisation des enfants et de recours à certains services que comme lieu d'investissement. Outre la construction d'une maison principale, nous n'enregistrons que quelques opérations de promotion immobilière, l'essentiel de l'investissement continue à s'orienter vers une agriculture en bour qui se modernise graduellement.

En termes de développement local, ces héritiers de vieilles familles autochtones constituent, lorsqu'ils ont gardé des propriétés foncières importantes, le véritable potentiel local. Bénéficiant d'une formation et d'une ouverture sur d'autres expériences, leurs capacités d'intégrer de nouvelles techniques n'en sont que plus grandes. Si souvent, l'esprit de l'Etat providence persiste chez ces entrepreneurs, attendant de l'Etat l'encadrement et les appuis nécessaires, certains ont pris les devants pour investir dans de nouvelles activités agricoles. L'ouverture du réseau de relations devient primordiale.

Le cas des fils Benazzouz est représentatif de cette ouverture. Agés de 30 et de 36 ans, ces deux frères issus d'une famille de grands éleveurs du Rharb ont, après une licence de droit public, bénéficié des appuis nécessaires pour l'obtention d'un crédit jeunes promoteurs de 1.850.000 DH. Détenteurs d'une terre melk de 16 hectares dans la commune de Lalla Mimouna, ils projettent l'achat de 5 hectares produisant des céréales et des cultures fourragères. Avec 30 vaches laitières (génisses Friçonne Holshtein) et la construction d'une étable moderne, ce projet en cours de réalisation montre, malgré le peu d'apport personnel (102.262 DH), la possibilité de création d'une exploitation intégrée, moderne, employant une vingtaine de personnes lorsque les promoteurs sont issus d'une famille de notables bénéficiant d'un réseau de relations.

S.S.2- Les nouveaux entrepreneurs locaux

A- Les bases de l'ascension sociale

Par nouveaux entrepreneurs "locaux" nous entendons des migrants ruraux Rharbaoui arrivés à Souk Larbaa dans les années 50. Issus d'une paysannerie moyenne (J. Le Coz, 1964) aux modestes moyens, sans formation, certains d'entre eux ont tenté l'aventure commerciale dans leur douar d'origine et à travers les souks. Occupant des positions "résiduelles" dans des secteurs porteurs de Souk Larbaa (négoce du grain, commerces de tissus), ces Rharbaoui vont être les premiers à pouvoir reprendre la place des juifs lors du départ de ces derniers en 1967. Leur ascension sociale est récente. Elle s'est faite aussi à partir d'un réseau de relations et d'une implication dans la vie politique locale. L'Histoire de vie de Q, un Rharbaoui d'une soixantaine d'années, est très significative à cet égard. Elle reprend, en partie, celle de son associé, l'un des plus grands négociants de grains actuel du Maroc.

Cas n°4 :

"je suis né à environ 15 km de la ville de Souk Larbaa (S.L), plus précisément à Had Kourt à la limite de S.L. Mon père et moi-même sommes des fellahs. Il était aussi kessab. Nous étions 10 personnes à la maison dont huit frères et soeurs. Je suis l'aîné. Mon père avait environ 25 hectares, 60 à 100 têtes ovines et environ 40 têtes bovines. Pendant la colonisation il était Moqadem durant quatre à cinq ans, mais il était obligé. Mes frères étaient tous fellahs. Mon père nous avait mis au msid au début, puis il nous en a retiré parce qu'il fallait aller travailler dans les champs. Lorsque les français inscrivaient pour l'école, ce sont les enfants des gens pauvres qui étaient pris car on avait peur d'aller à l'armée.

Ensuite, j'ai fait du commerce. J'avais une boutique au bled, j'ai pu avoir un bureau-tabac et vendais des produits alimentaires.
On avait Ben Omar Hardouz qui commerçait avec les juifs et on était en relations avec lui.
J'étais avec mon père...il m'a donné un peu d'argent et je me suis séparé d'eux pour cette petite affaire de boutique. Je faisais de l'élevage de poulet traditionnel, il n'y avait pas de maladies comme maintenant, je ne dépensais pas du tout...les dépenses étaient gelées: on mangeait des belettes locales très présentes dans la zone.

En 1956-57, je commençais à rentrer au souk, les gens m'amenaient des sacs de blé en petites quantités dans la boutique. puis je commençais à commercer ici. Je vendais dans le souk ici et parfois dans d'autres souks à Belkciri, Had Kourt, Tnine Aïn Felfel, Aïn Melha, Lalla Mimouna, Srafeh, Si Omar el Hadi, Tlata Arbaoua, Souk Tlata...on faisait le tour.
On passait la nuit à S.L dans le café, un morceau de pain et un bol de soupe: on ne dépensait rien d'autre que pour passer la nuit. En 1958, j'ai acheté un camion (d'occasion) en association avec K. (mon cousin) à 625.000 F. Je conduisais sans permis. Ils ne voulaient pas nous donner l'autorisation à Rabat...par la suite on a connu quelqu'un à Rabat qui nous a procuré une autorisation d'un mois, et par la suite on a pu obtenir le permis de conduire.

A Souk Larbaa ça tournait. On a loué un local. Il y avait la banque, mais on n'y avait pas recours. Ils n'avaient pas confiance en nous. On était jeunes et forts, les fellahs nous demandaient de leur vendre leur grain. Après les céréales, on faisait du commerce de bétail: on achetait la vache à 3000 DH et on la vendait à plus dans les souks. On conduisait nous-mêmes les animaux.

En 1963/64 nous avons acheté un deuxième camion Berliet neuf, à crédit et un troisième Volvo d'occasion. On avait aussi une petite voiture Renault achetée à crédit et une Opel station-wagon achetée au comptant. Les banques commençaient à nous connaître. On est resté dans les céréales. C'est l'essentiel. En plus des terres de mon père, on avait loué 60 ha; au départ on louait uniquement la terre, mais après on commençait à acheter. On ne s'est plus contenté de la région, on allait dans la région de Casablanca, de Marrakech... On est resté dans l'agriculture et dans le commerce de céréales. Quand on a commencé à avoir de l'argent on a aussi acheté ici (à S. L.) un hectare; c'était en 1965. En 1967, les juifs sont partis et on est resté seuls à vendre. Ils étaient étourdis (dakhou). On a acheté de chez eux des locaux de stockage de grains. Ce sont eux qui géraient tout avec les français. Ce sont eux qui avaient le commerce du grain. En 1967 ils étaient ébranlés (tza'z'ou) pendant un mois, mais ne sont pas partis tous."

L'associé de Q. son cousin, a eu les mêmes débuts. Son père l'avait aidé pour ouvrir un commerce dans le bled. Il vendait de l'huile. Mais, contrairement à Q. K avait fait l'école coranique (le msid). Il avait aussi une soif d'apprendre. En 1960, *"on a demandé à un maître de nous apprendre le français. On payait ce maître pendant cinq ans. Il nous donnait des cours tous les soirs dans notre bureau. K. a bien suivi. Il parle le français, l'espagnol et l'anglais. Dans notre domaine, il faut connaître le nom des choses, au moins: les lentilles, le pois-chiche, le blé dur, tendre"*

Les bases de l'ascension sociale se recoupent dans la plupart des cas. Ainsi, l'un des commerces spécialisés les plus importants de Souk Larbaa est tenu par T. (cas n° 5), dont les origines sociales et l'itinéraire se présentent comme suit :

"T. a 64 ans, il est originaire de la région de Mechraa Bel Kciri. Son père, paysan sans terre, était *Moqadem* sous la colonisation. Sur les cinq garçons et deux filles, seul le benjamin a fait des études. T a très tôt commencé à travailler dans l'usine de conditionnement d'agrumes à Bel Kciri. Dans l'après-guerre, avec deux de ses frères ils commencèrent à faire les souks de la région. Entre 1948 et 1950, ils s'installèrent à Souk Larbaa après l'achat d'un rez de chaussée et d'une boutique. En 1960, ils se séparèrent, et T. a eu pour sa part, la boutique de Souk Larbaa.. Il continuait à faire les souks jusqu'en 1980. Cette période a correspondu à l'âge d'or du commerce à Souk Larbaa : Il a pu acheter alors deux cafés, des garages et une maison".

Le terme de "self made man" serait difficile à "coller" à ces différents cas. Si les atouts dont ils ont bénéficié au départ ne semblent pas importants face à leur situation économique actuelle, ils n'en restent pas moins significatifs d'une période où ne pouvaient intégrer l'activité commerciale dans le milieu rural que certains "privilégiés" possédant un bon réseau de relations. Souvent, des fonctions administratives avec les autorités coloniales (*moqadem*) ont facilité cela.

Toutefois, ne bénéficiant au départ, ni de formation, ni de moyens matériels, ni de réseau relationnel influent dans la ville, ces entrepreneurs ont su s'intégrer dans le négoce du grain en consentant les "sacrifices" nécessaires et en créant le réseau de relations commerciales et politiques.

Parmi les nouveaux entrepreneurs Rharbaoui de Souk Larbaa émerge également un type particulier : celui de migrants ruraux ayant une formation minimale et une fonction (administrative ou dans le privé) qui leur ont permis d'investir dans l'agriculture. Souvent partis du bidonville de Kallito, ils assureront leur ascension sociale. Z. un directeur d'une maison de vente de véhicules et de machines agricoles à la retraite, en est un exemple (cas n°6).

Si T. et Z. font partie de la liste des "*ayane*" de la Province, invités à toutes les cérémonies officielles locales, mais sans avoir eu à exercer des "fonctions politiques", Q. et K. sont des piliers de la vie politique locale. Q. a ainsi été membre de presque tous les conseils municipaux depuis 1963 :

"Ma première candidature au conseil municipal était en 1963. On s'est présenté nous-mêmes. On était naïf. le commerce nous a fait connaître et les gens nous ont élu. On ne savait rien: on buvait le thé et on nous disait de signer des papiers et c'est l'autorité qui réglait tout jusqu'en 1976. Lorsqu'on a commencé à comprendre un peu; mais même après, c'est l'autorité qui faisait tout malgré les foussoul (textes)! J'étais président de Conseil de 1963 à 1969. Après 76 je suis élu.

Dernièrement (1992) je ne me suis pas présenté. Il y avait des conflits avec l'ex-président."

L'intégration dans la vie politique locale a été toute aussi importante chez K. pour son ascension sociale. Il en a fait un tremplin pour élargir son réseau de relations à travers son élection au bureau du Conseil Provincial de Kenitra durant deux mandats (où il occupait le poste de vice-président).

B- Réseau familial, réseau de relations et horizons économiques

Si les bases de l'ascension sociale de ces différents "entrepreneurs locaux" se ressemblent, leur trajectoire va fortement diverger suivant le réseau de relations mobilisé à travers leur potentiel interne (capacité de gestion, appui familial, recherche de nouveaux marchés...).

Dans leur majorité, ces "entrepreneurs" vont se replier sur les opportunités locales avec différentes stratégies de reproduction.

Cas n°4 :

Q. et K. étaient associés jusqu'en 1967. *"Les enfants ont grandi. Mes enfants et les siens se bousculaient pour les voitures. On a des melk et trois voitures. On a séparé. J'ai 12 enfants: six garçons et six filles. Ils sont sortis tous de la septième année du secondaire. Le grand est né en 1955, marié avec quatre enfants (deux garçons et deux filles). Il est céréalier aussi. Lui, il est autonome : il n'accepte plus mon organisation. En ce qui concerne les autres, je les représente (anoubo 'alaïhim). Si je patiente ils pourraient m'aider, mais ils ne sont pas actifs: lorsque j'ai besoin d'eux, je ne les trouve pas!" J'ai un fils, qui m'aide mais il n'a pas de goût pour le commerce. J'ai perdu avec lui quatre millions de centimes cet été ! Je n'ai pas de gens avec qui faire des projets. Il n'y a pas de confiance. Tu mets 10 à 12 millions de centimes entre les mains de quelqu'un et une ou deux années après tu perds tout ! Pourquoi alors investir ? Plus tu fais des projets plus tu as des problèmes avec les gens. J'ai deux locaux commerciaux loués à quelqu'un dans la municipalité: je paie les impôts et toutes les charges, il me doit 10 millions de centimes et ne veut pas me payer. "Mon père est décédé il y a dix ans et on a partagé la terre, la Ksiba (bétail). Ma mère a pris sa part et chacun des enfants l'aide.*
J'ai beaucoup de terres, je fais travailler entre 60 et 80 personnes (céréaliculture en bour). Mais actuellement la mauvaise répartition des pluies nous a détruits [213]. Seule la Ksiba reste intéressante : l'embouche avec le parcours (élevage extensif). A Had Kort j'ai environ 270 têtes ovines et 50 bovines. C'est là où il y a un peu de sécurité. Je vais au bled deux à trois fois par jour (15 km de S.L). Il me faut les approvisionner pour tout. En été, je ne bouge pas d'ici (S.L.) j'y vais une fois par semaine.

Ici (magasin de stockage des céréales de Souk Larbaa), j'achète les céréales et je les revends. C'est mon activité principale, avec un peu de loyer. Je suis agréé pour vendre le blé tendre, mais c'est une activité qui ne laisse plus grand chose comme bénéfices. Je ne veux pas faire comme Assouane (promoteur immobilier à Souk Larbaa) qui a eu des problèmes avec son premier immeuble...)".

Ne pouvant pas s'appuyer sur une structure familiale porteuse, ni sur une formation et un réseau de relations élargi, Q. a limité ses investissements dans les opportunités locales à travers quelques opérations de promotion immobilière à Souk Larbaa, et surtout, dans des cultures céréalières (lui fournissant les grains) et l'élevage ovin extensif. Ses moyens d'adaptation au marché semblent limités. En tant que céréalier, face à l'ouverture du marché des céréales, Q. n'a encore "aucune idée" des évolutions possibles. Il ne voit de sécurité que dans l'élevage ovin extensif, un secteur fragile lorsque les gains dépendent d'unités fourragères gratuites remises en question à chaque période de sécheresse!

213- Les campagnes de 1995-1996 ont été particulièrement difficiles dans le Haut - Rharb.

Cas n°5 :

T. présente une autre trajectoire. Ses investissements sont restés limités à quelques opportunités locales en régression. Il mettra toute son énergie pour assurer une formation et un emploi à ses enfants.

A partir de son commerce de tissus et de couvertures, T. a pu réaliser un petit café-hôtel et des garages qu'il donne en location. Ces opérations restent peu lucratives, de même que son commerce a connu une baisse avec l'augmentation du nombre de commerçants, de la plus forte "irrigation" de l'arrière pays de Souk Larbaa en produits urbains, d'une diminution de la demande rurale avec les mauvaises campagnes agricoles..... *"Depuis 20 ans, je n'ai rien ajouté. Actuellement, j'ai juste de quoi vivre- J'ai sept enfants : deux filles et cinq garçons.*

- *L'aîné est parti en France depuis 1982, (il a une villa et une maison louée) il travaille dans une société de nettoyage.*
- *Un autre a 35 ans, il est instituteur depuis 16 ans - Il a le baccalauréat et le DEUG en lettres. Il enseigne à Souk Larbaa.*
- *Une fille est professeur au C.P.R* [214] *et enseigne à Mechraa Bel Kciri.*
- *Un garçon de 31 ans a arrêté ses études au CM2 pour venir m'aider dans la boutique.*
- *Un garçon de 29 ans a une licence en chimie. Il est resté (avec moi) pendant trois ans en chômage, avant de trouver un poste d'instituteur à Dakhla.*
- *Une fille,qui a fait l'école régionale après son baccalauréat, est institutrice à Sidi Kacem.*
- *Le benjamin est en dernière année du secondaire".*

Cas n°6 :

- Le cas de Z. se présente avec d'autres atouts.

Depuis 1960, Z. prenait de la terre en location pour y cultiver du blé et des légumineuses. En 1966, grâce à l'héritage laissé par sa mère il acheta une partie de sa propriété (d'une cinquantaine d'hectares). En 1968, il quitte Kallito pour une villa achetée dans le "village". La bonne campagne agricole de tournesol en 1981-1982 lui a permis d'agrandir son exploitation par de nouveaux achats de terres (à quelques kilomètres de S.L). Il continue aussi à louer des terres. Il a quatre personnes permanentes sur son exploitation où il fait aussi de l'élevage ovin (50 à 60 têtes) et bovin (six à sept têtes). Z. correspond actuellement à l'exploitation moyenne mécanisée (il possède un tracteur, avec cover crup et sémoir). Trois de ses enfants travaillent avec lui. Il a neuf enfants. Aucun de ses quatre garçons n'a dépassé la sixième année. L'aîné et le cadet se sont mariés, mais ils restent sous le toît paternel. La situation économique et financière de Z. devient de plus en plus difficile avec l'arrivée des enfants à l'âge adulte. Il vient de prendre un crédit pour aménager et équiper un local pour droguerie à l'un de ses enfants. Malheureusement dit-il "Je n'ai pas les moyens de "remplir" un magasin pour chacun". Un des atouts majeurs de la famille Z. (présence de garçons disponibles pour s'occuper d'une exploitation agricole alors que le père était salarié) commence à se retourner contre elle au fur et à mesure de l'arrivée des enfants à l'âge adulte et des risques de morcellement du patrimoine familial. Une donnée essentielle dans le secteur agricole.

C- La réussite sociale et économique d'un entrepreneur Rharbaoui aux dimensions nationales.

K. (cas n°7) a connu les mêmes bases de l'ascension sociale que Q. (cas n°4), son cousin et associé.

214- C.P.R : Centre Pédagogique Régional.

A sa séparation de son associé en 1967, K. était un céréalier agréé connu sur la place (215). Il a vite développé un réseau de relations avec les grandes villes du Nord. Ainsi, dès 1975, il s'associa à un groupe d'espagnols, dont la Société (la Socomor) installée à Larache opérait dans la zone Nord en tant que collecteur de produits céréaliers.

Toujours par le rachat, il a étendu son activité à l'agro-industrie. C'est ainsi qu'il achetait une société en saisie en 1981 : une usine de conserves près du port de Larache.

A la fin des années 80, il étendait son domaine par l'achat de moulins. Il élargissait ainsi son activité à la transformation du grain. Le moulin de Souk Larbaa fut acheté en 1988 [(216)] et quelques années plus tard, il était acquéreur des moulins de Tanger (transformation du grain, mais également couscousserie).

A partir des établissements K d'import/export de céréales de Souk Larbaa, il a développé un véritable réseau national qui comprend un local au port de Tanger avec des bureaux pour l'import/export et un frigo, et un second local à Casablanca spécialisé dans l'importation.

Actuellement, K. a créé un véritable groupe familial autour du commerce des grains et de leur transformation. Si rien dans son comportement économique ne laisse entrevoir le recours à de nouvelles techniques de production ou de gestion, son atout majeur a été l'élargissement permanent de son aire d'activité. La réglementation du commerce des grains jusqu'en 1996 limitait les aires de desserte et de collecte des grains [(217)]. Il arrivait à adapter son commerce en multipliant les points de contact (Souk Larbaa, Larache). Avec l'ouverture de la filière céréalière, il possède aussi bien les circuits locaux de collecte pour fournir ses minoteries, que ceux de l'importation qui prennent de plus en plus d'importance.

Pour arriver à une certaine intégration de ses différentes activités, K. s'appuie essentiellement sur deux de ses filles. Une, licenciée en "gestion d'entreprise" gère les deux moulins, de Tanger et de Souk Larbaa. La seconde, biologiste (diplômée aux U.S.A) s'occupe des bureaux d'import/export de Casablanca où elle réside. L'extension de ses activités n'auraient pas pu se réaliser sans l'intégration de ses filles dans la gestion du patrimoine familial qui l'a "libéré" pour étendre davantage son réseau de relations. Ces dernières années, il s'est impliqué dans les grands marchés internationaux de commerce des céréales [(218)].

K. est actuellement membre du Comité Professionnel des Minotiers. Il a, à n'en pas douter, une stature nationale.

215- Le responsable des ventes à S.L décrit ainsi son activité : "la collecte se fait sur l'ensemble du territoire marocain; les gens viennent ici: il y a ceux qui ont leurs camions, les autres, on leur envoie les camions nécessaires. 90% de nos collectes se font dans les environs: Ksar kebir, Moulay Bousselham jusqu'à Souk Tlata, Belkciri, Sidi Kacem, Had Kourt jusqu'à Ouazzane...parfois on va à Fès, Meknès, dans les fermes de la SOGETA et de la SODEA...et d'autres domaines dans cette zone lorsqu'il y a des ventes publiques aux plus offrants (*samçara*).

216- Les moulins d'Andalousie ont débuté en 1950, ils ont connu plusieurs rachats depuis le départ de leur propriétaire initial en 1962. Le premier acquéreur fut un homme d'affaires de Casablanca qui les céda au début des années 80 à des Rbati. Ces derniers ne le gardèrent que pendant quatre ans avant de le vendre à K. Les moulins d'Andalousie emploient 35 ouvriers

217- Toutes les transactions étaient soumises à l'autorisation de l'ONICL.

218- En 1996, en association avec un Oujdi, son importation de blé indien a fait le tour des journaux nationaux avec la découverte d'un "champignon" dans les grains. La capacité qu'il a eu pour réexpédier et vendre le blé avarié à un pays tiers (après le refus qui lui a été porté par les autorités pour la mise en vente sur le marché marocain), montrent ses niveaux de relation nationaux et internationaux.

> Le mariage de sa fille a été l'occasion, d'une part, de marquer sa réussite sociale au niveau national et, d'autre part, de réaffirmer son appartenance à Souk Larbaa et au Rharb. C'est ainsi que la population de Souk Larbaa a pu constater la venue de plusieurs ministres et hauts fonctionnaires du pays. De même que l'opportunité lui était donnée de recevoir l'élite politique nationale dans son "fief" de Souk Larbaa !

En termes de territorialité, deux registres s'entrecroisent. Avec ses affaires, il dit ne plus vouloir accorder le temps nécessaire, ni à la vie politique locale, ni à une éventuelle députation. Parallèlement à cet éloignement qui se traduit par des venues de plus en plus conjoncturelles à Souk Larbaa, K. s'est installé à Tanger. Il y a ses habitations et fait la navette sur Casablanca où il séjourne chez sa fille. Le changement de résidence est autrement plus symbolique que la simple réponse à des exigences "professionnelles". Il signifie surtout, l'adoption d'autres valeurs et l'intégration à un groupe social de consonance nationale. Par l'effet du mariage, des études aux Etats-Unis, sa fille a été un élément d'intégration à la bourgeoisie d'affaires de Casablanca (on compte parmi ses amies, les filles d'importants hommes d'affaires et industriels de Casablanca). K. cherche à posséder tous les signes distinctifs de cette bourgeoisie (grandes berlines, habillement...). Sa nouvelle territorialité se dessine au niveau national, Souk Larbaa fait dorénavant partie du "folklore". En termes de développement local, c'est un cas intéressant à interroger.

Les bases de son ascension sociales restent locales. Il a su très tôt s'impliquer dans la vie politique en occupant la présidence du conseil municipal pendant deux mandats et en intégrant le poste de Vice Président du Conseil Provincial de Kénitra. Ces "postes" lui ont permis de saisir des opportunités (appropriation de terrains dans le centre pour la construction de locaux commerciaux...) et extra locales (association avec des espagnols...). Une fois que son aire économique de déploiement a couvert l'espace national, il n'a plus vu en Souk Larbaa qu'une localisation d'investissement comme une autre. Il y bénéficie certes d'atouts, lui permettant de saisir les opportunités qui s'y présentent, mais il ne la privilégie pas dans sa logique d'investissement.

S.S.3- Les premiers "entrepreneurs" Soussi

Il est difficile de traiter des entrepreneurs Soussi dans une des villes atlantiques marocaines sans faire référence au réseau social qu'ils ont constitué à travers ces villes et le rapport particulier qu'ils gardent avec leur terroir d'origine. Thème dépassant largement le cadre de ce travail, nous nous contenterons de faire quelques rappels avant d'approcher de façon plus spécifique les "archétypes" d'entrepreneurs de Souk Larbaa dans leur évolution, comportement économique, territorialité. Partant des régions d'origine, déjà au XI ème siècle, El Bekri écrivait : "les habitants du Souss et d'Aghmat sont les plus industrieux des hommes et les plus ardents dans la poursuite des richesses"(219). Le mouvement des populations du Sud vers les riches plaines du Nord est fort ancien. Il prendra un caractère particulier avec "l'arrivée des français". En 1935, C. Marquez s'est intéressé aux épiciers chleuhs et à leur diffusion dans les villes du Maroc à partir de leur région d'origine. Il constatait alors un cadre géo-ethnographique particulier : les tribus de l'Anti Atlas formant un bloc sur le versant Nord et le versant Sud du Jbel Lkest dont le centre coïncide avec la dépression des Ammeln. Un ensemble de tribus (Ammeln, Ida ou Gnidif, Ait Souab, Ait

219- Abou Obeid El Bekri "Description de l'Afrique Septentrionale," Paris librairie d'Amérique et d'Orient p.308. reporté par M. BENHLAL "Migration interne et stratification sociale au Maroc : le cas des Soussis" in "Les classes moyennes au Maghreb". ed CNRS 1981 Paris.

Mzal, Ida ou Ktir, Ait Abdellah, Ait Tasserit, Amanouz, Igounan, Ida ou Semlal) fortement impliqué dans "un mouvement qui ne prend vraiment son essor qu'en 1907-1908 avec l'arrivée des Français à Casablanca... et les gains substantiels que procurait avec eux le commerce alimentaire" (220).

L'importance du phénomène chez les Ammeln, (sur les six fractions Ammeln, on comptait en 1935 : 2000 "émigrés épiciers", 1500 d'entre eux étaient à Casablanca, et 500 répartis entre Settat, Mazagan et Tanger), premiers à pratiquer ce commerce, va s'étendre aux tribus voisines (221). "Les tribus les premières venues, après avoir commencé dans les médinas, se sont installées dans les villes européennes au fur et à mesure de leur création, laissant la place à de nouvelles tribus : Ait Abdellah, Igounan, Imagen, Ida ou Semlal" (222) c'est dans le cadre de ce mouvement et de sa continuation que se sont installés des Ammeln et des Ait Souab à Souk Larbaa après un séjour à Tanger et des berbères d'Ighrem après un passage par Salé et Kénitra (223).

Ces populations vont constituer de véritables "douars" dans la ville. Leur histoire locale est jalonnée d'invasions successives, de blocus de la part des troupes du Makhzen alors que les conditions naturelles étaient des plus fragiles (climat présaharien, faibles précipitations, peu de ressources en eau, surpopulation...). La défense du territoire tribal autant que la gestion de ressources naturelles limitées ont toujours exigé une solidarité et une action de groupe sur lesquelles s'est greffé le réfèrent communautaire de l'Islam. L'individu a toujours trouvé son salut dans le groupe qui assure sa sécurité. Arrivé dans la ville, parfois ne connaissant que la langue berbère, la "reconstitution du groupe" est une exigence. "Ils se reconnaîtront en celui qui avait gravi l'échelle des strates sociales comme leur amine et comme garant de leur réussite puisque c'était leur doyen. Un lien étroit s'établira rapidement entre le riche commerçant et le groupe social qui constituera bientôt sa clientèle politique et sociale dans sa tribu.. La conquête du royaume de l'épicerie se fera selon une hiérarchie éprouvée de grossistes, demi-grossistes, détaillants et débutants, chacun s'appuyant sur sa famille"(224).

Les cas les plus représentatifs de cette élite économique à Souk Larbaa montrent certes l'importance du groupe dans l'intégration urbaine, mais les bases de leur ascension sociale diffèrent, de même que les trajectoires de vie à travers le comportement entrepreneurial ou la territorialité.

A- Les bases de l'ascension sociale

L'ensemble des cas rencontrés montre une génération qui a émigré à Souk Larbaa dans les années trente : une période où Souk Larbaa émergeait à peine de son souk et commençait à accueillir les premiers migrants. Dans son douar, le futur migrant commence par un

220- C. MARQUEZ "Les épiciers Chleuhs et leur diffusion dans les villes du Maroc" in Bulletin Economique du Maroc 1935 p.230.

221- 50 commerçants pour 100 foyers chez les Ida ou Gnidif répartis entre Rabat, Essaouira, Meknès et Fès; les Issaguen à Rabat, les Ait Abdellah à Salé, Meknès, Fès; les Ait Tasserit à Rabat ; les Amounouz à Casablanca et Marrakech, les Igounan à Marrakech, Fès Meknès et Salé; les Ida ou Semlal à Rabat - in C. Marquez op. cit. p.231.

222- C. MARQUEZ - op. cit. p.231.

223- Le mouvement opéré par les migrants des tribus de la région d'Ighrem (Tagmout, Assa et Ida ou Nadif) a été décrit par M. BENHLAL "Marrakech fut la première étape... avant de se diriger vers Salé, petite et ancienne ville artisanale" op. cit. p.357.

224- M. BENHLAL op. cit. p.346.

passage par l'école coranique. "Il travaille dans le bled tant qu'il est encore jeune comme pasteur par exemple jusqu'à l'âge de la puberté ; l'âge où on dira de lui : yazom, il jeûne. Le jeûne est une étape décisive dans la vie d'un jeune homme" (225). Autrefois, c'était l'âge où il prenait ses responsabilités dans la sécurité du clan (le port d'arme). L'ensemble des futurs entrepreneurs Soussi de Souk Larbaa ont quitté leur douar entre 16 et 17 ans. Mais leurs conditions d'accueil et d'intégration diffèrent peu : l'intégration dans la filière Soussi.

- H.A. est originaire des Ait Souab, il a 76 ans (Cas n°8).

> *"Depuis 1936 déjà je suis venu ici; je travaillais dans le commerce avec Haj Lamine qui est aussi du bled.*
> *En 1940, je suis retourné dans le Souss pour me marier, puis je suis allé à Tanger rejoindre mon beau père. C'était l'époque de la "crise marocaine", et Tanger était internationale.*
> *En 1956, je suis revenu au bled (çilat errahim) puis retour ici chez Haj Lamine, dans l'alimentation générale. Les enfants passent trois mois au bled et retournent ici.*
> *Après l'alimentation générale, en 1958, l'enseignement était florissant et j'ai ouvert la première librairie de S.L"*

- J., 88 ans, originaire de la région d'Ighrem raconte autrement ces débuts difficiles (cas n°9).

> *"Je suis sorti en 1925, à l'âge de 16 ans pour aller à Kénitra. De chez moi, j'ai marché à pied jusqu'à Asni. Je suis resté à Kénitra pendant cinq ans à garder des dindons chez un français.*
> *On n'est pas sorti facilement de chez nous: il fallait "faire l'âne" pour pouvoir arriver ici.*
> *En 1930, je suis rentré à Souk Larbaa. Il y avait une famille de chez nous ici.: Quelqu'un m'a ouvert un petit commerce, une baraque tout à fait au départ. Mon père n'avait presque rien. Tout le bled était hypothéqué et en 1940 j'ai pu récupérer tout notre patrimoine. J'ai ouvert une boutique où je vendais tout. On nous a arraché à la misère, le destin mais il y avait aussi la volonté de sortir de la situation d'avant! En 1977/78 j'ai eu le quota de la farine."*

Ces cas montrent l'intégration des nouveaux migrants dans des filières, où, pour réussir, ils ont à mener une vie d'ascète : ne pas consommer, économiser sur la nourriture, dormir dans la boutique, rester entièrement disponible à sa clientèle... Le nouveau migrant commence par la petite épicerie de détail. Cette dernière lui est confiée par un parent ou un membre du douar anciennement installé qui veut étendre ses affaires par l'ouverture d'une nouvelle épicerie. Suivant l'importance des capitaux engagés, la participation variera du cinquième à la moitié de bénéfices(226). Plus il économisera, plus il pourra aspirer à l'indépendance rapidement (227). H.A. ou J. sont arrivés tous deux par ce truchement à s'autonomiser puis à faire le "saut" vers des commerces demandant davantage de capitaux : le commerce alimentaire de gros pour l'un, l'ouverture d'une librairie pour l'autre.

Les deux autres cas rencontrés à Souk Larbaa ne diffèrent que par le fait d'une intégration du nouveau migrant dans une affaire familiale en extension. B. H. fils (cas n°10), le plus grand grossiste de Souk Larbaa actuellement a appris le métier auprès de son père qui possédait déjà sa boutique en 1930. Le "saut" se réalisera par l'ouverture d'un commerce alimentaire de gros, puis par l'association dans une affaire de transport dans les années 60.

225- M. BENHLAL op. cit. p.347.

226- M. BENHLAL op. cit. p.355.

227- "Le tenancier est un véritable associé : les bénéfices sont partagés lors de chaque règlement de compte et le tenancier peut, au fur et à mesure, rembourser le propriétaire, mais tant qu'il doit la moindre somme, les conditions de partage restent les mêmes. Ainsi, au bout d'un temps variable de deux ou trois ans, il devient à son tour l'unique propriétaire" C. Maquez op. cit. p.232.

B- Appui du pouvoir central et opportunités

Si ces entrepreneurs Soussi, ne bénéficiant au départ que d'une formation coranique et d'un réseau leur permettant une intégration, ont pu montrer leur capacité et leur volonté de réussite en devenant propriétaire d'une épicerie, puis d'un commerce de gros (sans capital initial), force est de constater l'appui dont ils ont pu bénéficier de la part du pouvoir central par l'octroi des agréments et des autorisations nécessaires pour constituer un monopole sur le commerce alimentaire de gros et de détail ou par l'acquiescement au rachat de certaines affaires vendues par des colons ou par des juifs (Affaire des Transports, station-service..).

Comme le souligne J. Waterbury "En tant que groupe économique relativement organisé, ils (les Soussi) ont déjà une signification politique, mais dans la mesure où ils jouent un rôle important dans la société, où ils sont fortement implantés dans tout le pays et où ils occupent une place intermédiaire dans la hiérarchie sociale et économique (entre la masse des pauvres et des consommateurs et la riche élite capitaliste), ils peuvent, s'ils le veulent, assumer un rôle politique plus actif" [(228)]. Ceci a été très vite compris par le pouvoir central : la classe moyenne engendrée par cette émigration orientée vers des activités commerciales ne pouvait qu'avoir les faveurs du roi [(229)].

Ceci se traduira par la consécration de l'idée régionaliste à travers "le voyage du roi Hassan II à Agadir en 1971, venu sceller une nouvelle alliance avec la bourgeoisie Soussi montante" [(230)].

A l'instar de Casablanca où plusieurs Soussi vont s'empresser d'acheter aux Européens partants des hôtels, des cafés et des commerces, [(231)] à Souk Larbaa les entrepreneurs Soussi bénéficiant de capitaux suffisants et des relations nécessaires vont s'accaparer des cafés-restaurants, de la station-service Agip, de l'Hôtel de Arbaoua... La période 1960-1970 va constituer la base de leur ascension sociale à partir d'un monopole sur le commerce de gros et l'intégration d'autres activités devenues plus lucratives (station-service, librairie, hôtel, société de transport...).

C- Atouts et limites de deux entrepreneurs Soussi de Souk Larbaa

Parmi la communauté Soussi de Souk Larbaa deux personnages émergent. Ces derniers se sont détournés des chemins traditionnels de leurs aînés pour explorer d'autres voies (le doyen des Soussi, mort en 1997, avait constitué un véritable "empire" autour d'une part, de magasins de gros en produits alimentaires et d'épiceries, et d'autre part, de café restaurants, hôtels, "branchés" sur la demande "routière". Une trajectoire de l'investissement qui restait limitée dans un secteur local sans possibilité d'adaptation au marché).

En effet, se départissant du commerce de gros, ces entrepreneurs vont innover par la recherche permanente de nouveaux marchés et par l'offre de nouveaux produits. Cette innovation va se faire dans un cadre "tribal" et familial prononcé où interviennent en permanence des réseaux de relations permettant l'accès aux opportunités locales.

228- J. WATERBURY : "Le commandeur des croyants" PUF 1975 p.159.
229- Voir M. BENHLAL "Les consultations électorales au Maroc : Le cas du Souss" in ouvrage collectif in "Développements politiques au Maghreb" CRESM - 1979.
230- M. BENHLAL "les consultations électorales au Maroc : le cas du Sous" op. cit. p.362.
231- Voir WATERBURY op. cit. p.157.

1- Recherche de nouveaux marchés et/ou offre de nouveaux produits

B. H. (cas n°10) et l'élargissement de l'activité et du marché d'une société de transport locale :

"C'est dans les années 60 que B. H. et son frère (maintenant décédé) ont acheté une société de transport à des juifs installés à Souk Larbaa depuis 1945.

- En 1970, la Société comptait quatre autocars reliant Rabat à Ouazzane en passant par Souk Larbaa.
- Depuis, l'extension et la création de nouvelles lignes sont permanentes. Si B. H. possédait le monopole sur la ligne Souk Larbaa/Ouazzane jusqu'en 1990, sa "perte" n'a fait que l'orienter vers d'autres destinations (Ouazzane/Ksar Kebir - Ouazzane/Tanger) en plus des lignes vers le Sud (Ouazzane/Rabat/Casablanca). Avec un parc de dix autocars, il est incontestablement le premier transporteur interurbain du Haut-Rharb.

Avec la possibilité d'ouverture sur l'Union Européenne (accord de 1988), il s'est lancé dans le transport international. Il a créé la Société de Transport International "Tizla" et à acheté en 1988, 5 camions TIR et deux cars. Cette société a connu beaucoup de problèmes dans la maîtrise de la demande (les cars reviennent vides) qui ont fini par arrêter son activité (mise en location des camions à l'Office National des Transports et des cars à des transporteurs touristiques).

Après la faillite de cette dernière opération, B. H. s'est "replié" sur des lignes locales "de proximité" reliant les principales villes du Rharb Septentrional : Souk Larbaa, Mechraa Bel Kciri et Arbaoua. Cette opération commencée en 1994 avec deux bus a connu un fort développement puisque le parc concerné a été multiplié par quatre pour répondre à la demande (ces lignes concurrencent en premier lieu les grands taxis en proposant des tarifs moins élevés et des rotations permanentes)".

Le second exemple le plus probant de Souk Larbaa reste certainement celui de H. A. (cas n°8) et la construction d'un complexe d'habitations et de commerces : une réalisation unique à Souk Larbaa. Dans son histoire de vie, H. A. l'exprime en ces termes :

"En 1960, j'ai commencé à vendre les bouteilles de gaz Agip quand cette société a ouvert son dépôt ici, puis j'ai acheté la station service même. Pour éviter la location, il fallait acheter un terrain: j'ai pris 500 m2 chez un juif; un français m'a facilité l'acquisition de ce terrain. Après, j'ai eu un petit camion à benne pour la distribution du gaz; le samedi et dimanche on en profitait pour aller chercher le sable à Moulay Bousselham. On a construit le local de la banque Cha'bi que j'ai loué.
En 1970, mon fils à commencé à s'occuper de la station, il était au tribunal avant, j'avais peur qu'il se " perde ", et c'est lui qui a été à la station. En 1970, pour son mariage, retour au bled. On avait deux appartements: lui en a pris un et moi l'autre.
En 1980, on a commencé la construction. C'est connu le processus de la construction. J'ai trouvé un associé, puis on a acheté de chez un Soussi le terrain de la kissaria. On a construit (156 millions de centimes de crédit qui ont entraîné 170 millions d'intérêts du CIH). Il y avait trois étages, on a continué pour faire plus: 87 appartements de 140 m2 et 150 locaux de commerce. On a divisé le titre pour faciliter les choses car le marché de S.L est plus petit qu'on ne croyait. On a demandé 17 millions de centimes pour ces appartements et on a fait la vente sur 13 ans avec des facilités."

Dans l'opération de la "kissaria", il n'a pas mesuré l'étroitesse du marché local et les coûts financiers lorsque la période des invendus se prolonge. Son cas représente aussi bien celui d'une gestion qui intègre peu les normes modernes (étude de faisabilité, appréciation de la demande locale, des coûts financiers...) que la vision d'un entrepreneur prenant tous les risques pour voir réaliser un complexe d'une taille assez importante dans une ville comme Souk Larbaa. Par son importance et la faillite financière qu'il a entraînée, ce projet a eu un effet retentissant dans cette ville : la promotion immobilière peut amener à la faillite.

2- L'importance des relations familiales et du cadre "tribal".*

Les deux Soussi les plus connus de Souk Larbaa montrent, dans leur comportement économique, une très forte interférence des relations familiales d'une part et du réseau de relations Soussi d'autre part.

- Pour H. A., le développement de ses activités s'est fait en étroite liaison avec l'introduction progressive de ses fils dans la gestion de ses "affaires". Ainsi a-t-il pu entamer la distribution des bouteilles de gaz en intégrant un fils dans la gestion de la librairie. De même qu'il commença la promotion immobilière après avoir installé un fils dans la tenue de la station-service. Enfin, le retour d'un fils ayant étudié en France correspond à la mise sur pied d'une société de construction familiale en 1990 et un redéploiement sur la ville de Tanger. H. A. ayant 76 ans se dit fatigué. La relève s'oriente déjà vers d'autres cieux. S'agissant du réseau de relations Soussi, nous avons déjà relevé son importance dans les débuts de H. A. Elle se poursuit dans toute sa "carrière" à travers les diverses associations qui concernent toujours des Soussi. Ainsi en est-il pour son associé pour le projet de la *kissarya* : "originaire du Haut Tifnout, B. A.(232) est né en 1937. Après des études coraniques dans son douar, il rejoint Casablanca à 16 ans et y séjourne durant 4 ans. Impliqué dans l'Armée de Libération il retourne souvent à son douar d'origine pour enfin s'installer à Tanger. Après un dur labeur en tant qu'employé dans une petite société de torréfaction de café, il finit par la racheter à des Espagnols en 1967. Dès 1968, il ouvre un local à Souk Larbaa pour organiser la distribution du café dans le Rharb (Sidi Slimane, Sidi Yahya, Kénitra) et dans la région de Fès. Depuis, il a construit un local de torréfaction de café à Souk Larbaa où il a installé ses deux fils. (Il exploite aussi une partie des marais salants de la périphérie). Il réside toujours à Tanger où il possède un commerce de matériaux de construction, mais agit surtout comme promoteur immobilier".

H. A. garde ainsi un itinéraire où son espace de redéploiement reste fortement marqué par son réseau de relations Soussi qui le porte ainsi sur l'espace tangerois. A une question sur le non-investissement dans l'agriculture dans le Rharb, il ne cite aucun atout, ni limite du secteur, mais la confiance : *"L'agriculture et le commerce demandent la confiance ! Or, la trahison est de mise et la confiance se fait rare!"*

- Le cas de B. H. présente des situations similaires, mais les capacités financières fort élevées de ce dernier situent son action à un autre niveau ; celui de la bourgeoisie Soussi nationale.

B. H. a beaucoup varié ses activités depuis 1967 (voir supra), mais le rôle des enfants dans la marche de ses "affaires" ne fait que commencer. Son fils unique a 31 ans, quatre ans après le baccalauréat il est allé étudier (management administration) au Texas (U.S.A), puis deux années à l'Université El Akhaouaïne (233). Il a terminé son Ph. D en Septembre 1995 et habite entre Rabat et Souk Larbaa. Auparavant, il résidait à Casablanca où il dirigeait la Société de Transport International Tizla. Ses fréquentations Casablancaises ne sont que la continuité

---

* Ce chapitre a été rédigé entre 1997 et 1999.

232- B. A. a perdu son père très jeune. Les gens le connaissent par sa mère originaire des Aït Ba'Amrane.

233- Université située à Ifrane dispensant un enseignement de type américain avec une forte collaboration des Universités Américaines.

d'amitiés liées sur les bancs de l'Université Américaine : des enfants de la bourgeoisie Soussi installée à Casablanca (notamment ceux de Soussi ayant acquis une grande expérience dans la distribution de produits pétroliers [(234)]). A l'image de ses camarades d'Université, le fils B. H. voudrait intégrer d'autres activités où il pourrait exercer "ses talents". Un conflit dans la gestion du patrimoine familial se fait jour. B. H. ne conçoit d'investissement que dans les affaires qu'il maîtrise. Il demande un fils qui l'aide, et non une nouvelle orientation de la gestion. Il en est ainsi pour la Société de Transport dans laquelle il n'a intégré qu'un seul cadre: un jeune Soussi diplômé en Informatique dont il connaît le père à Souk Larbaa.

De même, outre l'acquisition d'opportunités locales, B. H. n'a investi à "l'extérieur" que dans une société de canalisation d'eau potable à Agadir qui lui a été proposée par un oncle maternel. Il n'y est qu'associé et n'est pas concerné par sa gestion.

Son réseau de relations dans le Souss ne l'a pas impliqué dans le monde des "affaires", mais dans le mouvement associatif et politique de sa région d'origine (l'Association Illigh).

Malgré sa puissance financière, il n'a développé qu'un seul secteur où l'état de monopole s'acquiert par le clientélisme et la corruption (achat des agréments, autorisations,...). Ses autres domaines d'intervention montrent la manne de l'Etat et la saisie des opportunités locales.

- Dès les années 70, il a acheté chez un français des carrières de pierre calcaire pour l'approvisionnement des sucreries dans la région de Ouazzane (100 à 200 saisonniers).
- Achat en 1980, de carrières de pierre de construction et de gravette pour l'approvisionnement de la zone de Ouazzane.
- Achat de parcelles de terrain autour des locaux-garage de la Société de transport de Souk Larbaa occupant le cœur de la ville.
- Achat de l'hôtel de Arbaoua.

B. H. reste certainement le Soussi de Souk Larbaa qui présente le plus le caractère prédateur de l'élite économique locale qui attend tout de l'Etat. Ainsi, aux questions relatives aux possibilités d'investissement à Souk Larbaa, il demande la promotion administrative de la ville en chef lieu de Province *"Il est possible que Souk Larbaa se développe si elle devient chef lieu de province, car il y a à la suite les marchés publics... Pour démarrer, il faut qu'il y ait la Province. Maintenant, tu fais une demande au pacha, il n'y a pas de réponse. Il n'a pas de pouvoir ! Il faut faire comme à Larache ou à Meknès où les gouverneurs ont appelé les gens qui ont de l'argent et leur ont proposé des facilités (tashilat) d'investissement"*.

B. H. rejoint ainsi le lot des "réussites économiques" locales qui se sont développées avec l'aide de l'administration centrale.

Cependant, au niveau de leur horizon (économique), ces Soussi restent bien représentatifs de la ville moyenne et ne rejoignent pas encore ce qu'appelle Saïd Tangeaoui, le noyau fédérateur de la bourgeoisie Soussi regroupant Abaaqil Najem (Assurances), Ait Menna (construction), Hadj Abid, (conserves sardines), Boufttas (confection).... [(235)]. Malgré ses gros moyens financiers, B. H. n'a pas intégré la cour des grands investisseurs Soussi à l'instar d'Ahmed Akhannouch (dirigeant du groupe Afriquia - 1,8 milliards de DH de chiffre d'affaires en 1987 - 117 millions de DH d'investissement...) qui rivalise avec les grands groupes privés dans la distribution de produits pétroliers.

234- Voir S. TANGEAOUI -"op. cit. p.149-151.

235- Said TANGEAOUI - op. cit. p.147-149.

D- Le comportement politique des entrepreneurs Soussi

Le comportement politique des entrepreneurs Soussi de Souk Larbaa rejoint celui des Soussi décrit au niveau national.

En effet, comme le souligne Remy Leveau "aucun courant politique ne peut se vanter de monopoliser le mécontentement du pays berbère... Ce mécontentement prendra des formes diverses pendant les années qui suivent l'indépendance. Un courant monarchique en constituera l'aspect le plus voyant. Il sera majoritaire mais pas exclusif. Un courant socialisant partage le même refus d'un ordre bourgeois étouffant. S'il est plus dissimulé, par ses aspects universalistes, son arrière-plan berbère garde cependant une grande importance"[(236)]. Un comportement ambivalent qui adopte "une attitude critique qui s'exerce autant à l'égard de la monarchie et de sa politique berbère que de l'Istiqlal. Lorsqu'ils ne peuvent plus rester indéfiniment dans l'opposition, les Berbères de l'UNFP préfèrent encore se rapprocher du Trône"[(237)].

C'est dans les premières années qui suivirent l'indépendance que les Soussi se détachèrent de l'Istiqlal (trop représenté par les concurrents Fassi) pour accorder un soutien massif à l'UNFP[(238)] dès sa création. Ceci s'est traduit lors des premières élections marocaines (Mai 1960) à l'occasion du renouvellement des treize chambres locales de commerce et de l'Industrie "L'UNFP qui venait d'être fondée rencontra un succès exceptionnel et emporta la majorité des sièges à Casablanca, Rabat, Tanger, Kénitra, Meknès, Sidi Slimane, Settat, El Jadida et Ksar El Kébir... Les Soussi, ont fait intervenir leur supériorité numérique dans un électorat composé uniquement d'hommes d'affaires et de commerçants pour assurer la victoire de l'UNFP"[(239)].

Souk Larbaa n'a pas échappé à ce phénomène puisque H. A. a représenté cette tendance lors des élections de la chambre du commerce et de l'industrie puis, pour les élections législatives de 1963. Lors de ces dernières, H. A. s'est alors présenté (candidat UNFP) contre Mansour Nejjaï (candidat istiqlalien - voir supra) qui "le contrera publiquement avec une pointe de particularisme tribal"[(240)]. Il n'obtiendra pas plus de 500 voix. Il se contentera désormais d'inscrire son action politique dans la chambre du commerce et de l'industrie de Kénitra. Seul un de ses neveux se présentera aux élections locales de 1992 sous l'étiquette du Rassemblement National des Indépendants (RNI).

B. H. va suivre une autre voie. Outre son élection à la chambre du commerce et de l'industrie de Kénitra, il se présentera et sera élu aux élections communales de 1976 et 1983. "Sans appartenance politique" (S.A.P), il cherchera surtout à défendre ses intérêts fonciers dans la ville sans jamais être au devant de la scène politique locale "laissée aux Rharbaoui". A Souk Larbaa, les Soussi ne se distinguent qu'à travers leur élection dans la chambre du commerce et de l'Industrie de Kénitra. Malgré leur ancienneté dans la ville (les différents cas présentés figurent parmi les premiers habitants du centre), ils restent considérés par les Rharbaoui comme une population allogène.

236- Remy LEVEAU op. cit. p.86.

237- Remy LEVEAU op. cit. p.88.

238- L'Union Nationale des Forces Populaires de Ben Barka, composée en majeure partie de non fassi et comprenant des "Sudistes" comme A. Ibrahim, le Fqih Basri, Oulhaj... voir J. Waterbury op. cit. P159.

239- J. WATERBURY op. cit. p.160.

240- J. WATERBURY op. cit. p.160.

En tant que principaux détenteurs des commerces et services dans la ville, ils sont représentés au sein des chambres professionnelles, mais leur action sur la vie politique locale reste très réduite. Représentant chacun des intérêts divers dans la ville, ils se présentent en "ordre dispersé" dans les différentes élections locales, loin de représenter un "bloc d'intérêt". Chacun aborde les élections locales en s'appuyant sur le cercle de patronage Rharbaoui le plus à même de défendre ses intérêts dans la ville. Ainsi, B. H. en tant que SAP a toujours soutenu et pris appui sur l'ancien Président du conseil (Kraimi), alors que le Soussi Houcine Ddab, *amine* des commerçants des produits alimentaires, a choisi de se présenter et de prendre appui sur l'Union constitutionnelle et le président Boughafour (1983).

Si deux factions Rharbaoui (voir infra) se disputent, depuis 1976, la présidence du conseil municipal dans la ville, les Soussi n'ont pas constitué une "force" organisée leur permettant d'arbitrer entre ces deux parties. Ils représentent en eux même des intérêts divers, chacun cherchant le soutien d'une faction suivant ses propres intérêts.

Le comportement politique des Soussi de Souk Larbaa rejoint donc un phénomène observé au niveau national. En effet, la période d'opposition des années 60 a laissé des séquelles. Une véritable "phobie" du politique s'est installée. Même la constitution d'une association Berbère est "vue" par les commerçants Soussi en tant qu'organisation politique à éviter. Ayant à sa tête un Rifain secondé par un avocat et un enseignant Soussi, cette Association n'a pas pu drainer vers elle les commerçants Soussi, même si son action (récente) s'est cantonnée dans des rencontres autour de la langue berbère et son enseignement.

Mais, la particularité de Souk Larbaa réside aussi dans l'absence d'un leadership Soussi. Si dans les années 40, des *Chorfa* des Haha (Moulay Houcine et Hmid Rguig) avaient le respect de tous, actuellement, les Soussi de Souk Larbaa n'ont pas de figure charismatique qui puisse catalyser une action collective.

E- Entrepreneurs Soussi et territorialité.

La territorialité chez les Soussi de Souk Larbaa a longtemps été marquée par une relation permanente à la région d'origine. Cette dernière constitue le prolongement naturel du migrant aussi bien au niveau économique qu'au niveau du système de valeurs du groupe de référence. L'habitus [(241)] prend une dimension considérable chez toutes les familles Soussi : "là où va le père suit le reste de la famille. Le jeune garçon qui débute comme livreur dans la boutique de son père, de son oncle, ou de son cousin s'intègre dans un clan commercial où il prendra automatiquement sa place à l'âge adulte. Dans la mesure où les entreprises des Soussi reposent sur un système de financement familial et font très peu appel à des sources extérieures de crédit, la pression économique et familiale maintient les individus à l'intérieur des anciens systèmes d'alliances"[(242)]. Cette assertion de John Waterbury est restée longtemps valable, les demandes d'aide matérielle (en argent ou en main d'oeuvre) se faisant toujours dans un réseau Soussi restreint, de même que pour les

241- "Produit de l'histoire, l'habitus produit des pratiques, individuelles et collectives, donc de l'histoire, conformément aux schèmes engendrés par l'histoire, il assure la présence active des expériences passées qui, déposées en chaque organisme sous la forme de schémes de perception, de pensée et d'action, tendent, plus sûrement que toutes les règles formelles et toutes les normes explicites, à garantir la conformité des pratiques et leur constance à travers le temps" in Pierre BOURDIEU "Le sens pratique". Éditions de Minuit -1980. P91

242- J. WATERBURY op. cit. P156.

mariages, les migrants s'orientent vers leur région d'origine ou la communauté Soussi locale. Si cette tendance reste encore prédominante chez les entrepreneurs Soussi de Souk Larbaa, des ouvertures s'opèrent de plus en plus pour marquer de nouvelles alliances. Le mariage exogamique d'une Soussia avec le fils d'un ancien caïd Rharbaoui ou le récent mariage de H. A. (après le décès de sa première femme) avec une Rharbaoui(243) attestent de cette ouverture (tendance à l'intégration) qui a été opérée depuis les années 70 par les grands entrepreneurs Soussi de Casablanca (244).

Cependant, malgré quelques "ouvertures", les Soussi de Souk Larbaa à une exception prés, restent enfermés dans des réseaux de relations qui privilégient les liens familiaux et la région d'origine. Aucun entrepreneur de Souk Larbaa n'a intégré le noyau fédérateur Soussi de Casablanca(245). A l'exception de B. H., ces entrepreneurs restent à classer dans des couches sociales intermédiaires ; les plus représentatives de ce niveau de ville.

Ainsi, chez les Soussi de Souk Larbaa si la solidarité deterritorialisée inscrite dans la ville ne semble pas déboucher sur une recomposition d'identité, l'intégration et l'ancrage dans une société locale marquée par l'empreinte Rharbaoui ne sont pas non plus réalisés. Une position intermédiaire qui marquera encore longtemps l'action même des Soussi dans la ville.

QUELQUES ENSEIGNEMENTS

Les entrepreneurs de Souk Larbaa se divisent en trois grands groupes suivant leur logique d'investissement, les secteurs occupés et leur espace de déploiement économique.

Le premier regroupe deux "figures" de stature nationale : l'une originaire du Haut-Rharb, l'autre du Souss. (Respectivement) K. et B. H. ont des assises financières et des investissements qui les situent sur la base du marché national voire international dans leur secteur respectif (le négoce des céréales, le transport des voyageurs par autocars). Cette caractéristique n'a pas d'équivalent dans les autres petites villes du Nord-Ouest Marocain. Elle met en exergue le poids de l'histoire, et surtout, celui de l'espace géographique concerné. La localisation de Souk Larbaa n'a que trop été soulignée dans ce travail ; "reposant" sur l'un des plus importants souk de la région, profitant d'une riche zone céréalière et d'une position de carrefour routier reliant un axe Nord/Sud et un axe Nord/Est; la collecte des grains et les activités liées au transport ont très tôt été investies par des juifs. Le départ de ces derniers a ouvert la porte à ces nouveaux riches qui ont occupé (et développé) ces créneaux avec l'appui de l'Etat. Le négoce de céréales, la minoterie, le transport des voyageurs ou les carrières de sable sont des activités qui demandent des introductions dans les rouages de l'Etat (rapports de type clientéliste, pots de vin,....). L'agrément d'un car, l'autorisation nécessaire pour être collecteur agréé, l'obtention d'une licence d'importation des céréales (jusqu'en 1997) ou l'autorisation pour l'exploitation d'une carrière de pierre ont été pendant longtemps de véritables permis d'exploitation en situation de monopole. Les deux cas cités représentent bien cette nouvelle élite locale émergeante dans les années 60-70 qui s'est renforcée à l'ombre de l'Etat pour atteindre une stature nationale actuellement. Jouissant

243- Les projets immobiliers de H. A. en font l'une des figures Soussi les plus connues de Souk Larbaa. Son récent mariage avec une Rharbaoui (soeur du fqih de la Mosquée de son quartier) a été mal reçu dans les milieux Soussi qui estiment que "le mariage avec une femme du Rharb risque d'éloigner le Soussi de sa famille et de son milieu d'origine. Le mariage d'une Soussia est plus accepté, car, nécessité économique oblige, elle finira par s'adapter (même si on a peur pour elle, car la polygamie est fréquente dans le Rharb nous dira Hadj Younes, un commerçant de Souk Larbaa qui a marié ses filles à des Soussi résidents à Rabat.

244- Mariage Soussi/Fassi, association aux Fassi - voir S. Tangeaoui p.154.

245- S. TANGEAOUI op. cit. p.147.

d'une confortable assise financière et de garanties suffisantes auprès des banques, ils sont les premiers "appelés" dès qu'une opportunité se présente localement. C'est ainsi que B. H. a pu acquérir des terrains de grandes superficies dans le centre de la ville ou l'hôtel de Arbaoua.

Localement, leur logique d'investissement dans leur secteur respectif ont trouvé leurs limites. Si K. s'est entièrement redéployé sur les grandes villes, B. H. a atteint les limites de l'exploitation des potentialités locales en matière de transport de voyageurs. L'investissement productif dans l'agriculture en bour est considéré comme peu rentable, ils ne montrent plus que leur côté prédateur.

Toutefois, si plusieurs éléments communs se retrouvent dans le comportement économique de ces deux hommes, une différence fondamentale les sépare : leur groupe d'appartenance et la territorialité qu'ils dessinent. K. a pu intégrer la sphère des grands milieux d'affaires Casablancais alors que B. H. s'inscrit encore dans une logique locale, ne rejoignant encore le noyau fédérateur Soussi national qu'au niveau d'une association régionale. B. H. reste encore cantonné dans un réseau de relations familial pour ses investissements. Son système de valeurs et de représentation se déplace de plus en plus vers le Souss et les éléments les plus influents de cette affirmation régionale regroupés dans l'Association Illigh[246]. Le comportement économique reste encore fortement imprégné par l'origine géographique dès qu'il s'agit "d'entrepreneurs" intégrés dans des "réseaux ethniques". (C'est sans doute par la place qu'occupera son fils dans la future gestion du patrimoine familial que passera une plus forte intégration aux milieux d'affaires Soussi de Casablanca.).

Face à ces deux grandes figures de Souk Larbaa, un autre Soussi a marqué sa différence par une logique d'investissement particulière. S'éloignant du commerce de gros, H. A. a été le premier à prendre le risque d'investir dans un secteur nouveau à Souk Larbaa, la promotion immobilière (il ne s'agissait plus de la construction de petits immeubles de deux à trois niveaux, mais d'un ensemble d'habitations et de commerces dans le centre ville). Son expérience montre les effets de la faiblesse du niveau des revenus des populations dans cette catégorie de ville et un nécessaire redéploiement. Malgré son relatif enracinement dans la ville (mariages avec des Rharbaoui), il voit de plus en plus son avenir se dessiner sous d'autres cieux. Son fils, nouveau responsable de la promotion immobilière dans la famille a déjà orienté l'investissement vers Tanger : une ville où ils bénéficient d'un réseau de relations et de conditions d'investissement plus porteuses.

Si ces différents cas montrent des personnages clefs dans la vie de la cité, ils indiquent aussi leur nombre restreint dans des secteurs souvent peu générateurs d'emplois.

Le troisième groupe se distingue particulièrement de ces deux derniers par le caractère local de ses capacités financières et de son réseau de relations. Il s'agit aussi bien de fils de notables ruraux que de nouveaux agriculteurs (anciens commerçants ou fonctionnaires originaires de la périphérie) qui assurent une modernisation progressive de leur patrimoine. Au niveau agricole,

246- M. BENHLAL décrit ainsi leur poids politique : "L'influence politique de tous ceux qui facilitent cette émigration et qui détiennent les ressources, maîtrisent et monopolisent les différents circuits, est considérable dans une région à arrière pays pauvre et montagneux. Ce sont eux qui savent mobiliser le soutien le plus large et le traduire, le moment venu, en comportements politiques grâce aux rapports constants qu'ils entretiennent avec cet arrière pays en tant que dispensateurs de ressources" - M. Benhlal "Les consultations électorales du Maroc : le cas de Souss" op. cit. p.281.

la modernisation passe de plus en plus par ces relais qui bénéficient aussi bien de l'enracinement rural nécessaire que d'une formation souvent de niveau universitaire. Face à la défaillance des services techniques administratifs concernés, ils sont à la recherche de nouvelles techniques agricoles. Les mieux pourvus arrivent à accéder à des crédits à des taux préférentiels, ils constituent les véritables piliers du développement local dans la région. Même si leur investissement dans les activités urbaines reste limité à la promotion immobilière ou à la spéculation foncière, ils constituent le véritable prolongement de la ville et de son enracinement dans son arrière-pays. Activités de transport et de transformation, dépôts, réseaux de collecte, distribution d'inputs, réparation de matériel agricole, stations-service, pièces détachées...(247) se développent à l'aune de la modernisation agricole impulsée par ces "entrepreneurs" (de même que l'ensemble des activités induites par l'augmentation des revenus agricoles ou leur permanence à travers le salariat).

Parallèlement à ces Rharbaoui qui ont investi dans la modernisation de l'agriculture, les Soussi ayant les mêmes capacités financières et un réseau de relations limité sont restés cantonnés dans le commerce alimentaire de gros, le commerce spécialisé (matériaux de construction, pièces détachées...) et les services liés à la route (hôtel, café-restaurant, station-service...) (voir tableau n°9).

Tableau n°9 : Origine et catégories socio-professionnelles de "l'élite urbaine" d'après la liste des autorités locales

Origine	**Rharb**		**Souss**		**Autres**		**Total**	
Catégorie	**Nbre**	%	**Nbre**	%	**Nbre**	%	**Nbre**	%
Cadres du privé	02	4,54	-	-	01	2,26	03	6,80
Employés de la fonction publique	02	4,54	-	-	-	-	02	4,54
Grands agriculteurs et propriétaires fonciers	03	6.80	-	-	-	-	03	6,80
Céréalistes	04	9,10	01	2,27	02	4,54	07	15,9
Commerce de gros et services spécialisés	09	20,46	11	25	04	9,10	24	54,56
Petits artisans et commerçants	05	11,36	-	-	-	-	05	11,36
Total	**25**	**56,80**	**12**	**27,27**	**07**	**15,90**	**44**	**99,97**

Source : Liste des "ayane" des autorités locales complétée par enquêtes personnelles.

Leur seul déploiement s'est fait vers la petite promotion immobilière. Ainsi, sur une liste de vingt personnes non originaires du Rharb et considérées comme faisant partie des "*ayane*" de la ville par les autorités locales (voir tableau n°10 page suivante), seuls trois personnes pratiquent de l'agriculture : deux d'entre eux sont des collecteurs de grain Zemmouri qui louent de grandes superficies pour produire du blé. Le troisième, un Sahraoui, fait de l'agriculture en association pour approvisionner son commerce de légumes frais. Aucun Soussi sur les douze recensés de cette liste n'a investi dans le domaine agricole. Si le plus souvent, les raisons liées au manque de confiance sont avancées, elles impliquent

247- En 1994 on dénombrait 54 commerces liés directement à l'agriculture, soit 8,5% des établissements commerciaux. Le commerce des produits ruraux représentait 20,64% des établissements avec 128 commerces. (M. JERKECH op. cit. p.77).

aussi chez les Soussi un mode de fonctionnement basé sur la parenté avec un "placement" des héritiers et héritières dans les diverses activités commerciales maîtrisées par le chef de famille. Le Soussi préférera toujours ouvrir un autre commerce alimentaire à ses fils (Younes, Aznak, Ousghir...) ou multiplier ses cafés-restaurants (Haj Lamine). Rares sont ceux qui, à l'image de B. H. ou H. A. ont investi dans d'autres secteurs.

A l'inverse, les personnes originaires du Rharb recensés dans la liste précitée restent fortement impliquées dans l'agriculture (voir tableau n°11 page suivante). Outre les collecteurs, plusieurs fils d'agriculteurs, après une période de fonctionnariat (ou d'étude) sont retournés vers l'investissement agricole. De même que des agriculteurs sont venus intégrer de nouvelles activités urbaines (vente de pièces détachées, auto-école, commerce alimentaire de gros, promotion immobilière) sans arrêter l'exploitation de leurs terres. En termes de modernisation, il est certain que le capital relationnel et le niveau d'instruction obtenu par les anciens fonctionnaires ou étudiants, les mettent en avant des problèmes de développement dans cette région agricole.

A Souk Larbaa, l'origine sociale et géographique des entrepreneurs nous paraît prendre des proportions considérables dans le comportement économique de ces acteurs urbains.

Outre la prégnance du territoire(situation de carrefour, potentiel agricole..), le cas de Souk Larbaa souligne encore une fois les limites de l'investissement et le caractère prédateur d'une élite qui a surtout profité des opportunités. Son ouverture vers d'autres lieux d'investissements a plus joué dans le sens du maintien d'une situation de monopole dans le « local ». Les véritables capacités de développement se dessinent davantage chez de jeunes entrepreneurs d'origine rurale ayant un capital culturel et social leur permettant d'introduire des innovations dans le secteur agricole. Jusqu'à présent, ils restent peu épaulés par les structures institutionnelles. Un levier extérieur semble s'imposer pour leur donner les ressources nécessaires au développement de leurs potentialités.

Tableau n°10 : Eléments du profil de "l'élite urbaine allogène" de Souk Larbaa à travers la liste des A'yane des autorités locales

Origine	Itinéraire et investissement	Implication dans la vie politique	Observation
A) Zemmour	Céréaliste - location agriculture - petite promotion immobilière		Fils de cheikh
B) Zemmour	Céréaliste - Location agriculture		
E.H) Zemmour	Vente matériaux de construction - agriculture - Société de transport		
O) Zones Sahariennes	Commerce pièces détachées automobile - lotissement		
R) Zones présahariennes	Commerce fruits et légumes - agriculture en association		
B) Zones Présahariennes	Droguerie - camion (gravetes) - agriculture	Mohtassib	
R) Jbala	Commerce de charbon - petite promotion immobilière		
M) Rif	Avocat - petite promotion immobilière		
BH) Souss	Grossiste alimentaire - Société de transport - carrières	Membre de la chambre du commerce et de l'industrie de Kénitra. -Elu municipal 1976 et 1983 - candidat aux législatives de 1983- Association Illigh, instances Nationales des transporteurs.	
AS) Souss	Grossiste alimentaire - Librairie - Station service - construction et promotion de complexes d'habitation.	-Candidat aux élections législatives de 1963.	
O) Souss	Grossiste alimentaire - construction promotion d'un complexe commercial		
J) Souss	Céréaliste		
IK) Souss	Commerce matériaux de construction- petite promotion immobilière	Amine des vendeurs de matériaux de construction.	
Y) Souss	Demi-gros produits alimentaires		
A) Souss	Demi-gros produits alimentaires		
E) Souss	Grossiste produits alimentaires- commerce matériaux de construction - Villas loués à l'Etat.		
D) Souss	Librairie - imprimerie		
B) Souss	Café-restauration - associé As.		
H) Souss	Café restauration - hôtels- petite promotion immobilière	Plusieurs fois candidat aux élections locales	
A) Souss	Grossiste alimentaire - petite promotion immobilière (décédé)		

Source : Liste fournie par les autorités locales provinciales - Informations complétées par enquêtes personnelles.

Tableau n°11 : Eléments du profil de "l'élite urbaine" Rharbaoui de Souk Larbaa à travers la liste des A'yane des autorités locales

Origine	Itinéraire et investissement	Implication dans la vie politique	Observation
Z) Bni Hcein (Rharb)	Cadre privé - immobilier et agriculture	Elu conseil 1983	Etudes supérieures
B) *Karia Ben Aouda*	Cadre privé - agriculture	Fils conseil 1992	Etudes supérieures
B) *Karia Ben Aouda*	Fonctionnaire - (Perception) promotion immobilière		Etudes secondaires
B) *Karia Ben Aouda*	Employé P et T arbitre de football	Elu de 1960 à 1992	Etudes secondaires (Décédé)
B) Oulad khlifa	Grand Propr. foncier - Cadre privé - Agriculture moderne	- Pt équipe de football- Prés. 1983 -élu en 1992 - Parlementaire 1997.	Etudes Supérieures
B) *Karia Ben Aouda*	Grand prop. foncier - cadre fonction publique - agriculture moderne - promotion immobilière		Etudes supérieures
H) *Karia Ben Aouda*	Grand propr. foncier - moqaddem - agriculture - petite promotion immobilière		Ecole Coranique ancien Fkih
B) *Karia Ben Aouda*	Menuisier - Petite promotion immobilière		Ancien du quartier Hay Salam
B) *Karia Ben Aouda*	Bouché - Café		
F) *Karia Ben Aouda*	Artisan - garagiste		
B) Beni Hcein (Rharb)	Menuisier		Ancien du quartier Hay Salam
Q) *Karia Ben Aouda*	Céréaliste - Agriculture	Président 1963 Elu 1976	
K) *Karia Ben Aouda*	Céréaliste - Industriel - Import-Export...	-Président 1976 élu 1983, 92, -Représentant chambre du C et I Kénitra -Membre de l'Assoc. Nat. des minotiers...	
B) *Karia Ben Aouda*	Céréaliste - petite promotion immobilière		
M) *Karia Ben Aouda*	Agriculteur - collecteur grains		
M) *Karia Ben Aouda*	Commerçant - grossiste avec camion - petite promotion immobilière		
L) *Karia Ben Aouda*	Petit commerce - grossiste avec camion - achat terre agriculture		
R) *Karia Ben Aouda*	Agriculteur - Service spécialisé (auto-école)		
L) *Karia Ben Aouda*	Agriculteur - Vente pièces détachées - petite promotion immobilière		
B) *Karia Ben Aouda*	Commerce spécialisé (viande) - petite promotion immobilière		
T) *Karia Ben Aouda*	Commerce habillement - petite promotion immobilière	Amine des commerçants en produits d'habillement	
T) *Karia Ben Aouda*	Soukier avec camion commerce habillement - petite promotion immobilière		
B) *Karia Ben Aouda*	Commerce habillement - petite promotion immobilière		
E) *Karia Ben Aouda*	Agriculteur - commerce de la laine - petite promotion immobilière		

Source : Liste fournie par les autorités locales provinciales - Informations complétées par enquêtes personnelles.

CHAPITRE III

PROXIMITE DE LA CAPITALE POLITIQUE ET REDEPLOIEMENT D'UNE ELITE RURALE SUR LE FONCIER URBAIN

(Cas de Tiflet)

SECTION I/ CONJONCTURES ÉCONOMIQUES ET POLITIQUES, LE LENT PASSAGE DE L'ÉLITE LOCALE DU RURAL À L'URBAIN.

S.S.1- Peuplement et territoire : une fixation récente.

Les tribus de la confédération des Zemmour relèveraient du même groupe de tribu Zaïan, Aït Oumalou, Béni Mguild, Béni Mtir, Béni Sadden qui auraient les mêmes moeurs et coutumes, et parleraient le même dialecte. Une origine commune à "cette branche des Berbères Branès qu'Ibn Khaldoun classe sous le nom de Cenhadja de la troisième race[(248)]".

A l'inverse des tribus du Rharb, celles du pays Zemmour ont gardé jusqu'à la pénétration coloniale une certaine homogénéité. Seules trois fractions "étrangères", ont été incorporées à la tribu Zemmour vers la fin du XVIII° siècle [Celle des Aït Bouyahya, *chorfa* venus du Zerhoun, celle des Bni Ameur (Ait Ali ou Lahcen, Kotbyine, Mzourfa, Khzazna), originaire des Zaïan voisins et celle d'une partie des Hajjama (les Oulad Said), anciens esclaves de Sidi Abdelaziz Ben Slimane[(249)]].

Jusqu'à la fin du XVIII° siècle, les Zemmour étaient installés au Sud-Est de leur territoire actuel. Depuis le XVI° siècle, ils ont réalisé un mouvement continu (Sud-Est ; Nord-Est) quittant progressivement la région d'Azrou pour occuper le plateau de Khemisset (1830 - 1850). Ainsi en est-il des Aït Zekri, Aït Ouribel, Aït Yadine, Kablyine et Messarhra alors que les Béni Hakem, Haouderrane et Ait Jbel Doum restaient en arrière, couvrant les contreforts du Massif d'Oulmes et les dépressions de Maâziz. Ne pouvant plus espérer utiliser les pâturages de montagne laissés derrière eux et cédant à la pression des Béni Mguild, les Zemmour furent très vite poussés à la lisière de la forêt de la Maamora occupée par les Béni Ahsene. Une fois conquise, la Maamora, zone de pâturage complémentaire, fut laissée à des Béni Ameur "en qualité de régisseurs"[(250)]. Ce n'est qu'en 1843 que les Zemmour se sont définitivement établis sur leur territoire actuel. Le pays Zemmour se présente alors comme un quadrilatère délimité au Nord par les Bni Ahsene, à l'Ouest par les Ameur, les Shoul et les Zaër, au Sud par les Zaïan et à l'Est par les Guerouan. Son occupation retrace une dynamique récente : "A l'arrière, des tribus ayant à peine quitté la montagne et vivant encore en autarcie pastorale ; au centre, des tribus puissantes installées sur les bonnes terres et poussant en avant leurs troupeaux dans la forêt conquise sur l'ennemi: au Nord, des tribus surtout pastorales devenues gardiennes de la forêt et qui, fortes de l'appui de leurs soeurs, pénètrent en pays Bni Ahsene"[(251)]. L'économie restait marquée alors par un caractère pastoral et instable et des tribus incomplètement fixées au sol.

248- "Villes et tribus du Maroc - Rabat et sa région" op. cit. P188. "Ne pas les confondre avec les çenhadja Ben Manad, Béni Ziri, Béni Hammad, Zirides de Grenade (1ère race) - ni avec les çenhaja Almoravides (2ème race).

249 Ibid. p.191.

250- Marcel LESNE "Evolution d'un groupement berbère : Les Zemmour" Ed. Ecole du Livre - Rabat - 1959 - p.4.

251- Marcel LESNE "op. cit. p.75.

S.S.2- Zemmour et Makhzen : des relations fluctuantes

Installée sur le territoire actuel des Bni Mguild durant les premiers temps de la dynastie alaouite, la confédération Zemmour a longtemps bénéficié de grands chefs soumis au Sultan.

Le caïd Ba Ichchou El Qabli fut l'un des premiers à apporter sa soumission à Moulay Ismaïl (1688) et à être confirmé dans son commandement jusqu'à sa mort (1692). Il fut remplacé par son fils Ali Ben Ichchou, devenu ainsi "une personne de confiance du Sultan" qui possédait une maison à *Madinat Er-riadh* à Meknès contenant "vingt quatre corps de bâtiments commandés par une seule porte" (252). Les Zemmour avaient en lui une personne influente dans la cour de Moulay Ismaïl.

La mort du Sultan et l'avènement de son fils Ahmed Ed-dhahabi va correspondre à une période de troubles suite à l'exécution de Ali Ben Ichchou (par le nouveau Sultan). Même l'arrivée de Moulay Abdellah (un autre fils de Moulay Ismaïl) était ponctuée par une expédition (1730) punitive avant de déboucher sur une nouvelle "soumission" des Zemmour à un descendant direct de Ali Ben Ichchou ; Mohamed ou Ali Ben Ichchou qui reçut le commandement des Zemmour(253). La vengeance de son père et la recherche de la bénédiction du Sultan entraînait le caïd et les Zemmour dans une lutte contre les Fassi (1734). Mohamed ou Ali Ben Ichchou reçut même un dahir pour gouverner Fès (dont il maltraita les habitants). Il quittera la ville avec l'arrivée des Bouakhar et la déposition de Moulay Abdellah (254).

A cette longue période de relative coopération entre le Makhzen et les Zemmour à travers la famille Ben Ichchou va succéder une période de troubles sous le règne de Sidi Mohamed Ben Abdellah. La famille Ben Ichchou n'arrivera pas à empêcher des razzias des troupes du Sultan et la nomination d'un nouveau caïd (Bel Qasem Zemmouri) n'évitera pas la venue de la *harka* chérifienne. Les manoeuvres du caïd Bel Qasem (il a permis l'égarement de la *harka* et la faillite de sa mission chez les Zemmour) et son arrestation finiront par entraîner la nomination d'un étranger (Ould Mohamed Ou Aziz) au commandement de la tribu (1775). La dissidence des Zemmour leur coûta de nouvelles expéditions (1784) organisées par Sidi Mohamed Ben Abdellah (255). Ils sont déjà à l'Ouest de l'Oued Beht.

Il faut attendre le début du XIX° siècle pour voir de nouvelles relations se nouer entre Makhzen et Zemmour. Ainsi, commandés par le caïd Ben El Ghazi, les Zemmour acceptaient la demande de Moulay Slimane de participer (aux côtés des Guerrouan, Bni Ahsene et Ait Idrassen) à la *harka* contre les Zaian (1819). Mais très vite, ils firent défection et s'allièrent à leurs frères Zaian contre la *harka* chérifienne. Leur dissidence les amènera à s'allier aux Ait Ou Malou pour déposer le Sultan (Moulay Slimane).

C'est à l'avènement de Moulay Abderrahman (1822 - 1859) et à l'allégeance qui lui sera donnée à travers le caïd Ben El Ghazi que le pays Zemmour connaîtra une courte trêve (1822 - 1825). L'historien Akansous Mohamed place ce personnage parmi les chefs de tribus

---

252- ENNACIRI ESSLAOUI. A. op. cit. p.63.

253- "Villes et tribus. Rabat et sa région" op. cit. p.191.

254- "Dans les luttes des fils de Moulay Ismail entre eux, le caïd resta fidèle à Moulay Abdellah" (Ibid. P191)

255- "Réfugiés dans les défilés du Tafoudeit... ils furent razziés par les Aït Idrassen et les Guerrouan à leur arrivée dans la plaine". Ibid. p.193.

qui délient et lient [256] et dont la "présence au moment de l'investiture du Sultan était une nécessité pour garantir le consentement d'une grande partie de la campagne" [257].

Le caïd Ben El Ghazi marqua fortement le commandement Zemmour. Impliqué au Makhzen par les liens du mariage (il a épousé une concubine de l'oncle de Moulay Abderrahmane) et obéi par toutes les tribus Zemmour, il a aussi permis l'installation des Zemmour dans leur territoire actuel après les luttes victorieuses contre les Bni Ahsene.

Cette brève période va s'arrêter avec l'arrestation du caïd, son emprisonnement (suite à des intrigues de palais) à Essaouira et sa mort la même année (1825) [258].

Il s'ensuit près d'un siècle de révoltes des Zemmour (1825 - 1910), refusant de payer l'impôt. La relation au Makhzen ne restait ponctuée que par des expéditions successives et une participation partielle à quelques cérémonies d'allégeance [259].

Cette période est également marquée par une consolidation de la conquête de la Maamora et par quelques rivalités à l'intérieur du groupement Zemmour ayant entraîné des relocalisations (poussée des Khzazna par les Ait Belkacem sur les bords de l'Oued Taghrest-déplacement des Ait Ali ou Lahcen à la lisière de la Maamora).

L'Histoire des Zemmour et leurs rapports au Makhzen montre ainsi l'instabilité et la fluctuation de ces relations. Ils alternent entre "une soumission précaire et une insoumission qui, même lorsqu'elle n'est pas réelle, est toujours potentielle". Hassan Rachik en a fait l'interprétation suivante : "chaque fois que le Sultan soumet les Zemmour, il prend à leur égard trois types de mesures. Tout d'abord, il désigne des caïds ou gouverneurs pour les commander. Le pouvoir du Sultan est à ce niveau limité, puisque, les chefs doivent être Zemmouri et acceptés par la population. La nomination est un compromis entre la volonté du Sultan et celle des Zemmour. Les caïds des Zemmour, simplement reconnus par le Sultan et non investis d'aucune autorité politique, n'avaient pas le pouvoir de donner des ordres, ni d'administrer des sanctions. Leurs activités, non soutenues par la menace de la force physique sont faiblement dirigées vers le maintien de l'ordre[260]. Le paiement de l'impôt

---

256- AKANSOUS Mohamed "Al-Jaych al-"aramram" 1877 - manuscrit n° 965 - Archives de la Bibliothèque générale - p.352. cité par R. BOURQIA "L'Etat et la gestion du symbolique au Maroc précolonial" in "Le Maghreb : Approches des mécanismes d'articulation" ed. Alkalam - 1991 Casablanca. "Les chefs de tribus qui lient et délient, qui ordonnent et commandent, comme Hadj Mohamed Ibn al Ghazi Zemmouri et Hassan Hammou Wazziz, étaient présents. Toute l'affaire des berbères à ce moment là tournait autour de ces deux hommes".

257- R. BOURQIA - op. cit. p.142.

258- Villes et tribus du Maroc - op. cit; p.196.

259- R. BOURQIA émet l'hypothèse d'une participation sélective à la procédure de la beya "Les chefs de tribus prenaient part à la procédure de la beya tant qu'ils avaient un pouvoir qui dépassait les limites d'un territoire tribal étroit" op. cit. p143. Dans le cas des Zemmour, l'allégeance ne fut donnée qu'à Moulay Hassan I. Le pouvoir local restait éclaté sous le règne de Moulay Abdel Aziz et Moulay Hafid. Auparavant, on enregistre plusieurs harka (1843, 1853 et 1857) et une division du pouvoir local entre plusieurs chefs de guerre (1859 - 1873) sous le règne de Sidi Mohamed Ben Abderrahmane (Ait Zekri : caïd Toumi - Messahra : Hammadi Ou Hammou - Béni Hakem : Bel Abbas) - voir Villes et Tribus - op. cit. p.194-197.

260- CH. DE FOUCAULD en faisait la description suivante :"A la vérité, le Sultan a un caïd chez eux; mais c'est un magistrat in partibus. Il est le seul de la tribu à se douter qu'il est caïd et savoir qu'il y a un sultan. Jamais ne lui viendrait l'idée de demander un sou d'impôt ni un soldat ; il est trop heureux qu'on le laisse vivre en paix. Nous trouverons souvent, dans les fractions les moins soumises, des caïds de ce genre; la population tolère leur présence avec la plus grande bonhomie, l'indifférence du mépris : on sait que ni eux ni leur maître ne peuvent devenir une gêne".
in Ch. DE FOUCAULD "Reconnaissance au Maroc" - 1ère édition 1888. Société d'éditions géographiques, maritimes et coloniales. Paris 1939 - p.110.

exigeait la présence de la *mehalla* du Sultan pour obliger les plus "récalcitrants" à payer"[261].

Ainsi, les rapports au Makhzen marqués par l'insoumission - soumission ne peuvent occulter deux faits majeurs :

- La nécessaire soumission (pour le Makhzen) d'un groupement installé aux portes des villes de Rabat-Salé, sur le chemin reliant Rabat aux villes de Meknès et Fès[262],
- L'émergence durant deux périodes, de puissants caïds devenus de grands dignitaires de la cour, résidant à Fès ou à Meknès et ayant des *khalifa* dans la tribu.

Cependant, force est de constater que les Zemmour n'ont pu faire émerger des familles de notables ayant une certaine continuité. Plusieurs explications peuvent être avancées. Sans faire référence à l'approche segmentariste [263] deux traits essentiels marquent l'économie des Zemmour : au moment de l'intervention française, les Zemmour n'étaient installés que depuis un peu plus d'un demi siècle dans un pays où l'insécurité dominait, conférant à l'économie un caractère pastoral et instable. Deux contraintes qui ne vont pas favoriser la fixation au sol et l'accumulation. Dans cette situation, "la fraction doit nécessairement tendre à constituer une cellule économique intégrale. L'hostilité des groupements voisins lui font obligation absolue de s'organiser". Dans ce type d'économie note G. Marcy "le droit de propriété se réduit à la possibilité de posséder, d'exploiter ou de défendre et les collectivités seules peuvent protéger les biens possédés en commun contre les collectivités voisines" (...) Ainsi, "la solution violente est demeurée jusqu'à l'occupation française, celle qui jouissait incontestablement de la plus grande faveur en matière de modification des frontières (...) la propriété collective, le domaine direct, une fois assurés, le sol cultivable est partagé immédiatement entre les fractions puis entre les familles [264]".

Dans ce processus, l'accumulation des richesses était difficile. La mélkisation de la terre ne s'effectuait qu'en cas d'habitat permanent et de sécurité territoriale.

A l'arrivée de la colonisation française, le recensement des "grandes familles et des personnalités marquantes" [265] "constate" l'arrêt de l'influence des familles des deux grands caïds Zemmouri (du XVII° - XVIII° siècle et du début du XIX° siècle) et s'arrête sur trois types de cas :

261- Hassan RACHIK " Collectivités traditionnelles et modernisation : les Ait Zekri d'Zemmour" Mémoire de D.E.S es-sciences politiques. Faculté de Sciences Juridiques Economiques et Sociales. Université Hassan II. Casablanca - 1982 - (p.32-33).

262- Les mehallas permanentes en témoignent. Même pendant les règnes de Moulay Abdelaziz et Moulay Hafid la soumission des Zemmour était une nécessité pour le maintien du pouvoir Makhzanien. En 1902, une mhalla devant se rendre de Rabat à Meknès fut obligée de reprendre la route des Bni Hsen. La même année une expédition devant soumettre les Zemmour fut arrêtée suite aux troubles causés par Bouhmara. En 1903, le Sultan a intégré les Zemmour parmi les troupes devant le combattre. Mais leur défection fut permanente. Sitôt armés ils pilleront tour à tour Fès, Meknès et le souk de Salé. Moulay Hafid enverra aussi une expédition (1908) pour les soumettre - Mais sans succès - (voir L. ARNAUD "Au temps des mehallas ou le Maroc de 1860 à 1912" Ed. Atlantides, Casablanca 1952 (p.60, 115, 167, 184 et 267).

263- H. RACHIK (op. cit.) en fait une démonstration dans le cas des Ait Zekri des Zemmours à partir du tribalisme segmentaire de Ernest GELLNER.
- Ernest GUELLNER "Système tribal et changement social en Afrique du Nord" in Annales Marocaines de Sociologie - Institut de Sociologie - Rabat -1969.

264- G. MARCY - "Le Droit coutumier, Zemmour" La Typo-Litho 1947 - p.167 ; 220 et 168.

265- Termes utilisés par la "Mission Scientifique du Maroc" en 1920.

- Celui des fils de caïds d'avant l'occupation (Slimane Ben Hamadi des Messarhra, Homman ben Mohamed des Aït Mimoun),
- Celui des fils des chefs de guerre (Idriss ou Raho des Aït Ouribel devenu Caïd, Ben Bachir Ben Mohamed des Qablyin),
- Celui, plus nombreux, de personnages choisis comme "*Oumana*", arbitres dans le règlement des litiges dans leurs tribus respectives.

Ainsi, à la veille de la colonisation française, n'émergeait de cette société Zemmouri que quelques personnalités ayant surtout acquis une place particulière dans leur tribu par leur bravoure ou leur sens de la justice. Leurs descendants ou eux mêmes possédaient certes d'imposants troupeaux, base de leur fortune, mais ils ne pouvaient pas acquérir le patrimoine foncier qui marquait alors les notabilités des zones Makhzen. C'est la colonisation française qui donnera aux futurs notables des Zemmour l'assise foncière qui leur manquait.

S.S.3- Sédentarisation et renforcement des notables ruraux

Avec la pénétration coloniale, la fixation de l'habitat et la sécurité territoriale vont contribuer fortement à la melkisation. La tendance à une appropriation individuelle privative (inexistence d'une organisation collective d'exploitation des terres ou d'un système de rotation ou de redistribution des terres) va s'exacerber avec les craintes d'une confiscation des terres possédées en commun.

C'est ainsi que les terrains de parcours, autrefois propriété des groupements vont passer entre les mains d'individus. Si l'appropriation individuelle ne concernait auparavant que les rares espaces bénéficiant d'un habitat permanent et d'une sécurité territoriale, elle va désormais toucher l'ensemble du territoire tribal. Cette melkisation sera réalisée par voie de vivification de terres mortes selon le droit de préemption du riverain [266], ou de parcelles jusque là non défrichées mais déjà alloties. L'éloignement des terrains des lieux d'habitations et convoités par des collectivités voisines rendent incertaines le caractère privatif de certaines terres déjà alloties. Dans ce processus, le poids de la *jmaa* et de l'autorité locale deviennent déterminants[267]. Marcel Lesne a recensé plusieurs cas de transfert de populations sur ces "terres de caractère juridique incertain" qui ont permis à certains caïds de se "tailler" de grands domaines[268]. Dans le même sens, les nouveaux partages ne pouvaient que bénéficier aux notables ayant une position privilégiée au sein des *Jmaa*.

Cette position, autrefois sans assise foncière va se renforcer par la prise de fonction dans la machine administrative française. Caïd, *khalifa*, *cheikh* et *moqadem*, dont les commandements restent calqués sur le système tribal, vont constituer le relais nécessaire des Contrôleurs Civils et Officiers d'Affaires Indigènes. Ne bénéficiant d'aucune rétribution officielle, ces différents agents prélèveront directement sur les populations dont ils assurent le contrôle[269]. Ainsi en est-il lors du partage des terres collectives[270], de la collecte de l'impôt (tertib), de la répartition des crédits de campagne ou, de la distribution des

---

266- Capitaine QUERLEUX "Les Zemmours" Archives Berbères - Publication du Comité d'Etudes Berbères de Rabat. 1915 - 1916 - Réédité EL KALAM p.133 "mais seulement lorsque un tiers essaie de détourner la terre à son profit".

267- A. LAHLIMI "les collectivités rurales traditionnelles et leur évolution" in "Etudes sociologiques sur le Maroc" Publication du BESM -1978-

268- M; LESNE op. cit. p.48.

269- Octave MARAIS "Elites intermédiaires, pouvoir et légitimité dans le Maroc indépendant" in Annuaire de l'Afrique du Nord. 1971 (p.179 - 180).

270- P. CHAMBERGEAT "L'administration et le douar" in RGM n°8 1965. p.84-85.

semences[271]. La fonction de caïd (de *cheikh* et de *moqaddem* dans une moindre mesure) devient un moyen d'enrichissement. Partout dans les Zemmour, ils renforcent leur position sociale par un accroissement des terres et des revenus. En effet, partant d'une fortune basée sur la possession de grands troupeaux, d'une influence politique et d'un pouvoir administratif, les notables ruraux ont pu agrandir leur patrimoine foncier. Certains d'entre eux, appartenant pour la plupart à des anciennes familles de caïd ou de nouvelles, ont procédé à un début de modernisation de leur exploitation.

Chez les Bni Ameur (de la périphérie immédiate de Tiflet) on pouvait recenser en 1956[272] une douzaine de fermes zemmouri modernisées totalisant 2483 hectares dont 1100 hectares travaillés mécaniquement (soit 44,30% de la superficie exploitée). Il s'agit dans 60% des cas de familles de caïds possédant 66% des superficies concernées : Larbi ben Caïd Benaïssa (100 ha), Lahbib Benaïssa (700 ha), Hamida Ben Caïd Hamida (260 ha), Caïd Hamou Ben Hamadi (300 ha), Caïd Chouki Jilali (210 ha), Khalifa Haddou Ben Haddou (85 ha).

A la différence des "colons Rharbaoui" qui ont pu suivre une modernisation poussée de leur exploitation (voir supra), ceux des Zemmour sont restés plus attachés à des procédés traditionnels (tel que l'association et le recours à l'élevage ovin extensif en forêt). Dans leur exploitation, ils ont peu marqué le paysage. Leur faible fixation au sol s'accompagne aussi d'un certain "roulement" : "des exploitations naissent tandis que d'autres disparaissent"! (Peu d'études préalables, sous-utilisation du matériel, endettement...) [273]. Si cette nouvelle base agricole et foncière des notables Zemmouri leur assurera désormais une pérennité dans leurs milieux respectifs, elle ne leur donnera pas les moyens pour intégrer la couche des nouveaux colons marocains gérant de grandes exploitations de type capitaliste (voir supra). Sans doute, le type d'agriculture et de milieu ne s'y prêtaient pas. L'agriculture Zemmour est restée marquée, certes, par une augmentation des superficies cultivées (les Beni Ameur, tribus forestières par excellence ont défriché leurs terres situées au Sud de la Maamora (de 25.500 hectares cultivées en 1926, ils sont arrivés à 32.500 hectares en 1954), mais elle a surtout concernée la céréaliculture (86,1% des superficies emblavées). Les notables Zemmouri ont investi dans la culture de blé tendre (nouvellement introduite) et les cultures de printemps[274]. La pauvreté du pays Zemmour en eau disponible pour des cultures irriguées ajoutée à la fixation récente de pasteurs peu enclins aux travaux d'irrigation va fortement limiter ce type d'agriculture. Certes, quelques fellahs ayant des terres au bord des oueds Taghrest ou Lakhdar sur les terrains sablonneux de la Maamora vont varier leurs cultures maraîchères pour s'adapter au marché européen[275], mais les cas sont rares (250 hectares de cultures maraîchères en irriguée sur tout le pays Zemmour en 1954. Il en est de même pour les plantations fruitières, inexistantes avant la pénétration coloniale, introduites faiblement à travers la vigne et l'olivier).

271- "Les prêts de campagne, les distributions de semences restent subordonnées à la bonne volonté du caïd qui dresse lui même la liste des attributaires, excellent moyen de renforcer son autorité, de favoriser sa clientèle et même de ne pas oublier ses propres intérêts" (M. Lesne op. cit. p.140).

272- M. LESNE p.219 à 220.

273- M. LESNE p.222.

274- Les superficies emblavées en maïs, pois-chiches, mil, sorgho et haricots sont passées de 2.550 hectares à 23.050 hectares entre 1921 et 1954 dans les Zemmour (M. Lesne op. cit. p.200). L'agriculture des Zemmour durant la période coloniale a été remarquablement étudiée par M. Lesne dans sa thèse sur les Zemmour.

275- Production de choux-fleurs, choux, pommes de terre, tomates, haricots verts, salade.

S.S.4- La pénétration du pays Zemmour et la création de centres militaires

La pénétration du pays Zemmour commença dès 1911 par l'envoi de plusieurs convois et l'ouverture de la route d'étapes Salé-Tiflet-Meknès. Des postes militaires furent établis le long de la route à Sidi Allal Bahraoui (Camp Monod), Tiflet, Khemisset et Souk El Arbaa des Aït-Sibeur (camp Bataille). D'autre camps pénétrant plus au Sud furent installés à Sidi El Arbi, Maaziz, Tiddas et dans le Massif de Tafoudeit.

La résistance des Zemmour dura jusqu'en Octobre 1913 (après la soumission des Bni Hakem et des derniers résistants reculés dans le pays Zaïan). Progressivement, les camps furent évacués. Il ne restait en 1917 que ceux situés le long de la route Salé-Tiflet-Meknès et celui de Tiddas(276).

Le réseau routier va alors s'organiser autour de cette route principale reliant les grandes villes de Rabat-Salé à Meknès (et de Casablanca à Fès et Oujda). Khemisset reliera Dar Bel Amri dans le Rharb, Sidi Allal Bahraoui assurera la liaison avec Kénitra et Tiflet permettra d'atteindre par Maaziz le plateau d'Oulmes et des Zaër - (voir fig. 3). La route Salé-Meknès entreprise dès 1916 sera un élément déterminant dans la pénétration du pays Zemmour. Les centres de Tiflet et de Khemisset y joueront un rôle de relais indéniables reliant la montagne au plateau d'une part, et le pays Zemmour à la plaine du Rharb, d'autre part.

Dans ce dispositif, le centre de Tiflet va connaître une lente progression.

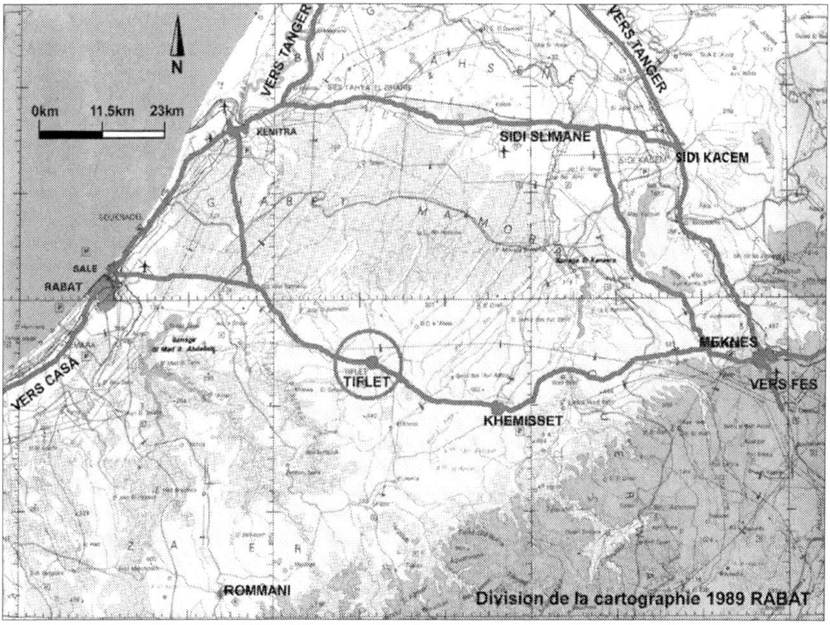

Figure 3 - TIFLET : Localisation et reseau routier national

276- "Villes et tribus du Maroc". Tome III op. cit. P196-197.

S.S.5- Naissance d'un centre et ouverture d'opportunités à une population allogène

C'est en 1911 que des campements militaires français ont été installés près de l'Oued Tiflet et du Souk Larbaa des Mzourfa, alors, premier souk de la confédération des Zemmour(277), point de contact entre la Maamora et le plateau des Zemmour.

Plus tard, le choix sera porté sur une colline offrant plus d'intérêt stratégique. Un terrain de 57 hectares fut alors soustrait à la petite tribu des Aït Bou Yahya contre de petites indemnisations.

Jusqu'en 1923, Tiflet est le chef lieu de la circonscription des Zemmour(278).

L'administration coloniale allait s'y installer : bureaux, résidence du contrôleur civil, prison et noualas des *mokhazni*.

L'actuel quartier administratif est occupé alors que commencent les premières implantations d'établissements commerciaux le long de la route principale. Dès la fin des années 20, des européens affluent, accompagnant la colonisation officielle dans la région. Plusieurs établissements de collecte des produits agricoles, de commerce de gros et de tissus sont ouverts par des européens et par des commerçants des grandes villes de Rabat, Salé, Fès et Meknès(279). Parallèlement à ces commerçants nantis habitant des logements en dur le long de la route principale, se sont progressivement installés des Soussi et des Doukkali, à la recherche d'opportunités commerciales autour du souk et des commerces alimentaires.

Jusqu'en 1936, Tiflet ne connaissait qu'un faible développement. Seuls 946 marocains et 132 européens y résidaient. L'élite rurale Zemmouri était "écartée" de l'introduction des nouvelles opportunités commerciales.

Il faudra attendre l'après guerre pour voir sa population multipliée par trois, à l'image des autres villes des zones de colonisation agraire (voir tableau n°12).

Tableau n°12 : Population de Tiflet et Khemisset 1936-1952

	1936	1952	T.A.A.
Tiflet	1078	3798	8,19%
Khemisset	2114	7047	7,82%

Source : Recensements 1936 et 1952.
T.A.A : Taux d'Accroissement Annuel de population.

En effet, les Zemmour connaîtront une colonisation agraire qui touchera 40.000 hectares(280). L'économie des Zemmour sera surtout ébranlée par la réduction des terres de

277- "Villes et tribus du Maroc" Tome III op. cit. p.243.
En 1916, les Zemmours comptaient 16 souks. Par rendement, le Souk El Arbaa se situait dans le 1er rang (45.500 P.H), suivi de celui de Khemisset (40.782 P.H), des Aït Ouahi (18.000 P.H) et des Aït Achrin (14.750 P.H).

278- Ce siège sera déplacé à Khemisset en 1923. Tiflet bénéficiera plus tard de l'implantation d'un poste de contrôle civil en 1944 transformé en annexe.

279- OUJAROU Lahcen en fait une description. p.53-54.
OUJAROU Lahcen "Urbanisation et Habitat Sous-Integré : le cas de Tiflet" - mémoire DESAU-INAU- Rabat - Juin 1984.

280- Inégalement répartis sur quelques 420.000 hectares dont seuls 149.000 hectares cultivables.

parcours et les restrictions faites par les services des Eaux et Forêts à l'utilisation de la forêt de la Maamora par les populations non riveraines(281). Fixée sur des terres agricoles faiblement travaillées et de dimensions réduites, intégrée de plus en plus dans une économie de marché, (les souks se tiennent régulièrement, le tertib est payé en argent, de nouvelles habitudes de consommation sont introduites...), une grande partie de la population des Zemmour quittera la campagne pour les villes ou s'engagera dans l'armée.

Les opportunités d'emploi à Tiflet restent réduites. Certes, quelques industries locales de transformation ont vu le jour (une cave vinicole et une usine de distillation d'essences florales), mais les emplois ouverts restent faibles (une quarantaine). L'emploi dans quelques fermes autour de Tiflet permet aussi d'occuper une partie des nouveaux migrants mais c'est autour du commerce, des activités de transport et de construction que tournera l'économie urbaine.

Tête de ligne de la plupart des cars d'intérêt local (Zemmour - Zaër) et point d'arrêt obligé des cars traversant la route principale (Rabat - Meknès), Tiflet a vu se développer autour de son souk plusieurs activités liées au transport(282).

Parallèlement, ses activités commerciales ont été renforcées par l'appui donné à sa fonction administrative dans son cercle dont dépendent: Hajjama, Aït Bou Yahya, Aït Ali ou Lahcen, Mzourfa, Khzazna, et Qotbyines (Beni Ameur), Aït Abbou, Aït Belkacem et Aït Ouahi (Aït Zekri).

Contrôle civil, gendarmerie, tribunal coutumier, coopérative agricole, infirmerie, moniteur d'élevage et moniteur agricole, recette postale et école forment un appareil administratif d'encadrement qui maintiendra pendant longtemps les populations de ce cercle dans le giron de cette ville.

Le binôme formé avec Khemisset (situé à 24 km de Tiflet) a surtout bénéficié à cette dernière par l'implantation de services supérieurs : Tribunal d'appel des Zemmour, Inspection des eaux et forêts, Arrondissement agricole, Service du Tertib, Travaux publics, Ecole européenne et musulmane avec cours complémentaire 1° cycle, 2ème degré.

Cependant, l'indigence des populations (limitant la mobilité) corrélée à une attache ancienne au Souk Larbaa des Mzourfa dans la région des Bni Ameur semble avoir donné très tôt à Tiflet les conditions de s'imposer parmi les tribus pastorales de la Maamora (voir infra). Même la "compétition" avec Khemisset dans l'attraction de notables ruraux ne semble pas avoir joué en faveur de Khemisset. Le niveau d'équipement et d'accueil des populations Zemmouri restait très faible dans les deux cas(283). La majeure partie de la population marocaine se retrouvait dans des noualas améliorées ou des baraques (voir tableau n°13).

281- Voir H. RACHIK et M. LESNE (op. cit.).

282- M. LESNE a dénombré déjà 10 garagistes et 5 stations d'essence en 1954 (op. cit. p.406).

283- Si Tiflet ne comptait en 1953 que 148 abonnés à l'eau potable - Khemisset n'en avait pas plus de 276 en 1954. De même, pour la voirie : Tiflet n'avait que la route principale qui était goudronnée, les seules pistes empierrées étant celles qui menaient au Contrôle Civil et au Souk. Khemisset comptait toutefois davantage de voirie goudronnée avec l'équipement du quartier ancien du lotissement domanial.

Tableau n°13 : Types de construction à Tiflet et Khemisset (1950)

	Noualas	Baraques, constructions sommaires	Maisons en pierre
Tiflet	510	132	156
Khemisset	1000	400	400

Source : M. Lesne. op. cit.

A l'instar des autres petites villes créées par la colonisation, le tissu urbain de Tiflet va rester marqué par cette dichotomie entre une petite zone à habitat planifié où résident les européens et certaines couches de la population marocaine (*mokhazni*, soldats, commerçants aisés) et une zone à habitat précaire réceptrice des flux de populations rurales.

La première renferme le quartier administratif, le centre ville et le quartier de Aïn Mouka. Le quartier administratif abritait tous les établissements administratifs et les habitations des fonctionnaires. Il était prolongé dans sa partie Nord-Est par neuf lots vivriers de colonisation (sur 13,5 ha).

A Tiflet, le centre ville correspondait à la partie de la ville jouxtant le quartier administratif et longeant l'axe routier principal. Dotée d'un plan, cette partie de la ville renfermait les établissements commerciaux et, les habitations des européens et de quelques grands commerçants marocains.

Enfin, le quartier de Aïn Mouka(284) dans le prolongement Nord-Ouest de la route principale fut créé dès les années 20 par les soldats et *mokhazni*. Formé d'abord de baraques et de noualas, il connaîtra une durcification progressive dans l'après-guerre avec les envois d'argent et/ou le retour des militaires.

Le second type de zone va surtout concerner la plus grande partie de la population marocaine entassée dans des noualas et des baraques (79%) des douars périphériques (terme qui relate le caractère rural de ces populations pour désigner un groupement d'habitations précaires). Ces derniers, dont certains ont été formés dès les années 20 (Qotbyines, Dbaba) vont progressivement occuper toute la partie Sud (Dbaba, Oulad Chrifa, Aissi, La Cave) et Nord Ouest de la ville (Skouila, Qotbyine). Les douars périphériques ont connu d'abord une éclosion entre 1920 et 1930 sur le chemin menant au souk (Qotbyines), près du centre ville (Douar Dbaba et Douar Aïssi) ou autour d'une cave vinicole (Douar la Cave). Leur multiplication se fera à partir des années 50 dans le prolongement de Douar Dbaba (Douar Chrifa) ou autour d'une nouvelle école (Douar Skouila). Dès la fin des années 50, ils constitueront la principale marque du paysage urbain.

S.S.6- Les bases du "fonctionnarisme" des élites Zemmouri.

En tant que centre de colonisation, ni Khemisset, ni Tiflet, n'ont été des centres d'attache des colons français propriétaires des grandes fermes du Nord du Maroc. Ces derniers restaient plus liés aux centres du Rharb (Kénitra et Sidi Slimane) ou du Saïs (Meknès). Sans doute la proximité des villes de Salé d'un côté et de Meknès de l'autre ont empêché pendant longtemps l'émergence des services supérieurs qui accompagnent la colonisation agraire (banque, vente et réparation du matériel agricole, dock, silo...).

Ces centres ont d'abord profité à des commerçants marocains des grandes villes et à des Soussi et Doukkali à la recherche d'opportunités dans les activités commerciales liées à une

284- Du nom de l'Oued Mouka situé à l'Ouest du quartier, en référence aux hiboux (mouka) qu'il abritait.

demande fluctuante des populations rurales. Le rôle fondamental de ces centres dans la société zemmouri va se traduire dans l'accueil des familles de militaires d'une part et dans la formation d'une élite qui va connaître le "brassage" nécessaire pour une future entrée dans la fonction publique.

A- Le recrutement militaire

Le pays Zemmour a été une zone de recrutement militaire importante pour la colonisation française. En 1955, Marcel Lesne pouvait affirmer que dans cette société : "un adulte sur quatre ou cinq était militaire". Cette "fonction régionale" va se traduire très vite par une injection d'une masse monétaire importante dans ces centres. La seule circonscription de Tiflet comptait 1245 militaires en 1950; "chaque jour du souk plus de quatre millions étaient payés au guichet de la poste de Tiflet"(285). Les militaires (et leur famille) vont représenter une composante importante de la société locale de Tiflet. Même si leur retour / recasement se fait en grande partie dans le douar d'origine (69,3%), l'économie des villes de Khemisset et de Tiflet va largement en bénéficier (construction en dur, consommation des familles...). Outre les aspects économiques de ce processus, le militaire a été introduit comme acteur dans la société locale. Parti après des conflits intergénérationnels et/ou faute de ressources pour fonder son propre foyer, l'armée lui a permis de retrouver une certaine dignité. Le retour après la guerre(286) demande des conditions d'insertion dans la ville. Les anciens militaires ont alors postulé pour des postes d'agents subalternes dans l'administration coloniale (*mokhazni*, gardien, *chaouch*) ou pour des licences de taxi ou de services (hammam, café...). Avec l'arrivée de hauts gradés Zemmouri dans l'armée marocaine, un réseau va se constituer. A l'ancien guerrier Zemmouri s'est substitué le soldat. Il fait désormais partie de l'ethos ou de "l'écologie" locale.

B- Ecole et formation de l'élite locale

Les Zemmour ont pendant longtemps représenté pour l'autorité coloniale une confédération particulière attachée à son droit coutumier. G. Marcy y voyait même "le groupe de coutumes le moins altéré de toute l'Afrique du Nord"(287). En 1920, le capitaine Querleux signalait que "les prescriptions du Coran et de la Sounna étaient très mal connues et inobservées. Le Cadi ou fonctionnaire similaire n'existait pas. Seules les lois de la coutume étaient appliquées"(288).

La politique berbèriste de la France allait trouver dans le pays Zemmour, une zone d'application privilégiée. Le capitaine Querleux, alors Chef du Bureau des Renseignements de Tiflet, concluait ainsi son étude : "La résistance qu'ils nous opposèrent (les Zemmour) fut bien plus dirigée contre l'étranger que contre le roumi. Aussi est-il nécessaire de tenir compte dans nos méthodes administratives, de leur race, de leurs coutumes locales et de leurs traditions anciennes. L'observance de ce principe, et leur indifférence en matière religieuse, sont certainement les meilleurs facteurs de notre réussite et les solides garanties de notre domination"(289).

285- M. LESNE op. cit. p.339.

286- Seconde guerre mondiale surtout.

Contingent militaire de la circonscription de Tiflet (M. Lesne)

Avant 1918	1919-1939	1939-1945	1945-1956	Total
05	353	662	225	1245

287- G. MARCY "Le droit coutumier Zemmour" op. cit. p.4.

288- C. QUERLEUX - op. cit. P141.

289- C. QUERLEUX - op. cit. p.159.

Ainsi, l'arrêté viziriel du 11 Décembre 1920 classa les Zemmour parmi les tribus de coutume berbère. A la suite du Dahir Berbère du 16 Mai 1930 instituant les compétences et l'organisation des Jmaa judiciaires devenues tribunaux coutumiers, l'arrêté viziriel du 15 Septembre 1934 créera six tribunaux coutumiers dans les différentes tribus Zemmour et un tribunal coutumier d'appel à Khemisset. Tiflet abritait alors celui des Beni Ameur(290).

L'autre volet de cette politique fut la création du Lycée d'Azrou qui devait recevoir les fils de notables de l'ensemble des tribus du Moyen-Atlas et du plateau des Zemmour, véritable parc national berbère(291). Ils devaient être éduqués pour former les cadres intermédiaires du protectorat dans l'armée et l'administration(292).

Chez les Zemmour, cela s'est traduit par l'ouverture "précoce" de l'école franco-berbère de Khemisset dès 1926. Jusqu'en 1930, la langue berbère était enseignée avec le français. La langue arabe, introduite au début à raison d'une heure par jour allait progressivement se substituer à l'enseignement agricole (de plus en plus refusé par les populations). La réforme de l'enseignement de 1944 lui accorda alors le tiers de l'horaire total.

Jusqu'en 1941, l'enseignement secondaire était assuré par le collège d'Azrou. Avec l'ouverture de Cours Complémentaire (enseignement du 1er cycle de second degré), l'école de Khemisset allait connaître un renforcement de son corps enseignant français (arrivée de plusieurs enseignants). Très vite, le cycle complet était atteint. En 1953, elle bénéficiait de 5 classes de cours complémentaire et de 12 classes primaires touchant 710 élèves!(293).

C'est en 1938 que fut ouverte l'école de Tiflet. Débutant avec 58 élèves, elle en accueillait 443 en 1954. Dès 1944, le cycle primaire complet était atteint et les meilleurs élèves bénéficiaient d'une bourse pour rejoindre l'internat et le Cours Complémentaire de Khemisset. L'école de Tiflet a été, dès le départ, dirigée par un Zemmouri formé à Khemisset et au collège d'Azrou. Un aspect qui va aider dans la compétition avec l'école de Khemisset. Tiflet fournira un "contingent" permanent au Cours Complémentaire de Khemisset. Très vite s'est installée une véritable émulation qui se traduit dans le très faible nombre d'arrêt des études au niveau du Certificat d'Etudes Primaires. Ainsi, en 1954, seuls deux élèves sur vingt trois ayant terminé leurs études primaires ont rejoint la vie active. La grande majorité des élèves de Tiflet continue ses études à l'école de Khemisset (294) (certains même redoublent pour obtenir une bourse et intégrer l'internat).

290- Le droit coutumier a connu quelques conflits de compétence avec le chraa dus à la présence d'étrangers des grandes villes ou des Doukkala, mais il ne sera remanié qu'à partir de la réforme de 1946 : reconnaissance de droits de succession à la femme (l'épouse) mais pas la sœur, mais maintien de la non transmission d'une partie du patrimoine foncier à tout étranger ou étrangère à la tribu, ainsi que des conditions et formes anciennes du mariage.

291- Le terme est emprunté à Remy LEVEAU - op. cit. p.48.

292- La politique berbère du protectorat visait à retarder ou empêcher la constitution d'un système politique unitaire.

293- M. LESNE op. cit.

294- M. LESNE op. cit. p.332.
- Nombre d'élèves ayant terminé leur scolarité primaire : 23 (dont 18 avec certificat d'études)
- Orientation : 17 élèves au cours complémentaire de Khemisset,
01 élève au collège d'Azrou,
01 élève au collège de Rabat,
01 employé au Contrôle Civil,
01 sans travail,
02 redoublants (préparation concours bourses).

Cependant, si ici les conditions d'enseignement étaient bien supérieures à celles offertes dans les contrées voisines, elles n'en restaient pas moins sélectives. En 1955, le nombre d'inscrits chez les Zemmour atteignait un peu moins de 10% du total scolarisable, alors que seuls 9,5% du total des élèves scolarisés (entre 1926 et 1955) avait obtenu le Certificat d'Etudes Primaires. Ces chiffres montrent la sélectivité de l'école. Elle a permis la formation d'une élite.

L'école de Tiflet attirait trois types de population : les enfants de commerçants et artisans étrangers, ceux des *mokhazni*, fonctionnaires et commerçants Zemmouri et enfin les fils des fellahs de la périphérie urbaine.

En 1953, les fils d'étrangers représentaient 47,6% de l'effectif total, marquant par là l'intégration rapide de ces populations à l'économie d'échange et aux nécessités d'une instruction pour leurs enfants. Parmi les fils de Zemmouri, prédominaient aussi, les fonctionnaires, *mokhazni*, commerçants et artisans avec 51,56% des effectifs(295). Si les fils de fellah représentaient plus de 48% des élèves Zemmouri, il ne s'agissait pas toujours des fils de grands propriétaires fonciers. Ces derniers n'étaient pas majoritaires parmi eux. Les fils de petits propriétaires ont pu aussi accéder à l'école avec l'instauration de la cantine à Tiflet et des bourses d'internat (plus de 60% des fils de fellah). Ainsi, l'école de Tiflet et son intégration dans le système scolaire de Khemisset ont pu aussi bien assurer la continuité d'une élite traditionnelle à peine renforcée qu'ouvrir de nouveaux horizons à des enfants de couches sociales de conditions modestes (petits fellahs, mokhaznis, artisans).

En 1952, une enquête portant sur 146 anciens élèves de Khemisset montrait déjà les premiers résultats de cette formation : plus de 56% d'entre eux occupait un poste dans une administration ou dans l'armée(296). Très tôt, les Zemmouri ont été attirés par la fonction publique. On les surnommait alors les "Corses du Maroc". A côté des cadres intermédiaires (employés du contrôle civil, des P.T.T ou de l'enseignement) s'est structuré un corps de hauts gradés militaires et de cadres de l'administration territoriale. C'est dans la période qui suit l'indépendance politique que nous pouvons mesurer le poids de ce phénomène, puisque

294- M. LESNE op. cit. P332.
- Nombre d'élèves ayant terminé leur scolarité primaire : 23 (dont 18 avec certificat d'études)
- Orientation : 17 élèves au cours complémentaire de Khemisset,
01 élève au collège d'Azrou,
01 élève au collège de Rabat,
01 employé au Contrôle Civil,
01 sans travail,
02 redoublants (préparation concours bourses).

295- M. LESNE op. cit. P331 et suivantes
Profession des parents Zemmouris
Eleveurs, Fellahs: 92 Fonctionnaires, Mokhaznis: 37 Ouvriers, artisans : 29 Commerçants: 10 Père décédé : 22
Importance de la propriété des fils de fellah

<13 ha	13-25 ha	<50 ha
a41	24	42

296-profession de 146 anciens élèves de Khemisset (1952)

Profession	Nb	%
Infirmiers, employés PTT, enseignants...	50	34,24
Officiers, sous officiers, gendarmes	24	16,44
Khalifas, cheikhs, caïds	08	5,48
Commerçants	21	14,38

Profession	Nb	%
Cultivateurs	18	12,33
Employés privés	15	10,27
Etudiants	10	6,85
Total	146	99,99

Source : M. LESNE op. cit.

dès 1956 - 1957, on dénombrait (52 sur 85) plus de 61% de caïds (de la région de Rabat et d'autres régions) originaires des Zemmour.

Plus que ce poids dans la fonction publique, la formation a surtout permis de former de véritables groupes solidaires permettant d'atteindre l'appareil central. Comme le note Remy Leveau, "Fréquenter des institutions scolaires, ce n'est pas simplement s'intégrer à un type de culture, c'est aussi faire partie des groupes solidaires d'autant plus forts que les élites instruites sont rares. Ce facteur de solidarité devient primordial pour les anciens élèves des écoles primaires et des collèges du protectorat, qui ont longtemps vécu ensemble en internat, coupés de leur milieu d'origine. Il crée, chez ces anciens élèves, des liens qui dépassent les liens sociaux et politiques. Ces liens permettront à un ancien élève des établissements secondaires d'établir des relations directes avec le haut fonctionnaire ou le ministre, ancien élève comme lui[297].

Par ailleurs, les villes des Zemmour malgré leur très faible poids démographique, ont permis le brassage des idées et l'ouverture sur le mouvement national. Situées sur la route nationale reliant Rabat à Meknès et Fès, les villes de Tiflet et de Khemisset n'ont pas échappé aux idées importées par les commerçants et les fonctionnaires. Le nationalisme y a pénétré très tôt : organisation par quatre étudiants Zemmouri -venus de Fès- d'une manifestation contre le Dahir Berbère le 22 Octobre 1937 à Tiflet - création en 1945 d'une cellule du parti de l'Istiqlal par un ancien fonctionnaire Zemmouri. Le rattachement de la région au mouvement national passait par les villes et par certaines élites Zemmouri. L'école y a joué un grand rôle, occasionnant une coupure avec le milieu d'origine, elle a préparé l'éclosion des revendications sociales et nationales.

S.S.7- Tiflet : une ville réceptacle d'un flux continu de migrants.

Depuis la fin des années 50, Tiflet a continué à recevoir un flot permanent de ruraux de son arrière pays immédiat[298]. Son poids démographique dans le cercle de Tiflet n'a cessé de grandir, passant de 18,21% à 31,02% de la population du cercle entre 1971 et 1982. Comme le montre le tableau suivant, la population de Tiflet a doublé tous les 10 ans jusqu'en 1982 avec des taux d'accroissement moyen annuel de plus de 6%. Cette situation s'explique essentiellement par les départs massifs et le dépeuplement qu'ont connu les campagnes Zemmouri depuis 1950, et l'installation d'une partie des migrants à Tiflet[299].

Tableau n°14 : Accroissement de la population de Tiflet de 1936 à 1994

Année	1936	1952	1960	1971	1982	1994
Nbre Hab.	1078	3798	7233	14142	30541	49918
T.A.A.*	8,19%	8,39%	6,29%	7,25%	4,18%	

Sources : Recensements

** Taux d'Accroissement Annuel de la population entre les recensements.*

297- Remy LEVEAU op. cit. p.173.

298- En 1971, ils représentaient 39,53% de la population urbaine (RGPH 1971)
En 1983, sur 2619 chefs de ménage migrants de la Province, 1953, soit 75% étaient originaires des communes rurales du cercle de Tiflet (étude ACA - INAU - 1983).
En 1994, les originaires du cercle de Tiflet représentaient 83,33% des migrants ruraux de la Province (étude activité-migration -INAU/CERAU 1994).

299- cf. Schéma d'Armature Rurale de la région Nord-Ouest - INAU 1985 P39.

En effet, la sédentarisation de ces tribus pastorales, et les limites posées à l'utilisation de la forêt de la Maamora, leur cantonnement sur les terres agricoles et la poursuite d'une forte concentration des terres entre les mains de quelques grands propriétaires fonciers vont diminuer fortement les possibilités de survie. Plus de 85% des agriculteurs ont des propriétés de moins de 10 hectares en bour, alors que 69% vivent dans moins de 5 hectares![300].

Entre 1990 et 1994, le SDAU de Khemisset-Tiflet chiffrait à 800 personnes le nombre de migrants arrivant annuellement à Tiflet. Ces migrants originaires à plus de 80% du cercle de Tiflet sont des jeunes (70% sont âgés de 20 à 45 ans) qui sont écartés de l'activité agricole (54,5% d'entre eux déclarent comme activité antérieure le commerce et service, alors que 45,5% étaient occupés dans des activités informelles, "mal désignées").

Jusqu'en 1982, Tiflet se situait parmi les villes marocaines recevant le plus de migrants proportionnellement à sa taille de population. La part de la migration dans l'accroissement de ce centre était respectivement de 60,6% et de 72,7% dans les deux périodes inter censitaires (1960-1971 et 1971-1982)[301].

Si une légère tendance à la baisse semble se dessiner lors de la dernière décennie (T.A.A. de 4,18%), le nombre de migrants ruraux en chiffre absolu ne paraît pas baisser. Depuis sa création, Tiflet a constitué un formidable réceptacle des populations migrantes de son arrière-pays. Une caractéristique qui va fortement marquer aussi bien l'économie urbaine que la politique et la gestion locale.

S.S.8- Faible potentiel de l'économie urbaine

Face à une population de plus en plus nombreuse, l'économie urbaine est restée articulée autour des fonctions administratives et commerciales de la ville. L'embryon industriel colonial n'a que très peu évolué alors qu'un artisanat domestique de production a pu occuper une partie de la population active.

La répartition sectorielle de l'emploi entre 1983 et 1994 nous donne une image de l'évolution de la base économique de Tiflet (Voir Tableau n°15).

300- HANZAZ Mohamed "Aspect de l'organisation de l'espace rural au Maroc - du douar au centre rural de service dans le Bas Pays Zemmour" Université Paul Valery Montpellier III - Thèse de doctorat de Géographie1992.

moins de 5 ha		[5 à 10[		[10 à 50[		[50 à 100[		[plus de 100[	
% exp.	% SAU	% exp.	% SAU	% exp	% SAU	% exp.	% SAU	% exp.	% SAU
69	26,4	17	17,5	12,1	33,9	1,5	13,4	0,4	8,8

301- Les centres de même taille (entre 20.00 et 50.000 habitants en 1982) avaient alors un pourcentage moyen dû à la migration de 41,7% et de 60,6%. voir "Situation démographique régionale au Maroc" CERED - 1988.

Tableau n°15 : Répartition des actifs occupés par secteur d'activité en 1983 et en 1994

Secteur d'activité	1983*		1994**	
	Nbre	%	Nbre	%
Agriculture, élevage	451	5,22	562	6,50
Artisanat de production	1881	21,79	728	8,40
Industrie	-	-	320	3,70
Bâtiment et T.P	537	6,22	1366	15,80
Commerces et services	2845	32,95	1822	21,20
Transport	380	4,40	379	4,40
Administration	1665	19,28	2851	33,10
Activités mal désignées	873	10,11	592	6,90
Ensemble	8632	99,97	8620	100,00

*Source : *Etude ACA-INAU 1983 ; **Enquête ménage SDAU 1994.*

Jusqu'en 1983, les commerces et services constituaient le premier foyer d'activité dans la ville (près de 33% des actifs occupés). La prédominance des commerces alimentaires et d'habillement(302) et des petits métiers liés au souk expliquaient largement cette situation.

Par ailleurs, l'enquête réalisée par l'ACA - INAU en 1983 a accordé une place importante à l'artisanat de production, notamment celui de la tapisserie réalisée par les femmes dans leur domicile. Les chiffres relevés alors dans ce secteur reflètent cette caractéristique de l'emploi dans la ville (21,79% des actifs occupés). En effet, les ateliers organisés restaient peu nombreux. La modicité des salaires proposés favorisait la production domestique, même si cette dernière trouvait des difficultés d'écoulement dans le souk.

Enfin, la base économique de Tiflet reposait fortement sur la fonction administrative de la ville. Ses fonctions de commandement et d'encadrement des populations ont évolué (administrations et services liés au chef-lieu de cercle) ainsi que ses services socio-éducatifs et sanitaires. Même si l'emploi dans l'administration ne concerne que peu de cadres techniques (et surtout des agents d'exécution et des militaires (303)), leur nombre reste significatif au sein de la population active (19,28%). Une large part de l'économie urbaine s'y raccroche (demande induite pour les commerces, B.T.P,...).

Cette tendance va même être renforcée lors de la dernière décennie pour y occuper une place centrale. L'emploi dans l'administration concerne désormais le tiers des actifs occupés dans la ville (33,10%). Parallèlement, le secteur du Bâtiment et de Travaux Publics connaîtra un bond qualitatif lié au mouvement de construction impulsé par les opérations de restructuration des quartiers périphériques.

Si le secteur industriel va connaître quelques investissements insignifiants au regard des besoins d'emploi dans la ville (3,70% des actifs occupés avec l'ouverture de deux usines de confection), les secteurs commercial et artisanal vont passer par une phase d'essoufflement (leur part respective dans l'emploi urbain tombera de 33% à 21,20% et de 21,79% à 8,40% (voir supra)).

302- Sur 550 locaux recensés en 1983, le commerce alimentaire occupait 330 locaux (60%), le commerce d'habillement: 96 locaux (17,5%), les autres commerces : 62 locaux (11,25%) et les entrepôts : 62 locaux (11,25%).

303- L'enquête ACA-INAU a recensé 528 militaires, soit 31% des emplois dans l'administration.

Reposant essentiellement sur une impulsion de l'extérieur (masse salariale injectée par l'Etat), ce type d'économie urbaine montre des potentialités limitées face à une population en âge de travailler de plus en plus nombreuse.

En effet, le taux d'activité est passé de 39,7% à 41,7% entre 1983 et 1994. La population en âge de travailler[(304)] augmente de plus en plus avec l'entrée des femmes dans le marché du travail et la faillite du système d'enseignement qui exclut un nombre de plus en plus élevé d'élèves à partir des années 1983-1984 et augmente ainsi la pression sur le marché du travail.

Face à cette offre accrue de travail, les emplois créés restent faibles. Le taux de chômage (rapport entre la population âgée de 15 ans et plus en chômage et la population active totale du même groupe d'âge) est ainsi passé de 12% à 35,5% entre 1983 et 1994 : l'un des taux les plus élevés du Maroc[(305)]. Il s'agit essentiellement d'une population jeune (les 15-24 ans représentaient 23,4% des chômeurs en 1995 et les femmes 34%[(306)]).

Parallèlement, la seconde caractéristique de ce type d'économie dominée par les emplois liés à l'administration et aux commerces et services, reste le niveau économique des ménages.

Déjà en 1983, on relevait un revenu moyen mensuel par ménage de 855 DH [(307)], il a atteint 2192 DH en 1994 soit un taux d'accroissement annuel moyen de 8,90%. Cet accroissement en dirhams courants ne reflète qu'un "rattrapage" de l'accroissement du coût de la vie qui a atteint 7% pour la période 1983-1984. L'accroissement en dirhams constants reflète ainsi une très légère amélioration du revenu, mais globalement le niveau de consommation des ménages reste plus proche du niveau rural que du niveau urbain. Cette situation va fortement conditionner l'économie urbaine, surtout si l'on considère la répartition des ménages par tranches de revenus (la tranche de revenu supérieure à 3000 DH concerne moins de 10% des ménages alors que celle de moins de 2000 DH touche plus de 76% des ménages en 1994[(308)]) ou la composition même des revenus des ménages les plus dépourvus (multiplicité des sources de revenu, instabilité et précarité).

S.S.9- Des activités commerciales et industrielles peu investies par l'élite Zemmouri

A- Enracinement rural et fonction administrative

Ainsi, au niveau fonctionnel, Tiflet est un centre qui repose sur ses fonctions administratives et commerciales.

304- Personnes de plus de 15 ans non scolarisées.

305- A titre comparatif, les grandes villes avaient des taux de chômage beaucoup moins élevés : Casablanca : 17,90%, Rabat 11,90%, Salé : 10,80%, Tanger : 14,10%, Tétouan : 11,10%, Fès : 17,50%, Meknès : 14,80%, Safi : 21,50%, Agadir : 16,00%, Oujda : 26,40%. "Population Active Urbaine" Direction de la Statistique 1994 p.55.

306- "Les indicateurs sociaux 1996" Direction de la statistique 1996 - p.150-151.

307- 63% à 82% des ménages des douars périphériques représentant alors 52% de la population urbaine n'atteignait pas 750 DH de revenu mensuel (enquête 1983 : OUJAROU Lahcen).

308-

Tranches de revenu en DH	Ménages en %
< 500	12,40
500 - 1000	21,80
1000 - 2000	42,00
2000 - 3000	14,30
> 3000	9,60
Ensemble	100%

Source : Enquête SDAU 1994.

Dans le sillage de l'action coloniale, Tiflet gardera une forte présence dans le cercle dont il reste le chef-lieu. En 1982, ce cercle concernait une population de 95.614 habitants. Plusieurs équipements allaient conforter sa position. Si pendant les vingt dernières années du protectorat l'école primaire attirait les élèves de la périphérie (jusqu'à 12 km), avec la construction du collège (1960) et de l'internat, cette polarisation allait toucher l'ensemble des élèves des écoles du cercle désireux de poursuivre leurs études après le primaire[309]. Les équipements sanitaires allaient suivre la même voie (Centre de Santé en 1965, maternité en 1980, Hôpital de zone (1985)[310]), ainsi que ceux liés à l'encadrement administratif (Perception, Tribunal, Centre de Travaux agricoles (1969) Centre d'élevage (1972), Subdivision des Eaux et Forêts).

Cette polarisation n'a fait que renforcer celle, ancienne, du Souk Larbaa de Tiflet dans le bas-pays Zemmour. Ce souk continue en effet à avoir un rayonnement sur l'ensemble du cercle de Tiflet, à l'exception de la commune de Sidi Allal Bahraoui (plus attirée par Salé). Outre l'attraction des populations rurales[311], ce souk réunit deux zones commerciales : une première regroupant les souks situés au Nord de la Route Nationale n°1; et une seconde située au Sud de la route. Enfin, le dynamisme des commerçants de Tiflet montre leur rayonnement au-delà du cercle pour atteindre la région d'Oulmès.

L'enracinement de Tiflet dans son cercle se retrouve par ailleurs aussi bien dans son aire de recrutement démographique que dans son aire d'influence exclusive(commerciale). Au niveau démographique, les communes rurales forestières (Sidi Abderezak, Mqam Tolba et Aïn Johra) lui fournissent la plus grande part des migrants, suivies des communes rurales de Sidi Allal Bahraoui et de Khmis Sidi Yahya[312]. Au niveau commercial, le Schéma d'Armature Rurale de la région Nord Ouest (INAU 1984) nous permettait aussi de montrer l'attraction exclusive que permettait l'appareil commercial de Tiflet dans son cercle concernant certains équipements discriminants (trousseau de mariage, produits pharmaceutiques, photographe, matériaux de construction). Ces conclusions ont été confirmées dans l'étude de Kassou Benbaddi à travers l'élargissement de la gamme des produits à ceux des pièces détachées pour les véhicules, les machines agricoles et les produits d'assurances. Si les déplacements vers

---

309- Cette situation va durer jusqu'au début des années 80 avec l'implantation du collège à Sidi Allal Bahraoui (à Maaziz et à Khmis Aït Yadine). Toutefois, le rayonnement du collège de Tiflet continuera à attirer les élèves des communes rurales de Mqam Tolba, Sidi Abderrazak, Aïn Johra et Khmis Sidi Yahya dans des proportions de 100%, 93,3%, 90,5%, et 83,3%. Malgré l'existence du collège de Sidi Allal Bahraoui 13,3% des élèves du primaire de cette commune restaient attirés par le collège de Tiflet.

310- L'Hôpital de zone de Tiflet "accueille" surtout les accouchements et quelques maladies bénignes. Il dessert la population vers le Centre Hospitalier National de Rabat.

311- Kassou BENBADDI ("Rapports ville-campagne et organisation de l'espace dans la Province de Khemisset" Thèse de doctorat de 3ème cycle en Géographie Universtié Lumière Lyon II 1987) évalue sa fréquentation à 10.000 à 12.000 personnes. Dans le cercle de Tiflet, les recettes des souks se répartissent de la manière suivante : Tiflet :1.117.800 DH, Sidi Allal Bahraoui : 498.000 DH, Sidi Abderrezak :180.600 DH, Mqam Tolba :108.000 DH, Khmis Sidi Yahya :141.600 DH, Aït BelKacem :103.200 DH-(données de la Province de Khemisset 1993)

312- HANZAZ Mohamed (op. cit. p.129) a recensé en 1982 pour les Communes Rurales forestières une moyenne de 16% à 19,2% des migrants ruraux de Tiflet alors que les Communes Rurales de Sidi Allal Bahraoui et Khmis Sidi Yahya avaient émises entre 9,6% et 11,2% des migrants. En 1994 le phénomène restait constant puisque 83,67% des migrants ruraux de la province de Khemisset étaient originaires du cercle réparties dans les proportions suivantes : Mqam Tolba : 28,98%, Aït Bouyahya-Hajjama : 16,66%, Aïn Johra : 13,04%, Khmis Sidi Yahya : 10,87%, Sidi Abderrazak : 8,69%, Sidi Allal Bahraoui : 5,07%. En fait, l'aire de recrutement démographique de Tiflet reste contenue à l'intérieur même du cercle de Tiflet.

Casablanca et Rabat-Salé sont souvent signalés pour ces produits, Tiflet se maintient dans son cercle [313].

Ainsi, l'étude de la ville de Tiflet ne pourra se départir de l'enracinement rural de cette ville. Malgré la proximité de Rabat (54 km) et de Khemisset (24 km), elle est arrivée à forger des liens très forts avec son arrière-pays. Une véritable continuité rural - urbain marquera même la construction de ses différents quartiers (voir infra). Le chemin menant de chaque tribu avoisinante (Qotbyines, Mzourfa, Khzazna, Aït Belkacem) se termine par des lieux privilégiés de la ville (cafés, épiceries, ventes d'intrants à l'agriculture dominées par une clientèle originaire de telle ou telle tribu).

La fonction administrative de Tiflet constitue une pierre angulaire de son économie. L'accroissement des populations a vu une multiplication de ses services sanitaires, mais surtout socio-éducatifs[314]. Parallèlement, la guerre du Sahara a prolongé le recrutement de militaires en tribu[315] dans le bas-pays Zemmour et ses retombées sur l'économie urbaine de Tiflet[316].

Cette situation accentue d'une part, le phénomène des apports de Zemmouri résidents dans d'autres régions du Maroc qui atteignent pour la même année plus de 6 millions de DH (dont 70% injectés à Tiflet), d'autre part, celui des ressources transférées de l'étranger qui se montaient à 3,55 millions de DH (dont 77,8% ont été accaparés par Tiflet)[317].

Ces chiffres obtenus par les seules organes officiels (bureaux et agences postales) restent bien en deçà des réalités vu la multiplicité des canaux de ces transferts (individuels, bancaires, en réseau...) mais ils renseignent sur une importante masse monétaire injectée dans l'économie locale par des acteurs externes, surtout si elle est corrélée à celle émanant des salaires de fonctionnaires (augmentation due essentiellement au recrutement d'enseignants nécessaires au fonctionnement des nouveaux équipements socio-éducatifs et à des directives centrales[318] ayant gonflé les effectifs du personnel communal -360 employés en 1998-).

Ces différents apports vont fortement modifier la structure sociale dans la ville. Une couche moyenne, certes aux revenus restreints (1000 DH à 2000 DH de revenu mensuel) durant la fin des années 80 va permettre une certaine relance du marché immobilier d'une part et du secteur commercial et de service par sa diversification (et spécialisation) d'autre part.

313- Certes, l'étude des aires d'influence ne prend son sens que si elle est rapportée à la solvabilité et aux différents niveaux de revenus en milieu rural (qui expriment aussi des capacités de mobilité physique), mais force est de constater que la distance physique corrélée à une "attache" ancienne à un souk régional marque encore fortement le recours dans le bas-pays Zemmour. L'indigence des populations rurales caractérise encore ce milieu.

314- En 1997 on comptait 7629 élèves dans 7 établissements scolaires primaires, 2 collèges et 2 lycées atteignant 5692 élèves et 4 établissements de formation professionnelle renfermant 265 élèves. L'Hôpital de zone et le centre de santé occupaient 5 médecins et 48 infirmiers.

315- M. HANZAZ (op. cit. p.125) dénombrait en 1989, 1615 soldats mariés au bas-pays Zemmour ou y ayant encore leur famille. Ce qui représentait 10,6% des hommes âgés de 20 à 59 ans. Les plus forts contingents se retrouvant dans les communes forestières Aïn Johra : 201 personnes, Mqam Tolba : 253, Sidi Abderrazak : 266, Khmis Sidi Yahya : 186, Sidi Allal Bahraoui : 170.

316- Le bas-pays Zemmour a reçu du Sahara 1.939.913 Dh en 1992, 42,23% de ces sommes sont revenus à la commune rurale de Tiflet et à son centre (HANZAZ Med op. cit. p.134).

317- Id. HANZAZ Mohamed op. cit. p.126.

318- Le Conseil National pour la Jeunesse et l'Avenir (C.N.J.A) créé sous les directives du chef de l'Etat a recensé en 1991 les diplômés-chomeurs. Cette opération fut suivie par une vague de recrutement dans les différentes municipalités et communes du pays.

Des équipements et services socio-privés ainsi que d'encadrement économique vont voir le jour, mais comme dans les autres villes moyennes, ils concerneront dans leur majeure partie des personnes originaires des grandes villes "saturées" à la recherche d'opportunités(319) et faiblement impliquées dans l'investissement local.

Parallèlement, des services spécialisés vont permettre d'étoffer l'appareil commercial de la ville(320) en s'appuyant sur cette demande, ou sur celle liée à la fonction routière du centre. En tant que relais routier sur la route nationale Casablanca-Rabat-Meknès-Fès, Tiflet se trouve concurrencée par Khemisset. Mais l'ensemble des cars réguliers s'y arrêtent. Ce rôle risque d'être fortement perturbé par l'entrée en service de l'autoroute Rabat-Fès (1999) malgré l'échangeur prévu sur Tiflet. Au niveau local, 72 taxis relèvent de cette localité ainsi que 2 cars (au départ de Tiflet) qui font les souks de la région. La localisation de Tiflet ne semble pas permettre la réalisation d'un réseau de cars régional à l'instar de Souk Larbaa (densité de l'urbain, proximité de Rabat...) mais l'effet-route se lit dans la structuration même du tissu urbain : tous les commerces et services supérieurs restent encore localisés le long de la route nationale(321).

B- Faiblesse du secteur industriel et entrepreneurs allogènes

Au niveau du secteur productif, Tiflet renferme surtout un artisanat de production dominé par les activités des tisseuses à domicile. En 1994, les actifs recensés dans des "ateliers" représentaient 8,4% des actifs occupés(322). Un complexe artisanal est en cours de construction (1989). Ce secteur n'a pas encore connu de restructuration, mais il reste une importante source de revenu pour une partie des ménages de Tiflet.

Dans sa fonction productive, Tiflet ne recevra que très peu d'industries depuis sa création. En 1998, on ne recense que quatre unités industrielles employant 511 salariés : une semoulerie (1993 - non fonctionnelle), deux usines de confection (1992 et 1994) et une cave viticole (1975).

Outre la semoulerie appartenant à une famille Doukkali de Tiflet, ces trois unités industrielles ont leur siège social à Rabat-Salé et ont été le fait d'investisseurs étrangers à la région(323). Comme le note le Directeur de la Chambre du Commerce et de l'Industrie de Khemisset, "les centres de Sidi Allal Bahraoui et de Tiflet se présentent comme l'extension naturelle de l'agglomération de Rabat-Salé". Mais, force est de constater, d'une part,

319- Ainsi nous recensons 8 pharmaciens, 1 médecin spécialiste, 6 généralistes, 3 cabinets dentaires, 3 établissements de formation (dactylographie...), 1 lycée privé (134 élèves), 7 librairies, 1 assurance, 6 banques, 9 avocats, 12 adouls, 1 architecte et 1 topographe (enquête activité SDAU 1994).

320- Drogueries spécialisées, vente de matériaux de construction, vente de pièces détachées pour véhicules et machines agricoles, cinéma,...

321- La route nationale concentre 22,39% des commerces, 10,06% des commerces alimentaires, 94,54% du commerce d'habillement, 64,28% des professions libérales, 84,61% des cafés (enquête 93 -INAU-CERAU), 100% des hôtels, le cinéma,....

322- SDAU Tiflet-Khemisset op. cit. p.69.

323-

Appellation	Type d'industrie	Année d'ouverture	Nbre d'emploi	Siège social
Tazarine Textile S.A	Confection (export)	1992	446	Salé
J.G.R.	Confection Jeans (export)	1994	100	Rabat
Société de Développement viticole	Cave viticole	1975	65	Rabat

l'inexistence d'une zone industrielle à Tiflet, d'autre part, le nombre très réduit des unités industrielles implantées dans toute la région(324).

A l'instar de Tiflet, Khemisset montre aussi la prédominance des entrepreneurs de Rabat-Salé et de Meknès dans le secteur industriel(325). Chez les Zemmour, l'élite locale n'est pas impliquée dans l'investissement industriel. Ce dernier restera l'apanage, soit d'éléments externes à la société locale, soit des premiers commerçants Doukkali et Soussi ayant investi dans l'industrie. Même la minoterie, une des plus importantes unités industrielles de la région (1,5 ha occupés, 16 millions de DH d'investissement initial, 170 emplois) va être de l'initiative du gouverneur. Les notables Zemmouri vont progressivement se retirer de cette affaire et la laisser entre les mains d'un Doukkali (voir infra).

Comme lors de la création de Tiflet, même avec la diversification de l'économie urbaine par l'apport permanent de nouvelles couches de populations et des opportunités économiques offertes, l'élite locale Zemmouri ne s'impliquera pas non plus dans la

324- Khemisset qui a bénéficié d'une zone industrielle depuis 1979 (dans le cadre du programme National d'Aménagement des Zones Industrielles réalisé par l'Office de Développement Industriel et la Direction de l'Industrie - Superficie cessible de 22,9 ha) ne renferme que cinq unités opérationnelles de moyenne industrie et 18 petites unités. 1109 emplois industriels y sont recensés alors que le nombre moyen d'emploi par unité industrielle ne dépasse pas 33 salariés. L'état d'avancement des travaux de construction dans la zone industrielle de Khemisset en 1995 montre que 32% des unités industrielles sont opérationnelles après 16 ans d'existence (voir tableau).

Etat d'avancement des travaux de construction dans la zone industrielle de Khemisset au 12/04/1995

	Unité opérationnelle	Travaux en cours	Travaux Suspendus	Travaux achevés	Terrain nu	Non régularisé	Total
Moyenne industrie	08	05		03	06	02	
Petite industrie et artisanat	18	04	09	19	07	-	
Total	26	09	09	22	13	02	81
%	32,1	11,11	11,11	27,16	16,05	2,47	100

Source : Chambre de Commerce et de l'Industrie de Khemisset. Dépouillement personnel.

325- L'origine des principaux entrepreneurs industriels de Khemisset et se répartit comme suit :

Origine des entrepreneurs industriels de Khemisset (moyenne industrie)

Appellation	Type	Origine propriétaire(s)	Observation
SICOSSET	Confection	Meknès	
El Mansouri	Robinetterie	Aït Ikko (Zemmour)	non fonctionnel
COZEMMOUR	Minoterie	2 du Sous 1 Ait Bouyahya 1 Mzourfa 1 Tiflet né Doukkali 1 Rommani 1 Zhiliga	Principal actionnaire
SICOTEK	Confection	RME de Khemisset	
L.S.V.O	Surfaçage - Verre optique	Khemisset	
Hamdan Jilali	Tapis	Ancien fonctionnaire Khemisset	Travaux suspendus
Poterie Essalam	Poterie	Sahraoui de Salé	
Seboc	Tonnerie	Promoteur de Rabat	
Univers Plastic	Plastic	Promoteur du Rharb	Non fonctionnel
Khemico	Confection	Française	
Keddou M.	Fil d'Or	Syrien	
My El Mahdi	Agro industrie	Meknès	Non fonctionnel
Agouzoul	Fabrication Plastic	Soussi de Tiflet	Non fonctionnel

Source : Chambre du Commerce et de l'Industrie de Khemisset. Dépouillement personnel - 1997.

diversification de l'appareil commercial et de services de la ville(326). Dès les années 60, les grands commerçants Fassi et Rbati vont quitter la ville pour s'orienter vers Casablanca et Rabat. Les Soussi et les Doukkali ont alors repris les commerces, stations-service et cafés laissés par les colons.

Débutant dans le commerce alimentaire, nous les retrouvons progressivement dans la restauration, l'hôtellerie (petits hôtels), les librairies, les commerces d'habillement, des équipements domestiques, des matériaux de construction... (voir infra). Sur une liste de 21 personnes considérées par les autorités locales comme "*a'yane al madina*" (notables de la ville) figurent 4 Doukkali, 3 Soussi et 1 Oujdi (38%) - voir liste.

Quelques caractéristiques de l'élite non zemmouri retenue dans la liste des *a'yane* - pachalik de Tiflet.

	Origine et date d'installation	Domaines d'investissement
Famille B	Doukkala installé 1920	1 Secrétariat particulier du Prince Héritier 2 Hommes d'affaires (grossiste grains, minoterie, plusieurs commerces et services, cinéma, fermes...
B.M	Doukkala 1928	Père percepteur décédé - immobilier, hamam, fermes.
A.S	Sous 1930	Grossiste alimentaire, hôtel, fermes.
G.M	Sous 1975	Commerce matériaux de construction.
A.M	Sous 1928	Père commerce alimentaire, moulin, fermes, station service, droguerie.
O.H	Oujda 1962	Boulangerie, commerce, promotion immobilière.

Source : Division des Affaires Générales - Pachalik de Tiflet.
- Enquêtes personnelles

Si leur particularité se retrouve dans la place centrale qu'ils occupent dans le secteur tertiaire, force est de constater aussi leur investissement progressif dans l'agriculture et l'immobilier. Chez les Zemmour, les Soussi et les Doukkali ont pu très tôt acheter des terres qu'ils exploitent à l'aide de "gérants" locaux (voir infra).

S.S.10- Une grande continuité de l'élite Zemmouri. De la concentration foncière à l'implication urbaine

La colonisation a véritablement donné les bases d'un enracinement durable des grandes familles rurales Zemmouri à travers l'appropriation de grands domaines et la formation. Une grande continuité se dessine actuellement. Un recensement de ces dernières (327) dans le cercle de Tiflet montre la permanence de ces familles de caïds ou de personnes investies d'un pouvoir en tribu sous la colonisation. Leur formation supérieure leur a souvent permis d'occuper des postes administratifs ou militaires importants. Le retour d'un ou de plusieurs

326- En 1994, l'enquête du SDAU a recensé 44% "d'étrangers" parmi les gérants des activités à Tiflet (originaires à 96% d'autres villes du pays). Parmi les grossistes alimentaires, on ne retrouve que 3 Zemmouri sur 9. Leur installation à Tiflet se situe dans les années 60 alors que les Soussi et Doukkali monopolisaient ce secteur.

327- Travail personnel : ce recensement a été réalisée auprès de personnes ressources (âgées) formées en deux groupes de quatre personnes séparés afin de permettre d'une part un recoupement de l'information d'un groupe à l'autre et d'autre part une information donnée sous contrôle de pairs.

membres de la famille en tribu se traduit toujours par une occupation durable à la tête de la présidence des communes rurales et urbaines (voir liste [328]).

Les grandes familles de la périphérie rurale de Tiflet

- Khalifa Jilali Zekri des Hajjama (protectorat)	- Fils Caïd (fellah et terres à Tiflet) à la retraite.
- Caïd Bou Driss des Aït Ouahi (protectorat)	- Fils officier, grand propriétaire foncier.
- Caïd Lhbib (protectorat)	- Fils président de la CR de Aït Bouyahya/ Hajjama.
- Caïd Ben Aïssa des Mzourfa (protectorat)	- Fils haut gradé militaire (décédé en 1998). - Un petit fils président de la CR de Mqam Tolba.
- Caïd Jilali Chawki des Qotbyines (protectorat)	- Fils Président de la CR des Qotbyines (1983-1992)
- Caïd Hamou Boukartacha des Aït Belkacem (protectorat)	- Un fils membre du conseil de la CR de A. Belkacem. - Un fils procureur à Meknès.
- Haj Hamadi Ou Saïd : Président du tribunal coutumier (A. Bouyahya, Kotbyine, Khzazna) (protectorat)	- Fils grands propriétaires fonciers.
- Haj Miloud Zelhij : *Naqib* des *chorfa* Idrissites (protectorat)	- Fils Président CM de Tiflet (1992 - 1995).

Source : Enquêtes personnelles.

Au début des années 50, Marcel Lesne avait déjà relevé l'amorce d'une concentration des terres entre les mains de grands propriétaires[329]. Ce mouvement s'est amplifié depuis, puisque 364 fellah exploitent 30.416 ha, soit 22,2% de la SAU dans le bas pays Zemmour[330] avec une moyenne de 83,5 hectares par exploitation en 1992. La tendance à la concentration relèverait aussi bien d'un phénomène d'expulsion des plus petites exploitations, (morcellement accentué par le système successoral) que d'un comportement spécifique des grands exploitants qui investiraient davantage dans l'achat de terres et de bétail que dans la modernisation de leurs exploitations [331]. Il faut remarquer toutefois certaines spécificités de cette zone du pays Zemmour. En effet, la colonisation s'était installée le long de l'axe routier entre Sidi Allal Bahraoui et Tiflet, particulièrement au Sud de la route. La colonisation privée a touché 2084 hectares entre 1930 et 1954 chez les tribus forestières des Aït Ali Lahcen, Qotbyines, Mzourfa, Khzazna, Aït Bou Yahya et Hajjama et quelques 4437 hectares chez les Aït Zekri[332]. Depuis 1963, l'Etat a récupéré 32.476 hectares sur quelques 40.000 hectares de la colonisation dans les Zemmour. Leur répartition se partage entre les entreprises étatiques (60,32%) et les lots de la réforme agraire (39,68%). Dans le seul cercle

328- Mohamed HANZAZ a également relevé ce phénomène dans l'ensemble du bas-pays Zemmour où il constate "que" les présidents des communes de Aïn Johra et de Sidi Yahya font partie de familles d'anciens caïds. Les présidents des communes de Tiflet, de Mqam Tolba et de Sidi Allal Bahraoui font partie des familles de hautes personnalités militaires ou de la police... Les grands propriétaires fonciers représentent le groupe le plus important parmi les élus locaux au bas-pays Zemmour : 44,8%" op. cit. p.71.

329- L'évolution de la propriété Zemmouri entre 1949 et 1954 se présentait ainsi :

	Propriété de 0 à 7 ha	8 à 15 ha	16 à 30 ha	31 à 100 ha	101 à 300 ha	301 ha & +
1949	59%	27,4%	10,1%	2,8%	0,4%	0,11%
1954	70%	15,8%	8,1%	4,6%	0,5%	0,11%

330-M. HANZAZ : op. cit. p.139

331 Kassou BENBADDI op. cit. p.155.

332- M. LESNE op. cit. p.117.

de Tiflet, 7 coopératives regroupent 5232 hectares[333]. Ici, la reprise des terres de colonisation n'a pas donné lieu à l'intervention des grands commis de l'Etat et de la bourgeoisie industrielle et terrienne "nationale" comme dans le Rharb. La majeure partie des terres de colonisation a été récupérée par l'Etat et seule une partie des notables locaux a pu avoir accès au rachat direct auprès des colons (en particulier ceux ayant des appuis au niveau central).

Cette période est particulière dans la mesure où elle a mis en selle, non seulement les fils de notables ruraux, mais aussi ceux de quelques fellahs Zemmouri ayant suivi un enseignement supérieur qui les a menés à de hauts postes administratifs ou militaires dans l'administration centrale. De cette position, ils ont pu acquérir ou augmenter leur patrimoine foncier par l'achat de terres de colonisation (voir infra).

La principale caractéristique de l'élite Zemmouri reste bien sa forte présence dans l'appareil d'Etat. En 1973, Jean Claude Santucci était frappé par l'importance que pouvait prendre une ville comme Khemisset en tant que fournisseur d'élites politiques (ministres et leaders de partis au niveau national) relativement à sa population[334]. Actuellement, cette tendance concerne tout autant une élite originaire du bas pays Zemmour ayant étudié à Tiflet. Il s'agit aussi bien de hauts gradés militaires que de directeurs d'organismes financiers nationaux ou des hauts cadres du Ministère de l'Intérieur[335]. Une partie de cette élite va alors chercher une reterritorialisation en s'impliquant dans la vie politique locale (urbaine).

Dans le même temps, l'ensemble de cette élite va mesurer l'importance que prendra le marché foncier urbain.

En effet, de tous les secteurs économiques dans la ville, celui du marché foncier et immobilier va connaître un bond inégalable depuis le début des années 80. Ainsi, la valeur moyenne par transaction[336] passera d'un taux d'accroissement moyen annuel de 2,3% entre 1970 et 1985 à un taux de 11,9% entre 1985 et 1993. Cette hausse s'explique par une "augmentation continue des prix des terrains non équipés périphériques alors que la

333- Kassou BENBADDI (op. cit. P 132-133) arrive au recensement suivant :

* Réforme Agraire	: 12.885 ha
* S.O.G.E.T.A	: 12.146 ha Société de Gestion des Terres Agricoles (non planté)
* S.O.D.E.A	: 02.991 ha Société de Développement Agricole (planté)
* S.N.D.E	: 02.594 ha Société Nationale d'Elevage
* Recherche Agronomique	: 01.860 ha

334- J. C. SANTUCCI "La Formation des élites politiques Maghrébines" ouvrage collectif - C.R.E.S.M. Librairie Générale de Droit et de Jurisprudence - Paris - 1973 - P147.
Khemisset a eu trois ministres et un leader de parti pour la période 1956-1969, alors que de grandes villes comme Tanger, Tétouan, Oujda, Safi ou Meknès n'avaient que deux représentants (chacune) parmi cette élite.

335- Nous avons pu recenser les profils suivants : un Général (rang militaire) médecin président de l'Ordre des médecins, Directeur de la Polyclinique royale. Un chef de Secrétariat particulier du Prince Héritier. Un général médecin de l'Hôpital militaire - un général (chef des services de recrutement - décédé) - un commissaire retraité Secrétaire Général de parti. Un gouverneur. Deux Secrétaires Généraux du Ministère de l'Intérieur. Un ministre des Postes et Télécommunications. Un Directeur à la Banque du Maroc. Un haut cadre de la Banque Nationale de Développement Economique (BNDE).

336- Il s'agit des transactions foncières et immobilières dans la ville. D'après l'étude du SDAU op. cit. P85 à 95.

	Valeur moyenne d'une mutation urbaine (Dh courant)
1970	8.799
1985	12.339
1993	30.440

Source : SDAU Khemisset - Tiflet op. cit. - Données enregistrement + Annuaire Statistique.

demande de terrains équipés stagne"[337]. Cette tendance donnera à la question foncière une importance capitale dans la gestion municipale. C'est à travers la spéculation foncière que l'élite locale traditionnelle investira la ville. La promotion immobilière sera laissée à des promoteurs de Rabat-Salé (voir infra), les grands propriétaires fonciers s'appliqueront à lotir illégalement des terrains non équipés. Une situation qui débouchera sur les grandes opérations de restructuration des années 80[338] (l'habitat restructuré des douars couvre 210 hectares sur 345 hectares) et leur prolongement (les migrants ruraux nouvellement arrivés continuent à trouver des moyens d'installation dans la périphérie urbaine).

A Tiflet plus qu'ailleurs, l'importance d'une population à bas revenu refoulée dans les quartiers périphériques va augmenter les pressions sur le sol. La rente foncière constitue ici un enjeu déterminant et un élément fondamental dans la répartition du pouvoir économique et politique dans la ville. Elle participe par là même, à la production de l'élite locale (voire nationale).

SECTION II/ ITINERAIRE ET COMPORTEMENT ECONOMIQUE DES « ENTREPRENEURS » AUTOCHTONES ET ALLOGENES

A l'instar des nouvelles villes du Rharb, celles du pays Zemmour ont vu l'émergence d'une élite économique diversifiée par le jeu des vagues successives de migrants qui ont permis très tôt (1912-1920) la fixation de commerçants Soussi et Doukkali d'une part, l'installation plus tardive de notables ruraux (1950-1960) ou de simples paysans et commerçants Zemmouri (1960-1970) d'autre part.

L'origine géographique, l'origine sociale et la période d'installation dans la ville forment ici des critères qui s'interpénètrent pour constituer des "archétypes d'entrepreneurs" facilement repérables.

D'une part, les migrants originaires d'une même région géographique venus dans une même période constitueraient des réseaux d'interconnaissances (de type communautaire) qui faciliteraient l'insertion urbaine. D'autre part (outre les filières de travail), le comportement économique des éléments les plus dynamiques d'entre eux serait imprégné par des réseaux de relations plus ou moins liés à des solidarités "tribales".

337- SDAU Khemisset - Tiflet. op. cit. P94. Les prix des terrains se présentent comme suit :

Type de lot et quartier	1974	1983	1994
Quartier Administratif, axe RP1	50	500 - 800	>1000
Aïn Mouka	50	300 - 500	500 - 1000
Douars restructurés équipés	-	-	300 - 500
Douars restructurés équipement inachevé (Qotbyines)	10	50 - 100	100 - 300
Périurbain parcelle 1000 à 10.000m2			
Secteur Nord et Sud Secteur Est et Ouest	-	-	50 - 140 70 - 250

Source : Enquête SDAU 1994.

338- Au niveau de l'évolution de la structure urbaine, la période 1960 - 1974 se caractérise essentiellement par l'extension des différents douars La Cave, Aissi, Kotbyine et par l'apparition du douar Jdid dans le Nord-Est de la Ville. La réalisation de deux grands lotissements publics entre 1979 et 1983 (Laadir et Hay Andalous) a surtout concerné des couches moyennes (commerçants, fonctionnaires...). Avec la restructuration des douars (1986), le marché foncier a subi une très forte hausse. Actuellement l'installation de migrants ruraux se fait dans des douars en formation encore plus éloignés dans les zones périphériques (Nord-Ouest et Sud-Ouest de la ville).

Ainsi, si la distinction entre autochtones et allogènes s'impose d'elle même (rapport au terroir, revendications identitaires dans la gestion du "local" par les autochtones...) dans une typologie mettant l'accent sur la relation entrepreneur/développement local, celle qui différencie entre les régions d'origine des éléments allogènes le reste tout autant.

En effet, l'état des solidarités tribales et de l'action collective dans la région d'origine est "transplanté" dans la ville d'accueil. Toutefois, les migrants d'une même région d'origine ne constituent pas forcément une communauté ! Ils peuvent investir dans un secteur économique commun et avoir des actions individuelles particulières.

S.S.1- L'élite Zemmouri : notables ruraux et nouveaux migrants commerçants.

Parmi l'élite Zemmouri nous distinguerons entre les notables ruraux installés depuis les années 50 et les nouveaux commerçants Zemmouri arrivés tardivement dans la ville et à la recherche d'un statut.

A- L'élite traditionnelle : un investissement exclusif dans l'agriculture (et la spéculation foncière).

Par élite traditionnelle nous entendons ici les familles de notables ruraux qui se caractérisent par leur participation présente ou passée à l'exercice du pouvoir administratif ou judiciaire, grands propriétaires fonciers venus résider à Tiflet pour la scolarisation de leurs enfants.

L'évolution de ces familles présente des situations très diversifiées. Situées dans une zone de culture bour céréalière, les familles des grands propriétaires fonciers n'ont pas toutes "accroché au train" de la modernisation [339].

Plusieurs d'entre elles ont périclité par le jeu des divisions par héritage, mais d'autres ont su investir dans la formation de leur progéniture et placer plusieurs de leurs membres dans les administrations centrales, l'armée, ou la police au lendemain de l'indépendance politique du pays. C'est de cette position que plusieurs d'entre eux vont profiter pour reprendre des fermes coloniales dans la région et agrandir (ou former) leur patrimoine foncier.

L'origine rurale de cette élite semble se répercuter fortement sur son comportement économique malgré le passage par plusieurs années de formation et/ou d'exercice de fonctions administratives dans des centres urbains. Le "retour" se fait essentiellement sur le rural par certaines actions de modernisation.

339- Dans ces régions exportatrices de produits vivriers, la période post coloniale ne voit pas arriver cet afflux de capitaux de la bourgeoisie "nationale". Ce sont surtout les chefferies locales et une moyenne paysannerie qui se sont accaparées les terres de colonisation. (voir pour la Chaouia R. FOSSET "L'évolution de la propriété en Chaouia de 1962 à 1969" in R.G.M n° 21 - 1972).
Le grand propriétaire foncier, ici, n'a ni les mêmes moyens, ni la même logique que le capitaliste investissant dans le Gharb. Ceci se traduit par deux logiques contradictoires qui donnent à la dynamique sociale un comportement "involutif". D'un côté, il y a une tendance à la mécanisation et, par là même, une recherche de location ou de prise de terre à bail afin de rentabiliser le matériel agricole acquis. De l'autre, une tendance plus tempérée, qui ne "voit" pas dans la mécanisation un moyen rentable et qui préfère donner la terre à bail, surtout lorsque cette dernière rapporte directement la moitié de la récolte. Ces deux situations combinées provoquent une évolution lente où une certaine couche de la paysannerie moyenne arrive à subsister parallèlement au déclin d'une partie des grands propriétaires fonciers.

1- L'investissement dans l'agriculture

Les crédits octroyés par la Caisse Régionale du Crédit Agricole (CRCA) de Khemisset entre 1993 et 1996 reflètent assez fidèlement les tendances de l'investissement dans l'agriculture à l'intérieur du cercle de Tiflet. En effet, ces quatre années alternent de bonnes années agricoles (1994 et 1996) à des années de sécheresse (1993 et 1995), ce qui correspond aux tendances climatiques dans la région (et leur influence sur l'investissement). Par ailleurs, en "écartant" les crédits de campagne qui concernent surtout la céréaliculture et l'entretien des plantations de vigne ou en omettant les crédits -peu nombreux- directement contractés au niveau central (CNCA), nous ne nous éloignons pas beaucoup des principales tendances de l'investissement (voir tableau n°16 page suivante).

L'importance de l'investissement dans "l'habitat rural" et/ou les "véhicules de transport" (36.67% des crédits alloués par la CRCA entre 1993 et 1996) cache mal un certain marasme que vit l'agriculture dans le cercle de Tiflet et l'adaptation qui en est faite par les responsables de la CRCA en finançant des "produits" parfois éloignés du rural et de l'activité agricole (habitat périphérique, véhicules). Toutefois, la tendance à l'amélioration des systèmes d'irrigation ou à la création de parcelles irriguées avec le développement de nouvelles cultures (maraîchage, raisin de table, cultures sous-serre) se maintient (voir tableau). Elle concerne un peu plus de 26% des crédits, un phénomène qui caractérise surtout les communes rurales (CR) de Sidi Allal Bahraoui et Aïn Johra (17% de l'ensemble de crédit du cercle de Tiflet).

L'autre tendance concerne les projets avicoles réalisés par des résidents de Tiflet dans la Commune Rurale de Ain Johra et à la périphérie de Tiflet.

L'investissement dans l'achat de vaches laitières se maintient également malgré les faibles chiffres enregistrés par la CRCA (4.2% du total des crédits et 11% des bénéficiaires). Les demandes sont de plus en plus satisfaites par la Centrale Laitière qui établit un contrat avec l'acquéreur. Une procédure plus souple que celle exigée par la CNCA[340].

Le rôle de Tiflet dans son cercle est conforté : 48% des bénéficiaires d'un crédit de la CRCA (durant la période 1993-1997) résident à Tiflet. Cette tendance est certes "gonflée" par l'importance des crédits réservés à "l'habitat rural" qui concernent presque exclusivement des résidents de Tiflet, mais ces derniers représentent encore 32% des bénéficiaires n'ayant pas investi dans l'habitat. Des promoteurs de projets avicoles ou de cultures sous-serre à Hajjama ou à Sidi Allal Bahraoui résident à Tiflet.

340- La CNCA demande des factures pour toutes vaches laitières acquises auprès des sociétés agréées pour faire leur importation. De même qu'elle exige des conditions de prêts : présence de l'eau, conditions d'accueil de la vache (dalle en ciment)... La Centrale Laitière fournit elle-même la vache au demandeur sur la base d'un contrat où il s'engage à lui livrer le lait.

Tableau n° 16 : Lieux et types d'investissements de résidents de Tiflet (crédits CRCA 1993-1997)

CR concernée / Objet d'investissement	CR Tiflet	CR A. Johra	CR S. Allal Bahraoui	CR K. Sidi Yahya	Total
Habitat rural	21	-	-	-	21
Aviculture	01	03	-	-	04
Animaux de rente	04	01	-	-	05
Matériel irrigation	-	01	01	01	03
Matériel serre	01	-	01	-	02
Tracteur	02	01	01	-	04
Camion, Pick Up.	-	01	-	-	01
Immatriculation	01	-	-	-	01
Total	30	07	03	01	41

Source : Dépouillement P.V. crédits CRCA de Khemisset

Cependant, le recensement des grands propriétaires fonciers ayant modernisé leur exploitation agricole par l'introduction de nouvelles cultures (banane, avocat, tournesol, cultures fourragères), et de nouvelles techniques agricoles (mécanisation, utilisation de divers intrants, introduction de l'irrigation par goutte à goutte et exploitation sous-serre...) est difficile à réaliser. Si le recours aux Caisses Régionales du Crédit Agricole reste une pratique observée par la plupart de ces exploitants, l'information les concernant est confidentielle. L'étude des dossiers de crédits (1993-1997) ne nous a pas permis de spécifier les caractéristiques socio-économiques du contractant (nom, profession, origine) ou le type d'exploitation (superficie exploitée, cultures pratiquées...). Nous avons essayé de combler cette lacune par le recours à des personnes ressources ayant exercé pendant plusieurs années au sein de la CRCA(341) -voir liste.

341- Leur connaissance personnelle des dossiers de crédit de leurs anciens clients nous a permis d'établir une liste de ces grands propriétaires du cercle de Tiflet. Ces informations, nécessairement imprécises quant aux données quantitatives (superficie, taille du cheptel), donnent toutefois une idée sur les transformations récentes de l'agriculture dans la région et des agents économiques qui en ont pris la charge.

Recensement et caractéristiques des grands propriétaires du cercle de Tiflet

Origine du (des) propriétaire(s)	Localisation et type d'exploitation	Autres caractéristiques du (des) propriétaire(s)
I.M. Origine Ait Bouyahya	Ait Bouyahya / Hajjama - Arboriculture fruitière sur 20 ha. Deux ha sous-serre banane-maraichage goutte à goutte.	- Président du CM de 1992-1995.
Famille B. origine Doukkala né à Tiflet	Ait Bouyahya / Hajjama - 300 ha céréaliculture (blé tendre) - Elevage laitier - Ferme de vigne (raisin de table).	- Minoterie à Tiflet et Khemisset - Usine de confection à Rabat - Plusieurs commerces et services à Tiflet et Rabat - Forment une des principales factions dans le CM depuis 1963.
R. N. origine Ait Bou Yahya	Ait Bouyahya / Hajjama - Ferme de vigne pour raisin de table sur 30 ha - Elevage laitier - Ferme de 120 ha (vigne).	- Parlementaire et Président du CM depuis 1983 - fondateur du M.D.S.
B.R Origine Doukkala né à Hajjama	Ait Bouyahya / Hajjama - Exploitation de 100 ha céréales - 9 ha de vigne (raisin de table) - Maraîchage 3 ha, dont 1,5 sous-serre (tomates, melon) - Elevage laitier 12 vaches laitières.	- Ancien Président de la commune rurale de Ait Bouyahya / Hajjama (1992).
D.B origine Mzourfa	- Exploitation de 10 ha - Céréaliculture et vigne avec irrigation CR Sidi Abderrezzak.	- Haut gradé militaire à la retraite.
A. Origine Khzazna	Sidi Abderrazzak - Ferme de 40 ha avec irrigation goutte à goutte - vigne (raisin de table) et pommiers. - Elevage laitier.	- Ancien ministre des P et T - PDG de l'Office Nationale des Postes et Télécommunications (1998)
CH origine Ait Ouahi (Ait Mellouk)	Khmiss Sidi Yahya - Exploitation de 300 ha céréaliculture, légumineuses, tournesol. - Elevage ovin.	- Officier militaire en retraite.
C.F. origine Ait Ouahi	Khmiss Sidi Yahya - Céréaliculture sur 60 ha - 6 ha de raisins de table.	- Cheikh des Ait Ouahi.
Famille D. des Ait Ouahi	Khmiss Sidi Yahya - Céréaliculture sur 50 ha - Elevage ovin - Elevage laitier.	- Commerce et orfèvrerie à Tiflet;
S.A originaire des Houderrane	Mqam Tolba - Exploitation de 20 ha - 30 vaches laitières de race pure - Aviculture (30.000 à 40.000 poussins par cycle de 50 jours).	- Président de la CR de Jemaa Houderrane. - Ancien directeur d'école à Tiflet.
Q. Origine de Ain Johra	Ain Johra - Exploitation de 60 ha céréaliculture et cucurbitacées - Apiculture (200 ruches modernes).	- Réside à Tiflet.
B.H Originaire des Doukkala	Ain Johra - Céréaliculture sur 100 ha - Vigne (raisin de table 30 ha) - Elevage ovin et élevage laitier.	- Transporteur : possède deux cars (Khemisset et Oulmes - Casablanca)
A.C Originaire de Ain Johra	Ain Johra - Céréaliculture sur 50 à 60 ha - Vigne, raisin de table sur 20ha - Vaches laitières	- Ancien président de la CR de Ain Johra (1983).
Famille T. originaires de Tétouan	Sidi Allal Bahraoui - Exploitation de 90 ha. (Céréaliculture)	- Hauts fonctionnaires de Rabat
Z.F Originaire de Rabat	Sidi Allal Bahraoui - 6 ha dont deux sous-serre - irrigation moderne avocat et maraîchage.	-
D.B originaire Mzourfa	Sidi Allal Bahraoui - Exploitation de 30 ha (céréaliculture, cucurbitacées) dont 6 ha sous-serre (maraîchage et banane) - Vaches laitières.	- Haut gradé militaire à la retraite.
M.S originaire de Sidi Allal Bahraoui	Sidi Allal Bahraoui - Exploitation de 50 à 60 ha (céréaliculture, cucurbitacées) - Vaches laitières.	-

Contrairement aux régions des périmètres irrigués où la bourgeoisie "nationale" a trouvé un terrain de prédilection à l'investissement dans l'agriculture, les zones bour ont surtout donné lieu à la constitution de fiefs d'une élite locale formée aussi bien par des notables ruraux issus de la colonisation que par des grands commis de l'Etat revenus s'installer dans leur région d'origine (voir liste). Sur l'ensemble des grands propriétaires recensés dans le cercle de Tiflet n'émergent que quelques familles de hauts fonctionnaires de Rabat qui ont investi dans une agriculture sous-serre dans la commune de Sidi Allal Bahraoui aux portes de la capitale. L'investissement dans l'agriculture et sa modernisation reste encore une affaire du "local".

Si les différents éléments constitutifs de cette élite rurale "traditionnelle" se présentent avec une origine sociale similaire (fils de caïds ou de cheikhs durant la colonisation, représentants d'un groupe de population spécifique...), leur différenciation se fera par la formation, le réseau de relations tissé au niveau national et local et les "conditions familiales"(342).

2- Des itinéraires diversifiés ou l'importance d'un réseau de relations élargi

La présentation succincte de quatre "récits de vie" axés sur les comportements économiques permet de souligner les tendances générales de l'investissement et les critères les plus influents.

Il s'agit d'une part de l'élite politique Bouyahyaoui qui s'est illustrée dans la gestion municipale (cas n°1 et 2) et d'autre part de deux itinéraires contrastés de familles de notables (cas n°3 et 4).

Cas n°1

La famille R. est originaire des Ait Bouyahya. Depuis 1960, elle a fourni en permanence un ou plusieurs élus(343) locaux. Avec un président-député élu depuis plus de quinze ans, elle s'affirme comme la famille ayant le plus grand poids politique dans la ville et sa région. Sa particularité réside dans la proximité de ses membres des rouages du palais et du Ministère de l'Intérieur. En effet, parmi trois frères se retrouvent un agent d'autorité, actuellement Secrétaire Général de province, un médecin militaire proche du palais, occupant le poste de Président de l'Ordre des Médecins depuis une dizaine d'années et enfin, un ancien commissaire de police ayant exercé avec l'actuel (1997) ministre de l'intérieur dans les années 60. C'est ce dernier qui a gardé le plus d'attaches avec la ville et qui en a fait son "fief" depuis une vingtaine d'années (Il prépare déjà sa relève avec l'introduction de son fils -32 ans- dans le CM élu en 1997).

N. est né en 1939 à Ait Bouyahya, après des études en droit il a été commissaire à Errachidia, à Casablanca et à la police judiciaire de Rabat. Ses investissements dans la ville ont été très tardifs. Il a surtout acheté des terres de colonisation en 1971, avant le dahir sur la marocanisation des terres (344).

C'est ainsi qu'il acheta 106 hectares, à la sortie de la ville (voir infra).

N. fait de la vigne sur une trentaine d'hectares avec irrigation en goutte à goutte pour raisin de table. Sa ferme produit également du lait livré à la coopérative El Fath dont il est Président.

342- La famille nucléaire ou élargie se présente comme un atout ou une contrainte à l'entrepreneur. L'âge, le niveau de formation des enfants, leurs possibilités d'implication dans l'entreprise familiale... représentent soit un "capital" qui augmente les capacités d'accumulation et de diversification de l'action de l'entrepreneur, soit une entrave par le développement de la consommation et l'inhibition de l'esprit d'entreprise face à une succession "impossible".

343- H. M. A. membre du CM en 1960, H. membre du CM en 1963 et Président du CM en 1969, N. Président Député en 1983, 1992 et 1997, A. membre en 1997.

344- Le Dahir portant loi n°1.73.213 du 2 Mars 1973 relatif au transfert à l'Etat de la propriété des immeubles agricoles appartenant à des personnes physiques étrangères ou à des personnes morales.

Ces investissements, montrent surtout un certain "mimétisme". Aucun esprit innovant ne se dégage dans la gestion vu les moyens financiers dont il dispose. Son action s'est surtout orientée vers des opérations de spéculation foncière. Après un premier lotissement à Khemisset, N. a acheté des terres à Tiflet qu'il a valorisées (voir infra). Le seul investissement "visible" dans la ville reste celui d'une station-service avec une aire de repos à l'entrée de la ville (sur la route principale Rabat-Meknès). Attenante à une propriété de plus de 100 hectares, cette station marque davantage un territoire : une façon de "tirer" davantage le périmètre urbain (et l'urbanisation) vers le Sud-Ouest afin de valoriser un grand patrimoine foncier.

Cas n° 2

K. est né en 1956 à Tiflet. Il est le fils unique de l'ancien naqib des chorfas Idrisside de la tribu des Ait Bou Yahya. Après des études primaires et secondaires à Tiflet, c'est à Casablanca que K. entamera des études en sciences économiques avant d'être recruté comme cadre à la Caisse Nationale de la Sécurité Sociale.

Après le décès de son père en 1980, il est nommé naqib à la place de son père. Cette nomination lui sera ensuite retirée suite à un conflit arbitré en haut lieu (voir infra). Elu dès 1983 au sein du CM, il sera le nouveau représentant local de "l'Istiqlal" lors des élections de 1992.

Il investira alors dans une usine de confection à Casablanca avant de la fermer en 1993-1994. En tant qu'entrepreneur, il ne se distingue que par l'investissement dans une agriculture moderne. Il exploite une vingtaine d'hectares, dont deux sous-serre, (maraîchage, bananes et arboriculture fruitière).

Au blocage de l'investissement à Tiflet il répond : "*Tiflet a raté le saut qualitatif dans les années 70. Il n'y a pas un endroit correct pour y recevoir un client étranger... Il n'y a pas de garanties pour nos investissements et on n'y investit pas*" (345).

K. réside avec sa femme et ses enfants à Rabat. Sa mère est restée à Tiflet. La proximité des deux villes lui permet d'assurer pleinement cette bilocalisation.

Cas n° 3

R. B. a 44 ans, il est né à Tiflet. Il a été président de la commune de Hajjama Ait Bouyahya de 1993 à 1997. Il gère avec son frère une propriété (héritée de leur père) de plus de 100 hectares à la périphérie de Tiflet.

Son grand père est originaire des Doukkala. Il s'est installé à Khemisset dans les années 20. Il était alors *mokhazni* et marechal-ferrant. Il avait acheté des terres chez les Hajjama et s'était marié chez les Kotbyine. Il avait alors quatre garçons et deux filles. Son père Bouazza a fait l'école de Tiflet avant de rejoindre le collège d'Azrou puis une école d'Administration à Paris. Bouazza s'est marié lorsqu'il était à Azrou avec la fille d'un caïd des Aït Seghrouchène. A son retour au Maroc (1956) il a intégré le Ministère de l'Intérieur et a occupé le poste de chef de cercle de Taroudant avant de rejoindre le Ministère de l'Agriculture (Projet de Revalorisation de l'Agriculture en Sec en collaboration avec la F.A.O). Il était président de l'Association des anciens élèves d'Azrou à Khemisset. En 1963, il est élu Premier Khalifa du Président de la Commune de Tiflet sous l'étiquette du F.D.I.C (circonscription des Hajjama).

Les origines Doukkali anciennes des B. se sont progressivement "estompées" au fur et à mesure de leur intégration dans la société locale Zemmouri. La propriété de la terre et le mariage avec une Zemmouri ont très tôt participé à cette intégration prolongée par une participation active à la vie politique locale et régionale. La base de l'ascension sociale ressemble alors en tous points à celle des autres notables ruraux des Zemmour : fonction makhzen associée à une assise foncière importante, scolarisation et fonctionnarisation des enfants. C'est en tant qu'"entrepreneur" que R. B. se distingue.

345- Une allusion à ses déboires autour de la zone industrielle et son impossibilité de lotir (voir infra).

"J'ai fait mes études ici (à Tiflet). Alors que j'étais en sixième année (pré-bac) mon père est décédé et je suis sorti de l'école. C'était en 1973. J'ai préparé le baccalauréat à l'institut privé d'Al'Irfane à Rabat. J'ai obtenu le bac, libre, et depuis je suis fellah, et toujours à Tiflet.
A l'époque de mon père, l'agriculture c'était d'abord les céréales (environ 100 ha de mon grand père surtout avec apport supplémentaire de mon père) et l'élevage extensif ordinaire. Après le décès de mon père, avec la sécheresse j'ai fait une entreprise à façon (1984). J'ai pris un crédit CNCA pour l'achat de la moissonneuse et je faisais la moisson à travers tout le Maroc, (de Tadla jusqu'au Nord). J'ai connu beaucoup de gens mais c'est un travail fatigant qui dure deux à trois mois. Je l'ai fait pendant trois ans. Après, j'ai planté une dalia (vigne) de 16 ha dont 12 en bour et quatre en irrigué au goutte-à-goutte.
Avant la vigne, j'ai fait de l'élevage laitier et du poulet de chair (20.000 unités) : sur le plan technique ça marche mais, les prix pendant la sécheresse sont moins intéressants que pour l'élevage de veaux. J'ai perdu de l'argent et arrêté pendant six mois. Et l'autre saison (1978/1979) après la pluie j'ai repris jusqu'en 1981. Il y a trop de risques et j'ai opté pour quelque chose qu'on peut ne pas vendre sur le champ comme le poulet : j'ai fait les vaches laitières (12) et 200 ovins. C'est mieux que le poulet. Lorsque le prix de vente est bas, j'attends. J'utilise la jachère et je fais la supplémentation. Petit à petit j'écartais le poulet et je transformais en même temps les locaux.
*Ensuite, des gens expérimentés m'ont conseillé de faire le commerce des produits phytosanitaires, il n'y en avait pas à Tiflet. Je l'ai fais depuis 1989 et j'y ai travaillé moi-même pendant trois ans. Quand c'est moi qui suis là, les gens me demandent de leur faire crédit (plus de 30 millions de cts actuellement); mais c'est difficile de faire le commerce et la politique. Mon frère s'occupe du commerce et des grandes cultures (céréales), il a appris avec moi et il sait comment faire et moi je m'occupe de la dalia et du maraîchage. Chacun décide dans les tâches dont il s'occupe (*R. B. était aussi vice président de la CR Aït Bouyahya-Hajjama*). Mon frère passe progressivement au commerce des produits phytosanitaires.*
- Quel type d'appui technique au niveau local ?
Je vais voir là où se trouvent les choses que je ne connais pas. Je me documente. Pour la vigne, je fais une taille que personne ne faisait et on se moquait de moi au début. Après avoir vu les résultats, les gens commençaient à venir me demander comment ça se passe !
Pour le maraîchage, je fais la tomate et le melon en plein champ et sous serre (j'ai cinq tunnels de 2500 m2).
Je ne fais pas tellement de comptabilité. Lorsque j'étais au magasin, je marquais ce que je dépensais. Après, non. Je connais les grandes rubriques. J'ai une idée sur les dépenses pour la dalia car ce qui change c'est la taille, le reste c'est assez connu.
Je ne prend plus de crédit depuis que j'ai la dalia, depuis 1988/1989. Je paie juste les arriérés. J'ai le blé, les olives, le maraîchage, le lait, les agneaux, la dalia... le crédit est fait d'une activité à l'autre.

* Que représente pour vous Tiflet ?
Il y a une maison ancienne de mon père, mais ma mère y loge. En partageant l'héritage elle a pris cette maison. J'ai construit pour moi un immeuble de 220m2 avec locaux de commerce, au centre de Tiflet (1995). Dans la construction, il y a un endroit que j'ai réservé pour ma femme qui y fait la couture. Elle est intéressée et ça marche pour elle.

* Quel diagnostic et quelles perspectives pour l'agriculture ?
Je me "bats" avec l'agriculture et c'est difficile. Ce n'est pas comme le commerce. La terre est plus chère maintenant. Je suis plus attaché à l'agriculture. Ma résidence ici (à Tiflet) c'est pour les enfants scolarisés.
En ce qui concerne mon emploi du temps journalier, le matin après le café et la lecture des journaux je pars à la campagne, à huit kilomètres d'ici jusqu'à 11 heures du matin puis je reviens à la commune pour signer... 60 à 70% du temps je le passe à l'extérieur.

En 1977/1978 j'avais pris 45 millions de cts de crédit. J'aurais pu acheter la terre à Tiflet et devenir "grand" mais j'étais attaché à l'agriculture, à ce que m'avais appris mon père. L'esprit d'entreprise c'est produire et non pas spéculer !
On le sent surtout en agriculture où il y a l'investissement. Ailleurs, c'est la spéculation et le prélèvement !

Cas n° 4

Originaire des Ait Belqacem, H. Q. est âgé de 78 ans, son père, décédé en 1920, avait déjà acheté des terres dans la ville de Tiflet.
H. Q. n'a pas fait d'études, mais à 18 ans, il a été recruté dans l'armé où il passa quatre ans.
A son retour, il ouvre un local d'alimentation générale dans la ville et rentre dans le mouvement de résistance contre l'occupant. Arrêté et condamné à mort, il passe six années de prison avant de retrouver la liberté en 1956 (Indépendance).
A sa sortie de prison, H.Q. est nommé khalifa du Caïd durant 7 ans (1956-1963).
Il investit alors dans l'élevage ovin et obtient les marchés pour l'exploitation des forêts.
Il achète d'autres terres à la périphérie de Tiflet et continue essentiellement dans l'agriculture traditionnelle (céréaliculture) associée à l'élevage ovin. Il recrute principalement dans le "*mokef*" de Tiflet. Son exploitation exige des recrutements saisonniers de 30 à 40 personnes et quatre ouvriers permanents.
Pour l'exploitation forestière, les recrutements concernent 60 à 100 personnes.
Jusqu'en 1986, il a fait quelques petites opérations immobilières à Tiflet. Mais il a arrêté aussitôt, les jugeant peu rentables.
Sur sept enfants, dont le plus âgé a 47 ans, aucun n'a fait des études. Un seul est arrivé à "s'autonomiser" et à acquérir une terre dans le "bled". Tous les autres sont à sa charge.
H. Q. continue à faire de l'agriculture de façon "traditionnelle". Il ne compte pas changer, ni introduire de nouvelles cultures. Il se dit fatigué. H. Q. s'est investi aussi dans la mosquée portant son nom, situé sur la R.P. C'est son legs à la ville car dit-il *«J'ai grandi dans cette ville, j'y ai intégré "le mouvement national" (haraka watania). C'est là que j'ai décidé de construire la mosquée».*
H. Q. ne participe plus directement à la politique locale depuis 1963.
Ce cas montre les limites d'une succession mal assurée et la non intégration des enfants dans la gestion de l'entreprise familiale. Le réseau de relations tissé durant les années 60 ne lui a pas ouvert d'autres horizons. Une cassure s'est produite avec l'arrivée des enfants à l'âge adulte et leur non-intégration dans la vie active. Même son investissement dans la plus grande mosquée de la ville semble plus relever d'un besoin d'"immortalité" non réalisée à travers une reprise de "relais" par les enfants. Mais l'itinéraire de H. Q. reste aussi fortement marqué par des valeurs traditionnelles où la religion occupe une large place. Si son héroïsme durant l'occupation coloniale lui a valu des retombées politiques et économiques notables durant la période qui a immédiatement suivi l'indépendance politique, "l'accrochage au train de la modernisation" demandait d'autres atouts. H. Q. a continué à gérer son patrimoine avec ses seules potentialités sans y associer ses enfants et sans les avoir préparé pour cela. Il reste victime de son propre enfermement.

Les différents cas présentés montrent tous, l'importance du réseau de relations déjà relevé par ailleurs. A Tiflet, les enfants d'une élite rurale traditionnelle se distinguent par leur niveau de formation et les relations tissées dans une carrière administrative vécue dans la capitale économique ou administrative du pays. Un niveau de formation supérieure et une "fonctionnarisation" dans des administrations centrales "influentes" permettent le développement d'un réseau de relations élargi mobilisable en toutes circonstances pour saisir les opportunités locales. Il en est ainsi aussi bien pour l'acquisition des terres de colonisation (cas n°1) que pour obtenir la représentation au niveau local d'un grand parti du mouvement national (cas n°2).

Cependant, l'introduction dans la sphère politique locale et nationale semble indissociable de la valorisation d'un patrimoine foncier urbain. Cette double relation inhibe alors fortement les actions d'investissement dans l'activité productive. Les perspectives de la réalisation de gains substantiels dans la spéculation foncière et immobilière n'encouragent pas l'investissement productif. La reterritorialisation de plusieurs élites zemmouri (hauts fonctionnaires, hauts gradés militaires...) ne se fait que dans des actions prédatrices (terres de colonisation, rachat de fermes,...). L'investissement dans l'agriculture n'est pas une priorité. La gestion est déléguée à des contremaîtres. La modernisation n'y atteint pas des normes capitalistes. (346)

L'achat et l'investissement dans des terres agricoles semblent plus relever ici d'un secteur refuge (constaté à travers l'ensemble du territoire national) doublé d'une forte valeur symbolique rappelant les caractères d'identification et d'appartenance liés à la terre.

A contrario, les enfants de l'élite rurale traditionnelle n'ayant eu qu'une formation "locale" et un itinéraire professionnel peu enclin à élargir le réseau de relations restent plus "collés" à l'exploitation familiale et à son évolution (cas n°3). Ici, l'ensemble des innovations sont tentées, même si les moyens financiers font défaut. Les faiblesses de l'assise financière et technique sont comblées par l'introduction permanente de nouvelles cultures et/ou d'activités permettant la multiplication des sources de revenu et la diminution des risques liées à la monoculture. Cette diversification de l'activité agricole (céréaliculture, maraîchage, vigne, élevage ovin, élevage laitier, vente de produits phytosanitaires...) a permis même l'arrêt de l'endettement de l'exploitation. Dans ce contexte, malgré l'intégration de la vie politique locale, et le faible niveau de formation, cette élite rurale montre le plus de prédispositions à recevoir de nouvelles techniques et à les diffuser (voir cas de la taille de la vigne).

Tout se passe comme si pour cette élite rurale, plus le réseau de relations s'élargit, plus une distance la sépare de son milieu d'origine et ses racines rurales pour investir la ville politiquement et défendre des intérêts fonciers urbains. Inversement, plus le réseau de relations reste peu étendu, plus "l'enracinement rural" prend le dessus pour permettre l'investissement et l'innovation dans l'agriculture, mais aussi pour saisir des opportunités qu'offre la ville (ouverture de commerces et services, petite promotion immobilière).

Cependant, l'une des caractéristiques, d'une ville moyenne comme Tiflet, reste le poids de l'inter-connaissance : la compétition est limitée dans le champs urbain du fait que quelques "potentats" locaux occupent déjà tout l'espace politique et économique.

A l'inverse de la grande ville où les centres de décisions administratifs sont multiples et "anonymes", ici, tous les chemins mènent à la "municipalité" ; pour une autorisation d'exercer, un permis de construire, etc.. L'orientation de l'investissement d'une partie de l'élite rurale vers l'agriculture ne paraît pas être un choix délibéré.

Outre les deux cas décrits, un troisième se dessine aux contours plus flous. Il s'agit de cette élite rurale "renforcée" au sortir de l'indépendance politique du pays, qui n'a pas pu assurer les relais nécessaires à son développement durant les années 70 (cas n°4). Souvent,

---

346- Dans ce type d'exploitation les gérants ayant peu de compétence technique, n'ont aucune initiative en matière d'investissement ou de mise en valeur. Même si le travail salarié est dominant ainsi que l'intégration dans le marché des produits agricoles, les normes d'investissement et de mécanisation restent faibles. Faiblesse d'encadrement technique, des techniques agricoles, de la gestion commerciale...

les divisions par l'héritage et l'éclatement du patrimoine foncier familial finissent par anéantir l'influence de ces familles qui n'ont pas pu assurer, ni leur succession (formation, participation à la gestion...) ni la modernisation de leur exploitation (ouverture sur de nouvelles techniques, accès au crédit, multiplication des types de cultures...).

B- Les nouveaux commerçants Zemmouri : à l'ombre de l'élite traditionnelle

Le commerce alimentaire de gros est resté pendant longtemps (jusqu'au début des années 60) entre les mains de Soussi et de Doukkali [347]. Sur neuf quotataires de farine en 1996, on ne comptait que trois Zemmouri (quatre Soussi et deux Doukkali) [348]. Parmi eux se distingue *l'amine* des commerçants de Tiflet et leur représentant à la Chambre du Commerce et de l'Industrie de Khemisset.

M. S. (cas n°5) et M. Z. (cas n°6) sont représentatifs de ces migrants ruraux Zemmouri installés à Tiflet depuis le début des années 60. Leur itinéraire respectif montre de grandes difficultés d'intégration à des réseaux de relations élargis permettant d'accéder aux opportunités extra locales. Partis d'une origine rurale sans grande assise foncière ni pouvoir politique, leur progression dans le secteur commercial est récente. Ne bénéficiant que de peu d'appuis dans la ville, ils constituent les véritables "self made man" locaux. Révélateurs d'un phénomène en pleine mutation, cette nouvelle élite commerçante Zemmouri est dans une phase de construction d'un réseau de relations local. Elle est encore à l'ombre de l'élite traditionnelle Zemmouri. Son dynamisme économique relève aussi des conditions familiales et personnelles particulières.

<u>Cas n°5</u>

M. S. a 73 ans (1925). Il est originaire des Khzazna. Engagé en tant que goumier, il est parti dans le Sud (Anzi et Bouizakarne) entre 1939 et 1945. A son retour au douar, outre l'agriculture et l'élevage il ouvrait un petit commerce alimentaire. C'est en 1962 qu'il décida de s'installer à Tiflet : une installation à trois (associés) dans une boutique pendant trois ans, puis une association dans l'achat du pas-de-porte d'un local durant deux années. En 1967, M. S. vendit ses parts de l'héritage familial pour compléter l'argent nécessaire à l'achat d'un terrain et de sa construction (86 m2). Il deviendra quotataire (farine, thé et sucre) en 1975 (lors de la marche verte). M. S. a trois garçons et quatre filles. Tous ses enfants ont abandonné les études au lycée. Seule une fille est institutrice.

Depuis, il n'a investi que dans la construction d'un café sur le même terrain. Un de ses enfants le gère.

Economiquement, il n'a plus de capacité d'accumulation : *"Aujourd'hui, c'est plus dur que dans les années 70, le dirham n'a plus la même valeur. Je n'arrive plus à épargner. Il me manque les ailes. Les gens ici subsistent !".*

"Politiquement", il s'est mis à la retraite : *"Je suis amine des "toujjar". J'étais dans la chambre de commerce de Khemisset mais je n'y suis plus maintenant. Il y a un manque de confiance*

347- J.F. TROIN "Trois exemples de centres ruraux en pays Zemmour" in R.G.M n°8 1965. J.F. Troin montre dans divers centres de Zemmours (Tnine Moghane, Jemaa et Khmis Sidi Yahya) l'importance des Soussi, souvent les premiers commerçants de ces centres.
Egalement, M. LESNE "op. cit. p.403 à 405 montre l'importance des Soussi dans le quartier Ouest (1930) et des étrangers (Doukkali, Rbati et Fassi) premiers installés dans les commerces du centre.

348- Origine des quotataires de thé, sucre et farine

	Soussi	Doukkali	Zemmouri
Farine	4	2	3
Thé et sucre	3	2	2

Source : Pachalik de Tiflet.

entre les gens qui ont les moyens ! Les responsables (al masoulynes) m'ont appelé pour me représenter (1992) mais ça ne m'intéresse plus. J'ai laissé ma place à M. Z.!".

Cas n°6

M. Z. : 52 ans né à Mzourfa, commerçant grossiste en produits alimentaires - représentant des commerçants de Tiflet à la Chambre du Commerce et de l'Industrie de Khemisset - élu municipal depuis 1997.

M. Z. est né en 1945 dans les Mzourfa. En 1959, au décès de son père, fellah, son frère a ouvert une boutique d'alimentation générale à Tiflet. M. Z. était encore à l'école du douar. A la mort de sa mère (1967) il rejoigna son frère à Tiflet chez qui il travailla : *"Je suis resté pendant six mois pour un dirham la journée, le manger et la boisson".* Après cette période "d'apprentissage", il est arrivé à tripler le chiffre d'affaire. Son frère l'associa au tiers des bénéfices et lui confia le local commercial (demi-grossiste) et le camion alors que la prise de marchés d'Etat en exploitation forestière l'éloignait de Tiflet.

A son mariage en 1970, il demanda et obtient le partage des bénéfices à moitié avant d'acquérir 50% de l'affaire deux années plus tard. C'est en 1975 qu'il se "sépare" de son frère. Il s'installe alors à son compte en tant que grossiste-quotataire dans un autre local. Son "ascension" économique correspond à la décennie 1975-1985 : *"C'était le moment propice pour sauter sur les occasions. Avec 15 à 20 millions de centimes on pouvait faire des affaires* (349)*"*...

"En 1981, j'ai acheté un terrain de 180 m2. J'y ai construit un magasin et quatre appartements de 90 m2 terminés en 1986. Ces derniers sont loués pour 600 DH par mois à des instituteurs et des enseignants. Un loyer inchangé depuis 10 ans. J'ai aussi ouvert un café en face de la gare routière. Mais la main d'oeuvre est malhonnête, il faut y travailler soi même pour faire des bénéficies. Depuis 1985, le commerce et les activités en ville ne rapportent plus comme avant. J'ai alors investi à la campagne. J'ai acheté en 1985, 40 hectares à Ait Belkacem où je fais du blé tendre, de l'orge, du fourrage et de la "kssiba" (élevage ovin). En 1990, j'ai acheté 10 hectares avec une étable à Ait Bouyahya. Avec deux travailleurs permanents, je fais de l'élevage laitier. J'ai regretté ce que j'ai fait à Tiflet (investissements)! Si j'étais à Rabat, j'aurais été beaucoup mieux. J'aurais pu construire à Rabat. Un peu plus cher, mais le rendement est élevé ! Au début des années 80, c'était le début des travaux de la minoterie de Khemisset. Personne ne m'avait proposé de participer à ce projet, mais à l'époque je n'avais pas les moyens !

J'ai un projet relatif à la production de matériaux de construction (briqueterie). Si Dieu le veut je voudrais faire ce projet à Tiflet.

En ce qui concerne mon évolution à venir je constate qu'il n'y a pas d'encouragements, je ne suis pas enthousiasmé (mouhammas) pour quelque chose, ni du côté de la main-d'oeuvre ni du côté de l'Etat.

Dans l'agriculture je peux investir : étables pour l'aviculture, local industriel pour le fourrage... je peux participer. Je peux trouver de l'encouragement. A l'intérieur de la ville, non. Ce que je vous dis n'est pas un point de vue uniquement individuel, tout le monde pense la même chose : la ville de Tiflet ne "supporte" plus quelqu'un d'autre.

Pour moi, en ville, il y a des agriculteurs et des fonctionnaires. La ville marche du 20 du mois au 10 du mois suivant. En plus, ici, tu ne peux pas vendre sans faire crédit, et ce, quel que soit le produit que tu amènes !

Les fellahs sont actifs au printemps et en été. Les Ait Benzekri qui ont un grand bled ont le beurre, le lait et les agneaux au printemps et les céréales en été. Une saison porte l'autre et ils arrivent à payer leurs dettes!

349- S. TANGEAOUI avait bien relevé les spécificités de cette période qualifiée d'âge d'or du capitalisme marocain. Elle se caractérisait, selon les entrepreneurs privés, par les traits suivants : "facilités dans les procédures à suivre pour créer une entreprise, encouragements fiscaux accordés par l'Etat aux investisseurs privés, absence d'une concurrence sans merci entre ces derniers, détente dans les rapports entre patrons et salariés..., niveau "raisonnable" des salaires, fiscalité pas trop élevée.
in S. Tangeaoui op.cit. p.72-73.

J'ai des liens multiples noués avec plusieurs endroits : les Ait Belkacem, Mzourfa, Qotbiyne...

* La relation avec le douar d'origine ?
La terre héritée de mon père est exploitée par mon frère. Moi, je m'en passe. J'aide mon frère comme j'aide la jma'a du douar dans les moments difficiles. La personne qui s'occupe du cimetière Lalla Halima du douar vient me voir chaque fois qu'ils ont besoin de quelque chose. Je suis content quand on vient chez moi pour tout ce qui concerne le douar !
J'ai six enfants. Une fille (l'aînée) sortie de la cinquième année secondaire; elle voulait étudier mais ses frères, qui ne supportaient pas sa présence dans la même école, l'ont "évincée". Elle a fait la dactylographie et elle attend.
Les garçons manquent les cours les plus importants ! Ils ne veulent pas... je suis fatigué ! Moi, je ne n'ai pas étudié mais j'ai compensé par mon activité. Ils ont quitté le collège, l'un en 3ème année, l'autre en 4ème année secondaire".
Un des garçons est dans la Téléboutique, un autre dans le magasin.
(Au début des années 90, M. Z. a investi dans un petit local de téléphone, mis au nom de son fils). Les trois autres enfants sont en bas âge.
Au niveau politique, il fait partie des personnes invitées par l'autorité locale lors des fêtes nationales. Depuis 1992, il est représentant des commerçants de Tiflet à la chambre du commerce et de l'Industrie de Khemisset. Présenté sous l'étiquette R.N.I lors des élections professionnelles, il a été "approché" par les différentes factions politiques présentes dans la ville lors des élections locales de 1997. *"Je ne me suis jamais présenté avant, mais je veux le faire maintenant (Juin 1996)! On m'a appelé à la circonscription n°17 dans un quartier commercial où il y a des gens que je connais, avec qui je traite dans le commerce, dans l'agriculture... Ce sont les gens de cette circonscription qui m'ont appelé. On m'a dit "toi on te connaît et tu passes par ici, tu es mieux qu'un autre...".*
M. Z. a été élu sous l'étiquette du Parti de l'Istiqlal en 1997, il est membre du CM de Tiflet.

A travers ces deux cas nous retrouvons les frontières entre logique de survie et logique d'accumulation. Mais dans une ville de la taille de Tiflet, un grossiste en produits alimentaires est situé relativement dans le haut de l'échelle sociale. Les cas présentés sont ceux de représentants des commerçants, l'autorité locale y apporte son appui. Au niveau économique, nous constatons un dynamisme chez les plus jeunes, qui ont su diversifier leurs activités suivant les opportunités (cas n°6). Malgré tout le discours sur la faible rentabilité des investissements à Tiflet comparée à celle réalisée dans les grandes villes (Rabat, notamment pour sa proximité), l'espoir de saisir des opportunités économiques dans la même ville subsiste (projet de briqueterie). Le réseau de relations de ce type d'acteur est encore fortement lié au "local". Ils représentent assurément l'élite économique en quête de reconnaissance et de légitimité. Le "saut" vers l'investissement industriel est "désiré". Mais cette élite ne bénéficie pas encore des appuis nécessaires (dans l'administration, les banques,...). La faiblesse de son capital culturel semble la condamner à jouer les seconds rôles dans l'économie locale. N'arrivant pas à assurer une succession par la formation, le capital accumulé dans diverses activités paraît plus enclin à une dispersion (liée aux divisions par héritage) qu'à un renforcement. Sociologiquement, ces migrants apparaissent comme représentatifs d'une couche moyenne dont quelques éléments arrivent à assurer une mobilité sociale (vers le haut). Mais seuls ceux qui ont investi dans le foncier en s'associant (politiquement) à l'élite traditionnelle ont pu assurer une certaine continuité.

S'agissant du développement local, ces nouveaux commerçants, malgré leurs faibles capacités de gestion, représentent un véritable potentiel d'investissement dans les PME locales. Un espace qui ne leur a pas été ouvert jusqu'à présent !

S.S.2- Doukkali, Soussi, et Oujdi, dynamisme et limites d'une population allogène

L'élite économique à Tiflet se distingue par l'importance des familles étrangères au pays Zemmour. Dès sa formation, "le centre de Tiflet fut fondé, non par les ressortissants des tribus voisines, mais par des étrangers, venus des Doukkala et du Souss, pour commercer dans un territoire jusque là fermé à toute activité de ce genre"(350).

Avant la pénétration coloniale, les Zemmour constituaient déjà un refuge pour des personnes fuyant les exactions d'un caïd ou les retombées d'une insoumission au Makhzen. Doukkala, Abda, Chaouïa, Sous, Beni Ahsene, Zaïan ont continuellement donné un lot d'étrangers que la société Zemmouri "absorbait" progressivement grâce à ses institutions ancestrales(351). Avec la "pacification", de plus en plus d'habitants du Sud s'installaient dans le pays Zemmour, chassés par la pénétration française. "Les Soussi s'empressèrent, comme partout, de mettre la main sur le négoce naissant et s'employèrent à le développer. Abda, Chaouia, Doukkala trouvaient du travail et certains finissaient par acquérir de la terre. Les citadins de Rabat, Salé et Meknès, disposant de capitaux, monopolisèrent rapidement le gros négoce et les transports : c'est ainsi que les premiers lots domaniaux du centre de Tiflet furent en majeure partie occupés par des gens de Rabat et Salé, venus installer les boutiques le long de la route"(352).

L'importance historique de la communauté étrangère à Tiflet dans "l'accaparement" des activités commerciales va ainsi se prolonger jusqu'à devenir une caractéristique actuelle de la ville : Doukkali et Soussi forment l'essentiel de l'élite économique de Tiflet(353). Parmi elle nous avons retenu les éléments les plus dynamiques dans leurs domaines respectifs.

A/ Une famille Doukkali au rayonnement (régional et) national

Diverses familles Doukkali se partagent le commerce de gros alimentaire avec les Soussi à Tiflet (El Khaoudi, Benhissi,...). Leur intégration dans la vie politique locale reste une spécificité qui les distingue des Soussi. Les mariages à des Zemmouri sont anciens(354). Ils ont permis l'achat de terres et une forte intégration dans la société locale. Parmi les Doukkali, une seule famille émerge avec un rayonnement national.

350- M. LESNE op. cit. p.401.

351- "Pour vivre en tribu Zemmour, l'étranger devait se placer sous la protection d'un chef de tente en lui offrant un sacrifice. Employé comme berger ou comme Khammes, il pouvait au bout d'un certain temps acquérir une situation moins précaire ; il lui était permis d'épouser une fille berbère, par contrat d'amazzal, en payant sa dot en travail. Son temps accompli, il pouvait être définitivement adopté et devenir chef de tente" (M. LESNE op. cit. p.314.
De même que dans ce type de société originaire du Moyen-Atlas l'appartenance au groupe ne passe pas par le seul principe de consanguinité (G. BEAUDET "Types d'implantations humains en pays Zaïan" in RGM n°8 1965), le port des armes pour défendre et/ou étendre le territoire tribal définit l'ayant-droit et finit par créer une intégration totale formant des groupements historiques portant le même nom (cf. H. RACHIK). 352M. LESNE : op. cit. p.315.

353- En 1958, M. LESNE opérait un sondage sur l'origine des parents des élèves non Zemmouri de Tiflet. Sur 183 étrangers on relevait : 80 Doukkala (43.7%), 34 Souss (18.7%), 25 région de Marrakech (13.6%), 11 Chaouia, 8 Tafilalt, 6 Rharb, 5 Abda, 2 Sraghna, 1 Tadla, 1 Rif et 9 Divers.

354- M. LESNE a pu remarquer que "beaucoup de femmes Zemmouries épousent des Doukkalis, dans la région de Tiflet" (op. cit; P430) lorsqu'il étudiait les conflits de compétence entre la coutume et le Chraâ entraînant des litiges entre des individus se disant mariés à la même femme.
Parmi les cas des élites actuelles nous retrouvons ceux de la famille Belyachi, mais également Jebbari (père) marié chez les Ait Bouyahya.

Cas n°7

Originaire de la région de Sidi Bennour (Doukkala), les deux frères B. sont arrivés à Tiflet en 1919 : ils ont créé, depuis, un véritable "empire économique" local. Installés en tant que céréalistes à Tiflet, les deux frères ont vécu dans une même maison. L'un s'occupait du magasin de céréales, tandis que l'autre drainait les diverses opportunités économiques qui se présentaient localement (achat de terres agricoles, de biens fonciers dans le périmètre urbain, de divers commerces et services - cafés, hammams, cinéma, fours,...). Ils sont devenus dès les années 60, les véritables détenteurs du "pouvoir économique" dans la ville. Toute vente ou achat de quelque nature qu'elle soit (café, terrain, droguerie...) leur est proposée en premier, car, disposant des fonds nécessaires et d'une réputation qui s'appuie aussi sur leur place dans la gestion locale et la présence de plusieurs de leurs membres dans l'appareil central.

Jusqu'au décès de H. M., les deux frères géraient leur patrimoine commun avec un partage des tâches. H. M. constituait la "tête pensante" du groupe. A sa mort, la gestion se trouve partagée entre les enfants de l'un et de l'autre. Si jusqu'à présent (1998) l'ensemble des biens n'a pas été touché par une division par héritage, la famille B. constituant un véritable groupe familial portant les individus, les difficultés de gestion liées à la multiplicité des pôles de décisions, les compétitions créées autour de l'achat de certains biens de luxe (l'achat d'une limousine par le directeur d'une minoterie a entraîné une compétition entre les directeurs des deux minoteries qui a débouché sur le même achat malgré les difficultés financières dans lesquelles se débat l'entreprise) laissent présager d'un éparpillement du patrimoine initial. Toutefois, la composition de ce dernier et sa diversification montre des logiques qui ont pu créer les appuis administratifs nécessaires à l'expansion de ce groupe familial.

Si dès 1969, A. était membre du CM de Tiflet il fut très vite Président du CM (1976) alors qu'il enseignait déjà au collège royal. Devenu secrétaire particulier du prince héritier, la famille B. possède en lui un atout majeur au sein du Makhzen. Parallèlement, son frère aîné est un haut cadre dans l'un des plus grands organismes financiers de l'Etat (la B.N.D.E.) à Rabat. Ces appuis administratifs au niveau central sont doublés d'une participation active dans la gestion locale. Un de leur membre les plus actifs (M. B) est ainsi réélu au CM depuis 1983 (vice président du conseil depuis 1992). Ils sont même arrivés à placer quatre des leurs dans le CM 1992-1997. Le groupe formé par cette famille au sein du CM (voir infra) joue un rôle primordial dans la gestion municipale, alors que leur présence au Conseil Provincial et à la Chambre du Commerce et de l'Industrie de Khemisset (à travers les diverses élections de M. B. leur donne la dimension régionale (provinciale) nécessaire à l'extension de leurs investissements.

Les frères B. ont commencé leur "carrière" comme "*atar*" (vendeurs d'épices) dans les souks des Zemmour avant de s'adonner au commerce des grains. Ce n'est qu'après l'indépendance qu'ils occuperont une place privilégiée en tant que collecteur de grains dans la région. Leur patrimoine local est impressionnant :

- Magasins de stockage de grains avec silos modernes d'une capacité de 2000 à 3000 tonnes à Tiflet.
- Quatre cafés, un hamam, un cinéma et 37 locaux de commerce.
- Ferme de 450 hectares de production de blé tendre, élevage laitier : création d'une coopérative, ferme de production de raisin de table.
- Société de transport frigorifique à Tiflet.
- Semoulerie (SEBEF) à Tiflet.
- Minoterie industrielle (COZEMMOUR) à Khemisset.

A partir de la collecte des céréales, ils ont d'abord investi dans les commerces et services avant de s'affirmer davantage dans leur secteur initial en assurant une intégration en amont et en aval. En effet, la mise en place d'une minoterie industrielle dans les Zemmour par le gouverneur[355]

355- Comme nous le rapporte le Directeur de la Chambre du Commerce et de l'Industrie de Khemisset "La Minoterie a été le fait du gouverneur qui a demandé aux notables locaux de prendre des actions dans la minoterie faute de quoi il ferait appel à des investisseurs étrangers à la région des Zemmour".

fut l'occasion pour eux de faire le "saut" de l'investissement industriel (lourd). Réalisé entre 1982 et 1984, le projet de la COZEMMOUR à Khemisset a atteint plus de 50 millions de dirhams d'investissement. Seuls les notables zemmouri ayant une large assise financière ont pu y être associés(356). Ils y ont progressivement acquis la majorité des parts et en assurent la gestion. Cet investissement dans l'agro-industrie fut prolongé par celui d'une semoulerie à Tiflet dès le début des années 90. Les B., à travers leur réseau de collecte de grains et leur production arrivent ainsi à alimenter leur minoterie industrielle.

Cependant, ces divers investissements ont leurs propres limites dès lors que l'horizon économique de l'entrepreneur atteint un niveau national.

M. B., directeur de la minoterie et principal gestionnaire du patrimoine familial actuellement, dresse ainsi un bilan négatif de l'investissement local et du nécessaire redéploiement sur les grandes villes : *"Ici, (Khemisset) c'est une ville politique. Même la minoterie ne fonctionne pas*(357)*. Je préfère investir à Rabat ou Casablanca ! Je suis allé à Takaddoum (quartier de Rabat), j'ai une société ("Cossette") qui emploie 300 personnes. Le gros de mon investissement est à l'extérieur des Zemmour! les meilleures boulangeries de Rabat s'approvisionnent chez moi. J'ai la meilleure farine et ici les gens préfèrent la farine mélangée ! J'ai quatre cafés ici et un à Rabat qui est plus performant ; ici il y a des gens qui passent toute la journée pour un verre de café, il y a des clients qui ne paient pas ! J'ai deux hammams, un ici et un à Rabat : aucune comparaison entre les deux ! le cinéma est ouvert depuis quatre mois et des appartements sont fermés. Pour toucher le loyer de mes 37 locaux de commerce c'est difficile. J'ai fait recours à un agent de Kénitra qui s'en occupe. Je suis membre du Majliss Iqlymi (Conseil Provincial) "chaque fois que je trouve un investisseur je lui dis vas-t-en de Tiflet". Officiellement on part du principe que "ce verre de café n'a pas la même valeur à Rabat qu'ici". Il y a là une réalité par nature ! Mais B. est un nom qui doit rester dans la région même si les investissements ne sont pas rentables !*

L'importance de la population indigente n'est plus à démontrer dans ce niveau de ville. Cela se répercute sur le niveau des services et la rentabilité. Ce cas montre, à l'instar de celui du grand céréaliste de Souk Larbaa, l'ouverture d'un réseau de relations au niveau national permettant de saisir diverses opportunités dépassant le cadre régional. Progressivement, les "affaires locales" qui ont servi de tremplin occupent le second rang. L'élite économique locale aspire à une intégration au niveau national et commence par un mimétisme dans la consommation de biens de luxe, l'orientation de la formation des enfants,... Mais parallèlement, "le local" est préservé. Le prestige atteint et la place dans la vie politique et économique locales la mettent dans une position privilégiée d'attente d'opportunités. Les B. sont connus pour leur achat de toutes les affaires en saisie ou présentant certaines particularités (vente de terres par des fils de colons qui demandent une partie du paiement à l'étranger).

Dans une ville comme Tiflet, l'élite locale ayant atteint un rayonnement national est souvent, sinon exclusivement, passée par une carrière administrative ou militaire. L'exemple des B. est unique. Il éclaire aussi sur la possible émergence d'une élite économique pouvant atteindre de hauts niveaux d'investissement dans les grandes villes économiques du pays : une caractéristique des villes moyennes situées dans un environnement économique relativement favorable (zone d'échange, agriculture variée et relativement intégrée au marché, proximité des grandes villes de l'axe atlantique).

356- De Tiflet et de sa région (cercle), seuls trois actionnaires ont été impliqués : les frères B., un haut gradé militaire des Mzourfa (voir infra son patrimoine foncier) et R. N. (cas n°1) qui s'est désisté depuis. Les autres actionnaires concernent deux familles Soussi de Khemisset, une de Rommani et une de Zhiliga (Zaër).

357- La COZEMMOUR a connu de graves grèves syndicales menées par l'UMT. La minoterie est restée fermée durant plus d'un an. Sa réouverture prochaine est prévue pour Septembre 1998.

B- Des Soussi aux activités diverses, mais au rayonnement économique limité

Les Soussi de Tiflet sont originaires de différentes contrées du Sud, mais leur trajectoire de vie reprend souvent les mêmes caractères que ceux relevés chez les Soussi de Souk Larbaa.

En effet, nous retrouvons aussi bien, des berbères d'Ighrem après un passage par les villes atlantique (Salé et Kénitra) dans les années 30 (voir supra) que des populations du Haut-Atlas (région de Taliouine, Taznakht...). Le monopole du commerce alimentaire est ici partagé avec les Doukkali (36% des grossistes quotataires de farine, thé et sucre) et quelques Zemmouri. Si la base de leur ascension sociale a toujours été le commerce alimentaire, les plus dynamiques d'entre eux ont su diversifier leurs activités. Parmi les six familles les plus représentatives (voir tableau n°17), le commerce alimentaire a cédé le pas à diverses activités où l'agriculture joue un rôle prédominant.

Tableau n° 17 : Activités et investissements des principales familles Soussi de Tiflet

Famille	Activités et investissements économiques	Activité politique
F.S	Droguerie - spéculation foncière (achat de lots)	Aucune
A.S	Grossiste alimentaire - hôtel - ferme	Quotataire ancien, retenu dans la liste des notables des autorités
A.Y	Hôtel restaurant - ferme (élevage laitier) - Droguerie et vente matériaux de construction - Immeuble R + 2 en location	
M.A	Grossiste alimentaire - droguerie - moulin à grain - Station service - ferme (élevage ovin) - Logements en location	- *Amine* des meuniers, - Elu chambre C et I de 1976 à 1982
R.M	Grande entreprise vente de matériaux de construction - Local dans la zone industrielle (Z.I) de Khemisset pour fabrique de portes et coupures d'acier.	- Retenu dans la liste des notables
H.M.A	Grossiste alimentaire - commerce de grains - vente matériaux construction - projet fabrication plastique Z.I Khemisset.	- Retenu dans la liste des notables - fils élu au conseil municipal en 1992 et 1997

A l'instar de leurs collègues Zemmouri, les commerçants Soussi ont (contrairement à ceux de Souk Larbaa) investi dans l'achat de terres agricoles pour faire de l'agriculture. Sans doute, le statut melk (des terres) prédominant dans le cercle de Tiflet a facilité ces achats dans une période où se sont développés l'élevage extensif d'ovins (dans les communes rurales bordant la Maamora) ou l'élevage laitier (cas n°1).

Parmi eux également, nous constatons une orientation vers le commerce spécialisé atteignant une dimension régionale (vente de matériaux de construction) (cas n°2).

Enfin, phénomène nouveau, de jeunes Soussi tentent des expériences uniques dans des secteurs encore peu explorés. C'est ainsi que le fils d'un bijoutier de la *Kissaria* de Tiflet (commerçant) s'est lancé dans l'importation de l'or brut et la fabrication de bijoux (1,2 millions de DH de crédit). De même qu'une marbrerie a été ouverte par un jeune promoteur qui a contracté un crédit de trois millions de DH.

Au niveau politique, les Soussi de Tiflet n'ont que très peu participé à la vie politique de la cité. En 34 ans d'élections locales (1963 - 1997) et six consultations électorales, les Soussi n'ont eu que sept élus municipaux. Outre l'élection d'un Soussi de l'UNFP en 1963 (qui relate leur "intéressement" politique d'alors - voir supra), il s'agit davantage de quelques enseignants et fonctionnaires dans les années 80 que de l'élite économique Soussi qui chercherait à défendre (et étendre) ses intérêts par une participation politique directe (voir tableau N°18). Ce n'est que lors de ces deux dernières consultations électorales que le fils Aguizoul siège au CM de Tiflet.

Tableau n° 18 : Les Soussi élus au C.M de Tiflet de 1963 à 1997

Mandat	Nom	Profession	Parti politique
1963-1969	TANANE Lahcen	Apiculteur	UNFP
1976-1983	BOUZIDI Ahmed	Fonctionnaire banque	RNI
1976-1983	LAMZALI Mohamed	Enseignant	SAP - RNI
1983-1992	AFKINE Mohamed	Enseignant	SAP
1992-1997	HIOUASS Brahim	Maçon - apiculteur	RNI
1992-1997	AGUIZOUL Abdellah	Commerçant	RNI
1997-	AGUIZOUL Abdellah	Commerçant	RNI

Source : Pachalik de Tiflet. Dépouillement personnel.

Les Soussi sont loin de constituer une force politique dans la ville. Malgré leur poids économique, ils ont davantage cherché à tisser des réseaux de relations à travers les circuits d'échange leur permettant d'avoir une assise régionale que de peser directement sur la vie politique locale. En tant qu'intermédiaires (commerçants), le pouvoir central leur a surtout assuré des agréments (quota) dans les années 60-70 et quelques reprises des biens de colons pour les plus nantis d'entre eux.

Cas n°8

La famille A., originaire de la région de Taliouine (Haut-Atlas) est ancienne à Tiflet. Le père, arrivé en 1928 était accueilli par son beau-frère qui possédait un commerce alimentaire dans la ville. Après quelques années passées en tant que maquignon dans les différents souks de la région, il a "ouvert" aussi une épicerie. De là, l'extension de ses activités va s'accélérer : 1935, achat d'un moulin à grain artisanal - 1946, achat d'une terre agricole dans la commune rurale de Ain Johra avec élevage ovin en forêt - 1965, achat d'une station-service (prise en saisie) à Tiflet et de logements (quatre) donnés en location.

Ce patrimoine familial a été étendu et repris essentiellement par l'aîné de la famille, seul enfant ayant arrêté ses études au niveau du CM2 pour aider son père dans ses activités. Les quatre autres garçons ont tous intégré la fonction publique ou l'armée (deux dans les forces auxiliaires, un au ministère des finances, et un aux P.T.T) – M. A. a 65 ans. Il est, dit-il "*a'ml* dans la famille" (gouverneur).

Les biens de la famille sur Tiflet sont restés en commun, mais le principal investissement s'est fait dans l'agriculture : achat de vaches laitières dès les années 70, puis celui d'une propriété de 40 hectares au milieu des années 80 (raisin de table et céréaliculture).

M. A. en fait une appréciation très ambivalente : *"Pour nous, on avait Lblyda (terre) et Lbhymat (animaux). Il fallait les travailler chaque jour. On ne fait pas de choix précis, mais pour moi, je préfère l'agriculture au commerce. L'agriculture a commencé à devenir*

intéressante depuis une dizaine d'années, mais très vite la situation s'est détériorée. Nous avons essayé l'élevage laitier, mais les charges y sont trop importantes (voir supra). Pour les ovins, il faut de l'espace. Nous achetons le fourrage, le son... pour les bovins et même pour les ovins ! L'agriculture ne laisse plus grand chose une fois les charges enlevées".
Malgré tout, les frères de M. A. se sont retirés de l'agriculture. Il reste seul à (posséder et) gérer une exploitation de plus de 40 hectares avec l'aide de quelques ouvriers permanents. Il ne compte que sur son expérience. L'aide de techniciens n'est que conjoncturelle. Son espace économique semble s'être fortement réduit. A la question des perspectives d'avenir il répond : *"Je ne veux plus rien faire. J'ai 65 ans, j'ai un seul enfant qui est en septième année secondaire. J'ai tout le temps travaillé et je n'ai pas le capital nécessaire pour avancer".* Cette appréciation émane autant de conjonctures économiques difficiles que des conditions familiales particulières (arrivée tardive d'un seul enfant encore incapable d'aider ou de prendre la succession).
A partir de son patrimoine familial initial M. A. s'est surtout "enfermé" dans un réseau de relations local. Son ancienneté (il fait partie des élèves de la première classe de l'école de Tiflet 1938) et sa présence dans une association récente (1996) formée par les anciens élèves de l'école Ibnou Aj-jeroum (et comprenant de hauts fonctionnaires Doukkali (voir infra)) n'ont pas été suffisants pour élargir ses horizons. Il a bien intégré la vie politique locale, mais son appréciation reste tranchée : *"Je me suis présenté pour la Chambre de Commerce et de l'Industrie de Khemisset en 1976. Disons plutôt que les gens, les autres commerçants, m'y ont poussé - J'y étais jusqu'en 1982. Je ne m'y suis plus présenté depuis - En ce qui concerne le Majlis (CM), celui qui veut se présenter doit avoir l'appui des gens de la politique. Que je domine d'abord les problèmes liés à mon travail avant de m'occuper des affaires des gens ! Ils (le Makhzen) "avancent" les personnes dont ils ont besoin!".*
M. A. a ainsi développé une territorialité qui réduit son espace d'investissement. Sans doute le mariage avec une femme Soussi de Tiflet (originaire de Taliouine) et une limitation de ses rapports avec son douar d'origine ont joué dans ce sens, le privant d'intégrer un réseau de relations Soussi plus élargi.
"Notre douar n'est pas loin du centre de Taliouine. Le meilleur de chez nous a été pris par le Glaoui[358]*. Nous avons cherché à reprendre nos terres mais en vain. Mon père retournait chaque année pendant les récoltes. Tout ce qu'il gagnait ici, il le dépensait là bas jusqu'à la limite des années 50. Il était tout le temps en train de reprendre des terres détenues en rhen (gage). C'était de la perte ! Je lui ai dit d'arrêter ! Moi, je vais quand cela me plaît, mais c'est rare. Il y a mes cousins, nous avons une maison et des terres, mais nous ne demandons rien aux gens restés là bas. Même notre maison est habitée"*
Assurément, une distance (avec le douar d'origine) s'est installée avec cette génération de Soussi née chez les Zemmour dans les années 30 et mariée sur place dans la communauté Soussi.

Cas n°9

Le cas de R. M., cinquante ans, se présente différemment. Son arrivée à Tiflet est plus récente (1975). Il possède l'une des plus grandes sociétés de vente de matériaux de construction des Zemmour. Né près de Taznakht dans la province de Ouarzazat, Mohamed a d'abord appris le Coran avant de faire le commerce de la laine et des céréales dans les souks de sa région d'origine. La régression de cette activité au début des années 70 l'a poussé à émigrer et à changer de commerce. Dès 1973, il ouvrait un dépôt de matériaux de construction à Oulmes. La faiblesse de l'activité dans ce petit centre urbain le poussa à s'installer deux années plus tard à Tiflet. Il a été la première personne de cette région du Sud à résider à Tiflet où il ne possédait aucune structure d'accueil. Poussé par sa seule activité commerciale - en 25 ans - Mohamed a développé un réseau de relations régional important. Ainsi dit-il *"Nous travaillons avec des*

358- Grand Caïd de l'époque coloniale sur la région Sud.

tâcherons sur un rayon de 200 km ; ce sont eux qui font tourner l'économie liée à la construction. Nous recevons nos matériaux (ciment, fer, carreaux, bois...) directement de différentes usines de Fès, Meknès, mais aussi de Nador et Casablanca".

Il ne veut pas se "disperser" et investir dans des activités qu'il juge non rentables (la promotion immobilière) ou difficiles à gérer (l'agriculture). Il a préféré agrandir son entreprise en proposant une variété de produits de plus en plus importante et en achetant un local dans la zone industrielle de Khemisset (prévu pour la fabrication de portes et coupures d'acier).

Cependant, son jugement sur les perspectives d'avenir de la profession reste négatif. *"Notre problème n'est pas celui des moyens financier (on est connu sur la place) mais celui d'entamer un projet qui nous permette de couvrir nos charges. Si c'est oui, on marche. Sinon, il faut arrêter. Ce n'est pas comme dans les années 70. Maintenant, toute perte est difficile à récupérer. L'Etat n'encourage pas. Il est toujours au dessus de nos têtes. Regardez le cas du ciment* (359) *! Le commerce est devenu "dangereux" au Maroc. Des commerçants s'endettent au delà de leurs capacités de remboursement. Ils vendent alors à prix coûtant et parfois moins cher que le prix d'achat des produits pour pouvoir payer les frais financiers et cacher leur mauvaise gestion ! De même que la plupart des commerçants travaillent sans factures pour ne pas payer la T.V.A. Il y a peu de gens dans la profession qui assurent une comptabilité régulière !".*

Ces allégations retracent assez fidèlement les problèmes de la concurrence entre les commerçants de ce secteur, résultat des contrecoups de la relative déprise du secteur des B.T.P. et de la concentration de la commande de l'Etat avec la mondialisation(360).

Malgré ces conditions difficiles, Mohamed arrive à maintenir son activité dans la zone des Zemmour sans intervenir directement dans la vie politique locale.

En effet, ses convictions religieuses rejaillissent dans ses propos sur l'activité politique *"Pour moi tout ce qui est politique je dis non jusqu'à ce qu'il y ait du sérieux ! Il vaut mieux s'écarter. Si tu as une âme de nationaliste (ouatani), une âme "d'humanité" c'est impossible que tu rentres dans cette "mêlée"! Avec qui travailler ? Quand ça va pour toi, tu te contentes de toi, et le reste ne te concerne pas ! regardes comment vivent les gens à Casablanca, regardes tes voisins qui sont affamés ? Dans ces conditions, ta richesse ne vaut rien ! Il faut que nous, marocains, soyons comme des frères afin que nous ne soyons pas la risée des autres peuples. Notre société régresse - qu'avons-nous préparé à nos enfants !*

Cependant, ce discours cache mal des rapports plus centrés sur l'économique et les marchés de l'Etat. Mohamed fait bien partie de l'élite économique de Tiflet qui est invitée aux différentes cérémonies des fêtes nationales organisées par l'autorité locale.

Son espace de déploiement économique est circonscrit dans le pays Zemmour, mais sa relation à sa région d'origine est encore vivace. *"Mes enfants sont encore des élèves à l'école. Mais avec moi (dans l'entreprise), j'ai quatre personnes du bled (région d'origine). Les gens du bled viennent travailler avec moi pendant quatre à cinq ans, puis ils vont faire leur propre affaire. Nous avons travaillé avec les services des travaux publics pour goudronner la piste entre Anzal et Agaouz. Nous avons une association à Taznakht (Province de Ouarzazat) qui a des ramifications dans les grandes villes, comme Agadir ou Casablanca. Même le Roi a précisé qu'il faut développer les associations pour s'entraider, sinon nos dossiers ne sont pas traités!".*

359- La marge bénéficiaire laissée au commerçant pour ce type de produit est de plus en plus réduite. Acheté à l'usine à 39,50 DH, le sac de 50 kg de ciment est revendu à 40,50 DH (Juillet 1996). Le ciment est devenu, pour ces commerçants, un produit de base nécessaire où ils ne réalisent que peu de bénéfices.

360- "En 1978, le budget d'équipement de l'Etat chutait de 10 milliards de dirhams en 1977 à 6,6 milliards de dirhams en 1978, puis stagnait aux environs de 8 à 9 milliards de dirhams, ce qui entraînait l'effondrement du secteur des B.T.P.

Evolution de l'activité du B.T.P. (en valeur réelle)

Année	1978	1979	1980	1981	1982	1983	1984
BTP %	- 19%	- 17,6%	- 9,5%	- 2,4%	+ 1,8%	- 5%	- 5%

in "Majdi Majid" les luttes de classes au Maroc depuis l'indépendance" éditions Hiwar- Rotterdam - 1987.

Cette relation à la région d'origine à travers le tissu associatif lui ouvre ainsi l'horizon relationnel à des hommes d'affaires Soussi de Casablanca et d'Agadir. Mais elle ne lui a pas encore permis une délocalisation de ses activités.

A l'image des Soussi de Souk Larbaa, ceux de Tiflet restent encore cantonnés dans une communauté Soussi locale sans figure charismatique capable de potentialiser une action collective. Ils balancent entre la relation à la région d'origine et l'intégration à la société locale par les liens du mariage, l'achat de terres agricoles et le "vivre ensemble". Cette position intermédiaire ne leur a pas permis encore de marquer leur place dans la gestion urbaine.

Economiquement, ils ont été "écartés" des activités les plus rémunératrices de Tiflet : la spéculation foncière, et dans une moindre mesure le commerce des céréales en situation de monopole (des activités réservées à l'élite traditionnelle Zemmouri et à une ancienne famille Doukkali). Malgré une diversification continue de leurs activités économiques, les entrepreneurs Soussi de Tiflet n'ont pas pu intégrer le noyau fédérateur Soussi de Casablanca(361) ni émerger économiquement au niveau national. Ils représentent assurément une couche sociale intermédiaire en crise, représentative de ce niveau de ville.

En termes de développement local, ils ont assuré la diversification de l'appareil commercial de la ville et sont prêts à tenter "l'aventure industrielle" si la demande locale s'élargit. L'absence d'un réseau de relations personnalisé et d'intermédiaires institutionnels (chambres professionnelles...) pouvant atteindre le marché national voire international limite fortement des capacités d'actions tournées uniquement sur un milieu caractérisé par l'indigence de ses populations.

C/ L'itinéraire controversé d'un entrepreneur Oujdi

H. O. compte parmi les figures de proue de l'élite économique de Tiflet. Il a été le premier lotisseur privé de la ville. Son origine Oujdi va fortement influer sur son itinéraire professionnel et son histoire de vie.

Cas n°10

Originaire d'un douar des Beni Snassen à 30 km de Oujda, H. O. est né en 1935 à Oujda où son père s'était installé pour ouvrir une épicerie. Très tôt, après l'école coranique, il s'occupait du commerce familial avec son frère. C'est en 1957 que des contacts avec des Algériens leur ouvrirent la perspective d'exporter des légumes en Algérie. H. O. alla s'installer à Casablanca (marché de gros) où il ouvrit un local. Il acheminait les marchandises par train à Oujda. Son frère les exportait en Algérie. Un commerce fortement lié à la présence de l'Armée française en Algérie. Il régressa fortement avec l'indépendance du pays. En 1962, ses divers contacts le menèrent à l'achat d'une boulangerie et d'une épicerie à Khemisset. Cinq années plus tard, un français d'Algérie, propriétaire de la plus grande boulangerie de Tiflet, lui proposa de l'acheter. H. O. finissait alors par s'installer à Tiflet en 1967. Ses contacts permanents lui firent acheter plusieurs terrains à Khemisset et Tiflet dans les années 70. Dès 1980, il décidait de les lotir. Son premier lotissement (El Ouahda - 62 lots) est autorisé en 1982. Une expérience qu'il renouvela en 1989 (Mabrouka - 1 hectare 33 ares - 87 lots).

361- S. TANGEAOUI op. cit. p.147.

Ses contacts le menèrent aussi sur une expérience industrielle à Casablanca en 1980. C'est ainsi qu'il acheta de chez un français (avec un gadiri) une fonderie employant 30 personnes. Gérée par lui pendant sept ans à partir de Tiflet, cette affaire finira par un dépôt de bilan en 1987.

Son itinéraire professionnel est fortement marqué par son origine Oujdi qui l'a mis en contact avec des français du Maroc et d'Algérie. Ces derniers lui ont servi lors des départs des colons pour la reprise de leurs biens. Son itinéraire est jalonné par ces "reprises". Leur seul "extension" s'est faite par la création de lotissements. Une expérience arrêtée dès la fin des années 80 avec la mise sur le marché foncier des lots de la restructuration et des opérations de l'ERAC (voir infra). En effet, la vente des lots du lotissement Mabrouka continue après huit ans (plus de 60% d'invendus en 1996).

A 63 ans, H. O. commence de plus en plus à s'écarter de la gestion des affaires et à "passer le relais" à ses enfants. Outre un ingénieur fonctionnaire au Ministère des Transports et un étudiant en médecine à Rabat, trois autres enfants l'aident dans la marche de ses activités. Un s'occupe de ses biens de Khemisset alors que deux autres sont avec lui à Tiflet (un licencié et un niveau DEUG qui gère la boulangerie depuis 1982). A sa fille de 22 ans, il a ouvert une Téléboutique (local téléphone privé, photocopieur).

Mais, dit-il *"pour les lotissements, ils doivent me consulter lorsqu'ils veulent faire quelque chose. J'exige d'être présent. Il faut mon aval pour tout nouvel investissement !"*

Malgré tout son investissement économique dans les Zemmour, il a gardé une certaine distance avec les milieux politiques [362] qu'il juge sévèrement :
" Je ne connais que mon travail. Je ferme ma porte sur tout cela (élections professionnelles et locales) car il n'y a que mensonges et hypocrisie (nifaq) ! Notre société est sale. J'essaie d'éviter ces saletés tant que je peux ! La confiance est perdue dans cette société. Les gens qui ont l'argent ne se préoccupent pas de leurs travailleurs. Ils les laissent dans une situation qui les conduit au vol et à la corruption. Comment est-il possible de construire un Etat solide dans cette situation ! L'amour pour la patrie n'existe plus !".

Ainsi, son intégration dans la société locale est plus nuancée, son rapport à sa région d'origine joue encore un rôle primordial dans sa vie. "*J'ai un rapport très fort avec le bled, surtout avec Oujda. Toute ma famille est là-bas et j'y retourne deux à trois fois par an, sinon plus ! Je n'ai presque pas de relations avec les gens d'ici (Zemmour). Ma fille est mariée avec un Rbati et mon fils est marié avec sa cousine. Cela fait 33 ans que je suis dans cette ville et je n'arrive pas à m'y intégrer. En fait, je prends mes distances (Chadd tiqqari)".*

A l'instar de certains Soussi, le cas de H. O. montre un dynamisme qui l'a poussé à réaliser le premier lotissement privé de Tiflet. Outre ses locaux commerciaux et sa boulangerie (neuf employés) la régression de la promotion immobilière à Tiflet et l'arrêt de ses investissements semblent indiquer les limites d'un réseau de relations fortement marqué par les contacts d'Algériens et de colons en partance (dans les années 60) et d'une faible intégration locale.

QUELQUES ENSEIGNEMENTS

Les principales caractéristiques de l'élite économique de Tiflet sont un produit de l'histoire de cette ville dans sa région. Le potentiel économique local corrélé à l'intégration

362- Ce qui ne le dispense pas d'avoir des contacts permanents avec l'autorité locale (qui l'invite aux cérémonies officielles) et les membres du CM. Ne serait-ce que pour obtenir les autorisations nécessaires pour les lotissements ou son local de téléboutique.

nationale des notables ruraux des Zemmour (formation, intégration dans la fonction publique et l'armée) ont fortement marqué le comportement économique de l'élite traditionnelle Zemmouri. La modernisation de l'agriculture, la collecte des produits céréaliers, la position de relais sur une route nationale, la fixation de familles de militaires, de résidents marocains à l'étranger et de fonctionnaires ont constitué des atouts économiques majeurs pour cette ville située à une cinquantaine de kilomètres de la capitale politique du pays. Or, hormis l'agriculture, ces différents atouts vont surtout bénéficier à une population allogène qui va occuper très tôt une position privilégiée dans différents secteurs (commerce de gros, commerce spécialisé, promotion immobilière, industrie). La tradition d'une société locale Zemmouri qui "absorbait" les populations étrangères a trouvé une certaine continuité.

En termes sectoriels, les notables ruraux et leur progéniture ne vont investir que dans le secteur foncier. L'implication de deux d'entre eux dans la principale unité industrielle de Khemisset n'a pas été de longue durée (voir supra). Seul se distingue le rachat de fermes coloniales et l'adoption de certaines nouvelles techniques agricoles alors que le principal investissement est réalisé dans la spéculation foncière urbaine. Les autres secteurs d'investissement sont laissés à d'autres acteurs.

Ici plus qu'ailleurs, le politique s'encastre dans l'économique : c'est dans la spéculation foncière que les plus grands profits sont réalisés - et c'est en ayant une place privilégiée dans la gestion urbaine que ces derniers sont assurés !

Ainsi, n'émerge de cette ville qu'une seule famille d'entrepreneurs ayant bâti sa fortune sur des bases "économiques". Il s'agit d'une famille Doukkali ayant bénéficié d'une situation de monopole dans le commerce des grains. Bénéficiant d'appuis exceptionnels au niveau central, elle a pu rayonner économiquement et investir dans les grandes villes. En position d'attente de toute opportunité locale, elle paraît incapable de conquérir de nouveaux marchés en adaptant au mieux les potentialités Zemmouri.

Enfin, l'élite économique de Tiflet reste le propre d'une couche moyenne qui s'est développée et/ou renforcée dans les années 70 à l'aune d'une situation politique et économique favorable. Ceci s'est traduit, d'une part, par le développement et la diversification du secteur commercial lié à la multiplication du nombre des fonctionnaires et l'augmentation de la commande de l'Etat (cas n°6 et n°9). D'autre part, la marocanisation et le départ des anciens colons ont profité à une petite frange de la couche moyenne qui a renforcé son patrimoine au niveau local (cas n°8 et n°10).

La conjugaison de ces deux situations souligne une démarcation claire entre une partie de l'élite économique ayant un réseau de relations élargi et un espace de déploiement économique (et politique) national et une autre, plus versée dans le secteur commercial local, la petite promotion immobilière et l'agriculture, ayant un réseau de relations cantonné au niveau régional. Après une diversification de leurs activités pour s'adapter à la demande, (année 1970-1980) leur repli sur le local les a poussé à épuiser les possibilités d'investissement locales par une recrudescence de la concurrence face à la stagnation économique des années 90 (arrêt de l'embauche dans la fonction publique, chute du budget d'équipement, stagnation du secteur public et début des privatisations, ouverture du marché local...). Dans cette partie de l'élite économique, il faut aussi marquer la présence d'une élite rurale dont le réseau de relations restreint a limité les ambitions. En situation de régression actuellement, elle constitue par son enracinement (forcé ?) local un atout. Mais, ne pouvant réaliser la liaison avec d'autres marchés (national ou international), ils n'arrivent pas à assurer leur propre "survie". Le lien, l'intermédiation doit passer par des impulsions et/ou des leviers externes : banques de développement local, agences de développement de certains ministères (agriculture, industrie...), O.N.G... Jusqu'à présent, "l'épaulement" du secteur privé par l'Etat dans ce niveau de ville est loin de constituer une priorité ! Les logiques sécuritaire et clientèliste priment toujours !

Par ailleurs, le cas de Tiflet met en exergue l'importance du réseau social[(363)] pris comme relations binaires permettant la circulation des ressources et de l'information associé à la territorialité de l'individu.

Ainsi, l'origine sociale et géographique influent directement sur le réseau de relations créé. D'une part, l'origine sociale oriente vers le type de formation et la stratégie de carrière (qui impliquent un même lieu de formation et un regroupement d'individus ayant désormais des liens à développer), d'autre part, l'origine géographique imprègne le rapport au territoire d'appartenance et/ou d'accueil.

La territorialité ainsi dessinée nous renseigne alors autant sur les capacités d'investissement que sur le comportement global d'une élite économique ayant diverses origines. A Tiflet, cette approche ne s'en est trouvée que plus confortée !

363- Ensemble d'individus entretenant des relations binaires permettant la circulation de ressources (et d'information). Le réseau social ne produisant pas d'identité collective (J.M. OFFNER, D. PUMAIN. "Réseaux et Territoires". Editions de l'Aube - 1996).

CONCLUSIONS PARTIE I

Les différents cas étudiés permettent de dégager, d'une part, des permanences et des invariants, d'autre part, des spécificités liées à la prégnance du territoire et à la variété des contextes locaux.

Permanences et invariants

1- Phénomène connu et mainte fois repris dans cet essai, « l'économique enchâssé dans le politique »se vérifie pleinement à travers les différentes trajectoires dessinées par les élites économiques au niveau local. La plupart des itinéraires montrent l'appui du «centre» dont a pu bénéficier l'élite à un moment ou un autre de son évolution. Trois phases historiques essentielles se dégagent :

- La période coloniale qui a vu le renforcement (économique) d'une élite rurale et /ou celui (politique à travers la lutte pour l'indépendance et la formation) d'une élite urbaine traditionnelle
- Le départ des colons et le rachat de leurs terres et de leurs affaires commerciales par une élite urbaine traditionnelle ou par une élite émergente.
- La fin des années 70 : l'ouverture du système politique local à travers diverses échéances électorales et la multiplication/renforcement d'une élite fortement soutenue par le « centre ». Ainsi, ces trois périodes ont fini par voir se constituer, dans tous les cas étudiés, un groupe, ou du moins des élites économiques locales ayant, chacune, suffisamment d'influence et de poids politique (notamment par le développement d'un réseau de relations qui permet les connexions nécessaires avec les agents des différentes administrations locales) pour faire aboutir à elles toutes les opportunités locales qui se présentent. Il s'agit, ici, d'un nombre très réduit de personnes qui bénéficie aussi d'une large enveloppe financière corrélée à un réseau permettant de détenir les informations nécessaires (reprise d'une affaire privée, arrivée d'investisseurs étrangers, possibilité d'ouverture d'une carrière de sable.., état de la planification urbaine…). C'est assurément durant ces vingt dernières années que nous avons vu le renforcement de cette élite au niveau local.

Au-delà des cas étudiés, la ville moyenne recèle, de par son enracinement à son territoire, et la facilitation des relations interindividuelles, la capacité de faire émerger une élite locale. Les conditions individuelles (capital culturel, capital social...) corrélées au potentiel économique et politique du territoire concerné et sa place dans les orientations nationales voire internationales (politiques et économiques) finissent par porter une partie de cette élite au niveau national.

Les cas sont rares, souvent représentés par un individu unique! L'articulation du local au global semble se faire essentiellement par un processus d'intégration. Le global se déploie pour "tirer" de chaque espace local des relais ayant émergé localement.

2- Economiquement, la faiblesse du tissu industriel, l'absence de tertiaire supérieur, l'indigence des populations locales ont été largement étudiées dans le cas des villes moyennes[364].Ces caractéristiques ont certes contribué à limiter l'arrivée en ces lieux d'investisseurs d'envergure nationale voire internationale et semblent constituer aussi des freins à l'investissement des élites locales à partir d'un certain niveau d'accumulation et d'ouverture. Aussi, si l'essentiel de la fortune de ces élites a été réalisé dans des activités et investissements locaux, ces lieux ne bénéficient plus de la même attention lorsque le réseau de relations de ces élites permet l'investissement en d'autres cieux. L'attache au territoire que suppose une élite locale ne se vérifie pas. Seule subsiste une logique de prédateur.

3- L'étude de l'émergence et/ou du développement des élites économiques montre tout l'interêt de l'approche du comportement économique mis en œuvre au travers de l'histoire de vie de chaque acteur. Cette approche se justifie d'autant plus qu'il s'agit essentiellement d'entreprises familiales. Si les patrimoines économique, culturel et social restent essentiels dans ces itinéraires, montrant par là des stratégies de reproduction, il faut souligner aussi les grandes marges de manœuvre et d'innovation des individus. Les périodes de succession éclairent ainsi des stratégies individuelles où les différents héritiers s'enferment de plus en plus dans des logiques relevant de la reproduction de leur propre famille nucléaire au détriment de toute préservation d'une gestion unique du patrimoine hérité. De même que des itinéraires particuliers montrent certes l'importance de la famille ou du réseau de relations, mais ils soulignent surtout la part des compétences individuelles dans cette liberté d'entreprendre dans le sens de l'innovation par rapport aux pratiques des anciens. Ainsi en est-il des enfants de ces artisans d'une ville traditionnelle qui se sont ouverts l'un sur l'industrie, l'autre sur un tourisme culturel (secteurs exigeant une grande ouverture) ou des individualités qui émergent dans une communauté allogène (monopolisant le commerce) par leur investissement dans une activité spécifique (la promotion immobilière …).

4- Peu d'acteurs locaux s'inscrivent dans une logique territoriale de valorisation des ressources et des valeurs locales dans une articulation du « patrimoine local »aux logiques et marché national ou international. La promotion de la ville et de sa région à travers « la mise en valeur du patrimoine local » par les élites locales reste absente dans les pratiques observées. Construire une « image du local » pour mieux se placer dans la compétition internationale ne constitue pas un enjeu. Seuls quelques cas émergent dans des conditions particulières. Il s'agit alors de jeunes des villes traditionnelles ouverts sur d'autres cultures et ayant conscience de l'enjeu. Même si leur poids dans la cité reste encore faible, ils permettent d'envisager d'autres pratiques autour du patrimoine et une ouverture du système politique local.

La nouvelle conjoncture mondiale et locale des années 90 montre aussi le début d'un nouveau processus avec la difficile émergence de nouvelles élites économiques. Les politiques de crédit mises en œuvre n'ont pu « accrocher » que quelques jeunes ayant déjà des atouts localement (terre héritée, capital initial...). L'absence d'appuis techniques et de gestion finit par créer un vide autour de ces jeunes. Seuls quelques cas se maintiennent économiquement.

La prégnance du territoire

Le territoire local, bâti sur des bases institutionnelles (maillage administratif..) en articulation avec le territoire de l'Etat, est compris ici, aussi bien comme base économique autour de laquelle se construit un réseau de relations sociales, comme lieu d'affirmation

364- R.ESCALLIER «Le système urbain marocain» in Maghreb Machrek n°96 Aout- Juin 1982, voir aussi, A.IRAKI ,M.SOUAFI et ASEKROUHI «L'armature urbaine du Maroc» in RGM vol 14 nouvelle série,1992.

politique, de représentation et d'identification, que comme-espace support pouvant présenter certains atouts dans l'économie nationale et internationale ou comme « producteur » d'élites intégrées dans les structures centrales.

La prégnance du territoire nous interpelle à ces différents niveaux :

1- Si l'intégration et/ou l'articulation au global est une constante (l'ensemble du territoire national connaît certes des degrés différents d'intégration économique, mais tout le « local » est « utile ») elles s'expriment différemment d'un territoire et d'un contexte à un autre. Ainsi, en tant que productrices d'une élite économique nationale, les villes moyennes ne s'affirment dans ce rôle que lorsque les ressources locales sont inscrites dans une aire de drainage nécessitant des intermédiaires locaux (l'exemple de Souk Larbaa est unique parmi les cas étudiés). Il en est de même pour les élites politiques. Des contextes historiques donnés (proximité géographique de la capitale politique, politique de formation menée par les autorités coloniales dans une région berbère..) placent des régions particulières comme productrices d'une élite du Makhzen (Tiflet et le pays Zemmour rentrent bien dans ce cadre). Le territoire constitue ainsi un support à des logiques du centre.

2- « Territorialités des élites et investissement économique» constituent le dernier angle d'observation de cet essai. Il suppose une mise en adéquation entre les réseaux de relations, les territorialités dessinées par les élites (lieux de recours, lieux d'investissement, espace matrimonial) et la formation de territoires compris comme un espace -support bénéficiant d'une certaine continuité spatiale et englobant une collectivité qui revendique des liens d'appartenance et qui a une capacité d'affirmation politique. Sur l'ensemble des cas étudiés, seul se démarque celui de Chefchaouen. L'ancrage des réseaux dans la région Nord est un trait essentiel qui marque l'investissement économique et le développement. L'espace de déploiement économique, à quelques exceptions près, reste cantonné dans une zone couvrant le Rif occidental et passant par les deux grandes villes de Tanger et Tetouan. Même les extensions réalisées se font avec le Sud de l'Espagne voisin.
Pour les autres cas, les réseaux de relations suivent des logiques ethniques d'élites allogènes qui finissent par investir dans des espaces bien éloignés de la ville étudiée. Le cas de Souk Larbaa, ville carrefour, montre la variété des territorialités dessinées (englobant des villes allant du Sud d'Agadir à Tanger) qui ne s'inscrivent pas dans des territoires comme définis plus haut. Enfin, la proximité d'une grande ville constitue toujours une entrave à l'investissement local dans les petites villes. Leurs élites s'inscrivent davantage dans une logique d'ancrage dans la grande ville au détriment d'un processus qui amènerait des investissements nationaux dans ces localités.
L'ensemble de ces cas éclaire encore une fois l'importance du processus historique propre à chaque zone dans la construction des territoires. Il finit par déposer les sédiments donnant sa spécificité à chacune des sociétés locales.

Toutefois, ces quelques éléments sur l'élite locale et son comportement économique ne peuvent trouver toute leur signification que par l'introduction d'une double dimension : la place de la valorisation du patrimoine foncier dans la logique d'investissement et la place d'un pouvoir d'influence de ces élites sur la gestion urbaine. Deux thèmes, qui constituent l'ossature de la deuxième partie de cet essai.

Partie II

ELITES LOCALES, TERRITOIRES ET GESTION URBAINE

INTRODUCTION

Les débuts des années 80 correspondent à de "nouvelles politiques de l'Etat" recommandées par la Banque Mondiale pour le traitement de l'habitat précaire (bidonvilles, douars ...) et des quartiers non réglementaires ("clandestin") qui se traduisent de plus en plus, soit par l'éradication (et transfert des populations vers de nouveaux lotissements) ou la restructuration des premiers, soit par la régularisation des seconds (régularisation foncière, introduction des infrastructures ...)(1).

Pierre Signoles voit dans ces "nouvelles politiques" la reconnaissance par les acteurs publics de la légitimité de l'action des acteurs populaires et (...) de nouvelles formes de la transaction sociale". Elles s'expliqueraient aussi bien "par la crise de l'Etat Providence" que par l'accroissement de la masse de population qui réside dans ces quartiers et représente de plus en plus des risques d'explosion sociale". Mais plus encore, la régularisation, la restructuration de ces quartiers en tant qu'enjeu majeur dans ces villes (le changement de statut des habitants de ces quartiers dans la ville donne du "pouvoir" à qui va le négocier, de même que la négociation autour de la répartition des coûts de l'équipement entre les différents acteurs) fait intervenir des médiateurs entre pouvoirs publics et population. Ils se positionnent comme "des personnes - clés du contrôle social"(2). Fortement impliqués dans le pouvoir municipal, ces médiateurs forment souvent l'élite politique dans la ville (alors que les compétences du conseil municipal ont été étendues depuis 1976; voir infra). Ayant un patrimoine foncier dans la ville, ils agissent alors comme lotisseurs "clandestins", l'Etat leur transférant la charge de la production foncière et immobilière pour les couches populaires et certaines couches moyennes. Toutefois, quelque soit son implication au niveau foncier, l'élite politique se retrouve au centre de toute négociation autour de la restructuration d'un bidonville ou de la régularisation d'un quartier non réglementaire.

- Quelle est la place des élites locales en tant que médiateur dans la gestion urbaine ?

Cette question interpelle aussi bien quant aux ressources de pouvoir endogènes propres aux élites locales dans leur milieu et leur conférant une légitimité (qui les place en tant que médiateur avec le pouvoir central et ses représentants locaux) qu'au nécessaire recours aux ressources externes octroyées par le centre pour "gérer" leurs relations aux populations locales. Le géographe, dans sa mise en exergue du facteur spatial (traduit en termes d'espace géographique et temporel en évolution) relève alors l'importance d'un processus de légitimation qui puise ses sources dans les valeurs propres à la société locale.

1- Ce processus a été largement décrit lors du séminaire international organisé par l'Agence Nationale contre l'Habitat Insalubre (A.N.H.I) et l'Agence Américaine pour le Développement International (U.S.A.I.D) "Habitat insalubre et stratégie d'intervention" Mai 1994.
- Rapport introductif,
- My. Chrif TAHIRI "Politiques d'intervention de l'Etat en matière d'habitat : expériences et enseignements",
- CHORFI Abderrahmane "L'habitat insalubre au Maroc - définitions et caractéristiques".

2- Pierre SIGNOLES "Acteurs publics et acteurs privés dans le développement des villes du monde arabe" communication présentée à la Fondation Giovanni Agnelli, Turin - 12-13 Décembre 1994 - p.29 à 33.

Cette double articulation demande en permanence une observation des comportements des élites envers les populations qu'elles sont censées représenter et /ou leurs relais d'une part, les autorités territoriales et les décisions centrales d'autre part.

-Foncier et processus de régularisation des quartiers non réglementaires.

C'est autour de la question foncière et de la gestion municipale que nous focaliserons notre attention dans un premier temps. Bien entendu, il ne s'agira pas d'appréhender les différentes dimensions (économique, sociologique, juridique) de la question mais de repérer des acteurs réels qui opèrent des mouvements de concentration par appropriation et accaparement des terres et des terrains, qui cherchent à accéder à la rente foncière urbaine, qui "organisent" la soumission tributaire des exclus en prélevant sur eux des tributs fonciers monétaires et/ou en les forçant à s'intégrer à un réseau de clientèle socio-politique ou d'allégeance électorale[(3)]. Bien entendu, ces actes de gestion foncière s'inscrivent dans un cadre plus global de renforcement et/ou de constitution de certaines classes ou groupes sociaux. L'intervention de la puissance publique est ici essentielle (offre et demande foncière, mobilisation des terres au profit de certains propriétaires fonciers...).

En effet, depuis les années 1970 on pouvait relever dans plusieurs pays du Tiers Monde (Brésil, Egypte, Maroc) : le désengagement de l'Etat dans le domaine foncier urbain.[(4)]. Au Maroc, si on enregistrait une baisse importante de la production de logements pour les bas revenus, l'Etat avait distribué terrains et crédits-logements à la classe moyenne dans les années 1970. Treize ans plus tard, les programmes d'ajustement structurel et l'épuisement des réserves foncières de l'Etat vont entraîner une diminution de l'offre foncière publique en faveur de la classe moyenne. Parallèlement, le Ministère de l'Intérieur s'adjuge toutes les compétences en matière d'urbanisme et opère un resserrement, ou, du moins, un contrôle strict de l'urbanisation alors que les terrains agricoles et périurbains (en particulier) vont connaître une hausse spectaculaire[(5)].L'accès à la propriété du sol devient de plus en plus difficile aussi bien pour les classes à bas revenu que pour les classes moyennes. Ces dernières s'orientent alors de plus en plus vers des espaces délaissés auparavant, notamment les quartiers non réglementaires... Ces espaces valorisés se trouvent de plus en plus investis par des catégories de ménages ayant des revenus supérieurs à ceux des catégories qui y habitaient initialement surtout lorsque l'Etat intervient pour restructurer ces quartiers"[(6)].

3- Alain DURAND - LASSERVE et Jean François TRIBILLON "La production foncière et immobilière dans les villes des pays en développement" p.11 - in Herodote n°31 Octobre-Décembre 1983.

4- A. DURAND - LASSERVE et J. F. Tribillon "La régularisation foncière dans les pays du Sud" in Etudes Foncières n° 68, Septembre 1995.
- J. F.. TRIBILLON "les trois fronts du dualisme urbain" in Etudes foncières n°72 - Septembre 1996.

5- Abdellah LEHZAM la situe à 13% par an alors que le taux d'inflation était de 7% in A. LEHZAM "Pauvreté, Propriété et Location au Maroc" in les Annales de la Recherche Urbaine n°66 Parc 1995.

6- Ibid/ ¨/112.

Toutes les villes du Maroc ont vu se développer ainsi l'habitat non réglementaire dit habitat clandestin (7). Il devient, depuis plus de 20 ans une caractéristique majeure du type d'urbanisation que connaît le Maroc. Felix Damette y voit le "modèle d'urbanisation original, le plus cohérent avec l'Etat et les problèmes des sociétés arabo-islamiques"(8).

Sans chercher un approfondissement de la problématique de "l'habitat clandestin" au Maroc, son extension est un fait qui s'inscrit dans une double conjoncture depuis les années 80 : le renforcement des compétences du conseil communal en matière de gestion foncière (voir infra) d'une part et une période où le foncier urbain devient un enjeu stratégique (pour l'Etat) au niveau local pour y opérer des opérations de clientélisme, et de cooptation d'autre part, (le renforcement des compétences du gouverneur et la main mise par le Ministère de l'Intérieur sur les services de l'urbanisme entre 1985 et 1998 ne peuvent être lus que dans ce sens). Notre objet consiste à souligner l'importance des quartiers périphériques dans la stratégie des élites locales. Ces lieux constituent des points d'observation privilégiés des enjeux urbains ; en tant que réceptacle de flux de migrants ruraux et de certaines couches moyennes et en tant que lieu de valorisation foncière d'une élite urbaine ils acquièrent une importance primordiale dans la régulation sociale et la négociation de la "norme". Si la présence de cette lame de fond s'avère nécessaire, nous nous attacherons aussi à décrire ces éléments de "captage" et de création de réseau de clientèle dans la trajectoire des élites locales. Les différentes pratiques de ces élites touchent également à l'aménagement urbain, mais nous ne ferons que les décrire dans la mesure du possible sans en analyser l'ensemble des conséquences sur la "construction" matérielle et sociale de la ville qui demanderaient des études spécifiques.

Encore une fois, une variété de situations locales demande à être étudiée afin de mesurer les "constantes" et le poids de différents facteurs dans chaque spécificité locale. La "négociation" diffère en effet suivant le poids de chaque statut foncier dans la ville, le niveau de représentation des agents de l'administration et de l'autorité locale(9), les besoins en logement en rapport avec le marché foncier et immobilier, les types d'acteurs propriétaires du foncier dans la ville...

7- Population de l'habitat clandestin dans les grandes villes et les villes moyennes

Population en habitat clandestin	Grandes villes (100.000 ha)	%	Villes moyennes (30.000-100.000)	Ensemble
Clandestin municipal	500.000	71	240.000	740.000
Clandestin périurbain	200.000	29	10.000	210.000
Total clandestin	700.000	100	250.000	950.000
Part du clandestin par rapport à la population urbaine	12%		18%	13%

Source : Ministère de l'Habitat : Direction de l'Habitat : étude des possibilités de prévention de l'habitat clandestin 1987.
Plus récemment, une enquête du Ministère de l'Habitat sur les quartiers clandestins, effectuée en 1993, a recensé une population estimée à deux millions d'habitants, soit 15% de la population urbaine (recensement de 1994) occupant 10.409 hectares. Mais toutes ces estimations négligent la prolifération de ce type d'habitat en dehors des périmètres urbains.

8- Felix DAMETTE "La question urbaine dans le Monde Arabe" in Espace et société "Succès de la ville, crise de l'urbanité" n° 65-1991.

9- La présence du gouverneur ne concerne que le chefs-lieux de Province ou Préfecture. Ailleurs, le Pacha n'a pas les mêmes compétences au niveau local, le recours au gouverneur et au chef-lieu de la Province est permanent pour les questions relatives à l'urbanisme et à la planification urbaine.

Pour chaque cas il s'agira d'étudier des quartiers périphériques dont le traitement relève de cette "nouvelle politique" de régularisation des quartiers non réglementaires (cas de Chefchaouen) ou de restructuration (et équipement) de bidonvilles (cas de Souk Larbaa et de Tiflet) menée par l'Etat depuis le début des années 80 sous les directives de la Banque Mondiale. Autour de ces opérations, un système d'action se développe mettant en scène plusieurs acteurs : élite politique (représentant plus ou moins les grands propriétaires fonciers), habitants et représentants de quartier, personnel d'autorité au niveau local (ou provincial), services techniques d'urbanisme (local et central), services techniques fournissant les infrastructures de base (eau, assainissement, électricité ...)...

L'approche préconisée ici, place le pouvoir comme partie prenante dans toute relation. Elle part de la proposition de Michel Foucault qui voit un « (le) pouvoir (est) partout, ce n'est pas qu'il englobe tout, c'est qu'il vient de partout », il n'y aurait pas alors à le voir « dans l'existence première d'un point central, dans un foyer unique de souveraineté d'où rayonneraient des formes dérivées et descendantes ; c'est le socle mouvant des rapports de force qui induisent sans cesse, par leur inégalité, des états de pouvoir mais toujours locaux et instables ».[10]

Cette approche du pouvoir a été prolongée par Michel Crozier et Erhard Friedberg autour de l'acteur. Chaque acteur jouit avant tout d'une liberté : "c'est un agent autonome capable de calcul et de manipulation qui s'adapte et invente en fonction des circonstances et des mouvements de ses partenaires (...) la persistance de cette liberté défait les réglages les plus savants, faisant du pouvoir en tant que médiation commune de stratégies divergentes le mécanisme central et inéluctable de régulation de l'ensemble". Le pouvoir, non assimilé à celui qui détiendrait une autorité établie (...) ni le simple reflet et produit d'une structure d'autorité, ni un attribut (...) mais le résultat toujours contingent de la mobilisation par les acteurs des sources d'incertitudes pertinentes[11] qu'ils contrôlent dans une structure de jeu donné, pour leurs relations et tractations avec les autres participants à ce jeu. C'est donc une relation qui, en tant que médiation spécifique et autonome des objectifs divergents des acteurs, est toujours liée à une structure de jeu"[12]. Le pouvoir d'un acteur se trouverait dans ses relations aux autres acteurs dans le système d'action.

Plus encore, comme le note Pierre Signoles[13], cette approche engage les réflexions sur les processus de décision des institutions et des individus eux-mêmes. M. Crozier et E. Friedberg partent des observations empiriques suivantes :

10-M.FOUCAULT « Histoire de la sexualité.La volonté de savoir » Gallimard, Paris, 1976, p 122.

11-"Tout problème matériel comporte une part appréciable d'incertitude, c'est à dire d'indétermination quant aux modalités concrètes de sa solution. Or, ce qui est incertitude du point de vue des problèmes est pouvoir du point de vue des acteurs. Ils s'inscrivent dans un champ inégalitaire. Ceux qui, par leur situation, leurs ressources et leurs capacités (qui sont, bien entendu, toujours personnelles et sociales) sont capables de les contrôler, utiliseront leur pouvoir pour s'imposer face aux autres (...) Le pouvoir réside dans la marge de liberté dont dispose chacun des partenaires engagés dans une relation de pouvoir, c'est à dire dans sa possibilité plus ou moins grande de refuser ce que l'autre lui demande. Et la force, la richesse, le prestige, l'autorité, bref, les ressources que possèdent les uns et les autres n'interviennent que dans la mesure où ils leur fournissent une liberté d'action plus grande".
M. CROZIER et E. FRIEDBERG "l'Acteur et le Système" Ed. Seuil - 1977 - P23 à 24.

12-M. CROZIER et E. FRIEDBERG op. cit. 69 à 72

13-P. SIGNOLES : "Acteurs et enjeux..." - op. cit. P2.

"- L'acteur n'a que rarement des objectifs clairs et encore moins des objectifs cohérents(...),
- Pourtant son comportement est actif. S'il est toujours contraint et limité, il n'est jamais directement déterminé (...),
- (...) il est rationnel d'une part par rapport à des opportunités et à travers ces opportunités au contexte qui les définit et, d'autre part, par rapport au comportement des autres acteurs,
- C'est un comportement qui a deux aspects : un aspect offensif : la saisie d'opportunités en vue d'améliorer sa situation ; et un aspect défensif : le maintien et l'élargissement de sa marge de liberté, donc de sa capacité d'agir".

A partir de là la stratégie n'est rien d'autre que "le fondement inféré expost des régularités de comportement observées empiriquement (...) la réflexion en termes de stratégie oblige à chercher dans le contexte organisationnel la rationalité de l'acteur et à comprendre le construit organisationnel dans le vécu des acteurs"(14).Cette conception large de la stratégie permet davantage de se dégager du contenu idéologique donné par De Certeau (« la stratégie postule un lieu susceptible d'être circonscrit comme *un propre* et donc de servir de base à une gestion de ses relations avec une extériorité distincte .La rationalité politique, économique ou scientifique s'est construite sur ce modèle stratégique. »)(15)

L'approche en termes d'acteurs dans un système d'action et de stratégie d'acteurs trouve toute sa place dans le cas qui nous intéresse dans la mesure où cette sociologie des organisations peut être élargie à celle du système politique local.

Toutefois, dans notre cas (politique urbaine d'une municipalité) sommes-nous en présence d'un système ayant une cohérence interne, des limites précises, un type de fonctionnement particulier et un mode de rapport systémique aux autres systèmes,? ou ne s'agit-il pas d'ensembles pratiques (M. Foucault), définis par Michel Lussault comme : "un construit destiné à produire et organiser l'action collective finalisée par des buts (...) conduire une municipalité constitue une finalité qui permet la mise en place d'un ensemble pratique très formalisé. Les ensembles pratiques sont formés de ce que les individus intentionnels qui y sont inscrits font et des manières dont ils le font, leurs actions étant finalisées par une série d'objectifs qui structurent l'ensemble pratique et constituent sa raison d'être"(16).

Plus encore, Jean Daniel Reynaud, commentant la théorie des organisations élaborée par Michel Crozier, introduit un élément qui modifie le paradigme de la théorie des jeux : "l'acteur ne joue pas seulement dans le système mais aussi avec le système (les règles du jeu incomplètes et provisoires, ne sont pas seulement le résultat des stratégies passées, mais aussi l'objet de stratégies en vigueur). Une part importante des conflits et négociations concerne le maintien, la modification, le changement ou la suppression des règles (...). Les règles deviennent l'objet principal de l'action des acteurs et l'étude de leur nature et de leur formation l'objet principal de l'analyse" (17).

14-M. CROZIER et F. FRIEDBERG - op. cit. P55 à 57.

15-M.de CERTEAU : « L'invention du quotidien.1.Arts de faire »Gallimard.1990.p XLV1

16-Michel LUSSAULT : "L'espace en actions - De la dimension spatiale des politiques urbaines" Diplôme d'Habilitation à Diriger des Recherches en Géographie Université François Rabelais - Tours - Décembre 1996. p.174- 175.

17-Jean Daniel REYNAUD "Les règles du jeu - L'action collective et la régulation sociale" Armand Colin reed 1997 - p.13.

Cette constatation nous semble plus que pertinente dans la situation des quartiers périphériques des petites et moyennes villes. Le non-respect de la règle, l'écart à la norme, la reconnaissance par l'Etat de la légitimité de l'action des habitants montrent un processus de régulation (la règle n'est pas une contrainte fixée une fois pour toute. C'est l'exercice de cette contrainte qu'il faut étudier. La manière dont se créent, se transforment ou se suppriment les règles)[18].

Dans le processus de négociation ouvert autour de la régularisation des quartiers non réglementaires (reconnaissance au droit à la construction et à l'équipement) ou de la restructuration de bidonville (régularisation de la situation foncière, partage des coûts d'équipement entre les différents acteurs), la légitimité des acteurs et notamment celle des élites locales et leur rôle de médiateur s'avèrent essentiels. De leurs rapports (de pouvoir) aux populations des quartiers périphériques et à leurs représentants, aux services techniques chargés de l'urbanisme, aux autorités locales et centrales dépendent l'issue de la négociation.

Cette négociation fait intervenir en permanence l'Etat central en tant que producteur de normes, de source d'appui à certains acteurs et en tant que garant de l'ordre social (le monopole de la violence par l'Etat et le maintien de l'ordre ne sont pas des enjeux de négociation entre le central et le local). La description du processus de régularisation autour des quartiers périphériques met en exergue le système politique local. En effet, cet enjeu majeur renseigne tout autant sur la justice socio spatiale [19], sur l'expression politique des couches populaires que sur les mécanismes de recomposition du pouvoir local (légitimité de l'élite, circulation de l'élite). Le Conseil Municipal et son président sont ici un lieu privilégié d'observation de l'élite locale en actes (le dahir de 1976 attribue au président la plénitude des pouvoirs de l'exécutif. Dans les villes étudiées, ils exercent jalousement le monopole de leurs prérogatives [20]).

Toutefois, une attention particulière sera accordée au territoire et à son expression politique. La notion de territoire, compris non seulement comme une entité construite sur des bases d'appropriation, affectée d'une idéologie territoriale (M. Lussault), mais également comme groupement autour d'intérêts communs variant dans le temps et capable de re-créer du lien social et de mener une action politique, reste à interroger. Si l'on suit G. Bottazi dans son approche du « local » qui se construirait entre la sociabilité et le politique ; l'espace local serait délimité par « l'unité sociale minimale » qui réagit face à la politique (du centre) il y aurait une ré-appropriation progressive du « politique »[21]. Au-delà de la signification que l'on donnerait au local et à son échelle, cette proposition nous invite à poser deux questions:

- Ne doit-il pas y avoir un catalyseur de l'action politique (en fait) l'enjeu ou le mobile qui cristallise cette action.

18-J. D. REYNAUD op. cit. P19.

19-Jacques LEVY pose comme condition à la justice spatiale : le respect des quotas de population par unité électorale et la correspondance entre l'espace civil (comme échelle sociétale pertinente - ici, le quartier) et l'espace politique (la circonscription électorale) - in - Jacques LEVY : "L'espace légitime". Presses de la Fondation Nationale des Sciences Politiques - 1994 - p.179 à 195.

20-M. BRAHIMI constate toutefois l'ambivalence créée par les dispositions de l'article 7 de la loi de 1976 relatives à la démission du président par les deux-tiers qui introduit l'instabilité mais qui n'a été utilisée que par 112 conseils communaux sur 1544 en exercice entre 1983 et 1992 (soit un peu plus de 5%) et 83 tentatives infructueuses - voir Mohamed BRAHIMI "La loi communale de 1976 à l'épreuve de la pratique" p.29-35 in "Décentralisation et pratiques locales du développement" - Université Hassan II Aïn Chock Casablanca 1996.

21-G. BOTTAZI « On est toujours le « local » de quelque « global », pour une (re)définition de l'espace local » in Espace et Société . L'Harmattan 1996.

- L'action politique, ou la « réaction » face à la politique du centre ne doit-elle pas, pour être constructive localement, « remettre en question » le pouvoir local. Elle supposerait alors l'existence de lieux de décisions locaux. Au Maroc, malgré toutes les critiques que l'on pourrait porter à la charte communale de 1976, cette dernière a pu mettre en lumière la municipalité comme lieu de pouvoir et en tant que tel comme lieu où convergent les diverses demandes sociales.

- En prenant comme lieu d'observation les quartiers non réglementaires, ou récemment régularisés, tous deux souffrant d'un sous-équipement patent, l'accent est mis sur des contextes de changement social important où se dessine aussi bien une appropriation du quartier par la mise en place d'équipements collectifs (salles de prière, garderie, ….) et de services urbains (ramassage des ordures, gardiennage) qu'une « mobilisation des habitants à atteindre les biens de l'urbanisation et à jouir des droits que confère l'urbanité ». Si ce catalyseur paraît nécessaire, alors, force est de constater que ces « actions politiques » ne peuvent être que variables dans le temps. Des actions « ad hoc » qui utiliseront nécessairement différentes formes d'organisations sociales. Le passage peut se faire par l'amicale, le réseau familial, le groupe de clientèle, l'association religieuse . Il y a à accorder de l'intérêt à chacune de ces formes d'intermédiation à travers les valeurs du local et les compétences qu'elles supposent d'une part, d'en cerner toutes les articulations aux institutions de gestion et aux élites locales d'autre part. L'interrogation sur le pouvoir local ne peut se départir de cette appréciation de Michel Foucault : « là où il y a pouvoir, il y a résistance, celle-ci n'est jamais en position d'extériorité par rapport au pouvoir … Mais cela ne veut pas dire qu'elles (les résistances) n'en sont que le contrecoup, la marque en creux, formant par rapport à l'essentielle domination un envers finalement toujours passif … Elles sont l'autre terme, dans les relations de pouvoir ; elles s'y inscrivent comme l'irréductible vis-à-vis »[22]

Si l'étude du leadership est bien celle du comportement des élites locales dans leurs relations aux populations, alors, force est de constater que ce comportement ne peut être apprécié à partir d'un seul pôle (celui des élites). Il s'agit du lien social qui s'organise ou se négocie entre élites et milieux populaires (M. Bertrand, 1997). La logique propre à «l'autre versant » et au mode d'organisation choisi par lui pour porter et faire aboutir ses demandes sociales deviennent primordiaux dans l'explication de ce rapport.

Foncier et planification urbaine

L'étude de l'élite en actes interroge aussi d'autres facettes de la gestion urbaine. Après une brève revue des capacités financières du conseil municipal, de l'identification des principaux enjeux de la gestion municipale (quartier, secteurs ... à travers la revue des procès verbaux du conseil) et des orientations prises pour l'équipement de la ville par les différents conseils (comptes administratifs) nous nous arrêterons sur la gestion foncière et la planification urbaine en tant qu'enjeu majeur dans la ville où se redéploient les différents acteurs. Là aussi, les grands propriétaires fonciers se confondent avec l'élite politique dans la ville pour "négocier" leurs intérêts fonciers avec les autres acteurs.

A l'instar de l'étude des acteurs dans le processus de régularisation, celle émanant des "négociations" autour du plan d'aménagement des villes nous permet de nous focaliser sur

22 M.FOUCAULT « Histoire de la sexualité. La volonté de savoir » Gallimard 1976. p.125-127

ce qu'appelle Michel Lussault "une situation comme convergence relationnelle d'individus, motivée par un objectif particulier, au sein de laquelle s'épanouissent des stratégies actorielles et se manifeste l'importance d'outils et objets divers". Encore une fois, "La situation constitue une sorte de condensation de l'ensemble pratique (politique locale). Elle permet son appréhension et, in fine, sa compréhension" [23].

Toutefois, dans cette "négociation", l'espace ne sera étudié qu'en tant que support de la rente foncière urbaine et de sa "répartition" entre les protagonistes. Un éclairage certes réducteur (ne prenant pas en compte l'espace comme instrument de la construction de la légitimité des élites ou comme objet chargé de valeurs) mais qui permet surtout de dégager aussi bien les conflits et alliances internes de l'élite locale que les opportunités ouvertes par la réponse locale aux directives centrales ou la pression de certaines demandes sociales dans les processus de légitimation des élites.

"Le dessein du plan constitue la carte de localisation des rentes différentielles. Le dessin du plan est de permettre ces redistributions en les rendant les plus acceptables possibles". Cette assertion de Rachid Sidi Boumedine pour l'Algérie[24] reste à relativiser pour le Maroc où le dessein et son issue sont négociables par le pouvoir local. La non-homologation de la plupart des plans d'urbanisme, leur ancienneté[25] et leur non-application relèvent certes de lenteurs administratives, mais elles mettent surtout la lumière sur les logiques des différents acteurs agissant dans le système de décision. Les entraves locales permanentes restent le reflet des contradictions internes. Autour du plan, le système politique local pourra être éclairé dans ses articulations au centre à travers les règles de la compétition politique, les stratégies d'alliance et les modes d'arbitrage des conflits.

23-Michel LUSSAULT "L'espace en action" op. cit. p.178.

24-Rachid SIDI BOUMEDINE "Les instruments de l'aménagement urbain en Algérie" formes nouvelles, contenus anciens ? Colloque de Tours 24-25 Octobre 1996.

25-Nombre de plans d'aménagement homologués par période et par région économique pour les villes moyennes en 1989.

	Avant 1970	**1970-79**	**1980-89**
Centre	8	1	4
Centre-Nord	2		
Centre-Sud	4	1	

CHAPITRE I/

L'ELITE TRADITIONNELLE FACE A LA CONCURRENCE DE NOUVEAUX ACTEURS URBAINS.

(Cas de Chefchaouen).

Les quartiers irréguliers et la planification urbaine mettent en avant la fin annoncée d'un Etat rentier jaloux de son monopole foncier (E. Le Bris) [(26)] dont l'action s'articule à celle d'un grand nombre d'acteurs parmi lesquels l'élite locale se distingue particulièrement. Afin de "dégager" l'action de cette dernière, deux lieux d'observation ont été privilégiés : le cas du quartier périphérique où se porte l'urbanisation actuellement (Aïn Haouzi) (section 1) et le processus "d'élaboration " (négociation) du plan d'aménagement de la ville (section 2).

La formation des quartiers non réglementaires dans le processus d'urbanisation

Jusqu'en 1975, la ville de Chefchaouen n'a connu qu'une croissance démographique lente (le taux d'accroissement démographique annuel entre 1960 et 1971 était de 1%) avec de nombreux départs et une population stabilisée à 16.610 habitants en 1971. La ville se limite alors dans la "médina" et la ville nouvelle (première extension en dehors de la médina). Jusqu'en 1920, la médina renfermait toute la population de la ville dans six quartiers qui s'articulaient autour d'un espace central, Outa El Hamam où étaient localisés les principaux équipements : la grande mosquée, le marché hebdomadaire, les *fandouk*, la *kasbah*....

Pendant le protectorat, la ville se développe en dehors de l'enceinte fortifiée, un plan d'aménagement et une ordonnance architecturale orientent l'urbanisation. La ville nouvelle s'articule autour de l'actuelle place Mohamed V qui regroupe les principaux bâtiments administratifs. La ville-nouvelle prend une grande importance par le regroupement des principaux équipements socio-éducatifs (écoles et centres d'enseignement), l'hôpital militaire, les casernes... Jusqu'en 1975, la ville se maintient dans ses limites des années 50. La médina se densifie dans sa partie la plus haute tandis que la nouvelle ville coloniale connaît quelques transformations : construction dans les espaces vides, démolition des casernes et installations militaires.

Avec la promotion administrative de la ville en chef lieu de province (1975), un nouveau quartier administratif voit le jour. Les besoins d'installer les délégations provinciales des différents ministères et la masse de fonctionnaires qui s'y rattachent participèrent à la création de ce nouveau quartier avec le développement de deux lotissements (Chams et Laâyoune). Cependant, la croissance démographique durant les années qui ont suivi cette dynamique (3,79% de taux d'accroissement annuel de la

26- Emile LE BRIS "Ville irrégulière, ville non maîtrisée" in Afrique contemporaine. n° spécial 4° trimestre 1993.

population entre 1971 et 1982, puis 2,42% entre 1982 et 1994) va créer une demande de nouveaux espaces à urbaniser. Ainsi, 70,56 hectares ont été occupés (bâtis) depuis 1975, soit 43,61% de la superficie totale occupée [27].

Le centre historique continue de loger une grande part des habitants de cette ville, mais sur l'ensemble du parc de logement, sa part diminue sans cesse : 76% en 1971, 70% en 1981 et 60% en 1993 alors que 90% des logements réalisés ces dix dernières années, l'ont été en dehors de la médina [28]. L'urbanisation se porte de plus en plus vers l'extension de la "ville coloniale" avec l'implantation de nouveaux équipements (gare routière, abattoir municipal et nouvel emplacement du souk), et surtout, vers les quartiers périphériques non réglementaires qui restent les foyers les plus dynamiques (voir figure 4).

En 1993, un comptage réalisé à partir d'une photo-restitution de 1992 a permis de dénombrer quelques 800 habitations, soit 1363 logements dans les sept quartiers concernés[29]. Sachant que l'habitat non réglementaire" n'a "démarré" que dans les années 80 à la périphérie de Chefchaouen, ce chiffre acquiert toute son importance lorsqu'on le place face aux données prévisionnelles de la direction de la statistique qui dénombre quelques 715 autorisations de construire entre 1982 et 1992, pour 1387 logements[30]. En fait, nous assistons à une amplification du phénomène depuis le début des années 90 avec les premières régularisations dans les quartiers de Dhar Ben Ayad, et surtout, Ain Haouzi. De 1988 à 1993, seuls 146 autorisations de construire ont été accordées exclusivement dans des lotissements

27- SDAU. Superficie* occupée par périodes historiques

Période	Superficie (ha)	Pourcentage
Jusqu'en 1920	46,28	28,60
1920-1956	24,74	15,28
1956-1975	20,24	12,51
1975-1993	70,56	43,61
Total	161,82	100

** Les superficies bâties (161,82 hectares) ne représentent que quelques 36% de la superficie qu'englobe le périmètre urbain étendu à la zone périphérique de Ain Haouzi (450 ha).*

28- Cette situation est le fruit d'une sur-occupation de la Médina qui a été jusqu'aux années 1980 le principal centre d'intégration des nouveaux arrivants. Si la densité de population dans différents quartiers reste contrastée, elle atteint pour certains (El Ansar) quelques 1000 habitants à l'hectare. Dans les quartiers de El Ansar et de Rif Andalous, 50% des logements abritent entre sept et 21 personnes chacun, les locataires représentant 70 à 79% des résidents (Hboussi Amal: "l'effet de l'exode rural sur les transformations de l'espace, le cas des quartiers Ansar et Rif Andalous" mémoire de licence faculté des lettres de Tétouan, 1988). Les nouveaux migrants trouvent ainsi une médina "saturée", de même que quelques résidents voulant acquérir un logement sont "obligés" de se porter sur les quartiers "clandestins".

29- ALAMI Abdelkrim "La production foncière et immobilière à Chefchaouen - place du clandestin dans l'offre de logements" - Mémoire DESAU - INAU - Rabat 1994.

Quartier	Habitations	Logements
Ain Haouzi	300	510
Hnaïn	50	85
Dfhar Ben Ayad	61	104
Derrière la cimetière	29	49
Sidi Boujemaa	90	153
Grinsif	160	272
Gharouzim	112	190
Total	802	1.363

30- Sur la base de permis d'habiter, ALAMI Abdelkrim a dénombré quelques 258 permis d'habiter pour 644 logements entre 1985 et 1992.

autorisés (dont 44% au lotissement Laayoun). Or, de 1994 à 1996, le nombre d'autorisations a atteint 318 en trois ans dont seul 17,61% a concerné les "lotissements réglementaires". Plus de 80% des autorisations de construire sont désormais attribuées dans les quartiers périphériques. Ain Haouzi est concerné dans près de 70% des cas.

Tableau n° 19 : Autorisations de construire par quartier et par lotissement de 1988 à 1996 - Chefchaouen.

Lotissement ou quartier	1988	1989	1990	1991	1992	1993	1994	1995	1996	Total
Lotissement Laayoun	05	11	12	13	09	14	14	07	11	96
Lotissement Azmat	04	05	01	01	01	01	01	01	02	17
Lotissement Amine Alami	01	01	01	01		01	01			06
Lotissement Oum Kaltoum	01	01			02	02				06
Lotissement Tlidi	03	01	02	02			01			09
Lotissement Layachi Louargli	02	03	02	02	05	03	01	01	01	20
Lotissement Yakhlef	02	01		01						04
Lotissement L'aboudi		01		02	03	03	01	02	01	13
Lotissement Batiss Med						01	02		03	06
Autres Lotis. réglementaires	05	01	01	05	03	04	02	02	02	25
Dhar Benayad							15	23	04	42
Ain Haouzi							48	112	60	220
Total	23	25	19	27	23	29	86	148	84	464

Source : Municipalité de Chefchaouen 1997.

Figure 4

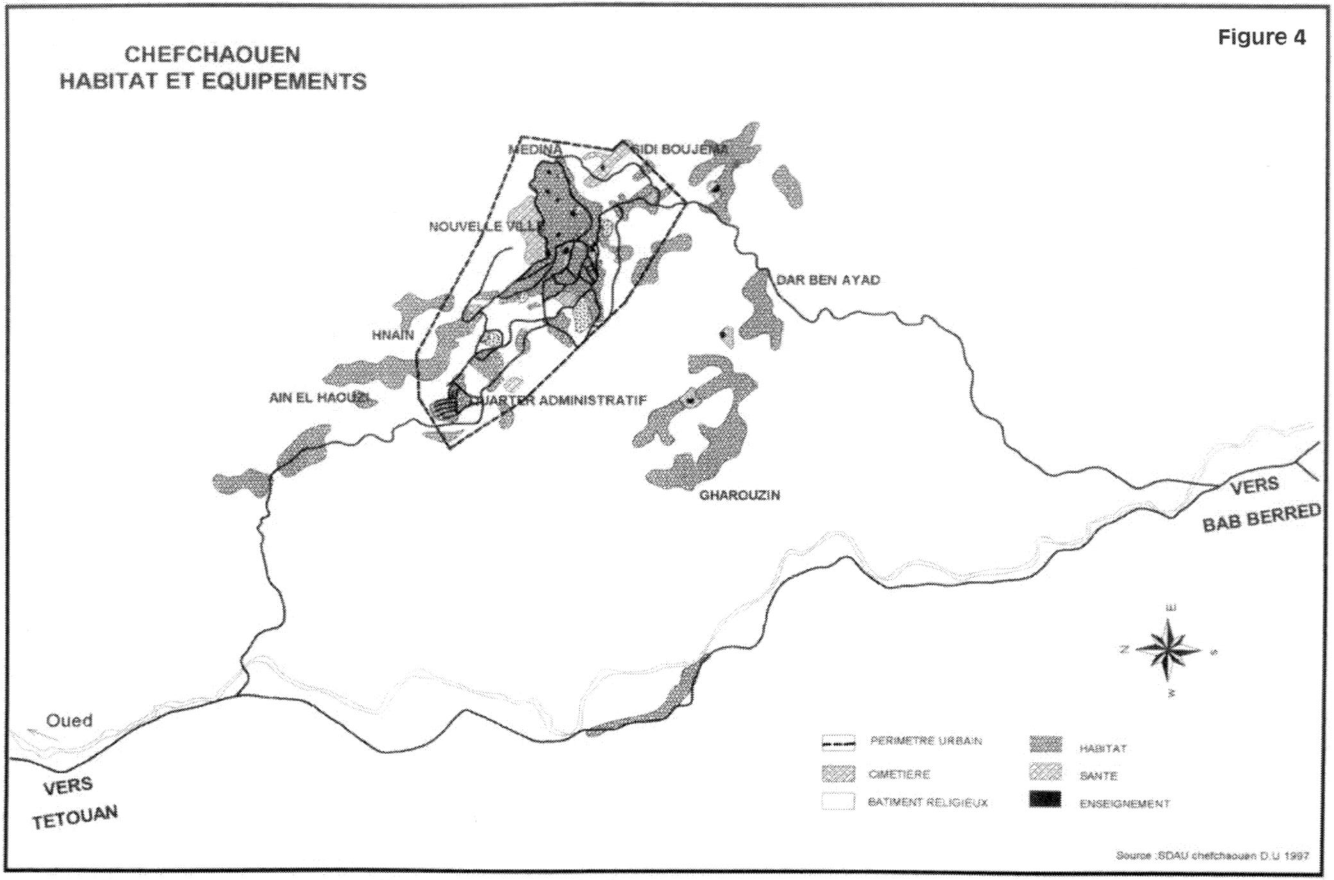
CHEFCHAOUEN
HABITAT ET EQUIPEMENTS
MEDINA
SIDI BOUJEMA
NOUVELLE VILLE
DAR BEN AYAD
HNAIN
AIN EL HAOUZI
QUARTER ADMINISTRATIF
GHAROUZIN
VERS
BAB BERRED
Oued
VERS
TETOUAN
PERIMETRE URBAIN
CIMETIERE
BATIMENT RELIGIEUX
HABITAT
SANTE
ENSEIGNEMENT
Source :SDAU chefchaouen D.U 1997

L'extension de l'habitat non réglementaire à Chefchaouen s'est réalisé dans un contexte urbain marqué par trois facteurs déterminants :

- Le premier est celui du cadre foncier et de l'augmentation des valeurs foncières. Le marché foncier à Chefchaouen est dominé par les biens Melk non immatriculés et les biens Habous. En effet, outre les biens privés (melk), les terres Habous(31) concernent quelques 255 hectares, presqu'exclusivement situés à la périphérie urbaine (253 hectares). A l'intérieur du périmètre urbain actuel, le bureau d'étude chargé de la réalisation du SDAU de Chefchaouen n'a pu détecter que quelques petits lots (éparpillement sur deux hectares). La dernière grande "zone habous" a déjà été attribuée au Ministère de l'Habitat pour la réalisation des lotissements Laayoun (SNEC* : 6 hectares), Adrar (ERAC/NO ** : 3 hectares) et programme social (SNEC: 1 hectare). Malgré leur importance, les terres habous de la périphérie urbaine, ne semblent pas avoir constitué une réserve foncière pouvant être mobilisée facilement par les promoteurs publics : éloignement des zones urbanisées, mais aussi, situation dans des zones non constructibles (topographie) et réticence des gestionnaires des biens Habous (le Ministère des Habous s'oriente lui-même de plus en plus vers la promotion immobilière par la construction de *Kissariat* (ensemble commercial) ou d'immeubles. A Chefchaouen, deux ensembles de 32 et 6 logements ont été loués en 1990 à 1500 DH le logement : une logique financière qui les oblige à augmenter les loyers pour équilibrer leurs opérations immobilières).

Outre les terres habous, les autres statuts fonciers ne concernent que cinq terrains collectifs et deux propriétés du Domaine privé de l'Etat : les réserves publiques sont totalement épuisées. Face à cette situation, les valeurs foncières dominées par le statut melk ne pouvaient que connaître une augmentation constante.

Jusqu'au début des années 70, les prix du sol restaient relativement bas même dans les zones les plus ouvertes à la construction : Hafa (100 dh), Souk (85 dh), Médina (60 à 80 dh), alors que les terrains périphériques étaient encore vendus en grandes parcelles agricoles ne dépassant pas cinq dirhams le m2.

La forte demande de terrains à bâtir à partir de 1975 se traduit par une augmentation croissante des valeurs foncières : à Hafa le m2 atteint 300 dh en 1979, 200 dh à Bab Souk et au lotissement Yakhlef.

Au milieu des années 80 le mouvement se poursuit : les prix atteignent 600 dh à Hafa et 300 dh dans les lotissements privés de Yakhlef et Azmat alors que dans les zones périphériques l'augmentation est lente, les prix restent situés autour de 100 dh le m2.

Actuellement (1998), les terrains équipés situés prés de la médina atteignent 1500 dh à 2000 dh, alors que ceux du lotissement public Laayoune (excentrés par rapport à la ville), acquis à 185 dh le m2, se vendent entre 850 dh et 1000 dh. Désormais, la flambée des prix touche aussi les quartiers de Aïn Haouzi et Dhar Ben Ayad où le m2 se vend entre 400 dh et 700 dh le m2.

- Le second facteur concerne l'offre et la demande en logement et la non-adaptation de la production réglementaire à la structure et au niveau de revenu de la majeure partie de la population urbaine.

31-Il s'agit ici de habous publics gérés par les *Nadir* relevant du Ministère des Habous et des Affaires islamiques. Outre les terrains agricoles situés à la périphérie de la ville, les biens habous recensés se présentent comme suit: 178 logements, 205 boutiques, 155 ateliers d'artisanat, 4 fours, 2 fondouks, 2 hammams. *Nidara* des *Habous* - Chefchaouen.

* SNEC : Société Nationale d'Equipement et de Construction.

** ERAC/NO : Etablissement Régional d'Aménagement et de Construction de la Région du Nord-Ouest.

Depuis 1975, seules deux opérations du Ministère de l'Habitat ont réussi à voir le jour. La première, par la production de lots équipés (lotissement Laâyoune : 231 lots et quelques équipements : four, hamam, mosquée, centre commercial) a commencé en 1980 pour voir une valorisation à 80% dix sept ans plus tard (40 % des lots sont encore en cours de construction!) [32] malgré le faible prix d'acquisition pratiqué (185 dh).

La seconde, par la production de logements (programme social) comprenant 52 logements (22 en cours), vendus entre 90.000 dh et 120.000 dh l'unité, ont surtout concerné des fonctionnaires et des "familles des martyrs de la guerre du Sahara". Les autres lotissements programmés ou en cours, buttent sur "l'insolvabilité" de la population face à la forte élévation de la charge foncière. Ainsi, le lotissement Al Adarissa prévu sur 10 ha (45 parcelles melk et 5 Habous) reste complètement bloqué. Les propriétaires fonciers, très influents dans la ville [33] ne sont toujours pas payés, le prix d'expertise ayant été fixé à 200 dh en 1990. Une fois équipé, le prix du m2 dépasserait 1000 dh le m2, une situation qui a participé au gel de ce programme. Il en est de même pour celui de Aïn Haouzi (3 hectares, 149 lots) qui a connu un blocage de la part des propriétaires fonciers, parmi lesquels se distinguent trois hauts gradés militaires, un fonctionnaire de la Municipalité, un employé du service de la Perception ... (voir infra). Par ailleurs, le seul lotissement public dont les travaux ont commencé (Avril 1996) a bénéficié d'un terrain Habous de 3 hectares acquis à 40 dh le m2. Les prix provisoires de cession étant fixés à 700 dh le m2, le programme connaît une mévente, moins de 40% des lots ont été attribués (67 lots sur 170 lots programmés).

Quant à l'offre présentée par les lotisseurs privés, il faut préciser son faible respect des réglementations en vigueur (peu de lotissements sont réceptionnés définitivement) et leur faible taux de valorisation. Sur 446 lots économiques produits entre 1977 et 1992, 26% sont encore vides alors que pour les villas, le taux de valorisation n'atteint que 47%.[34] Certes, ces taux peuvent s'expliquer par de mauvaises localisations ou une spéculation opérée par les nouveaux acquéreurs, mais la non solvabilité de la grande partie de la population Chefchaouni et l'amenuisement des revenus des couches intermédiaires semblent constituer des éléments d'explication de premier plan. Déjà en 1986, Mohamer constatait qu'à 400 dh le m2 ce prix représentait plus de 50% de revenu mensuel de 78,2% de la population.

La production réglementaire reste ainsi marquée par son inadaptation aux conditions socio-économiques d'une population dont les besoins en logements s'accroissent. Une étude récente montre un déficit en logement entre 1985 et 1992 de l'ordre de 1700 à 1945 logements[35].

32-Spéculation, éloignement du centre ville, absence de transport collectif, situation économique des acquéreurs expliquent cette lente valorisation .

33-Il s'agit des héritiers Hadri : 3289 m2
Hadri Abdelghafour : 3654 m2
Hadri Mohamed : 2313 m2
Ben Driss Alami Ahmed : 6369 m2
Driss Alami Abdelkader : 3380 m2
Héritier A. Ghori : 5026 m2
Lamrani Mohamed : 3720 m2
Héritiers Ben Mimoun : 1875 m2
Ben Mimoun Mohamed :1962 m2
Haj Med Ben Mimoun : 2181 m2
El Haras Layachi : 2949 m2
Hayoun Med : 2447 m2

34-A. ALAMI op.cit. p60 . Données de la Municipalité et enquête.

35-A. ALAMI op. cit. p78. les chiffres que nous avons retenus sont ceux d'une moyenne ménage de 5,03. Le plus proche des résultats du recensement de 1994. (5,07).

En fait, le relais du privé attendu face au désengagement de l'Etat ne pouvait que montrer ses limites dans la production réglementaire devant la pauvreté des populations urbaines pour se porter sur l'habitat non réglementaire plus adapté à cette demande.

- Le troisième facteur réside dans le développement des transactions foncières dans les périphéries urbaines et la mise en place d'un marché répondant à diverses catégories de demandes de terrains avec des facilités et une adaptation des modalités de paiement (prêts, avance sur travaux...).

SECTION I – AUTOUR DE LA REGULARISATION DU QUARTIER DE AIN HAOUZI

S.S.1- choix du site et approche préconisée

Parmi les quartiers non réglementaires de la ville de Chefchaouen, Ain Haouzi et Dhar Ben Ayad sont certainement ceux qui représentent le mieux la situation des zones périphériques et leur intégration à la ville. Si les autres noyaux d'urbanisation (Gharouzim, Sidi Boujemaa, Grinsif) sont encore marqués par une dispersion de l'habitat (153 logements sur 90 hectares à Sidi Boujemaâ) et un caractère rural. Ain Haouzi et Dhar Ben Ayad se présentent avec une densité de population assez élevée, dans la continuation du tissu urbain, en bordure, mais à l'extérieur du périmètre urbain, avec un début de régularisation qui a donné un coup de fouet à l'urbanisation dans ces quartiers. Dhar Ben Ayad, mais surtout Ain Haouzi se présente actuellement comme le quartier où se porte toute l'urbanisation puisqu'il bénéficie d'un emplacement privilégié dans le prolongement du quartier administratif et des lotissements Laayoune et Programme Social sur la route principale menant à Tétouan.

D'un ensemble parsemé de maisons rurales dans les années 70, Ain Haouzi s'est transformé en une petite agglomération où l'on compte en permanence une cinquantaine de chantiers de constructions sur des petites parcelles de moins de 100 m2 et des logements de R+1 et R+2. Avec plus de 220 autorisations de construire ces trois dernières années, le mouvement de construction s'est emballé.

Son importance démographique grandissant, Ain Haouzi devient un enjeu politique et économique principal dans la ville (réorientation de l'urbanisation, marché foncier en développement...), un lieu privilégié d'observation.

La brève analyse que nous nous proposons de réaliser reprend deux questions essentielles. Partant du profil social des promoteurs fonciers "clandestins" (point B), nous essaierons de décrire le mode de passage du terrain agricole au lotissement non réglementaire et les moyens mis par ses promoteurs pour accéder à la rente foncière urbaine (point C). Cette approche privilégie l'étude de ces acteurs dans les conditions de réalisation des "illégalités urbaines", prises, non comme inefficacité des moyens de contrôle de l'administration, mais comme rapport de pouvoir où l'Etat "gère", "distribue" une rente et assure la régulation sociale au niveau local. En effet, "tout semble se passer comme si le pouvoir foncier était une prérogative étatique. Cette philosophie s'explique par des raisons historiques : la responsabilité de créer et d'étendre des centres urbains par le procédé du lotissement est, à l'origine, une décision éminemment politique, donc relevant de l'Etat. Cette conception de l'Etat, producteur (créateur ?) et distributeur du sol urbain, s'est politisée: l'Etat en "clientélisant" cette distribution asseoit son pouvoir social. Il n'est donc pas prêt à abandonner cette prérogative". [36] Or, de plus en plus, les sites réels sont occupés sinon urbanisés, la régulation passe par des "gestionnaires locaux". Entre l'Etat omnipotent de la gestion foncière et le nécessaire recours à des "intermédiaires locaux" se dessine une ligne de négociation de la norme qui se traduit à travers le contenu de la régularisation, son initiation et le déroulement de la négociation.

S.S.2 Possesseurs, acquéreurs et intermédiaires

A- Le profil social des propriétaires fonciers à Ain Haouzi

- La prédominance de la famille Zitane.

Jusqu'au début des années 70, le quartier de Ain Haouzi était désigné par "bled Zitane". Les Zitane, originaires du douar A'sam de Khmis Seflia à la périphérie de Chefchaouen (15 km), avaient un *azib* au début du siècle, en la possession de Abdslam Zitane. Son fils, Ali Zitane, né en 1898 est nommé Caïd dans les années 40 par les autorités Espagnoles. Avec une réputation d'homme très dur, Caïd des Khmas et des Ghomara, il se tailla un important patrimoine foncier autour du *azib* laissé par son père (son fils aîné actuel l'évalue à une centaine d'hectares). Marié à plusieurs femmes de tribus différentes (Bni Hassan, Rhona et Bni Mestara), il laissa deux garçons et quatre filles. Issus de mères différentes dans une famille caïdale traditionnelle, ses héritiers actuels ont vite partagé l'héritage du père[37] et eu des stratégies divergentes quant à la gestion de leur patrimoine foncier.

L'aîné, 54 ans, n'a jamais été scolarisé. Depuis la mort de son père, il vit du produit de la vente de ses terrains à Ain Haouzi. Dès les années 70, il vend de grandes parcelles à des prix de vente de terrains agricoles. Avec la montée des valeurs foncières, il réalisa une opération de promotion immobilière portant sur deux logements (construction, vente logement) et construit le premier café de Ain Haouzi (laissé en gérance à son fils unique). Avec un patrimoine foncier très réduit, Mohamed est loin de représenter l'aîné tout puissant des héritiers Zitane.

Son frère cadet a eu plus de chance en quittant très tôt Chefchaouen, car à son retour (il n'a que 32 ans), il s'est retrouvé à la tête d'un patrimoine foncier important qu'il gère à partir d'un café, véritable "agence immobilière locale".

Contrairement à bien des situations similaires, ce sont les filles Zitane qui vont constituer le véritable prolongement de la puissance de la famille Zitane, notamment à travers l'action d'un intermédiaire tout puissant, marié à une des filles Zitane.

L'importance du patrimoine foncier des héritiers Zitane est difficile à évaluer, puisque les terres ne sont pas immatriculées. Mais l'état du parcellaire réalisé pour la SNEC dans le terrain initialement prévu à lotir sur un peu plus de 3 hectares nous donne une idée sur la répartition des propriétaires et acquéreurs dans une zone de Aïn Haouzi (tableau n° 20 et 21).

36- J.F. TRIBILLON "Contourner la propriété par l'équipement dans les villes africaines" in. Les Annales de la Recherche Urbaine n°66 Mars 1995.

37- Destitué de ses fonctions à l'indépendance, Ali Zitane a toutefois gardé tous ses biens.

Tableau n° 20 : Structure et superficie des parcelles à Aïn Houzi

Type de parcelle	Nbre	%	Sup. (m2)	%
autour de 100 m2	09	32,1	943	02,6
de 300 m2 à 800 m2	11	39,3	5 860	16,2
de 1100 m2 à 7152 m2	08	28,6	29 397	81,2

Source : Délégation du Ministère de l'Habitat. Chefchaouen.

Tableau n° 21 : Etat du parcellaire du programme Aïn Haouzi

Nom des propriétaires	Sup. parcelle (m2)	Lieu de résidence
Harrab	97	Mokhrisset
A. Ghamri	90	A. Haouzi
A. Ghamri	90	A. Haouzi
M. Achtib	91	A. Haouzi
A. Hamdane	106	A. Haouzi
M. Idder	162	Chefchaouen
A. Laghzaoui	84	Fifi
A. Amayo	109	Fifi
A. Azouzi	114	A. Haouzi
Instituteur Mdiq	303	Mdiq
Zitane Rachida	437	A. Haouzi
RDE	401	Chefchaouen
Zitane Rahma	875	A. Haouzi
Colonel Alami	768	Chefchaouen
A. Bellamine	489	Chefchaouen
Zitane Rahma	516	Chefchaouen
El Ghazi	434	A. Haouzi
Kouzi Ali	332	Zoumi
Bouchta FAR	198	Kénitra
A. Ghamri	807	Chefchaouen
Abdelwahid	1337	Kénitra
A. El Ghamri	3584	Chefchaouen
Zitane Abdelilah, Fatima	7152	A. Haouzi
Zitane Rachida, Latifa	6524	A. Haouzi
Zitane Latifa	3550	A. Haouzi
Zitane Fatima	1848	A. Haouzi
Oulad Si Moh	1177	A. Haouzi
Colonel Toujar		Agadir
Colonel Rahmouni	4225	Kénitra
Rahmouni Ali & Faris Hmed		Chefchaouen

Source : Délégation du Ministère de l'Habitat. Chefchaouen.

Ainsi, les héritiers Zitane occupent un peu plus de deux hectares soit 55,72% de la superficie totale. Elle est répartie entre eux de la manière suivante : Latifa 6800 m2, Fatima 5380 m2, Rachida 3700 m2, Abdelilah 3500 m2 et Rahma 1400 m2. Ceci confirme l'importance de la place des filles actuellement et "l'inexistence" de celle de l'aîné.

Face à la famille Zitane, l'ancien caïd Mechouar du pacha El Yazid Bensalah pendant la colonisation espagnole, Moulay Ahmed Bendriss, fut le second grand propriétaire de terres à Aïn Haouzi. Ses enfants, peu impliqués dans la vie locale par des fonctions les ayant éloigné de la ville de Chefchaouen, continuent d'être des propriétaires fonciers importants. Ils restent toutefois loin de tout processus de valorisation de leur patrimoine foncier qui leur demanderait une implication dans la vie politique locale.

Ainsi, les deux principaux propriétaires fonciers de Aïn Haouzi ne présentent pas la "structure" du notable issu d'une famille traditionnelle bénéficiant d'un certain prestige, d'une assise foncière et d'un patrimoine culturel important (cas de Tiflet ou de Salé à Tabriquet Nord) mais celle d'agents ayant servi la colonisation dont la relève n'a pas été assurée malgré le maintien du bien familial. Si la succession et la division par héritage peut expliquer l'éclatement du patrimoine foncier familial, l'absence de continuité relèverait davantage de "l'extériorité" de ces élites qui ont fonctionné comme agents de la colonisation. Insuffisamment impliqués, les héritiers de Moulay Hmed Ben Driss ont bénéficié d'une formation qui leur a permis une intégration dans d'autres grands centres urbains du pays alors que les héritiers Zitane, restés sur place, sans formation et au patrimoine foncier "douteux" ne bénéficiaient ni du prestige, ni du patrimoine culturel nécessaires pour constituer une véritable relève.

Pendant longtemps, cette situation va se répercuter sur la mode de gestion politique de cet espace qui se retrouve "sous-représenté" dans les instances de gestion (conseil municipal) (voir infra).

- Les nouveaux spéculateurs

Sans prétendre relater l'évolution du marché de l'habitat non réglementaire, nous pouvons affirmer que le milieu des années 80 a vu un nouveau type d'intervenants à la recherche de bénéfices rapides par l'achat de grandes superficies et leur revente en petits lots. Ceci a concerné des profils sociaux divers. Ainsi retrouve-t-on des éléments de familles traditionnelles (Alami, Rahmouni, Faris, Benhayoun) occupés dans la fonction publique, la petite promotion immobilière et le commerce ou de hauts gradés militaires. Mais également un ancien trafiquant de drogue de Bab Berred "converti" dans une entreprise de travaux publics ou un ancien Résident Marocain à l'Etranger rentré au pays et installé à Tétouan. Les étrangers à la région sont peu nombreux, il s'agit surtout de militaires originaires de Chefchaouen et bénéficiant de la présence de membres de la famille dans la ville et de quelques cultivateurs de Kif de la périphérie (Ghomara et Khmas surtout).

Ces propriétaires, promoteurs fonciers "clandestins" ont surtout acheté chez les grands propriétaires (Bendriss et Zitane) des parcelles allant de 700 m2 à 4000 m2 qu'ils revendent en petits lots de 100 m2. Leur action localement s'est limitée à une opération spéculative. Cependant, même si leurs intérêts ne se sont pas clairement exprimés dans le conseil municipal de 1983 à 1992, leur présence, connue de tous, n'a pas manqué d'influencer la voie vers la régularisation.

- Les petits promoteurs immobiliers

Ain Haouzi n'a pas connu jusqu'à présent l'arrivée massive des lotisseurs ou des agents d'une promotion immobilière à la recherche d'un palliatif face à la crise que vit le marché dit structuré. Nous n'avons pu recenser que des cas de petits spéculateurs qui résident à Ain Haouzi et réalisent de petites opérations. Ces dernières consistent en la construction, puis la location de logements (cas de Boukhari, un *mokhazni* à la retraite ou de Kouzi M. un employé de la Municipalité qui vient de réaliser un petit immeuble de deux niveaux). Mais le plus souvent, il s'agit de petits revendeurs de lots qui, après l'achat d'un lot de 400 m2 à 800 m2, y construisent une maison sur 100m2 où ils résident, et attendent l'acheteur pour morceler le reste du terrain.

B- Les acquéreurs, caractéristiques socio-économiques et origines

La période d'installation des acquéreurs à Ain Haouzi nous renseigne sur le caractère récent du phénomène de l'habitat non réglementaire dans cette ville, puisque 78% des ménages se sont installés à partir de 1980[38]. L'enquête menée par A. Alami montre l'origine rurale prédominante de ces populations (85%), principalement de la Province de Chefchaouen (dont 19% des communes avoisinantes de Dardara, Talambot, Bab Taza). Cette première précision sous-entend une population rurale plus ou moins impliquée dans la culture du cannabis, principale culture des agriculteurs de cette zone.

Les chefs de ménages, nés à Chefchaouen ou dans d'autres villes ne représentent que respectivement 10% et 5% du total. Même si nous assistons à une augmentation du nombre des ménages d'origine urbaine ces dernières années, la prédominance des ménages d'origine rurale reste prégnante. La moitié de ces derniers sont venus directement de leur douars d'origine, l'autre moitié s'est d'abord installée dans la médina de Chefchaouen en tant que locataire. La médina continue de jouer le rôle de foyer de première intégration pour une partie des migrants ruraux, même si son surpeuplement actuel ne peut que réduire cette tendance. Ceci explique le fait que seul 40% des chefs de ménages commencent la construction de leur logement l'année de l'achat du terrain contre 42% qui ne le font que trois années plus tard. Ceux qui démarrent la construction deux années après ou une année après représentent chacun, 9% des ménages. Ces chiffres requièrent toute leur importance lorsque l'on sait que Ain Haouzi renferme 91% de propriétaires, 4% de copropriétaires, contre seulement 5% de locataires.

L'installation dans ce quartier se fait de manière progressive, surtout qu'il s'agit souvent d'agriculteurs ayant encore leur famille dans leur douar. L'enquête de Alami n'a pas pu refléter ce phénomène, car les maisons sont souvent vides lors du passage de l'enquêteur sur le terrain [39]. Ainsi, ne retrouve-t-on dans ses résultats que 18% d'agriculteurs, mais 60% de chefs de foyers maçons ou ouvriers dans le bâtiment contre 13% d'employés.

38- A. ALAMI op. cit. enquête 20% - Septembre 1993.

Période d'installation	Pourcentage
1974-1979	22
1980-1985	39
1986-1989	18
1990-1993	21

39- Elément recueilli auprès de l'auteur et vérifié lors de nos passages sur le terrain.

Lieu de recrutement d'une population principalement d'origine rurale, Ain Haouzi renferme toutefois une diversité d'acquéreurs qui montre de plus en plus la présence des employés de la fonction publique, des petits *maalems*, des retraités militaires... Sachant que l'estimation d'acquisition d'un logement se situait au minimum autour de 50.000 dh en 1990, la progression actuelle de la charge foncière (qui atteint 35.000 dh à 40.000 dh au minimum) rend ce type de logement de plus en plus réservé à des couches moyennes. Cependant, la particularité de Chefchaouen réside dans son recrutement de petits cultivateurs de cannabis de la périphérie et de la Province dont le niveau de revenu est difficilement mesurable. Ces agriculteurs bénéficient en outre de petits crédits de roulement, mais aussi des crédits à moyen terme pour l'habitat rural(40) pouvant atteindre les 100.000 DH.

C- Les intermédiaires propriétaires

Les instances de gestion de la ville (municipalité, autorités locales, services techniques...) restent loin de cette population composée de nouveaux migrants ruraux sans formation. "Or, le moment de l'accession à la propriété est un moment-clé dans la construction de ce que certains appellent la culture politique, puisqu'il marque en quelque sorte par la formalisation des demandes (titre de propriété, services, équipements, etc.) le fondement de l'autorité de l'Etat... Ce n'est pas seulement la formalité que ces différentes étapes de la régularisation vont introduire mais également des relations de type clientélistes entre l'Etat et les nouveaux citoyens... Cette participation à la gestion du territoire et la politique est médiatisée par des intermédiaires opérant sur une base personnelle et secrète.(41) Le besoin de ces intermédiaires obligés n'est plus à démontrer. Même ces derniers prennent différentes formes, l'intermédiaire doit arriver à mobiliser derrière lui une partie de la population de ces quartiers qui lui donne une légitimité auprès de l'autorité. Mais ce rôle d'intermédiaire passe par une connaissance et/ou une place dans l'administration qu'il monnaye auprès des populations du quartier. En fait, ils fonctionnent comme de véritables élites locales. Deux cas très tranchés se présentent à nous dans le quartier de Aïn Haouzi : Ahmed Ben Driss El Alami et Kouzi Ahmed.

Le premier, issu d'une famille de *chorfa* de Chefchaouen est propriétaire d'une boulangerie. Il a déjà acquis quelques petites propriétés à Ain Haouzi à la fin des années 70. Avec l'extension de l'habitat dans les années 80, le gouverneur fait appel à lui pour prendre le poste de *moqaddem* à Ain Haouzi. Il accepte, et mène un "contrôle très permissif" dans le quartier tout en continuant ses achats - ventes de terrain. En 1992, toute la ville est au courant du conflit qui l'oppose au gouverneur et son retrait de la fonction publique. Avec les élections municipales, il se présente comme candidat du RNI dans ce quartier, même s'il n'y réside pas. Il y est élu, mais il ne jouit pas actuellement d'une grande popularité : "*En tant que moqadem, il réglait nos problèmes ou tout au moins était compréhensif avec nous mais maintenant il ne vient plus ici*" nous confia l'aîné Zitane, le plus ancien résident du quartier.

Le second, Ahmed Kouzi reste le personnage principal de Ain Haouzi. Né à Ksar El Kébir, Kouzi était instituteur à Figuig. En 1980 il s'installe à Chefchaouen et se marie à la fille Zitane. Après un an et demi de chômage, il passe un concours pour l'entrée dans la division économique de la Municipalité.

40-voir données de la Caisse Régionale du Crédit Agricole de Chefchaouen (supra).

41-Dominique MATHIEU "De la cogestion de la marginalité au sondage" in Les Annales de la Recherche Urbaine n°66 - 1995 p.27.

Dès 1981, il construit et habite à Ain Haouzi. En tant que mari de l'un des plus gros propriétaire foncier dans le quartier et en tant qu'agent du Ministère de l'Intérieur à la Municipalité, Kouzi a représenté l'intermédiaire-propriétaire idéal. Placé dans un quartier où prédominait une population d'origine rurale souvent absente des lieux, Kouzi a vite trouvé en elle une clientèle à qui il fournissait : terrain, protection et construction. En effet, outre la vente de lots, Kouzi a "monté" une petite entreprise locale (au quartier) de construction avec des *maalem* et maçons du quartier qui permettait la construction rapide du logement lorsque le propriétaire en avait les moyens. Cette procédure a accéléré le mouvement de construction à Ain Haouzi dans les années 80. Promoteur foncier "clandestin", intermédiaire protecteur, promoteur immobilier, Kouzi a été un maillon principal dans la régularisation du quartier. Par sa place dans l'administration et en tant que propriétaire (par l'intermédiaire de sa femme) il a été celui qui représentait la population auprès de l'autorité. "*Dans ce quartier résident des migrants d'horizons différents, "des gens du dchar" qui n'ont aucune conscience, ni formation - j'ai essayé de les faire bouger- j'ai été un élément dynamique. J'ai transmis leurs demandes auprès de l'autorité mais il ont fini par m'énerver par leurs agissements. Ils n'arrivent pas à s'organiser pour se raccorder au réseau d'assainissement, ce qui me pose des problèmes de mévente de certains lots (ceux situés en aval). D'ailleurs, je ne peux pas les représenter, par ma fonction (employé dans la division économique et sociale de la municipalité), je suis dans une position "sensible", si je participais à les organiser je paraîtrais comme un agitateur aux yeux de l'autorité qui me demande de rester loin de tout cela*".

Dans ses propos, Kouzi montre bien son rôle central lorsqu'il s'agissait d'assurer les premiers jalons du processus de régularisation, mais très vite il dessine ses limites actuelles. Car, si la vente de lots non viabilisés lui rapporte beaucoup d'argent actuellement, la non organisation d'un réseau de voirie et d'assainissement lui seront préjudiciables dans quelques années. Les termes de la négociation changent. Pour lui, l'Administration devrait intervenir uniquement pour permettre un réseau de voirie et d'assainissement minimum qui serait payé par les acquéreurs. Toute planification d'équipement est "hors la loi", puisque le plan d'aménagement de cette zone n'est pas encore homologué, il subit alors localement la politique du fait accompli.

C'est cette logique qui l'a guidé dans la mise sur pied d'un "lotissement" de 25 lots pour lequel il n'a prévu que l'espace nécessaire à la voirie, les acquéreurs s'occuperont d'y introduire les équipements. Il est conscient du fait de l'impossibilité de réaliser ici des lotissements entièrement viabilisés vu l'insolvabilité des populations et des gains procurés par le non réglementaire.

Parmi ses atouts dans la négociation, Kouzi a entre les mains le titre foncier d'un terrain ("Outa El Kebir") de 15.844 m2, qui fait office de terrain de football et que la Municipalité doit indemniser aux héritiers Zitane : une "affaire" qui l'a mis constamment en relation avec l'ancien et le nouveau Président du Conseil Municipal[(42)].

Par sa position, la dynamique qu'il impulse au quartier émane aussi bien de sa connaissance des règles et lois en vigueur que de son poids dans le rapport de force avec le

42- Le non règlement de cette affaire est vu par Mohamed et Abdelilah Zitane (les autres héritiers) comme un état de statu-quo qui arrange les deux parties (Kouzi et la Municipalité) à leur détriment. Mohamed Zitane multiplie les démarches pour le règlement de cette affaire, mais butte sur un défaut de présentation du titre foncier (moulkya) en possession de Kouzi.

Président du Conseil ou la pacha. Son franc parler et la connaissance de "ses droits" tranchent avec la représentation qui peut être faite d'un intermédiaire - promoteur agissant dans "l'illégalité". Encore une fois, "l'illégalité" reste un rapport de pouvoir.

Son dynamisme est aussi à souligner, car, profitant de sa position (mariage avec un grand propriétaire du quartier) dont il se défend, il dit ne vivre que par le produit de son salaire dans la fonction publique. "*Toute opération à Aïn Haouzi est appelée à fournir l'argent nécessaire à une autre*", d'où un dynamisme qui se traduit par la vente de lots, la construction d'un ensemble de logements et de commerces, la constitution d'une petite entreprise de construction ... Kouzi a aussi son "café", il est présent dans toute décision qui peut se prendre à propos de ce quartier.

S.S.3 Le processus de régularisation et son contenu

- Initiation du processus de régularisation.

A Aïn Haouzi, le régime Melk couvre l'ensemble de ce "quartier". Ce statut foncier a facilité le morcellement des terrains et la vente des lots. Aucun contrôle n'était fait lors de la division du terrain. Le dahir de 1953 prévoyait bien cette situation où "les propriétaires - lotisseurs concluent des ventes en indivision qui sont suivies d'un partage de fait ou de droit entre les indivisaires : ils donnent à leur aliénation le caractère de vente de lots agricoles vivriers sur lesquels les acquéreurs, dès que le contrat est passé, édifient des immeubles"(43). Les propriétaires ont bien "fonctionné" de la sorte à Aïn Haouzi, considéré comme une zone rurale où les transactions immobilières se font par actes adoulaires. Même si, en tant que zone périphérique elle était soumise à l'article 4 du dahir de 1953 qui stipule "l'exigence d'une autorisation préalable pour toute division d'un fonds qui aurait pour effet de morceler un immeuble en lots dont au moins un posséderait une superficie inférieure à un hectare". L'opération d'enregistrement a pu se faire pour les premiers acquéreurs - spéculateurs qui ont acheté plusieurs parcelles de grandes superficies (400 m2 à 4000 m2) par acte adoulaire. Pour les petits acquéreurs, des contrats de vente souvent à crédit, (portant le nom du vendeur et de l'acheteur, la situation de la parcelle, sa dimension et le prix de vente) suffisent. L'enregistrement est plus difficile(44), les acquéreurs sont maintenus sous la dépendance des propriétaires promoteurs et des spéculateurs.

A partir de 1992, le nouveau conseil municipal de Chefchaouen va utiliser une clause particulière du dahir du 17 Juin 1992 donnant compétence au Président du conseil communal d'octroyer une attestation certifiant que la transaction ne tombe pas sous la coupe de la loi relative aux lotissements et morcellements (une clause censée répondre aux ventes en indivision possibles en zone rurale)(45). Cette attestation permettait à son bénéficiaire l'enregistrement d'actes adoulaires. Les actes adoulaires enregistrés vont ainsi être établis en

43-Exposé des motifs, dahir du 30 Septembre 1953. in "Recueil des textes réglementaires et législatifs relatifs à la lutte contre l'insalubrité". Publication de l'ANHI - 1996.

44-Même si l'enregistrement de l'acte ne constitue pas un titre de propriété et ne donne aucun droit à l'acquéreur.

45-Dahir n° 1.92.7 du 17-6-92 portant promulgation de la loi n°25-90 relative aux lotissements, groupes d'habitations et morcellements - Chapitre III article 35 "Les adouls, notaires et les conservateurs de la propriété foncière ainsi que les receveurs de l'enregistrement doivent refuser de dresser, de recevoir ou d'enregistrer tous actes afférents aux opérations de vente, location ou partage visés à l'article premier ci-dessus s'il n'est pas fourni:
- soit copie certifiée conforme du procès verbal de réception provisoire,
- soit copie certifiée conforme de l'attestation délivrée par le président du conseil communal certifiant que l'opération ne tombe pas sous le coup de la présente loi".

masse à partir de cette date qui correspond déjà à une seconde étape dans le sens de la régularisation.

En effet, l'évolution dans le mode de transaction immobilière n'est que le reflet d'une régularisation qui a mis en relation différents acteurs urbains. L'objectif est moins de décrire le contenu que d'approcher les logiques mises en place par ces différents acteurs et notamment, celle qui a le plus poussé vers la régularisation.

La régularisation passe par un ensemble de mesures de légalisation foncière, de reconnaissance du quartier par le gestionnaire et de raccordement à l'équipement. Jean François Tribillon parle de doctrine de l'aménagement urbain par équipement qui répondrait de plus en plus au défi actuel de l'urbanisation car, "plus faciles à développer que la logique territoriale qui s'attache à transformer de fond en comble un territoire par application d'un plan préconçu... Les logiques d'équipements ont une très nette tendance à préférer les espaces occupés aux zones en voie d'urbanisation. Les usagers de ces équipements sont déjà là... "

Il est en effet, de plus en plus difficile de ne pas voir dans la politique de l'Etat, d'une part une incapacité à assurer à la grande majorité de la population un accès à la ville formelle, d'autre part une volonté de tirer profit de toute opération de régularisation. Cette politique consiste à "fermer les yeux" sur les différentes violations et à accorder un crédit à long terme, un crédit informel sous forme d'un passe-droit qui reporte dans le temps les coûts multiples et différés de l'équipement que les populations acquitteront au fur et à mesure du processus de régularisation(46).

Chefchaouen reste le cas typique de cette politique du "laisser-faire" durant toute la décennie 80. Les quartiers périphériques n'ont connu qu'un contrôle administratif à travers le *moqaddem*. Aïn Haouzi est toujours considéré comme ne faisant pas partie de la ville, puisque situé à l'extérieur du périmètre municipal de 1928 (270 ha) et du périmètre d'aménagement de 1986 (425 ha).

Entre temps, cette période a correspondu à l'urbanisation de cette zone de quelques 55 ha, regroupant plus de 500 logements à la fin des années 80. L'alimentation en eau était assurée par des puits alors que la décharge publique située en haut de Jbel Kelaa avait provoqué des pollutions de la nappe phréatique.

Plusieurs demandes d'équipement (eau potable, électricité) ont été faites par plusieurs personnes influentes de Aïn Haouzi (Kouzi, Boukhari) auprès du Conseil Municipal (1983 - 1992) mais sont restées sans résultat, alors que l'urbanisation se portait de plus en plus vers ce quartier de la ville. Il va falloir attendre les émeutes des quartiers périphériques de Fès pour voir une circulaire de Ministère de l'Intérieur sommant l'autorité locale de doter les quartiers périphériques d'un minimum d'équipement. Depuis 1985 les services de l'urbanisme dépendent directement du gouverneur (et du Ministère de l'Intérieur)(47), ce qui a permis une mobilisation rapide de la Division de l'Urbanisme dans deux directions:

46- D. MATHIEU op. cit. P26.

47- Le gouvernement dit d'alternance de Mars 1998 a re-autonomisé les services de l'Urbanisme au sein d'un grand Ministère de l'Aménagement du Territoire, de l'Environnement, de l'Urbanisme et de l'Habitat.

- Une première, initiant un projet d'agrandissement du périmètre urbain portant sa superficie à 650 ha et englobant les agglomérations périphériques les plus actives (Aïn Haouzi, Dhar Ben Ayad, une partie de Si Boujemaa),
- Une seconde, réalisant un plan d'aménagement spécifique pour Aïn Haouzi et Dhar Ben Ayad dans le délai record de deux mois.

Au-delà de la planification, des raisons sociales et sécuritaires ont poussé les autorités locales à entamer le processus de régularisation à travers une première opération d'électrification financée dans le cadre du Programme National d'Electrification Rurale (PNER) qui a surtout concerné les périphéries urbaines et spécialement Aïn Haouzi et Dhar Ben Ayad à Chefchaouen.

Une commission a ainsi été mise sur pied, conditionnant l'autorisation de branchement à un minimum de viabilité de la construction et à des éléments d'esthétique[48]. Par l'action de l'équipement débute le processus de régularisation. La commission[49] avait pour tâche de fournir l'électricité à tous ceux qui remplissaient les conditions exigées. Un recensement des constructions était réalisé, des visites sur le terrain permettaient d'établir un P.V. des modifications exigées de chaque "demandeur". Le Procès Verbal établi, l'autorisation de branchement équivalait à un permis d'habiter.

Même si cette opération a été transitoire, et n'a permis le branchement que de quelques 273 cas, elle a constitué une étape décisive dans le processus de régularisation. Agissant dans une zone dont le Plan d'Aménagement n'est pas homologué, sans légalisation foncière et sans reconnaissance du quartier par le conseil municipal, elle a engendré un précédent qui a ouvert la voie à d'autres attentes des populations et aux autres éléments de la régularisation. Dans ce cadre, la Division de l'Urbanisme a joué un rôle primordial de coordinateur et de gestionnaire du quartier. C'est d'elle, qu'émanent les conditions exigées. La commission s'est ainsi accaparée des compétences juridiques, le conseil municipal se retrouve en tant que simple membre d'une commission au même titre que des représentants des conseils communaux des communes rurales périphériques de Chefchaouen. Cette opération bénéficiait aussi d'une logique d'encouragement prônée surtout par les agents de la Régie de Distribution d'Electricité (R.E.D) qui cherchaient à avoir un maximum d'abonnés. Ainsi, le montant exigé pour le branchement a connu de très fortes augmentations passant de 5000 DH au début de l'opération à 8500 DH trois mois plus tard, puis 10.000 DH la même année (1990). Pour plusieurs personnes interrogées, le coût de l'équipement était jugé trop élevé et dépassait le niveau de leurs ressources. Mais ils avaient compris aussi que l'autorisation de branchement constituait une première reconnaissance qu'il ne fallait pas laisser passer alors que son coût ne faisait que "grimper".

- Le conseil municipal

Contrairement à bien des cas de régularisation de quartiers non réglementaires, le rôle du Conseil Municipal de 1983 - 1992 n'a pas été celui de constituer un relais des intérêts des grands propriétaires fonciers de Aïn Haouzi. Ceci s'explique par le profil de ces derniers (voir supra), mais également par un conflit d'intérêts.

48- Charpente de tuiles rouges, peinture des portes en bleu, peinture à la chaux des murs extérieurs.

49- Etaient représentés dans la commission : l'autorité locale et ses agents *moqadmin*, le conseil municipal, le conseil communal de Bab Taza et de Talambot, la division technique de la municipalité, la division de l'urbanisme de la province, le bureau de l'hygiène, la régie de distribution de l'électricité.

En effet, ce Conseil représentait une majorité Istiqlalienne dont les biens fonciers restaient localisés soit dans la médina, soit dans la ville nouvelle coloniale et son extension, soit dans les zones périphériques de Gharouzim et de Loubar. (La réponse aux intérêts fonciers des membres représentés dans le conseil passait par des opérations de surélévation dans la médina, la construction de logements sur R+2 dans la ville nouvelle, le montage de quelques lotissements avec une viabilisation incomplète. Des intérêts qui restaient cantonnés géographiquement à l'intérieur de l'ancien périmètre urbain de 1928 associés à ceux qui bénéficiaient de terres situées dans la périphérie urbaine (anciens vergers des familles traditionnelles Chefchaouni).

C'est en 1986, lors de la préparation de la visite royale qu'une commission fut créée pour mettre en place une série d'équipements et d'infrastructures de la ville (gare routière, complexe sportif, abattoirs, souk hebdomadaire). Un véritable lobby s'est mis en place pour orienter l'ensemble de ces investissements dans la zone Sud-Est vers Gharouzim.

Il fallait éviter tout "éparpillement" des finances locales, et assurer leur concentration vers la valorisation d'une nouvelle zone ouverte à l'urbanisation par des procédures régulières (voir infra). Dans cette logique, toute intégration des autres quartiers périphériques dans le périmètre urbain qui demandait un effort financier à la municipalité était rejetée. On assistait là à un conflit d'intérêts locaux qui se traduisait dans la gestion foncière et par extension dans la gestion urbaine.

En effet, si la première étape de la régularisation s'est faite "sans" le conseil municipal, sa poursuite demandait une adhésion, une reconnaissance de ce quartier par le conseil et son intégration dans la ville. Or, le refus d'un président du Conseil ayant une stature nationale (député, membre du bureau politique de l'Istiqlal) ne pouvait que jouer en sa défaveur. Les attentes créées auprès des populations par la première étape allaient être relayées par une campagne électorale de la section locale de l'Union Socialiste des Forces Populaires (USFP) aux relents populistes qui remettait en question le pouvoir même de cette élite politique qui *« reste loin des doléances des populations* (le député - maire réside à Rabat*), et satisfait essentiellement ses propres intérêts fonciers en dilapidant les ressources financières locales et en surendettant la ville »* [(50)] ». Même la défense du patrimoine architectural a été remise en question par les autorisations de surélévation en médina octroyées par l'ancien conseil (voir infra sous-section 2).

La poursuite de la régularisation et la nécessité d'une nouvelle équipe municipale qui y adhère ont joué un rôle non négligeable dans la constitution du nouveau conseil (1992). Tout se passe comme si les intérêts fonciers de l'élite politique traditionnelle bénéficiaient d'une politique de non ingérence du représentant du pouvoir central ayant des limites à ne pas dépasser. En effet, le poids de cette élite bénéficiant des appuis nécessaires dans l'appareil d'Etat ou dans les principaux cercles Rbati des partis politiques (Istiqlal et Mouvement Populaire surtout) corrélé à leur enracinement local dans un esprit d'autonomie (voir supra) ont pu imposer tous les dépassements / négociation des normes et réglementation de l'urbanisme dans la ville, mais ils ne pouvaient pas se mettre en travers d'une politique sécuritaire menée par les agents du pouvoir central.

50- Voir interview du nouveau Président (1992).

Sans doute faut-il aussi voir le profil et la logique du principal représentant local de l'autorité centrale dans le règlement d'une situation conflictuelle(51) où il aurait cherché à avoir des "interlocuteurs" (de la municipalité) plus dociles". La "carte" du sécuritaire et du "bénéfice" que peut tirer l'Etat d'une régularisation ne pouvaient qu'aller dans le sens de favoriser la mise en place d'une nouvelle équipe dans le conseil municipal.

- L'accélération du processus de régularisation.

L'accélération du processus de régularisation a été réalisée par le nouveau conseil municipal dont les membres présentent un profil sociologique particulier, en rupture totale avec les élites locales qui ont participé à la gestion de la ville jusqu'en 1992. Au niveau de la couleur politique des élus, l'USFP se retrouve avec 14 élus sur 23(52) alors que depuis 1960, elle n'avait pu placer qu'un seul candidat (1969-76) dans tous les conseils passés.

Tab. n°22 : Etiquette politique* des membres du conseil élu en 1992

USFP	14
Istiqlal	03
RNI	03
MNP	01
MPCD	01
PND	01

Marginalisée jusque là dans la vie politique locale, l'USFP va entamer par l'intermédiaire de l'un de ses militants nationaux une campagne en 1992. Originaire de Bab Taza, enseignant puis Directeur dans l'enseignement secondaire, le nouveau leader local a bien fait une partie de ses études à Chefchaouen, mais il n'en reste pas moins "étranger" à cette ville. Contrairement aux conseils municipaux passés, sur les neuf membres ayant une fonction et une responsabilité au sein du conseil, les deux tiers des élus de 1992 sont soit nés à Chefchaouen, mais de père migrant, soit nés dans les communes rurales de la périphérie (voir tableau). En fait, il s'agit d'une majorité de fils de migrants n'ayant pas d'enracinement dans la ville, mais qui constitue une nouvelle "élite intellectuelle". Huit membres sur neuf sont soit enseignants (six) soit dans une fonction administrative liée à l'enseignement (un directeur et un surveillant général(53). L'élite traditionnelle trouve là un justificatif pour dénoncer « le chaos généré par une gestion de la ville assurée par des "étrangers" ». Parmi les vieilles familles Chefchaouni, nous ne retrouvons que quatre enseignants, mais également l'ancien *moqaddem* de Aïn Haouzi (élu dans la même circonscription), un

51-Nous avons pu recenser plusieurs situations rapportées par le Président de la commission sur l'urbanisme (du conseil municipal 1983-92), le représentant du Mouvement Populaire à Chefchaouen, où les propos du gouverneur (ancien résistant, homme à poigne, connu pour sa sévérité) ont été remis en cause publiquement.

52-Il faut préciser ici que trois membres du conseil n'ont rejoint l'USFP qu'après leur élection avec les étiquettes suivantes : un RNI, un PDI et un sans appartenance politique.

* Voir liste des partis politiques en Annexe

53-Fonction déclarée des membres du conseil municipal élu en 1992.

- enseignant et fonction adm. liée	: 13	- Artisan	: 01
- fonctionnaire	: 05	- Entrepreneur	: 01
- journaliste	: 01	- propriétaire foncier	: 01
- commerçant	: 01	- Hôtelier	: 01

commerçant (propriétaire de hammam) ayant acquis plusieurs propriétés à Aïn Haouzi et un entrepreneur. L'ancien Président du conseil ainsi que deux autres membres de l'Istiqlal (un enseignant et un fonctionnaire)sont marginalisés.

Tableau n°23 : "origine" des membres du conseil élu en 1992 (Chefchaouen)

Famille résidant depuis plus de trois générations	12
Fils de migrants de la périphérie né à Chefchaouen	06
Migrant récent de la périphérie	02
Autre migrant (ville, Rif...)	04

Ce conseil est constitué d'une nouvelle élite en quête de légitimité qui va faire de la régularisation un cheval de bataille. L'appréciation que fait le nouveau Président de la situation à Aïn Haouzi se résume dans ces termes : « *Aïn Haouzi ne dépendait pas administrativement de la municipalité, mais de la commune rurale de Bab Taza, ce qui a "encouragé" le développement de l'habitat non réglementaire dans cette zone. Mais l'année dernière (1995) il y a eu un accord entre les deux conseils de Bab Taza et de Chefchaouen pour inclure Aïn Haouzi dans la ville et depuis, nous oeuvrons pour son équipement. Ainsi l'avons-nous équipée en eau potable et électricité et une grande partie de ce quartier est assainie. De même que nous oeuvrons avec les services de l'urbanisme de la Province pour une nouvelle planification qui l'intégrerait dans la ville* »[54].

En fait, avant même la reconnaissance de l'intégration du quartier dans la ville par son principal gestionnaire, le processus a été accéléré par l'octroi d'autorisations (1992) qui ont facilité les opérations de transactions immobilières (voir supra), une procédure qui évite la demande de lotissement.

Ces autorisations qui sont censées être attribuées dans des zones rurales où les ventes en indivision sont légales vont permettre d'accélérer le processus et d'assurer sa prise en charge par le conseil municipal.

Le responsable de l'urbanisme auprès de la Province voit là un dépassement flagrant des "compétences du Président" qui enfreint la loi en octroyant ces autorisations. Une lettre dans ce sens a été envoyée au Président, lui demandant de préciser le nombre d'autorisations octroyées à Aïn Haouzi. Lettre restée sans réponse, le chef de la Division de l'Urbanisme estime ce nombre à plus de 500 (Janvier 1997). Un conflit de compétence se dessine ici, le processus échappant de plus en plus aux services techniques de l'Urbanisme qui avaient imposé des éléments esthétiques et techniques dans la première étape.

Dans la seconde étape, le Président du conseil permet une certaine "légalisation foncière" dans une ville où l'immatriculation est absente et où prédomine le melk privé ; l'acte adoulaire enregistré fait foi d'acte de propriété. La reconnaissance du quartier par le gestionnaire comme faisant partie de la ville se traduit alors par l'octroi de permis de construire moyennant la fourniture d'une demande (qui regroupe les éléments suivants : plan, acte de propriété, engagement de respect du Plan d'Aménagement) transmise à la

54- Interview réalisé par "Sada Chefchaouen", (journal local en langue arabe) n°7 - 1996.

municipalité qui donne son avis avec celui de la division de l'urbanisme dans la commission de voirie. Les autorisations de construire sont l'objet de "négociations" que permettent un Plan d'Aménagement de la ville de Chefchaouen non homologué et un Plan d'Aménagement du secteur Aïn Haouzi non homologué donnant lieu à des contradictions(55). Même si les deux services utilisent un même plan de référence (le P.A de Aïn Haouzi), ce dernier reste largement dépassé. Les emplacements réservés aux équipements sont déjà occupés et comme le note l'architecte municipal, "*il est difficile de ne pas donner une autorisation à une personne dont le voisin (mitoyen) a été autorisé*". Une situation devenue commune à la plupart des villes marocaines. Elle permet tous les "dépassements / négociations". C'est ainsi que sur Aïn Haouzi ont été délivrées 220 autorisations de construire entre 1994 et 1996 (56), contre 98 pour l'ensemble des autres quartiers.

Le Plan d'Aménagement de Aïn Haouzi réalisé par la division de l'urbanisme de la Province, même non homologué a permis le "passage" pour délivrer des autorisations de construire sur la base d'un plan de référence. Le conseil municipal a mis tout son poids pour multiplier les cas de "dépassement du plan". Le Président du conseil se trouve dans une situation où il fournit à la même personne ; d'un coté, une autorisation attestant "la non applicabilité de la loi de 1992 sur les lotissements et morcellements pour le lot concerné (ce qui revient à considérer la zone en dehors de l'urbain et de ses normes) et de l'autre côté, une autorisation de construire pour le même lot attestant du respect des dispositions du dahir du 30 Juillet 1952 sur l'urbanisme, du dahir du 21 Juillet 1945, et celles du P.A spécifique de Aïn Haouzi.

La fourniture de l'équipement (eau et électricité principalement) par laquelle a été amorcé le processus de régularisation va connaître une seconde phase utilisant les dispositions réglementaires, qui exigent, pour toute demande de branchement, l'octroi de l'autorisation de construire. Nous retrouvons alors souvent des situations où l'autorisation de construire est fournie quelques années après la construction effective afin de permettre au demandeur le branchement à l'électricité(57). Mais, comme le souligne l'architecte municipal, ces dispositions ne sont pas toujours appliquées, les autorisations de branchement sont souvent données sur simple demande au Président, surtout pour les constructions existantes.

55-Comme le souligne le Bureau d'Etudes chargé de la réalisation du SDAU de Chefchaouen : "sur les 55 ha environ déterminés par le périmètre du Plan d'Aménagement du secteur Aïn Haouzi, 32 ha soit près de 60% de sa superficie, coïncident avec une partie du P.A de la ville de Chefchaouen. Aucun des deux n'ayant été homologués et ayant donc la même valeur légale ou juridique, il y a des contradictions pour développer aussi bien l'un que l'autre, car les déterminations effectuées dans les deux ne coïncident pas toujours" SDAU. Diagnostic.

56-1994 : 48, 1995 : 112, 1996 : 60 - Municipalité de Chefchaouen.

57-Le cas de Ahmed Z. est assez représentatif de ce processus chez les nouveaux acquéreurs : Ahmed est un ferronnier de 46 ans, originaire des Khmas. Après plusieurs travaux effectués chez un promoteur foncier de Aïn Haouzi, ce dernier lui accorde en 1989 un lot de 90 m2 par un acte de vente à crédit. Une année plus tard, Ahmed entreprend la construction qu'il termine en 1992.

En 1992, il obtient une autorisation du Président de la municipalité spécifiant la non applicabilité de la loi de 1992 sur le lot concerné. Il fait alors un acte adoulaire lui octroyant le lot pour la somme de 17.000 DH qu'il enregistre 26/5/1992. En 1993 il obtient une autorisation de branchement à l'eau potable du Président du Conseil (10/9/93, coût pour les travaux de branchement : 408,10 DH - compteur : 250 DH). Cette autorisation était conditionnée par un creusement des égouts. Avec huit autres propriétaires, ils font passer les canalisations secondaires (ils assurent eux même la main d'oeuvre. Participation individuelle pour l'achat des matériaux 300 DH).

En 1994, Ahmed fait faire un plan et le présente avec son acte adoulaire accompagné d'une demande. Il obtient son permis de construire le 24/11/94 mais doit payer 990 DH pour taxe sur la construction, 500 DH pour le branchement au réseau d'assainissement et 150 DH pour occupation temporaire des lieux de la commune (chantier).

En 1995, l'autorisation de construire lui permet de faire une demande de branchement à l'électricité.

Depuis 1994, la fourniture de l'équipement reste l'affaire du Président du conseil municipal qui en fait un moyen d'élargissement de son réseau de clientèle.

Ne bénéficiant pas d'un Schéma Directeur d'Assainissement, ni d'un collecteur principal, la Municipalité n'a pu réaliser que deux collecteurs entre 1995 et 1996 de quelques 540 mètres chacun, permettant le branchement de 220 logements sur un réseau secondaire. Si le Président fournit toujours une aide en matériaux aux groupes de propriétaires désireux de réaliser eux-mêmes leur branchement (lui permettant de répondre à la demande de quelques électeurs), le paiement des frais de branchement au réseau d'assainissement qu'accompagne toute autorisation de construire et la non réalisation du collecteur principal restent des "points noirs" qui entachent son action sur le quartier. (Les habitants continuent à déverser les eaux usées sur les terrains limitrophes sans organisation entre eux; des pratiques qui occasionnent des conflits permanents).

Dans cette seconde phase du processus de régularisation, si pour l'Etat, il s'agit de reporter dans le temps les multiples coûts d'équipements au fur et à mesure qu'avance le processus de régularisation, pour le conseil municipal, l'accélération du processus permet un contrôle plus important et une meilleure maîtrise de son réseau de clientèle. Pour ce faire, le "flou juridique" qui marque la situation de Aïn Haouzi (deux P.A non homologués, un périmètre du P.A qui n'intègre pas le quartier...) a été utilisé pour permettre rapidement l'octroi d'autorisations de construire qui met la gestion du quartier sous sa coupe .La logique "d'équipement progressif" et différé dans le temps suit son cours sans plan de restructuration. Une situation idéale pour toute négociation de la norme qui marginalise les services techniques de la Province. Le "laisser-faire" actuel de l'autorité provinciale cache mal "la gêne" qui se traduit chez les services techniques. Rien ne dit qu'une nouvelle équipe provinciale, n'aurait pas une action plus ferme, diminuant la marge de manoeuvre actuelle de la Municipalité et de son Président.

Le cas de Aïn Haouzi montre ainsi un processus de négociation dans lequel s'est marginalisée l'élite traditionnelle Chefchaouni pour laisser la place à une nouvelle élite. A travers la négociation ouverte autour de cet enjeu primordial nous mesurons le mode de fonctionnement même du pouvoir local dans sa relation au Centre. La nécessaire régularisation d'un quartier non réglementaire peut déboucher sur une recomposition de l'équipe municipale. Elle permet l'émergence même de nouveaux acteurs qui en font un élément de clientélisme et de légitimation locale.

Si la notabilité est un construit social propre à chaque société locale qui s'impose dans tout processus local de négociation de la norme, force est de constater aussi que des impulsions du Centre peuvent trouver écho dans la société locale auprès d'acteurs ayant jusque-là de faibles atouts (culturel, économique, social). La convergence des opportunités offertes aux deux parties peut déboucher sur le "renforcement" d'un médiateur. Le Centre "aide" à modifier, dans certaines conditions, les rapports de force à l'intérieur même du système politique local.

SECTION II- PLANIFICATION, GESTION URBAINE ET INTERETS FONCIERS LOCAUX

L'étude des acteurs face à la régularisation des quartiers non réglementaires montre l'importance de l'imbrication de ces quartiers dans la logique d'ensemble de la ville. Ceci est une donnée : chaque acteur intègre ces quartiers parmi l'ensemble des opportunités qui s'offrent à lui dans la ville.

La défense des intérêts fonciers, implique un ensemble d'actions qui se matérialisent aussi bien dans la planification urbaine que dans la gestion des services et équipements urbains. Notre ambition n'est pas tant ici, de relever l'ensemble des étapes qu'a connu cette planification, ses dysfonctionnements, ou les pratiques urbanistiques qu'elle met en oeuvre et ses différents acteurs mais de "détecter" à travers des faits tangibles, la logique qui anime les élites urbaines dont l'action reste cristallisée dans celle du conseil municipal (C.M). Ce dernier se distingue par un discours sur la ville, souvent en décalage avec une série d'actions qui entrent dans une "logique globale de défense des intérêts fonciers des groupes qui dominent la gestion municipale. Cette clef de lecture présente malheureusement des difficultés majeures dans une ville comme Chefchaouen où l'immatriculation est presque inexistante. Si des enquêtes sur le terrain nous permettent de connaître quelques grands propriétaires par quartier, la consistance des propriétés, le mode et date d'acquisition de ces propriétés nous restent sans réponse.

Deux lieux d'observation pourront permettre l'approche de cette élite en actes : l'élaboration du P.A de la ville et les pratiques des différents conseils, la mise en place de nouveaux équipements structurants.

S.S.1 Le Plan d'Aménagement : "Pouvoir territorial" et négociations

L'élaboration du Plan d'Aménagement relève de la compétence de l'Administration étatique (service central ou Agence Urbaine). Sans revenir aux différentes étapes qui marquent la réalisation de tels plans[(58)] et les dysfonctionnements qu'ils génèrent, l'analyse du processus de décision auquel il donne lieu dans le conseil municipal et les stratégies d'acteurs qui l'entourent nous paraissent constituer un lieu d'observation privilégié.

Toutefois, il serait très difficile de prétendre toucher toutes les étapes franchies par le P.A, vu la rotation des acteurs et de leur logique. En effet, le conseil municipal a changé de composition à trois reprises de 1976 à 1997. Le Plan d'Aménagement a connu des modifications radicales entre 1979 et 1987 : ses réalisateurs ont changé entre les deux dates.

La Division de l'Urbanisme a changé de Ministère en 1985 pour passer du Ministère de l'Habitat à celui de l'Intérieur - (L'équipe locale des années 70 relevait de la Province de Tétouan alors que celle des années 80 est installée à Chefchaouen).

Cet ensemble de facteurs milite pour une analyse sur une période relativement "homogène" qui concerne les mêmes acteurs, mais où des décisions radicales ont été prises, mettant en exergue ainsi le processus de décision. La période 1983-1992 est significative à

58- Le projet de P.A est établi par l'administration centrale selon la procédure prévue dans le décret du 14 Octobre 1976.
- Ce projet est soumis pour avis à une commission locale présidée par le wali ou le gouverneur et regroupent l'ensemble des acteurs locaux.
- Le projet étudié par la commission locale est renvoyé à l'instance qui a initié l'établissement du P.A.
- Le projet est soumis à l'examen du conseil communal.
- Parallèlement à l'étude du Projet, une enquête administrative est ouverte.

L'article 23 de la loi 12.90 stipule que "le projet de P.A est établi à l'initiative de l'administration avec la participation des collectivités locales". De même que l'article 30 de la loi communale précise que "le conseil examine les projets de P.A ou de Développement de la Commune". Alaoui Yazidi "l'élaboration du P.A, une prérogative étatique ou une affaire communale"? in Libération (Maroc) du 12/12/1996.

plus d'un titre puisqu'elle concerne une même équipe municipale, un même P.A, un même service technique d'urbanisme local.

A- Défense d'un cadre de vie et/ou défense des intérêts privés

Le pouvoir municipal contient une double dimension.

La première voudrait voir dans le pouvoir municipal une volonté d'autonomisation par rapport à l'appareil central d'Etat. Une autonomisation basée sur un fondement territoire - société (identification) qui chercherait à faire de cet espace (la ville) un moyen d'amélioration du cadre de vie. La ville, "cadre pour tous" arrive avant les intérêts de classe et de groupes[59].

A l'opposé, la seconde dimension voit dans le pouvoir municipal un pouvoir éclaté entre différents groupes d'intérêts ayant chacun une capacité de négociation qui dépend autant de la légitimité locale dont jouit chacun que de sa place dans l'appareil central.

Défense de cadre de vie et/ou défense des intérêts privés, les débats autour du P.A permettent de mesurer de façon globale les pôles d'intérêt du C.M et d'identifier certains acteurs et leurs logiques.

Classées dans huit domaines différents, les 265 interventions des élus qui ont marqué les sessions du CM réservées au débat sur le P.A. durant cette période se présentent comme suit[60] :

- C.O.S.* : 35,3%
- Conflits autour du processus de décision (tutelle, non concertation ...) : 20%,
- Voierie et circulation (suppression, création) : 17%,
- Architecture : 10,8%,
- Equipements sociaux (mosquée, terrains de jeux ....) : 6,2%,
- Périmètre d'Aménagement / Périmètre Urbain et zones périphériques : 6%,
- Autres demandes d'explication, crédibilité scientifique des statistiques : 3%.
- Aménagement et organisation de l'espace : 1,5%,

Cette répartition des différentes interventions constitue un premier indicateur quant aux soucis que représente pour ces élus l'amélioration du cadre de vie ou la réponse à une demande sociale spécifique (équipements, sauvegarde du patrimoine...). Ainsi, seuls 18,5% des interventions "touchent" à l'architecture, les équipements sociaux ou l'organisation de l'espace.

Une seule requête a été déposée pour le déplacement de la zone industrielle ; de même, les zones non constructibles proposées dans le projet de P.A. sont souvent contestées. La contestation prend la forme d'une défense d'intérêts personnels, comme il ressort des requêtes de l'enquête comodo-incomodo : chaque propriétaire foncier refuse l'affectation

59- Alain MÉDAM "Eléments d'analyse du pouvoir municipal" in Espaces Sociétés n°20-21 Mars - Juin 1997.
60- Dépouillement et classement réalisé par Jamal MOHAMER op. cit. p. 537 à 542.
* Coefficient d'Occupation du Sol.

donnée à la zone concernée par son patrimoine[61]. Il n'y a pas un contre-projet urbain que porterait un pouvoir municipal et qui émanerait d'une orientation globale donnée à la ville impliquant un schéma de transport, des axes et équipements structurants... Le conseil municipal ne se présente pas avec un projet d'ensemble qui affecte les différentes portions du territoire, il ne peut que "remettre en question" partiellement le projet qui lui est proposé sans pouvoir émettre l'argumentation que permettrait "la philosophie" d'un projet global. Ici, la procédure d'élaboration du P.A (initiative de l'administration centrale) enlève au conseil municipal la possibilité de fixer toute vision future de la ville. Plus que cela, comme le note Jamal Mohamer, la plupart des élus ignorent tout des règles de l'urbanisme. Mais serait-ce là une raison suffisante pour les empêcher de fournir leur propre vision ? Absence de projet d'ensemble et défense d'intérêts fonciers individuels permettent ainsi une division de la ville en secteurs à négocier où intervient le poids politique de chaque groupe d'intérêts suivant le secteur concerné.

La défense du patrimoine architectural et culturel peut constituer un point d'ancrage du pouvoir municipal et territorial, marquant son particularisme et un intérêt commun pour tous, traversant les différents intérêts privés. Or, le discours que reflètent les interventions des élus sur ce sujet reste figé. Un professeur à la retraite, président de la commission des voiries, membre actif dans différentes associations culturelles, notamment "l'Association Ibn Machich", représente le plus cette tendance qui "demande l'application du règlement avec fermeté, afin de conserver le cachet architectural de la ville". Dans le même sens, un autre enseignant originaire de Chefchaouen demande "d'imposer aux citoyens de couvrir les toits en tuiles (*quarmoud*)"[62]. Ce discours "conservateur" trouve sa pleine expression dans une association créée à cet effet, et qui s'est fixée comme objectif premier "la sauvegarde du patrimoine culturel de la ville de Chefchaouen par la recherche et la promotion de ce patrimoine, son identification et la protection tout en le reliant au développement social et à son environnement naturel et social"[63]. Les moyens à mettre en oeuvre pour réaliser ces objectifs se résument dans "l'organisation de séminaires et conférences, l'établissement d'un réseau de relations avec les associations et instances ayant les mêmes objectifs et l'entraide avec les organismes concernés et spécialisés pour la réalisation de ces objectifs"[64]. L'esprit qui se dégage de cette entreprise reste marqué par différents rappels historiques sur la ville de Chefchaouen à travers des conférences animées par des professeurs Chefchaouni (Ali Raissouni, Abdelkrim Tebbal, Mohamed Chahboun), des séminaires rappelant le rôle de personnalités ayant marqué la ville de Chefchaouen (poète, résistant, ...), des tables rondes avec les anciens du théâtre de Chefchaouen, les anciens musiciens, les anciens sportifs.

Outre quelques représentations de musique andalouse et de rencontres sur la musique marocaine, l'essentiel de l'action de cette association depuis 1993 reste cantonné dans une vision de la culture et du patrimoine culturel qui se traduit dans des rappels permanents à

61-Une partie de ces requêtes (14) se présentent comme suit :

Contestation zone non aedificandi	: 08
Contestation du COS	: 03
Contestation zone réservée aux espaces verts	: 01
Contestation zone réservée à un parking	: 01
Contestation zone réservée à une zone industrielle	: 01

62-P.V de session 83; Dossier 4.

63-Statuts de l'association Ibn Machich, Titre 2 article 1

64-Statuts de l'association Ibn Machich, Titre 2 article 2

des hommes du passé qui ont fait l'histoire de la ville sans lien avec l'évolution actuelle (sociale et culturelle) de la ville. Il s'agit davantage d'un cercle "d'intellectuels" près de la retraite qui se refusent de reconsidérer le patrimoine culturel dans son évolution actuelle [(65)]. La protection de la médina comme patrimoine architectural se traduit par des conférences sans actions avec la population qui y réside dans ses dimensions culturelles économiques et sociales.

Par ailleurs, si une faible partie des élus montre cet intérêt pour la sauvegarde du patrimoine, le conseil municipal reste placé devant le dilemme de la sauvegarde comme objet de crédibilité électorale, et les fortes demandes d'intérêts particuliers (transformations, surélévation, constructions nouvelles en médina) non conformes aux caractéristiques architecturales exigées. Ainsi, le conseil municipal de 1983-1992 a autorisé plus de 50% des dossiers pour transformation ou construction nouvelle alors que ces projets ne respectaient pas les règlements en vigueur et avaient un avis technique défavorable (non conformité) [(66)]. Ainsi, le "discours" de certains membres du conseil n'a pu arrêter la "marche" de ceux qui voyaient dans le contrôle urbanistique exercé par le conseil, le moyen d'opérer les dépassements nécessaires pour assurer leur propres intérêts.

Toutefois, il y a lieu de préciser que la médina en tant que patrimoine, miroir identitaire, cristallise la société locale autour de cet enjeu. Discutant de ce qui "fait" le local (la société locale), Yves Barel accorde une place privilégiée au patrimoine car "il (le patrimoine) exprime à la perfection toute l'ambivalence du processus de conflit-consensus : il n'a d'intérêt et d'existence que parce qu'il engendre des possibilités d'appropriation privative, mais cette appropriation n'est possible que pour autant que le patrimoine demeure un bien collectif .... C'est parce qu'il y a un patrimoine local qu'il faut créer des stratégies doubles de consensus-conflit, mais ce sont ces stratégies qui permettent la production et la reproduction du patrimoine..." [(67)]. En effet, n'a-t-on pas vu depuis trois ans émerger des associations de jeunes Chefchaouni pour la défense du patrimoine et de l'environnement qui intègrent la médina dans ses dimensions économiques, sociales et culturelles ? (voir infra).

Toutefois, si le patrimoine architectural en tant qu'enjeu dans la ville fait émerger plusieurs acteurs et "fonde" la société locale, force est de constater aussi des comportements d'acteurs ne répondant pas à des objectifs clairs. Le comportement observé répond à plusieurs registres. Il n'est pas réfléchi dans son ensemble : la proposition d'une application stricte de la loi, la création d'une association culturelle pour la défense du patrimoine et la réponse aux sollicitations d'une connaissance en lui accordant une dérogation à la loi émanent chacun d'un registre dans un contexte donné. Ces différents actes débouchent sur des comportements ambivalents. La rationalité ne se retrouve que dans le rapport aux opportunités, au contexte qui les définit et aux autres acteurs.

Les demandes d'équipements et de services urbains ne constituent pas une priorité dans les interventions des élus (6,2%), alors que le réseau d'eau potable présentait des défaillances dans l'ensemble de la ville et que les quartiers périphériques restaient sans

65- L'ancien président de la commission de voirie, membre fondateur de cette association nous a précisé dans une entrevue les véritables raisons de la création de cette association qui a vu le jour après l'éviction de l'ancienne équipe du conseil municipal et "une gestion de la ville confiée à des "étrangers" qui n'ont pas la volonté de servir la ville".

66- J. MOHAMER op. cit. P.516

67- Yves BAREL "Modernité, code, territoire" in les Annales de la recherche urbaine n°10/11 1981.

infrastructures de base. L'absence d'élus influents de ces quartiers dans ce conseil était réelle. Equipements structurants et réorientation de la ville sont devenus objet à enjeu avec la préparation de la visite royale dans les provinces du Nord (1987).

C'est ainsi que dans un rapport de la Municipalité reflétant l'historique du P.A. de Chefchaouen, les auteurs précisent : "puisque les parties concernées par la gestion de la ville (autorité et conseil municipal) ont décidé de la création de plusieurs équipements et infrastructures non prévus dans le P.A. envoyé en 1986, le conseil municipal a décidé une révision partielle du P.A." Ainsi, le 22 Janvier 1987, lors d'une session extraordinaire réservée à la révision du P.A., le conseil a décidé d'intégrer de nouvelles propositions : - la gare routière, l'abattoir municipal, le nouveau siège de la Municipalité, le terrain olympique et la salle couverte. Le conseil a approuvé le P.A. à condition que les nouvelles propositions y soient introduites (PV 27 de l'année 1987).

En fait, la préparation de la visite royale s'est faite dans le cadre d'une commission provinciale intégrant le Président du Conseil, le gouverneur et des hauts cadres de l'administration centrale du Ministère de l'Intérieur ; une commission qui se situe au delà des compétences juridiques ou des capacités financières du conseil municipal. Ce dernier n'a eu qu'à approuver les décisions prises ailleurs. Une fois l'enveloppe budgétaire et le type d'équipement retenu, l'objet de la négociation au sein du C.M touchait alors à la localisation de ces équipements structurants. L'avis du Président a été décisif dans ce sens, conscient que la concentration de ces équipements permettait l'ouverture d'une nouvelle zone d'urbanisation. Répondant à un journaliste sur le mécontentement populaire[68] qui a été provoqué par cette entreprise, l'ancien Président se justifiait ainsi :

"Le mécontentement populaire est le fait des populations habitant les hauteurs de la ville, loin des équipements (souk hebdomadaire et gare routière). Ce que je voudrais faire savoir c'est que le choix de la localisation était fait sur la base d'une vue prospective de l'élargissement du périmètre urbain de la ville qui se développe sans cesse. Elargissement qui ne peut se faire que dans le sens de la descente. Ainsi, par le choix de cet emplacement et en ouvrant la route de "Charii Maghreb El Arabi", nous avons donné un souffle à la ville en lui ouvrant une large zone d'extension" [69]. (voir figure 5).

68-La gare routière étant située dans une cuvette, son accès demande la montée et la descente de fortes pentes. Les Chefchaouni en parlent comme d'un aérodrome où les cars ont à réaliser des "décollages" et "atterrissages". Aux difficultés d'accès et aux problèmes qu'ils genèrent (défaillance des cars, accidents... s'ajoute son éloignement du centre qui "décourage" l'implantation d'équipements privés, et provoque des problèmes de mobilité pour les populations.

69-Sada Chefchaouen n°16 Octobre 1996.

Figure 5

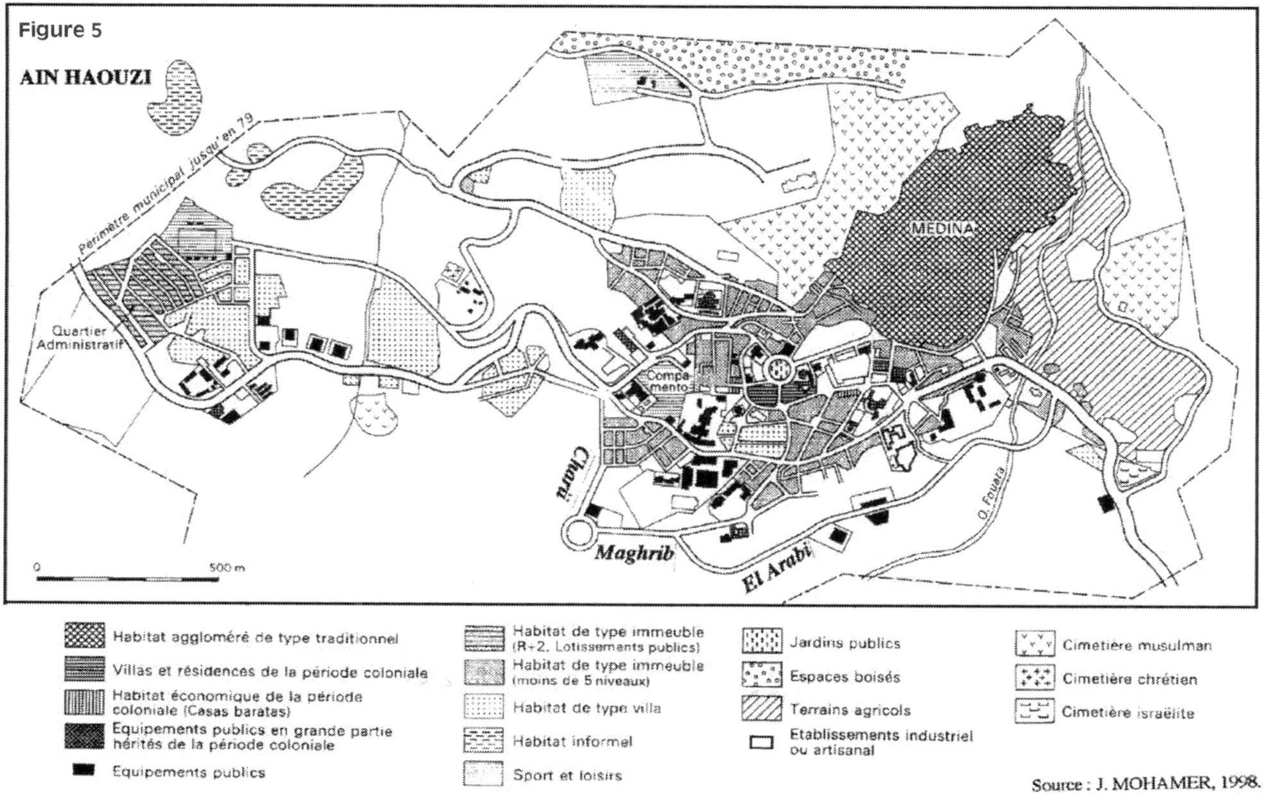

Source : J. MOHAMER, 1998.

Ainsi, l'injection d'équipements structurants a été l'occasion d'une valorisation d'un secteur de la ville au détriment du reste. Ici, le poids d'un président exerçant la plénitude des pouvoirs de l'exécutif au sein du C.M corrélé à son mandat parlementaire ont été déterminants dans les choix réalisés.

Les demandes de **révision du périmètre urbain**, de **suppression ou de création de voirie et d'augmentation du C.O.S** relèvent toutes d'une même logique : la défense d'intérêts privés. Les deux premiers types de demande s'articulent autour d'intérêts individuels qui s'expriment pour intégrer une zone dans le périmètre urbain, éviter une expropriation pour cause d'utilité publique ou valoriser un terrain. Ainsi en est-il pour un Cherif Chefchaouni, propriétaire de nombreux biens fonciers dans la colline de Loubar (demande d'intégration au périmètre urbain et de liaison par une voie carrossable avec pont aérien) ou d'un conseiller municipal propriétaire d'une usine située sur une grande voie de circulation. Si certaines voix s'expriment, d'autres ne le font pas, mais la négociation se réalise toujours en coulisses, suivant les appuis et les relations individuelles et familiales qu'a chacun des protagonistes. Au sein des réunions du conseil municipal, les interventions des personnes qui prennent la parole pour formuler ces demandes finissent par traduire une situation d'éparpillement et d'éclatement de ces demandes isolées les unes des autres, marquant par là même leur caractère individuel et privé.

S'agissant de l'augmentation du C.O.S, les demandes deviennent plus collectives, mieux relayées par les différents intervenants, elles représentent alors un point de convergence de plusieurs intérêts privés. Tout se passe comme si ces demandes "officielles" présageaient des dépassements futurs et les justifieraient dans une certaine mesure.

Placé entre la défense d'un cadre de vie et celles d'intérêts privés, le pouvoir municipal paraît essentiellement orienté vers la seconde option qui laisse apparaître un éclatement entre des groupes d'intérêts multiples n'ayant pas le même poids.

Les débats et pratiques autour du P.A et des différents enjeux urbains qu'il fait émerger montrent cinq aspects du système politique local.

1- L'absence d'une vision propre au CM sur la ville et d'une orientation stable,
2- La pluralité des registres d'actions qui débouchent souvent sur des comportements contradictoires des élus,
3- Un regroupement de l'élite politique autour du seul enjeu foncier par des demandes d'augmentation du Coefficient d'Occupation du Sol,
4- L'éclatement du conseil municipal entre des groupes d'intérêts divergents suivant les zones où doit se porter l'urbanisation,
5- L'omnipotence du poids politique du président-député dans les décisions du CM (ce dernier point sera illustré à travers la description du processus de prise de décision lors de certaines session du C.M).

B- Le processus de prise de décision au sein du C.M.

Le processus de prise de décision au sein du C.M peut être relaté dans ses grands traits à travers les sessions ordinaires du 26 Août 1986 et du 24 Octobre 1990. Ces deux réunions présentent la particularité de déboucher sur des positions opposées lors de leur décision finale: la première donnant l'accord du Conseil Municipal pour le P.A, la seconde demandant une révision radicale du P.A. [70]

- L'approbation du PA par le CM (réunion du 26-8-86)

Dans cette session, trois parties sont en présence,

- le groupe réalisateur,
- le Président du conseil, le Président de la commission de voirie et le Secrétaire (rapporteur) du conseil,
- Les autres membres du conseil.

Dans la discussion qui doit s'ouvrir, les différentes parties n'ont pas le même niveau d'information et certains élus revendiquent cette information dès le départ. *"Nous remarquons qu'il existe des réunions à huis clos entre la commission de voirie du CM et la division de l'urbanisme de la Province. Il ont dû déboucher sur plusieurs résultats puisqu'ils sont plus qualifiés que nous pour cela. Aussi je demande à les écouter en premier"* (O.R, Commerçant et propriétaire foncier issu d'une vieille famille de Chefchaouen, Secrétaire Général de l'UGTM, élu istiqlal). Cette revendication est mal reçue par le Président, (du même groupe politique que O.R) qui rejette la responsabilité sur les élus *"Oui, le P.A demande pour sa compréhension la consultation de cartes et de plans qui étaient à la disposition des membres du conseil municipal dans la salle de réunion de la Municipalité pendant toute cette semaine, mais cela ne nous empêche pas de vous donner une idée sur les remarques qui ont connu un accord (entre la commission de voirie et la division de l'urbanisme)".*

L'objectif du Président était de susciter l'accord des autres membres du conseil. Trois moyens ont été utilisés : l'orientation précoce de la décision finale, l'encadrement de la réunion et la mise à contribution du groupe réalisateur, le positionnement du Président en tant qu'arbitre et/ou modérateur entre les autres membres du conseil et le groupe réalisateur.

1- L'orientation précoce de la décision

Dès son introduction, le Président prend position pour le rapport présenté par l'équipe qui a réalisé le P.A en spécifiant qu'il répond aux remarques posées par les membres du C.M dans ses réunions précédentes.

Il précise par la suite l'importance des réunions préparatoires dont l'une fut présidée par le gouverneur de la Province et annonce très vite le rapprochement des points de vue et donc, le sens à donner aux interventions: *"nous avons senti que ces remarques ont trouvé, dans leur grande majorité, une réponse positive. Et nous saisissons cette occasion pour renouveler notre reconnaissance face aux efforts déployés par la Division de l'Urbanisme et l'esprit de coopération qui a marqué ces réunions préparatoires".*

70- Décisions finales de la session du 26 Août 1986 (contenu dans le p.V 21-22)

"Le conseil municipal (CM) a donné accord pour le PA à l'unanimité de ses membres, et demande la prise en compte des remarques que le CM avait faites lors de ses précédentes sessions, et consignées dans les documents du PA. Le CM donne son accord aux propositions contenues dans le PA en ce qui concerne le C.O.S et demande une prise en compte et une régularisation des constructions déjà existantes, en contradiction avec le COS proposé. Les propriétaires de ces constructions doivent régler leur situation juridique et ce, en établissant des plans d'architecture et de béton armé, en réparant les façades et en payant des amendes qui seront fixées par la commission de voirie".

"Le CM a donné également son accord pour organiser un concours d'architecture pour l'embellissement et l'aménagement du Boulevard Mohamed V".

Décision finale de la session du 24 Octobre 1990.

"Le CM de la ville de Chefchaouen réuni en session ordinaire le 24 Octobre 1990, approuve à l'unanimité de ses membres la demande de révision du PA, une révision radicale qui permettrait de l'adapter au contexte de la ville, à ses besoins et aspirations dans le domaine économique, social et urbanistique"

2- "L'encadrement" de la réunion et la mise à contribution du groupe réalisateur

Après avoir imprimé le sens à donner à la décision finale de la réunion, le Président donne la parole aux autres membres du conseil. Ces derniers émettent des avis "éparpillés" qui trahissent davantage la défense d'intérêts privés et individuels mais qui se relaient sur la question de l'augmentation du C.O.S.

Le groupe réalisateur répond aux différentes remarques des membres du conseil (création et suppression de voies, zone à intégrer dans le périmètre urbain, délimitation du périmètre urbain, augmentation du C.O.S) et essaie de trouver une réponse à une demande d'intégration d'une zone située en dehors du périmètre urbain. (Deux interventions qui mettent en avant des aspects techniques et financiers).

3- Le Président se positionne en tant qu'arbitre et/ou modérateur entre le groupe réalisateur et les autres membres du conseil.

Après avoir écouté les uns et les autres, le Président donne les "solutions" sur la question fédératrice des membres du C.M relative à "l'augmentation du C.O.S" et tranche sur le différend opposant un membre du conseil au groupe réalisateur concernant la zone périphérique de Loubar en suggérant le report de toute décision sur cette question après consultation d'une étude en cours tout en précisant que cette zone restait en dehors du périmètre urbain. Une façon de contenter chacune des deux parties, mais qui montre une non convergence des intérêts fonciers dans cette zone entre les différents membres du Conseil.

4- La décision finale reprend à la lettre la proposition du Président

Dans le processus de prise de décision au sein de cette réunion émerge le pouvoir du président face aux autres membres élus du Conseil Municipal. Concernant les intérêts privés et individuels, le Président est partie prenante, "les négociations secrètes" supposent des relais, le Président paraît ici bénéficier de suffisamment de "légitimité locale", (fils de l'une des familles au passé prestigieux "participation" au mouvement national, propriétaire foncier,...) et d'appuis au niveau central (le président est aussi député) pour orienter les décisions du C.M et défendre ses propres intérêts fonciers.

A la veille de la visite royale dans les Provinces du Nord, une pression a été exercée par le gouverneur pour "activer" l'approbation du P.A en gestation depuis dix ans. L'approbation signifiait alors la mise en condition pour recevoir "les équipements" qui ne manqueraient pas "d'accompagner" cette visite. L'Autorité locale et le président du C.M avaient des objectifs qui se recoupaient et se traduisaient dans cette phase allant jusqu'au début de l'année 1987.

- <u>Le refus du P.A et la demande de sa révision (radicale) par le CM</u> (réunion du 24-10-1990).

Lors de cette réunion, le président et les membres du bureau qui l'entourent avaient pour objectif d'isoler le groupe réalisateur et de lui présenter le maximum d'objections afin de conclure sur la nécessité d'une révision du P.A par le C.M. Pour ce faire, l'orientation précoce de la décision et une lecture complète de deux rapports sur les observations que suscite le P.A ont permis d'occuper les trois-quarts du temps de parole.

L'introduction du Président a ainsi "donné le ton".
"Puisque le P.A est encore à l'étape de l'étude au niveau central et afin qu'il ne connaisse une approbation que s'il prend en compte les observations présentées par le C.M dans les étapes

ultérieures et les remarques récentes - surtout que la division technique de la municipalité et la division de l'urbanisme de la Province ont été étoffées récemment- ... Personnellement, je ne vois pas d'objection si nous arrivons à une conclusion qui dit : vu le nombre très important des observations et au lieu d'amener des rectifications à ce plan, nous demandons la préparation d'un nouveau P.A. qui prend en compte l'ensemble des observations présentées par le CM. Un plan qui se baserait sur des études scientifiques, des photos aériennes.... Dans ce sens, la commission de voirie a fait un rapport détaillé contenant plusieurs observations".

Le Président de la commission de voirie et le Secrétaire du Conseil ont ainsi présenté l'ensemble des objections qui touchent tour à tour aux limites du périmètre urbain, à la localisation des places publiques et espaces verts, à la voirie, à la localisation de certains équipements, à l'affectation de zones non aédificandi et au C.O.S analysé zone par zone et par lotissement.

Dans cette réunion, les autres membres du conseil n'ont pas eu à intervenir, seul O.R a relevé "l'oubli" dans ces deux rapports de l'affectation de certains zones : Kaa dchar, Tasmlal et Loubar.

Devant une assemblée "unie", le groupe réalisateur n'a pu que rappeler au conseil des éléments de procédure "le P.A a déjà été approuvé par le C.M le 23-6-1987 et envoyé au Ministère. Actuellement il faut ouvrir l'enquête comodo-incomodo. Il est impossible de faire marche arrière et demander l'annulation du P.A. On pourra ajouter vos remarques à celles contenues dans l'enquête comodo-incomodo...".

Encore une fois, la décision du Président a été reprise intégralement.

Le refus d'approuver le plan entre dans la stratégie de tous les membres du conseil ayant des intérêts fonciers dans la ville. Il permet la négociation permanente.

A travers le processus de prise de décision concernant le P.A, le pouvoir municipal montre un aspect éclaté entre différents groupes d'intérêts, il ne trouve son unité que dans la non réglementation qui permet la négociation permanente de la norme par chacun des groupes.

Mais, face à cet éclatement, le pouvoir du Président-député reste prépondérant. Il lui a permis une "négociation" locale avec les autorités, canalisant une décision centrale (l'injection d'équipements dans les provinces du Nord) vers une satisfaction d'intérêts privés et individuels.

Toute décision prise au niveau central trouve sa traduction dans une négociation locale où se confronte le poids politique et économique de chaque groupe d'intérêts en dehors de toute considération d'appartenance politique. (Dans ce cas précis, il s'agit de membres de vieilles familles Chefchaouni appartenant presque tous au même parti : l'Istiqlal).

Le P.A peut paraître comme une tentative d'introduction d'un code explicite de gestion de la maîtrise foncière par le centre à l'intérieur des sociétés locales, mais il montre surtout un marchandage où chaque acteur utilise opportunités, atouts et réseau relationnel.

S.S 2- Finances locales et gestion urbaine : un prolongement des choix et des orientations individuels ?

L'étude des finances locales, à travers la structure du budget de fonctionnement de la municipalité et de celui des équipements, vise à souligner les spécificités locales quant aux choix stratégiques qui ont été opérés par les différents CM. L'objet n'est pas tant ici, de montrer le degré de dépendance ou d'autonomie financière, ou de juger de l'efficience de la gestion municipale que de lire à travers le type d'équipement, leur localisation et leur financement, les priorités données par chaque président de conseil et leur soubassements. Une manière de préciser davantage l'action du conseil municipal et ses groupes dominants dans la ville.

A- Dépendance et endettement limitent le fonctionnement de certains services urbains

L'étude du budget de fonctionnement entre 1983 et 1995 montre quatre traits essentiels:

- Une augmentation substantielle des recettes de fonctionnement

Les recettes de fonctionnement sont passées de 3,5 Millions de Dh à plus de 25 Millions DH en treize ans, soit une multiplication par sept et un taux d'accroissement annuel de 16,33%. Ceci confirme une donnée nationale puisque les ressources des collectivités locales sont passées de 800 Millions DH à 8 Milliards de Dh entre 1976 et 1990 (augmentation moyenne annuelle de l'ordre de 16,5%). Quels que soient les termes retenus, Chefchaouen a bénéficié de l'augmentation des flux financiers de l'Etat depuis 1983.

- Une dépendance accrue des subventions de l'Etat

La part des subventions dans les recettes de fonctionnement montre une dépendance de la ville de l'Etat pour près de 70% des ressources liées au fonctionnement. Cette dépendance qui était de l'ordre de 60% entre 1983 et 1989 a progressé pour atteindre 77,7% depuis 1990. En fait, la subvention annuelle qui atteignait à peine quelques cinq millions de dirhams en 1989 a connu une forte progression dans les années 90 pour atteindre près de 19 millions de DH en 1995. L'augmentation de la subvention s'est soldée par une dépendance accrue de la municipalité pour ses ressources de fonctionnement.

Ainsi, le rapport des ressources propres aux dépenses de fonctionnement (RP/DF) qui indique la capacité de la municipalité à prendre en charge ses frais de fonctionnement montre une régression permanente depuis le début des années 80. Si entre 1983 et 1987, les capacités internes assuraient entre 38 et 42% des dépenses, ce chiffre oscille entre 21% et 24% dans les années 1990 (voir tableau).

Tableau n° 24 : Rapport entre Ressources Propres (R.P) et Dépenses de Fonctionnement (D.F) 1983-1995 (Chefchaouen)

Année	RP/DF	Année	RP/DF
1983	0,41	1990	2,21
1985	0,39	1993	0,22
1987	0,38	1995	0,23

Source : Municipalité de Chefchaouen - (réalisé par l'auteur).

- L'augmentation de la dette communale et la diminution de la part réservée aux dépenses de fonctionnement des divers services.

Les dépenses de fonctionnement montrent une structure qui a fortement évolué depuis 1983. Avec le remboursement des dettes qui débuta en 1989, cette rubrique a atteint plus de 42% des dépenses durant toutes les années 90.

Parallèlement, les dépenses de fonctionnement des divers services qui regroupent aussi bien les dépenses d'administration générale (frais divers de gestion, fonctionnement du matériel et véhicule) que celles afférentes à l'entretien de la voirie, à l'éclairage public, et aux ordures ménagères, ont connu une évolution controversée. Si leur volume global a été multiplié par cinq en treize ans passant de un million à cinq millions de DH, leur part dans les dépenses de fonctionnement a connu une régression. Cette rubrique qui représentait entre 28% et 29% des dépenses entre 1983 et 1989 n'en concerne plus que 19% en moyenne lors des six dernières années. En d'autres termes, l'augmentation des recettes de fonctionnement, due essentiellement à celle des subventions, a servi davantage au remboursement des dettes et aux dépenses du personnel (traitement et indemnités, contribution aux mutuelles, primes d'assurance...). Cette dernière rubrique a également connu une régression passant d'une moyenne de 43% des dépenses de fonctionnement entre 1983 et 1989 à une moyenne de 30% entre 1990 et 1995.

Si nous sommes loin ici, de la configuration que reflète une étude nationale en 1990[71] ou de celle de certaines villes où les dépenses de personnel atteignent parfois 70% des dépenses, le cas de Chefchaouen reflète une situation particulière où le remboursement des emprunts du Fonds d'Equipement Communal (F.E.C)a grevé les capacités d'intervention de la Municipalité pour l'entretien de la voirie, des égouts et canalisations, des immeubles constituant le patrimoine communal ... qui auraient pu augmenter considérablement si leur part dans les dépenses de fonctionnement était restée stabilisée autour de 28%[72].

- La faible augmentation des ressources propres et leur structure

Les petites et moyennes villes se distinguent des grandes villes par la faible part des impôts et taxes dans les recettes de fonctionnement. Occupant près de 64% des recettes dans les grandes villes[73] en 1991, leur part diminue considérablement dans des villes de la taille de Chefchaouen en raison de la faiblesse de l'assiette fiscale. Ainsi, cette rubrique n'a connu qu'un taux d'augmentation moyen annuel de 4,44% entre 1983 et 1995 alors que les recettes globales de fonctionnement ont été multipliées par sept avec un taux d'accroissement annuel de 16,18%. Si leur part dans les recettes globales atteignait 20 à 23% dans les années 80, ce pourcentage tombe à un peu plus de 5% en 1995, marquant encore une fois la faiblesse des ressources internes. Les produits et revenus de biens et des services ont connu une évolution positive puisque leur volume global est passé de 670.327 Dh à 4.343.820 Dh entre 1983 et 1995 avec un taux d'évolution global de 548%. L'augmentation constatée est particulièrement importante à partir de 1993, date de "mise en service" des nouveaux équipements (gare routière, souk hebdomadaire, abattoir) puisque le taux d'augmentation annuel a atteint 18,42%. C'est cette augmentation des recettes que l'ancien président du

71- **Structure des dépenses de fonctionnement**

Dépenses personnel	: 42,03%	Subventions	: 0,85%
Fonctionnement services	: 27,34%	Conseil communal	: 0,34%
Versement 2° partie	: 18,06%	Dépenses d'ordre	: 0,22%
Dettes amortissables	: 11,34%		

Source : Enquête municipalités 1991. H. Bahi / Alami

72- Dans une intervention au journal local Sada Chefchaouen, (n°7 - Janvier 1996) le nouveau président du conseil municipal fait état des faibles ressources qui restent à la municipalité pour assurer l'hygiène, le ramassage des ordures ménagères, les différents entretiens pour lesquels il ne dispose que de 3 Millions de DH par an.

73- H. BAHI et ALAMI HAMDOUNI M. : "Urbanisation et gestion urbaine au Maroc" Imprimerie Toumi - Rabat 1992 (p. 124).

conseil municipal avance dans son argumentation pour soutenir le bien fondé des décisions prises en 1987 pour la mise en place "d'équipements rentables"(74). Or, si cet accroissement des recettes a atteint un peu moins de deux millions de Dh (1.728;352 Dh), les dépenses liées au remboursement de l'emprunt du FEC pour la réalisation de ces équipements ont atteint plus de dix millions de dh chaque année depuis 1992 (10.483.073 Dh en 1993, 11.265.590 Dh en 1994, 11.012.407 Dh en 1995).

Ainsi, l'augmentation des ressources internes a vu en parallèle un accroissement des dépenses liées au remboursement des emprunts qui n'ont pu être honorées que grâce à une augmentation des subventions. Une opération qui a mis de plus en plus la municipalité entre "les mains de l'Etat" : situation que déplore le nouveau président du conseil(75).

B- Une gestion urbaine "hypothéquée" par certains choix d'équipement et de localisation

La structure du budget d'équipement et les choix réalisés montrent deux faits majeurs:

* - Une évolution en dents de scie où prédomine l'emprunt :

L'évolution globale des recettes d'équipement indique la faiblesse des ressources internes et des subventions et le recours à l'emprunt. En effet, la courbe de l'évolution des recettes d'équipement montre une stagnation dans les années 80, un pic en 1989 et une période de reflux qui s'accentue dans les dernières années : la faiblesse des ressources internes et des subventions et le recours au crédit du FEC pour le financement de l'équipement à la fin des années 80 expliquent cette situation.

Trois périodes se dégagent (voir tableau).

Tableau n° 25 : Structure des recettes d'équipement par période

	Période 83-87	Période 88-91	1992-1995
Excèdent de recettes	60%	43,49%	71,89%
Subventions	26,22%	0,75%	8,73%
Emprunts	13,78%	55,76%	19,38%
	100%	100%	100%
Volume global des recettes d'équipement	24.226.296 Dh	93.223.503 Dh	42.225.231 Dh
Moyenne annuelle des recettes d'équipement	4.845.259 Dh	23.305.875 Dh	10.56.307 Dh

** Réalisé à partir des Budgets annuels - Municipalité de Chefchaouen.*

- De 1983 à 1987, la moyenne annuelle des recettes n'atteint pas 5 Millions de Dh. Le financement de l'équipement reste marqué par sa faiblesse et une structure où prédomine la part des excédents de recettes (ressources internes) qui concerne 60% du financement et quelques subventions (26,22% des recettes). Les produits de l'emprunt n'atteignent pas alors les 14%.

74-Sada Chefchaouen n°15 - Septembre 1996.

75-Le nouveau président du conseil donne les précisions suivantes à propos de la rentabilité économique de ces équipements : - La gare routière fait 300.000 Dh de recette annuelle alors que le montant des remboursements est de 700.000 Dh annuellement, - Les abattoirs procurent quelques 150.000 Dh à la municipalité chaque année alors que les factures d'électricité les concernant atteignent à elles seules 120.000 Dh par an, le remboursement de l'emprunt étant de 3 millions de Dh. in "Sada Chefchaouen n°7 Janvier 1996).

- De 1988 à 1991, le volume global des recettes connaît un bond significatif qui le situe à plus de 93 millions de Dh avec une moyenne annuelle de plus de 23 millions de Dh. Cette période de financement d'équipements structurants va connaître un recours accru à l'emprunt qui atteint plus de 55% des recettes d'équipement. La part des ressources propres reste toutefois non négligeable (43,49%) alors que la municipalité n'a pratiquement pas reçu d'aide de l'Etat (subventions) pour financer ces chantiers qui devaient préparer la visite royale.

- De 1992 à 1995, le volume global des recettes tombe à quelques 42 millions de Dh avec une moyenne annuelle de 10,5 millions de Dh. Une prise en compte de l'inflation sur huit ans ramènerait ce chiffre à un volume global qui approchait celui des années 80, alors que l'évolution des dernières années (1994 et 1995) montre une régression plus importante. Avec la chute des produits de l'emprunt (la Municipalité est déjà surendettée), les ressources internes couvrent l'essentiel du financement de l'équipement (71,89%) alors qu'elles enregistrent une baisse continue depuis le début des années 90. Après un équipement faisant recours à l'emprunt réalisé par l'ancien conseil municipal, les capacités d'équipement sur fonds propres s'essoufflent. Le nouveau C.M gère une situation financière qui ne lui permet plus de réaliser de nouveaux équipements.

* - Type d'équipement et volume des dépenses : la concentration des dépenses sur Charii Maghrib El Arabi et ses équipements (gare routière, souk, abattoir).

- La faiblesse des recettes de la première période n'a permis que des dépenses globales en grands travaux n'atteignant pas dix millions de Dh. Ces dernières ont surtout concerné des travaux d'assainissement (plus de 60% des dépenses), l'éclairage public et la distribution d'eau. Ces infrastructures de base ont accaparé 71,63% des dépenses d'équipement, les travaux d'embellissement du centre ville occupant le reste des dépenses (voir tableau).

- La période de 1988 à 1991 marque le gonflement des dépenses en grands travaux qui atteignent près de 60 millions de Dh (voir tableau), les projets de Charii Maghreb El Arabi ayant englouti plus de 50 millions de Dh (soit 88,60% de ces dépenses).

Tableau n° 26 : Travaux neufs et autres dépenses d'investissement par type et dépenses allouées de 1988 à 1992.

Type de travaux et lieux	Dépenses (Dh)	% dépenses totales
- Charii Maghrib Arabi et ses équipements	51.275.000	88,60
- Bâtiment administratif - Bibliothèque - Revêtements sols, murs médina, embellissement	1.151.864 2.426.833 1.927.042	9,51
- Eclairage public, Eau potable, Assainissement	419.200	0,72
- Etudes	668.390	1,15
Total	57.868.329	99,98

Source : Municipalité de Chefchaouen (réalisé par l'auteur).

L'ensemble des autres travaux ne bénéficie que d'une enveloppe de 6,6 millions de Dh. L'assainissement, l'éclairage public et la distribution d'eau ne donnent lieu qu'à un investissement de 419.000 Dh, soit moins de 1% des dépenses de grands travaux. Dans ce secteur vital, le conseil municipal élu en 1983 n'a engagé que 20% des ressources qu'il avait attribué entre 1983 et 1987 (période de pénurie financière) alors que les ressources globales réservées à l'équipement ont été multipliées par cinq entre 1987 et 1992.

Une priorité a été donnée pour l'aménagement des nouvelles voies de Charii Maghreb El Arabi et les équipements qui l'ont accompagné au détriment des infrastructures de base. Le problème de l'eau potable a commencé à se poser avec acuité dès 1992 alors que le CM élu en 1983 ne lui avait accordé que le financement d'une étude. Il en est de même pour l'équipement des quartiers périphériques. Des enjeux fonciers ont prévalu dans l'orientation de l'investissement : la valorisation de la zone de Charii Maghreb El Arabi s'est faite au détriment des autres quartiers de la ville.

Le reste des dépenses d'équipement en cette période a concerné des actions de saupoudrage touchant à des aspects culturels et de défense du patrimoine (revêtement des sols, restauration des murs de la médina, construction de la bibliothèque..).

- La période de 1992 à 1995.

Pendant ces quatre années les dépenses liées aux grands travaux et investissements ont chuté à près de onze millions de Dh. Leur répartition (voir tableau) montre, d'une part une certaine continuité avec la période antérieure puisque Charii Maghreb El Arabi et "ses équipements" continue d'accaparer la plus grande partie des dépenses de grands travaux et d'équipement (76,62%), d'autre part un essai de réorientation vers les infrastructures de base, notamment la distribution d'eau potable qui bénéficie de 18% de ces dépenses, un volume jamais atteint lorsque la municipalité avait d'importantes recettes d'équipement.

Tableau n° 27 : Travaux neufs et autres dépenses d'investissement par type et dépenses allouées de 1992 à 1995

Type de travaux et lieux	Dépenses (Dh)	% dépenses totales
- Charii Maghrib Arabi et ses équipements - Bibliothèque	8.304.338 98.500	76,62
- Murs médina - Autre embellissement	479.398 100.000	5,28
- Eclairage public - Eau potable	140.000 1.844.341	18,10

Source : Municipalité de Chefchaouen (réalisé par l'auteur).

Le nouveau conseil municipal (élu en 1992) s'est trouvé, pendant ces quatre années, "emporté par la vague" provoquée par ses prédécesseurs. Les chantiers et équipements de la gare routière, du Souk, de Charii Maghreb El Arabi ou de la Bibliothèque restaient à terminer, ils ont englouti le gros des recettes bloquant par là même toute nouvelle initiative d'importance du CM. Toutefois, l'orientation de ce nouveau conseil en quête de légitimité se retrouve dans les dépenses liées à la distribution de l'eau potable. Mais, malgré les efforts consentis, la faiblesse des ressources d'équipements devient une caractéristique de ce CM qui cherche une régularisation et l'équipement des quartiers périphériques (voir supra) alors que ses moyens d'intervention s'amenuisent. Face à des besoins croissants, il cède de plus en plus la gestion de secteurs entiers à des organismes semi-publics (l'eau potable et sa distribution ont été cédées à l'ONEP en 1996).

L'exemple de Chefchaouen n'est pas unique, il éclaire le rôle de l'endettement dans "l'orientation" de la gestion urbaine dans les situations "d'alternance" du CM. Tout CM qui arrive à s'endetter, trouve dans les équipements réalisés des arguments pour sa campagne électorale future (l'ancien président du CM l'avait même souligné dans une lettre ouverte aux Chefchaouni aux élections de 1992). En cas de non réélection, il lègue au futur C.M une orientation et une crise qu'il n'a plus qu'à gérer en attendant la "sanction populaire". Dans ce "système", au delà de la recherche de l'équilibre financier ou de capacités d'endettement de chaque localité, le FEC joue un rôle primordial dans la régulation de la vie politique locale. Ici, l'ancien président a "saisi au vol" l'opportunité ouverte par la visite royale pour faire les demandes nécessaires en équipement au FEC et orienter l'investissement dans le sens de ses intérêts tout en ferrant un pan de la gestion urbaine.

- QUELQUES ENSEIGNEMENTS

La gestion foncière à Chefchaouen montre l'importance de cette question comme enjeu du pouvoir local d'une part, comme lieu d'arbitrage et de régulation sociale d'autre part.

A partir de quelques lieux d'observations (dérogations, P.V du conseil municipal, finances locales...) nous avons pu mesurer le degré d'éclatement du conseil municipal à travers la défense d'intérêts fonciers individuels, mais également des démarches collectives reflétant une certaine cohésion (d'intérêts). En effet, en termes d'élite locale, il s'agit en particulier des vieilles familles traditionnelles Chefchaouni, principales détentrices des terres melk privées dans la ville. Ainsi, la petite promotion immobilière depuis les années 80 a concerné la majeure partie de ces familles qui ont toutes fait de petites opérations ou ont espéré en faire, le conseil municipal leur assurant les dérogations nécessaires pour augmenter le nombre de niveaux, autoriser des lotissements ne respectant pas les lois d'urbanisme (viabilisation incomplète) ou accepter les surélévations et transformations en médina. Ces différentes opérations marquent une "continuité" dans l'action du conseil municipal. Les imbrications familiales et relationnelles sont telles ici, que tout petit promoteur "trouve accès" aux membres du conseil qui délivrent la dérogation. Ici se cache, cohésion et conflits autour de l'enjeu du patrimoine architectural, un des éléments de cristallisation de la société locale.

En dehors du périmètre urbain, "l'orientation de l'urbanisation" devient un enjeu qui forme des groupes d'intérêts fonciers suivant le secteur de la ville qu'occupent les "terres agricoles" possédées. Il n'y a plus ici d'intérêts complémentaires, mais conflits d'intérêts. Suivant l'orientation que prend la ville, un groupe voit une valorisation de ses terres se réaliser au détriment des autres. C'est le sens à donner à l'action du Président du Conseil municipal élu en 1983 qui a développé un secteur de la ville en l'intégrant dans le plan d'aménagement et en y injectant des équipements structurants qui ont, non seulement mobilisé le gros des ressources locales, mais également "gelé" toute orientation nouvelle de la gestion urbaine (les moyens financiers de la municipalité étant, depuis, réduits à rembourser les dettes contractées). Les actions montrent le rôle déterminant du Président du Conseil lorsque ce dernier possède des intérêts fonciers dans la ville en même temps qu'une "stature nationale" (député, président de commission parlementaire, membre du bureau politique de l'un des principaux partis du mouvement national).

Issu d'une famille de *Chorfa* Chefchaouni, fils de résistant, premier pacha de la ville après l'indépendance et grand propriétaire foncier, élevé auprès de Allal El Fassi (figure de proue de parti de l'Istiqlal), formé au Caire et ayant gagné "ses galons" dans le parti le plus "enraciné" dans la ville, le président-député est de ces élites nationales qui se confondent avec un lieu : Il est l'homme de Chefchaouen. En ce sens, toute autorité locale ne pouvait que chercher auprès de lui un terrain d'entente, (ses possibilités d'accès au centre représentent en effet, un danger permanent de politisation des problèmes locaux, une menace qui incite le gouverneur à rechercher des compromis et une mise à l'écart des normes centrales[76]), lorsqu'il ne s'agit pas d'enjeux gérés au niveau central. L'orientation de la ville fait partie ici de ces conflits d'intérêts négociés au niveau local. Si la "position" du président-député l'a favorisé dans cette "négociation", il a su aussi tirer profit d'une opportunité (consignes d'ouverture de grands chantiers à l'occasion de la visite royale dans les provinces du Nord) pour l'orienter dans le sens de ses propres intérêts. Or, comme le souligne Abouhani "l'illégalité pour devenir une pratique socialement tolérée doit se dérouler dans le cadre de réseaux qui sont connectés les uns aux autres". Les dérogations au COS ou au respect du patrimoine architectural en médina favorisent la mobilisation de ces réseaux, mais les actes isolés de valorisation du foncier s'inscrivent ici en faux et alimentent une certaine contestation locale.

La grande continuité que l'on retrouve chez l'élite Chefchaouni se fonde aussi sur son passé de résistance au pouvoir central et sur son désir d'autonomie et de rejet de "la marginalité" dans laquelle ce dernier la place. Cette relation conflictuelle s'est traduite au début des années 60 et jusqu'en 1983 par un "pouvoir municipal" muselé, et non représentatif. Représentée à travers son président, l'élite locale traditionnelle (et sa continuité historique) se présentait en 1983 comme un véritable pouvoir bénéficiant d'une légitimité locale incontestée face au représentant du pouvoir central (le gouverneur et son administration). Pendant plus de six ans, le gouverneur (lui même résistant, ayant séjourné dans les provinces du Nord), homme réputé très sévère avec ses subalternes, a gardé des rapports très tendus avec ce conseil municipal composé d'hommes instruits, jaloux de leurs prérogatives et compétences. L'absence de terres domaniales ou collectives, pouvant conférer à l'autorité locale un moyen d'action dans la ville a réduit ses capacités d'intervention à une collaboration implicite avec cette élite locale dans la mise à l'écart des normes centrales.

A l'inverse de ce qui a pu être décrit ailleurs (Salé, Bouznika, Tiflet...) le consensus local, convergence des intérêts des notables, des élus et de l'Administration locale, s'est réalisé dans un climat de tension qui relève de l'histoire même de la société locale et de son rapport au Makhzen. Dans cette phase, le gouverneur a pu mesurer son isolement malgré sa politique de consensus.

Le gouverneur et le député - Président : La rupture.

A vouloir accorder aux spécificités locales une consistance suprême, certains voient dans le couple gouverneur/ député-Président une convergence d'intérêts qui peut aller jusqu'à une résistance à la centralité (non application de directives centrales). Cette vision du "local"

76-A. ABOUHANI "Médiation notabilaire et gestion des conflits liés au logement" Communication au Colloque "Politiques, instruments et acteurs de l'Aménagement Urbain dans le Monde Arabe" URBAMA, Tours. Oct 1986.

permettant la négociation ne nous semble adéquate dans le cas du Maroc, que lorsque des intérêts "suprêmes" convergent : celui de l'élite locale représentée dans les instances politiques, celui des prérogatives de l'Etat qui entre dans une phase de nouvelle régulation et de reconnaissance de droits aux populations des quartiers non réglementaires et celui de ses représentants locaux (techniques et politiques) qui doivent assurer cette négociation. La régularisation des quartiers non réglementaires émane aussi bien des populations et de leurs représentants, des propriétaires fonciers concernés que des décisions centrales et leurs répercussions dans l'administration locale. Lorsque le député-Président a été le promoteur foncier "clandestin", ce dernier pousse à une régularisation qui converge souvent avec les prérogatives de l'Etat et son rôle actuel en tant que producteur - gestionnaire du sol urbain (gérer l'équipement au moindre coût tout en bénéficiant des retombées politiques de l'opération). Le gouverneur gère une "politique de l'habitat" au niveau local, sans aucun moyen financier ou matériel (réserve foncière). Il a donc une logique qui ne peut aller que dans le sens de la négociation avec l'élite locale. Cette dernière bénéficie de la représentativité nécessaire et d'un réseau de clientèle. Elle permet l'accès au logement à de larges couches de population tout en revendiquant un processus de régularisation.

Dans le cas de Chefchaouen ce schéma est inversé. Le député-Président a des intérêts fonciers dans d'autres secteurs de la ville sur lesquels il a orienté toutes les finances locales et la gestion municipale au détriment des quartiers périphériques. Il n'y a pas de reconnaissance des quartiers "clandestins" alors que les sollicitations des populations sont relayées par celles d'une partie de hauts fonctionnaires qui ont acquis quelques terrains dans ces quartiers et que des directives centrales demandent un début d'équipement de ces quartiers. Plus que toutes choses, les directives émanant du centre ont marqué la rupture momentanée entre la logique de l'Etat et celle de la partie de l'élite urbaine que représentait le député-Président. Il y a ici divergence d'intérêt. La thèse de "l'illégalisme nécessaire à la survie des couches populaires et à leur logement vu comme contre partie de l'illégalisme de certains grandes familles qui font partie de l'élite politico-économique"[(77)] ne trouve pas sa place ici. Les besoins de la régularisation ont conduit à une nouvelle recomposition de l'élite locale même et à une mise en avant de nouveaux relais locaux nécessaires à la mise en oeuvre de cette régularisation.

En entamant l'équipement et la régularisation des quartiers clandestins, le gouverneur préparait la relève d'une partie de l'élite traditionnelle. Son "éjection" en 1992 est le résultat conjugué d'une campagne de dénigrement (non assistance aux populations défavorisées des quartiers périphériques, non respect du patrimoine architectural, "gestion urbaine" orientée par des intérêts fonciers particuliers...) et de la nécessité de la "nouvelle" régulation qu'elle entravait.

Tout se passe comme si certaines prérogatives de l'Etat ne pouvaient pas être freinées par l'action de certains membres influents de l'élite locale. Elles constituent un champ d'intervention privilégié de l'Etat. Cela rappelle le comportement du Makhzen vis à vis de "son opposition" sur la scène politique nationale. Le cas de Chefchaouen montre certainement un type d'élite traditionnelle particulier qui enracine son action et son opposition "légendaire" au Makhzen (traduite par plusieurs siècles d'autonomie -voir supra).

77- A. ABOUHANI op. cit. P.10.

La divergence d'intérêts autour des quartiers "clandestins" paraît avoir constitué l'occasion saisie pour introduire de nouveaux relais entre l'administration locale et la population urbaine momentanément.

Plus que cela, le passage à une politique de régularisation au niveau local a conduit à un repositionnement des acteurs. Initiée par les agents locaux d'autorité et les services techniques de la Province sur décision centrale et sous la pression de demandes répétées des populations (montée de l'insalubrité et des problèmes d'hygiène), à travers quelques relais dans l'administration locale, la régularisation a été une étape qui a marginalisé la municipalité et ses élus dans la première phase. Avec la recomposition du conseil municipal, c'est une situation inverse qui se produit. Ce dernier, écarte de plus en plus les services techniques Provinciaux et même municipaux dans sa "gestion" de la régularisation (autorisation de construire, accès à l'équipement) afin de mener librement sa politique clientéliste.

Le processus de décision éclaire des relations de pouvoir très complexes. Les élites locales n'arrivent à former corps face aux autorités locales, administratives et centrales qu'autour de certains enjeux dans la ville. Ainsi en est-il pour les surélévations en médina, le manque d'équipement de lotissements autorisés, les demandes collectives d'augmentation des COS. Les conflits d'intérêt autour du foncier se retrouvent au nœud de la gestion urbaine. Ils donnent l'opportunité à l'autorité locale pour fractionner l'élite. Toutefois, dans le processus qui se dessine localement, aucun acteur ne possède une maîtrise de l'ensemble. Tout se passe, comme si chaque acteur pris individuellement pèse de tout son poids dans la décision à un moment donné, mais il ne peut prétendre à la pérennité, ses ressources de pouvoir rentrent vite en compétition avec celles d'autres acteurs qui profitent d'une opportunité pour créer une alliance qui pèsera suffisamment sur le processus et ainsi de suite. L'autorité centrale, souvent décrite au Maroc comme seule source de pouvoir, montre, à travers une logique sécuritaire de gestion, le poids des résistances émanant des quartiers populaires et de la réponse à donner à leurs revendications à travers une partie ou l'autre de leurs élites. Le cas de Chefchaouen met en exergue deux phases de cette logique : une première remontant aux années 80, marquée par la visite royale et le désir d'une réconciliation du Makhzen avec l'élite traditionnelle Chefchaouni, une deuxième, plus spécifique à une nécessaire réponse de l'autorité centrale aux problèmes d'insalubrité et d'hygiène que pose l'habitat non réglementaire sous la pression des organismes internationaux et des populations concernées.

Si ces deux incursions dans la gestion locale ont été déterminantes dans les relations entre les acteurs, ces derniers ont pu aussi développer chacun, une stratégie qui lui est propre par sa connaissance même du système, et des ressources que recèlent ses concurrents. Ainsi, l'élite traditionnelle, renforcée au début des années 80,marginalisera l'autorité locale et les services techniques urbains. L'autorité locale, forte des décisions centrales des années 90, appuiera, avec l'aide des services techniques, une nouvelle élite au détriment de l'élite traditionnelle. La mise en place de cette dernière se traduit par un processus de légitimation intégrant des pratiques clientélistes qui exigent la mise à l'écart des services techniques et des autorités locales. La gestion urbaine semble osciller entre trois logiques agissant toutes dans le même champ; une logique basée sur les opportunités ouvertes aux intérêts privés (bien représenté à travers les élites locales), une logique « techniciste » et normative axée sur les opportunités ouvertes à « l'interêt général » compris comme une application stricte de la loi et des normes (services techniques locaux) et une logique sécuritaire reposant sur l'apaisement des tensions locales et sur la saisie d'opportunités pour marquer les limites du "terrain de jeu" voulues par l'Etat (dans son rapport aux autres acteurs de la gestion urbaine). Si les trois logiques d'en haut agissent souvent chacune dans un sens, elles ne trouvent de cohérence qu'une fois articulées à la société locale (mesurée par) sa capacité de mobilisation pour exprimer ses demandes sociales. A travers la gestion urbaine, il s'agit davantage de lire un « mode de régulation sociale » au niveau local. A Chefchaouen, des rapports de type verticaux semblent permettre la remontée des demandes sociales. Un élément qui n'aurait pu être éclairé qu'à travers une étude plus précise de l'expression politique du populaire dans son articulation aux autres acteurs de la gestion urbaine (cette approche sera plus présente dans les deux derniers cas étudiés).

CHAPITRE II/

DE LA PRISE EN COMPTE DE L'ELITE DE PROXIMITE DANS LE SYSTEME POLITIQUE LOCAL

(Cas de Souk Larbaa).

SECTION I - QUELQUES CARACTERISTIQUES DE L'ELITE POLITIQUE URBAINE DE SOUK LARBAA

Au sortir de l'indépendance politique, Souk Larbaa, comme tout le Rharb, était dominé par l'Istiqlal et ses grandes familles makhzen. Cette ville fut le théâtre d'un événement sanglant en Janvier 1956 avec la tuerie de sept membres du "Hizb Chora", dont Larbi Sefiani, dans leur conflit avec le parti de l'Istiqlal.

En 1960, le premier conseil communal de la ville fut présidé par Kabbaj, un commerçant originaire de Fès, Istiqlalien, détenteur d'un agrément de car. Il s'appuyait alors sur plusieurs membres de son parti dont Hmed Dahane, Haj Brahim Yacini, Mohamed Mejdoub ; des commerçants, petits collecteurs de céréales installés dans le bidonville de Kallito.

En 1963, la purge des Istiqlaliens des postes de responsabilité dans le monde rural et les petites villes toucha aussi le centre de Souk Larbaa et entraîna la mise à l'écart de Kabbaj et l'émergence d'une nouvelle élite Rharbaoui intégrée au F.D.I.C.(78).

S.S 1 - 1963 - 1983 : la mise en place d'une nouvelle élite politique Rharbaoui

Deux intermédiaires en céréales, associés et légitimés seront les nouvelles figures que portera l'autorité locale pendant vingt ans (1963 - 1983). Leur contact permanent avec la population rurale et le réseau de clientèle qu'ils ont pu développer à travers les systèmes de crédit personnel qu'ils accordent seront à la base de leur "montée" économique et politique même si leur résidence dans la ville est récente (1960). Ils seront pendant longtemps des "obligés" du caïd. Et ce dernier, ne manquera pas de "fermer les yeux" sur leurs pratiques foncières (voir infra). Le personnel mobilisé par le FDIC avait quelques particularités bien relatées par A. Adam : "Le prestige du roi, celui du pouvoir établi, le désir d'avantages personnels dans un pays où le pouvoir reste une source, directe ou indirecte de profit.. Le FDIC, coalition hétéroclite peut être et qu'on pouvait juger fragile... Nous pensons moins ici à la corruption qu'à toutes les faveurs dont dispose le pouvoir, tant pour les nominations à des postes enviés que pour toutes les concessions, licences, autorisations et dispenses dont le dirigisme bureaucratique des jeunes technocrates a provoqué la floraison"(79).

78- F.D.I.C. : Front de Défense des Institutions Constitutionnelles créé le 20 Mars 1963, alliance composée du Mouvement Populaire, du Parti Démocratique Constitutionnel et des "Libéraux indépendants" ; Front Commun créé sous la houlette de Ahmed Reda Guedira pour soutenir le Makhzen lors des élections communales (28 Juillet) et législatives (15 Octobre) de 1963. Le F.D.I.C. fut dissous le 12 Avril 1964.

79- A. ADAM "Casablanca" ed. CRNS - 1972.

Les deux céréalistes vont se relayer à la tête du conseil communal. Mais l'un d'eux, Kraimi, a fait plus d'efforts pour acquérir un minimum de formation (cours particulier d'Arabe et de Français) et surtout, il est marié avec la fille de Hadj Driouch, *Cheikh* durant le Protectorat dans la région de Belkciri. Il sera président du conseil durant les deux mandats de 1969 et 1976, élu Municipal jusqu'en 1992 et vice-président du conseil provincial de Kénitra durant deux mandats. Il reste, encore, un pillier de la vie politique locale.

Jusqu'en 1983, le conseil communal sera monopolisé par des élus "sans appartenance politique" (SAP).

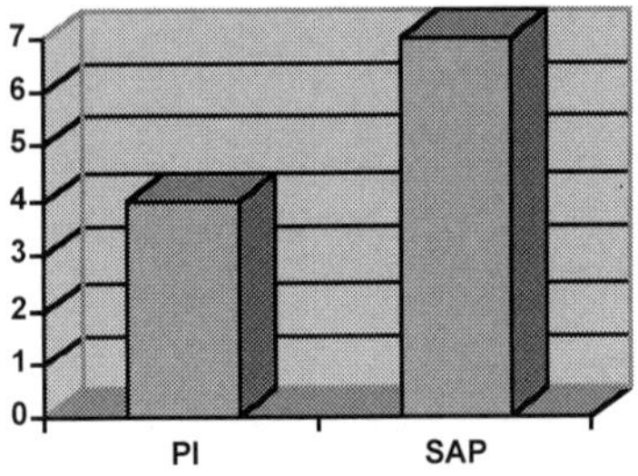

Conseil 63/69

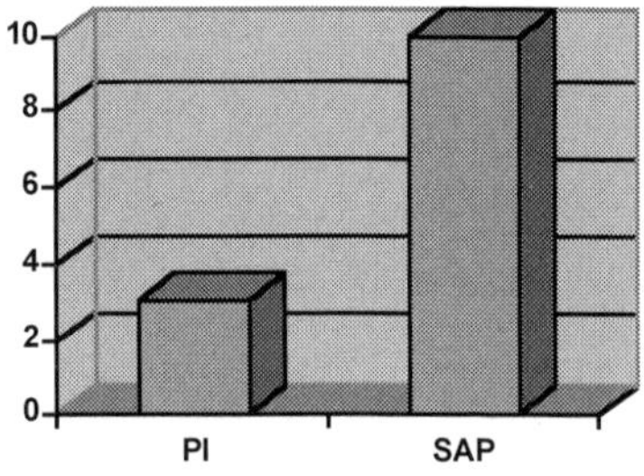

Conseil 69/76

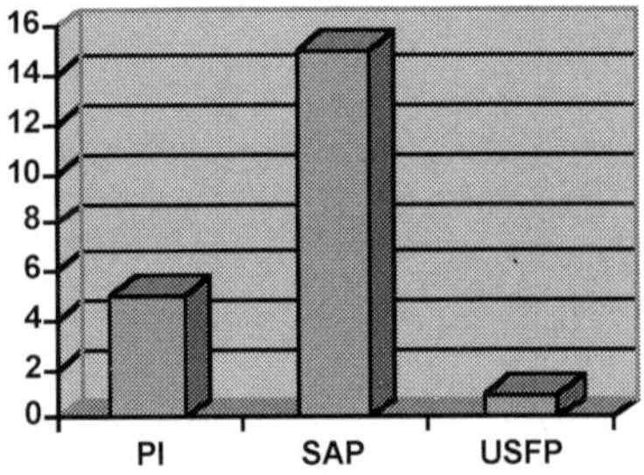

Conseil 76/83

Le parti de l'Istiqlal perdra progressivement son audience et les SAP ne sont que la continuation des anciens du FDIC. Cette période sera marquée par une certaine permanence du personnel politique puisque 54% des membres du conseil de 1969 sont des anciens élus. De même que le conseil de 1976 n'a accueilli que 28,6% nouveaux membres [80]. Cette permanence est particulièrement visible dans le bidonville de Kallito qui concerne une majorité de circonscriptions (voir infra - 10 sur 21 en 1976) : sept membres sur dix ont fait au moins deux mandats.

Si dans des villes traditionnelles nous avons pu constater une participation des élites locales au système politique passant par une légitimité qui s'enracine dans les luttes pour l'indépendance et une certaine continuité des élites mise en place par le Protectorat par les

80-Le conseil municipal est passé de onze membres à 21 entre 1963 et 1976 : 7 membres ont passé 3 mandats, 8 membres ont passé 2 mandats, et 8 membres ont passé un seul mandat.

membres de la famille les moins compromis, à Souk Larbaa la légitimité de l'élite locale est à construire. Les bases de cette construction font parfois appel à un certain "régionalisme" pour contrer les concurrents allogènes[81], mais elles semblent fortement instrumentalisées par des réseaux clientèlistes. L'élu doit être capable de porter la demande à bon port et/ou tenir une clientèle par des procédés usuriers, l'emploi ou la facilité administrative. En nous appuyant sur les catégories socioprofessionnelles nous disposons déjà de certaines informations indicatives sur le profil de ces élus[82].

Ainsi, jusqu'en 1983 deux catégories socioprofessionnelles prédominent : les commerçants et les petits fonctionnaires et instituteurs.

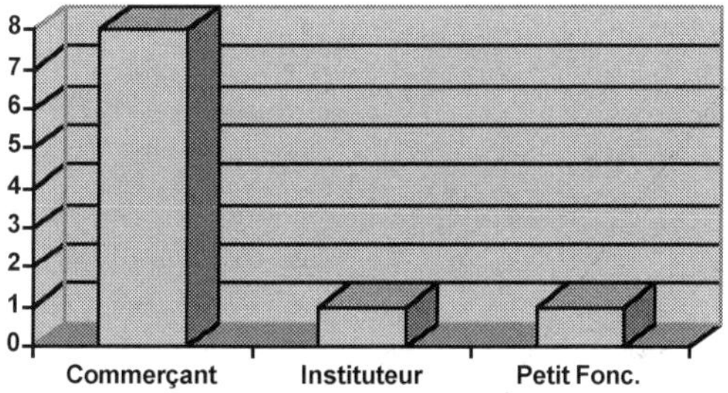

Conseil 1963/69

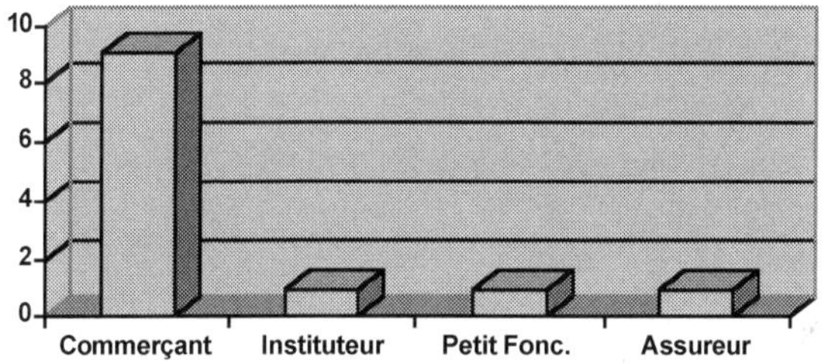

Conseil 1969/76

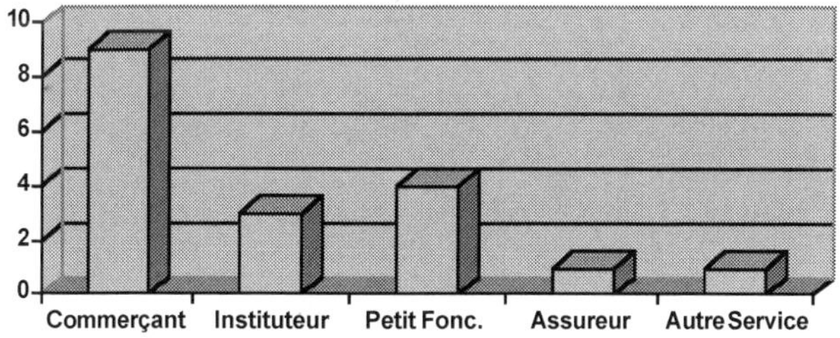

Conseil 1976/83

81- Ce sont les Soussi qui souffrent le plus d'un racisme exacerbé durant les campagnes électorales : un enseignant, candidat du parti de l'Istiqlal, faisait ainsi sa campagne lors des dernière élections municipales (1997) "Saoutou a la el Kelb El Gharbaoui - Ouma tsaoutouchala Chelh oul Brani" "Votez pour un Chien du Gharb et pas pour un Soussi ou un étranger"

82- Informations recueillies auprès de personnes ressources, et non, sur la base des données du Ministère de l'Intérieur.

Les commerçants ont ainsi représenté respectivement 63,6%; 77%; 47,6% et 44% des élus dans les divers conseils municipaux (de 1963, 1969, 1976 et 1983). Leur place dans l'économie urbaine l'explique largement. Mais il s'agit aussi des éléments les plus dynamiques de cette société en construction. Souk Larbaa a beaucoup accueilli des soukiers originaires du Rharb ou des collecteurs de grains et de céréales : des métiers qui permettent la circulation de l'information et l'établissement d'un réseau de clientèle. Ceci est d'autant plus vrai lorsque ces commerçants approvisionnent quotidiennement une population souvent démunie. Le recours au crédit devient alors un moyen de constituer une clientèle d'obligés.

Les petits fonctionnaires et instituteurs constituent ceux que Remy Leveau a appelé : des intellectuels modestes de formation moderne[83]. Il s'agit ici des postiers, infirmiers, agents de l'office de mise en valeur agricole, employés de la perception, agents municipaux, ... Ils ont constitué une part non négligeable des élus dans les divers conseils, respectivement 36,4%; 23%; 42,4% et 36% dans les conseils de 1963 à 1983.

Leur importance réside certainement dans leur capacité de "porter la demande sociale". Comme le souligne R. Leveau "ils ont réfléchi sur l'évolution qu'ils subissent, ont trouvé pour eux-mêmes des solutions provisoirement équilibrées et sont assez ouverts vers l'extérieur pour tenter de les faire partager par leur entourage. Si l'accord entre ce type d'homme et son milieu d'accueil s'établit, son influence risque d'être plus grande et plus durable que celle de l'intellectuel traditionnel"[84].

S.S2 - 1983-1997 : Un changement continu du personnel politique

Si jusqu'en 1983 la majorité des élus du Conseil Communal a connu une certaine permanence marquant la continuité dans laquelle se perpétuait "l'ère Kraimi", à partir de 1983, le renouvellement du personnel politique se fait plus rapide.

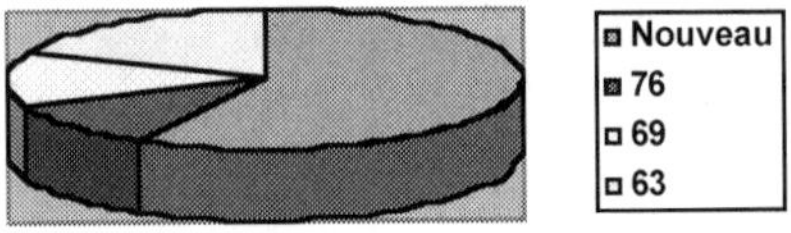

Conseil 83/92

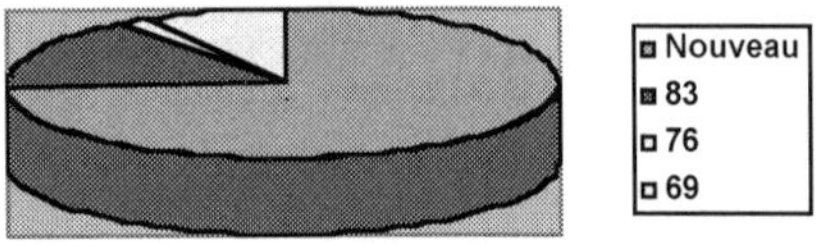

Conseil 92/97

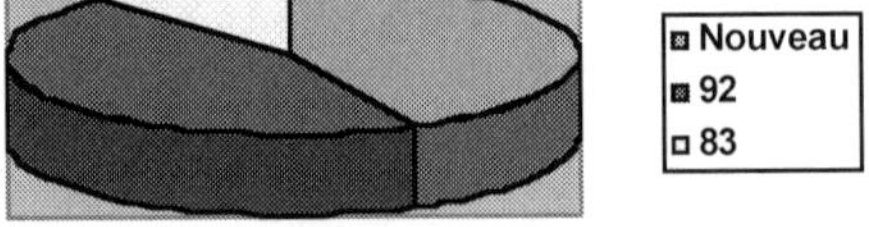

Conseil 97

83- R. LEVEAU op. cit. P. 173.
84- R. LEVEAU op. cit. P 173.

Ainsi, 64% des élus sont nouveaux en 1983. Ils sont 71% à occuper un siège de conseiller communal pour la première fois lors du conseil communal de 1992-97. Deux élections qui marquent en fait de grandes transformations dans la gestion politique locale.

A- La cassure de 1983 et la montée d'une nouvelle figure locale

L'ère Kraimi a été "arrêtée" en 1983. Plusieurs éléments expliquent cette situation :

- Son soutien local, le représentant de l'autorité locale, le caïd Rmiqi a pris sa retraite en 1977.
- Un changement de personnel politique devenait nécessaire après 20 ans. "L'installation" de l'élu augmente ses appétits et ses abus. Plusieurs "affaires foncières" locales vont être dévoilées sur la place publique (voir infra).
- Ses principaux soutiens dans les quartiers populaires se sont essoufflés et des familles influentes vont jouer la carte de son concurrent.
- Enfin, le changement coïncidera avec le soutien amené par l'administration à un nouveau parti appelé à jouer les premiers rôles dans la vie politique du pays : le parti de l'Union constitutionnelle (U.C). Au niveau local, l'appui se fera sur Boughafour, un cadre, issu d'une famille de grands propriétaires fonciers ayant exercé des fonctions caïdales. Après des études primaires à Souk Larbaa, il restera attaché à cette ville même si la poursuite de ses études le mènera à Rabat et Kénitra. Sa vie professionnelle se fera dans le Rharb. Souk Larbaa sera la ville où il "s'investira" le plus. Il participera activement lors de la mobilisation de la marche verte en 1976 puis occupera une place privilégiée dans les milieux sportifs de la ville (responsable de l'équipe de football locale) au travers de laquelle il pénètre le quartier populaire de Kallito et ses jeunes.

Dans une petite ville de création récente, le sport, et surtout le sport populaire, l'équipe formée, font partie de la création d'une identité collective.

Boughafour est connu pour le soutien financier et matériel qu'il donna à cette "entreprise" en s'occupant personnellement de la vie des joueurs et de leur carrière. Sa popularité/légitimité a été construite pendant longtemps sur cette base et non sur le statut de fils de *cheikh*. Nous retiendrons ici, avec Ali Benhaddou qui a surtout étudié l'utilisation du sport par la Bourgeoisie nationale avec la création du Wydad Athlétic Club (WAC) "l'intérêt du sport dans la possession du pouvoir sur les masses pour qui le sport est avant tout un monde alternatif. A travers lui s'incarnent les besoins d'identité, de force et de changement"(85). Plus que nulle part ailleurs, ce besoin d'identité en construction se fait l'essence même de ce type de société locale. Le "vivre ensemble" passe par des repères communs où le sport occupe une large place(86). A Souk Larbaa, comme dans toutes les villes marocaines de création récente, "l'équipe de football locale" est un objet à enjeu essentiel dans la vie politique. L'implication de l'élite locale dans cette sphère permet le renforcement, voire la construction même d'une "légitimité locale". Le cas de Boughafour en est un exemple probant. Boughafour représente également "l'intellectuel local" dans un milieu où les structures et les équipements de formation n'ont été implantés que tardivement,

---

85-Ali BENHADOU "Maroc : les élites du Royaume" L'Harmattan 1997 - P. 150-154.

86-Franck MOROY (Football et politique à Tunis - Travail en cours) émet l'hypothèse suivante : "le club de football est un instrument, un vecteur de cette identification ou encore un processus par lequel l'individu parvient à acquérir une identité". in Correspondance IRMC Tunis n°48 Décembre 1997.

ce qui explique en partie la faible présence des intellectuels dans la vie de la cité. En effet, si le collège a commencé avec une classe de 17 élèves en 1957, il a fallu attendre 1970 pour voir la construction du lycée qui ne couvrira que la branche littéraire jusqu'en 1976-77. La poursuite des études dans les branches "scientifiques" se faisait alors à Ouazzane, Kénitra ou Rabat. Jusqu'en 1976, les structures de formation de Souk Larbaa étaient loin de répondre aux besoins des populations. Seule une partie de l'élite rurale a pu bénéficier d'une formation, Boughafour en fait partie. Il a pu aller à Kénitra, puis au lycée Moulay Youssef de Rabat où il obtint le baccalauréat en sciences expérimentales en 1960. Il entamera très tôt un stage à l'Office National de l'Irrigation (ONI) avant d'intégrer la coopérative régionale de Sidi Allal Tazi depuis 1971. En tant que cadre d'une importante institution privée locale, Boughafour jouit d'un certain prestige. Jusqu'en 1983, aucun cadre n'était représenté dans le conseil communal. Il faut préciser que la ville de Souk Larbaa ne comptait alors que peu de cadres installés. La plupart de ceux-ci avait gagné les grandes villes (seuls 21% des professions libérales sont le fait de Rharbaoui à Souk Larbaa -voir supra-).

Un véritable mouvement se déclencha en 1983 puisque plusieurs candidats choisiront de s'inscrire "sous la houlette" de Boughafour. L'U.C. obtiendra 14 élus sur les 25 que compte le conseil (2 SAP et un membre du Mouvement Populaire rejoindront l'U.C.)

Etiquette politique* des élus des conseils municipaux de 1963 à 1992

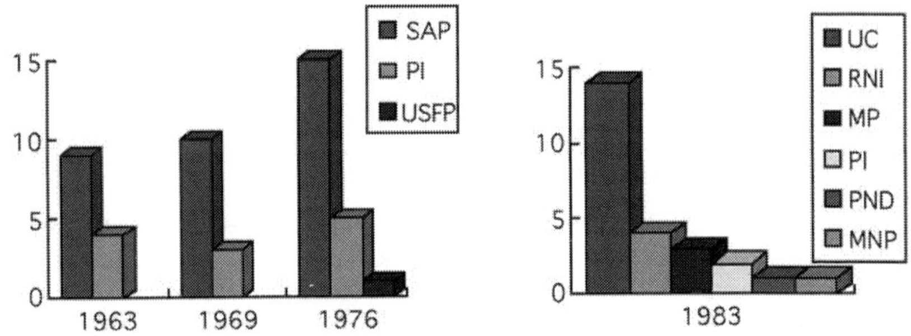

Boughafour s'appuiera surtout sur les élus de Kallito. Deux anciens élus le rejoindront (H. Yacini et Soudari). Ces deux éléments sont des "têtes de réseaux" familial (Yacini) ou relationnel (Soudari). Ce seul quartier lui fournira 6 élus sur les 10 circonscriptions de Kallito. Boughafour saura aussi intégrer "l'espace Soussi", marginalisé jusque là de la vie politique locale. Il s'agit aussi bien des commerçants de Kallito que des grossistes du centre ville (Benhamou ou l. Ddab). Le Conseil Communal de 1983 va être le seul conseil où les Soussi seront fortement représentés (7/25 soit 28% des élus) - voir tableau.

* Voir liste des partis politiques en Annexe.

Tableau n°28 : Origine des élus des C.M de 1963 à 1997

Conseil Municipal	Rharb	Sous	Sahara	Tadla	Rif	Zemmour	Teroual	Fès	Marrakech
1963/69	8	2	1						
1969/76	8	4		1					
1976/83	15	4	1		1				
1983/92	11	9	2	1	1	1			
1992/97	18	1	1	1	1	1	1		1
1997	20	2	1				1	1	

Source : Pachalik de Tiflet.

Parmi ces Soussi, quatre sont nés à Souk Larbaa. Mais ils restent considérés par la plupart des Rharbaoui comme population allogène (voir infra).

B- 1992-1997 : Vers un émiettement du Conseil Municipal (C.M)

Les élections de 1992 montrent un autre revirement dans la politique locale ; 17 élus sur 24 sont nouveaux. Cette situation correspond encore une fois à une forte implication de l'administration dans la politique locale, à un changement dans les alliances locales et à un émiettement de la "carte politique locale".

En effet, la vie politique locale dominée jusque là par les élus du quartier Kallito, va s'orienter sur d'autres enjeux impliquant davantage les autres quartiers de la ville. Un nouveau découpage des circonscriptions électorales réduira désormais le rôle des élus de Kallito (qui sont réduits à 7, et dont la représentativité passe de 41,6% à 29% des élus du conseil) au profit de ceux des quartiers structurés (centre ville, lotissement d'Etat et lotissement réglementaire privé représentent désormais 54% des élus).

Ce nouveau découpage permettra à l'administration d'intervenir davantage dans le jeu politique. N'ayant plus face à elle un quartier capable, non pas d'agir collectivement, mais de soutenir dans sa majorité un groupe d'élus, elle pourra "s'investir" davantage dans des quartiers récents aux populations d'origines diverses, permettant un contrôle plus efficace.

Parallèlement, Boughafour perdra tous ses soutiens dans les quartiers populaires (5/7 à Kallito) par des changements d'alliances (Benaïssa) et l'apparition de nouveaux élus soutenus par Kraimi (voir infra). Seul un Soussi sera élu dans le centre ville (SAP).

On assistera alors à l'émiettement de "la carte politique".

Etiquette politique des élus des conseils municipaux de 1992 et de 1997

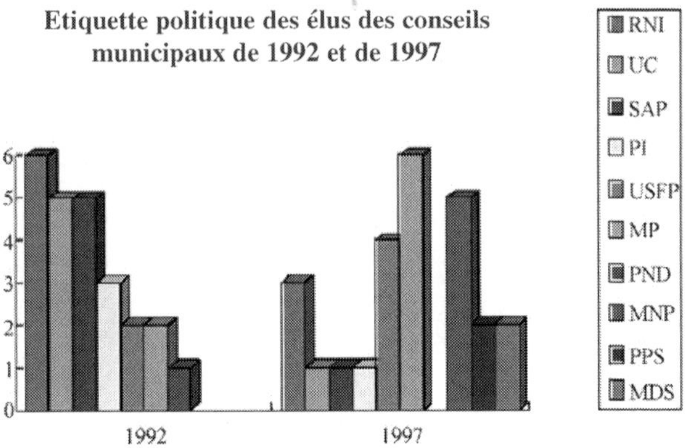

Ni le RNI de Kraimi, ni l'U.C de Boughafour n'ont ici la majorité. Après les négociations d'usage, Kraimi s'appuiera sur un avocat de l'USFP (qui s'occupait déjà de certaines de ses affaires personnelles) pour débloquer la situation. Il est designé président du Conseil, alors que les élus de son parti ne représentent qu'une infime minorité dans le Conseil (2/24). Il restera "l'otage" de Kraimi qui bénéficiera très vite d'une majorité de conseillers à sa solde.

Le conseil élu en 1997 ne marque pas de grands changements dans l'orientation de la politique locale : 40% des élus l'ont déjà été en 1992 et 16% depuis 1983. Le renouvellement s'est fait surtout dans les quartiers réglementaires (8/10). La "carte politique locale" reste marquée par l'émiettement et l'apparition de nouveaux partis (MNP, PPS, MDS) alors que les négociations réelles se font toujours entre les deux "factions politiques"(87) structurées autour d'une personne : Kraimi et Boughafour.

87-Localement, le terme utilisé est celui de "ferqa" ou "jmaa", dans le sens de l'équipe ou des protégés d'untel. Il rejoint davantage le sens donné à une clique définie comme une coterie de gens réunissant des personnes soutenant ensemble leurs intérêts. Mais ce terme a pris trop le sens commun d'une "coterie de gens peu recommandables, d'intrigants" qui finit par mettre celui qui l'utilise dans une position de "dénonciateur" d'un système. La faction, notion utilisée durant la période romaine désignait les "groupements de familles et d'intérêts qui, grâce aux alliances électorales, au jeu des clientèles, aux protections réciproques et au marchandages au sein du Sénat se transmettaient jalousement l'ensemble du pouvoir" (Encyclopie Universalis). Actuellement, malgré l'instrumentalité que suppose une telle notion, elle reste relativement "neutre". Dans le cas qui nous intéresse, à écarter l'élément familial réel ou mythique de même que tout code lignager que suppose cette notion (pouvant déboucher sur une approche segmentariste de la vie politique locale - R. Leveau , J. Waterbury, E. Gellner !) la faction ne serait plus que des regroupements politiques d'intérêts où l'instrumentalité prime (J. Leca). Il y a une démarche individuelle où se recoupent les intérêts du protecteur et son besoin de représenter le local (recherche de clientèle) pour pouvoir bénéficier des ressources externes du Centre et ceux d'intermédiaires pouvant utiliser ces ressources externes face à une clientèle. Il y a création d'un cercle de patronage formé par un ensemble d'intermédiaires tournant autour d'un "Chef" bénéficiant de suffisamment de ressources externes et que nous désignerons par "faction". La particularité de ces "factions", véritables groupes de clientèle, reste l'instabilité de leurs membres. Ces derniers sont toujours à la recherche de la protection la plus efficace. On les voit passer d'un groupe à l'autre suivant la conjoncture. Ce qui explique les changements de casquette politique.
Cette "instabilité" implique souvent des changements d'alliance, mais elles ne permettent pas l'élimination de ces "chefs" de la vie politique locale. Nous ne possédons pas un laps de temps d'observation assez long (une vingtaine d'année seulement), de la vie politique locale, mais force est de constater la pérennité politique des chefs de groupes de clientèle. Ils peuvent connaître des régressions, mais ils finissent toujours par s'imposer comme une composante de la vie politique locale. C'est à ce titre qu'ils disposent aussi d'une légitimité locale basée sur les valeurs du groupe. L'instrumentalisation à partir des seules ressources externes n'explique pas tout, mais le conseil communal reste un lieu où les ressources externes de l'élite sont déterminantes. Nous utiliserons indifféremment, dans ce qui suit, les trois notions de "faction", groupe de clientèle et cercle de patronage.

A étudier de plus près le groupe d'élus ayant soutenu l'actuel président nous retrouvons 3 RNI (dont un "transfuge" de l'UC), 4 MP, 2 USFP, 1 MDS, 1 UC, 1 MNP et 1 PPS; le Président étant du PPS. Dans le groupe qui s'oppose à lui se retrouvent 4MNP, 2 USFP, 2 MP, 1 MDS, 1 PI et 1 SAP.

En fait, l'étiquette politique n'a plus aucune valeur lors de ces négociations. Chaque élu négocie individuellement son soutien à telle ou telle faction. C'est ainsi que l'ancien Président Rachad (Conseil 92-97) USFP a brigué de nouveau le poste de Président, s'opposant par là même au candidat qui allait être élu nouveau président. Les deux membres de son propre parti ne l'ont pas soutenu. Des situations similaires cachent des conflits personnels à l'intérieur du même parti (cas des conseillers du Mouvement Populaire).

Il en est de même pour l'actuel Président, (un entrepreneur, soudeur né à Souk Larbaa et résidant à Kénitra). Il a dû abandonner son étiquette P.P.S pour avoir le soutien nécessaire (de Kraimi) pour occuper ce poste. Devenu SAP pour la circonstance, il se ralliera quelques mois plus tard au RNI (de Kraimi) pour se présenter aux législatives.

En fait, l'étiquette politique n'a que peu de valeur dans l'analyse du "système politique local". Si elle ne se décide pas sur la base d'un choix idéologique défini, elle n'est pas non plus le résultat de rivalités à l'intérieur des groupes (dans la lutte pour le prestige social et le contrôle des ressources comme le soutient Remy Leveau), mais bien plus un résultat des repositionnements continus des intermédiaires face au meilleur protecteur qui peut changer d'une élection à l'autre entraînant des transferts permanents.

Cette caractéristique est encore plus présente dans les centres urbains de création récente, sans histoire politique liée à un parti, une tradition de vote incarnée par un "homme du lieu", une famille prestigieuse. Ainsi, à Souk Larbaa nous avons pu mesurer l'ampleur de ce phénomène à travers le passage dans un premier temps de tous les S.A.P. aux deux partis du RNI et de l'UC, puis au PND, au MP et au MNP. Ensuite, tous les cas de figure possible ont été recensés[88].

Celui qui personnalise le plus la "transhumance politique" reste certainement Boughafour. Il se présentera sous l'étiquette du parti de l'USFP lors des législatives de 1976. En 1983, il est représentant local de l'UC et se présente sous sa bannière aux élections communales de 1983. N'ayant pas l'accréditation de ce parti pour les élections législatives de 1984, il s'y présentera sous l'étiquette du M.P. avant de reprendre celle de l'U.C pour les élections locales de 1992. En 1997, il a été élu aux élections législatives avec le MNP. Ce cas montre surtout les problèmes que posent l'accréditation des partis pour les candidats.

Si l'étiquette politique ne donne que peu de signification, le rôle de l'administration, des rivalités internes au groupe et des alliances fragiles prennent des tournures de plus en plus complexes.

Le modèle proposé par R. Leveau (mais aussi par E. Gellner, J. Waterbury...) peut se résumer dans cette explication "l'administration, en choisissant de s'appuyer sur un groupe d'intermédiaires pour gouverner la population, mécontente nécessairement les rivaux de ceux qu'elle a investis, et en fait des opposants potentiels. L'alternance est alors le seul remède pour maintenir les opposants dans le système. A ce niveau, les rapports entre

88- UC-------RNI, RNI-------UC, MP-------UC, RNI-------MP, MP-------USFP, PI-------USFP, UC-------MNP.

l'administration et les élites locales s'établissent plus suivant le modèle d'une société segmentaire manipulée par un pouvoir extérieur, qu'en termes de classes sociales"[(89)].

L'approche segmentaire est certes séduisante pour expliquer une stabilité / équilibre du système politique local. Mais, force est de constater la multiplication de groupes dits "instables" dans ces petites villes en formation qui "perturbent" tout modèle de société segmentaire.

En effet, le cas de Souk Larbaa montre, jusqu'aux années 80, une certaine alternance entre deux factions rivales qui se disputent prestige social et contrôle des ressources. Il s'agissait alors de deux personnages-clef dans la vie politique de la ville, ayant des moyens financiers, matériels et relationnels pour former des groupes d'intérêts. Des alliances s'établissent avec des "intermédiaires" bien introduits dans leurs communautés respectives (circonscriptions - quartiers). L'adéquation population - territoire - élu permettait alors à ces intermédiaires d'avoir un poids dans la gestion urbaine (voir infra) : les quartiers populaires avaient une majorité d'élus dans les C.M. Ce poids était alors "négociable" et les revirements d'alliance ont pu changer la présidence même du conseil. L'alternance relevait autant du soutien apporté par l'administration que d'un revirement d'alliances de ces intermédiaires.

Si entre l'élu et la population dans les quartiers populaires la relation de clientèle prime[(90)], (insécurité, vulnérabilité et faiblesse économique expliquant un recours plus facile à la relation de clientèle qui permet d'obtenir des avantages plutôt que de recourir directement à la bureaucratie ou aux organisations associatives), cette dernière prend une coloration particulière lorsqu'il s'agit de clientélisme politique entre élu et "chef de faction".

Ici, la relation "noble" de la clientèle n'a plus de fonction (protection spéciale due par le patron, multifonctionnalité et permanence de la relation) : "le patronage n'est plus qu'une forme a-sociale de manipulation à des fins privées et de segmentation organisée de la société" [(91)].

Il y a une instrumentalisation des liens de dépendance : les membres des factions transfèrent leur allégeance d'un chef à un autre selon l'efficacité qu'ils en attendent. L'administration devient "arbitre". Plus le chef de faction a les faveurs et la reconnaissance du Centre, plus il pourra s'assurer des clients. Cette instrumentalisation ne peut se passer d'une certaine légitimité locale du chef de groupe de clientèle mais elle requiert surtout un contrôle des ressources (monopole d'activités économiques, dérogations, agréments,...). L'élection du dernier Président du CM montre encore le poids de Kraimi, (même si lui même a été battu dans sa circonscription par un jeune Soussi né à Souk Larbaa) dans le système politique local. Il a pu écarter de la Présidence les deux derniers Présidents pour en imposer un troisième à sa solde. Sans les faveurs du Centre, et les moyens matériels accumulés, son action politique n'aurait jamais eu cette efficacité.

Ce système est d'autant plus fragile qu'il permet la renaissance permanente de cercles de patronage par le contrôle du Conseil Municipal (et des ressources qu'il procure) qui donne le moyen d'obtenir l'allégeance d'un groupe déterminé. C'est ainsi que tous les anciens

---

89-R. LEVEAU ; P. 164.

90-Carl. LANDE "Introduction : the dyadic basis of clientélisme" - 1997. Cité par J. LECA et Y. SCHEMEIL op. cit. P.1. (Alliance entre deux personnes de statut, de pouvoir et de ressources inégaux dont chacune d'entre elles juge utile d'avoir un allié supérieur ou inférieur à elle-même).

91-J. LECA et SCHEMEIL. op. cit; P.21.

Présidents ont pu se former une clientèle et espèrent accéder à la chambre des représentants. Autour de chacun d'entre eux gravite un petit groupe d'intérêts arborant rarement la même couleur politique.

Jusqu'où et comment dans une ville comme Souk Larbaa, les quartiers populaires qui regroupent la grande majorité de la population (voir infra) influent sur la marche de ce système par la nécessaire construction de légitimité de ces élites et des prestations - services que cela leur demande ?

Depuis 1992, le nouveau "charcutage électoral" a permis à l'administration de minimiser du poids des quartiers populaires dans la gestion urbaine. Il a surtout permis d'augmenter le nombre de candidats et élus dans des nouveaux lotissements publics et privés (PAM, Hind et Njima) qui ont désormais 7 élus sur 25 ou dans le centre ville 10 élus. (Voir tableau)

Tableau n° 29 : Quartiers et circonscriptions électorales en 1983 et 1992

	Quartier	Nbre de circonscriptions en 1983	Nbre de circonscriptions en 1992
Quartiers structurés	Centre ville Hay Hind	10 00	13 03
Total		10	16
Quartiers populaires	Hay Salam Azib Cherkaoui Od Hamad	10 03 02	7 00* 02
Total		15	09

** La population de Azib Cherkaoui a été déplacée dans une partie du lotissement Hind et à Hay Salam.*
Source : Pachalik de Souk Larbaa. Dépouillement personnel.

Ces différents quartiers ont une caractéristique commune : la prépondérance des ménages de fonctionnaires, suivis de commerçants et artisans et une grande part de migrants urbains (35 à 60%).

Tableau n° 30 : Catégories socio-professionnelles dans les quartiers réglementaires

Quartier	fonctionnaires (%)	commerçants (%)	artisans (%)	migrants (%)
Centre ville	35,36	22	18	38,34
PAM	32,85	10	26	35,38
Hind	40,4	24,4	13,4	59

Source : Jerkech. op. cit.

Dans ces quartiers, l'enracinement de l'élu et la construction d'une légitimité deviennent moins "exigibles" par une population formée de petits commerçants et de fonctionnaires. Les motivations de vote prennent d'autres dimensions (peu étudiées dans ce contexte). Le changement des élus est alors "structurel" : 7/10 en 1983, 11/13 en 1992 et 8/13 en 1997. Outre les changements d'alliance, c'est ici qu'on enregistre le maximum d'élus ayant passé un seul mandat : quatre sur les sept de 1983, sept sur les onze de 1992, alors que dans le même temps les quartiers populaires - qui renferment la population la plus ancienne dans la ville (87,86% de la population de Hay Salam est née dans la ville en 1995) - connaissent certaines permanences de leurs élus et des cassures : -10 élus sur 13 en 1976 ont fait au moins 2 mandats - L'élection de 1983 a connu des changements d'alliance qui ont amené 9 nouveaux élus sur 14 - L'élection de 1992 : seuls 5 élus sur 10 sont nouveaux - L'élection de 1997 montre une permanence de 70% des élus qui ont fait au moins deux mandats.

Avec ce nouveau contexte, on assiste de plus en plus à une dilution des effets de la territorialisation sur la vie politique locale. Les intermédiaires, représentants d'une vie de quartier, doivent bénéficier du temps nécessaire pour nouer les relations (clientèlistes, prestation de services), s'enraciner dans leur quartier et permettre son "développement" tout en défendant leurs intérêt individuels.

Depuis 1992, nous assistons à un changement du profil même des élus.

Catégories socio-professionnelles des membres des conseils municipaux de 1992 et 1997

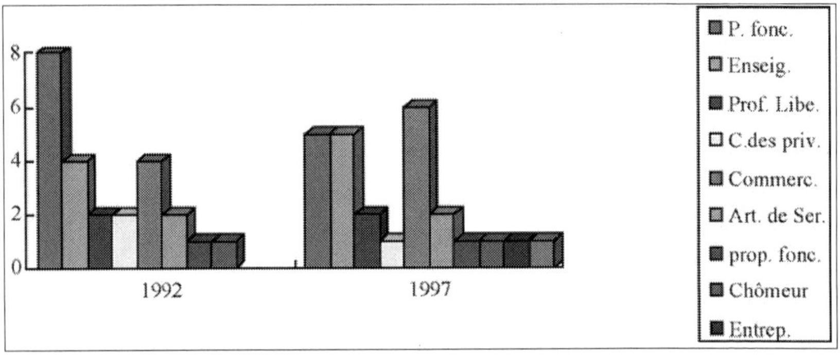

Les commerçants sont de moins en moins représentés au profit des cadres des institutions privées, des enseignants et des professions libérales (avocat, assureur). Ils ne représentent plus que 16,6% et 24% des élus en 1992 et 1997 contre 44% à 77% dans les anciens conseils. Ces nouveaux candidats ; cadres intermédiaires, enseignants et professions libérales ne relèvent plus de la logique des années 60. Il s'agit d'un phénomène national[(92)]: l'engouement de cette couche "d'intellectuels" pour la vie politique se poserait davantage comme une recherche de solutions à la paupérisation qu'elles subissent depuis le début des années 80 (correspondant au début des Programmes d'Ajustement Structurel[(93)]). Si ces élus bénéficient tous d'une certaine formation, il leur reste à constituer un réseau de clientèle tout en bénéficiant des retombées économiques individuelles de leur poste d'élu. [La présence d'un diplômé-chômeur parmi les élus peut conforter cette analyse. Mais il s'agit d'une personne qui bénéficiait déjà d'un réseau de relations familial (laissé par son père : présent dans trois conseils), qu'il a pu développer par son implication dans les domaines sportifs de

92-Les élections locales de Juin 1997 ont enregistré les résultats suivants au niveau national : 75,59% alphabétisés, 40,52% moins de 55 ans, 62,53% sont nouveaux - voir : Zakya Daoud : "Maroc : les élections de 1997" in Maghreb - Machrek n° 158 Oct.-Déc. 1997.

93-Les PAS ont particulièrement touché ce type de population par le gel des salaires et des recrutements, la montée des prix du foncier....

la ville (voir infra)]. Jusqu'où le service rendu permet le renforcement d'une relation de clientèle et jusqu'où son paiement par le "client" ne le transforme pas en racket ? Ainsi, plusieurs élus auront des passages éphémères alors que d'autres constitueront un réseau de clientèle. Par leur présence, "les élus éphémères" chahutent de plus en plus la vie politique locale. Elle permet de grossir l'importance de l'argent dans les négociations et explique la "survie" d'une élite politique sans légitimité.

En guise de conclusion à cette partie introductive, le cas de Souk Larbaa présente une double spécificité : d'une part, les notables ruraux consolidés durant la période coloniale n'ont que peu investi cette localité pour s'implanter dans les grandes villes, d'autre part, l'émergence d'une élite urbaine n'a débuté que vers les années 60-70. Cette émergence tardive va imprégner l'action même de cette élite dans son processus de légitimation. Comment cela se traduira dans la médiation pour la régularisation et la restructuration du principal bidonville de la ville ? Comment se comporte cette élite dans une ville dominée par des terres de statut collectif ?

SECTION II/ ELITE LOCALE ET GESTION URBAINE (Souk Larbaa)

Introduction

L'élite locale en tant qu'acteur de la gestion urbaine demande avant tout de placer cette élite à travers les véritables enjeux qui ont occupé cette gestion. Plusieurs indicateurs de la gestion municipale (sous-section 1) donnent les éclairages nécessaires autour de ces enjeux. La Municipalité, dans ses capacités financières, ses investissements (A 2) et ses résolutions (A 1) permet de donner les contours des logiques des différents C.M et de leurs pôles d'intérêts dans la ville. De même que l'importance des différents statuts fonciers et la production du sol urbain (B 1 et B 2) permettent de situer la place des enjeux fonciers dans la gestion urbaine et le poids des différents acteurs.

L'étude succincte de ces deux volets ne pourra que mieux nous souligner l'enjeu des terres collectives et de la régularisation - restructuration du principal bidonville de Souk Larbaa (sous-section 2) dans la gestion urbaine.

L'objet n'est pas tant d'étudier le degré d'efficacité ou le poids de chaque acteur dans la gestion urbaine, mais de focaliser l'attention sur les pratiques et représentations des élites urbaines en actes dans un espace à enjeu dans la ville. Le mode de reproduction de l'élite, le processus de légitimation local et la capacité d'intermédiation conditionnent alors tout le processus de développement étudié.

S.S.1- Gestion municipale et enjeux fonciers

A- Evolution de la gestion municipale

1- Débats et résolutions du Conseil Municipal

Par gestion municipale nous n'entendons pas étudier l'ensemble des secteurs relevant de la compétence du C.M. Il s'agit davantage de donner une vision globale des centres d'intérêts des différents C.M. A partir du dépouillement des Procès-Verbaux (P.V) des sessions du CM de 1977 à 1997, nous avons un observatoire des points les plus débattus.

- Le tableau suivant montre l'importance qui a été accordée par tous les CM à la gestion financière et au fonctionnement corrélée aux multiples contacts avec les autorités locales (notamment à l'occasion de l'organisation des fêtes nationales) et les services extérieurs. Plus de 40% des points d'ordre du jour leur ont été consacrés. Une constante à travers les divers CM, même si le CM de 1992 a accordé près de la moitié des débats à ce point (une situation qui reflète des difficultés financières (voir infra) et une recherche d'augmenter certaines ressources liées au patrimoine municipal).

Tableau n° 31 : Nombre de points d'ordre du jour débattus par type d'activité dans les C.M de 1976, 1983, 1992 et 1997

	CM 1976-1983			CM 1983-1992			CM 1992-1997			Total 1976-1997		
	Nb.	%	%C.	Nb.	%	%C.	Nb.	%	%C.	Nb.	%	%C.
Gestion financière, fixation taxes et redevances	22	15,27		39	15,85		21	18,58		82	16,30	
Gestion de fonctionnement (personnel, véhicules ...)	05	3,47		13	5,28		11	9,73		29	5,76	
Relations autorités locales, jumelage, autres services extérieurs	11	7,63	36,09	19	7,72	39,82	09	7,96	49,55	39	7,75	40,94
Gestion du patrimoine municipal, autorisation d'occupation temporaires ...	14	9,72		27	10,97		15	13,27		56	11,13	
Planification urbaine	06	4,16	4,16	06	2,43	2,43	01	0,88	0,88	13	2,58	2,58
Equipements structurants	16	11,11		45	18,29		18	15,92		79	15,70	
Réseau VRD et de circulation de la ville	20	13,88	24,99	29	11,78	30,07	10	8,85	24,77	59	11,72	27,42
Equipement quartiers périphériques	30	20,83		41	16,66		11	9,73		82	16,30	
Equipement lotissement réglementaire	-	-	20,83	02	0,81	17,47	10	8,85	18,58	12	2,38	16,68
Ordures ménagères	03	1,38		04	1,62		-	-		07	1,39	
Espaces verts	-	-	7,63	01	0,40	4,86	-	-	2,65	01	0,19	5,35
Sécurité, Hygiène, protection civile	09	6,25		07	2,84		03	2,65		19	3,77	
Appellation rues, places, couleur de la ville, logo.	08	5,55	5,55	10	4,06	4,06	04	3,53	3,53	22	4,37	4,37
Développement activités économiques.	-	-	-	03	1,22	1,22	-	-		03		0,59
	144	99,25	99,25	246	99,93	99,93	113	99,96	99,96	503	99,93	99,93

Source : Municipalité de Souk Larbaa. Dépouillement personnel des P.V. 1997.

- En termes sectoriels, l'équipement des quartiers périphériques a occupé une place primordiale durant les deux CM de 1977 et 1983. Avec respectivement 20,83% et 16,66% des points débattus, ces chiffres reflètent leur importance dans les enjeux urbains[94] puisque l'ensemble des débats sur les équipements structurants dans la ville (Hôpital, Mosquée principale, Bibliothèque, marché municipal, cimetière ...), les réseaux de V.R.D de la ville, la

94- A partir de 1993, le principal quartier périphérique (Kallito) sera équipé. La voix des élus des autres quartiers non équipés "porte moins" (Oulad Hammad n'a que deux élus alors que la population de Azib Cherkaoui a été transféré à "Hind Social". C'est aussi à partir de cette date que le lotissement public Hind posera des problèmes d'équipement à la Municipalité quant à sa zone de recasement.

circulation et le transport (Schéma de circulation, emplacement des parkings, ouverture de voies, réglementation véhicules ...) n'ont occupé alors que près de 27% des points débattus.

Si la fréquence et le contenu des débats autour des quartiers périphériques montrent l'insistance des demandes sans cesse réitérées par les élus de ces quartiers, ceux sur les équipements publics, la circulation... montrent davantage des initiatives émanant du président du CM à travers des requêtes aux différents Ministères (Santé, Education nationale, Habous, Equipement ...). Les problèmes de circulation restent cantonnés dans celui de la coupure du tissu urbain par la voie ferrée et les encombrements créés le jour du souk (un seul passage à niveau gardé). Dans ce cadre, les demandes ont été multipliées lors du CM de 1983 (30,07%). Des initiatives qui resteront sans grande portée pratique.

- C'est assurément les problèmes d'environnement urbain qui interpellent le plus. Avec seulement 5,35% des points débattus sur ces 20 années ; ordures ménagères, espaces verts, sécurité, hygiène et protection civile dans la ville constituent les thèmes les moins débattus. Faible sensibilité au problème de la part des élus et/ou fragilité de l'enjeu devant les autres demandes sociales, aucune session du CM n'a été accordée à la fermeture au public et à l'abandon du seul espace vert du centre ville ni à la proximité de la décharge publique à la périphérie de Kallito.

- A travers "les nouvelles appellations des rues et places" de la ville, il y a une réappropriation des lieux par le CM. Plusieurs sessions ont été réservées à cet effet à l'image de toutes les municipalités marocaines depuis l'indépendance politique.

A Souk Larbaa, le problème est plus profond : les autorités coloniales n'ont pas jugé bon de donner un nom à cette ville. Ils ont gardé celui du Souk. Plusieurs points d'ordre du jour ont été réservés à cet effet par les deux derniers présidents du CM ("Souk Larbaa n'est plus seulement un Souk, c'est une ville"). Mais aucun accord sur un nom parmi les élus n'a pu aboutir (les appellations proposées sont très diverses : elles vont de "El Hassania" par référence au chef de l'Etat à celui du Saint protecteur du Souk Sidi Aissa ou à la tribu d'origine des Sefiane [95].

Ces différents débats autour de l'appellation de la ville rejoignent la question de l'identité spatiale de localité. La plupart des élus, malgré leur mauvaise appréciation du niveau d'équipement de leur ville, s'y identifient (voir infra) et revendiquent une certaine urbanité. Le même discours se retrouve autour des charrettes dans la ville[96]. Principal moyen de transport pour les populations indigentes des douars périphériques, les charrettes dont le nombre augmente en permanence[97] font l'objet d'un comportement ambivalent.

95- L'exposé des motifs du Président du CM lors de la session de Février 1986 se présentait comme suit : *"comme vous le savez, notre ville a le nom d'un souk et ce nom lui a été donné lorsqu'elle n'était qu'une petite bourgade près d'un souk hebdomadaire. Mais depuis, les temps ont changé, il est devenu nécessaire que nous fassions la différence entre le Souk et la ville. C'est pourquoi je vous propose de changer le nom de notre ville... Je vous propose quelques noms : Al Fadiya (l'argentée) - Sefyania - Oum El Rharb (la mère du Rharb) - Bayn el Moudoun (entre les villes)".*
La résolution de cette session n'a pas tranché sur le nom à adopter, mais a mis l'accent sur un accord pour le changement de nom.

96- Charrette tirée par un ou deux chevaux pouvant transporter jusqu'à vingt personnes. Le prix de la course se situe autour de 2 dirhams.

97- Jusqu'en Avril 1997 la municipalité avait autorisé 131 charrettes. Durant les deux mois qui ont précédé les élections (Juin 97) le président du CM en a fait un moyen de clientèlisme. 120 autorisations furent décernées. Le pacha (autorité de tutelle) a bloqué l'opération en faisant un double des autorisations et en faisant savoir aux intéressés que leurs autorisations n'étaient pas valables !

Moyen de transport rural par excellence, il est rejeté en tant que tel ; *"les charrettes encombrent les rues et concurrencent la voiture"*, leur zone de circulation a été limitée à la partie Est de la ville. Ayant à répondre à la fragmentation de la ville, la charrette reste le moyen de transport le plus adapté dans un milieu indigent, leur présence est une nécessité au fonctionnement de l'économie urbaine.

2- Finances locales et investissement

L'étude des finances locales vise à donner une brève analyse de l'état financier de la municipalité et de ses capacités à promouvoir le développement. L'étude des bilans financiers annuels de la Municipalité de 1983 à 1995 permet de situer l'état financier de la municipalité à travers son fonctionnement d'une part, et son équipement d'autre part.

Fonctionnement

A l'instar de l'ensemble des villes marocaines[98], le niveau général des ressources de la municipalité a fortement évolué depuis 1983 passant d'une moyenne de 6.475.385 DH entre 1983 et 1987 à 19.414.677 DH dans la période 1990-1995, soit une multiplication par trois des ressources en une décennie. Rapportées à la population de la ville, ces ressources montrent surtout leur insuffisance. En 1994, la moyenne par habitant atteignait à peine 340 DH. Un chiffre qui avoisine celui de la moyenne nationale de 1990 (236 DH).

Au niveau du budget de fonctionnement, les recettes ont connu une augmentation sensible qui dégage trois périodes.

1983-1987 moyenne de 03.379.770 DH
1988-1990 moyenne de 07.084.506 DH
1991-1995 moyenne de 11.479.486 DH

Cette augmentation progressive des recettes de fonctionnement traduit une augmentation parallèle des subventions et une dépendance de plus en plus accrue de la municipalité pour son propre fonctionnement. Si jusqu'en 1987, cette dernière arrivait à couvrir ses dépenses de fonctionnement à hauteur de 78%, la tendance à un fléchissement débute en 1988 pour déboucher, depuis 1990, sur une dépendance des subventions atteignant 61% en 1995 (voir tableau).

Tableau n° 32 : Ressources propres et dépenses de fonctionnement RP/DF

Année	1983	1984	1985	1986	1987	1988	1989	1990	1991	1992	1993	1994	1995
RP/DF	0,91	0,86	0,78	0,71	0,78	0,66	0,56	0,50	0,47	0,37	0,38	0,46	0,39

Source: Comptes Administratifs. Municipalité de Souk Larbaa. Dépouillement personnel.

98- Evolution de ressources de quelques municipalités entre 1977 et 1990

Municipalité	Total ressources 77	Total ressources 90	Variation absolue	Taux moyen annuel
Marrakech	34.691.242	142.807.464	+313	9,9
Tanger	44.720.748	88.838.020	+099	4,7
Larache	7.990.130	30.724.188	+314	9,4
Sefrou	4.681.048	15.683.076	+274	8,4

En 1988, pour l'ensemble des municipalités du Maroc le rapport RP/DF était de l'ordre de 51%, cachant des différences notables entre les différentes catégories de villes [99]. Si Souk Larbaa a fait exception, couvrant une grande partie de ses dépenses jusqu'à la fin des années 80, en 1995 elle rejoint le lot des villes moyennes dans leur dépendance vis à vis des ressources de l'Etat pour leur propre fonctionnement. En fait, l'Etat n'a fait que subventionner la Municipalité pour payer une masse de fonctionnaires de plus en plus importante, débouchant sur une multiplication par cinq des dépenses de frais de personnel en dix ans (voir tableau).

Tableau n° 33 : Moyenne des frais de personnel par période et moyenne des subventions

Subvention	période	Frais de personnel
646.270 DH	1983-1987	1.240.756 DH
3.075.594 DH	1988-1990	2.396.395 DH
6.794.718 DH	1991-1995	5.064.595 DH

Source: Comptes Administratifs. Dépouillement personnel.

Cette augmentation des dépenses liées au paiement du personnel a grevé de plus en plus le budget de fonctionnement. Cette rubrique représentait en moyenne 36% des dépenses de fonctionnement jusqu'en 1991. Elle en représente 45% (en moyenne) depuis le début des années 90 (voir tableau)[100].

Tableau n° 34 : La part des frais de personnel dans les dépenses de fonctionnement

1983	1984	1985	1986	1987	1988	1989	1990	1991	1992	1993	1994	1995
44,31	31,80	36,08	37,51	-	35,24	31,42	36,85	37,72	44,91	43,85	44,88	48,37

Source: Comptes Administratifs. Dépouillement personnel.

Même si les frais de fonctionnement (liés aux frais divers de gestion, au fonctionnement du matériel et véhicule, mais aussi à l'entretien de la voirie, à l'éclairage public, aux ordures ménagères, égouts, cimetières ...) ont augmenté durant cette même période (voir tableau) passant d'une moyenne annuelle de 1.027.201 DH à 2.841.810 DH entre les 1983 et 1995, cette augmentation reste trop faible pour répondre aux besoins d'une population de plus en plus nombreuse, essentiellement localisée dans des quartiers périphériques (voir infra). La part des frais de fonctionnement dans les dépenses (de fonctionnement) enregistre même une régression entre 1989 et 1993 avant de remonter dans les dernières années. (voir tableau).

99-

Municipalité	Ratio RP/DF	
	1977	1990
Marrakech	0,67	0,92
Tanger	0,62	0,94
Larache	0,58	0,61
Sefrou	0,75	0,23

Source : Enquête Municipalité 1991.

100- La moyenne nationale était de 42,03%.

Tableau n° 35 : Part des frais de fonctionnement dans les dépenses (de fonctionnement)

1983	1984	1985	1986	1987	1988	1989	1990	1991	1992	1993	1994	1995
34,83	27,53	30	31,12	-	28,33	21,69	22,45	21,40	18,74	22,50	27,95	32,98

Source: Comptes Administratifs. Dépouillement personnel.

Cette situation s'explique par les importantes charges que représente pour la Municipalité le paiement de l'éclairage public(101) ou encore, les redevances d'eau de l'ONEP qui fournissait les bornes fontaines des différents quartiers périphériques jusqu'en 1992 (Oulad Hamad, Hay Salam, Oulad Ben Sbaa). Entre le paiement des dettes amortissables (emprunts FEC) et celui du personnel, la Municipalité vit une véritable crise financière pour le paiement de ses arriérés (les dettes amortissables sont passées de 803.000 DH de moyenne entre 1983 et 1987 à 2.336.366 DH de moyenne entre 1988 et 1993.

Le budget de fonctionnement montre ainsi :

1-Une municipalité qui assure de plus en plus son fonctionnement par les subventions de l'Etat,

2-Une part prépondérante des recettes réservées aux frais de personnel et au remboursement des prêts qui grève les capacités de la Municipalité à assurer certains services (ordures ménagères, éclairage public, entretien des égouts et la voierie, ...),

3-Une part des services qui risque de diminuer davantage dans les années à venir au vu des dettes à rembourser (FEC de 13.920.000 DH en 1995 pour la gare routière) et des frais incompressibles de personnel.

L'équipement

Les différences entre les recettes effectives d'équipement et les dépenses restent une donnée nationale(102), signe d'une gestion défaillante, des lourdeurs administratives ou de certaines pratiques de l'administration de tutelle (rétention des dossiers, retards dans l'approbation des marchés, demande d'études complémentaires...).

Le budget d'équipement est marqué par une évolution en dents de scie qui souligne l'importance des prêts du FEC dans la structure des recettes d'équipement par périodes intermittentes.

101- Durant l'année 1997-1998, les dettes de la Municipalité n'étant pas honorées, l'ONE n'alimentait plus le siège de la municipalité.

102- En 1988, les données qui se rapportent à toutes les municipalités réunies montrent que sur un volume global de recettes de l'ordre de 1,14 Milliard de DH, les dépenses n'ont été que de l'ordre de 634 Millions de DH, soit l'équivalent de 60%.

Part des produits de l'emprunt dans les recettes d'équipement

Année	Part des produits de l'emprunt
1983	56
1984	35,90
1985	37,34
1986	0
1987	0
1988	87,72
1989	34,16
1990	0
1991	18,72
1992	0
1993	11,25
1994	0
1995	57,20

Source: Comptes Administratifs. Dépouillement personnel.

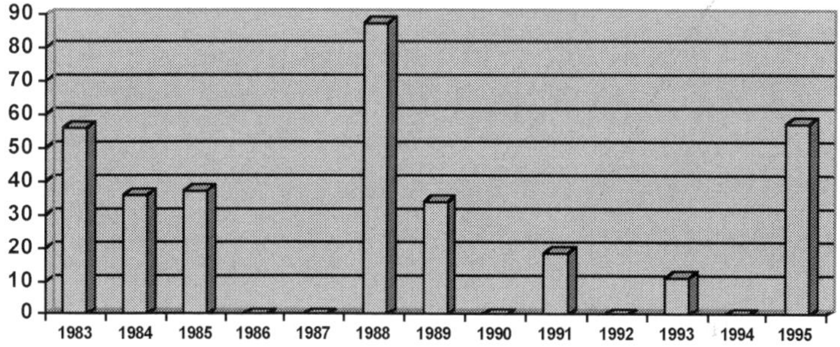

Evolution des recettes d'équipement de 1983 à 1995

Année	Part des produits de l'emprunt
1983	6.019.820
1984	4.665.557
1985	2.963.959
1986	1.447.075
1987	381.667
1988	6.908.230
1989	6.235.823
1990	3.416.188
1991	5.074.466
1992	4.616.762
1993	3.997.345
1994	8.898.235
1995	24.333.886

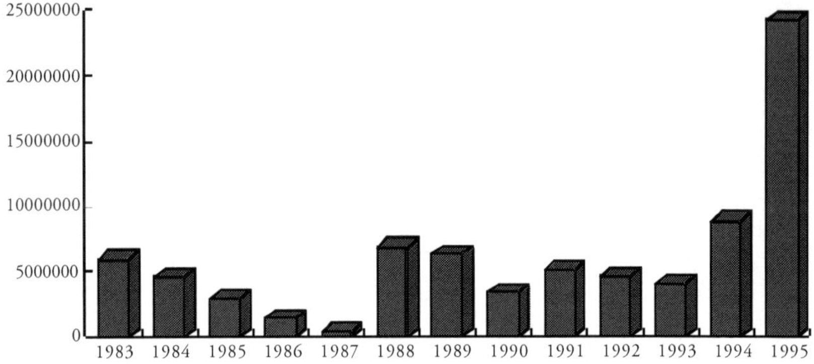

Source : Comptes Administratifs. Dépouillement Personnel.

Le sommet des courbes (recettes d'équipement) correspond aux années d'octroi d'importants crédits du FEC (1983, 1988, 1994 et 1995) alors que les excédents des recettes assurent de manière permanente la part la plus importante des recettes d'équipement (voir tableau).

Tableau n° 36 : Recettes d'équipement par période

	Période 1983-1994 en DH	**%**	**Période 1983-1995 en DH**	**%**
Excèdent recettes	32.216.763	58,97	38.698.399	49,01
Produits des emprunts	15.347.208	28,09	29.267.208	37,06
Subventions	5.335.118	9,76	5.335.118	6,75
Fonds de concours	1.726.018	3,16	5.658.268	7,16
Total	54.625.107	99,98	78.958.993	99,98

Source: Comptes Administratifs. Dépouillement personnel.

Cette dernière caractéristique se retrouve dans la plupart des municipalités marocaines. Les excédents budgétaires sont structurels et permanents. Ils relèvent de plusieurs facteurs (crédits annulés, excédent dégagé de la première partie, restes à recouvrer des exercices antérieurs) qui montrent encore une fois les problèmes de gestion interne corrélés aux lenteurs administratives liées à la tutelle.

Toutefois, les équipements lourds de la ville ont tous bénéficié d'un crédit auprès du FEC (voir infra). Ces crédits sont restés limités à des sommes ne dépassant pas les six millions de dirhams durant toute la période 1983-1992 correspondant au C.M Boughafour. Jusqu'en 1992, le remboursement de ces crédits a correspondu à 24% des dépenses de fonctionnement[(103)]. Ces remboursements ont certes contribué à grever le budget de fonctionnement de la Municipalité, mais ils n'ont pas compromis ses possibilités d'investissement. Pour le CM élu en 1992 la part du remboursement des crédits antérieurs dans les dépenses de fonctionnement a même régressé entre 1993 et 1995 (respectivement 18,89%, 15,72% et

103- 13.527.875 DH sur un total de 56.512.530 DH soit 23,93% des dépenses de fonctionnement.

11,55%). Un choix fondamental va être fait alors : doter la Municipalité d'une gare routière qui va demander l'octroi d'un crédit de 13.920.000 DH.

Dans ces villes au budget limité et à l'équilibre fragile, tout investissement lourd qui participe au développement de la ville et à augmenter ses ressources propres finit par bloquer la gestion municipale pendant plusieurs années. Le cas de Chefchaouen se répète ici, le CM élu en 1997 sera confronté à d'énormes difficultés financières : aucun investissement ne pourra être réalisé alors que le fonctionnement de certains services publics (éclairage, ordures ménagères, voierie,...) risque de se détériorer davantage.

L'orientation de l'investissement va suivre des enjeux particuliers suivant les CM. Elle sera étudiée à travers le cas de la régularisation du quartier de Kallito (voir infra).

SS2- Planification et gestion foncière

C'est assurément à travers la nature des structures foncières que peut se lire le poids des différents acteurs dans la gestion foncière. L'importance respective des réserves foncières de l'Etat, des collectivités ethniques (terres collectives), des propriétaires privés, des Habous ou de la Municipalité et du dynamisme des différents promoteurs privés ou publics répondent à la croissance démographique et à la demande de logement. Les statuts fonciers et leurs évolution, la dynamique du marché foncier influent directement sur les mécanismes de la production du sol urbanisable et du logement. Une brève lecture de ces mécanismes à Souk Larbaa permet de mettre en lumière les grands espaces à enjeu de la ville et les acteurs qui y prennent part. Parmi eux, nous privilégierons l'élite locale.

A- Importance des différents statuts fonciers et production du sol urbain

A partir du domaine Boisset [(50 ha accaparés avec l'aide du Caïd Cherkaoui (voir supra)] le périmètre urbain de Souk Larbaa va se déployer sur un peu plus de 200 hectares pris sur les terres collectives des Oulad Ben Sbaa (140 ha) et des Tfaoutia (15 ha). Un lotissement de petite colonisation (32 ha) fut créé ensuite sur le collectif des Baabcha au Sud de la ville et vendu aux colons. A cette appropriation des terres collectives par la colonisation pour créer le "village" et son périmètre de petite colonisation, va suivre la délimitation des immeubles collectifs des Beni Malek de l'Ouest. Suite à l'arrêté viziriel du 4-3-1932 prescrivant la délimitation, 3.608,90 ha furent délimités regroupant dix collectivités territoriales[104]. Le périmètre urbain se trouve alors entouré par les terres collectives qui comptent quelques 877,94 ha dans sa périphérie immédiate (voir fig. 6).

104- Immeubles collectifs des Beni Malek de l'Ouest.

Nsala des Oulad Hamad	37,80 ha	Babcha II	469,40 ha
Oulad Ben Sbaa	436,60 ha	Drihmiyne	70,29 ha
Oulad Hamad - Tfaoutia	175,53 ha	Ziouet	220,16 ha
Kreiz des Beni Malek	13,04 ha	Guebbas	471,50 ha
Bou Azitat	214,98 ha	Hababsa	782,70 ha
Oulad Jellal	716,83 ha		

Source: Direction des Affaires Rurales. Ministère de l'Intérieur.

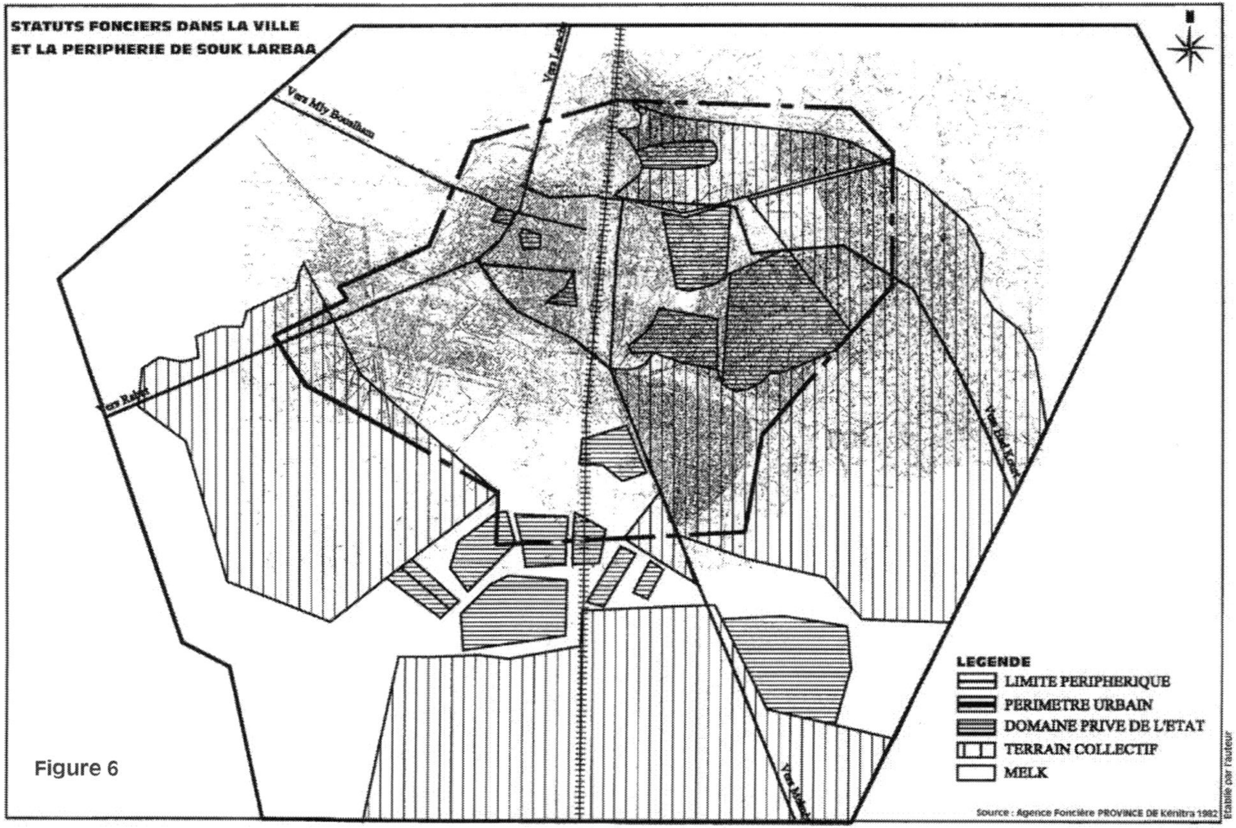
STATUTS FONCIERS DANS LA VILLE
ET LA PERIPHERIE DE SOUK LARBAA
Vers Rabat
LEGENDE
LIMITE PERIPHERIQUE
PERIMETRE URBAIN
DOMAINE PRIVE DE L'ETAT
TERRAIN COLLECTIF
MELK
Source : Agence Foncière PROVINCE DE Kénitra 1982
Etablie par l'auteur

Figure 6

Avec la récupération des terres de colonisation, la période post coloniale va être marquée par la "compétition" entre de nouveaux propriétaires marocains et le développement du domaine privé de l'Etat.

Le "village", partie Ouest de Souk Larbaa, sera entièrement racheté aux colons par des propriétaires marocains originaires des grandes villes (Kénitra, Rabat, Casablanca, Tanger) et quelques notables locaux (voir infra). L'Etat récupérera de vastes superficies à l'Est et au Sud.

En fait, dès le début des années 60, certaines terres domaniales restées vacantes vont connaître une occupation de fait par les membres les plus influents du Conseil Municipal avec l'aide des autorités locales. Les deux présidents qui se sont relayés au sein du CM de 1963 à 1983 vont être à la base de plusieurs protestations d'occupation illégale du domaine de l'Etat de la part même des populations.

C'est avec le nouveau conseil municipal de 1983 que le problème des occupations illégales des terres domaniales situées à l'intérieur du périmètre urbain va faire l'objet d'un conflit ouvert entre l'ancien et le nouveau président du CM. Pour ce dernier, il s'agissait de se construire une légitimité et de montrer une nouvelle manière de gérer les biens publics en arrêtant les abus de l'ancienne équipe. Fort de la présence de l'Inspecteur des Finances (Direction des terres domaniales de Kénitra) et du Délégué de Ministère de l'Habitat et de l'Urbanisme, le nouveau bureau du CM a cité nommément les deux anciens présidents : l'un pour l'occupation et la construction d'un logement et d'un hangar de stockage de grain sur une terre domaniale située dans la zone industrielle, l'autre pour l'appropriation de 1,3 ha sur une terre domaniale située à la sortie de la ville vers Moulay Bousselham[(105)]. Les précisions de l'inspection des Finances montrent l'appui dont a pu bénéficier le président sortant auprès de l'autorité locale, notamment au sein de l'autorité provinciale[(106)]. Si les plus importantes appropriations ont concerné les deux anciens présidents, d'autres ont été faites par des personnes influentes au sein du CM [(107)].

En dehors de l'importance de l'enjeu des appropriations des terres domaniales, cette phase a constitué le point nodal de la formation des deux grandes factions de Souk Larbaa. Le nouveau Président a touché directement aux intérêts privés de l'ancienne équipe[(108)].

105- PV du Conseil Municipal - Session Août 1983.

106- "En 1969 une commission de la Direction des terres domaniales est sortie sur les lieux après avoir reçu plusieurs lettres de protestation de la part des populations concernant les "occupations" de MM. Kraimi Mohamed, Qbaili Ahmed et Jlilid Mohamed. L'occupation de Mr Kraimi a été faite de façon indirecte puisque la terre concernée était d'abord occupée par Mr Majdoub qui la lui a cédée. Mr Kraimi l'exploite depuis et y a construit des locaux commerciaux. En ce temps, nous avons fait un courrier l'invitant à quitter les lieux et à arrêter les constructions. Cette initiative étant restée sans réponse, nous avons saisi Mr le Gouverneur. Une convocation lui a été adressée par la Province et nous avons tenu une réunion dont le résultat fut : "Laisser à l'intéressé le temps nécessaire pour trouver une solution avec la Direction des Domaines". Il y a quelque temps j'ai reçu de mon ministère une lettre précisant la cession de cette terre à Mr Kraimi justifiant cela par des projets sociaux (usine). La cession fut réalisée après une sortie de la commission sur les lieux". PV. Session Août 1983.

107- Il s'agit surtout de la construction de maisons individuelles - Kraimi cite celle de Jbara sur terre collective, Essaoudari sur melk de la commune, Hadda Boughafour sur terre domaniale.

108- La résolution finale de cette session (Août 83) : A la majorité de ses membres

a) Le CM s'oppose à la cession de ces terres et leur transfert à la Municipalité,

b) Le CM arrête les constructions actuelles, édifiées sans autorisation réglementaire.

Les statuts fonciers montrent une dichotomie entre la partie occidentale de la ville occupée par le "village" et les terres melk (rachats aux colons) et la partie orientale et Sud où prédominent le domaine de l'Etat et les terres collectives.

En termes de production du sol urbanisable, le village et la partie melk, étalée sur une superficie d'environ 100 ha occupe l'ancien tissu colonial prolongé dans sa partie Sud le long de la route qui relie Tanger à Kénitra. L'état du parcellaire[(109)] montre des propriétés de faibles superficies qui n'ont permis qu'un développement réduit des lotissements réglementaires (7,27 ha et 442 lots).

Face à la faiblesse de l'initiative privée, les terres collectives et le domaine de l'Etat vont constituer les véritables réserves de la régulation du marché foncier. L'arrivée constante de populations migrantes dans les années 70 et 80 va orienter l'action municipale sur la restructuration d'un bidonville occupant plus de 40% de la population urbaine (voir infra) et la création d'un lotissement avec l'aide du PAM (Programme d'Alimentation Mondiale) sur 17 hectares (636 lots économiques).

Les organismes du Ministère de l'Habitat (ERAC, ANHI) ne vont intervenir que tardivement (1986) pour créer dans cette zone Est de la ville, le plus important lotissement (Hind) : 54 hectares et 2483 lots. (voir fig. 7).

En fait, cette intervention tardive corrélée à une forte demande a impliqué une dynamique du marché foncier à la hausse dès les années 70 (voir tableau).

Tableau n° 37 : Evolution des coûts moyens d'acquisition du m2

Phase d'acquisition	Coût moyen du m2 en DH
1940-1950	5,00
1950-1960	46,00
1960-1970	164,00
1970-1980	197,00
1980-1990	241,00
1990-1995	327,00

Source : Schéma Directeur - Enquête ménage.

Le prix moyen du mètre carré situé à 5,00 DH dans les années 50 atteint 164,00 DH en 1970. Le décades suivantes voient cette hausse qui se maintient dans les années 80 et 90, le prix moyen du mètre carré cachant de très fortes différences entre les lotissements réglementaires et équipés où les prix oscillent entre 1000 DH et 1500 DH le m2 et les petites parcelles dans les douars périphériques (100 DH à 250 DH le m2).

109- Mappes cadastrales de Souk Larbaa au 1/1.000 n° 38-25-37B; 38-25-38A; 38-25-27D; 38-25-28C;38-25-28A; 38-25-27B; 38-25-17D; 38-25-17C; 38-25-17B; 38-25-18A; 38-25-8C.

Figure 7

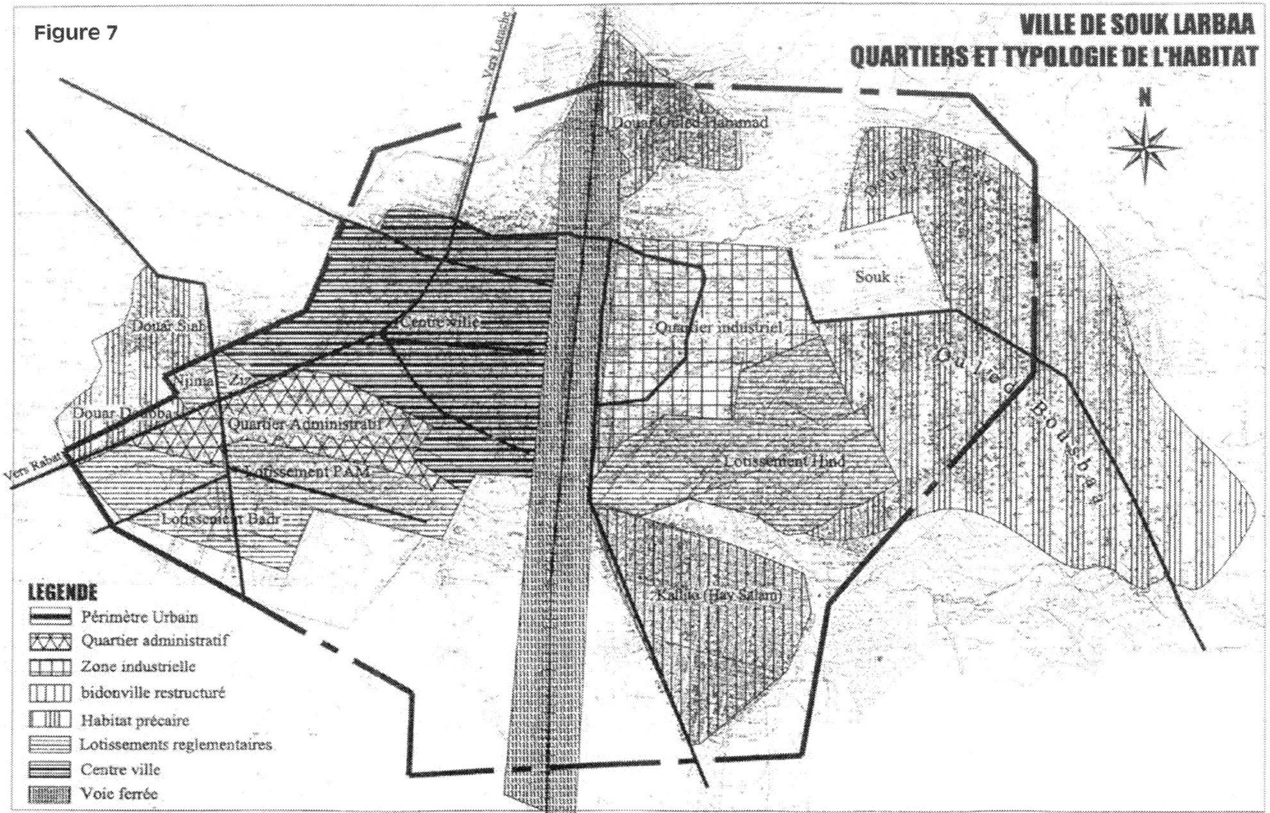

Source : Photo restitution 1996

La production du sol urbain réglementaire s'est même poursuivie avec un second projet réalisé par l'ANHI dans la partie Sud de la ville sur une superficie de 75 hectares(110). Mais le véritable "chantier" de la ville se passe ailleurs : l'habitat "clandestin" sur les terres collectives des douars périphériques concerne 35% de la population urbaine dans les années 90 et quelques 136 ha (voir infra).

Les terres collectives vont donc occuper une place centrale dans la production du sol urbain et dans la gestion foncière. Une caractéristique qui a orienté nos investigations sur deux quartiers implantés sur des terres collectives : Kallito, bidonville des années 30 qui constitue, depuis lors, le principal foyer démographique à l'intérieur du périmètre urbain. Oulad Ben Sbaa "rmel", douar périphérique en cours de durcification dans les années 80-90 qui regroupe l'équivalent de près du tiers de la population résidente à l'intérieur du périmètre urbain.

Dans un tel contexte, enjeux fonciers et planification urbaine ne vont pas occuper la même place dans la gestion municipale et le comportement de l'élite locale comme lorsqu'il s'agit de "gérer" une ville édifiée sur des terres melk et donc d'intérêts individuels contradictoires.

B- Enjeux fonciers et planification urbaine

Analysée à travers les débats entamés dans les différentes sessions du Conseil Municipal, la planification urbaine a surtout concerné l'élargissement du Périmètre Urbain (P.U) et les préparations - résolutions du Plan d'Aménagement(111).

L'élargissement du Périmètre Urbain a en fait occupé l'ensemble de ces 10 sessions sur 17 ans. Si durant les années 70 les autorités locales faisaient de l'intégration des douars périphériques (Syah, Oulad Dabba, Kreiz, Oulad Ben Sbaa) une demande souvent réitérée, seuls les débats réels autour du Plan d'Aménagement ont pu dégager les véritables enjeux pour l'élite locale. Qu'il s'agisse du CM de 1983 ou de celui de 1992, une entente globale entre les différentes factions a pu s'opérer, faisant même l'objet d'une consignation lors de la session de Février 1985. Cette entente concerne sept points :

110- Il s'agit du lotissement BADR qui a connu des problèmes "d'identification" de certains propriétaires de la partie melk. Son équipement se poursuit actuellement(1998).

111-

C.M.	Thèmes débattus	Session
Kraimi	- Limites du Périmètre Urbain - Elargissement du P.U - Limites du P.U	Février 1977 Septembre 1977 Avril 1981
Boughafour	- Limites du P.U - Etude P.A et limites P.U - Préparation P.A	Février 1984 Février 1986 Avril 1987
Boughafour	- Révision P.A - Révision P.A	Avril 1990 Août 1990
Rachad	- Révision P.A - Elargissement P.U	Novembre 1993 Août 1994

Source: Municipalité Souk Larbaa. Dépouillement personnel.

- L'élargissement du périmètre urbain n'est demandée que dans la partie occidentale de la ville concernée par les terres melk dans les trois directions : Sud (vers Rabat 2 km), Nord (vers Tanger 2km) et Ouest (vers Moulay Bousselham 1 km). Une zone qui est directement concernée par les nouvelles limites du périmètre irrigué du M'da dont l'aménagement hydro-agricole (S.T.I) est en cours d'achèvement (1998).

L'enjeu foncier le plus important dans cette zone melk reste localisé dans la partie Est de l'Oued M'da non remembrée (Nord). Une zone qui concerne 242 hectares d'une exploitation agricole (de 372 hectares). Les capacités d'intervention (dans les circuits de décision) des propriétaires[112] dépassent ici largement le niveau local. Un projet de lotissement sur 30 hectares a reçu une autorisation, même si seul 6 ha sont à l'intérieur du périmètre urbain actuel[113].

- L'augmentation du COS dans des lotissements privés et publics (PAM, Mimitra, Marina[114]).
- Le cautionnement de tous les "coups partis" :
- transformation de la zone industrielle en zone d'habitat économique R+2,
- autoriser les occupations des lots réservés initialement à un "marché", à un dispensaire, à un poste de police et à une école à Hay Salam.
- Remplacer une zone verte (prés de Hay Salam) par une zone d'habitat économique.
- Réduire la largeur de certaines voies pour permettre l'installation de kiosques municipaux.
- Améliorer le passage entre les deux parties de la ville (voie ferrée).
- Créer une zone industrielle de 2ème catégorie près du douar Oulad Hamad (sur le collectif des Oulad Ben Sbaa).

A travers ces recommandations du C.M, se retrouve l'ensemble des situations de fait qui entrent en contradiction avec les règles et lois d'urbanisme en vigueur : des lotissements prévus pour recevoir des villas sont occupés par des R+2, la zone industrielle concerne davantage l'habitat que les activités industrielles (ou similaires), l'ensemble des zones réservées aux équipements publics à Hay Salam (dans le plan de restructuration) a été occupé par des lots d'habitat.

Les intérêts de la Municipalité ne sont vus qu'à travers l'aspect financier qui privilégie l'augmentation du patrimoine au moindre coût (remplacement d'une zone verte, rétrécissement d'une voie, zone industrielle sur le collectif...) en dehors de tout aspect relatif à l'environnement urbain.

Autour des terres de statut melk et de leur valorisation, le Conseil Municipal avec l'ensemble de ses composantes a agi de façon unitaire face à l'administration centrale pour revendiquer tous les dépassements de la norme. S'il doit y avoir une homologation du Plan d'Aménagement, cette dernière doit cautionner tous les "coups partis".

112- Il s'agit des héritiers du Caïd Rmiqi, du Khalifa Nejaii et du gérant Perez qui ont déjà eu plusieurs contacts directs avec les autorités provinciales et les concepteurs du SDAU.

113- La mévente que connaissent les 1038 lots du lotissement public BADR font reculer jusqu'à présent les promoteurs de ce projet qui cherchaient avant tout une valorisation globale de leur propriété.

114- PAM de R+1 à R+2 . Mimitra et Marina de zone villa à R+2.

A Souk Larbaa, les intérêts fonciers individuels ont certes été à l'origine de conflits locaux et les ont alimentés mais ils ne constituent pas les déterminants de la vie politique locale.

C'est à travers la restructuration du principal bidonville de la ville que nous pourrons davantage saisir le fonctionnement même du système politique local et du rôle joué par ses élites.

S.S.3- Autour de la restructuration d'un bidonville : Kallito

- Naissance d'un bidonville

Jusqu'aux années 20, les populations marocaines qui se sont installées à Souk Larbaa l'ont fait à Azib Cherkaoui près du "village". Avec les premières vagues de migrants, les autorités coloniales les déplacèrent à "Sidi El Hefiane" sur la route de Mechraa Bel Kciri avant de les déplacer une seconde fois sur une terre collective des Tfaoutiine et Oulad Hammad. Jusqu'en 1936, "Kallito" était constitué principalement de populations du douar des Tfaoutiine et du "douar Chleuh". On ne dénombrait alors, pas plus de 19 grandes familles de Tfaoutiine[115] et 10 à 15 feux du "douar Chleuh"[116] (Par référence aux premiers Soussi installés à Kallito). C'est entre 1936 et 1952 que "Kallito" connaîtra ces apports de migrants (la population de la ville passera de 2750 habitants à 7836 habitants) et une extension par le douar Tben puis Labrouziine et Lmerja [117]. *"A l'époque tout le monde avait la Ksiba" (bétail)* nous confiait un chauffeur à la retraite (66 ans), d'où l'appellation de douar *Tben* (la paille ; ramenée pour le bétail). Ces différents "douars" se distinguaient par une prédominance de *nouala*, baraques en planches ou murs de pisé. Dès 1944-1945, les autorités coloniales commencèrent "l'organisation" de ce bidonville par l'ouverture de trois artères principales (pistes) et un premier plan d'alignement. Les équipements de base concernaient alors surtout les "douars" situés au Nord, les plus près (relativement) du "village" : les Tfaoutiine, douar Chleuh et douar Tben. Pour l'eau potable, chacun de ces douars a pu bénéficier d'un puit. De même que deux bornes fontaines ont été installées à Tfaoutiine et Douar Chleuh. L'électrification connaissait la même logique. Les habitants les plus éloignés n'en bénéficieront que plus tard.

Kallito a constitué le principal réceptacle de l'exode rural sur Souk Larbaa. Dans ce sens, c'est un espace qui a regroupé plusieurs vagues successives de migrants. Cet apport permanent de populations s'est traduit spatialement par une occupation qui s'étale du Nord au Sud. Les derniers arrivés se retrouvent dans les limites Sud de la ville. Constitué au départ par des entités ethniques (Tfaoutiine et Chleuh), Kallito restera "marqué" par le statut particulier des Tfaoutiine (premiers propriétaires du sol) et celui des premières familles (Soussi et Rharbaoui) installées (occupation de plusieurs lots, proximité de l'équipement, rôle d'intermédiaire, revente de lots et création d'un réseau de clientèle...).

115- Les plus importantes étant celles de : Chqinef Miloudi (4 feux), Bchir (2 feux), Hmidat (4 feux), Sghir (1 feu), Nejjar (1 feu)...

116- Les plus importantes étant celles de : Assamdar, Azza, Amehmoul, Rguig, Rkha, Yacini,....

117- Le terme de douar est utilisé par les habitants les plus anciens de Kallito pour désigner ces différents "quartiers" de Kallito et non le terme de "haouma".

A- Caractéristiques Socio-démographiques de Kallito

1- Un apport de population permanent jusqu'en 1971

La population de Kallito va atteindre les 6613 habitants dans 1208 ménages en 1971. Les districts du Recensement Général de la Population et de l'Habitat vont alors correspondre aux anciens "douars" : Tfaoutiine, Chleuh, Tben,... Mais cette période (1950-1971) va aussi coïncider avec un important exode rural qui va changer profondément la structure de peuplement de ce bidonville.

En effet, seuls un peu moins de 11% des chefs de ménages résidents étaient nés à Kallito alors que près de 56% s'étaient installés après 1950 (voir tableau).

Tableau n° 38 : Durée de résidence des chefs de ménage de Kallito (1971)

Durée de résidence	[0-5[	[5-10[	[10-20[	[20-30[	[30-40[	40 +	né
Nombre	17	14	36	23	9	8	13
%	14,16	11,66	30	19,16	7,5	6,66	10,83

Source : Dépouillement du RGPH 1971 (15%).

Les seuls ménages arrivés dans les années 60 représentaient plus du quart de la population du bidonville.

Les anciens douars Tfaoutiine et Chleuh marquent leur enracinement par une part plus importante de chefs de ménages nés à Kallito (respectivement 27,77% et 26,31%). Mais ici aussi, les nouveaux migrants sont nombreux. Ils représentent 48,64% des chefs de ménages. Un brassage de population s'est fait, il a concerné surtout des populations Rharbaoui (voir tableau).

Tableau n° 39 : Origine des chefs de ménage de Kallito (1971)

Origine / Nbre	Nés	Douars environnants	Autre Beni Malek	Autre Haut Rharb	Autre Rharb	Autre Rural	Urbain
120	13	51	07	16	9	13	11
99,98%	10,83	42,5	5,83	13,33	7,5	10,83	9,16
% cumulé	10,83	53,33	59,16	72,49	79,99	90,82	99,98

Source : Dépouillement RGPH 1971 (15%).

En effet, jusqu'en 1971 Kallito a surtout attiré la population rurale environnante de Souk Larbaa. Il s'agit de douars déjà fortement impliqués dans l'économie urbaine par leur proximité (trois à quatre kilomètres) : Drihmiine, Baabcha, Bouhzitat, Od Zyar... De même que des migrants des douars de la périphérie immédiate de la ville ont cherché refuge à Kallito. Ces populations des douars Syah, Oulad Hamad, Oulad Ben Sbaâ sont déjà dans la ville. Leur migration s'apparente à une mobilité résidentielle. Ils sont davantage à la recherche d'un logement présentant davantage de confort (électricité, A.E.P.) dans un bidonville où les conditions d'obtention d'une parcelle étaient faciles et pas chères (autour de 200 DH pour une parcelle de 60 m2).

Les douars environnants de Souk Larbaa ont ainsi fourni plus de 47% des chefs de ménage qui ne sont pas nés sur place. Ce chiffre atteint 77,5% pour l'ensemble du Rharb.

Si l'aire de recrutement de ce bidonville reste très concentrée spatialement, reflétant le rôle de Souk Larbaa chez les Beni Malek et dans le Haut Rharb, elle montre aussi une ouverture sur le reste du Maroc plus caractéristique des villes Atlantiques. En effet, nous retrouvons des origines aussi diverses que le Rif, le Loukkos, le Saïs ou le Haouz et le Souss. Mais elles ne concernent que 10,83% des chefs de ménages.

A l'image de l'économie urbaine de Souk Larbaa, la plupart de ces migrants n'a pu s'intégrer que dans des activités liées au commerce et aux services (voir tableau).

Tableau n°40 : Secteurs d'activité et population active à Kallito (1982)

Activité	Nombre	%
Agri, Elevage	8	6,01%
Industrie	06	4,51%
Art. Prod. (fileuse)	13	9,77%
Domestiques	7	5,26%
Artisanat de services	18	13,53
Commerces	26	19,55%
Transport	18	13,53%
Construction	03	2,25%
Administration	05	3,76%
N.D.	04	3,00%
Chômeurs	25	18,80%

Source : RGPH 1982, dépouillement 15%.

La répartition des actifs par secteur d'activité montre cette prédominance qui concerne 80,55% des actifs occupés. Analysée de plus près, cette répartition laisse apparaître l'importance des petits métiers et l'indigence de la population.

Tableau n° 41 : Les petits métiers à Kallito (1982)

<table>
<tr><td>Petits soukiers et ambulants</td><td>14</td><td rowspan="7">50,93% des actifs occupés</td></tr>
<tr><td>Porte-faix</td><td>09</td></tr>
<tr><td>Charretiers</td><td>03</td></tr>
<tr><td>Fileuses</td><td>13</td></tr>
<tr><td>Danseuses, chansonniers</td><td>05</td></tr>
<tr><td>Journaliers</td><td>04</td></tr>
<tr><td>Domestiques</td><td>07</td></tr>
</table>

Source : RGPH 1982, dépouillement 15%.

En effet, en distinguant les différents métiers dans chaque branche ils représentent 50,93% des actifs occupés. Il s'agit des domestiques travaillant chez les fonctionnaires et commerçants du "village", des prostituées souvent recensées comme fileuses (dans les fiches de recensement) - elles représentent 9,77% des chefs de ménages[118]- des portefaix travaillant surtout autour du Souk (8,3%), des petits soukiers vendant soupe, pain ou confiserie, des ambulants commerçants de fruits et légumes (12%), des charretiers et journaliers (6,5%).

118- Le douar Kallito a longtemps connu une mauvaise réputation due à cette caractéristique.

Ainsi, jusqu'en 1971, si la majorité de la population de Kallito vivait essentiellement de petits métiers, les couches les plus avancées dans la hiérarchie sociale étaient constituées par les commerçants (de détail de produits alimentaires, des petits intermédiaires dans le commerce de céréales) alors que les fonctionnaires restaient presque inexistants (3,76% des chefs de ménage). Les "douars" Tfaoutiine et Chleuh se distinguaient encore une fois. Ils regroupaient l'ensemble des petits fonctionnaires (instituteur, policier, ...). C'est là que vont être recrutés les premiers "intermédiaires", relais entre la population, le Président du Conseil Municipal et les autorités locales et administratives.

2- 1970-1994 : De fortes mutations marquées par une diversification des couches sociales concernées.

- Doublement de la population et nouveaux apports de population

Le douar est passé de 6613 habitants à 13681 habitants entre 1971 et 1994, soit un doublement de la population en un peu plus de vingt ans. Cet accroissement de la population a surtout concerné la dernière décennie : 3,66% de Taux d'Accroissement Annuel contre 2,73% entre 1971 et 1982. Une situation qui s'explique particulièrement par la restructuration du quartier, l'apport des nouveaux équipements et des populations "déportées" par les autorités locales de Azib Cherkaoui (ancien bidonville situé à proximité du "village" et de la voie ferrée).

Malgré l'arrivée de nouveaux migrants, Kallito se distingue par le nombre élevé de la population née sur place actuellement (47,04% - voir tableau). Près de la moitié des chefs de ménage y sont nés, une situation qui va participer à former la nouvelle identité de cette population. Ceci se retrouve davantage dans les vieux douars Tfaoutiine, Chleuh et Tben, devenus Hay Hanaa et Smara après la restructuration.

Tableau n° 42 : Origine de la population à Hay Hanaa et Smara (ex Tfaoutiine, Chleuh, Tben)

	Nés	Douars environ.	Autre Beni Malek	Autre Haut Rharb	Autre Rharb	Autre Rural	Urbain
Nbr.	36	02	02	08	2	4	2
%	64,28	3,57	3,57	14,28	3,57	7,14	3,57
% Cum	64,28	67,85	71,42	85,7	89,27	96,41	99,98

Source : Dépouillement RGPH 1994 - 15%.

En effet, ici, la population née sur place atteint 64,28% des chefs de ménage. Même après la restructuration, l'ancienneté des populations de ces quartiers se confirme. Kallito regroupe en fait la population "ancienne" de la ville : 67,70% des chefs de ménage sont soit nés soit résidents depuis plus de 20 ans (voir tableau) dans le quartier.

Tableau n° 43 : Durée de résidence des chefs de ménage à Kallito (1994)

Durée	ND	0-5	5-10	10-20	20-30	30-40	40 +	Nés
Nbr.	7	30	23	22	14	20	18	120
%	2,75	11,81	9,05	8,66	5,51	7,87	7,08	47,24
% Cum	99,97	97,22	85,41	76,36	67,7	62,19	54,32	47,24

Source : Dépouillement RGPH 1994 (15%).

Toutefois, les apports de populations externes continuent. Près de 12% des chefs de ménage y résident depuis moins de 5 ans. En 23 ans, l'aire de recrutement démographique de Kallito a changé (voir tableau).

Tableau n° 44 : Origine de la population à Kallito (1994)

	Nés	Douars environ.	Autre Beni Malek	Autre Haut Rharb	Autre Rharb	Autre Rural	Urbain
Nbr.	120	25	28	42	5	12	22
%	47,24	9,84	11,02	16,53	1,96	4,72	8,66
% Cum	47,24	57,08	68,1	84,63	86,59	91,31	99,97

Source : Dépouillement RGPH 1994 (15%).

Les douars environnants et de la périphérie immédiate de Souk Larbaa fournissent moins de migrants (18,65% contre 47% en 1971) au profit d'un cercle plus élargi des Beni Malek (20,90%) et du Haut Rharb (31,34%). Cet élargissement reste circonscrit dans le Rharb qui concerne près de 75% des migrants. Les apports de régions rurales lointaines s'estompent et laissent la place à ceux du pays Jbala voisin (9% des migrants). Kallito recrute très localement, même les migrants urbains viennent dans leur majorité des villes du Rharb (Souk Tlet, Belkciri, Kénitra, Sidi Kacem, Sidi Slimane ; 41%) et de Ouazzane (18.2%).

Les autres indicateurs sociaux de la population de Kallito soulignent encore une fois la prédominance des catégories sociales les plus pauvres de la ville, mais montrent également une intégration plus importante de couches moyennes inférieures. (voir tableau).

Tableau n° 45 : Structure de la population active de Kallito et de Souk Larbaa (1994)

	Kallito*		Souk Larbaa**	
	Nbr.	%	Nbr.	%
Agriculture, Elevage	07	2,81		2,76
Artisanat de Prod. Industrie	10	4,01		25,42
B.T.P	39	15,66		4,45
Sect. Primaire et Secondaire	56	22,49		32,63
Administration	23	9,23		22,46
Service Hygiène	61	24,49		16,53
Commerce	69	27,71		22,24
Transport	34	13,65		6,14
Secteur tertiaire	187	75,10		67,37
Non déterminé	06	2,40		
Actifs occupés	249	75,82		82,67
Chômeurs	77	23,62		17,33

*Source : * RGPH 1994*
*** Enquête ménage - Jerkech.*

En effet, porte-faix, commerçants ambulants de fruits et légumes ou de friperie, charretiers, domestiques, gargotiers forment la grande masse de cette population (38,5%) alors que le chômage concerne plus de 23,62% de la population active, un taux qui dépasse largement celui enregistré pour l'ensemble de Souk Larbaa (17,33%)[(119)]. Kallito reste marqué par la prédominance d'une population vivant d'importantes périodes de chômage ou tirant ses revenus d'emplois instables et peu rémunérateurs[(120)].

Cette population reste aussi vulnérable. La part de migrants ruraux explique certainement un taux d'analphabétisme des chefs de ménage plus proche du Maroc rural (69,44%). Seuls 6,74% des chefs de ménage ont dépassé le niveau primaire.

Tableau n° 46 : Niveau de scolarisation des chefs de ménage de Kallito (1994)

Niveau de scolarisation	Nombre	%	% Cumulé
Analphabètes	175	69,44	99,98
Ecole coranique	25	9,92	30,54
Cours élémentaire Cours moyen	02 33	13,88	20,62
1er cycle 2° cycle	09 06	5,95	6,74
Supérieur	02	0,79	0,79

Source : Dépouillement RGPH 1994 (15%).

Même si une grande partie de la population de Kallito est née sur place, ses possibilités d'intégrer l'école sont restées très faibles, surtout avec l'éloignement des infrastructures scolaires jusqu'aux années 80. Une "marginalisation" de plus, qui implique le recours à des intermédiaires dans les relations avec l'administration.

En un peu plus de 20 ans, la population de Kallito s'est aussi diversifiée, le recensement des diverses professions en 1994 montre une part plus importante des petits fonctionnaires, militaires et retraités qui représentent désormais près de 10% de la population active occupée. Cette couche moyenne inférieure s'élargit aussi avec la présence de services spécialisés (courtier, auto-école, aide comptable, ...), de petits commerçants ou de céréalistes, surtout depuis la restructuration du quartier.

Avec la durcification, on a pu enregistrer une augmentation des activités liées à la construction qui concernent désormais 15,66% des chefs de ménage de Kallito contre 2,25% en 1971. Cette importance du mouvement de construction sur l'emploi dans le quartier a souvent servi pour justifier sa poursuite en dehors des normes d'urbanisme (voir infra).

Les différentes caractéristiques de la population de Kallito vont marquer l'évolution des types de représentants et d'intermédiaires face à l'administration, le caractère des relations clientélistes, et ses implications sur le développement du quartier. Par ailleurs, la construction d'une identité à travers une territorialisation influera tout autant sur ce développement.

119- En 1995, le taux de chômage en milieu urbain (Maroc) atteignait 22,9% d'après la Direction de la Statistique "les indicateurs sociaux 1996". Direction de la Statistique p. 328.

120- Cette situation est accentuée par un taux moyen d'actifs occupés par ménage parmi les plus bas de la ville : 1,28%.

B- Kallito dans la vie politique locale

L'importance de Kallito (devenu Hay Salam) dans la vie politique locale émane de son poids démographique dans la population urbaine de Souk Larbaa (voir tableaux).

Tableau n° 47 : La population de Hay Salam dans la population urbaine de Souk Larbaa de 1971 à 1994

Année Recensement	Nbre ménages Hay Salam (1)	Nbre d'habitants Hay Salam (2)	Nbre ménages S. Larbaa (3)	Nbre d'habitants S. Larbaa (4)	(1)/(3)	(2)/(4)
1971	1208	6613	2845	15455	24,46	42,78%
1982	1754	8890	4589	25057	28,22	35,48%
1994	2501	13681	6689	37216	37,39	36,76%

Source : RGPH 1971, 1982,1994.

Tableau n° 48 : Taux d'Accroissement Annuel (T.A.A) de population de 1971 à 1994 (Kallito - Souk Larbaa)

	Kallito	S. Larbaa
TAA : 71-82	2,73	4,49
TAA : 82-94	3,66	3,35
TAA : 71-94	3,21	3,89

Source : RGPH 1971, 1982, 1994.

Atteignant 42,78% de la population urbaine en 1971, Kallito constituait alors le "centre" par lequel se prenait la présidence du Conseil Municipal. Sur 21 circonscriptions électorales, Kallito en occupait 11. Les seuls élus de ce quartier avaient le "poids" nécessaire pour faire pression sur le Président. Une certaine justice électorale s'affirmait, puisque le volume de population était respecté au niveau de la représentation par circonscription. De même que le quartier n'était pas "charcuté". Il représentait une "communauté d'intérêts" dont les droits et les devoirs se distinguent. Les onze circonscriptions ne représentaient que la population de Kallito. Critères démographiques et géographiques se conjuguaient pour offrir à cette entité socio-spatiale les moyens de défendre ses intérêts dans les instances élues.

Cette situation n'a pas duré longtemps, le Ministère de l'intérieur réalisera deux découpages successifs en 1983 et 1992.

Le découpage de 1983 a ramené le nombre de circonscriptions de Kallito de 52,4% à 40% du total des circonscriptions électorales de Souk Larbaa. Au niveau démographique, les quartiers du centre ville, quartier administratif (habitat réglementaire) enregistraient 2431 inscrits dans dix circonscriptions électorales. Pour le même nombre de circonscriptions, Kallito avait 3325 inscrits, soit une moyenne de 332 inscrits par circonscription contre 243 pour les quartiers réglementaires. Il fallait donc près de 37% d'électeurs en plus pour obtenir un siège à Kallito (voir tableau).

Tableau n° 49 : Circonscriptions électorales et nombre d'inscrits par quartier en 1983

Quartier	N° circonscription électorale	Nombre d'inscrits	Nb moyen d'inscrits par circonscription
Centre ville et quartiers réglementaires	1	372	
	2	246	
	3	309	
	4	279	
	5	272	
	6	222	
	7	218	
	8	150	
	9	196	
	10	167	
	Total	**2431**	**243**
Azib Cherkaoui	11	372	
	12	382	
	13	412	
	Total	**1166**	**388**
Oulad Hamad	14	534	
	15	367	
	Total	**901**	**450**
(Hay Salam)	16	370	
	17	326	
	18	349	
	19	235	
	20	251	
	21	399	
	22	240	
	23	392	
	24	409	
	25	354	
	Total	**3325**	**332**
Souk Larbaa	25 Circ.	7831	313

Source : Pachalik de Souk Larbaa.

Toutefois, il faut souligner que le découpage de 1983 a surtout défavorisé les deux quartiers de Oulad Hamad et Azib Cherkaoui (voir tableau) alors que Kallito se situait dans la moyenne de la ville (313 inscrits par circonscription).

En nombre de sièges également, Kallito avait gardé un poids important dans le C.M. Une situation qui expliquait le nouveau découpage de 1992. Kallito n'a plus alors que 7 circonscriptions sur les 25. Ses "représentants" ne constituent plus que 28% des élus du C.M.

Tableau n° 50 : Quartiers et circonscriptions électorales de 1976 à 1992

Quartier	Nbre de circonscriptions et d'inscrits en 1976		Nbre de circonscriptions et d'inscrits en 1983		Nbre de circonscriptions et d'inscrits en 1992	
"Village"	6		10	2431	13	7097
Od Hamad	2		2	901	2	2146
Azib Cherkaoui	2		3	1166	Recasement	
Kallito	11		10	3325	7	7105
Hind*	Inexistant		Inexistant		3	3214
Souk Larbaa	21		25	7831	25	19562

** : Nouveau lotissement réglementaire*
Source : Pachalik de Souk Larbaa.

Le poids démographique du quartier, 37% de la population urbaine, a été "minimisé" au profit du centre ville et de ses quartiers limitrophes réglementaires (quartier administratif, dragage, lotissement privé Njima, PAM). Ces derniers auront dorénavant 13 élus sur les 25 que compte le Conseil Municipal alors que leur poids démographique est inférieur à celui du seul quartier de Kallito (en nombre d'inscrits sur les listes électorales leur poids est équivalent : 7097 contre 7105 pour Kallito). Ainsi, un revirement total s'est opéré, la "justice spatiale" n'est plus de mise. La coupure spatiale "village" - "reste urbain" matérialisée par la voie ferrée ne permettait pas aux responsables de ce nouveau découpage de procéder à un "charcutage" [121] des quartiers constitutifs de la ville. Les aires socio-géographiques ont été respectées, introduisant une nouvelle unité spatiale (le lotissement public Hind), mais leur poids démographique respectif, principal critère d'une justice électorale, n'a plus été pris en compte. Si au centre ville la moyenne des inscrits par circonscription est de 424, elle atteint 1015 au quartier Kallito. La moyenne des personnes inscrites par circonscription dans la ville (782) nous indique davantage le décalage entre certaines circonscriptions du "village" atteignant à peine les 300 inscrits et celles de Kallito ou de Oulad Hamad qui multiplie ce chiffre par cinq (1487 inscrits dans la circonscription 25 de Kallito (voir tableau)). L'iniquité est totale. Elus et population de Kallito n'acceptent pas cette "injustice". Les différents découpages électoraux de Souk Larbaa avaient un but : déplacer "le centre" de la vie politique locale de Kallito, unité socio-spatiale fonctionnelle, vers une aire géographique ayant moins de cohésion sociale et donc, plus contrôlable par l'autorité locale.

121- Jacques LEVY : "L'espace légitime. Sur la dimension géographique de la fonction politique". Presses de la Fondation Nationale des Sciences Politiques. Paris 1994 - P. 178 à 195.
Jacques LEVY a bien étudié cette pratique dans le cas français. Ainsi constate-t-il : "Le respect de l'égalité démographique n'empêche nullement de favoriser, en jouant sur le mode de regroupement de ses aires de force et de faiblesse, un parti quelconque. Celui-ci remportera, le moment venu, un grand nombre de sièges à une faible majorité, laissant les majorités confortables, mais rares, à ses adversaires".

Tableau n° 51 : Nombre d'inscrits par circonscription électorale et par quartier 1992

Quartier	N° circ.	Nb. inscrits	Nb moyen ins/cir	Quartier	N° circ.	Nb. inscrits	Nb moyen ins/cir
Village	1	554		Oulad Hamad	14	1419	
	2	545			15	727	
	3	438		**Total**	**2**	**2146**	**1073**
	4	308		Hind	16	897	
	5	439			17	1459*	
	6	327			18	858	
	7	328		**Total**	**3**	**3214**	**1071**
	8	445		Kallito	19	993	
	9	439			20	870	
Total	**9**	**3823**	**424**		21	1073	
PAM	10	917			22	1142	
PAM	11	532			23	672	
PAM	12	981			24	868	
Total	**3**	**2430**	**810**		25	1487	
Q. Adm.	13	844	844	**Total**	**7**	**7105**	**1015**
T. C. ville Q. Admin.	13	7097	545	Souk Larbaa	25	19562	782

* *Circonscription électorale regroupant la population "recasée" de Azib Cherkaoui dans le lotissement Hind.*
Source : Pachalik de Souk Larbaa.

C- L'intégration urbaine : logiques différenciées des acteurs, mais finalité commune.

Le statut foncier de la terre sur laquelle se développera le quartier va longtemps faire émerger deux types d'acteurs aux logiques différentes. Les autorités coloniales ont été à la base de ce clivage avec le déplacement des Tfaoutiine et des premiers migrants de "haouch Sidi Hafyane" sur une zone de parcours "rmel" des Tfaoutiines et Oulad Hamad. Ba Larbi Tfaouti Chqinef, né en 1920 au douar Tfaoutiine, se rappelle : *"En 1936, le consul Boisset nous a chassés et envoyés sur nos terres rmel (175 ha). Nous étions les seuls ici, puis notre naïb Abdeslam Ben Messoudia Tfaouti fut appelé pour donner son accord pour l'installation des gens de haouch Sidi Hafyane pour trois ans. Ils vont payer une "ardia" de 15 rials à 60 rials par mois. Ce "loyer" nous était alors restitué tous les 6 mois. Nous formions 45 "Khayma", chaque ayant droit touchait 500 rials".*

Si le statut collectif et les droits qu'il confère aux ayants-droit sont bien définis et intégrés dans la logique des Tfaoutiine, le reste de la population n'accepte pas le "statut d'étranger". Les migrants de "haouch Sidi Hafyane" contestent toute propriété effective de ce terrain aux Tfaoutiine et Oulad Hamad. Même le paiement de la "ardia" est interprété autrement. (un retraité de 76 ans, né à Tnine Srafah et venu en 1930 à Sidi Hafyane nous déclare : *"Il y avait les fidaiines (résistants) à Kellito alors on (les autorités coloniales) les a obligés de payer un loyer par la force. C'était une ruse pour "détecter" les résistants. Mais on a tous payé - J'avais 200 m^2 et je payais 35 rials par mois. En 1955, avec les troubles, nous n'avons pas payé. Après 1956, sous le caïd Si Boujmaa, 40 personnes ont refusé de payer. Nous avons même fait une "ferda" (collecte) pour envoyer une délégation à Rabat. Notre naïb, Benaïssa Zyari[122] considérait d'ailleurs que cette terre n'appartenait à personne puisque les Tfaoutiine ne possédaient pas de "rsoums" (actes de propriétés)....*

122- Originaire des Oulad Zyar voisins, parmi les premiers installés avec Zemmouri, il bénéficiait de lots de plus de 1000 m2, Naïb entre 1944 et 1964. Depuis lors les "étrangers" de Kallito n'ont plus de Naïb.

Au-delà de l'interprétation des faits ou de leur véracité, les autorités coloniales ont introduit une différence de statut dans la population du quartier qui va se traduire par des logiques divergeantes lors de "l'intégration urbaine" de Kallito.

Interprétée comme un impôt colonial, la "ardia" n'est plus payée par les non-Tfaoutiines qui refusent toute concession sur cette terre après l'indépendance politique. Tout recensement ou action de l'administration et des autorités locales étaient refusés violemment par les populations concernées. Le principal réceptacle de l'exode rural sur Souk Larbaa commençait à poser des problèmes de sécurité aux autorités locales. L'intégration urbaine de ce quartier passait alors par la levée de la contrainte foncière!

L'achat du terrain collectif par la municipalité de Souk Larbaa.

- Cette opération, initiée par les autorités locales, émanait d'une logique sécuritaire et de la nécessité du contrôle de cette périphérie urbaine. Toute action d'équipement et de restructuration de ce quartier ne pouvait se faire sur une terre de statut collectif (qui implique des ayants-droit) contesté par la majorité des habitants. L'achat par la Municipalité permettait un déblocage de la situation et une reprise en main de la gestion du quartier.

- Pour le Président du Conseil Municipal et les élus, cette transaction permettait d'enclencher un réseau de clientèle, en même temps qu'une source de profits (autorisations administratives, prestations, octroi de lots...). Il sera l'un des premiers artisans de cette opération sur le terrain en mettant la pression sur les élus de Kallito et les naïbs des terres collectives des Tfaoutiine et Oulad Hamad.

- Pour les ayants-droit des Tfaoutiine, la situation après 1956 fut controversée. Les autorités locales ne les ont pas défendus, dans leurs droits face aux "étrangers". Quatre délégations furent envoyées à Rabat pour régler le problème du paiement avec le Conseil de tutelle (Ministère de l'Intérieur). La Division des Affaires Rurales leur conseilla de vendre à la Municipalité. Même si la majeure partie des ayants-droit (53) ne voulait pas vendre, des pressions (et des promesses) furent exercées sur Sghir Ben Jillali[(123)].

Dès 1969, après une demande auprès de la Province, une lettre ministérielle[(124)] exigea la réunion d'une commission d'expertise au siège du Caïdat de Souk Larbaa[(125)]. Cette dernière, composée des Inspecteurs des Domaines, des impôts urbains de Kénitra, de l'Enregistrement et du Timbre, de l'Urbanisme et de l'Habitat, de l'Ingénieur des T.P de Souk Larbaa, et des naïbs des collectivités Oulad Hamad et Tfaoutia, a estimé la valeur vénale de l'hectare à 600 DH.

Ce prix a été révisé à la hausse pour être fixé à 1000 DH l'hectare pour approbation par le Conseil de Tutelle. Après un avis positif du Conseil Communal de Souk Larbaa, un arrêté du Ministère de l'Intérieur autorisait cette transaction (19 Juin 1971). Ainsi, 54,5 ha furent cédés à la Municipalité pour 54.500 DH. L'acte de vente entre Mohamed Kraimi, représentant de la commune urbaine de Souk Larbaa et les naïbs Sellam Ben Hajja (Oulad Hamad) et Seghir Ben jallali fut réalisé au courant de ce même mois.

123- Naïb de 1960 à 1996.

124- n° 795/AR/1 du 26-3-1969.

125- tenue le 20-5-1969.

Dans cette opération, les ayants-droit des Tfaoutiine ont reçu 433,30 DH par *Khaïma*, équivalent de 50% du terrain (27.250 DH répartis entre 53 ayants-droit). Leur faible nombre face à l'ampleur de l'enjeu et des populations concernées ne pouvait que limiter leur capacité d'action.

- Pour les autres populations de Kallito, le passage de la terre entre les mains de la Municipalité signifiait aussi son "paiement" à plus ou moins longue échéance par les populations résidentes.

Si ces dernières refusaient cette transaction, leurs élus dans le Conseil Municipal y voyaient de nouvelles possibilités de développer leur réseau de clientèle. S'appuyant sur Ahmed Haouzi et Dahane, le Président du C.M a pu faire des promesses (gratuité de lots) aux élus de Kallito pour qu'ils donnent un avis favorable à la transaction. La séance du CM du 19 Juin 1971 concrétisa cette alliance. Kallito allait enfin connaître les premières actions de restructuration et d'équipement. Une conséquence qui était aussi offerte aux "étrangers" en contrepartie de leur "adhésion" à cette transaction.

D- L'enjeu de la régularisation-restructuration et le rôle de l'élite locale

La régularisation du quartier a longtemps constitué un enjeu principal dans la gestion urbaine. Par son importance politique (nombre d'élus), Kallito a donné lieu à un "jeu" de prestations de services et équipements par la municipalité en contrepartie de l'adhésion et la procuration de voix lors des différentes consultations électorales. Certes, les comportements "électoralistes" de type clientélistes (distribution des autorisations, apport de certains équipements) sont fréquents à la veille des consultations électorales, mais un mouvement en profondeur a marqué la relation entre les différents Présidents (des CM) et la population de ces quartiers. Chacun a voulu marquer son passage en espérant avoir des effets en retour. Si cette tendance se manifeste dans les différentes étapes de l'équipement et la restructuration de ce quartier, elle reste tributaire aussi des autres acteurs de la gestion urbaine : organismes techniques de planification, de distribution d'eau et d'électricité, de prêt, autorités locales...

Depuis 1976, trois CM de types très différents se sont succédés (voir supra). Ceci se traduira dans le niveau d'équipement et la restructuration du quartier, mais également dans la composition-recomposition des alliances nécessaires pour la reproduction des cercles de patronage.

1- 1976-1983 : une période de laisser-faire - durcification sans équipement

Deux caractéristiques principales marquent ce CM : Un Président, ancien du F.D.I.C, perpétuant la main mise de l'autorité locale sur le Conseil et la prédominance des élus de Kallito.

- L'équipement du quartier

Si l'importance accordée par le CM à l'équipement de Kallito est indéniable, l'action qui y a été portée reste mitigée, fortement marquée par le poids de l'autorité locale.

En effet, le dépouillement des procès verbaux de 1977 à 1983 souligne l'importance accordée à cette question : 21% des points d'ordre du jour y ont été consacrés (voir tableau supra).

En écartant les points consacrés à la relation aux autorités locales (fêtes nationales...), à la fixation des taxes et redevances et à la gestion du fonctionnement (personnel, véhicules); l'équipement de Kallito a concerné plus de 32% des points débattus par le Conseil. Kallito a été "discuté" dans au moins un point d'ordre du jour de 17 séances tenues par le CM (soit 70% du total des séances). Cette importance se reflète aussi à travers le nombre des interventions des élus de Kallito.

Une analyse plus fine de ces débats confrontée aux crédits effectivement réservés à Kallito et aux interventions des diverses administrations montre deux étapes distinctes : une première s'étalant jusqu'en 1980 et une seconde, de 1980 à 1983. Lors de la première étape, les élus de Kallito font pression pour établir les études nécessaires à l'équipement du quartier. Mais l'une des premières décisions de ce conseil fut le changement d'appellation de Kallito afin de notifier son "intégration urbaine". Ainsi, lors de la session ordinaire de Février 1977, un élu de Kallito (boucher, originaire du Rharb) l'exprimait ainsi *"L'appellation de douar Kallito est incompatible avec le prestige (som'a) de la communauté urbaine, cela exige son changement"*. Ce à quoi *"le conseil a adopté à l'unanimité de ses membres l'appellation de Hay Salam. Le choix du "nom" de Hay Salam vient du fait que ce quartier a vécu une crise qui a duré longtemps"*.

Les demandes d'équipement se sont multipliées durant les années 1977-78. Elles ont commencé par une demande d'étude justifiée ainsi par un élu de Kallito (facteur, originaire du Rharb) *"l'absence d'eau potable, d'assainissement et le peu d'électricité aboutissent à des conditions d'hygiène insupportables. Tout cela est dû à l'absence d'un plan pour équiper ce quartier qui respecte les règles et normes de l'urbanisme"*. Le conseil adopta ainsi en Septembre 1977, la résolution *"d'entamer une étude pour l'équipement de Hay Salam, vu l'importance du nombre de ses habitants qui dépasse les 5000"*. La nécessité d'une étude plus globale, reprenant l'assainissement de la ville est soulignée pour demander un prêt au Fonds d'Equipement Communal lors des sessions de Mars et Avril 1978. Enfin, une requête est envoyée au Ministère de l'Equipement et de la Promotion Nationale pour "équiper les quartiers populaires de Souk Larbaa : Kallito, Azib Cherkaoui et Oulad Hamad". Jusqu'au début des années 80, malgré la multiplication des demandes d'équipement, Hay Salam ne bénéficiera que d'une extension des bornes fontaines alors que cette période a correspondu au grand mouvement de durcification du quartier. Le taux d'accroissement moyen annuel de la population atteint 2,73% entre 1971 et 1982. La population est passée de 6613 habitants à 8890 habitants.

Les constructions en maçonnerie représentent un peu plus de 80% des constructions en 1982 contre seulement 20% en 1971 (voir tableaux).

Tableau n° 52 : Type de construction, niveau d'équipement et statut d'occupation au douar Kallito (1971)

	Type de construction					Equipement			Statut d'occupation		
	Maçon-nerie	Pierres Sèches	Pisé	Bidon-ville	Nouala	Electr.	Eau	Ass.	Prop.	Loc.	Autre
Tfaoutia	9	-	9	1	-	6	-	-	17	2	-
Chleuh	5	7	1	5	-	8	-	-	13	4	1
Tben	1	6	6	6	-	3	-	-	16	2	1
Elmerja	9	-	10	4	-	5	-	-	20	2	1
Brouziines	-	8	18	2	3	2	-	-	28	3	-
Lahouna	1	-	-	6	3	1	-	-	9	1	-
Total	25	21	44	24	6	25	-	-	103	14	3
%	20,83	59,16		20		20,83	-	-	85,83	11,66	2,5

Source : Dépouillement RGPH 1971.

Tableau n° 53 : Type de construction et niveau d'équipement au douar Kallito (1982)

	Maçon-nerie	Pierres Sèches	Pisé	Bidon ville	Total	Electricité		Eau	Ass.
	Nbre					Nbre	%		
Tfaoutia Chleuh	96	1	3	1	101	63	62,37	-	-
Tben	53	2	11	8	74	17	23	-	-
Elmerja	61	4	-	4	69	35	50,72	-	-
Brouziines	94	5	3	26	128	19	14,84	-	-
Lahouna	18	-	7	1	26	11	42,30	-	-
Total	322	12	24	40	398	145	36,43	-	-
%	80,90	3,01	6,03	10,05	99,99		36,43		

Dépouillement RGPH 1982.

Si en 1971 la partie Sud du quartier (Brouziine et Lahouna) ne connaissait que les *zriba* (enclos) avec des constructions en pisé ou en matériaux de récupération [les seuls constructions en dur se retrouvaient surtout dans la partie Nord (Tfaoutia et Chleuh) où ils concernaient quelques 37,8% des constructions], en 1982, le mouvement se généralise touchant 69% à 95% des constructions. Bidonville et constructions en pisé concernent toujours un peu plus de 20% des ménages dans les Brouziine, Lahouna ou Tben (partie Est), mais le processus de durcification a été plus qu'entamé en dehors de toutes normes d'urbanisme. Tout se passe comme si, n'ayant reçu aucun équipement de la part de la Municipalité et de l'Administration Centrale, les habitants ont cherché à améliorer leurs conditions de logement par eux-mêmes. Les autorités locales et les services techniques ont surtout eu une approche sécuritaire : les constructions ont respecté l'alignement sur les voieries principales, l'électricité et les bornes fontaines concernent toutes les parties du quartier, la partie Sud reste toujours sous-équipée par rapport à la partie Nord, mais le faible taux de branchement s'explique davantage par l'indigence de populations fraîchement installées dans le quartier.

Il faut attendre les années 1979-1980 pour voir des demandes d'arrêt du mouvement de construction corrélées alors à des interventions d'équipement sur le terrain (voierie et assainissement).

Tableau n° 54 : Le C.M et ses débats sur Hay Salam (H.S) de 1980 à 1983

Points débattus	Sessions concernées
Problèmes des constructions et réglementation	Avril 1980 - Avril 1982
- Financement des canalisations secondaires du réseau d'assainissement. - Raccord réseau secondaire - Financement pour raccord au réseau d'assainissement de la ville.	- Octobre 1981 - Février 1982 - Octobre 1982 - Août 1982
- Demande à l'ONEP de raccorder H.S. au réseau A.E.P - Demande d'un prêt FEC pour voierie - Utilisation d'un prêt pour voierie H.S.	- Février 1981 - Février 1983 - Février 1983
- Apurement de la situation foncière (gratuité des lots, établissement de dossiers techniques).	- Avril 1981 - Février 1983.

Source : Dépouillement des P.V du C.M de Souk Larbaa.

En 1979-1980, l'ampleur du mouvement de construction a poussé les différents acteurs à réagir pour un meilleur contrôle qui passe par une restructuration du quartier. Le Président du CM, alors vice-président du Conseil Provincial de Kénitra, a intervenu auprès de la Délégation Provinciale de l'Habitat pour une plus grande implication de sa part. La Délégation de Kénitra, impliquée dans le grand mouvement de restructuration des bidonvilles (recommandations de Vancouver en 1976 ; projets Saknia, à Kénitra - Douar Doum à Rabat - Borj Moulay Omar et Sidi Baba à Meknès avec appui financier de la Banque Mondiale et de l'USAID) a pu trouver le financement nécessaire pour introduire les canalisations principales du réseau d'assainissement après l'établissement d'un schéma de voierie (sommaire) dès 1980. L'implication de la Délégation de l'Habitat avait son pendant, la demande de l'arrêt des constructions et la nécessité de suivre les procédures réglementaires (autorisation de construire...). Cette situation a provoqué un tollé général au sein du C.M. La régularisation montre l'ampleur de l'enjeu des constructions "non réglementaires" et l'octroi de lots dans les espaces non occupés pour les élus de Hay Salam. Ceci s'est traduit par une résolution finale (de la session réservée à ce point) qui demande "d'étudier la question des constructions à Hay Salam dans une commission comprenant toutes les parties concernées (les onze élus de Hay Salam s'y sont inscrits)". En fait, chaque élu est responsable de ses "protégés" et sa présence devient nécessaire pour "entraver" un processus d'application rigide des règles d'urbanisme qui leur échapperait et arrêterait le mouvement de construction non réglementaire.

- *"L'arrêt des constructions n'est pas une solution. Plusieurs chômeurs trouvent de l'emploi dans ce mouvement. Nous devons régler le problème localement. Il y a un ingénieur municipal qui peut contrôler les constructions et le respect du plan"* (commerçant originaire du Tadla, élu Hay Salam 1969 - 1976 et 1983).

- *"Il ne faut pas arrêter les constructions. Je vous propose que vous aidiez celui qui a un logement en dur pour qu'il le répare et le finisse. Mais je ne suis pas d'accord avec les nouvelles constructions"*. (facteur originaire de Rharb - élu Hay Salam 1976 - 1983 et 1992).

- *"Il y a anarchie. Il y a ceux qui construisent au milieu de la chaussée et ceux qui font le commerce des lots. Je propose le respect des normes et j'appelle le Conseil et les autorités à faire respecter la loi et à sévir"* (mécanicien dentiste - originaire du Rharb - élu Hay Salam 1976).

- *"Je ne suis pas d'accord avec les constructions à Hay Salam tant que le raccordement au réseau de l'assainissement n'est pas terminé".* (Infirmier originaire du Rharb - élu Hay Salam 1963, 1976 et 1983).

- *"Ce problème fait circuler des rumeurs qui touchent à la dignité du Conseil. La seule solution est le contrôle par l'Ingénieur Municipal et les Autorités locales. Mais la construction est le seul "moteur" pour occuper la main d'oeuvre. Quant à l'assainissement, il ne concerne que les grands boulevards du quartier et n'entrave pas la construction. Il faut une entraide entre le Conseil, les autorités locales et la population pour venir à bout des zriba !"* (Commerçant, originaire du Sous - élus Hay Salam 1963, 1969 - 1976 et 1983).

Il y a en fait des différences dans le comportement des élus de Hay Salam suivant que l'élu ait fait profiter un de ses "protégés" d'un lot sur un emplacement non conforme (place, voie...), qu'il subisse localement des empiétements ou qu'il possède des lots en instance de vente. Si les autres élus du C.M demandent le respect des normes et l'entente avec la Délégation de l'Habitat (cinq interventions sur cinq), ceux de Hay Salam ont pu faire échouer toute procédure jusqu'en 1991.

Le rôle controversé du Président du C.M.

Le Président du C.M a fait de l'assainissement de Hay Salam son cheval de bataille. Après l'intervention de la Délégation de l'Habitat, la Municipalité contribuera par le lancement du réseau d'assainissement secondaire, le financement des matériaux pour les premières habitations qui se raccordent au réseau et la demande de financement du raccord au réseau d'assainissement de la ville.

Cependant, cette présidence s'est toujours déroulée sous la houlette du représentant des autorités locales dont le poids fut déterminant dans la gestion urbaine.

En effet, la localisation et le type d'équipements et infrastructures financés par la Municipalité entre 1978 et 1983 montre l'importance accordée à la voierie et à l'électrification des quartiers réglementaires du centre ville. (voir tableau).

Tableau n° 55 : Equipements et infrastructures réalisés par la Municipalité entre 1978 et 1983

	Année	Coût	Type de financement
Electrification cité Lalla Aicha	1978	51.284	Ress. Com (R.C)
Electrification Bir Anzarane	1979	308.699	R.C
Voierie Bir Anzarane	1978	800.124	R.C
Bir Anzarane	1981	330.331	R.C
Ecole D. Azhar	1982	458.969	R.C
Intérieur marché municipal	1982	390.917	R.C
Revêtement voierie centre	1983	1.200.000	F.E.C
Mur clôture municipalité	1982	302.600	R.C
Achat terrain domanial	1981	40.000	R.C
Etude voierie et assainissement PAM	1981	102.500	R.C
Assainissement PAM res. prin.	1982	4.000.000	F.E.C
Voierie vers Hay Salam	1982	390.917	R.C

Source : Dépouillements service comptabilité - Municipalité de Souk Larbaa.

Ainsi, 78,28% des dépenses d'équipement sur les ressources communales propres ont concerné ce type d'action. 40,78% d'entre elles ont été réservées à l'embellissement et au revêtement de l'axe principal qui traverse la ville (et à ses prolongements).

Ces dépenses résultent davantage des priorités accordées par les autorités locales. Leur "vision" de la ville s'arrête à la portion (de la ville) qui risque un jour d'être traversée par le Chef de l'Etat. Malgré l'ampleur des besoins des populations, leur action restera portée sur la partie "visible" de la ville, celle qui symbolise aussi le nouvel Etat. Outre l'élargissement et l'embellissement de l'axe, les autorités locales ont surtout intervenu pour la construction d'une salle des fêtes et celle d'un mur de clôture en fer forgé entourant la Municipalité, le Pachalik et l'espace vert mitoyen. Cette logique a souvent mis l'autorité locale en opposition avec les élus de Hay Salam. Dans cette confrontation, le Président du Conseil se faisait davantage le porte parole du caïd.

Ainsi, la session ordinaire d'Avril 1981 devait décider de l'utilisation de 1,5 million de dirhams accordés par le F.E.C. Dans sa première proposition, le Président du C.M réserva 300.000 DH pour la construction d'une salle des fêtes. Ce n'est qu'après la protestation de tous les élus de Hay Salam qu'il donna son accord pour injecter cet argent dans la "voierie de Hay Salam", plus prioritaire[(126)]. Si ces protestations ont permis d'annuler le projet de construction de la salle des fêtes, la "voierie de Hay Salam" n'a concerné que le revêtement de la route longeant la voie ferrée et menant à Hay Salam ainsi que la voierie intérieure du marché municipal.

Une situation plus tranchée se présenta lors de la session de Février 1982. Lors de cette session, devait être débattue l'utilisation de 890.000 DH de prêt F.E.C réservés à l'équipement du réseau interne d'assainissement de Hay Salam. Dès la présentation du problème, le Président se rangea aux côtés de l'autorité locale.

126- Répartition du crédit par le Président du C.M — Répartition finale

Répartition du crédit par le Président du C.M		Répartition finale	
-mur de clôture	300.000 DH	-mur de clôture	450.000 DH
-déviation Oued El Haimer	250.000 DH	-déviation Oued	250.000 DH
-voierie Hay Salam	650.000 DH	-voierie Hay Salam	800.000 DH
-Salle des fêtes	300.000 DH		

".... Le réseau interne d'assainissement exige une enveloppe financière globale de 3 millions de DH ... nous venons de recevoir 890.000 DH du F.E.C pour réaliser le réseau interne d'assainissement de Hay Salam ... mais à notre grand regret s'est posé à nous le problème des études préalables, inexistantes pour ce projet. De même que la somme reçue reste insuffisante. Vu l'urgence et l'insistance de Monsieur le Gouverneur pour inaugurer le projet à l'occasion de la fête du trône, on a vu qu'il serait préférable de transférer cette enveloppe pour l'élargissement du Boulevard Bir Anzarane - 2ème tranche - qui bénéficie des études nécessaires et ceci, afin que cet argent ne soit pas attribué à une autre collectivité locale".

Suite à cette présentation, trois élus de Hay Salam ont refusé la proposition du Président, demandant que l'enveloppe réservée à Hay Salam soit attribuée à la voierie interne du quartier ou au raccordement au réseau principal de la ville. Face à ces protestations, le caïd et le chef de cercle se sont relayés pour marquer les limites de l'autonomie du C.M face à l'autorité de tutelle : *"... vu l'inexistence d'étude, nous avons décidé le transfert de cette enveloppe ... Si vous n'acceptez pas de résoudre ce problème, je serais obligé de demander à Monsieur le Gouverneur d'octroyer cette somme à une autre collectivité"* (Le caïd).

Cette séance a marqué certainement une cassure entre les élus de Hay Salam et le Président. Elle montre parallèlement les faibles possibilités d'intervention d'une majorité d'élus face au Président lorsque ce dernier se met sous la couverture de l'autorité de tutelle. En dernier recours, les conflits d'intérêts se règlent par un rapport de force, (largement favorable à l'autorité locale) qui marque les limites de l'autonomie de la gestion locale [127].

La période de 1970-1983 reste ainsi marquée par le type de Présidence du conseil et sa relation aux autorités de tutelle et par la forte opposition des élus du quartier. Si en termes urbanistiques, Hay Salam a connu là sa période de durcification (le coup-parti) sans "contrôle" avec un premier essai de restructuration à travers la mise en place du réseau principal d'assainissement, cette opération a permis de dévoiler les contradictions au sein de l'élite politique. Malgré les dernières "avances" du Président en période préélectorale (demande d'un prêt pour apurer la situation foncière, établissement des dossiers techniques fonciers), une partie des élus de Hay Salam se détournera de lui et cherchera d'autres alliances. Ainsi, sur les 10 élus du quartier en 1982, seuls quatre anciens membres ont été réélus. Trois d'entre eux ont fait campagne contre des candidats soutenus par l'ancien président et se sont mis sous la protection du candidat concurrent à la présidence. De même, sur les six nouveaux élus, cinq d'entre eux sont dans le camp du président élu en 1983. Deux personnes-clefs de Hay Salam ont changé d'alliance : Kacem Soudari et Ahmed El Yacini. Le premier, commerçant propriétaire de deux café-bars, originaire du Tadla, enregistré parmi les premiers habitants du quartier, élu depuis 1969, a pu organiser autour de lui un réseau de clientèle à Hay Salam. Il reste le premier soutien de certains nouveaux élus (voir infra). Le second, commerçant Soussi de longue date, élu depuis 1963, a développé également une clientèle dans les milieux les plus défavorisés du quartier (prostituées...). C'est à l'intérieur de sa famille que de nouveaux candidats seront proposés : ils y aura quatre

127- Dans le cas présenté, la résolution finale du C.M fut "la demande par le C.M d'un prêt FEC pour la réalisation du réseau interne d'assainissement et du raccordement au réseau de la ville". Deux opérations qui ne seront réalisées que 3 ans plus tard.

El Yacini dans le nouveau conseil municipal. Ainsi, huit conseillers sur les dix de Hay Salam formeront les principaux soutiens du nouveau Président, marquant, encore une fois, leur poids dans la gestion municipale.

2- 1983-1992 : Equipement, restructuration et blocage de la régularisation

Le nouveau C.M se démarque du précédent par une certaine autonomie de son président (plus légitime) et des blocages inhérents à des relations conflictuelles avec l'autorité de tutelle. La prédominance des élus de Hay Salam est toujours de mise, mais l'équipement-restructuration du quartier se fait avec davantage de contrôle par les services techniques.

- Hay Salam dans la gestion urbaine

Pour ce C.M, l'importance de Hay Salam dans la gestion urbaine se mesure aussi bien dans le poids des différents débats autour de son équipement, qu'à travers les investissements réalisés.

En effet, si les points d'ordre du jour concernant Hay Salam ne représentent que 7,31% du total[128], ces chiffres prennent une autre importance comparés aux nombre de sessions concernées. Hay Salam (et son équipement) a été débattu dans 14 sessions sur 34, soit lors de plus de 40% des sessions du CM durant cette période.

Les thèmes abordés (voir tableau) montrent leur variété par rapport à la phase précédente. Pour les équipements de base ; l'assainissement se poursuit alors que tout le poids est porté sur l'adduction d'eau potable. Au-delà du VRD, le quartier se "construit" aussi avec ses exigences en équipements publics (école, dispensaire, mosquée, terrain de sport...).

Tableau n° 56 : Hay Salam : Thèmes et Séances concernés dans les sessions municipales de 1983 à 1992

Thèmes abordés	Sessions concernées	Nbre points ordre du jour
Assainissement	Oct 83 - Avril 86 - Fev. 89	03
A.E.P	Fev 84 - Avril 87 - Fev. 87 Août 87 - Août 92.	05
Equipements publics à H.S: terrain foot, dispensaire, école, collège, mosquée, poste police	Fev. 86 - Fev. 88 - Oct. 89 Oct. 90 - Fev. 92.	08
Autre : autorisation de construire	Avril 91	01

Source : Dépouillement P.V de sessions 1983-192 - Municipalité Souk Larbaa.

Plusieurs requêtes sont ainsi lancées aux différents ministères et au gouverneur de la Province pour terminer des constructions scolaires, édifier un collège, équiper un dispensaire ou une mosquée, ou électrifier un chemin menant à une école.

Le poids de Hay Salam dans la gestion municipale se retrouve surtout dans la répartition des investissements réalisés durant cette période (voir tableau).

128- 18 points sur 246.

Tableau n° 57 : Investissement communal 1983 - 1992

Type d'équipement	Année	Montant	Type de financement	%
- Equipement public (centre ville)		1.034.180	R.C	8,11
Jardin public	1989	222.000	R.C	
Terrain football	1990	476.180	R.C	
Bibliothèque	1985	336.000	R.C	
- Ordures ménagères		725.870	FEC	5,70
Camion à ordures	1988	725.870	FEC	
- Equipement quartier réglementaire PAM		2.400.000	FEC	18,82
Voierie	1988	2.300.000	FEC	
Dossiers techniques et cadastraux	1985	100.000	R.C	
- Equipement Hay Salam		8.587.000		67.36
Assainissement réseau principal 2° tranche	1985	700.000	FEC	
Assainissement raccordement réseau ville	1985	720.000	FEC	
Réseau distribution AEP 1ère tranche	1988	2.307.000	FEC	
Réseau distribution AEP 2ème tranche	1993	2.000.000	P.C.* ONEP	
Voierie interne	1991	1.920.000	R.C	
Dossiers techniques et cadastraux	1992	940.000	C.S.B**	
Total		**12.747.050**		**99,99**

** Prêt Convention avec l'Office National de l'Eau Potable (ONEP).*

*** Compte Spécial Bénéficiaires.*

Source : Dépouillement, Service Comptabilité. Municipalité Souk Larbaa.

Ainsi, 67,36% des investissements ont concerné ce quartier et ses équipements de base. Hay Salam a bien occupé le "centre" de la gestion municipale dès l'accession du nouveau conseil à la direction de la Municipalité. Après le conflit ouvert entre le Président et l'autorité tutelle ayant débouché sur un blocage des crédits d'investissement durant deux années (voir tableau), ce nouveau conseil s'est distingué par son action autour de la distribution de l'eau potable et de la restructuration - régularisation.

- La régularisation - restructuration autour de la distribution de l'eau et de l'électricité.

La restructuration du quartier de Hay Salam n'a connu que de timides actions de la part de la Délégation de l'Habitat et de l'Urbanisme de Kénitra jusqu'en 1985 (alignement voierie principale, achèvement du réseau intérieur d'assainissement, plan de restructuration datant de la fin des années 50). Le passage de la Division de l'Urbanisme au Ministère de l'Intérieur va correspondre à la réalisation du "Projet d'Aménagement et de Restructuration du quartier Hay Salam" (Hana, Saada, Andalous) en 1985-86 par deux techniciens : l'un de la Division de l'Urbanisme (D.U) de Kénitra, l'autre de la Municipalité de Souk Larbaa. Parallèlement à la réalisation de ce projet, une opération de recensement a été réalisée dans cette 1ère tranche. Le Conseil Municipal a décidé de coopérer avec la Division de l'Urbanisme. La réalisation du réseau d'adduction d'eau potable (A.E.P) a été l'occasion pour demander une contribution financière aux bénéficiaires et pour appliquer une procédure de régularisation qui exige du bénéficiaire le respect des recommandations d'une commission (technique) mixte (D. U. - Municipalité) avant tout octroi d'autorisation de branchement.

Comme il ressort du tableau précédent (répartition des investissements réalisés par la Municipalité), la Municipalité a fait de gros investissements jusqu'en Août 1987 sans contre partie de la part des bénéficiaires (Assainissement, voierie, acquisition foncière). Le réseau d'AEP demandait une enveloppe financière de 4,5 millions de DH en deux tranches alors que la Municipalité ne disposait que d'un crédit FEC de 2,25 millions de dirhams. Le Président du C.M justifiait la contribution financière des bénéficiaires par la nécessité pour la Municipalité d'avoir les fonds suffisants, non seulement pour réaliser l'ensemble du réseau d'AEP, mais aussi pour compléter les équipements de base du quartier. L'autre justification, et non des moindres, était de décharger la Municipalité du paiement des factures d'eau potable de l'ONEP. En effet, à partir d'un total de trois bornes fontaines en 1960, Hay Salam a vu leur multiplication par quatre, puis par huit. En 1988, 24 bornes fontaines alimentaient la population d'un quartier de quelques 10.000 habitants. *"En concertation avec l'Office National de l'Eau Potable (ONEP), les bornes fontaines doivent disparaître dès que l'espace concerné bénéficie d'une possibilité d'alimentation par le réseau d'AEP"*(129).

L'accord pour l'ouverture d'un compte spécial Hay Salam a été fortement négocié par les élus de Hay Salam. Ne situant pas la contribution au niveau d'une participation financière à l'équipement du quartier, ces élus ont exigé la vente des lots (parcelles déjà occupées) à leurs bénéficiaires moyennant un prix symbolique. Deux décisions complémentaires vont être prises : la fixation du prix du m2 à 60 DH et celle du paiement par les bénéficiaires d'une première tranche de 1000 dirhams correspondant "à une première partie du paiement global pour la cession d'un lot équipé"(130). Les termes de cette attestation précisent l'équipement de ces lots. La décision du CM prise lors de la session d'Août 1987 établit l'achat des lots au prix sus-indiqué et la prise en charge par la Municipalité de l'A.E.P, la voierie et l'électricité.

L'accord convenu émane ainsi de deux logiques convergentes. Pour le Président, une contribution permet de continuer les équipements du quartier et de diminuer les charges municipales. Pour les élus, cette contribution va sécuriser les populations dans leur droit de propriété moyennant un prix bien négocié.

C'est en 1989-1990 que la restructuration avec une procédure d'alignement et de contrôle des constructions va être exécutée par la Division de l'Urbanisme de Kénitra et les services techniques de la Municipalité. Les plans d'alignement étant réalisés conjointement, la procédure de leur mise en application sur le terrain va suivre le même chemin. Une commission mixte se retrouvera sur le terrain chaque semaine pour statuer sur les plans de construction et les permis d'habiter. Un PV recensait les recommandations pour chaque construction (embellissement, façades, reculs...). Le permis d'habiter n'était donné qu'après vérification sur le terrain du respect des recommandations par le propriétaire. Les autorisations de branchement à l'eau potable et à l'électricité n'étaient accordées que si le demandeur bénéficiait du permis d'habiter et de l'attestation de paiement de la 1ère tranche (1000,00 DH). Cette procédure allait entraîner un fait majeur : le déplacement du processus de décision vers Kénitra. En effet, ingénieurs et architectes de la D.U de Kénitra se plaignaient alors de la fréquence des déplacements sur Souk Larbaa et ralentissaient le travail de contrôle par des absences fréquentes (qui entraînaient des révisions de dossiers sur plusieurs mois). L'ingénieur municipal local n'ayant pas la compétence pour statuer localement, un véritable réseau de racket s'est greffé sur l'octroi de ces autorisations administratives. Des élus se sont alors impliqués dans ces réseaux pour assurer le lien entre la population et les services techniques de Kénitra.

129- P.V session du C.M Août 1987.

130- Termes contenus dans l'attestation (ou reçu) remise au bénéficiaire au paiement de cette "contribution".

Dans ce processus, même le Président du Conseil s'est trouvé confronté à une procédure qui va le dépasser, entraînant un mécontentement général de la population de Hay Salam.

Lors de la session du CM de Août 1992, le Président remettra en question le processus, tout en sachant qu'il émanait des autorités locales (à travers des décisions du gouverneur de la Province).

"Les habitants sont confrontés à de grandes difficultés dans leurs démarches pour doter leur logement en eau potable... en ce qui concerne le permis d'habiter, la procédure de son octroi est en complète contradiction avec les textes d'urbanisme puisque ce type de document n'est exigible que pour les nouvelles constructions qui bénéficient d'un plan autorisé... Les autorisations de construire sont des compétences de la Municipalité et ne concernent pas les anciennes constructions, ce qui entraîne le paiement de la TVA par le propriétaire... De même que l'ONE et l'ONEP exigent le permis d'habiter pour toute demande de branchement, et ce, sur la base des directives de Monsieur Le Gouverneur".

Ne pouvant s'opposer à une décision des autorités locales, le Président ne pourra que proposer au CM *"de demander d'accélérer la procédure d'octroi des autorisations en exigeant la présence bi-hebdomadaire du représentant de la D.U à la commission de voierie"*[131].

Ainsi, la restructuration a donné lieu à un processus de régularisation qui a "échappé" au Président du Conseil, participant par là même à occulter toutes les prestations - avantages qu'il a offerts aux populations de Hay Salam. En 1994, seuls 10% des ménages ont l'eau potable dans leurs maisons. L'électricité ne touche encore que 63,2% des ménages, alors que la durcification concerne 92,8% des constructions[132]. La régularisation a bloqué la distribution de l'eau et de l'électricité. Elle souligne encore une fois le poids des autorités locales.

La diminution du nombre des élus de Hay Salam en 1992 va coïncider avec un renouvellement de ses représentants au CM. Seuls quatre élus sur dix seront réélus. Le décès de trois anciens représentants de Hay Salam (plus de trois mandats) va fournir l'occasion à des jeunes de s'exprimer (voir infra). Malgré ce renouvellement, le président sortant gardera quatre élus sur sept dans sa faction. Hay Salam restera un de ses "fiefs". En 1997, il y obtiendra 2568 voix lors des élections législatives[133], soit 34,17% du total des voix (7515 voix) qui lui ont permis de gagner ces élections dans la circonscription de Souk Larbaa[134].

3- 1992-1997 : Arrêt de la "régularisation", conflits autour du foncier

La "régularisation" s'est poursuivie jusqu'en 1994, créant un blocage dans la distribution de l'eau et l'électricité du quartier. C'est avec l'arrivée du nouveau pacha qu'une nouvelle procédure fut appliquée. Elle a correspondu aux requêtes de plusieurs élus de Hay Salam au Gouverneur de la Province. De même que la première doléance du nouveau conseil à l'autorité de tutelle a concerné ce point (session de Février 1993).

131- Résolution du CM de la session de Août 1992.

132- RGPH 1994 - Dépouillement 15%.

133- Pachalik de Souk Larbaa

134- La circonscription de Souk Larbaa regroupait en 1997 : La municipalité de Souk Larbaa et les communes rurales de Souk Tlet, de Kariat Bel Aouda et de Bni Malek.

Ainsi, le permis d'habiter n'est plus exigible pour obtenir le branchement à l'eau potable ou à l'électricité. Seul est demandé au bénéficiaire, l'acquittement de l'avance de 1000,00 DH. Cette attestation n'est fournie que sur la base du recensement réalisé en 1985 pour la 1ère tranche et en 1990 pour la 2ème tranche (ces recensements étaient accompagnés par une obligation d'alignement). Le retour à un processus de décision géré localement (les services techniques de la Municipalité ne font plus appel à la D.U de Kénitra pour instruire les dossiers. Il n'y a plus de commission mixte) a vite débloqué la situation. En Février 1997, le nombre de branchements réalisés par les services de l'ONEP était de 2222 (y compris les locaux à usage commercial). Ils estimaient à quelques 250 le nombre de ménages non branchés car nouvellement installés ou indigents[(135)]. Rapportés au nombre de ménages en 1994 (2501) le taux de branchement dépasse ainsi les 80%, un chiffre analogue à celui fourni par les services de l'Office National de l'Electricité (ONE) pour l'électricité. Les années 90 ont correspondu à une période d'équipement définitif des logements et à une première reconnaissance du bénéficiaire dans ses droits fonciers. Cette double caractéristique se répercutera sur le foncier par son renchérissement d'une part et par les conflits qui lui seront sous-jacents d'autre part.

Une situation qui se reflète bien à travers les thèmes débattus par le nouveau C.M entre 1992 et 1997 (voir tableau)

Tableau n° 58 : Thèmes des sessions du CM concernant Hay Salam (H. S.) de 1993 à 1997

Thème concernant Hay Salam	Année (session)
AEP 2° tranche	Février 93
Le problème des autorisations de construire à H.S.	Février 94
Requête au gouverneur pour terminer construction école H.S	Février 95
Réserver 1,5 ha pour une zone d'activité à H.S	Février 96
Cession d'un lot vide à H.S à une personne physique	Août 96
Régularisation des bidonvillois de H.S (Dadaa)	Octobre 96
Cession de lots à des fonctionnaires de la Municipalité	Octobre 96
Immatriculation de la terre H.S	Février 97
Cession d'un lot à H.S à une personne physique	Avril 97

Source : Dépouillement des P.V. du C.M - Municipalité de Souk Larbaa

En effet, Hay Salam n'occupe plus le centre des débats du CM comme précédemment (7,96% des points d'ordre du jour lui sont consacrés) mais il revient dans 45% des sessions du nouveau CM. Les thèmes débattus autour de son équipement ne représentent plus que le tiers des points d'ordre du jour concernant ce quartier. La majeure partie des débats est ainsi réservée aux problèmes fonciers (les 2/3). L'équipement de Hay Salam étant dans sa phase finale, les investissements de la municipalité se sont reportés sur le centre-ville (83% des investissements) au détriment de l'équipement des autres quartiers populaires (Oulad Hamad, Hind Social) voir tableau.

135- Service ONEP - Souk Larbaa.
Les branchements "sociaux" sont payables sur 5 ans ou 22 trimestres sur la base de 100 DH à 126 DH par trimestre.

Tableau n° 59 : Investissement Communal 1993-1996

Type d'investissement réalisé	Année	Montant	Type de financement	%
- Equipements publics et voierie (centre ville)		**15.871.775**		**82,78**
Gare routière	1996	11.560.000	F.E.C	
Parc auto municipal	1995	1.000.000	R.C	
Revêtement Bir Anzarane (voierie)	1994	1.483.321	R.C	
Revêtement Mfadel Cherkaoui (voierie)	1995	784.574	R.C	
Revêtement Mohamed V (voierie)	1996	723.878	F.E.C	
Feux et signalisation	1994	320.000	R.C	
- Ordures ménagères		2.330.000		**12,15**
Achat 4 camions bennes tasseuses	1995	2.330.000	F.E.C	
- Equipement quartiers populaires		**970.000**		**5,06**
Assainissement Oulad Hamad	1996	220.000	R.C	
A.E.P Hind Social	1996	750.000	R.C	
TOTAL		**19.171.773**		**99,99**

Source : Dépouillement Service comptabilité - Municipalité de Souk Larbaa

Le nouveau conseil va prendre d'autres orientations dans sa gestion des ressources municipales. La diminution du poids "politique" de Hay Salam y contribuera (voir supra).

C'est à travers la procédure de cession de certains lots et des conflits qu'elle engendre que nous arrivons à mesurer l'ampleur des enjeux. L'achat de la terre par la Municipalité en fait le propriétaire légal depuis 1971 alors que les transactions (vente de zina) se font par contrat sous-seing privé chez des écrivains publics légalisés à Ksar Kébir[136]. Cette situation permet en principe au Président du Conseil d'utiliser les lots vides pour acquérir une clientèle ou tirer des profits matériels. Cependant, ces opérations restent sous le contrôle de l'autorité de tutelle. Le pacha peut également établir des attestations administratives octroyant des lots. De même que lors d'une campagne de lutte contre l'habitat insalubre dans la Province, les populations du bidonville de Dadaa, situé près de la voie ferrée, furent transférées à Hay Salam (1990) dans un espace ne bénéficiant ni d'eau, ni d'assainissement. Une opération réalisée sans concertation avec le C.M (Le pacha exige de lui d'accélérer les procédures administratives afin de "permettre à ces bidonvillois de construire en dur" [137]). L'implication de l'autorité locale est totale. Le véritable contrôle in situ se fait par les *moqadmine* et comme le souligne le Président sortant *"elles (les autorités locales) suivent avec leurs propres moyens l'évolution et la construction de ce quartier"*[138].

C'est à l'occasion du recensement des bénéficiaires que rejaillissent ces problèmes. Ces recensements ont été réalisés en 1985-1986 puis complétés en 1989-1990. Or, lors d'une réunion (7-10-1993) avec les services de l'urbanisme (avant l'abandon des procédures "lourdes" de régularisation), le Pacha exigeait encore l'établissement de listes (de

136- Ksar Kébir fait partie de la Province de Larache. Sa proximité de Souk Larbaa et son "extériorité" quant aux problèmes de la Province de Kénitra expliquent son choix pour l'établissement de tels documents.

137- Deux sessions du CM furent réservées à ce point à la demande du pacha (Avril 1991 et Octobre 1996).

138- PV session d'Avril 1991.

bénéficiaires) définitives[139]. Depuis ces recensements, des listes existent. Mais, ni les autorités locales, ni les différents Présidents qui se sont succédés n'ont cherché à les rendre définitives (ce qui équivaudrait à la perte d'une source de redistribution). Depuis 1985, les possibilités matérielles de nouvelles "installations" se font rares. Pourtant, Présidents et autorités locales ont permis l'occupation de presque tous les emplacements réservés aux places et parkings dans le plan de restructuration de 1985-1986. Une confrontation de ce plan avec la situation actuelle (voir tableau) montre pour la seule première tranche (îlots Andalous, Saada et Hana), une occupation de six places publiques sur les huit prévues par le plan et l'extension des constructions sur tous les parkings prévus. Des dizaines de lots ont pu ainsi être distribués malgré les protestations des populations riveraines.

Tableau n° 60 : Les "dépassements" du plan de restructuration (de 1985) en 1997

Nom îlot	Situation prévue par le plan de restructuration	Situation constatée sur le terrain
Andalous	Place Sud Place 2 parkings Alignement	lots 134 à 146 lots 103-104-109 occupés par lots non respect lots 71 et 72
Saada	Place centrale place Sud Place Sud Est Lots 164 et 155	lots 193 et 194 terrain nu occupée lot 166 occupés par mosquée
El Hana	2 Places 1 Place 1 parking Mosquée	Occupées Terrain nu Occupé Réalisée

Source : - Plan de restructuration 1985-1986
- Relevé topographique Mars 1997
- Situation sur le terrain.

L'utilisation de ces lots dans les périodes préélectorales montre aussi l'importance de cet enjeu. Le Président du CM sortant a ainsi proposé à la veille des élections (session d'Août 1992) *"Le report de l'octroi des lots vides à une date ultérieure"*. De même qu'une demande faite au CM afin de statuer sur la cession d'un lot, (Août 1996), fut reportée pour les mêmes raisons. Des solutions ultimes, car faisant suite à des confrontations entre factions soutenant l'un ou l'autre des demandeurs. La réponse d'un élu était bien *"de n'octroyer ce lot à aucune des personnes ayant formulé la demande car cette opération avait engendré des rumeurs et des ragots qui nuisent à l'image de marque du C.M"* [140].

Dans une situation foncière "transitoire", non figée, la lutte entre les différents acteurs prend une dimension encore plus grande. L'issue de l'occupation d'une place publique par un "étranger" a une signification bien plus importante que le fait lui même. Elle montre le poids réel de celui qui le soutient et lui a permis de déroger à toutes les règles. Dans cette lutte, la compétence du Président ou du pacha pour octroyer une attestation faisant acte de l'occupation des lieux par un bénéficiaire ne donne pas automatiquement au bénéficiaire la possibilité d'occuper une place ou un parking. Le contrôle social dans ce quartier a encore

139- "Il faut, avant toute chose, arrêter les listes des vrais bénéficiaires de façon définitive afin de nous permettre de travailler avec eux. Ces listes doivent être signées conjointement par le Président du Conseil et les autorités (locales) pour devenir des outils du travail courant" PV réunion tenue au cercle de Souk Larbaa le 7-10-1993.

140- P.V session de Août 1996 - élu de Hay Salam, fonctionnaire au Ministère de l'Intérieur.

de nombreux ressorts comme le confirme la récente mobilisation autour d'un lot de l'îlot Hana (ex Tfaoutia) rapportée en ces termes par l'élu de la circonscription électorale(141).

"En 1997 est morte une voisine âgée n'ayant pas laissé d'héritiers. Elle occupait un petit lot (moins de 50 m2) construit en matériaux légers. Quelques temps après sa mort, j'ai été alerté un soir par des voisins qui m'ont appris qu'un "étranger" détenteur d'une attestation administrative du pacha avait commencé la construction d'un logement sur ce lot. J'ai alors mobilisé les femmes du quartier (- qui ont été d'ailleurs le principal soutien pour mon élection dans la circonscription - Ici il n'y a pas d'hommes!). Nous lui avons alors détruit les murs qu'il avait commencés. Il n'était pas question qu'un "étranger au quartier" bénéficie de ce lot alors que plusieurs personnes du quartier ne possèdent ni travail, ni logement. Mais, pour la destruction, j'ai fait appel au Président du Conseil pour qu'il assiste. D'ailleurs, il est venu, autrement on l'aurait soupçonné de corruption. Le Pacha envoya ensuite plusieurs fois son protégé pour me proposer une entente. Mais je n'ai pas cédé. Il fallait alors trouver une personne du quartier. Cette solution était irréalisable car tout le monde voulait ce lot et il n'y avait pas de critère pour différencier les demandeurs (d'ailleurs, j'ai eu des problèmes de famille avec ma soeur qui le voulait. J'ai été obligé de lui en trouver un ailleurs à Hay Salam et de l'aider financièrement). Des personnes du quartier (islamistes) ont proposé alors de réserver ce lot à une salle de lecture du Coran. C'est la solution que nous avons adoptée. Mais cela a été utilisé aussi pendant la dernière campagne électorale (les législatives de 1997) par le nouveau président du Conseil. Ce dernier a dit clairement qu'il nous avait fait une faveur en réservant ce lot à une salle de lecture du Coran alors qu'il était destiné à un membre de sa famille ! Entre temps, une deuxième attestation administrative a été donnée par le pacha à une autre personne (étrangère au quartier)".

Ce cas, montrant la multiplicité des "prédateurs", souligne en même temps la réelle mobilisation de la population du quartier. Cet événement a été rapporté par le journal Erraya de l'Association islamiste "Attawhid oua El Islah"(142) en insistant sur les différents "concurrents" et le rôle de l'autorité locale, mais l'intérêt étant accordé à *" (...) ceux qui demandent à ce que le lot soit réservé pour la mosquée et la lecture du Coran et parmi eux (se trouve) l'élu de la circonscription dans le C.M et ses "aides" qui représentent la jmâa du quartier. Seul Dieu sait ce qu'ils ont dans leur coeur !"*. Le bras de fer mené par ce jeune élu montre son poids dans "son territoire". La solution de la salle de lecture du Coran reste pour lui honorable, même si son action politique ne l'a jamais rapproché des milieux islamistes. Le défi était bien de bloquer les intérêts personnels du pacha ou du Président du Conseil Municipal dans leur soutien à l'introduction d'un "étranger au quartier"(143). Vivre ensemble la corvée des files d'attente autour des bornes fontaines, les problèmes du chômage des jeunes, l'entraide pour la construction d'un lieu de culte, la célébration des fêtes religieuses ou les circonstances douloureuses de la perte d'un parent ont fini par créer des entités socio-spatiales fonctionnelles : un territoire revendiqué auquel on s'identifie. Les plaintes des "délégations" (formées des différents voisins d'une place publique en cours "d'occupation") auprès des autorités locales et du président du conseil ne se comptent pas(144). Elles montrent l'importance de ce contrôle social. Mais, dans la majeure partie des

141- Voir infra - profil et itinéraire.

142- "Erraya" n° 278 du 11/12/1997 sous le titre "que se passe-t-il à Hay Salam ? ".

143- Le quartier est compris ici comme l'îlot El Hana (ex Tfaoutia dans son extension).

144- Des demandes persistantes m'ont été formulées au cours de mes enquêtes. Venant de Rabat, j'aurai peut-être le "pouvoir" de dépasser les intérêts locaux.

cas, les places publiques ont été occupées. A l'instar des surélévations en médina à Chefchaouen, la mobilisation autour de l'enjeu de l'occupation des espaces "libres" participe à la construction même de l'identité locale. (voir infra).

4- Quelques enseignements

Le rôle de l'élite locale dans la restructuration du quartier de Kallito reste indissociable de celui des deux acteurs pour lesquelles elle se présente en tant qu'intermédiaire : l'Administration et les autorités locales d'une part et la population d'autre part. Les caractéristiques de ces deux acteurs vont donner la "coloration" et le type d'intermédiation.

- Administration centrale et Autorités locales

Leur poids n'est plus à souligner. Au nom de la régulation sociale elles décident de la destination d'un patrimoine foncier qui n'est plus sous leur tutelle (transfert de bidonvillois à Hay Salam en 1990), elles s'accaparent le processus décisionnel dans la régularisation (outre-passant le dahir de 1976 sur les collectivités locales), elles bloquent et orientent les investissements de la Municipalité (menaces de pertes des crédits alloués, blocage des crédits...). Le cas de Souk Larbaa reste toutefois intéressant à souligner dans la composition des autorités locales et des structures administratives. En effet, localement on ne retrouve qu'un pacha exerçant sous les ordres du gouverneur de la province. La restructuration de Kallito montre l'importance des décisions de la province lors des phases décisives du processus : transfert des bidonvillois, régularisation, allocation des ressources. Cette situation implique aussi des interférences. Elus et représentants sont amenés en permanence à traiter avec un gouverneur qui est ailleurs (éloignement géographique, difficulté pour obtenir un rendez-vous...). Seule la présence des élus dans les instances provinciales (Conseil Provincial, Chambre du Commerce et de l'Industrie, ...) permettent un lien direct avec le gouverneur. Les élus qui ont ce privilège voient leurs relations transformées avec le Pacha local (à l'instar de la relation entre le Président (du C.M)-député et le gouverneur).

Le pacha exécute des décisions provinciales et centrales, mais sa marge de manoeuvre pour assurer la "sécurité" reste grande. Son implication dans les affaires locales est bien souvent déterminante. Elle relève aussi d'intérêts personnels (comme à l'occasion de l'allocation des lots).

- Contrôle social et émergence d'une nouvelle mémoire collective

Né d'un bidonville dans les années 30, ce quartier regroupe, 60 ans plus tard, des migrants de 3ème génération. Près de 50% de la population est née sur place. Ce chiffre atteint presque 70% dans les îlots les plus anciens. Un "vivre ensemble" s'est imposé et à travers lui une nouvelle mémoire collective émerge (voir infra). Dans ce milieu, un terrain identitaire a pu se construire. Ce dernier touchera à la nature des représentants de cette population et au type de relations qui unieront élite et population.

- Clientélisme, racket et relations de clientèle verticale

L'équipement et la restructuration de ce quartier ont donné lieu à trois types de relations population-élite : clientélisme, racket et relations de clientèle verticale.

Chronologiquement, l'équipement du quartier est le fruit de relations clientélistes particulières. Sans former un groupe constitué, à l'instar de certaines fractions de tribus du

Haut-Atlas (Ouneine) qui ont pu monnayer la présidence d'une commune rurale contre la promesse d'un tracks[145], la population de Kallito a pu, partant d'un clientélisme dyadique, déboucher sur l'obtention de lots équipés de moins de 100 m2, au prix de 60 DH le m2 dont ils n'ont versé que 1000 DH en 20 ans. Ici, le clientélisme fonctionne à deux niveaux. Le premier, engageant la population à l'élu de la circonscription électorale du quartier exige proximité et réciprocité. L'élu est tenu de répondre aux besoins divers (papiers administratifs, protection, possibilités d'emploi, crédit à la consommation, équipement du quartier ...) pour maintenir sa clientèle. Son statut d'élu lui permet de s'assurer divers avantages (achat et vente de lots, branchement à l'équipement, autorisation d'ouverture de commerces, ...). Le second niveau concerne l'élu du quartier dans la constitution de cercles de patronage. Pour soutenir le Président du Conseil Municipal ou une autre faction, l'élu exige une réponse à des besoins de sa propre clientèle (papiers administratifs, protection, équipements...) et la satisfaction de ses propres intérêts. Les équipements de base du quartier ou l'achat du foncier à un prix symbolique correspondent à des exigences qui touchent aussi bien les intérêts des populations de Kallito que ceux de ses élus. Cette correspondance des intérêts a permis une transmission de la demande du premier au deuxième niveau qui s'apparente aux effets d'un clientélisme de groupe. Les élus de Kallito ont su faire les changements d'alliance nécessaires pour satisfaire leurs intérêts. A travers eux, le clientélisme prend une forme de relations plus équilibrée et moins inégalitaire qui s'apparente davantage au régime des obligations réciproques[146] que l'on retrouve dans la vie politique locale des démocraties occidentales. Même marquée par des relations de type clientéliste, lorsque les découpages électoraux respectent des entités géographiques homogènes et leur poids démographiques respectifs (Kallito avant 1992), les retombées de la vie politique locale ne peuvent que répondre à des besoins essentiels de la population concernée. Cette caractéristique n'a cependant fonctionné que jusqu'au dernier découpage électoral. Les groupes dits instables que nous retrouvons dans nos villes de création récente -structurés ni sur la base de "classes sociales" ni sur celle de l'organisation "segmentaire"- forment corps certainement par la création de réseaux multiples sur un calcul d'avantages mutuels[147]. Mais la proximité, le voisinage et le "vivre ensemble" durant plusieurs décennies finissent aussi par créer un ciment global qui donne à ces réseaux une empreinte locale marquée par divers lieux et repères de la vie quotidienne (école, association, club, ...).

- Parallèlement à des réseaux de clientèle, subsistent et se multiplient des opérations de racket. Ces dernières ne peuvent être organisées directement par les représentants de la population. Elles se manifestent lorsque le processus de décision échappe au niveau local. Des réseaux s'organisent alors pour l'obtention de "dérogations". Le système relève alors des

145- TOZY M. et TAMIM M. : texte à paraître.

146- J. P. GAUDIN "Pouvoirs locaux et territoires" in "Etudes Rurales" n° 101-102 - Janvier- Juin 1986 (p.27). J.P GAUDIN voit dans la France Moderne les survivances du régime des obligations réciproques au sens de Mauss ("essai sur le don" Sociologie et Anthropologie - PUF - Paris 1950) à l'instar de l'édile de Rome qui "était en charge de la police et de la gestion des bâtiments publics, mais aussi celui qui s'assurait de la distribution des approvisionnements et qui réglait les festivités collectives. Gestionnaire des matérialités monumentales qui forment repère, il agençait donc également le flux des dons et contre-dons à l'échelle urbaine : garant des mémoires bâties, il contribuait aussi au déploiement des obligations collectives qui règlent la distribution des richesses".

147- J. LECA et Y. SCHEMEIL op. cit.

racines socio-économiques de la corruption[148]. Plus une autorisation administrative demande un passage complexe par différents agents de l'Administration (processus de décision dépendant de plusieurs agents : services techniques de la Municipalité, architecte de la Division de l'Urbanisme de Kénitra, Président du C.M), plus le réseau s'organise à partir du détenteur de l'autorité. Les représentants de la population ne s'impliquent alors que comme lien entre la population et le réseau.

- Le troisième type de relations subsiste aussi parallèlement aux autres dans le règlement des conflits dans l'espace à enjeu. Il s'agit de l'éclosion de relations de clientèle dans des situations où les ressources sont inextensibles, (cas de l'obtention de lots de terrains), poussant les dominants à maintenir les réseaux particularistes de clients en qui ils ont entièrement confiance, parce que ces clients leur doivent tout[149]. Ceci s'enregistre dans les cas de l'obtention du règlement d'un intérêt personnel au détriment de la collectivité. L'appropriation individuelle et privative des espaces publics dans le quartier a souvent donné lieu à ce type de relations entre un "client" et son "protecteur". Outre l'autorité locale, l'élu protecteur se doit d'avoir ici un poids décisionnel dans les structures administratives (ici, le C.M) lui permettant d'octroyer la "dérogation" et de soutenir son protégé face aux protestations de la collectivité ou du groupe lésé par l'appropriation. Là encore, se confronte l'action individuelle face aux capacités d'action collective.

E- Profil des représentants et "enracinement" local

Avant de spécifier les caractéristiques propres à ces élus de Hay Salam, détecter les raisons ayant poussé à leur candidature nous paraît essentiel. De ces différentes biographies, la participation du candidat comme démarche individuelle semble inexistante. "Un candidat n'aura l'audace de tenter l'aventure de l'élection que s'il appartient à un groupe", nous disait R. Leveau. Cependant, ici, il ne s'agit ni d'un lignage s'opposant aux candidats d'autres lignages, ni d'un groupe professionnel (agriculteurs, fonctionnaires, commerçants)[150]. Dans la majeure partie des cas, l'initiative première vient d'un chef de faction dans le Conseil Municipal. Il vient appuyer un candidat potentiel qui affronterait le candidat de la (des) faction(s) opposée(s). Si certains élus déclarent clairement cette raison, (Biographies 2 et 4), les autres ne se sont pas privés de ces soutiens. Dans certains cas, c'est le "groupe socio-spatial" qui pousse le candidat. Ce sont des membres d'une "localité" autour de la mosquée (Biographie 3 et 5) qui peuvent être derrière une candidature. Enfin, les raisons individuelles (intérêts privés) ne sont que rarement mises en avant. Elles peuvent être déterminantes (Biographie 3) dans certains cas, mais elles restent présentes dans tous les cas de figure. Si les facteurs qui poussent l'individu à la candidature sont multiples, ils nous paraissent conjuguer au moins deux éléments :

148- Elles se caractérisent par :"une non rupture avec une situation où le paiement des agents du pouvoir directement était monnaie courante;
- une dissolution plus ou moins grande des communautés (religieuses, ethniques, culturelles, régionales, familiales) qui assuraient la cohésion sociale ... nouveaux individus n'adhèrent pas encore à une éthique citoyenne de l'intérêt général ... nouveaux notables.
- une nouveau corps de fonctionnaire détenteur d'autorité maintenu à un niveau de revenu ne lui permettant pas l'accès à la nouvelle vie moderne" Transparency Maroc - Corruption et Société de Najib Bouderbala.

149- J. LECA.

150- R. LEVEAU op. cit. p.165.

- des caractéristiques individuelles ou familiales donnant une certaine légitimité locale, ou du moins un réseau relationnel suffisant pour avoir une clientèle,
- un appui sur un chef de faction.

1- Les nouveaux profils des représentants de Kallito

Le profil des représentants de la population de Kallito a beaucoup changé depuis la création de ce quartier. Jusqu'aux années 60, les non-originaires des Tfaoutia avaient un *naïb* qui les représentait auprès des autorités. Ce *naïb* avait l'adhésion de tous les représentants de familles élargies. Parmi ces derniers émergeaient surtout des petits intermédiaires (commerçant de produits alimentaires au détail, commerce de fruits et légumes, commerce de grains, propriétaires d'un four) ou des petits fonctionnaires. Malgré un passé colonial peu clair, ces représentants ont pu organiser des actions collectives pour défendre les droits des populations non originaires des Tfaoutia (largement majoritaires à Kallito en 1960) : non paiement du loyer sur le foncier, envoi de délégation, entraves aux opérations de recensement et d'alignement.... Avec la création du Conseil Municipal et la tenue des élections locales, ces représentants vont se retrouver durant plus de 20 ans dans ces instances (voir supra). Les années 90 vont correspondre à une relève complète de cette ancienne "garde" (dont la plupart des membres est soit décédée soit mise en retraite). Parmi les nouveaux élus, nous avons pu retenir ceux (cinq) qui ont pu bénéficier de l'exercice d'au moins deux mandats. Des biographies succinctes permettent de cerner leur profil sociologique avant l'orientation de l'interview sur les raisons ayant présidé à la candidature pour les élections locales.

Biographie 1 :

La famille Badoui est parmi les plus anciennes de Hay Salam. Le grand père Badoui y est né. Mais ils sont originaires de Bdaoua dans la région de Sidi Boubker El Haj.

"Mon grand père avait trois garçons et une fille : deux enfants travaillaient à la poste et un troisième au Service de l'Elevage. C'était pendant l'Isti'mar (la colonisation). Mon père a ensuite hérité d'une terre dans la région de Had Kourt. Il y faisait du blé, du tournesol... Il a même agrandi sa propriété par l'achat de terre à des héritiers, mais il ne s'en est jamais occupé directement. Pendant un bref moment pendant l'Isti'mar, il était moqaddem dans la Houma de Kallito. Mais il était aussi mouqaouim (résistant) et il avait sa carte. Il s'occupait de détruire les fils téléphoniques. A l'Indépendance ils nous ont donné une terre dans la région de Sidi Slimane mais mon père ne l'a pas prise.

A Hay Salam mon père était actif, en contact avec les gens, il faisait la fantasia, il a joué pendant une certaine période au football. Il a été élu au CM de 1976 à 1992.

Mon père avait six garçons et deux filles. L'un des garçons est sorti en troisième année de la faculté, il est arbitre fédéral. Moi, j'ai le brevet, un autre est sorti de la troisième année du secondaire. La dernière fille est en première année de la faculté à Kénitra.
*Je suis né en 1954 (*Najib est l'aîné de la famille*).*
J'ai commencé le travail en 1973 à la poste. Mon père m'a ensuite "débrouillé" un travail d'agent municipal auprès de l'autorité locale (1976 : correspondant à l'entrée du père au C.M). *J'y travaille depuis. Ma soeur est secrétaire. Un autre frère travaille à la qiada sur le compte de la Municipalité. Nous sommes tous à Souk Larbaa, sauf un frère qui travaille chez un pharmacien à Rabat.*

Moi, j'ai joué pendant 20 ans dans l'équipe de football de Souk Larbaa (Ittihad Riadi Rharbaoui - I.R.R). Avec mes frères, nous étions trois dans l'équipe senior . Je suis le président de l'IRR depuis 3 ans

(1994-1997). Au décès de mon père en 1996 nous avons décidé de poursuivre son action au sein du CM. Lors des élections partielles pour le remplacement de son siège au sein du C.M, ma position étant inconfortable (proximité des autorités locales), *j'ai préféré laisser mon frère se présenter* (31 ans, arbitre fédéral, 3° année de faculté - sans emploi)."

Biographie n°2 :

M. Dalil :

Je suis né à Hay Salam, mon père est né dans la région de Tnine Srafah, il est venu à Souk Larbaa en 1946-47.
Ma famille est composée de sept enfants dont cinq filles et deux garçons. Je suis le septième. Mon père était électricien, (chargeur de batterie). J'ai eu mon baccalauréat à Souk Larbaa en 1976 puis en 1977 je suis allé à la faculté des Sciences de Rabat pour faire Physique-Chimie. Je jouais au football en même temps pendant mes études secondaires à Souk Larbaa.
J'ai joué pendant deux ans à Kénitra (Nahda) et une année à Belkciri ... puis retour ici après deux ans de stage de mathématiques au Centre Pédagogique Régional. Mais tous les week-end j'étais ici. Ici j'ai joué de 1972 à 1992. J'étais le buteur de l'équipe. je résidais toujours à Hay Salam.
En 1982, je me suis marié à Tiflet et mon premier enfant est né dans le foyer paternel. J'ai eu alors le poste d'enseignant au collège Salah Eddine de Souk Larbaa. En 1984, j'ai pris un logement en location en ville pendant environ quatre ans puis je suis allé à Hay Hind en 1990.

En 1983, j'étais candidat aux élections communales. J'avais 25 ans, le président de l'équipe de football, monsieur Boughafour, m'a poussé pour me présenter mais mon but n'était pas de faire de la politique. Aux résultats, ça n'a pas marché! C'était contre El Yacini Ahmed. Sur onze circonscriptions à Hay Salam, il y avait quatre Yacini de la même famille qui faisaient pencher la balance (Al myl) d'un côté ou de l'autre !

En 1992, c'est devenu une histoire de revanche personnelle car il n'y a pas eu de trafic, ils n'ont pas pris les procès verbaux car mon frère était là. Les gens ont même reproché à d'autres d'avoir accepté de recevoir de l'argent et de la farine ! Lors de cette campagne électorale on a fait la garde par groupes rotatifs, nuit et jour, pour empêcher la distribution de denrées ou d'argent par les Yacini !

Biographie n°3 :

M. Bekri (Smina) a 43 ans, il est né dans la région de Moulay Bousselham où il a fait quelques années d'école coranique.

"A l'âge de 17/18 ans déjà je vendais et achetais les grains,... Je suis venu à Hay Salam dans les années 70, je faisais le commerce au souk. J'avais un vélo. Je me suis dis : je vais résider à Souk Larbaa et je suis allé à Hay Salam. J'étais à douar El Merja où j'ai loué, puis acheté à 300 Dh un local (mahal). J'ai mis des plaques de zinc, ma femme est allée habiter alors l'endroit que j'avais acheté.

Après mon installation, je me suis mis au commerce de céréales (1975) : j'achetais dans les souks, quelqu'un m'a aidé pour acheter une balance. En 1978 j'avais un peu d'argent, j'ai avancé deux millions de centimes pour avoir un camion en association, un autre ami du bled s'est porté garant pour moi. Ma mère m'a donné ses économies pour installer la carrosserie à 4000 DH. Pour "fonctionner", il y a eu une occasion d'achat de haricots au Moussem Moul Qoubtyne. J'ai emprunté chez des gens du bled sans intérêt et j'ai pu commencer à faire le commerce avec Casablanca. En 1977/1978 je vendais de l'alpiste à Casablanca :j'ai payé mes dettes, j'étais connu sérieux ! Même si mon associé pour le camion m'a dupé, me laissant seul avec les dettes, j'ai pu me "relever".

J'ai commencé à vendre l'arachide à Casablanca et je ramenais du sucre au retour. J'ai eu un accident, mais malgré tout j'ai payé mes créanciers. Les gens m'ont connu pour mon sérieux ! Moi je n'avais pas de stocks pour avoir une autorisation (tarkhys), moi j'achetais à crédit et payais les gens.

Je suis resté dans ce métier jusqu'à maintenant !

Je me suis marié à Oulad Khlifa après mon installation à Souk Larbaa. J'ai six enfants, tous à l'école, un à l'université, en sciences à Fès. Les autres sont ici. L'aîné est sorti de la 6° année et travaille avec moi. Il est sorti depuis cinq ans, il a 22 ans. Une fille est mariée et une autre est encore jeune...

Les raisons de ma candidature : J'avais acheté une mhatta (parcelle) à douar El Merja. Mais quelques temps plus tard, une personne appuyée par l'élu local me l'a prise arguant qu'elle était sans propriétaire (vide). On m'a alors enlevé ma mhatta. En fait il y avait El Yacini qui avait une boutique et tout le monde était endetté avec lui. Il "tenait" toute cette zone. Il occupait (masta'mar) El Merja. Comme je ne m'étais pas bien entendu avec lui, il s'est "retourné" contre moi et j'ai perdu ma mhatta. J'ai décidé alors de me présenter aux élections pour défendre mon bien. La même année (1992) j'ai obtenu 1160 voix sur 1400 à 1500 votants".

Biographie n° 4 :

Ben Aïssa Belhouat :

"Je réside à Hay Salam mais je suis de Sidi Kacem Zaouia. Je suis venu dans les années 1970 lorsque le chantier du barrage Oued Al Makhazine allait commencer. Ma soeur résidait à Hay Salam. J'ai fini par m'installer moi aussi à Hay Salam en 1972. J'ai fait la chaudronnerie à Sidi Kacem pendant 13 ans. C'est avec le barrage que je suis venu travailler pendant un an et huit mois et c'est le président actuel (lui même soudeur ayant une petite entreprise à Souk Larbaa) qui m'a sorti de là bas et m'a amené ici à Souk Larbaa où j'ai loué puis acheté un terrain.
Je me suis même marié ici.
C'est Kacem Soudari (commerçant ayant une licence pour vente d'alcool. Elu au CM durant les trois premiers C.M, décédé) qui m'a présenté. Avec les gens ; c'est la bonne conduite, le bon comportement qui permet d'établir de bonnes relations. Avec Tida (le Président actuel), j'étais chef des manoeuvres et je "gérais" plus de soixante personnes. Celui qui voulait travailler venait me voir.
En 1983, la première fois j'ai gagné facilement par 330 voix sur 500. En 1992 j'ai eu 597 sur 800, sans argent !
Je n'ai jamais pensé devenir président ou vice-président : j'ai travaillé pour les gens!
Je suis à mon troisième mandat au conseil communal !

Biographie n° 5 :

A. Assalhi :

Originaire du Haouz, mon père est venu avec sa mère à l'âge de 13 ans en tant qu'élève au msid. Ils se sont installés dans les années 20 à Doukkala de Dar jdid près de Lalla Mimouna. Sa tante était mariée ici. Il a fait alors les souks du Rharb en tant que collecteur de beurre rance (smen) pour le compte d'un commerçant fassi. Dans les années 40, il a commencé la contrebande avec Ksar Kebir. Il a été arrêté et a fait de la prison pendant l'Isti'mar (protectorat). En 1959, il a acheté pour 400 DH une parcelle de Baba Sghyr, naïb des Tfaoutia. On était trois garçons lorsqu'il est venu ici. On est actuellement huit. Mon père avait trois femmes. Moi, je suis le deuxième enfant avec la troisième femme. Après la sortie de mon père de prison, il vendait la'choub (plantes médicinales) le safran et les produits alimentaires. Il achetait sa marchandise de Casablanca et Ksar Kebir jusqu'à sa mort à 86 ans.

Dans le quartier, mon père était très écouté. Il était fqih et c'était la "dynamo" du masjid (mosquée). C'était lui qui avait organisé la collecte pour la construction de la mosquée. Par la suite, il collectait et participait matériellement à l'entretien du taleb car, disait-il, "ici (chez les Tfaoutia) si je ne le fais pas, ils ne le feront jamais (leur naïb est mort à cent ans sans avoir jamais prié !)".

Je sui né en 1960 (37 ans). En 1979, j'étais en sixième année secondaire. Après deux années d'études à Rabat, j'ai eu mon diplôme d'Adjoint Technique en 1986. J'étais affecté à la Délégation du Plan à

Tanger. Cela a correspondu à la mort de mon père. J'ai préféré venir m'installer avec mes frères et faire du commerce.

J'avais déjà une longue expérience dans ce domaine. Dès 1979, j'avais demandé à mon père de m'ouvrir une boutique. J'y ai passé deux ans et ça a bien marché. Mon petit frère, sorti de l'école en CM2, m'a aidé. Mon père m'a avancé 300 DH pour l'achat de fournitures scolaires et à la fin de l'exercice j'avais fait un bénéfice de 3000 DH! On a acheté une voiture à 2800 DH pour le transport des personnes et des marchandises. On gagnait 300 DH par jour. En 1985 on a changé de véhicule. J'ai toujours eu un commerce (produits alimentaires) qui fonctionnait bien. En 1992, on a pris un crédit pour ouvrir un café, mais on a préféré le transformer en épicerie. J'ai continué à faire les souks aussi jusqu'en 1992.

- Les raisons d'une candidature

"Ce sont les gens du masjid (mosquée) qui m'ont poussé pour me présenter. Face à mon refus, ils ont fait pression sur mon frère. J'ai fini par accepter. On m'a poussé pour "casser" un Tfaouti (médecin-chef de Souk Larbaa) et non pour ce que je pouvais représenter !

Lors de mon mariage, j'ai fait la propagande pour les élections. J'étais économiquement à l'aise et je me suis libéré de tout pour me consacrer aux élections. J'ai perdu six millions de centimes. J'ai fait une bonne campagne et tout le monde était de mon côté. On me considérait comme "étranger" même si ma mère est une Tfaoutia. D'ailleurs, les Tfaoutia ont été acheté par des "étrangers" rasmalyne (capitalistes). Moi, j'ai eu le soutien des gens de la base. Mon père était avec les gens de la base, les jbala qui ont fait la mosquée. J'ai bénéficié de la renommée de mon père".

2- Caractéristiques individuelles et familiales

- Origine et durée de résidence

L'origine géographique des candidats dans le cas de Kallito ne semble pas primordiale dans le choix des représentants de cette population. Formée en grande partie de migrants ruraux non originaires (des Tfaoutia), la population de Kallito a intégré depuis plus de 50 ans des migrants de divers horizons. Aux premiers Soussi se sont surtout ajoutés des Jbala durant ces vingt dernières années (voir supra), les migrants du Haut Rharb et des Beni Malek en particulier, constituant toujours la grande masse de cette population. Ces caractéristiques vont marquer celles des représentants de Kallito : un Tadlaoui et des Soussi ont pu ainsi occuper une place primordiale dans la vie politique du quartier (représentant, réseau) durant près de 30 ans. Actuellement, presque tous les élus de Kallito sont originaires du Haut Rharb. Les Tfaoutia ne représentent plus qu'une partie infime des inscrits dans leur circonscription (70 inscrits sur 844). C'est plus, la durée de résidence qui différencie les candidats. Les personnes nées à Hay Salam bénéficieraient d'un atout : une vie commune avec la population de la circonscription électorale. Cet atout ne devient porteur que si le candidat remplit d'autres conditions. En effet, des migrants relativement récents (une vingtaine d'années) ont pu prendre racine dans ce quartier. Cependant, arrivés dans les années 70, ils ont pu participer à l'équipement des îlots les plus défavorisés de Kallito (El Merja, Lahouna). A la différenciation spatiale et sociale constatée entre les différents îlots de Kallito (voir supra) a correspondu une différenciation dans le type de représentants. Les îlots occupés essentiellement par des migrants venus dans les années 70 correspondent à des circonscriptions électorales représentées par des migrants de même type (Biographie 3 et 4). Parmi ces différents élus, nous ne retrouvons pas de migrants fraîchement installés, même si l'îlot concerné n'a commencé à se former que depuis 25 ans.

La participation du candidat (et de sa famille) à la vie et à la construction du quartier nous semble primordiale en tant que première condition à l'élection. La proximité joue ici un rôle essentiel. Origine ou durée de résidence doivent correspondre au contexte socio-démographique dans lequel sera placé le candidat.

- Le passé familial local

A Kallito, les familles des premiers représentants du quartier sont peu nombreuses (si certaines ont connu une mobilité résidentielle, d'autres n'ont pas assuré la reproduction d'éléments dynamiques). Seul un cas subsiste et il commence à relever de la notabilité locale. En effet, si cet intermédiaire postier (Biographie 1) a pu devenir un personnage-clef du quartier en passant 30 années au CM de la ville (soutenu en cela par le Premier Président du CM), il a su aussi assurer sa relève à travers trois fils impliqués dans l'administration locale. Au-delà du poids de la présence de deux agents dans les rouages de cette administration, la famille Badoui a su également occuper une place importante dans l'équipe de football locale ; un secteur fondateur de cette nouvelle identité locale. Le port du nom reste ainsi un atout fondamental lorsque son héritier possède lui-même une certaine image auprès de la population et des capacités d'interventions dans l'administration locale.

L'autre cas (Biographie n°5) présentant un passé familial reste celui d'un commerçant bénéficiant de la notoriété et la renommée d'un père (connu pour son abnégation, sa religiosité et son action pour la construction et l'entretien d'un lieu de culte). Là encore, la renommée du père ne pouvait faire le poids sans d'autres atouts personnels. Ici, en tant qu'usurier local, le fils commerçant arrive à s'entourer d'une clientèle. Le recours à la distribution de l'argent pour l'achat des voix n'est pas exclu (il est même affiché). Mais il vient s'ajouter à un réseau de clientèle et à la renommé familiale. Ici, le poids de l'argent n'arrive pas à casser les réseaux clientélistes, il s'y intègre. Même si plusieurs "étrangers à Kallito" ont pu se présenter, distribuant de l'argent, aucun n'a pu bénéficier réellement des suffrages : aucun élu de Kallito présentant une certaine longévité au sein du C.M n'a pu être "parachuté" malgré tout l'argent qui circule durant les élections locales !

- Quel système de valeurs ?

Il est certes difficile, sinon hasardeux, de traiter de la représentation et des valeurs que doit porter le candidat pour s'attacher les faveurs du groupe auquel il appartient. Sans doute les valeurs du leader islamique deviennent de plus en plus porteuses comme nous avons pu le constater lors des élections législatives de 1997[151], mais leur expression dans les organes institutionnels locaux reste insignifiante[152]. Parmi les élus de Kallito, un seul

151- A Souk Larbaa, lors des élections législatives de 1997, le candidat islamiste présenté sous la bannière du M.P.C.D a recueilli 1340 voix contre 7515 voix pour le candidat élu. Ne bénéficiant d'aucune assise rurale, ce candidat a fait l'un des meilleurs score à Souk Larbaa-ville (Il a obtenu plus de voix que le Président du CM sortant). Les élus islamistes de ce scrutin n'ont concerné que les grandes villes (Casablanca (4), Fès (1), Oujda (1), Agadir (1), Tétouan (1), Tanger (1). Pour ces neuf élus, la différence de voix avec le candidat classé deuxième oscille entre 30,12% et 47,47% des voix exprimées (in - La gazette du Maroc - n°39 - Nov. 1997). Les irrégularités ayant entaché ces élections ne donnent pas une image exacte du poids global de la tendance islamiste dans le pays.

152- Même au sein du mouvement associatif nous n'avons pu recenser qu'une seule association (créée en 1995) ayant pour activité les "chants religieux et l'explication du Coran" (voir supra).

bénéficie d'un comportement s'approchant de celui de *mohcine* (aidant les pauvres sans contrepartie, assurant matériellement la construction d'une mosquée,...)[153].

Placé dans un milieu où la pauvreté reste criarde, Smina (Biographie n°3) petit collecteur soukier ayant réussi une certaine accumulation du capital ne peut pas se défaire de sa relation aux affaires quotidiennes du quartier. *"Moi, j'aide les gens lillah (pour Dieu). Je suis connu Smina - lillah*[154]. *Je gagne trois rials et comme dit le prophète je prend un tiers pour le capital, un pour "tourner" et un pour l'épargne. L'autorité sait que Smina travaille lillah. Je ne mange ni ne demande rien à personne. Même les ampoules pour le quartier je les ai achetées de ma poche ! J'ai mes enfants à Hay Salam et je ne me sens "reposé" que là. J'ai acheté une villa à Hay Hind. Mais lorsque nous y allons, mes enfants se sauvent pour aller à Hay Salam. Je me suis habitué à ce quartier même si c'est difficile pendant les périodes de pluie"*. Le cas de Smina reste unique à Souk Larbaa. Les scores qu'il obtient lors des élections locales depuis 1992 montrent sa popularité. Même si sa position dans le C.M lui permet des interventions et le maintien d'une clientèle, sa popularité émerge davantage de son comportement et du système de valeurs qu'il porte en lui. Ce cas montre combien, la solidarité dans des milieux dépourvus, arrive encore à constituer une valeur qui donne à celui qui la met en acte des atouts considérables dans le groupe.

Les facteurs d'appartenance au groupe des élites locales utilisés par diverses analyses politiques [155] s'arrêtent souvent à l'éducation, à la participation sociale et politique (lutte pour l'indépendance) ou au groupe socio professionnel. Ces facteurs relèvent d'une vision et d'une légitimité locale qui prend ses sources dans une accumulation du savoir et du prestige procurant un certain pouvoir (donner une visibilité, des règles de conduite) capable d'être "monnayé" vis à vis du pouvoir central (cas des *Oulama* et du notable traditionnel en général[156]). De même que la possession d'un savoir technique peut aider à l'accomplissement de certains rôles sociaux (d'intermédiaire). La participation sociale et politique, notamment dans la lutte pour l'indépendance peut constituer aussi une valeur ancrée dans la population locale. Ces deux facteurs relèvent en fait de sociétés locales traditionnelles des années 60 ayant des traditions urbaines [vieilles familles de *Oulama* dans des structures locales du "savoir" (*mofti, cadi*, historien), ancrage dans le mouvement national de certaines familles...]. Dans des villes nouvelles et dans des quartiers de formation récente comme Kallito, c'est autour des éléments de formation d'une nouvelle identité que se forge la mémoire collective. Ainsi, parmi ces éléments, le buteur de l'équipe de football locale, (biographie n°2), connu dans tout le Rharb, cristallise en lui un idéal collectif, ne serait-ce que pour les jeunes de ce quartier. C'est bien en tant que joueur qu'il fut poussé dans l'arène politique et non en tant qu'enseignant du secondaire ! Dans sa circonscription, les jeunes ont formé autour de lui un groupe qui lui a permis l'élection face à l'un des plus anciens représentants de Kallito. Les

153- Mohamed TOZY parle d'une "nouvelle temporalité (qui) ne se caractérise pas seulement par l'avènement de l'Etat-Nation, la Socialisation de la monarchie, l'institutionnalisation de la Fonction religieuse et l'étatisation des moyens de reproduction des clercs, mais aussi et surtout, par une revendication de la religion en tant que totalité structurante par tous les acteurs du champ politique (Amir El Mouminin, partis politiques, Ulama,...) et avec la même intensité que ceux qui animent le contre champ politico-religieux, c'est à dire en partie les islamistes" in "Champ et contre champ politico-religieux au Maroc" Thèse de Doctorat d'Etat en Science Politique - Université de Droit, d'Economie et des Sciences d'Aix-Marseille 1984, P.190.

154- Personne à Souk Larbaa ne l'appelle de son vrai nom BEKRI Mohamed. Son surnom correspond à son aspect grassouillet et à sa générosité.

155- B. ETIENNE, A. OUAZZANI, J.C. SANTUCCI, R. LEVEAU, M. SEHIMI, L. GARCIA ...

156- J. LECA Y. SCHEMEIL op. cit. P10.

éléments de la légitimité locale évoluent avec le système de valeurs du groupe. C'est bien à travers certaines valeurs constitutives du groupe et de son identité que ce dernier peut apporter son soutien à un candidat. Cependant, encore une fois, le maintien de l'élu ne se fait que s'il arrive à répondre aux demandes sociales. A Kallito, si dans les années 60 certains petits fonctionnaires étaient nécessaires pour porter cette demande (dureté du régime, situation irrégulière du quartier), actuellement la nécessité de recourir à des intermédiaires ayant un certain niveau de connaissance et un savoir (technique, ...) n'est plus une obligation. N'importe quel citoyen de Kallito peut former un groupe avec ses voisins et présenter ses doléances à l'autorité et l'administration locale. Ce qui est demandé désormais à l'élu, sera de procurer des faveurs administratives ou des services sociaux. Une situation bien décrite dans les propos de Dalil (Biographie n°2) : "*Nous, dans les quartiers périphériques et pauvres, nous avons des problèmes et nous devons aller et accompagner les gens partout pour régler ces problèmes : aller à la Police, à l'hôpital, à la Gendarmerie... Nous sommes en face d'une multitude de problèmes et tu ne peux pas te présenter aux élections deux fois de suite si tu n'es pas capable de faire cela. Les gens ne nous demandent pas de régler des problèmes qui collent aux attributions de l'élu local. Pour ces dernières on fait notre travail, mais c'est toutes les autres doléances qui demandent d'avoir des capacités pour y répondre* !".

3- Les capacités d'une prestation de services

Si une certaine légitimité locale a été nécessaire à tout candidat de Kallito pour son élection, son maintien ne se réalise que par ses capacités à répondre à une série de prestations de services. Pour cela, chacun des élus se range dans une faction au sein du C.M lui permettant d'avoir le poids nécessaire pour faire aboutir les doléances de ses protégés. Lorsque l'élu ne peut plus répondre à ces doléances, cela correspond à sa "mort politique". L'exemple de l'expérience actuelle de Benaïssa (Biographie n°4) montre cet état de fait :

Benaissa est l'actuel vice-président du C.M (1997). Lors de l'élection du Président par les membres du C.M, il a soutenu Tida, qui a été élu président. (Ce dernier a été pendant longtemps son patron dans les années 70). Lors de la campagne électorale pour les élections législatives qui ont suivi (novembre 1997) Benaissa a très tôt donné son appui à Boughafour (ancien président de 1983 à 1992) qui sera élu député dans la circonscription de Souk Larbaa.
Tida, qui s'était présenté aussi comme candidat à ces élections (législatives) n'a pas apprécié les tergiversations de Benaïssa, passant d'un protecteur à l'autre. D'après Benaïssa, le nouveau président du C.M. aurait ordonné aux services de la municipalité de refuser toute autorisation de construire à toute personne de la circonscription électorale de Benaïssa. Cette décision a entraîné l'affolement de Benaïssa [(157)]. Il cherchera soutien auprès de son nouveau protecteur en lui multipliant les "actes d'allégeance" (organisation d'une visite de plusieurs membres du C.M au nouveau parlementaire avec achat collectif d'un veau en guise de cadeau).

Cette brève anecdote montre d'une part, à quel point la relation avec la clientèle passe par l'octroi de "services" administratifs, et d'autre part la nécessité pour tout élu d'avoir un appui de niveau supérieur.

157- Benaïssa l'exprime ainsi : "J'ai appuyé la candidature de Boughafour pour les législatives parce que c'est quelqu'un qui connaît l'administration. D'ailleurs, Tida ne s'est présenté que tardivement à ces élections et il ne fait pas le poids. C'est scandaleux ce qu'il me fait, - la municipalité ce n'est pas sa ferme !".

Les prestations de services ne passent pas toutes par les rouages de l'administration, certains métiers prédisposent plus que d'autres à la formation d'un réseau de clientèle. Il en est ainsi des commerces alimentaires avec les systèmes de crédit (Biographie n°5) ou de certaines positions dans le marché du travail local (Biographie n°4) qui permettent le recrutement d'une main d'oeuvre.

Ainsi, si les autres facteurs ayant trait à la légitimité se présentent dans des proportions plus ou moins importantes chez l'élite locale de Kallito, les facteurs relatifs à la nécessité d'une réponse concrète aux différentes demandes de la clientèle forment le noeud du système. Sommes-nous alors face à des courtiers, des patrons dans la seule mesure où l'élite obtient un soutien d'en haut[158] ? Ces conditions sont certes nécessaires, mais elles doivent se fixer sur des positions autonomes dans la société locale.

4- Entre légitimité et clientélisme de courtier

Dans son essai sur les élites urbaines dans le monde Arabe, Robert Escallier dresse un tableau assez sombre des élites urbaines et de la perte de leur légitimité : "(...) bien qu'elle paraisse plus ou moins sensible selon les espace et les lieux, la perte de légitimité des élites est incontestable. Fruit des changements politiques et économiques, l'hétérogénéité actuelle des groupes sociaux dominants témoigne de l'absence de sens profond des recompositions sociales et de la rupture de la liaison élite - masse populaire... on est passé de l'effet culture ... à l'effet apparence ou de démonstration des classes privilégiées, créateur de sentiments de frustration et d'incomplétude"[159]. Ces constatations générales peuvent s'appliquer partiellement au cas marocain dans les grandes villes. Mais elles orientent l'observation vers "la ville ségrégative et fragmentée" : la ville n'intègre plus ! même fragmentée, la ville ne fait-elle pas émerger des espaces de vie, des identités propres et des hommes qui portent des valeurs communes ?

A cerner de plus près la réalité des personnes qui émergent dans le quartier de Kallito, force est de constater l'absence de rupture de la "liaison élite-masse populaire". Si pour avoir une clientèle, l'élite doit avoir les capacités d'intervention dans l'administration, pour être reconnue localement, elle doit avoir au moins un élément d'ancrage dans la société locale. La nouvelle légitimité passe par la proximité et le voisinage, la "lutte" pour l'obtention des équipements de base et le partage de nouvelles valeurs identitaires. A travers l'évolution des représentants de Kallito se dessine la recomposition spatiale du quartier. Au naïb et au groupe de représentants du bidonville des années 60 se sont substitués des réseaux relationnels et des ensembles de voisinages (îlots issus de la restructuration du quartier) correspondant plus ou moins à des circonscriptions électorales qui ont permis l'émergence de nouveaux représentants ayant une légitimité dans des espaces de vie plus restreints. Ce changement n'a pas pour autant coupé la liaison entre la "masse populaire et l'élite". Actuellement encore, les élus de Hay Salam ayant une certaine longévité dans le C.M assurent la liaison entre les populations de ce quartier et l'élite urbaine investie d'un réel pouvoir de gestion dans la ville, (Président du C.M, membres élus du Conseil Provincial et les chambres professionnelles, parlementaire,...). Le système ne fonctionne pas que par le haut, les considérations locales en constituent le corollaire.

158- J. SEDDON "Local politics and State intervention : Northeast Morocco from 1870 to 1970" in Gellner. E., Micaud. Ch. ed Arabs and Berbers - Cité par J. Leca et Y. Schemeil op. cit. p.39.

159- R. ESCALIER "élites, pouvoirs et villes dans le Monde Arabe" op. cit. P27.

F- Restructuration et territorialisation

Le territoire constitue sans doute au-delà de vécus individuels[(160)], des situations de voisinage qui entraînent la fréquentation des voisins et amis, la participation à des collectifs associatifs...

La territorialisation ferait appel à une appropriation du territoire à travers des pratiques et des valeurs communes au groupe résident. Elle se construirait sur la base d'une identité spatiale collective. Plusieurs éléments militent pour interroger cette "identité spatiale collective" à Kallito. Certes, "la création symbolique a besoin de supports spatiaux pour se cristalliser, elle postule l'historicité ... pour qu'il y ait de la signification, pour qu'il y ait accumulation qui sert de point de repère aux uns et aux autres, il faut que le temps passe"[(161)]. Le débat sur les banlieues et les villes nouvelles en Europe a pu mettre en exergue cette nécessaire historicité (l'émergence du symbole nécessite le temps), la possibilité d'un langage commun sur le lieu, le blocage du processus de symbolisation (absence de capital culturel, de conventions et d'acquis applicables aux espaces anciens), le décalage entre mémoire sociale et mémoire collective[(162)]. Autant d'éléments que nous pouvons reprendre dans le cas de Souk Larbaa et de Kallito : caractère récent de l'urbanisation, discontinuité par rapport à une mémoire collective qui s'enracinerait dans un espace, une temporalité et un groupe social particulier. Kallito s'est d'abord formé sur une partie d'un territoire tribal et d'une collectivité ethnique ayant des droits particuliers. Cet espace a connu des regroupements de population par vagues successives jusqu'à constituer plusieurs douars juxtaposés dans un même espace (Tfaoutia, Chleuh, Merja, Brouziine). Parallèlement à un ordonnancement de l'habitat et à la durcification, Kallito a continué d'une part, à recevoir des migrants du Haut Rharb, d'autre part à intégrer des couches sociales plus diversifiées (petits fonctionnaires...). Kallito a même accueilli des bidonvillois d'un autre quartier de la ville dans les années 90. Pourtant, malgré des apports permanents de populations, et à l'instar de ces banlieues de Genève ou de Paris, plusieurs lieux (l'école, les fêtes, la vie religieuse, la lutte pour l'équipement du quartier,...) émergent en tant que lien social en formation, en tant que lieux d'émergence d'une nouvelle mémoire collective. Comme le souligne P. Amphoux "Au lieu que les cadres (de la vie sociale) puissent avoir quelques référents dans un passé, ils sont totalement reconstruits, non point dans un système d'appartenance, mais dans un système de signification qui renvoie à l'invention d'une mémoire" [(163)]. La mémoire collective serait alors en perpétuel remaniement : "la mémoire du groupe se reforme sur les opérations de changement, et prend comme thème les opérations de changement. Elle est en quelque sorte rythmée par les opérations de changement qui, dans leurs différentes phases, servent de point de repère. Donc, au lieu qu'on ait comme dans une société traditionnelle, des cadres sociaux de la mémoire qui se réfèrent aux cérémonies, au sens de Halbwachs, servant de point commun entre les individus, on a là, au contraire, le changement lui même comme thème de la mémoire collective. On se repère dans le temps à travers les différentes phases du quartier"[(164)]. Rien n'est plus vrai dans un quartier ayant connu une totale métamorphose par sa durcification et les différentes étapes de son équipement : un processus qui a duré plus de 30 ans ! Les repères dans le temps sont bien : "la période Zyari" et l'arrêt du paiement du loyer pour la terre, "la période Kraimi" et l'assainissement, "la période

---

160- A travers "La relation de sens entre habitants et lieux". cf. A. FREMONT "La région, espace vécu". op. cit.

161- in "Villes, espace, valeurs" débat autour du texte de Jean DUVIGNAUD "Relecture d'Halbwachs : représentations collectives et valeurs de l'espace" p.154.

162- P. AMPHOUX "Mémoire Collective et Urbanisation" in "Villes, espace et valeurs" (p.251) sous la Direction de J. L. GOURDON / E. PERRIN / A. TARRIUS. L'Harmattan : Plan Urbain, Paris 1995.

163- P. AMPHOUX op. cit. p.254.

164- P. AMPHOUX - op. cit. p.254.

Boughafour" et l'eau potable, les années 90 et la régularisation .... La mémoire collective se construirait sur la base de ces différentes étapes qui représentent une lutte et un vécu communs. Plus que les étapes de cette restructuration (A.E.P, assainissement ...) impliquant des organes de mise en oeuvre extérieurs à la société locale (entrepreneurs, ingénieurs, main d'oeuvre spécialisée ...), les îlots d'habitation et les grandes voies de circulation ont connu une véritable appropriation par les populations résidentes : les équipements assurant la vie collective ont d'abord été le fait des populations. Bien avant l'école et le dispensaire, Kallito avait son "hamam" (bain maure) (1954), ses lieux de prière et ses épiceries. De même, autour de l'accès à l'eau potable, la fréquentation régulière d'un point d'approvisionnement collectif dont l'accès est réglementé (bornes fontaines) a marqué pendant longtemps (jusqu'en 1993) un ancrage territorial des usagers, avant le raccordement individuel généralisé (165).

Actuellement, c'est certainement autour des lieux de culte que nous pouvons percevoir une vie collective dans les différents îlots de Hay Salam. Chaque construction de mosquée a donné lieu à une mobilisation et à l'émergence d'un leadership local. Deux élus actuels de ce quartier en tirent une certaine légitimité (Biographie 3 et 5). La mosquée en tant qu'enjeu local n'est plus à démontrer (166). "Elle n'est pas seulement un "immeuble" dont il faut assurer la gestion, la réparation et l'entretien, au même titre que tout bien public : il ne suffit pas d'en avoir la propriété pour en contrôler l'usage (cela est valable aussi bien pour les promoteurs privés que pour l'Etat). Elle est avant tout un lieu sacré (horm), réceptacle de la vérité, le lieu d'un discours qui se veut d'émanation divine. C'est dire la place qu'elle occupe dans la vie d'une cité (167). Au delà du contrôle de l'usage et de la prolifération des mosquées par l'Etat à partir de 1984 (168), la mosquée apparaît dans la structuration de l'espace public. Sans en avoir fait un objet d'étude propre (qui nécessiterait à lui seul un long travail d'investigation de terrain qui dépasse l'objet de notre étude), les mosquées de Hay Salam se présentent sous deux formes : des mosquées où se fait le prône du Vendredi qui occupent la voie principale (Charii Fetouaki qui scinde le quartier en deux grands blocs) et de simples lieux de prière émergeant au milieu des différents îlots. Sur les huit lieux de culte de Hay Salam, on compte, trois mosquées de Vendredi et cinq lieux de prières (voir tableau)

Tableau n° 61 : Les lieux de culte à Hay Salam

îlot	Mosquée du Vendredi		Lieu de Prière	
	Voies principales	Voies intérieures	Voies principales	Voies intérieures
Hanaa	-	1	-	1
Joulane	1	-	-	1
Smara	1	-	-	
Saada	-	-	-	2
Dakhla	-	-	-	1

165- Cet aspect n'a pas été approfondi ici, car il relève déjà d'une situation pré-existante difficile à reconstituer. L'importance de la relation à l'eau dans l'ancrage territorial des usagers a bien été étudiée par Béatrice ALLAIN. EL MANSOURI ("L'eau et la ville, le cas de la Wilaya de Rabat-Salé" Thèse de Doctorat de Géographie. Université de Poitiers - 1996 -) qui révèle surtout une tendance à la déterritorialisation dès que se fait l'intégration au réseau d'eau potable avec un raccordement individuel à domicile et payant. "L'eau potable devient alors perçue comme un bien matériel, marchand "déconnecté" du lieu qui la produit" (B. ALLAIN EL MANSOURI : "La politique de l'eau et ses effets territoriaux au Maroc" -in colloque IRMC "Villes et Territoire" à paraître). op. cit.

166- M. NACIRI "La mosquée, un enjeu dans la ville" Lamalif n°192 Octobre 1987.

167- M. TOZY "Le prince, le clerc et l'Etat : la restructuration du champ religieux au Maroc" in "Intellectuels et militants de l'Islam contemporain" sous la direction de Gilles Kepel et Yann Richard - Le Seuil Paris 1990.

168- M. TOZY : Ibid. dahir de réglementation.

Qu'il s'agisse des îlots qui regroupent d'anciens douars (Hanaa avec Tfaoutia et Chlouh) ou de nouveaux (Dakhla à l'extrême Sud de Hay Salam) qui ont surtout accueilli des migrants des années 70, nous retrouvons un même mouvement d'appropriation de l'espace par des lieux de prière au milieu des habitations participant à une micro socialisation qui déborde sur le champ politique local (voir supra).

Les autres lieux d'émergence d'une territorialisation s'affirment à travers la répartition des différentes activités de service et de commerce. Ainsi, 232 locaux ont pu être recensés le long des trois artères qui structurent le quartier. Ils représentent plus de 73% du total des locaux que compte le quartier (316). Une hiérarchisation des services s'est faite : l'intérieur des îlots regroupe les services de proximité (épiceries, four, jardins d'enfants), les trois voies principales occupent des activités de services (plombiers, menuiseries, coiffeurs, mécaniciens ...) des dépôts (matériaux de construction, produits agricoles) et quelques commerces spécifiques. Une certaine centralité s'opère au niveau de la voie centrale qui occupe les deux mosquées du Vendredi et les services les plus rares (pharmacie, studio photo, crémerie, café, salles de jeux ...) voir fig. n°8.

La multiplication des activités de service et de commerce à Hay Salam montre au niveau de leur type une répétition de standards urbains déjà observés dans des quartiers populaires issus de lotissements réglementaires. Il s'agit dans les années 90 des téléboutiques, salles de jeux (billard, ...) crémeries et café avec téléviseur muni d'une antenne parabolique, salles d'arts martiaux ... Hay Salam a connu un brassage de population de plus en plus important. Des éléments des couches moyennes intermédiaires y trouvent refuge (petits fonctionnaires, épiciers ...) surtout depuis la régularisation des années 90. Cela se traduit dans la multiplication de certains services spécifiques comme les jardins d'enfants - en fait des petites garderies à domicile - dont on a pu dénombrer onze établissements (ouverts, dans leur majorité à partir du début des années 90). Il en est de même pour les autres services ayant fait l'objet d'une autorisation administrative auprès de la Municipalité (voir tableau) : 64,6% d'entre eux ont été créés entre 1994 et 1997.

Nombre de commerces et services (avec autorisation)
à Hay Salam -1987-1997

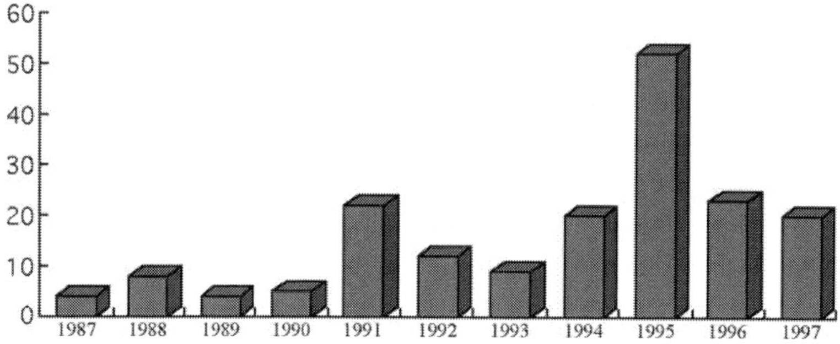

Source : Municipalité de Souk Larbaa

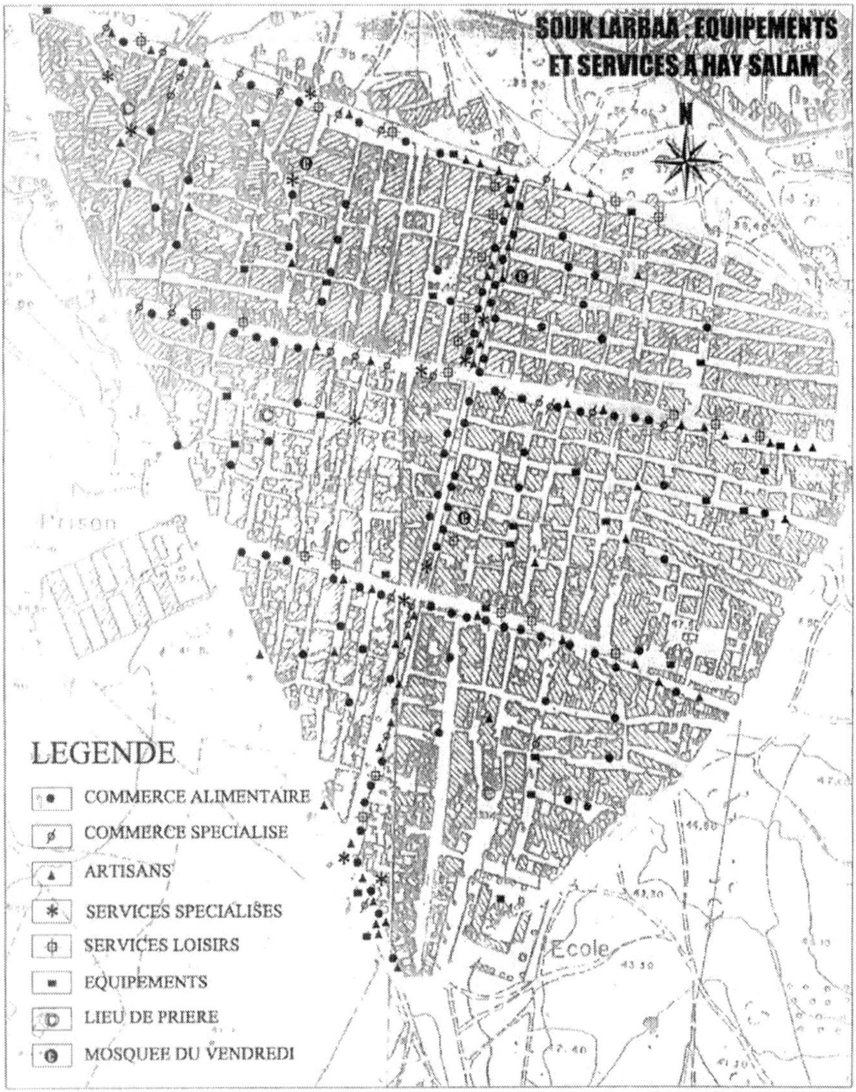

Figure 8

Source : Enquête personnelle

Avec plus de 300 commerces et services, Hay Salam a pu créer les moyens de son propre auto-entretien. Malgré leur fragilité économique (peu d'emplois, faiblesse de la productivité et des revenus générés) ces activités participent à une plus forte intégration du quartier dans la ville (voir tableau), principalement les activités de service liées à la construction et à l'habitat (menuiserie, plomberie, électricité...).

Tableau n° 62 : Commerces et services ayant fait l'objet d'une autorisation administrative depuis 1987

Année	Hay Salam* Nbre (1)	Souk Larbaa Nbre (2)	% (1)/(2)
1987	08	35	8,5
1988	08	56	14,3
1989	04	24	16,6
1990	05	48	10,4
1991	22	83	26,5
1992	12	70	17,1
1993	09	54	16,6
1994	20	130	15,4
1995	52	193	26,9
1996	23	131	17,5
1997	20	96	20,8
Total	178	920	19,3

Source : Dépouillement personnel municipalité de Souk Larbaa

* *A Hay Salam le nombre de commerces et services ne faisant pas l'objet d'autorisation est élevé : 136 sur 316 soit 43%.*

Outre les lieux émergeant par l'effet du voisinage, le couple domicile/travail donne lieu à une inter-spatialité. Domestiques, gardiens, plombiers, électriciens,... mais aussi instituteurs, facteurs et agents de travaux résidant à Kallito travaillent au "village". Cette relation est quotidienne. De même que pour l'ensemble de l'appareil administratif local, le médecin ou le collège, les habitants de Kallito se déplacent créant un flux avec le centre-ville.

Différents cafés du centre-ville constituent, en outre, des lieux de prolongement des "affaires" de la municipalité. Plus que des lieux de rencontre, ils représentent de véritables noeuds. Elus, "clientèle" et groupes s'y retrouvent avant et après les sessions du Conseil Municipal, lors de la campagne électorale ou pour porter une demande. L'équipe de football de Souk Larbaa -l'Ittihad- Riadi Rharbaoui-constitue aussi un autre lieu d'intégration à cette identité collective en construction. Kallito a toujours fourni le gros des contingents de joueurs de ce club créé en 1957. Même si des conflits subsistent entre des équipes de quartier (du "village" et de Kallito particulièrement) reflétant la ségrégation sociale et spatiale, Kallito a toujours été au centre du principal club de football de la ville [169].

169- Un nouveau club a été créé en 1994 (El Amal El Rharbaoui) 2° division B. Il est davantage issu d'un conflit entre les jeunes représentants de Kallito autour du leadership de ce sport populaire.

Ainsi, la multiplicité de ces flux dans les deux sens a dépassé la coupure spatiale matérialisée par la voie de chemin de fer. Il y a eu passage à l'effet de localité non seulement dans son caractère systémique (J. Levy), mais aussi en tant qu'identité spatiale collective.

Un bref questionnaire sur les espaces vécus et d'appartenance des différents élus de Kallito ont pu montrer quatre faits essentiels :

- Des limites floues de la ville dans son intégration de certains douars périphériques,
- L'importance du découpage administratif et du périmètre municipal dans l'intégration des douars périphériques dans la ville.
- La référence à la seule variable d'équipement de base pour différencier entre le douar et la ville.
- Le sentiment d'appartenir à la localité de Souk Larbaa.

Il est certain que la position d'élu (renseigné sur les conséquences - en équipement - qu'entraîne l'appartenance ou pas d'un quartier au périmètre municipal) a fortement entaché les réponses. S'agissant de migrants ruraux, la ville se définit bien ici par ces éléments de confort que sont l'eau courante, l'électricité ou l'assainissement. *"Au douar les gens sont pauvres, même si tu manges tu n'as pas l'électricité, ni l'eau... la ville possède des voies larges, des trottoirs, le réseau d'assainissement, l'éclairage public... le citoyen est reposé (martah) des ordures, la construction est belle (zouin) ..."* (Biographie n°3).

Souk Larbaa est délimitée ainsi par les quartiers relevant de son périmètre municipal (le village, PAM, Ziz, Hind, Oulad Hamad et Hay Salam). Malgré leur proximité (une rue sépare les abords du nouveau quartier des Oulad Ben Sbaa du lotissement public "Hind"), *"Oulad Ben Sbaa et Kreiz font partie du même territoire (blad) mais on les appelle des ruraux. Ils ne sont pas encore "entrés" à Souk Larbaa. S'ils entrent, il va falloir promouvoir la ville chef lieu de province. Car beaucoup de problèmes se poseront et seule la Province pourra y faire face..."*.

- "Il y a le village, Hay Salam, Hind, Oulad Hamad, PAM, Njima, - mais d'autres quartiers à proximité de la ville (Kreiz, Oulad Ben Sbaa) ne sont pas intégrés, n'ont ni eau ni électricité. Ils sont "mahroumines" (délaissés)! Si on suit l'administration, ces quartiers n'appartiennent pas à (la municipalité de) Souk Larbaa. Ils n'ont pas d'équipements". (Biographie n°1).

L'ensemble de ces élus revendique son appartenance à la localité de Souk Larbaa. Pour ceux qui sont fonctionnaires, nés à Kallito, la représentation de la ville se fait sur un autre référentiel :

-"L'architecture, la propreté, les équipements sociaux (Al marafiq ijtima'ia). C'est ça la ville. Elle a les équipements nécessaires : une salle de fêtes, un cinéma "au niveau", un club des fonctionnaires, une maison de jeunes adéquate pour les loisirs, une zone verte pour occuper les enfants, des usines pour dynamiser les activités dans la ville... Souk Larbaa dispose à peine de 10% de tout cela!" (Biographie n°1).

- Pour un autre, *"Souk Larbaa n'a rien pour les équipements de récréation : cinéma, théâtre, pas de moyens pour la maison de jeunes ! C'est normal il n'y a pas de budget à la municipalité ! Que faire avec quatre millions de dirhams alors qu'il faut payer les traites pour la gare routière, l'ONEP et l'ONE, ... De plus, il y a une question de mentalité. Souk Larbaa est un mélange ; ce n'est ni la mentalité de la ville, ni celle de la campagne ! La ville est "machqouqa" (fissurée). La municipalité est composée de 25 circonscriptions électorales dans lesquelles il y a des quartiers de ville : Ziz, PAM, Centre ville avec le quartier administratif, par contre, le reste, le plus important est composé de Hay Salam, Oulad Hamad et Lazib Cherkaoui : ici, c'est la mentalité de la campagne qui domine avec plusieurs femmes chefs de foyers, des chômeurs...! Ces deux lieux sont même séparés par le rail !"* (Biographie n°2).

Au-delà de la ségrégation sociale et spatiale décrite par ces propos, les contours de la ville restent flous : *"Oulad Ben Sbaa et Kreiz sont dans de fortes relations avec la ville par la proximité, par l'économie. Ils sont de Souk Larbaa même s'ils appartiennent à une collectivité rurale. Ils sont anciens ici. Pour Ba'bcha ils sont un peu loin (2 à 3 km du périmètre urbain) mais les jeunes sont toujours ici. Ils font avec nous le tournoi de football du Ramadan. Il est difficile de délimiter la ville. Oulad Ben Sbaa et Kreiz sont les plus proches. D'ailleurs, c'est la police qui y commande et non la gendarmerie. Ils ont toujours été comme cela, bien qu'ils fassent partie d'une commune rurale !"* .

Les difficultés à trouver les critères de délimitation de la ville émanent d'une dynamique foisonnante des espaces individuels (inter-spatialité) qui "entrent dans une interaction contradictoire avec la fixité des découpages administratifs qui déterminent les enjeux" ([170]). La référence à une localité ayant une identité spatiale trouvera encore sa réponse dans un mouvement de construction en perpétuel changement. Identité volatile, recomposition des territoires, tout se passe comme si l'intégration urbaine ne devient complète qu'une fois qu'il y a une lutte pour la construction et l'équipement du quartier (ancien douar périphérique). Un processus formateur, qui, par effet de voisinage et du "vivre ensemble" entraîne une appropriation de l'espace, des lieux de mémoire et un contrôle social suffisants pour donner une nouvelle territorialité plus tournée vers la ville.

170- J. LEVY op. cit. P256.

CONCLUSIONS

Le cas de Souk Larbaa montre à tous les niveaux de la gestion urbaine l'émergence permanente d'une élite politique et la multiplication des cercles de patronage dans ces espaces en recomposition. Il interpelle le sens à donner à cette recomposition dans des espaces où prédominent des terres de statut collectif. Ce type de statut des terres met en avant des acteurs multiples parmi lesquels émergent les relais de la population et/ou des ayants-droit, l'organisme de tutelle des terres collectives et leur représentant local et, la municipalité comme institution par laquelle passe la régularisation foncière. Ici, le contexte reste marqué par une forte urbanisation et une pression sur le foncier qui finit par voir le passage rapide de terres à caractère agricole dans l'urbain. Malgré les déterritorialisations qu'entraine la restructuration de certains quartiers, l'emergence et l'enracinement de leaders locaux donnent à ces acteurs un poids considérable dans la gestion urbaine. Le caractère volatile de leurs alliances au sein du conseil municipal finit par leur procurer une autonomie d'action peu appréciée par les autorités locales. En effet, les pratiques de ces dernières restent marquées par le souci de casser toute alliance forte entre acteurs qui échapperait à leur contôle. L'opportunité d'une décision centrale(branchement à l'eau et à l'électricité passant par l'obtention d'un permis d'habiter) a permis à l'autorité locale d'augmenter le poids des services techniques et de briser la relation directe nouée entre la population et ses élus. On remarque ainsi que, plus s'instaure une « justice spatiale », et une forme de cohésion entre la société locale et son élite, plus les autorités locales et centrales interviennent ensemble pour mettre un hiatus entre les deux. Le cas de Souk Larbaa montre les limites d'une véritable démocratie locale tant que les découpages administratifs successifs et la gestion du local par les autorités de tutelle restent marqués par des logiques sécuritaires de type Makhzanien. L'émiettement actuel du conseil municipal pourrait bien se traduire à terme par une totale déconnection entre les populations et leurs élites. C'est aussi comme cela qu'il faudrait lire le trop plein d'une élite sans légitimité à Souk Larbaa.

En effet, la logique sécuritaire a fini par multiplier les cercles de patronage dans cette ville. Ces pratiques diminuent de la lisibilité que peuvent avoir les populations face au pouvoir municipal. Le rôle des relais de la population à porter la demande sociale vers les sphères supérieures ne s'en trouve que plus compliqué. Les alliances instables ne peuvent profiter qu'aux agents de l'autorité et, à plus longue échéance, casser les relais entre les populations et l'instance municipale. Il s'agit là du challenge de toute « bonne gouvernance » : assurer l'articulation entre les populations et leurs leaders et les instances municipales (et nationales).

Discréditer la municipalité revient à déplacer le jeu de pouvoir du local au centre à travers la régulation sociale assurée directement par l'Etat entre les différents acteurs locaux. Malgré toutes les pratiques individuelles (racket, renforcement des intérêts privés…) et divergentes des différents acteurs que nous pouvons relever à Souk Larbaa, ce cas montre la possibilité d'une instance municipale non déconnectée de ses populations. Une enquête récente (2002) menée à douar Kallito auprès des populations nous confirme encore dans cette voie. A toutes les questions relatives aux moyens d'actions politiques susceptibles d'améliorer leurs conditions de vie, la majorité des populations se réfère encore largement à ses élus, sinon à l'instance municipale. Il est vrai que dans ce quartier, les populations ont pu bénéficier d'un logement équipé à un coût très réduit, mais cela ne constitue-t-il pas une des prérogatives essentielles des collectivités locales ?

CHAPITRE III/

UN «MONOPOLE» DU POUVOIR GENERATEUR DE TENSIONS

(cas de Tiflet)

SECTION I- CONFLITS ET ALLIANCES AUTOUR DU CONSEIL MUNICIPAL

S.S.1- La lente émergence d'une vie municipale ou le passage de l'élite locale du rural à l'urbain

Les centres urbains chez les Zemmour ont connu un lent appel des notables ruraux, notamment pour la scolarisation de leurs enfants. En 1973, afin d'expliquer le nombre important de ministres (dans les gouvernements successifs de 1956 à 1969) ou de leaders de partis nationaux dans la seule ville de Khemisset, J. C. Santucci donnait une explication "qui tempère la prépondérance urbaine ; ce sont en effet moins des villes que des gros bourgs ruraux, à population nettement paysanne, qui regroupent autour d'eux une population beaucoup plus importante en fait que ne le fait apparaître le chiffre du recensement"[(171)]. Cette assertion reste tout aussi valable pour la ville de Tiflet. Chez les Zemmour, si l'Istiqlal s'est très vite implanté (1945), le Mouvement Populaire, parti créé en 1958, y a fixé son fief. Ce parti a été "l'expression spontanée d'un particularisme rural et berbère, qui, sans cesser de proclamer son allégeance au roi, se voulait un parti d'opposition rural à un Istiqlal urbain et prépondérant"[(172)].

En effet, Mahjoubi Ahardan, un des fondateurs du Mouvement est originaire de la région d'Oulmes (Sud de la Province). Lors des élections législatives de 1963, ce sont deux enseignants Zemmouri (du collège de Khemisset) qui seront élus dans les deux circonscriptions de Khemisset et de Tiflet sous l'étiquette du Mouvement Populaire[(173)].

De même que leurs élus, la formation dans les collèges d'Azrou et de Khemisset a donné aux Zemmour des Caïds, des juges et des représentants du pouvoir originaires de la même région. Une grande continuité imprègne cette vie politique : l'urbain est un prolongement du rural.

L'étude du pouvoir municipal à Tiflet ne va pas échapper à cette caractéristique. Simple centre délimité dans une commune rurale, Tiflet restera longtemps dominée par des élus des tribus des Aït Bou Yahya et des Hajjama (rattachées à la grande tribu des Béni Ameur). C'est sur le territoire des Aït Bou Yahya, *chorfa* arabes venus du Zerhoun, que la ville a été construite. La sédentarisation récente de ces tribus et l'imbrication des finages des tribus qu'elle a entraîné (voir supra) va impliquer ces deux tribus voisines dans la gestion même de la ville.

171- J. C. SANTUCCI - op. cit. P149.
172- Ibid - P156.
173- R. LEVEAU. op. cit. P139.

Jusqu'en 1976, ils formeront 45% à 60% des élus dans le Conseil Communal[174] avec des rôles fluctuants.

Ainsi, le Conseil Communal de 1960, à l'instar de la plupart des villes marocaines, est encore accaparé par des membres du parti de l'Istiqlal. C'est un ancien résistant, ayant participé à la formation de l'Armée de Libération et rentré en 1956, qui présidera, aux côtés de grands propriétaires fonciers (dont un ancien caïd et un employé du Ministère de l'Agriculture), le premier Conseil Communal de la ville (1960). Malgré leur nombre (5 sur 8), ces notables ruraux Zemmouri ne feront pas le poids devant ce commerçant originaire de Taza, venu très jeune à Tiflet et ayant une renommée nationale dans les milieux de la résistance et dans le parti de l'Istiqlal.

Cependant, la brève expérience des membres de l'Istiqlal à la tête des communes et l'avènement du F.D.I.C lors des élections de 1963 dans tout le pays (voir supra) auront les mêmes effets à Tiflet. Des élus du F.D.I.C (dont quatre du Mouvement Populaire) seront majoritaires dans le nouveau Conseil Communal de 1963 (voir tableau). Un grand propriétaire foncier des Hajjama, employé du Ministère de l'Agriculture à Rabat (membre du F.D.I.C) est élu à la présidence du Conseil. Il sera épaulé par un autre notable rural des Hajjama et trois élus de Tiflet (deux bouchers et un ancien soldat à la retraite).

Caractéristiques du Conseil Communal de 1963

Nom	Parti	- Origine - Lieu de naissance	Circonscription d'élection	Lieu de Hajjama	Activité
Bouazza Belayachi	FDIC	Originaire Doukkala né Hajjama	Elu Hajjama	Réside Hajjama	-Agriculture -Employé Ministère Agriculture - Rabat
Hmida Bjaoui	MP	Originaire Mzourfané Tiflet	Elu Tiflet	Réside Tiflet	-Boucher -Agriculture
Omar Zekri	MP	Originaire Hajjama né Hajjama	Elu Hajjama	Réside Hajjama	Agriculture
Belfqih	MP	Originaire Haouz né Tiflet	Elu Tiflet	Réside Tiflet	Boucher
Mohamed Ould Bou Rkaken	MP	Originaire Mzourfa Mzourfa	Elu Tiflet	Réside Tiflet	Ancien Militaire
Moulay Driss Ould Raïs Hamadi	PI	Originaire Ait Bou Yahya né Ait Bou Yahya	Elu Ait Bou Yahya	Réside Ait Bou Yahya	Agriculture
Cheikh Hamadi	PI	Originaire Ait Bou Yahya né Ait Bou Yahya	Elu Ait Bou Yahya	Réside Ait Bou Yahya	-Ancien cheikh -Agriculture
Cheikh Hmida A'rchane	ND	Originaire Ait Bou Yahya né Ait Bou Yahya	Elu Ait Bou Yahya	Réside Ait Bou Yahya	Agriculture
Si Omar Harbili	PI	Originaire Doukkala né Tiflet	Elu Tiflet	Réside Tiflet	Fqih
Lahcen Tanane	UNFP	Originaire Souss né Tiflet	Elu Tiflet	Réside Tiflet	-Apiculture -Agriculture
Si Mohamed Riat	SAP	Originaire Rehalla né Tiflet	Elu Tiflet	Réside Tiflet	-Vétérinaire

Source : Enquête personnelle auprès des élus.

174- Les élus des Aït Bou Yahya - Hajjama dans les Conseils Communaux de 1960 à 1976

	1960	1963	1969
Elus du rural	5	5	5
Total des élus	8	11	11

La composition du Conseil montre encore des élus Zemmouri chez qui prédominent des notables ruraux (grands propriétaires fonciers ayant (pour certains) eu des fonctions makhzen) et quelques natifs de Tiflet cantonnés dans des activités commerciales marginales. L'ensemble du Conseil Communal est encore marqué par son caractère rural. Les seuls Tifletois qui y sont intégrés sont de condition modeste (deux bouchers, un fqih, un apiculteur, un vétérinaire et un ancien soldat), non représentatifs d'une élite urbaine en formation. La forte intervention des autorités locales lors de ces élections expliquait largement cet état de fait.

Il faut attendre les élections de 1969 pour voir à la tête du Conseil Communal les enfants des notables ruraux des Ait Bou Yahya (A'rchane, Jebbari, El Abdellaoui) et des vieilles familles Doukkali installées à Tiflet (Berkya, Ghoulami, Benezha). Il s'agit des anciens élèves de l'école de Tiflet qui ont fait des études supérieures, puis ont intégré la fonction publique. Six d'entre eux (sur sept) étaient fonctionnaires à Rabat et Casablanca (un seul était enseignant à Tiflet).Leur "retour" s'annonçait davantage comme un désir de reterritorialisation. Si quatre d'entre eux ne vont plus avoir d'actions directes sur la vie politique locale, les trois autres vont représenter des intérêts familiaux qui se prolongeront jusqu'à la période actuelle : les frères A'rchane, Jebari et la famille Berkya.

Malgré la présence de quatre notables ruraux dans le conseil, c'est un cadre, fonctionnaire, originaire et élu des Ait Bou Yahya qui présidera le conseil de 1969 (Ahmed A'rchane). Les enfants de notables ruraux commencent à "investir" la ville. Ils formeront le pont du rural à l'urbain.

Cependant, leur activité dans la fonction publique, loin de Tiflet, obligera certains à s'écarter durant quelques temps de la vie politique locale. Une situation qui laissera les mains libres à ceux d'entre eux qui pouvaient assurer le plus de "permanence". Ainsi, les élections législatives de 1976 verront le passage de l'un d'entre eux (enseignant, surveillant général à Tiflet) dans le parlement par le truchement des élections indirectes[175]. Le conseil communal sera dominé par un membre de l'une des plus anciennes familles Doukkali de Tiflet.

S.S.2 - 1976-1983 : Débuts d'une vie municipale et accaparement du Conseil Communal par une élite Doukkali

Les élections de 1976 ont correspondu à un nouveau découpage administratif qui a entraîné une forte diminution du rôle des élus des Hajjama et Ait Bou Yahya dans le Conseil. Leur part ne concerne plus que 23% des élus (5 sur 21). Un chiffre qu'il faut relativiser davantage, puisque deux élus des Ait Bou Yahya sont des enseignants, fils de notables ruraux, résidant à Tiflet. Dorénavant, c'est la vie urbaine et les intérêts fonciers urbains qui trouveront une place privilégiée dans les débats et décisions du conseil communal (voir infra).

Avec les nouvelles compétences données au Président du Conseil par la charte communale de 1976 (voir supra), la famille Berkya a très tôt compris l'intérêt de monopoliser le Conseil. En présentant un de ses membres les plus influents (relations avec le collège royal), une alliance avec de grands propriétaires fonciers originaires des Mzourfa

175- Il s'agit de Jebari, candidat du Mouvement Populaire (majoritaire dans la région).

(ayant un patrimoine foncier à l'intérieur et à la périphérie immédiate du périmètre urbain) et des Hajjama devenait possible. De même que la constitution d'un groupe formé de petits fonctionnaires, et de commerçants (station-service, garagiste) originaires des Doukkala et du Souss trouvait les appuis nécessaires pour se faire.

Le bureau de ce conseil montre bien ces deux caractéristiques - Elus sans appartenance politique (S.A.P) avant de passer au Rassemblement National des Indépendants R.N.I[176], les membres du ce bureau regroupent, outre A. Berkya (absent en permanence), Fakir Boubker (1er khalifa qui le remplace en son absence) grand propriétaire foncier des Mzourfa (voir infra), deux bouchers Doukkali, un enseignant et un employé de banque Soussi.

L'ensemble du Conseil Communal de 1976 montre, d'une part, une prédominance des élus non originaires des Zemmour (14 sur les 16 élus des circonscriptions que compte la ville), d'autre part une forte présence des commerçants et petits métiers de service (tailleurs, bouchers, garagistes, ... représentent 43% des élus) - voir liste et graphe.

Origine et étiquette politique des élus du C.M de 1976-1983

Nombre et origine des élus	Etiquette politique
- 3 Ait Bou Yahya (cir. rurale)	2 PI* + 1 MP**
- 2 Hajjama (cir. rurale)	2 SAP***
- 2 Mzourfa (cir.urbaine. c.u)	2 SAP
- 8 Doukkala (c.u)	4 SAP + 4 PI
- 2 Souss (c.u)	2 SAP
- Jbala (c.u)	PI
- 1 Taza (c.u)	PI
- 1 Chiadma (c.u)	SAP
- 1 Khemisset (c.u)	PI

Source : Pachalik de Tiflet

**PI: Parti de l'Istiqlal; **MP: Mouvement Populaire; ***SAP: Sans Appartenance Politique*

Profession et/ou activité des élus du CM 1976-1983

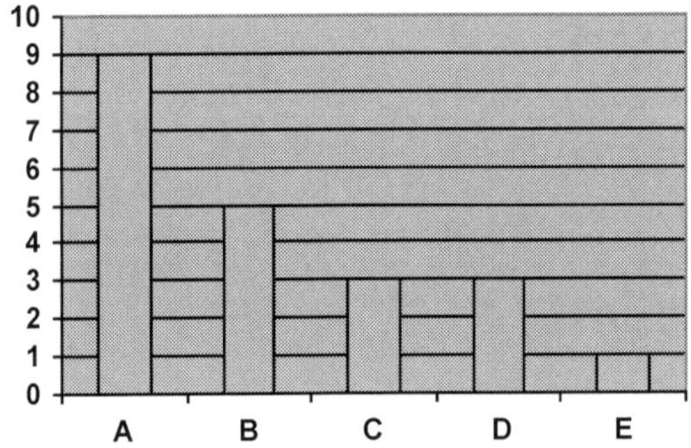

A- Commerçants et activités de service
B- Propriétaires fonciers (agriculture)
C- Petits fonctionnaires
D- Enseignants (primaire-secondaire)
E- Hauts cadres

Source: Pachalik de Tiflet

176- Le R.N.I a été, à l'instar du F.D.I.C en 1963, un parti, dit de l'Administration, qui rassembla en 1977 une grande partie des candidats Sans Appartenance Politique (S.A.P).

Ainsi, l'accaparement du conseil par une famille allogène allait donner cette caractéristique à l'ensemble du conseil et son corollaire, la faible présence de l'élite des Aït Bou Yahya. En effet, seule une petite partie des fils de l'élite rurale BouYahyaoui s'est présentée à ces élections. Une donnée qui changera dés les élections de 1983, mais qui marquera dorénavant la présence d'un groupe autour de la famille Berkya.

S.S.3 - Des conflits et alliances, au monopole du Conseil Communal par l'élite Bouyahyaoui

Avec l'accroissement démographique de la ville, les élections communales de 1983 vont donner lieu à une augmentation du nombre des circonscriptions électorales urbaines (qui passent de 16 à 20) et à une marginalisation totale des caractéristiques rurales de la commune. Désormais, les sièges des Ait Bou Yahya et Hajjama seront occupés par les fils des notables ruraux, diplômés du supérieur, qui résident à Tiflet (les cinq élus sont respectivement : un ancien commissaire à la retraite, un fonctionnaire de la Caisse Nationale de Sécurité Sociale à Casablanca, un ingénieur, un fonctionnaire du Ministère de l'Habitat et de l'Aménagement du Territoire et un enseignant).

En fait, les élections de 1983 vont être l'occasion d'une reterritorialisation d'un ancien commissaire du Ministère de l'Intérieur originaire des Ait Bou Yahya (ayant pris sa retraite anticipée). Ancien de l'école de Tiflet, il s'appuiera sur tous les anciens élèves Zemmouri du cercle de Tiflet pour former une Association avant les élections. Il trouvera une adhésion totale parmi eux. Un ancien commissaire, deux retraités de la fonction publique, deux enseignants, un fonctionnaire et un boucher Doukkali constitueront un bureau où prédominent les BouYahyaoui et Hajjama (5 sur 7). Un véritable "raz de marée" s'est opéré: 19 élus sur 25 sont derrière le nouveau Président. Fonctionnaires, enseignants et retraités représentent 79% de ses appuis (15 élus sur 19), le reste se répartissant entre des propriétaires fonciers et des commerçants (2, soit 10,5% pour chacune de ces catégories). Ils s'agit surtout de personnes originaires du cercle de Tiflet (58%) ou de Doukkali nés à Tiflet et y ayant passé une partie de leur scolarité (42%).

Cette double caractéristique va imprégner le nouveau conseil formé, d'une part, en majorité de cadres moyens et supérieurs (18 élus sur 25 soit 72%) et partiellement de propriétaires fonciers (16%) et de commerçants (12%) et, d'autre part, de personnes originaires des Béni Ameur (56%) ou des Doukkala (32%) - voir graphe et liste.

Profession et/ou activité des élus du CM 1983-1992

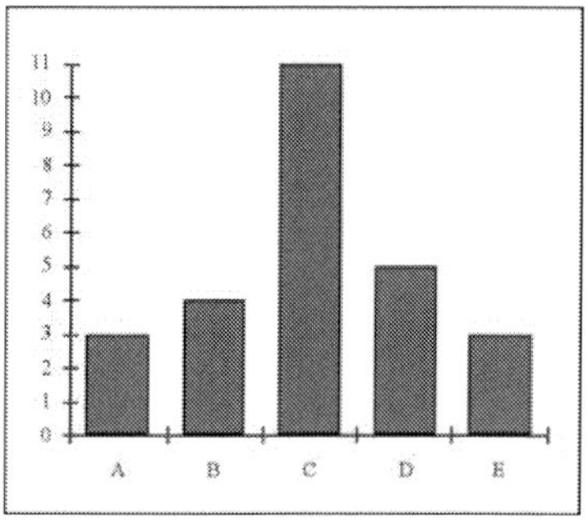

A Commerçants et activités de service
B Propriétaires fonciers (agriculture)
C Petits fonctionnaires
D Enseignants (primaire-secondaire)
E Hauts cadres

Source : Pachalik de Tiflet + personnes ressources.

Origine et étiquette politique des élus du CM de 1983-1992

Origine	Etiquette politique
9- Ait Bou Yahya	8 SAP 1 MP
2- Hajjama	2 SAP
2 Qotbyines	2 SAP
1- Mzourfa	RNI
1- Khemisset	SAP
8- Doukkala	6 SAP + 2RNI
1 Souss	SAP
1 Mesfioua	RNI

Source : Pachalik de Tiflet + personnes ressources.

Le nouveau conseil se présente comme un renouvellement total des élus (seul 16% des membres de l'ancien conseil ont été réélus). Il présente la caractéristique d'une adhésion des populations indigentes d'une ville où l'habitat dit insalubre (dans des baraques et noualas) concernait plus de 53% des populations (voir infra).

Désormais, tout ce que compte la ville comme cadres sera versé dans la gestion locale à travers le conseil municipal. Même l'étiquette politique de chaque membre du groupe formé par le futur président a été abandonnée. Ils se présenteront tous sans appartenance politique.

La faction des Berkya ne regroupera plus que quatre élus au C.M, alors que l'ancien député BouYahyaoui Jebari se désolidarise du mouvement créé par le nouveau président. Cette nouvelle donne politique instituera surtout une personne devenue incontournable : le nouveau président du conseil communal qui sera également le nouveau parlementaire de la circonscription électorale de Tiflet (cercle de Tiflet). Cette double position, corrélée à un réseau de relations tissé au sein même du Ministère de l'Intérieur donnera à cette "personnalité" un pouvoir sans égal dans la ville : la faction A'rchane est créée, elle est le résultat d'une véritable continuité rural-urbain.

A- Les élections de 1992 : émergence d'un nouveau leader politique local

C'est en 1992 que la ville de Tiflet connaîtra enfin un conseil formé uniquement d'élus de la municipalité de Tiflet, les tribus de Hajjama - Ait Bou Yahya formant désormais une commune rurale autonome issue du découpage administratif de cette même année. Le nouveau découpage administratif fera passer ainsi le nombre de circonscriptions électorales (à l'intérieur du périmètre urbain) de 20 à 25, soit cinq de plus que lors du découpage de 1983. Ces cinq nouvelles circonscriptions concernent les quartiers de Andalous Nord, PAM et extension, Takadoum, Saada et Amal. Les quartiers restructurés compteront 14 circonscriptions, mais le gain (de trois circonscriptions électorales) se fera pour les quartiers renfermant peu de population (Saada, Amal et Takadoum, avec respectivement 976 habitants par circonscription, 1352 hab/cir et 356 hab/cir) au détriment des quartiers les plus peuplés (4736 hab/cir à Qotbyines et 2654 hab/cir à Hay Salam et Nahda) - voir tableau et figures 9, 10 et 11.

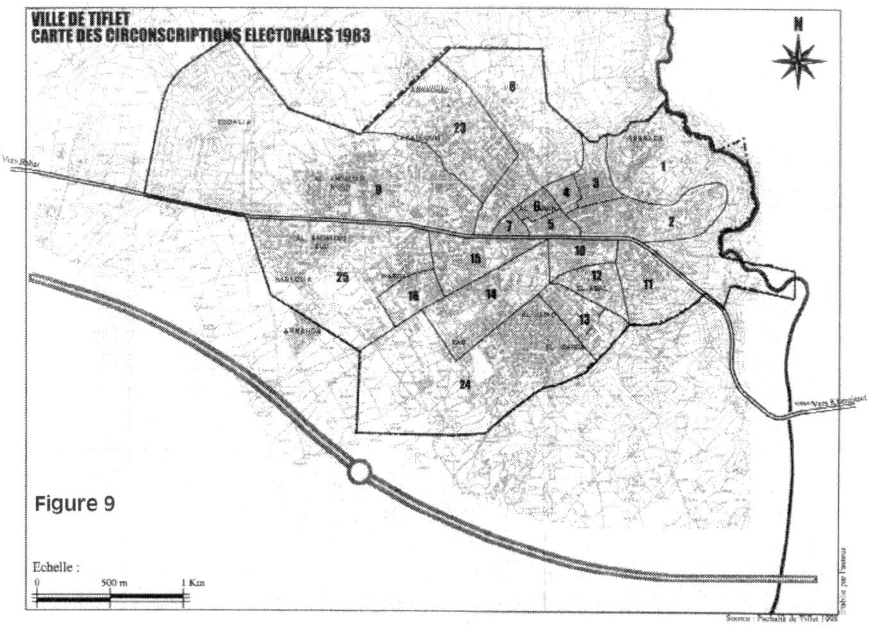

Figure 9

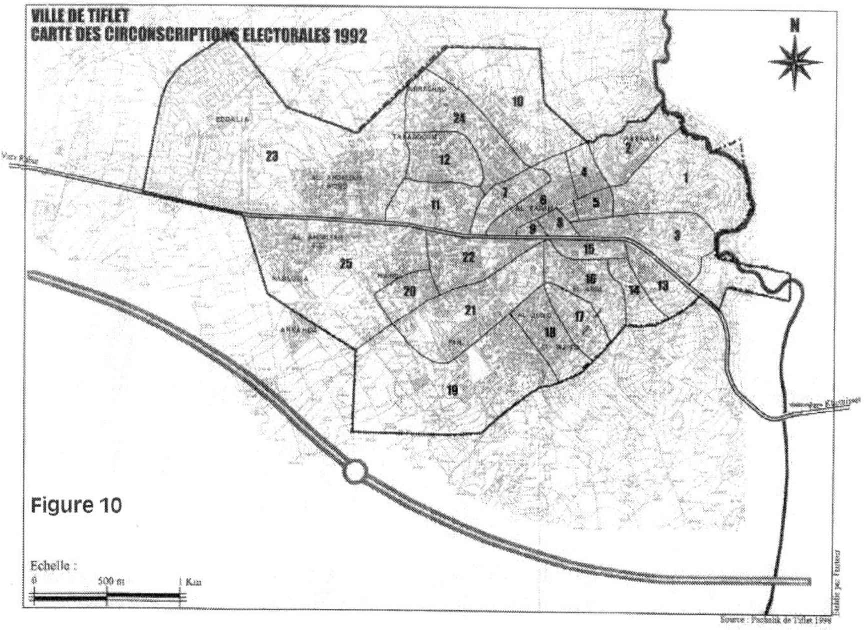

Figure 10

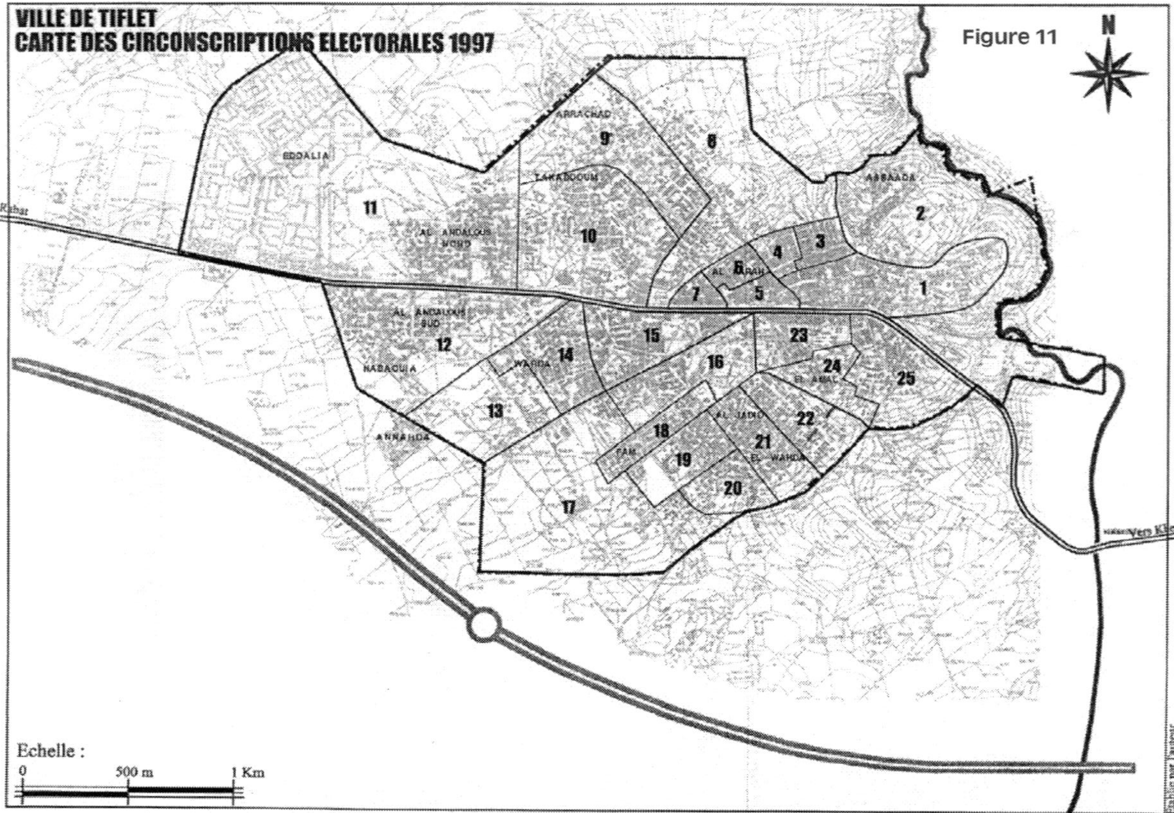

Source : Pachalik de Tiflet 1998

Tableau n°63 : Les circonscriptions électorales par quartier et population découpage 1983-1992-1997

Quartier	1983			pop	1992			pop	1997		
	Nb Cir	N°	Nb insc	RGPH 1982	Nb Cir	N°	Nb insc	RGPH 1994	Nb Cir	N°	Nb insc
Q. Administratif	1	2	381	869	1	3	275	510	1	2	869
Hay Farah	6	3 4 5 6 7 22	621 362 495 414 377 323	6797	6	4 5 6 8 9 7	701 722 89 211 336 936	7068	5	3 4 5 6 7	881 821 551 835 553
PAM + Programme Social	2	14 24	364 475	5108	3	18 21 19	1137 2036 1088	9134	6	16 17 18 19 20 21	989 776 697 796 787 951
Hay Nahda* + Hay Salam* + extension	3	15 16 25	646 361 324	3775	3	22 20 25	743 622 1241	7962	3	13 14 15	396 864 996
Andalous Sud				1079				3080	1	12	1075
Qotbyines*	2	8 23	429 355	5658	2	10 24	501 1233	9472	2	8 9	889 1182
Takadoum*	1	9	591		2	11 12	408 268	713	1	10	1269
Andalous Nord					1	23	878	3326	1	11	1166
Hay Amal* + Od Chrifa* 3	3 1	10 11 12 13	574 442 406 446	4154	4 1	13 14 15 16 17	373 741 430 392 465	6762	3 1	23 24 25 22	777 677 659 689
Hay Saada* (Jdid)	1	1	521	1793	2	1 2	454 363	1956	1	1	878
Rural Ait Bouyahya	3	17 18 19	442 518 377								
Hajjama	2	20 21	361 592								

Source : *RGPH -1983-1994.*
Dépouillement Archives Division des Affaires Générales du Pachalik de Tiflet.
** Quartiers restructurés.*

Ce découpage instaure une discrimination à deux niveaux : entre les différents quartiers réglementaires et les quartiers restructurés, et entre les différents quartiers restructurés. En fait, les quartiers réglementaires anciens ne posant pas de problèmes fonciers (quartier administratif, Hay Farah) et les quartiers restructurés ayant bénéficié très tôt de tous les équipements de base (Amal et Takadoum) sont sur-représentés par rapport aux autres. Tout se passe comme si le découpage de 1992 avait été initié pour cantonner les quartiers à problèmes (problèmes d'apurement de la situation foncière des habitants du P.A.M, équipements de base "incomplet" dans le restructuré) dans le moins de circonscriptions électorales possibles afin que le nombre de leurs élus au sein du CM ne soit pas déterminant. Malgré cela, le vote de 1992 sera "un vote-sanction". La majeure partie des candidats de la faction A'rchane sera battue. Les électeurs auraient sanctionné le type de gestion menée durant le mandat 1983-1992 par le président-député et son groupe. L'opération de restructuration des douars périphériques entreprise depuis 1986 a donné lieu à des manipulations et des situations de sous-équipement sept années après (voir infra [177]). Le mécontentement des populations a été alors pleinement exploité par un jeune BouYahyaoui de quarante ans, ancien cadre de la Caisse Nationale de la Sécurité Sociale à Casablanca, revenu défendre ses intérêts fonciers dans sa ville natale : Khamis.

Ce dernier, de son vrai nom, Idrissi Bou Yahyaoui Mohamed, a bénéficié de l'appui du parti de l'Istiqlal. Un parti qui a perdu beaucoup de terrain dans la ville depuis les années 60 (il avait alors la présidence du Conseil Communal). Représenté par 9 élus en 1976 (soit 42% des membres du C.M), il n'aura plus aucun élu en 1983. Ce fils de l'ancien naqib [178] des *chorfa* Idrissite des Ait Bou Yahya (voir infra) allait permettre au parti de reprendre pied dans la vie politique locale.

Ainsi, l'Istiqlal sous la houlette de Khamis gagnera 11 sièges dans le C.M de 1992, devenant le premier parti local (le RNI et le MNP ayant 7 sièges chacun). Les quartiers restructurés lui fourniront 8 sièges sur 14. La campagne électorale anti-A'rchane y avait porté ses fruits.

Khamis "s'appuiera" essentiellement sur des petits fonctionnaires (9 sur 11 : employé communal, cadres intermédiaires des services de la perception, de l'agriculture et de la santé, enseignants du primaire et du secondaire) mais aussi sur un chauffeur de taxi et un soukier. Ce groupe est marqué par la diversité des origines de chacun de ses membres (3 du cercle de Tiflet, 3 Doukkali nés à Tiflet et cinq fonctionnaires de diverses origines externes : Sahara, Marrakech...). Si c'est Khamis qui établit les contacts avec les candidats, c'est le parti qui les soutient localement dans leur campagne. Le groupe formé ainsi a fortement bénéficié d'une conjoncture favorable [179] alors que ses assises semblent fragiles.

En effet, la plupart de ces élus n'ont qu'un faible enracinement local, c'est leur place en tant que fonctionnaire qui les distingue comme médiateur possible dans la société locale. Leur regroupement se fait autour de Khamis, et non sur un quelconque programme idéologique du parti de l'Istiqlal.

Parallèlement, les élections de 1992 ont montré le début de l'installation d'une élite politique locale dans une certaine pérennité. En effet, les deux factions Berkya et A'rchane se maintiennent. Durant quinze ans les frères Berkya et Lhcini renouvellent leurs mandats, de même que A'rchane, Sabri, Ouakrim ou Jebbari.

177- Une grande partie de ce travail sera réservée à la restructuration des douars et à ses implications socio-politiques (Section II).

178- Représentant des chorfa qui empêche l'infiltration d'éléments non chorfa, règle les litiges internes aux chorfa et les représentent auprès du Makhzen (voir infra), et description faite par A. LAROUI.

179- Il s'agit essentiellement du mécontentement des populations dans les quartiers restructurés (voir infra).

Malgré le vote-sanction, 32% des élus de 1983 ont été maintenus (8 sur 25) : il s'agit essentiellement des personnes les plus influentes de ces deux factions.

Avec l'élection de Khamis à la tête de la présidence du Conseil c'est un troisième groupe qui se consolide. Une véritable segmentation du personnel politique se dessine. Force est de constater ici, le rôle des Berkya, qui, avec sept élus, joueront un rôle primordial dans le soutien et la consolidation même d'un nouveau groupe Bouyahyaoui tout en le laissant otage de ce même soutien [(180)]. Cette phase très courte (trois années) dans la vie politique locale montrera également les réminiscences de l'ordre tribal dans la gestion locale que d'autres pourraient analyser comme une "réactivation des structures segmentaires" [(181)].

B- Compétition autour d'une représentation (locale de la population)

Les Ait Bou Yahya présentent la particularité d'être originaires de Moulay Driss Zerhoun. Chez les Zemmour, c'est la seule tribu (avec celle des Ait Yadine) où le *chraâ* était appliqué avant même la pénétration française[(182)]. Ils seraient "des chorfas venus du Zerhoun et incorporés à la tribu Zemmour vers la fin du dix-huitième siècle ... ils détiendraient des dahirs attestant l'authenticité de leur généalogie[(183)].

Par ce statut de *chorfa* Idrissite, de "noblesse de sang" qu'ils partagent avec la dynastie régnante, ils se présentent avec des atouts : esprit de corps (*açabiya*), pratique de l'endogamie et système du *naqib* (syndic) empêchent l'infiltration d'éléments non chorafa. Cette cohésion décrite pour les Idrissite de la ville de Fès [(184)], se renforce par une relative autonomie sur le plan juridictionnel et administratif légal - (c'est à leur *naqib* et non au *qadi* que revient la tâche de juger les différends entre les *chorfa*. Les impôts sont payés à leur représentant auprès du Makhzen). De même qu'ils bénéficient de privilèges d'ordre matériel et symbolique (par des exonérations fiscales, par les recettes des offrandes données au mausolée idrisside, par les privilèges économiques que procurent l'autorité symbolique - détention de *baraka*, intercession auprès de la dynastie régnante) [(185)].

180- Pour maintenir sa majorité au sein du C.M. Khamis devait avoir en permanence les voix des élus de la faction des Berkya. En 1995, les "Berkya" décident de lui enlever leur soutien. Une motion de censure des deux-tiers des conseillers en exercice (article 7 du dahir portant loi du 30/9/1976) lui fera perdre la Présidence du Conseil au profit de A'rchane.

181- L'approche des groupes politiques locaux par R. LEVEAU emprunte cette voie. Dans les enseignements qu'il tire d'une revue de la relation entre segmentation du personnel politique et réactivation des structures segmentaires [l'ancienne organisation segmentaire servant de support local à l'élite politique dans les conflits qui la divise (Ernest GELLNER "The struggle for Morocco's Past" The Middle East journal XV 1961 - Cité par Michel CAMAU "Pouvoirs et institutions au Maghreb. Ceres Production - Tunis 1978)], Michel CAMAU constate la survivance de liens primordiaux fondés sur le lignage ou la région qui se combinent avec d'autres champs de solidarité (concept de société composite développé par P. PASCON. "La nature composite de la société marocaine" in Lamalif - Décembre 1967). Ces liens primordiaux manifestent une défense d'intérêts locaux. Dans tous les cas, ils s'imposent aussi aux élites en nourrissant des réseaux de clientèle".

182- Le chraa suit les prescriptions du Coran et de la Sounna. Les autres tribus Zemmour suivaient le droit coutumier Berbère.

183- Villes et tribus du Maroc. Rabat et sa région - op. cit. P190.

184- Cigar NORMAN "Société et vie politique à Fès sous les 1ers Alaouites 1660-1830 "in Hesperis XXVIII - 1978-79. Cité par Ahmed CHERAÏ "Pouvoir et élite locale : cas de la rébellion de la ville de Fès au début du 19° siècle d'après l'historien marocain Abou Al Kacim EZZAYANI "in Colloque "Villes et Territoires" IRMC Tunis - Septembre 1998 - à paraître -

185- A. LAROUI "Les origines sociales et culturelles du nationalisme marocain" Centre Culturel Arabe -1993- P92-97.

Chez les Ait Bou Yahya, peu d'éléments historiques nous sont parvenus pour juger de leur place parmi les autres tribus Zemmour. Chez ces dernières, comme le note R. Bourqia "le Cherifisme, la baraka, la piété, le pacifisme étaient les caractéristiques de sainteté et des éléments ayant le pouvoir de mettre de l'ordre dans le champ profane. Le Chérif est évoqué pour régler les différends et arrêter la violence entre les groupes tribaux, intervenir auprès du Sultan.. ou servir de protecteur (zettat) pour traverser les terroirs des tribus. Les Zemmouri montraient une vénération particulière aux *chorfa* visitant les tribus pour la collecte des offrandes.." (186). Or, l'intervention des *chorfa* chez les Zemmour n'a, le plus souvent, concerné que les *chorfa* de Ouazzane (187) ou plus rarement, ceux de Boujad (188). Les *chorfa* des Ait Bou Yahya semblent exclus de cette problématique. Ils ont été au milieu des oppositions tribales. En portant les armes et en prenant parti pour leur propre tribu dans les différends intertribaux, ils n'ont pas pu jouer un rôle neutre et pacifique. Cette situation se retrouvait chez d'autres *chorfa* des Zemmour : les Khaldiyines des Ait Ouribel (189).

Si le rôle des Ait Bou Yahya chez les Zemmour semble négligeable vu leur implication et la relative autonomie dont ont pu jouir ces tribus tout au long du XIX° siècle (voir supra), il n'en reste pas moins que leur statut de *chorfa* a institué chez eux des éléments de cohésion et d'autonomie. Le pèlerinage de Moulay Driss, avec l'ensemble des *Chorfa* Idrissides du royaume se fait chaque année avec une forte participation des tribus avoisinantes sous la direction du *naqib*. Le *naqib*, chargé de la vérification des généalogies chérifiennes et du règlement des litiges entre les *chorfa* occupe ici une place centrale. Il a plus que tout autre *chérif* en tribu une autorité symbolique, puisque reconnu par les populations et par le pouvoir central.

Chez les Ait Bouyahya, la mort du *naqib* a entraîné une véritable compétition autour de cette "autorité symbolique". La succession de l'ancien *naqib* assurée par son fils, Khamis, a été acceptée par A'rchane tant que le nouveau *naqib* n'avait pas de velléités de prise en main du conseil municipal. Dès que les élections approchaient et que Khamis avait commencé sa campagne contre A'rchane (1990), ce dernier entama un véritable coup de force en tribu. Après un rassemblement de la *qbila*, il mit en place un nouveau *naqib* (Si Ahmida Qafsaoui également membre du C.M). La situation confuse créée par cette désignation empêcha même le pèlerinage de Moulay Driss. C'est après l'échec du groupe A'rchane aux élections locales qu'une solution traitée au niveau central allait remodeler les rapports de force localement. En effet, une délégation officielle s'est déplacée de Rabat. Elle comprenait : le Ministre de l'Intérieur, un conseiller du roi et le frère de A'rchane (médecin militaire proche du palais). Officiellement, cette délégation a institué le docteur A'rchane, *naqib* des *Chorfa* Idrissite des Ait Bouyahya. Cet acte avait deux significations : d'une part il reconnaissait définitivement le statut de *chorfa* aux Ait Bouyahya, d'autre part il mettait en place la faction qui avait le soutien du roi.

186- R. BOURQIA op. cit. p.149.

187- Les chorfa de Ouazzane ont joué un rôle d'intermédiaire entre les Makhzen et les Zemmour. En 1902, ils ont permis la négociation d'une trêve avec Moulay Abdelaziz. De même que leur participation à la lutte contre Bouhmara. Sous Moulay Abderrahman, ils intercédèrent auprès de ce dernier pour empêcher sa mehalla d'intervenir (M. LESNE op. cit. p.57-58 et 66-67) ... les Chorfa de Ouazzane se présentaient annuellement pour recevoir des offrandes.

188- Ch. de Foucault a traversé le pays Zemmour grâce à un cherif de Boujad. Voir Ch. DE FOUCAULT "Reconnaissance au Maroc" op. cit. p.42.

189- Voir H. RACHIK op. cit. p.41.

Les "A'rchane" se trouvent investis d'un pouvoir symbolique qui dépasse toute autre force politique locale. Ils ont pu donner aux Ait Bouyahya une reconnaissance (en tant que *chorfa*) par le pouvoir chérifien - le roi Commandeur des croyants - tout en exhibant l'importance de leurs appuis au niveau central. L'imbrication du "centre" dans les affaires du "local" va être décisive : Mahmoud A'rchane (réélu à la députation) n'attendra que les deux années réglementaires (voir infra) avant d'écarter le nouveau président du Conseil Municipal!

A travers cet épisode de la vie politique locale, nous relevons plus que jamais l'importance primordiale des symboles religieux comme enjeux de pouvoir surtout lorsqu'ils donnent lieu à un arbitrage de l'intérieur même du Makhzen.

Mais, c'est plus la manifestation du pouvoir central et son implication locale qui procure une puissance à celui qui a été soutenu que la détention même de la représentation du *naqib* (obtenue par le haut).

Les survivances de l'ordre tribal forment ici des supports aux conflits locaux : Khamis n'est un véritable concurrent à la présidence du CM qu'en tant que fils de *naqib*, issu d'un lignage différent de celui de la famille A'rchane (Ait Said des Ait Ikhlef). A'rchane le combattra en permanence, car il sait qu'il bénéficie d'une certaine légitimité (une légitimité qui peut tôt ou tard lui donner les moyens de reprendre les rênes du CM).

C- Vers le monopole de la présidence du CM

Fort de sa ré-election au parlement, A'rchane s'attachera pendant toute la durée de la présidence Khamis (1992-1995) de ramener vers lui des élus du parti de l'Istiqlal (principal soutien du président). Progressivement, 3 Doukkali (un infirmier à la retraite, un employé communal et un écrivain public) le rejoignent. Désormais, il a le soutien de 9 membres du CM [(190)]. Avec le revirement des Berkya, il bénéficiera d'une majorité confortable (16 élus sur 25). Ceci lui permettra de reconquérir la présidence du conseil après une motion de censure des deux-tiers des membres en exercice mettant fin à l'investiture de Khamis en Décembre 1995 [(191)]. Dans ce véritable "ménage à trois", le rôle du groupe Berkya a été déterminant. Il a aussi bien permis la consolidation d'un second groupe Bouyahyaoui (pour asseoir ses intérêts dans la ville - voir infra) que participé à sa chute et à la remise en selle de A'rchane [(192)].

Les élections de 1997 vont concrétiser davantage un véritable monopole de la présidence par A'rchane au détriment de toute autre force politique dans la ville. Avec 18 élus, les deux autres factions ne bénéficient plus que de 20% des élus au sein du CM (voir tableau).

190- Avec 9 élus il a la majorité (M.N.P). Le parti de l'Istiqlal n'ayant plus que 8 élus, le RNI 7 élus et 1 MNP "autonome" - (Jebbari).

191- Suivant les dispositions de l'Article 7 du dahir portant loi du 30/9/1976 exigeant un délai minimum de deux ans au delà duquel les conseillers sont en droit de mettre en oeuvre leur pouvoir de démission du président et une majorité des deux-tiers, la dissolution du Bureau du Conseil présidé par Khamis a eu lieu lors de la session du 1/12/1995. La session extraordinaire du 8/12/1995 a consacré l'élection de Archane à la présidence.

192- Le Bureau "reconstitué" le 8/12/1995 a gardé la même équipe (les 5 khalifas, le secrétaire, le trésorier) que la précédente. Seul le Président a changé. Berkya Mohamed est vice président dans les deux bureaux. Il s'agissait bien de "chasser" Khamis. Si le dahir de 1976 prévoit que la démission du président entraîne solidairement celle de ses adjoints (l'idée sous-jacente étant une censure de l'exécutif) afin de recomposer une nouvelle équipe de l'exécutif, force est de constater ici la manipulation qui en a été faite par les conseillers (retournement d'alliance, course aux intérêts qui leur permet un maintien au même poste au sein du bureau).

Etiquette politique des élus du CM 1997

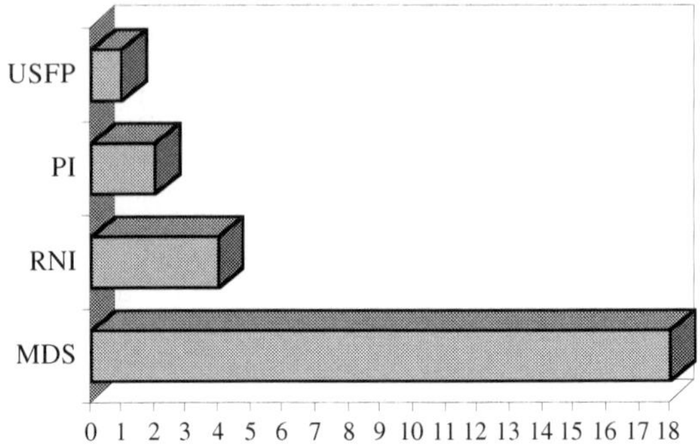

Source : Pachalik de Tiflet
MDS : Mouvement Démocratique et Social

Plusieurs éléments vont concourir à cette situation :

1) La reconquête des quartiers restructurés sera plus facile (avec l'achèvement des équipements , voir infra) [193] surtout que leur poids s'est vu minimisé (36% des élus contre 56% en 1992); voir tableau.

2) Le président-député bénéficie de plus en plus d'une aura nationale.

En effet, son rapport au Mouvement Populaire sera des plus tumultueux. Après la scission du Mouvement il passera successivement du Mouvement Populaire (M.P), aux Sans Appartenance Politique (SAP), avant de rejoindre le Mouvement National Populaire (MNP de Ahardan) puis de former son propre parti, le Mouvement Démocratique et Social (MDS) en 1997. L'émergence de ce nouveau parti représente pour Remy Leveau[194] une "sorte d'investissement populiste favorisé par M. Driss Basri (Ministre de l'Intérieur) pour constituer le pivot d'une solution de rechange au cas où la coalition conduite par l'USFP (Février 1998) ne serait pas viable. Ce parti Makhzen a recueilli autant de sièges que l'Istiqlal... c'est lui qui a bénéficié des plus importants moyens financiers lors des élections législatives de 1997". Localement, plusieurs grands meetings politiques sont alors tenus à Tiflet pour la constitution même de ce nouveau parti. Par cet acte (fortement soutenu par l'Administration), A'rchane affirmait sa puissance et attirait par là même tous les petits fonctionnaires désireux de bénéficier de son influence locale [195].

Ainsi, 56% des élus de 1992 sont reconduits. Les 44% restants (nouveaux élus) font partie dans leur grande majorité du M.D.S (82% soit 9 sur 11).

193- Il y obtiendra 9 élus sur 11.

194- Remy LEVEAU "Réussir la transition démocratique au Maroc "in Le Monde Diplomatique n°536 Novembre 1998.

195- Sur les 9 nouveaux élus du groupe A'rchane on compte 7 petits fonctionnaires et infirmiers (dont 6 originaires du cercle de Tiflet et un des Doukkala né à Tiflet), un commerçant et son fils.

Au niveau des catégories socio-professionnelles et de l'origine des membres des Conseils de 1992 et 1997, les grandes tendances observées en 1983 se maintiennent. Enseignants et petits fonctionnaires des différentes administrations locales forment toujours le gros lot des élus (respectivement 48% et 60% des membres du conseil de 1992 et 1997). L'importance des commerçants et petits métiers reste minime (16% dans les deux conseils) alors que des hauts cadres en retraite, ainsi que des hommes d'affaires - qui touchent plusieurs secteurs d'activité - (représentés surtout parmi les Berkya et quelques Soussi nés à Tiflet) représentent désormais 32% et 20% des élus. Les propriétaires fonciers ne sont pratiquement plus représentés (4%). Cette structure montre, à l'image des autres petites villes marocaines, cette tendance à l'occupation des CM par des fonctionnaires et enseignants (voir tableau).

Tableau n°64 : Profession des élus des CM 1992 et 1997

	CM 1992			CM 1997		
	Nbre	**%**	**% Cum**	**Nbre**	**%**	**% Cum**
Enseignants	4	16	16	3	12	12
Fonctionnaires et retraités	8	32	48	12	48	60
Hauts cadres en retraite	3	12	60	1	4	64
Hommes d'affaires	5	20	80	4	16	80
Propriétaires fonciers	1	4	84	1	4	84
Commerces et services	4	16	100	4	16	100

Source : Pachalik de Tiflet.

Mais les chiffres recensés à Tiflet dénotent encore une fois d'un phénomène précoce (dès 1983) qui concerne surtout des fonctionnaires originaires du cercle de Tiflet ou nés dans la ville. Une tendance qui se maintient, puisque ces derniers ont représenté respectivement 84% et 96% des élus en 1992 et 1997 - (voir tableau). La "fonctionnarisation" de la société Zemmouri joue encore!

Tableau n°65 : Origine des élus du CM de 1992 et 1997

	CM 1992			CM 1997		
	Nbre	**%**	**% Cum**	**Nbre**	**%**	**% Cum**
Ait Bouyahya	7	28	28	6	24	24
Cercle de Tiflet	3	12	40	9	36	60
Khemisset	2	8	48	-	-	-
Doukkala (nés)	7	28	76	7	28	88
Souss (nés)	2	8	84	1	4	92
Autre (Marrakech, Mesfioua, Sahara..)	4	16	100	2	8	100

Source : Pachalik de Tiflet.

S.S.4 Quelques enseignements

La vie municipale de Tiflet montre des spécificités qui soulignent encore une fois le caractère rural de cette ville. Outre son statut administratif qui a favorisé jusqu'en 1992 l'influence de ruraux dans les divers conseils communaux, c'est davantage le profil des chefs de groupes de clientèle et leur nombre réduit qui interpelle ici. En effet, seuls trois groupes ont pu émerger - chacun ayant opéré une continuité à travers un de ses fils (qui a des capacités personnelles : formation, richesse, appuis dans l'administration centrale ou au niveau d'un parti politique) ou à travers l'une des familles d'entrepreneurs allogènes les plus anciennes dans la ville (qui a su se forger depuis plus de 50 ans un réseau de clientèle locale). Ici, le chef de groupe semble moins fragile qu'à Souk Larbaa. La caractéristique rurale réside dans le poids de la population du cercle de Tiflet dans la ville. Cette dernière est encore fortement attachée à ses origines tribales. La détention de symboles religieux et du rôle de *naqib* dans une tribu de *chorfa* constitue encore un enjeu dans la compétition entre des familles concurrentes, prolongeant une compétition tribale dans le jeu politique urbain. Avec la multiplication de ses fonctionnaires et enseignants, Tiflet n'a pas vu émerger une nouvelle élite en dehors de ces grandes familles. L'espace politique semble "bouché" ! Est-ce dû à l'origine même de ces fonctionnaires, souvent natifs de la ville même ou du cercle de Tiflet [196], et intégrés par là même à un des deux groupes Zemmouri ou est-ce l'ampleur des conditions et valeurs locales à remplir par le candidat qui freinent cette émergence (nécessité d'un enracinement local, de prestige, d'un patrimoine foncier, de richesses, d'appuis extérieurs, ...) ?

La seconde caractéristique de la vie municipale à Tiflet émane directement de l'importance de cette situation : l'ampleur du phénomène des "élus éphémères".

En effet, depuis 1976 les nouveaux élus ont représenté respectivement 85%, 68% et 44% des élus dans les CM de 1983,1992 et 1997.

En 21 ans de vie municipale (depuis la charte de 1976), seuls 6 élus ont pu se maintenir durant trois mandats successifs (soit 8,9% des élus de cette période) alors que 74,6% des élus entre 1976 et 1997 n'ont qu'un seul mandat (voir tableau).

Tableau n°66 : Nombre de mandat par élu durant la période 1976-1997

Nbre mandats	Nbre d'élus	%
- Un mandat	50	74.63
- Deux mandats (au maximum)	11	16.42
- Trois mandats	06	8.95
Total	**67**	**100**

Source : Dépouillement personnel - listing Pachalik de Tiflet.

Cette situation concerne ainsi l'ensemble des quartiers de la ville : une rotation se distingue aussi bien dans les quartiers réglementaires (Hay Farah, Andalous, PAM) que dans les quartiers restructurés (Aïssi, Saada, Amal, La Cave, Qotbiynes, Takadoum) - voir tableau.

196- La présence dans les administrations centrales d'une forte colonie de hauts fonctionnaires Zemmouri a beaucoup favorisé le recrutement de fonctionnaires Zemmouri dans la ville même.

Tableau n°67 : Les nouveaux élus par quartiers lors des élections locales de 1983, 1992 et 1997

Année Election C.M	Quartiers restructurés								Quartiers réglementaires				
	Od Chrifa	Amal	Aïssi	La Cave	Saada	Qotby-ine	Takad-oum	Total **	Farah	PAM Bloc	Anda-lous	Adm.	Total 1 ***
1983*	1	3	2	1	1	2	1	11/11	4	1	-	1	6/9
1992	-	4	1	1	2	2	2	12/14	5	-	-	-	5/11
1997	1	1	-	1	-	2	6	6/9	-	4	1	-	5/16

*** Nombre de nouveaux élus des quartiers restructurés / Nombre total des élus de ces quartiers.*

**** Nombre de nouveaux élus des quartiers réglementaires / Nombre total des élus de ces quartiers.*

** En 1983, il y a eu 4 nouveaux élus des Ait Bouyahya / Hajjama (rural).*

Source : Dépouillement personnel - Listing pachalik de Tiflet.

En dehors des chefs de groupe et de "leur bras droit immédiat", aucun élu de quartier n'a pu se maintenir durant plusieurs mandats. Tout se passe comme si, outre une élite Zemmouri et Doukkali ayant un enracinement dans la ville, les maillons intermédiaires en contact direct avec les populations n'ont pas pu réussir à se construire une légitimité locale qui leur aurait fait jouer un rôle dans le système politique local. Ils seraient réduits à des rôles de figurants interchangeables par le chef de groupe. Ceci reste certainement le résultat de découpages administratifs répétés (voir supra) qui "charcutent" de plus en plus tout quartier en formation.

Mais le système politique local est aussi à interroger dans la gestion de la relation population / intermédiaire / chef de groupe dans la réponse à donner aux différentes demandes sociales (Section II S.S.2).

A un second niveau, le cas de Tiflet reste l'archétype de la ville moyenne où a émergé une forte personnalité locale de stature politique nationale. Comment ce type d'acteur imprègne la gestion locale autour d'intérêts fonciers (parfois contradictoires) entre les différentes composantes de l'élite politique locale? (Section II S.S.1)

Dans une telle situation, quel rôle va jouer l'Etat face aux contestations populaires ?

Comment ces spécificités de l'élite locale se traduisent dans son rôle de médiateur pour assurer la régularisation des quartier périphériques de Tiflet ? Comment arrive-t-elle à conjuguer ses intérêts fonciers avec ceux de la médiation ? Des questions dont les réponses nous éclaireront autant sur le comportement de l'élite locale que sur le système politique local lui même dans son articulation au centre (Section II).

SECTION II/ ELITE LOCALE ET GESTION URBAINE (Tiflet)

L'étude de l'élite locale en actes passe par celle de la gestion urbaine. Cette dernière renferme, d'une part, plusieurs enjeux urbains spécifiques qu'il s'agit de mettre en lumière dans un premier temps (S.S.1.A1); d'autre part, cette gestion reste conditionnée par les capacités financières dont dispose l'instance de gestion (élue) locale (S.S.1.A2).

L'importance des différents statuts fonciers et la production du sol urbain (S.S.1.B1) permettent de situer la place des enjeux fonciers dans la gestion urbaine et le poids des différents acteurs. Confrontés à une planification urbaine marquée par une forte centralisation (voir supra), le contournement ou l'approbation de la constructibilité des terrains donne lieu à des conflits et alliances autour du foncier qui éclaire le système politique local (S.S.1.B2).

L'étude succincte de ces deux volets nous permet certes de tracer les grands contours de la gestion urbaine, mais l'objectif n'est pas tant de mesurer l'efficience de cette gestion que de situer le cadre d'action de l'élite locale. Ses pratiques et ses comportements ne pourront être étudiés plus finement qu'autour d'un enjeu central mettant en prise les différents acteurs de la vie urbaine (autorités locales, administrations, population, conseil municipal ...). L'opération de "restructuration" du plus grand "douar" de la ville (S.S.2) nous renseignera alors aussi bien sur le mode de reproduction de l'élite, le processus de légitimation, la capacité d'intermédiation que sur le processus de développement local étudié.

S.S.1- Gestion Municipale et enjeux fonciers

A- Evolution de la gestion municipale

1- Débats et résolutions du CM

Comme pour les autres centres urbains étudiés, il s'agit ici de donner une vision globale des centres d'intérêts des différents CM qui se sont succédés : une manière de mieux appréhender les principaux enjeux urbains et leur spécificité. Le dépouillement des P.V. des sessions du CM durant les vingt dernières années (1977-1997) permet ainsi de dégager les points les plus débattus et leur importance (voir tableau en annexe II).

1- Comme pour tous les CM, les débats autour des finances locales, et les relations avec les autres administrations et institutions (autorités locales, jumelage, participation aux comités de suivi, ...) occupent une place primordiale. Les différents CM y ont consacré entre 30% et 40% des points d'ordre du jour (voir tableau). Le CM élu en 1983 montre toutefois une plus grande implication qui s'expliquerait par la dynamisation des finances locales durant cette période (voir infra).

2- La particularité de Tiflet, centre délimité d'une commune rurale jusqu'en 1993, rejaillit à travers les différentes demandes formulées par les élus ruraux des Aït Bouyahya et Hajjama jusqu'à cette date. Ces demandes n'ont toutefois concerné que 4% et 6% des points d'ordre du jour lors des deux CM de 1976 et de 1983. Malgré leur importance numérique (20% des membres), ces élus résidaient pour la plupart dans le centre de Tiflet(197) et n'intervenaient que rarement pour porter ces demandes. Lors du CM de 1976, il s'agissait essentiellement de l'entretien et/ou de l'apport de certains équipements (école, source, cimetière) ajouté à des demandes d'amélioration des pistes menant à Aït Bouyahya et Hajjama. Avec le CM de 1983, les mêmes demandes ont été réitérées (9/15), l'élément nouveau étant la demande d'un développement forestier (zone de chasse, pépinière ...). Assurément, les problèmes de la population rurale de cette zone n'ont que peu été abordés. De même que peu de choses y ont été réalisées par la commune (198).

197- Trois sur cinq dans le CM de 1976 - 1983 et cinq sur cinq dans le CM de 1983 - 1992 - voir infra Chapitre 1.

198- Lors de la session du mois d'Avril 1989 un point d'ordre du jour était intitulé : "Pourquoi rien n'a été fait de ce qui avait été décidé concernant la tribu des Hajjama".

3- Outre les débats autour des finances locales ou de la zone rurale, ce sont les équipements et infrastructures de la ville qui monopolisent les débats au sein des différents CM (32 à 40% des points d'ordre du jour).

Ville à forte croissance démographique, Tiflet est le type même de centre où les besoins en équipement "prennent" une allure exponentielle (puisque, partant d'un déficit chronique dès les années 70). Qu'il s'agisse des demandes en équipement (mosquée, école ...) des nouveaux quartiers ou des besoins d'extension des réseaux d'infrastructures de base (pour les alimenter en eau, électricité et assainissement), les différents CM enregistrent en permanence ces requêtes. De même que la recherche de nouvelles ressources financières porte le CM à investir dans des équipements tels que la gare routière ou le marché couvert.

4- Dans le prolongement des problèmes d'équipement, celui de l'habitat concentre une grosse part de l'énergie des élus - 25 à 30% des points d'ordre du jour lui sont consacrés. Cependant, d'un CM à l'autre les débats ont davantage porté sur les lotissements publics ou sur les programmes de restructuration / équipement de l'habitat sous-intégré. Si le CM de 1976 a surtout été concerné par les lotissements publics (acquisition de lots) tout en enregistrant les nombreuses demandes d'amélioration des conditions de vie des populations des "quartiers périphériques", celui de 1983 a entamé leur restructuration, d'où l'importance des débats qui leur ont été réservés (17,30%). A partir de 1993, le nouveau conseil connaîtra encore une situation inverse, puisque l'apurement du foncier pour des bénéficiaires de certains lotissement publics (P.A.M) ou le développement de nouveaux lotissements (Dalia) occuperont plus de place que celle qui sera réservée à la restructuration des "douars" entrée dans une phase de "croisière", mais connaissant toujours des prolongements (attributions des lots, équipement ...).

Quelque soit le CM considéré, l'habitat sous intégré à Tiflet a constitué un enjeu permanent qui a occupé plus de 15% des débats des différents CM (plus que l'ensemble de ceux réservés aux problèmes d'urbanisme ou de planification urbaine).

5- Les problèmes d'urbanisme et de planification urbaine[199] ne sont pas bien reflétés à travers les débats du CM. Leur fréquence et leur nature varient d'un CM à l'autre. Ainsi, le CM de 1976 fut le plus sollicité pour débattre de ces questions. Sans doute une période marquée par les demandes incessantes d'élargissement du périmètre urbain, de changement de statut administratif, alors que le CM avait à donner son avis sur le futur plan d'aménagement.

Le CM de 1983 sera moins pris dans cette logique. Il cherchera davantage les décisions de contournement ou d'opposition au P.A. (par des déplacements de grands équipements) alors que le lancement du grand chantier de la restructuration des "douars" entraînera davantage de problèmes d'autorisation de construire, d'indemnisation ....

Dans ce domaine, ce n'est pas tant le nombre de sessions qu'il s'agit de comptabiliser pour mesurer l'importance des enjeux que leur contenu.

6- Les questions relatives à certains aspects de l'environnement urbain (ordures ménagères, espaces verts) constituent toujours le point faible de la gestion municipale dans ce type de ville. Sur 20 ans, seuls 13 points d'ordre du jour leur ont été réservés. Le CM de

199- Dans cette rubrique nous avons distingué les débats autour des autorisations de construire, des avis sur la démolition de certaines constructions, des indemnisations, des déplacements de certains équipements structurants, des révisions des P.A, des demandes d'élargissement du Périmètre Urbain.

1976 n'a fait qu'enregistrer les problèmes posés par les ordures ménagères alors que le CM de 1983 y a fait face par des demandes de prêts F.E.C pour l'achat de camions ou de terrains pour décharger les ordures [200]. Des démarches bien en deçà des problèmes posés dans les quartiers "périphériques" qui ne bénéficient toujours pas du service de ramassage des ordures ménagères.

Le problème des espaces verts dans la ville n'a été soulevé que quatre fois en 20 ans. Il est resté limité à des demandes de terrain pour l'aménagement d'un jardin public [201] alors que les zones vertes prévues par le nouveau PA ont été refusées par le CM (à la demande des propriétaires fonciers concernés par leur localisation - voir infra).

7- La rubrique : "appellation des rues et places, logo de la ville" renseigne quelque peu sur la revendication d'une certaine urbanité. A Tiflet, la prédominance de l'habitat sous intégré jusqu'en 1986 (voir infra) va longtemps donner à la ville un caractère rural qui se retrouvait alors dans son statut administratif (centre délimité) et son instance de gestion (commune rurale, où élus urbains et ruraux se retrouvaient dans le même conseil communal). Les demandes d'appellation des rues et places ne se sont multipliées que depuis la restructuration des quartiers "périphériques". Même la présence des charrettes dans la ville n'a été abordée que par deux fois au sein du Conseil Communal en 20 ans. Ici, leur présence est plus "discrète"[202]. Ils assurent plus la liaison entre les douars ruraux des tribus avoisinantes et la ville que le transport interne entre les quartiers périphériques et le noyau « ancien ». A Tiflet, le tissu urbain est moins éclaté, il présente une certaine continuité.

2- Finances locales et investissement

1977-1983 : Des ressources financières trop limitées

Jusqu'au début des années 80, les comptes administratifs de la commune de Tiflet laissent apparaître des ressources financières trop limitées qui impliqueront une totale inertie du conseil communal aussi bien pour l'entretien de la voirie et des équipements communaux que pour l'impulsion d'équipements structurants et/ou d'infrastructures de base.

Au niveau du budget de fonctionnement, ces limites se retrouvent dans la masse financière concernée par les dépenses de fonctionnement qui n'atteignent que quelques 720.000 DH par an (voir tableau) partagées entre les frais de personnel et les frais de fonctionnement (respectivement 41,33% et 52,86% des dépenses de fonctionnement).

Tableau n° 68 : Dépenses de fonctionnement de 1977 à 1981

Dépenses de fonctionnement	1977-1981	Moyenne annuelle	%
Frais personnels	1.489.897	297.979	41,33
fonctionnement	1.905.796	381.159	52,86
Autre	209.204	41.840	5,80
Total dépenses de fonctionnement	3.604.897	720.979	99.99

Sources : Municipalité de Tiflet. Dépouillement personnel.

200- Sessions de Janvier 1989, Octobre 1990 et Octobre 1993.

201- Sessions de Février 1984 et Janvier 1986.

202- A douar Qotbyines, le plus grand quartier "périphérique" (en superficie et population), on n'enregistrait que 22 charretiers en 1997.

Avec une moyenne annuelle de 384.160 DH, réservés à l'achat de matériel et de fonctionnement des divers services communaux ainsi qu'à l'entretien de la voirie, l'éclairage public, les ordures ménagères, les capacités d'intervention du conseil communal pour l'entretien (voirie, égouts, cimetières, salubrité et hygiène) s'avèrent dérisoires.

Durant ces premières années qui ont suivi la promulgation de la charte communale de 1976, les recettes propres de la commune atteignaient à peine 370.850 Dh annuellement (elles étaient alors composées par les recettes du souk : 6000 Dh à 7000 Dh par semaine et par la taxe d'édilité qui ne touchait alors que quelques 500 parcelles sur 6000 [203]). Jusqu'en 1980, la subvention d'équilibre participait pour près de 50% aux recettes de fonctionnement (voir tableau). Durant l'année 1981, sa part va atteindre les 83%[204], augmentant les dépenses de fonctionnement de plus de 80% par rapport à l'année précédente. Une augmentation qui répondait aux besoins de recrutement de 80 nouveaux employés.

Tableau n° 69 : Recettes de fonctionnement de 1977 à 1980

Dépenses de fonctionnement	1977-1980	Moyenne annuelle	%
Recettes propres	1.483.389	370.847	50,33
Subvention	1.463.690	365.922	49,67
Total recettes fonctionnement	2.947.079	736.769	100

Source : Municipalité de Tiflet.

Parallèlement, le budget d'équipement montre une "indigence" encore plus grande (voir tableau). Basées essentiellement sur les excédents de recettes (de la recette partie fonctionnement et de l'excèdent dégagé en fin d'exercice), les recettes d'équipement ne vont atteindre qu'un peu plus de 3,5 millions de dirhams en cinq ans. Plus encore, les dépenses ne vont concerner que 16,8% de l'ensemble de ces recettes, soit près de 592.000 DH. Ce problème (différence entre recettes et dépenses d'équipement) déjà relevé dans toutes les communes (voir supra) atteint ici un seuil critique. Ainsi, durant la période du Conseil Communal de 1976 à 1983, l'investissement a été inexistant[205] dans les grands équipements et infrastructures que nécessitait une ville de près de 30.000 habitants (29.658 habitants en 1982). Les dépenses d'équipement ont surtout concerné les acquisitions mobilières (mobilier de bureaux et matériel roulant). Ce conseil a toutefois contracté deux crédits auprès du F.E.C en 1981; pour la gare routière (3,4 millions de dirhams) et le souk hebdomadaire (3,1 millions de dirhams). Des dépenses qui ne seront effectives qu'à partir de 1984.

203- L. OUJAROU : op. cit; P 125.

204- Elle atteint 1.912.300 Dh sur un total de 2.306.226.

205- Répartition des dépenses d'équipement de 1977 à 1981

1977	1978	1979	1980	1981	
Acquisitions mobilières	7.000	49.704	50.128	34.630	214.460
Travaux neufs et grosses réparations	20.000	19.408	166.348		
Acquisitions immobilières	30.160				
Total	7.000	69.704	50.128	84.198	380.808

Tableau n° 70 : Recettes et dépenses d'équipement de 1977 à 1981

Exercice	Recettes d'équipement (RE)	Dépenses d'équipement (DE)	DE/RE x 100 (%)
1977	123.153	7.000	5,6
1978	560.392	69.704	12,4
1979	579.414	50.128	8,6
1980	717.973	84.198	11,7
1981	1.664.603	380.808	22,8
77/81	3.646.135	591.832	18,8

Source : Municipalité de Tiflet. Dépouillement personnel.

1983 - 1994 : Une augmentation substantielle des ressources financières et un endettement permanent

Le conseil communal élu en 1983 connaîtra une situation financière beaucoup plus féconde (voir tableau);

Tableau n° 71 : Moyenne des recettes totales annuelles par période

Période	Recettes totales	Moyenne annuelle
1977-1981	7.251.032	1.450.206
1983-1986	33.945.511	8.486.377
1987-1990	75.019.700	18.754.925
1991-1994	124.027.974	31.006.993

L'augmentation des ressources propres a été accompagnée par celle des produits de la subvention et des emprunts. Rapportées à la population de la ville, l'ensemble des ressources de la Municipalité a été multiplié par quatre en douze ans passant d'une moyenne par habitant de 164 DH à 655 DH entre 1982 et 1994. Comparés à la moyenne nationale (236 DH en 1990), ces chiffres montrent une affectation privilégiée de l'Etat, dans l'octroi des subventions et des crédits du F.E.C depuis 1983. La stature du Président du Conseil et son poids dans les rouages de l'Etat expliqueraient en partie cette nouvelle situation.

* Au niveau du fonctionnement

Les ressources propres ont évolué positivement de 1983 à 1988 passant en 5 ans de 1,2 millions de dirhams à plus de 5 millions de dirhams. Mais ils vont connaître une stabilisation alors que les produits de la subvention vont commencer à croître à partir de 1988 passant de 1,6 millions de dirhams en 1983 à près de 4 millions en 1990 pour atteindre plus de 11 millions en 1994.

Après une première phase d'accroissement des recettes de fonctionnement due à une augmentation des recettes propres qui a permis une couverture des dépenses (de fonctionnement) atteignant les 83%, se substitue une seconde phase à partir du début des années 90 où les produits de la subvention vont désormais couvrir près de 67% des dépenses (voir tableau).

Tableau n° 72 : Structure des dépenses de fonctionnement (en %)

	1983	1984	1985	1986	1987	1988	1989	1990	1991	1992	1993	1994
Frais de personnel	47	52	47	47	48	43	47	36	37	41	41	40
Frais de fonctionnement	24	23	35	25	18	14	19	19	15	11	17	17
Remb. dette	-	-	10	18	27	25	31	34	30	27	37	32
Autres	29	25	08	10	07	18	03	15	18	21	05	11

Source : Municipalité de Tiflet. Dépouillement personnel.

Depuis 1991, l'augmentation des recettes de fonctionnement s'effectue principalement par l'accroissement des produits de la subvention d'équilibre. La structure des dépenses de fonctionnement montre, face à l'augmentation des frais de personnel (206), un accroissement des dépenses liées au remboursement des différents emprunts. Ces dernières passent d'une moyenne annuelle de un million de dirhams entre 1985 et 1988 à une moyenne de 2,7 millions de dirhams entre 1989 et 1991 pour arriver à plus de 5 millions de dirhams depuis le début des années 90. Si leur part dans les dépenses de fonctionnement n'était que de moins de 10% en 1985, elle atteindra plus de 30% en 1991 et près de 37% en 1993.

Ainsi, l'augmentation croissante des produits de la subvention depuis 1991 a permis de couvrir celle des dépenses de personnel d'une part, de rembourser les différents emprunts d'autre part. Les frais liés au fonctionnement et à l'entretien ont certes connu une augmentation, mais cette dernière reste bien en deçà pour couvrir les besoins d'une ville connaissant des flux permanents de population. D'une moyenne annuelle de moins de un million de dirhams dans les années 80, cette rubrique n'atteint que 2,5 millions de dirhams depuis le début des années 90 (207). Son augmentation est restée très faible. Sa part dans les dépenses de fonctionnement a régressé : elle est passée de plus de 22% à près de 15% entre 1983 et 1994 (voir tableau)

Tableau n° 73 : Part des frais de fonctionnement (F.F) dans les dépenses de fonctionnement (D.F) (Moyenne par période)

	1983-1988	1989-1991	1992-1994
F.F	5.529.035	4.540.094	7.763.961
D.F	24.710.888	25.620.043	49.935.155
%	22,37	17,70	15,54

Source : Municipalité de Tiflet. Dépouillement personnel.

Depuis 1985, la ville de Tiflet a connu une formidable extension de ses différents réseaux d'infrastructures de base avec la restructuration de plusieurs quartiers. L'entretien de ces réseaux et les besoins de l'éclairage public constituent des demandes permanentes des élus des différents quartiers. Or, la part du budget qui leur est accordée risque de s'amenuiser

206- Moyenne annuelle des frais liés aux salaires du personnel municipal par période
1983-1988 : 1.797.485 DH
1989-1991 : 3.179.652 DH
1992-1994 : 6.792.970 DH

207- Moyenne frais de matériel et de fonctionnement par période
1983-1988 : 921.505 DH
1989-1991 : 1.513.364 DH
1992-1994 : 2.587.987 DH

davantage avec la charge que représentera le remboursement des nouveaux emprunts (consentis par le CM) si les subventions ne suivent pas(208).

Au niveau de l'équipement

Les recettes d'équipement ont connu une très forte augmentation depuis 1983 passant d'une moyenne annuelle de 5,6 millions de dirhams (période 1983-1988) à 18,3 millions de dirhams (période 1989-1992).

Outre les excédents de recettes qui ont été multipliés par trois, les produits de l'emprunt et des subventions ont fortement progressé (voir tableau).

Tableau n° 74 : Evolution des recettes d'équipement par période

	Période 1983-1988			Période 1989-1992			Période 1993-1994		
	T. Période	%	M. Période	T. Période	%	M. Période	T. Période	%	M. Période
Excédents de recettes	22.440.041	66,33	3.740.006	39.405.662	53,68	9.851.415	20.462.082	74,68	10.231.041
Emprunts	7.116.935	21,13	1.186.155	25.233.365	34,37	6.308.341	1.156.015	4,22	578.007
Subventions	4.120.000	12,23	686.666	8.762.566	11,93	2.190.641	5.779.500	21,10	2.889.750
Total	33.676.976	99,99	5.612.829	73.401.593	99,98	18.350.398	27.397.597	100	13.698.798

Source : Municipalité de Tiflet. Dépouillement personnel.

Sur 12 ans, les recettes d'équipement ont totalisé plus de 134 millions de dirhams, la part des produits de l'emprunt et de la subvention atteignant respectivement près de 25% et de 14% de l'ensemble de ces recettes(209). A s'arrêter aux seules recettes d'équipement, leur volume dépasse de 30% celui des recettes de fonctionnement(210). Malheureusement, les dépenses effectives d'équipement reflètent encore les difficultés de gestion. La part des dépenses d'équipement dans les dépenses globales de la période considérée n'atteint pas 40%(211). Le fonctionnement occupe toujours une très large place malgré la forte augmentation des recettes d'équipement. Comparé au CM précédent, celui de 1983-1992 a enregistré un écart entre les dépenses et les recettes d'équipement variant entre 40 et 43% (voir tableau) contre plus de 83%. Une amélioration de la gestion a certes été enregistrée avec l'étoffement de la Municipalité en personnel, mais les écarts et leur importance

208- En "théorie" la subvention, devenue part de la T.V.A est calculée suivant plusieurs critères allant de l'importance démographique à l'efficacité dans la gestion (part des ressources propres, recherche de gisements fiscaux, taux d'endettement). Mais ces critères de distribution ne sont pas les seuls. Des relations personnelles du Président du CM avec le niveau central des collectivités locales peuvent entraîner des augmentations dans ces affectations.

209- Entre 1983 et 1994, les recettes d'équipement se répartissent comme suit :

Excèdent de recettes	: 082.307.785 DH	61,20%
Emprunts	: 033.506.315 DH	24,91%
Subventions	: 018.662.066 DH	13,87%
Total	: 134.476.166 DH	99,98%

210- Le volume des recettes de fonctionnement entre 1983 et 1994 est de 100.266.086 DH.

211-

	Montant (Dh)	% dépenses	% recettes
Recettes de fonctionnement	100.266.086		42,71
Dépenses de fonctionnement	100.266.086	60,18	
Recettes d'équipement	134.476.163		57,29
Dépenses d'équipement	66.346.303	39,82	
Recettes globales	234.742.249		100
Dépenses globales	166.612.389	100	

subsistent. Ils traduisent aussi des relations particulières avec les organismes de tutelle qui expliqueraient la situation qui a accompagné le CM élu en 1992 (écart de plus de 86%).

L'état des finances locales à Tiflet montre ainsi une situation particulière. Les ressources internes ont cessé de progresser depuis 1988 alors que les produits des subventions et des crédits connaissent une progression rapide. Dans ce processus, la subvention de plus de 10 millions de dirhams par an constitue la pierre angulaire des finances locales. Elle assure le paiement des employés de la Municipalité (6,7 millions de dirhams) et les traites du F.E.C (5,5 millions de dirhams). Les ressources propres arrivent à peine à couvrir les frais d'entretien et de fonctionnement. Derrière la relative "aisance" qui a permis au CM d'entreprendre de grands travaux d'équipement (marché couvert, assainissement et voirie Hay Amal, Hay Salam et Oulad Chrifa ...- voir infra) se cache une dépendance accrue des organismes de tutelle alors que les besoins en équipement et infrastructures ne cessent de croître avec les opérations de restructuration.

B- Planification et gestion foncière

1- Les structures foncières

Par structures foncières nous entendons surtout étudier ici le statut juridique des terrains et leur localisation afin de mieux éclairer la place des enjeux fonciers dans la planification urbaine d'une part et dans la politique locale d'autre part.

Sans revenir sur les anciens statuts juridiques du sol chez les Zemmour[212] qui ne subsistent que dans le milieu rural environnant, Tiflet connaît essentiellement trois types de statut juridique des terrains. Ville de création récente, les terres Habous sont presque inexistantes, se limitant aux seuls terrains occupés par les mosquées. L'espace urbain reste alors dominé par le domaine privé de l'Etat, la propriété privée immatriculée et la propriété melk.

Le Domaine Privé de l'Etat

De création récente, le Domaine Privé de l'Etat (D.P.E) concerne surtout des terres de colonisation récupérées depuis le début des années 60. Il couvre près de 60% de la superficie occupée par le périmètre urbain (365 hectares sur 620 hectares). L'importance du D.P.E va rejaillir sur l'orientation de la croissance de la ville ainsi que sur l'implantation des divers équipements structurants. Sa localisation aux deux extrémités de la ville va participer à "l'étalement" de la ville le long de la route principale n°6 (voir fig.12). Partant d'un premier noyau administratif, les premiers lotissements de l'Etat occuperont d'abord la zone Sud-Est [lotissement Laadir (Hay Jdid) et le Bloc (Programme Social)]. A partir des années 80, l'action des promoteurs publics se portera sur la zone Ouest où prédominait le D.P.E (Hay Andalous, Dalia, Riad). Cette zone constitue même un lieu de redéploiement et de régulation (projet de délocalisation de certains grands équipements tel que le souk ou la zone industrielle) puisque extensible à volonté. Le D.P.E concerne en effet toute la zone Nord Ouest (337 hectares) qui jouxte le P.U actuel (voir infra).

212- MARCY G : "Droit coutumier des Zemmour" op. cit. P168
"Une propriété privée particulière qui ne reconnaît qu'un usufruit sans limitation de durée ... concédé par le groupe à la tente pour assurer son existence autonome, la disposition du sol devant revenir au groupe en cas de disparition totale et définitive des bénéficiaires..." Les terres collectives (forêt, pâturage, terres incultes) "étaient gérées par la jmaâ qui pouvait les louer à des particuliers" (C. QUERLEUX : "Les Zemmours" . Les Archives Berbères T.J Paris 1915-P35).

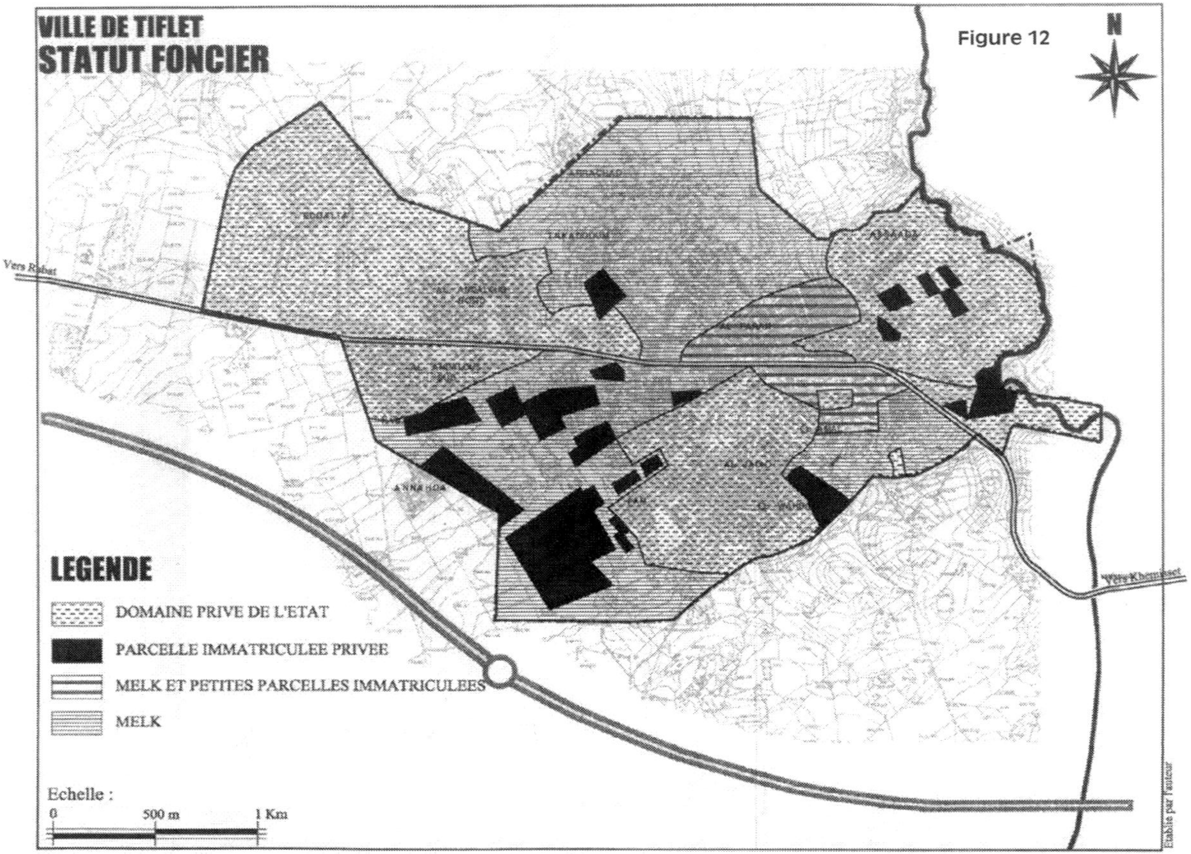

VILLE DE TIFLET
STATUT FONCIER
Figure 12
N
Vers Rabat
Vers Khemisset
LEGENDE
DOMAINE PRIVE DE L'ETAT
PARCELLE IMMATRICULEE PRIVEE
MELK ET PETITES PARCELLES IMMATRICULEES
MELK
Echelle :
0
500 m
1 Km
Etablie par l'auteur

La Propriété Privée

En 1983, l'étude urbaine réalisée au Centre d'Etude et de Recherche en Aménagement et en Urbanisme (CERAU) en collaboration avec l'Agence Coopération et Aménagement (ACA France) concluait à la faible pratique de l'immatriculation en pays Zemmour, la proportion des terres immatriculées à Tiflet ne dépassant pas les 20%, soulignant ainsi la prépondérance du régime de propriété melk [(213)].

Cette situation semble avoir fortement évolué depuis une quinzaine d'années. L'immatriculation des terres privées touche de plus en plus les quartiers anciens, ou ceux dans lesquels se sont multipliées les transactions immobilières pour la constitution de lotissements privés. Un recensement des seules propriétés privées immatriculées de un hectare et plus nous a permis de dénombrer quelques 18 propriétaires couvrant 68 hectares soit 26,66% de la superficie occupée par le P.U. En comptabilisant les petites parcelles immatriculés de Aïn Mouka et les zones longeant la voie principale et Charii Bir Anzarane, la proportion des terres privées immatriculées atteindrait facilement 35 à 40% (des terres de propriété privée).

Toutefois, la propriété privée immatriculée se répartit inégalement entre les différents quartiers. Afin d'établir l'articulation à la planification urbaine et à la politique locale nous signalerons dans chaque quartier, les grands propriétaires qui y sont implantés, leur origine et l'origine de leur propriété (voir tableau).

La propriété privée immatriculée à Tiflet par quartier :

- *Ain Mouka.* 60 à 70% des terres sont des propriétés privées immatriculées, mais il s'agit d'un quartier, qui, par son ancienneté ne laisse apparaître aucun grand propriétaire foncier. Toutes les parcelles sont de très petite taille.

- *Le quartier Administratif.* Formé essentiellement de terres domaniales où sont localisées les principales administrations, son extension au Nord-Est se traduit par l'existence de 8 lots vivriers vendus par des colons à des marocains à la fin des années 50. Les héritiers Berkya se distinguent ici par la possession de 3 lots totalisant 3 ha 50a. Plus au Nord, le Hay Jadid a occupé une terre du domaine privé de l'Etat.

- *Hay Amal.* Hormis l'îlot longeant la RP1, caractérisé par de petites parcelles entièrement immatriculées, le reste du quartier connaît peu d'immatriculation (10% des parcelles). La prédominance est au melk non immatriculé. Aucun grand propriétaire n'émerge. C'est à la limite Est du périmètre urbain que se distingue une propriété de 6 ha 66a appartenant à la vieille famille Zemmouri Fakir (par achat à des colons en 1974).

- *Oulad Chrifa.* Ce quartier reste marqué par la petite propriété non immatriculée. On y dénombre trois grandes parcelles qui oscillent entre 5000m2 et 1,3 ha. Ils sont entre les mains de vieilles familles des Aït Bou Yahya : Jabbari (5023m2), Idrissi Khamis (8620 m2) et Hmida (13.272 m2).

213- "Régie par le droit musulman, une terre melk appartient en pleine propriété à un ou plusieurs personnes : elle n'est ni immatriculée ni en cours d'immatriculation, le droit de propriété d'une terre melk est fondé sur une possession paisible et ininterrompue pendant au moins dix ans". in étude urbaine Tiflet - INAU/ACA 1983-P96 cf P. DECROUX : "Droit Foncier Marocain" ed. Laporte 1977.

- *Douar El Aissi.* Le premier îlot situé entre la RP1 et Zankat Bir Anzarane, comporte quelques trois hectares immatriculés. Les héritiers Raissi y possèdent un peu moins de trois hectares. Aucun autre grand propriétaire ne se distingue (les héritiers Raissi ne résident pas à Tiflet).

- *La zone Sud-Ouest.* Dominée à son extrémité Ouest par des terres domaniales sur lesquelles vont s'implanter les lotissements d'Etat Andalous et Dalia, la zone située entre Hay Andalous à l'Ouest, Douar Aissi à l'Est et le lotissement du Programme Social au Sud, se distingue par la présence de grandes propriétés melk immatriculées. Il s'agit en premier lieu de la famille Zniber qui possède quelques 10 ha 66 a dans cette zone, achetés dès 1957 à des colons. Les autres propriétés melk immatriculées sont de moindre importance (parcelles de un à deux hectares). Elles sont la propriété de petits entrepreneurs - promoteurs privés "étrangers" ou de quelques héritiers de familles Zemmouri (Ben Bouazza, Sabri). Dans sa partie Sud, cette zone est dominée par la plus grande propriété melk immatriculée de la ville (19 ha 24 a) appartenant à un (héritier fils unique) Bouyahyaoui. Plus à l'Ouest, au Sud du Lotissement Andalous, se distinguent encore les héritiers de la famille Fakir avec deux parcelles de 2 hectares chacune.

-*Le douar Qotbyines.* Jouxtant, dans sa partie Ouest des terres domaniales, le douar Qotbyines ne connaît que le melk non immatriculé des Aït Bou Yahya. C'est la plus grande zone (79 hectares) d'extension du melk privé dans la ville (seul un terrain de 4 hectares de la famille Aydi est immatriculé). Plusieurs grandes familles des Aït Bouyahya y possèdent des parcelles de plus de 2 hectares. Les familles El Aydi, Qafsaoui, Tahiri, Khyti, Moubarek, Ferhiti se distinguent alors que de grandes parcelles ont été aussi cédées à un haut gradé militaire et à des élus du C.M. Par sa superficie, ce douar constituera l'une des zones à enjeu les plus importantes aussi bien dans la gestion urbaine que dans la politique locale.

A l'intérieur du périmètre urbain, l'extension des terres domaniales et leur localisation aux deux extrémités Est et Ouest de la ville laisse apparaître une zone à enjeu dans la ville formant une grande tâche au milieu du P.U enserrée entre le Quartier Administratif (et son extension) à l'Est et les lotissement d'Etat à l'Ouest (Andalous + Dalia). Cette zone de propriété privée se partage entre deux types de secteurs particuliers :

- Le premier, situé au Sud-Ouest reste marqué par la présence de plusieurs terrains immatriculés de plus de 2 ha. Plusieurs "étrangers" sont venus acheter là des terrains de 1 à 2 ha pour réaliser des opérations spéculatives dès la fin des années 50. Le plus représentatif d'entre eux étant Abdelhadi Zniber qui s'affirma très tôt comme l'un des plus grands propriétaires fonciers de ce secteur (11,66 ha). Plus à l'Est et au Sud, ce sont des familles traditionnelles de Aït Bouyahya qui se distinguent par l'appropriation de grandes parcelles : la famille Fakir (4 ha), et surtout, la famille Idrissi Bouyahyaoui occuperont une place privilégiée dans ce secteur avec respectivement 4 ha et 19 ha (voir fig. 12 et liste ci-jointe).

- Le second secteur, situé au Nord concerne du melk appartenant surtout à de grandes familles des Aït Bouyahya, les parcelles sont plus grandes. Il y a peu de vente à des "étrangers" (voir infra).

Propriétés (de plus de 1 hectare) privées immatriculées à l'intérieur du périmètre urbain

Nom propriétaire	Origine	Contenance	Localisation	Date d'achat	N° titre
Héritier - ZNIBER Abdelhadi - ZNIBER Med Taleb + Khadija - Charafa LAHLOU - ZEROUALI (3)	4ha 20a Salé	6ha 46a 90ca	Sud-Ouest	1/8/57 1/8/57	T5540 T8752
- FAKIR Nouredine - FAKIR Noureddine	A.B. Yahya (gl. Driss Benaïssa Fakir)	5ha 47a 80ca 1ha 19a	Limite Est périmètre urbain	1974 1974	T4351 T28323
- AL AYDI Haj Ben Abdeslam - AL AYDI Hmed - AL AYDI Driss	A.B. Yahya	4ha 03a	H. Rachad (Nord Ouest)	moulkya imm 1986	R1763
- SAÏDINI Bouchaib - SAÏDINI Mohamed	Zemmour	5ha 48a 80ca	Od Chrifa Sud (Sud Est)	moulkya imm 1987	T5876 ou 5
- BERKYA - BERKYA - BERKYA	Doukkala	1ha 01a 30ca 1ha 01a 1ha 48a	Nord Est Q. Admistratif	1958 1958 6/1959 colons	T11238 T25744 T32509
- Héritiers BELAYACHI Med Benbouazza	Zemmour	2 ha	Sud Est	1955 colons	R27764
- El OUASTI Hamadi et consorts (4)	Oujda	1ha 85a 70ca	Sud Ouest	1957 colons	T15573
- CHETOUANI Hamou - CHETOUANI Med	Mzourfa	2ha 10a	Nord Est	1965 chez Elaydi	T38978
- Héritiers Driss Ben Hmed ZEGHARI		1ha 52a	Nord Est	1933 lot vivrier de colonisation	T35689
- Héritiers EDDAMEN (11)		1ha 51a	Nord Est	1957 vente de colons	T15893
- ZAKLAT Ali	Zemmour	1ha 50a 80ca	Nord Est	1959 vente de colons	T23680
- Héritier RAISSI		1ha 2a 1ha 62a	Douar Aissi	1962 ventes de colons 1962	T19671 T10801
- KHARMAZ Hmed		1ha 49a	Ouest Sud	1984 ventes de colons	R713[16]
- BENSMAIL Bouchaib et consorts (6)	Zemmour	1ha	Nord Ouest	1952	R23880
- IDRISSI Bouyahyaoui - HAJJA Hasna	Zemmour	19ha 24a	Ouest Sud	Moulkya imm 1992	T11599
- GHANDOURI	Rabat	1ha 14a	Sud Ouest	récent ND	T49702[16]
- EL MIHDIOUI T	Rabat	1ha 33a	Sud Ouest	récent ND	T4494
ZINE Ahmed	Zemmour	1ha	Sud Ouest	récent ND	T4494
Total		69ha 61a 30ca			

Source : - Mappes cadastrales 31-24-41 A, 31-24-41 B, 31-24-41 C, 31-24-41 D, 31-24-51 B, 31-24-51 A, 31-24-42 A, 31-24-42 C, 31-24-50 D, 31-24-52 A, 31-23-50 A, 31-23-50 B, 31-23-40 C, 31-23-40 D.
- Consultation des Titres Fonciers - Conservation Foncière de Tiflet.

Les statuts fonciers à la périphérie du P.U actuel

A la périphérie du périmètre urbain, la propriété immatriculée est inégalement répartie. C'est encore une fois la partie Ouest de la ville qui est concernée, le Sud étant occupé par la propriété privée et le Nord par les terres domaniales (voir fig. 13). Le long de la RP1 dans sa partie Sud-Ouest, s'affirment les héritiers de Lahbib Fakir (dont les deux propriétés dépassent les 54 hectares) et le président député actuel qui occupe une propriété de 106 hectares. Si les propriétés de la famille Fakir sont anciennes, celles de Mahmoud Archane ne datent que du début des années 70 par le rachat de plusieurs fermes coloniales (214). C'est ici aussi que des entrepreneurs de Oujda ont acheté dans les années 90 deux propriétés de 5 hectares. Dans la partie Nord-Ouest, les anciennes fermes coloniales ont surtout été récupérées par l'Etat, plus de 337 hectares sont concernées alors que nous ne retrouvons qu'une seule grande propriété privée de quelques 12 hectares appartenant à une famille Slaouie (déjà présente dans la ville). Les autres propriétés privées restent assez éloignées du périmètre urbain actuel (voir carte). C'est bien dans la partie Ouest de la ville que se jouera la négociation pour toute projection future de la ville. Dans la zone Sud-Est, les propriétés privées immatriculées se trouvent éloignées du P.U, leur superficie oscille entre 12 hectares et 25 hectares. Les six plus grandes propriétés regroupent quelques 136 hectares. Au Nord-Est, la propriété immatriculée est presque inexistante (une seule propriété privée de 37 ha) - (voir liste).

L'importance de la propriété privée (immatriculée et melk) et du DPE dans la zone Ouest va contribuer fortement à orienter la croissance urbaine dans cette direction.

La propriété immatriculée (plus de 10 hectares) à l'extérieur du périmètre urbain (zone d'étude du SDAU)

	Propriétaire	Titre foncier	Superficie	Année titrée et/ou Année achat
Zone Ouest (Sud) entre la RP et la forêt C.128	- FAKIR Lahbib*	T1653L	28 ha 29a	1981 titrée
	- FAKIR Lahbib*	T9081	26ha 10a	1990 titrée
	- D.P.E	T6867	13ha 29a	1932 transférée
	- ARCHANE Mahmoud*	T22875R	106ha 65a	- Titres 1932, 1942, 1938 - Achat 1971 - Fusion 21/10/1991
	- RAHAOUI Messoud*	T21644	4ha 18a	Achat 1991
	- RAHAOUI Haj Omar - EL KOUCH Abdellah*	T10298	1ha 39a	Achat 1996
Eloignée, prés de la forêt	- A'BIROU Haj Aïssa - MEKKAOUI Mohamed (achat A'rchane 1982)	T 20140	85ha 25a	Titre 1942 achat 1971
Zone Sud	- Larbi BENHAMADI* - Bouazza	T 40218	19ha 84a	Titre 1961 achat 1963
Sud Est	- BELHARDA Med - BENZEKRI - JILALI - BELHAJ	R51 R 2506 R 2503	21ha 25 ha 20ha	en instance Titre 1987 Titre 1987

214- En effet, tous les achats de Mahmoud A'rchane datent de 1971 date à la quelle il acheta une propriété de 34 hectares aux héritiers de H. Lucis (T22875), une de 10 hectares à Jaltelot (T19332), de 8 hectares (T3703) et de 53 hectares (T7562). La fusion de l'ensemble de ces titres n'a été réalisée que le 21 Octobre 1991 pour englober une propriété totale de 106 ha 65 a 47 ca.
C'est à la même date qu'il acheta en association avec A'birou Haj Aissa une propriété de 85 hectares chez un colon (T20140). En 1982, il finira par vendre ses parts de cette propriété située à quelques kilomètres de la ville en bordure de la forêt. (Consultation des Titres Fonciers).

Figure 13

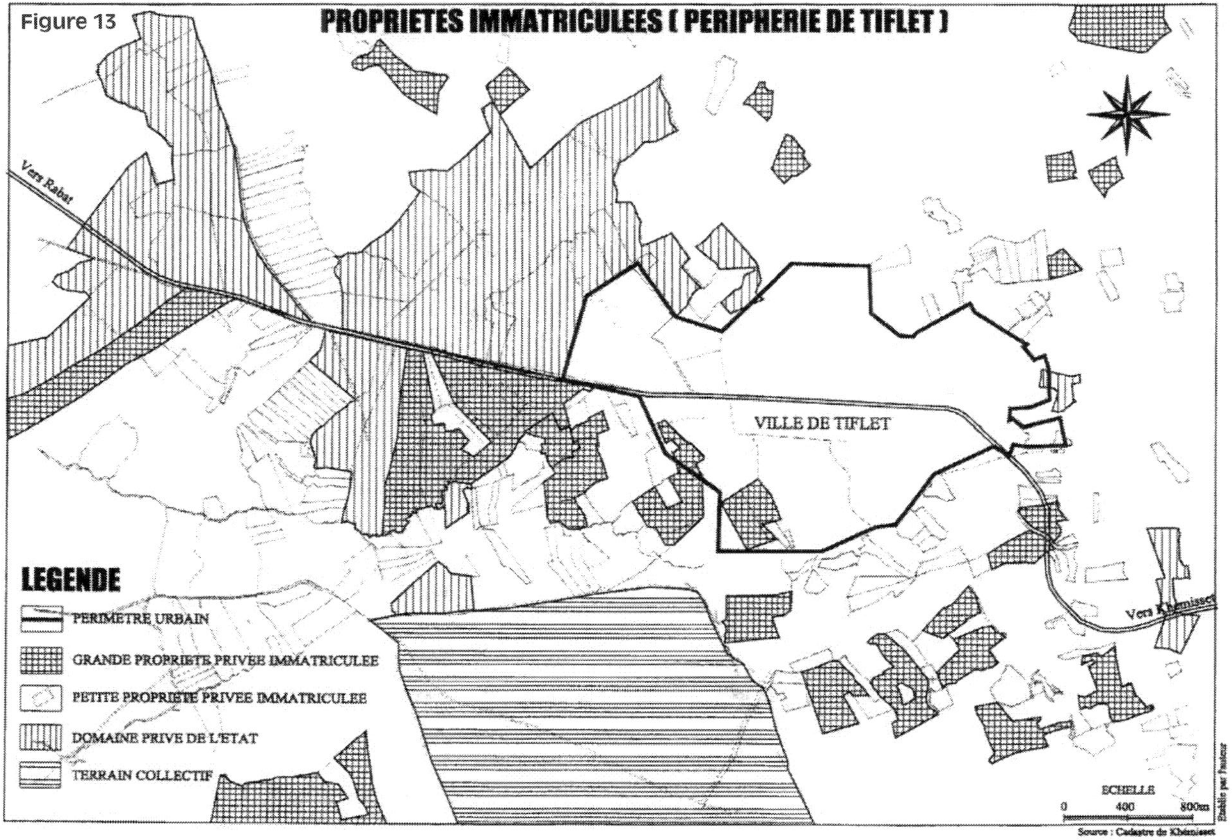
PROPRIETES IMMATRICULEES (PERIPHERIE DE TIFLET)
Vers Rabat
VILLE DE TIFLET
Vers Khemisset
LEGENDE
PERIMETRE URBAIN
GRANDE PROPRIETE PRIVEE IMMATRICULEE
PETITE PROPRIETE PRIVEE IMMATRICULEE
DOMAINE PRIVE DE L'ETAT
TERRAIN COLLECTIF
ECHELLE
0
400
800m
Source : Cadastre de Khémisset
Etablie par l'auteur

	Propriétaire	Titre foncier	Superficie	Année titrée et/ou Année achat
éloignée du P.U	- B.A. KETTANI (héritiers 8)	T48836	22ha 52a	Titrée 1967
	- ZEKRI Med - ZEKRI Omar	T31978	15ha 48a	Titrée 1954 achat 1967
Zone assez proche (Est)	- 13 Héritiers RAISSI* - 01 ALAMI - 02 SAÏSI - 01 EL MAHDI	T 29138R Mabrouka	12ha 62a	Titrée 1950
Zone Nord Ouest éloignée	- ZNIBER héritiers	T 12106*	12ha	
	- DPE appartenant auparavant à NAVARO Manuel (SODEA)	T 7045*	20ha 19a	
	- DPE (SODEA)	T 3730*	45ha 94a	
	- DPE	T 1653*	254ha 93a	
	- DPE	T 7918*	16ha 65a	
	- BENASSOU M'hamed - BENASSOU Hamou - BENASSOU Mbarek	T 5589	32ha 30a	Titrée 1929 achat 1963
	- Héritiers BOUHALI	T 10268	18ha 12a	Titrée 1934 achat 1960
	- DPE	T 7084	41ha 66a	
Zone Nord Est (éloignée Mzourfa)	- A. BENGHALI	T 30834	37ha 38a	Titrée 1953

Source : - Mappes cadastrales 31-24 et 31-23 au 1/20.000.
- Consultations personnelles - Conservation Foncière - Khemisset.
** Propriétés à proximité du périmètre urbain actuel.*

2- Structures foncières et évolution du périmètre urbain.

Le périmètre urbain de Tiflet a connu cinq étapes, chacune ayant entraîné son élargissement vers l'Ouest de la ville (voir fig. 14). Durant la période coloniale, le premier noyau formé du quartier Administratif, Aïn Mouka et Douar Dbaba (1935) fut élargi aux douars Qotbyines, Skouila et Aïssi en 1951. Une situation qui resta inchangée jusqu'en 1974 avec l'intégration de la zone Sud-Ouest englobant le douar la Cave. En 1979, la création des grands lotissements d'Etat (Andalous, puis Dalia) sur du Domaine Privé de l'Etat (D.P.E) a encore une fois nécessité un élargissement vers l'Ouest (Sud et Nord). Actuellement, cette tendance semble se prolonger par les nouvelles propositions du SDAU qui prévoient une extension du P.U dans la même zone puisque, renfermant une grande partie de D.P.E et les terres immatriculées des trois plus grands propriétaires fonciers de la périphérie (dont celles du député - président).

Cette dynamique d'extension du périmètre urbain vers l'Ouest a ainsi été le résultat d'une double conjoncture : la disponibilité de terrains domaniaux et la réalisation de lotissements d'Etat d'une part, l'augmentation du prix du sol dans les zones avoisinantes, le développement de petits lotissements privés et d'une spéculation foncière, d'autre part (voir fig. 14).

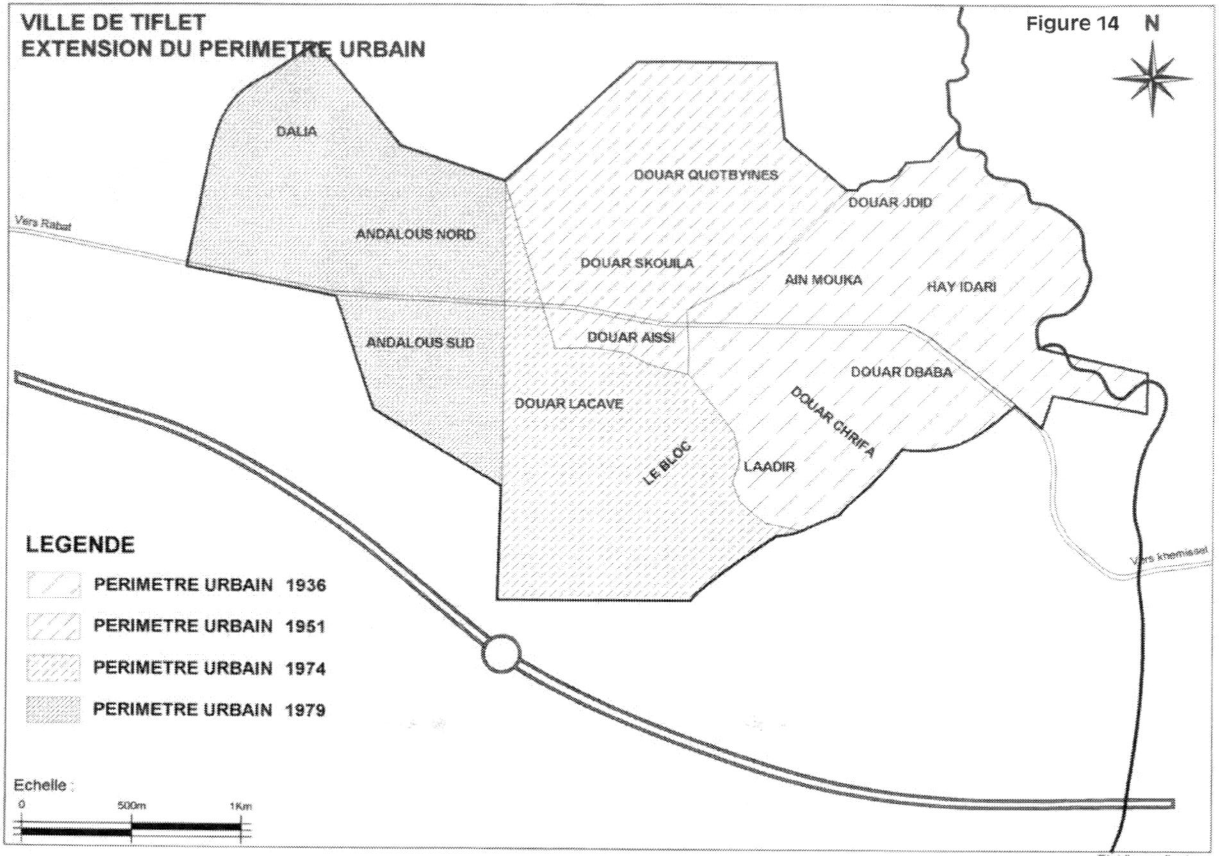

Etablie par l'auteur

En effet, la première opération d'Habitat datant de 1969, a été réalisée sur un terrain domanial dans le prolongement du douar Oulad Chrifa au Sud-Ouest du noyau ancien. Placé dans le cadre du programme P.A.M [215], le lotissement Laadir (610 lots) a surtout concerné des fonctionnaires et des commerçants.

Dans cette même zone, le programme social contenu dans le plan 1973-1977 afin de permettre l'accès à des logements viables aux bidonvillois a trouvé sa traduction dans le lotissement dit "Bloc" (376 lots) à la fin des années 1970.

Enfin, la réalisation d'un lotissement économique pour une population solvable dès la fin des années 70 [216] par le M.H.A.T [217] a encore une fois orienté cette opération de 1410 lots (Andalous) vers un terrain domanial situé alors à l'extérieur du périmètre urbain. L'extension du P.U s'est poursuivie toujours dans la même direction (1979).

Parallèlement à l'implantation de ces lotissements d'Etat, les années 70 puis 80 ont correspondu au développement des lotissements privés autorisés non équipés dans la zone Sud-Ouest s'étalant entre Laadir et le lotissement Andalous. En 1983, Lahcen OUJAROU dénombrait 12 petits lotissements de ce type [218] dans cette zone. Il s'agit de lotissements de moins de 100 lots "confectionnés" par des dessinateurs. Seul le tracé des voiries est réalisé. Malgré des dossiers incomplets, l'autorisation de lotir est obtenue grâce aux relations entretenues au sein du conseil municipal (certains lotissements sont réalisés par des membres du CM : quatre cas dans le CM de 1976-1983).

Cette situation a continué durant les années 80. Mais il s'agit alors de lotissements privés réglementaires d'une plus grande importance (voir tableau), lancés par des promoteurs privés originaires des grandes villes (Oujda, et surtout Rabat et Salé).

215- Programme Alimentaire Mondial visant à la fin des années 60 à freiner l'exode rural vers les grandes villes par la rétention de ruraux dans des "centres ruraux". Un programme inscrit au plan quinquennal 1968-1972 qui associe la commune rurale, l'attributaire et les autorités locales. Pour le cas de Tiflet, voir OUJAROU Lahcen Op. cit. p.63.

216- Les premiers travaux topographiques datent de 1977.

217- M.H.A.T : Ministère de l'Habitat et de l'Aménagement du Territoire.

218- OUJAROU Lahcen (op. cit. P168-169) en fait la description suivante : Ces lotissements ne respectent pas les dispositions du dahir du 30 Septembre 1953 relatif aux lotissements et morcellement qui exigent du propriétaire l'approbation du projet par les autorités communales sur la base d'un dossier réglementaire, l'exécution des travaux de bornage par un géomètre agréé, l'exécution des travaux d'aménagement de V.R.D. prévus dans le cahier de charges et l'obtention d'un procès verbal de réception définitive délivrée par la commune pour procéder à la commercialisation des lots.

De l'ensemble de ces dispositions, seul le tracé de voirie est réalisé. Les lotisseurs profitent ici de leurs appuis dans le CM pour échapper au contrôle des services centraux du M.H.A.T qui n'était exigé que pour des lotissements de 100 lots et plus.

Après obtention de l'autorisation de lotir, les lotisseurs autorisés à vendre moins du tiers des lots avant de les équiper procèdent à la liquidation totale de toutes les parcelles. Ils aident les premiers acquéreurs à obtenir une autorisation de construire. Les services communaux ne vérifient pas "l'équipement du lotissement" et s'appuient sur la conformité avec le Plan d'Aménagement et sur l'autorisation de lotir.

Pour les acquéreurs, ce type de lotissement présente l'avantage d'un prix de départ, inférieur à celui pratiqué dans les lotissements réglementaires puisque non équipé alors que les dépenses différées d'équipement vont être réduites grâce à la proximité de ces lotissements des grands réseaux d'équipement de la ville.

Tableau n°75 : Les lotissements privés à Tiflet

Nom du lotissement	Origine du promoteur	Date d'autorisation	Contenance
Ahmed Zin	Zemmour	1986	1ha
Rqia Naga	Rabat	1987	1ha
Ennahda	Rabat	1988	4ha
Warda	Salé	1984	11ha 79a
Mabrouka I	Oujda	1982	1ha 79a 80ca
Mabrouka II	Oujda	1989	1ha 33a 58ca
Nabaouia II	Mzourfa	1987	2ha
Nabaouia III	Mzourfa	1990	2ha
Ghandori	Rabat	1983	1ha 14a 40ca
El Wahda	Rabat	1989	1ha 12a
Total			**27ha 13a 78ca**

Source : Municipalité de Tiflet

En dehors du cadre légal, cette zone Sud-Ouest va continuer à alimenter les spéculations pour élargir davantage le P.U dans cette direction. La création d'une amicale des enseignants (pour la réalisation d'un lotissement) et sa recherche d'un terrain adéquat a été l'occasion pour le Président de la Commune Rurale des Mzourfa voisins (résident à Tiflet et grand propriétaire foncier) pour vendre une parcelle de quatre hectares située en dehors du P.U. Cette initiative, appuyée par le Président du CM en 1988, conforte davantage une urbanisation dans une seule direction.

Les prévisions d'extension du P.U par le SDAU en cours de finalisation "affirment" encore cette orientation. Avec le passage de l'autoroute au Sud de la ville et la présence de terrains du D.P.E dans la zone Nord-Ouest, une grande partie des terres privées situées au Sud-Ouest seront encore intégrées au P.U (voir fig. 15).

Dans sa partie diagnostic, les concepteurs du SDAU remarquent : "*le D.P.E est concentré sur la partie Nord et Nord Ouest de la ville alors que la propriété privée du sol se trouve quasi exclusivement au Sud et au Sud-Ouest. Cette situation risque de provoquer une concentration des équipements collectifs au Nord - Nord Ouest et une prolifération de petits lotissements à but spéculatif au Sud et Sud-Ouest*" (219).

Mais, dès l'abord des intérêts fonciers dans la ville et le degré d'autonomie dont peut jouir le concepteur d'un SDAU, nous avons reçu la réponse suivante : "*Afin de ne pas avoir à négocier avec les grands propriétaires fonciers dans la ville, nous avons essayé dès le départ de ne pas les léser. Cela a été une très bonne solution pour nous, car nous n'avons pas connu de pressions dans l'exercice de notre travail*" (220).

219- S.D.A.U. Khemisset - Tiflet "Rapport de la première phase Diagnostic" groupement d'architectes : Najiba EL ALAMI et El Montacir BENSAÏD. Division de la planification urbaine. Mai 1995 p.166.
220- L'architecte chef de projet du SDAU au sein du groupement d'architecte.

Figure 15

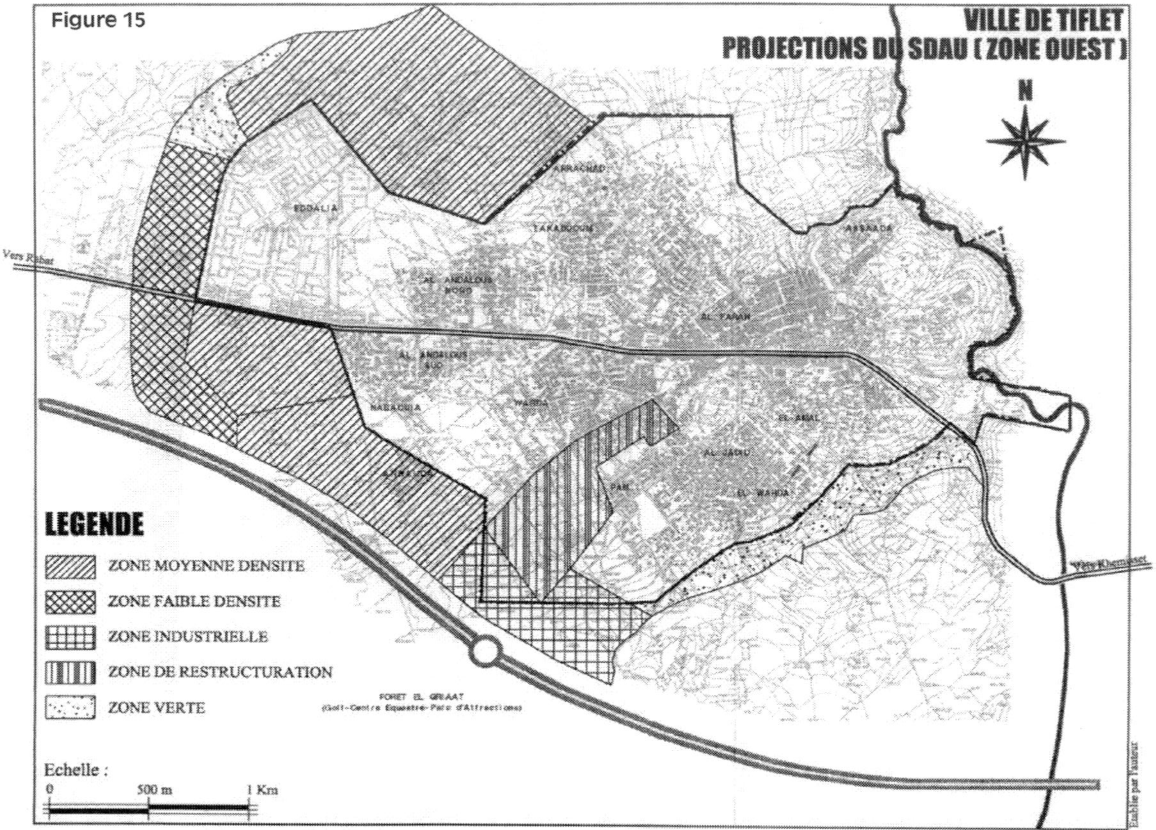

Source SDAU de Tiflet

3- Le Plan d'Aménagement (P.A) de 1986 : requêtes des populations et pratiques du CM.

Le PA homologué le 10 Juin 1986 [221] a été présenté au CM en 1982 pour avis. Après une réponse globale dans la session ordinaire de Février 1982, (voir tableau), la constitution d'une commission ayant tous les pouvoirs a été désignée dès la session de printemps 1982 pour consigner les remarques du CM.

Principales résolutions du CM concernant le PA homologué en 1986

Février 1982 :	- Demande de ne pas toucher aux terrains privés et d'utiliser le DPE pour les équipements publics. - Demande la présence du délégué provincial du MHAT.
Avril 1982 :	- Constitution d'une commission pour recueillir l'ensemble des remarques à propos du P.A. Son travail est considéré comme définitif. (commission constituée de quatre élus communaux, cinq représentants de différentes administrations locales, deux agents de la commune).
Avril 1983 :	- Demande de transfert de la zone industrielle dans la zone Nord-Ouest
Octobre 1984 :	- Constitution d'une commission pour s'enquérir des étapes traversées par le P.A et la réponse donnée aux requêtes des populations.
Avril 1985 :	- Demande d'informations sur les modifications apportées au Plan d'Aménagement proposé en 1981.

Placée dans une phase préélectorale, la discussion du P.A par le CM n'a pas donné lieu à un débat autour des enjeux urbains. Les requêtes des populations enregistrées lors de l'enquête comodo-incomodo (21/12/1982 au 24/2/1983) constituent une "vue amplifiée" des grands propriétaires fonciers.

En effet, les 53 requêtes enregistrées se regroupent en quatre demandes de même type à propos de l'affectation (ou non) d'une partie de la ville par le P.A (voir tableau). Il s'agit de la zone qui longe le douar Lacave; une partie de la ville qui a vu très tôt le développement d'un habitat "spontané" bénéficiant souvent d'autorisations de construire (l'ensemble des requêtes y font allusion), alors que le PA y prévoit une zone verte et une zone non aedificandi. Ces requêtes sont faites par des propriétaires de parcelles de moins de 100 m2 qui "crient" leur désespoir face à l'éventualité d'une nouvelle réglementation[222]. Ils accompagnent la requête de deux grands propriétaires fonciers dans la zone concernée (Qafsaoui A. possède quelques 16.000 m2 - requête n° 17. Les héritiers Grini ont une propriété de 15.000 m2 requête n°9).

221- Ce P.A a été mis à l'étude le 30-3-1981. Il a été homologué par Décret n° 2-86-298 du 10-6-1986 - B.O n° 3843 du 25-6-1986.

222- L'ensemble de ces requêtes se termine par "(...) ce qui veut dire que d'un jour à l'autre nous serons jetés dans la rue. Ma famille se retrouvera dans une situation déplorable alors qu'elle comprend beaucoup d'enfants".

Tableau n° 76 : Requêtes des populations (enquête comodo - incomodo) P.A de Tiflet

Partie de la ville concernée	Type de demande	Nombre de requêtes
Zone La cave	- refus d'une zone non aedificandi - refus d'une zone verte - refus d'une zone équipements publics	06 05 01
Zone Sud-Ouest	- demande d'élargissement du Périmètre Urbain	11
Zone prolongeant hay Takadoum	- refus d'une zone réservée aux équipements publics	12
Hay Farah (Tissu "ancien")	- demande de destruction des kiosques implantés sur des parcelles melk - demande d'assainissement - demande d'ouverture d'une ruelle	11 03 03
Quartier administratif	- refus de céder un terrain melk pour des équipements publics	01

Source : Le registre des requêtes de l'enquête Comodo - incomodo Municipalité de Tiflet.

Le même scénario se répète pour la zone prolongeant Hay Takadoum et réservée par le P.A à des équipements publics. Les héritiers de la famille Fakir (voir supra) sont accompagnés dans leur requête par de petits propriétaires.

Enfin, les demandes d'élargissement du périmètre urbain sur la zone Sud-Ouest concernent le futur député-président et le premier président de la commune (1960) : tous deux grands propriétaires fonciers (voir supra).

Ces trois types de demandes regroupent plus de 66% des requêtes ; les grands propriétaires fonciers ont fait accompagner leur demande. Autrement, ils ont formulé de longues lettres explicatives. C'est le cas d'un grand propriétaire Bouyahyaoui dont le terrain fut affecté à une zone industrielle et une zone verte, mais aussi celui de la plus importante famille Doukkali de Tiflet qui a vu une partie de son patrimoine foncier réservée à l'implantation d'équipements publics (voir infra) par le P.A.

Le reste des requêtes concerne le tissu ancien et des demandes qui s'adressent davantage au Conseil Communal (demande de destruction de kiosques appartenant à la commune, demande d'assainissement...).

Les débats autour du PA durant les années (1984 et 1985) qui ont précédé son homologation ont surtout concerné des demandes d'informations auprès des services de l'urbanisme. Une étape de quatre années qui montre les lenteurs administratives (de l'époque) et le processus fortement centralisé qui débouchait à l'homologation (223).

223- "Durant les années 80, la Direction de l'Urbanisme a instruit 196 P.A au service central, seuls 79 (27%) ont été approuvés. La procédure suivie exigeait les phases suivantes : 1- Introduction 2- Commission interministérielle 3- Délibération du conseil communal et enquête comodo - incomodo 4- visas des départements ministériels 5- Visa du secrétariat général du gouvernement 6- Approbation par décret du ministre 7- Publication au Bulletin Officiel.
La durée globale (moyenne) de l'approbation d'un PA se situait autour de 7 ans et 8 mois. Les phases qui nécessitaient le plus de temps étaient celles de visas des départements ministériels et de l'approbation du plan par décret du 1er Ministre - (voir SNAT - Etude Infrastructures et Equipements Urbains - Projet MOR/88/014 - Octobre 1991. Direction de l'Aménagement du Territoire - P.140 à 144).

C'est autour des rigidités concernant l'affectation du sol dans le P.A de 1986 que vont se former des pratiques de contournement ou d'application du zoning par le C.M. Des pratiques qui cachent les remous de la vie politique locale et les logiques individuelles qui animent les élites autour de la gestion foncière.

4- Le poids des intérêts fonciers dans le pouvoir municipal

La vie politique locale à Tiflet a laissé émerger trois groupes de clientèle (voir supra).

Au-delà des logiques clientélistes, la défense d'intérêts fonciers particuliers implique surtout des stratégies d'alliance à court terme.

Chaque chef de groupe agit surtout en réalisant les alliances nécessaires pour aboutir à valoriser son patrimoine foncier dans la ville. Plus ce patrimoine est important, plus sa défense aboutira à orienter, sinon contourner les grandes décisions de planification urbaine. A Tiflet, l'orientation (physique) de la ville a bien épousé les intérêts fonciers des grands propriétaires / décideurs de la ville. Mais ces intérêts interviennent aussi dans les "turbulences" du pouvoir local. Souvent, les alliances et conflits se nouent autour du foncier. La planification urbaine n'en sera que plus "impliquée". Une focalisation sur les intérêts fonciers des principaux chefs de groupes de clientèle de Tiflet et leurs pratiques nous permettra de mieux les situer au sein du pouvoir municipal.

- Le cas de la zone industrielle de Tiflet (et du Souk)

Idrissi Bouyahyaoui se présente comme l'un des plus grands propriétaires fonciers Bouyahyaoui à l'intérieur du périmètre urbain actuel.

Il est en effet propriétaire des 7/8 de la propriété "Amal" (T.F.11.599), d'une superficie de 19ha 24a dans la zone Sud Ouest de la ville (voir fig. 12).

Entré en 1983 au conseil municipal sous la houlette du président-député, son action sera fortement marquée par une disposition des divers plans d'aménagement (du 13/12/1966, du 8/1/19/1974 et du 10/6/1986); l'affectation de son terrain à une zone industrielle de 2° catégorie.

Jusqu'en 1992, l'histoire politique locale n'a laissé apparaître que deux factions plus ou moins opposées. La valorisation des terres de ce grand propriétaire foncier en ferait un acteur majeur dans la vie politique et économique de la ville. Chacune de ces deux factions jouera, à travers l'enjeu que représente la zone industrielle, soit la carte du renforcement, soit celle du cantonnement d'une troisième faction dans la ville.

Dès l'ouverture de l'enquête publique de deux mois pour recueillir les doléances de la population concernant le plan d'aménagement (modifié le 22-9-1982 et soumis à la population le 21-12-1982) de 1981, Idrissi Bouyahyaoui Mohamed établira une longue requête (voir encadré).

"... 1°/ La ville de Tiflet est peu peuplée par rapport à la superficie qu'elle occupe. Une situation qui pose une menace d'urbanisation des terres agricoles avoisinantes car les C.O.S sont peu élevés dans la ville.

2°/ La ville connaît une prédominance de terres domaniales ou privées non valorisées par leurs propriétaires. Les pouvoirs publics devraient les encourager à le faire au lieu de les laisser spéculer.

3°/ Le P.A. ne prend pas en compte les prévisions de l'ancien P.A (1974) qui n'ont pas été respectées sur le terrain...

Le P.A qui programme sur 20 ans se doit donc de répondre aux besoins en équipements et infrastructures. Or, je vois des exagérations comme celles des zones vertes 4 et 5 et la zone industrielle de 2° catégorie dans la partie occidentale de la ville.

La zone verte était prévue pour séparer la zone d'habitation de la zone industrielle. Est-il raisonnable de placer une zone industrielle en plein coeur de la ville avec tous les problèmes de pollution que cela suppose (...) Laisser une zone industrielle à un endroit défavorable quant aux vents dominants et entourée de toutes parts de zones d'habitat nuira à la santé des populations résidentes. Aussi, je demande l'annulation de la zone industrielle (Z. I.) de cet endroit. (...) de plus il y aura :

- Nocivité pour les élèves des écoles voisines,

- Les propriétaires des terres sur lesquelles sont projetées la Z.I. et la zone verte seront lésés car il n'y aura pas d'industrie vu le niveau économique de la ville. Ceci est vrai car les P.A de 1966 et de 1974 y avaient déjà programmé une Z.I mais nous n'y enregistrons aucune unité industrielle. Nous ne comprenons pas pourquoi le nouveau P.A persiste dans cette voie.

Aussi je demande l'annulation de la Z.I à cet endroit et son remplacement par une zone à habitat économique (...) Cette décision répondra aux désirs des populations et les empêchera d'avoir recours aux constructions anarchiques (...) et nous proposons aux grands propriétaires fonciers d'équiper cette zone en espaces verts, parkings et emplacements pour les équipements collectifs (...)" (224).

Cette requête, tantôt menaçante, tantôt conciliante, montre toute la détermination avec laquelle ce jeune propriétaire défendra ses intérêts : il s'appuiera aussi bien sur les menaces de pollution que sur celles d'une "ouverture" de ses terrains à de l'habitat "clandestin". Dès la session du CM d'Avril 1983, le débat autour des requêtes des populations à propos du P.A a débouché sur une résolution du CM demandant le transfert de la zone industrielle (et de la zone verte) à la zone Nord-Ouest sur les terres récupérées (domaniales) (225). Le CM, alors dominé par le groupe Berkya, ne pouvait qu'accepter de soutenir toutes les requêtes des populations puisque cette phase correspondait à une période de campagne électorale pendant laquelle se préparait la "prise du CM" par des Bouyahyaoui menée par un ancien commissaire revenu à sa ville d'origine (voir supra).

En 1985, avant l'homologation du P.A, il demandera une réunion extraordinaire du nouveau CM pour examiner certaines modifications du P.A et notamment concernant la Z.I. Il poussera le CM à interpeller la Division de l'Urbanisme (226).

224- Requête de Idrissi Mohamed enregistré au n°2 dans le registre des doléances ouvert du 21/12/1982 au 24/2/1983 à la Municipalité de Tiflet.

225- Résolution de la session d'Avril 1983 "Le CM a accepté le transfert de la Z.I de son emplacement prévu sur le P.A à la zone située près de Hay Andalous sur les terres récupérées. Il en est de même pour la zone verte".

226- Session ordinaire du 25 Avril 1985. Municipalité de Tiflet. décision du CM : "Les membres du Conseil se posent des questions quant aux raisons ayant entraîné des modifications dans le PA de 1981 afin qu'ils puissent prendre les décisions nécessaires pour régler ce problème".

Cependant, le débat ouvert sur la Z.I par le nouveau conseil ne se fera qu'à partir de 1986. Les positions des uns et des autres resteront ambivalentes, montrant la pluralité des registres de décision suivant les conjonctures.

Ainsi, lors de la session ordinaire du conseil d'Avril 1986, le "bras droit" du Président-député proposa au débat (en premier point d'ordre du jour) l'équipement de la Z.I [227]. Cette proposition entérinait alors une décision de cantonnement économique et politique du jeune propriétaire foncier [228]. Une telle demande opérée par les deux principales factions de la ville l'isolait dans toute démarche de contournement de l'affectation première de son terrain par les concepteurs du P.A.

C'est par l'implication des intérêts fonciers du président-député que de nouvelles résolutions du C.M viendront à contre courant des premières décisions.

En effet, après trois années, différentes réunions avec le gouverneur de la province ont rapproché les intérêts des uns et des autres : le déplacement de la zone industrielle et du souk sur une terre domaniale située à l'extérieur du périmètre urbain dans la zone Nord-Ouest de la ville permettait la justification d'un nouvel élargissement du périmètre urbain vers l'Ouest (une décision qui permettra d'intégrer alors une partie de la propriété du président-député dans le P.U).

Le président-député fait état de cette justification dans les termes suivants : *"L'inauguration du lotissement Dalia (ERAC) à l'occasion de la fête de la Jeunesse par une délégation Ministérielle du gouvernement de sa Majesté le roi a permis d'émettre l'idée commune entre Monsieur le Gouverneur, le bureau du CM, et les responsables de l'ERAC Nord-Ouest concernant l'équipement de la zone Nord-Ouest. Cette zone recevrait le souk hebdomadaire vu qu'il se trouve actuellement à l'intérieur du lotissement Dalia. Si vous êtes d'accord nous déplacerons ce souk à "Sahat" (place) Navaro* [229] *et l'ERAC se chargera de l'équiper à ses frais (...). Cette zone engloberait outre le Souk hebdomadaire, la zone industrielle et un Institut de Technologie (que nous allons demander).*

C'est ce qui nous a poussés à proposer l'élargissement du périmètre urbain (P.U)" (...)[230].

La session ordinaire du 25 Août 1989 montre tout l'acharnement qu'a mis le président-député pour faire accepter trois décisions :

1°- L'élargissement du P.U,

2°- Le déplacement du souk,

3°- Le déplacement de la Z.I. (Les points d'ordre du jour ont été présentés dans cet ordre)

227- "La Z.I existe, elle est localisée sur le P.A et nous demandons un prêt pour l'équiper afin d'attirer des industriels" (...) 1° khalifa du Président.

228- Les protestations de Mr Idrissi Mohamed furent vaines : A une non localisation exacte de la zone, le 1er Khalifa proposera le recours aux services d'un géomètre. Aux raisons de la non localisation d'une usine de confection de Tiflet dans cette zone, le 1er Khalifa le justifia par le non équipement de la Z.I. Même le groupe Berkya approuva l'idée d'une zone industrielle équipée.
La résolution du conseil (session Avril 1986) : "Les membres du conseil présents, à l'exception de MM Idrissi Mohamed et Toumi Houcine (ingénieur, originaire des Hajjama, élu Hajjama, sans appartenance politique. Pas d'affiliation aux deux principales factions) qui n'ont pas participé au vote, ont décidé de présenter une requête aux autorités de tutelle afin qu'elles interviennent auprès de la Caisse de Dépôt et de Gestion (C.D.G) et de l'Office de Développement Industriel (O.D.I) pour équiper la Z.I de Tiflet".

229- Navaro est une ferme de 20 hectares du nom de son ancien propriétaire Manuel Navaro (T.F 7045). Elle fait partie actuellement du D.P.E jouxtant le Périmètre Urbain.

230- Session du CM du 25 Août 1989. P.V de session - Municipalité de Tiflet.

Une fois obtenue, l'adhésion du CM pour l'élargissement du P.U [231], le président-député proposait le déplacement de la Z.I. Ce déplacement a servi de justificatif. Lors de cette session, la présentation de ce point par le président-député montre le changement radical opéré en quelques années. Le Président-député a repris les justifications du propriétaire du terrain [232].

Cette ambivalence dans les prises de position montre les logiques multiples que traversent les chefs de groupes dans leur pratique. Assurément, leurs intérêts fonciers y occupent une large place. Dans le cas présent, l'élargissement du périmètre urbain a fait l'objet de demandes répétées depuis le début des années 80 [233], mais la requête de 1989 représente l'aboutissement d'un processus de négociation présentant des justificatifs et l'approbation de la plupart des acteurs (gouverneur, ERAC, propriétaires fonciers, élus ...).

Pour le propriétaire du terrain réservé initialement à la Z.I : l'objectif majeur a été la non-affectation de son terrain et l'inhibition de toute action visant son équipement. Après cet épisode qui a gelé toute initiative dans ce sens, l'ensemble du "projet zone Nord-Ouest" a été remis en question avec les nouvelles données du découpage de 1992 et les demandes pressantes des populations d'un "retour" du souk à son emplacement initial" [234]. Malgré le passage du propriétaire de ce terrain en tant que président du CM durant deux ans (1993-1995), aucun changement d'orientation aux dispositions du PA de 1986 n'a pu s'opérer. En 1994, le CM a

231- Résolution du CM "les membres présents, à l'exception de Jebbari Brahim qui n'a pas participé au vote, ont décidé l'élargissement du périmètre urbain de la ville". Notons qu'aucune localisation n'a été proposée dans cette résolution.

232- La présentation du président : "La zone industrielle se trouve actuellement à l'intérieur de la ville, entre les habitations. Sur proposition de Monsieur le Gouverneur elle serait plus bénéfique si elle était localisée à Sahat Navaro. Si vous êtes d'accord nous entamerons son aménagement (...) Elle serait près de l'oued, facile à équiper (...) l'abattoir y serait installé (...) l'ERAC est prête pour faire l'étude.
Résolution du conseil : "Les membres du conseil, à l'exception de Jebbari Brahim qui n'a pas participé au vote, ont décidé de déplacer la zone industrielle à Sahat Navaro".

233- Les demandes d'élargissement du P.U par le CM ont été faites lors des sessions suivantes : Avril 1980, Novembre 1981, Août 1983, Août 1989.

234- En effet, le CM de 1976-1983 a décidé le transfert du souk de la zone Sud-Est de la ville à la zone Nord-Ouest. Un prêt F.E.C de 3,1 millions de dirhams a été réservé à son équipement (1981-1991). En 1987, le souk fut transféré sur une terre jouxtant le lotissement Dalia (réalisé par l'ERAC) (voir carte) . Une résolution du CM de la session du 12 Octobre 1989 proposait la signature d'un contrat avec l'ERAC Nord-Ouest stipulant la cession de la terre de ce nouveau souk à l'ERAC contre son transfert et son équipement (avec un abattoir) par l'ERAC. Cette décision a été "précipitée" avec la création de la nouvelle commune rurale de Ait Bouyahya - Hajjama. Les raisons de ce nouveau transfert ont bien été soulignées par un ancien parlementaire, membre du CM depuis 1969 "Le déplacement du souk de son emplacement initial a été une catastrophe (karita), les recettes du souk suffisaient auparavant à couvrir les dépenses de la commune, le souk bénéficiait de la proximité de l'oued et d'un espace boisé. Le retour à cette situation est une nécessité car depuis son déplacement les communes rurales créent des souks qui leurs sont propres. Et c'est ce qui attend le souk de Tiflet actuel car il créé des problèmes pour les populations et les tribus avoisinantes..." (Session du 26-2-1993). En effet, le nouveau souk situé au Nord-Ouest de la ville devenait trop excentré pour les populations de la commune rurale. Les besoins en ressources propres de cette nouvelle commune exigeaient de ses élus la demande de l'ouverture d'un souk près de l'emplacement de l'ancien Souk de Tiflet (zone Sud-Est). Cette perspective, ajoutée aux nombreuses requêtes des populations demandant le transfert du nouveau souk car situé dans une zone d'habitat (Andalous et Dalia) ont poussé le CM à opter pour le "retour du souk à son emplacement initial (Résolution du CM de la session du 26-2-1993),au respect du contrat avec l'ERAC pour son équipement (Résolution du CM de la session du 19-1-1994) et à établir une entente avec la commune rurale de Ait Bouyahya - Hajjama (versement d'une partie des recettes du souk par la Municipalité).

même décidé de la demande d'un prêt F.E.C pour équiper une zone industrielle [235] vu "les nombreuses demandes des industriels" [236]. Avec la confection du SDAU à partir de 1995 et le retournement de la situation politique locale (voir supra - changement de président du CM - retour de l'ancien président-député), les moyens de négociations de ce jeune propriétaire sont restés limités. Même s'il a pu vendre quelques parcelles et enclencher un mouvement de constructions, ces dernières restent limitées. Son terrain est encore "gelé". Les propositions du SDAU lui évitent une occupation par la seule Z. I. mais elles ne lui permettent pas non plus d'entamer des lotissements économiques [237]. Une grande partie de son terrain est proposée comme zone de restructuration (voir fig. 15).

A travers ce cas s'entremêlent plusieurs décisions qui ont mené d'une part au gel de toute velléité de création d'une zone industrielle équipée dans la ville, d'autre part à des dépenses inutiles par la municipalité dans l'équipement d'un nouveau souk et le retour à son emplacement initial. Les "registres" menant à ces décisions touchent autant à la défense des intérêts fonciers qu'aux conflits de pouvoir dans la ville entre les différents groupes de clientèle ou à la réponse aux exigences de la collectivité (garder le monopole du souk de Tiflet dans le territoire des Ait Bouyahya - Hajjama).

Changement d'alliance autour d'intérêts fonciers

Le groupe Berkya a toujours constitué un pilier dans la vie politique locale (voir supra). Fortement marginalisé en 1983 (trois membres au CM) avec la constitution de deux groupes des Aït Bouyahya, pièce maîtresse dans l'échiquier politique local, il constituera la force d'appui nécessaire à tout groupe Bouyahyaoui pour obtenir la majorité au CM. Sa position est devenue "monnayable". Le changement d'alliance s'opère autour d'intérêts fonciers. Le cas de dérogations aux dispositions du P.A en montre quelques aspects.

Les frères Berkya possèdent deux parcelles d'un peu plus d'un hectare chacune dans le quartier administratif. Les dispositions du P.A de 1986 les ont réservés, l'une à l'agrandissement d'un collège, l'autre à un complexe administratif. Dès l'ouverture de l'enquête publique, leur requête demande l'annulation de ces dispositions et leur transformation en zone d'habitat économique pour la première parcelle, la seconde étant réservée à la construction d'un immeuble et d'une minoterie [238]. Si l'affectation de la

235- Il n'est pas précisé dans la résolution "la zone industrielle contenue dans le P.A de 1986" - résolution du CM du 9-12-1994 "les membres du CM présents ont décidé à l'unanimité de demander un prêt auprès du F.E.C pour équiper une zone industrielle dans la ville de Tiflet".

236- Intervention du Président du CM lors de la session du 9-12-1994.

237- Une autorisation de lotissement lui a été refusée par le CM en Avril 1998.

238- Requête de M.M. BERKYA Med Ben Ali et BERKYA Haj El Hachmi Ben Ali "Nous possédons à Tiflet une parcelle de 1ha 1 a 30ca près du collège Ibn Ajroum réservée dans le PA au Ministère de l'Education Nationale pour l'élargissement du collège (équipements sportifs). Nous avons saisi le Ministère concerné qui est revenu sur sa décision et nous propose de garder ce terrain en notre possession. Vous disposez d'un dossier dans ce sens. Dossier envoyé également au gouverneur et au Délégué Provincial du Ministère de l'Habitat et de l'Aménagement du Territoire. Vu le grand nombre de personnes dans notre famille nous voulons garder cette terre et l'équiper en adduction d'eau potable, assainissement et électricité pour participer à éliminer les bidonvilles qui envahissent notre ville. De plus, c'est sur cette parcelle que nous possédons notre maison d'habitation.
Nous avons remarqué que la parcelle voisine du siège de la commune et qui est en notre possession (T.F 25744), utilisée comme dépôt de grain depuis 20 ans, est réservée dans le PA à un complexe administratif. Or, nous pensions y construire une grande minoterie et un immeuble pour les fonctionnaires. Des projets qui dynamiseront le marché de l'emploi dans la ville comme le soulignent les orientations du gouvernement de sa Majesté Hassan II que Dieu le glorifie".

première parcelle par le P.A. n'a que peu gêné la famille Berkya (obtention d'une position favorable auprès du Ministère de l'Education Nationale - voir requête), l'obtention d'une dérogation aux dispositions du P.A pour construire une minoterie à proximité d'un collège dans une zone réservée aux bâtiments administratifs demandait l'approbation de la Division Provinciale de l'Urbanisme et de la Municipalité.

Auprès du gouverneur (et de la Division de l'Urbanisme qui dépendait alors du même Ministère de l'Intérieur), ils ont pu faire valoir "la dynamisation du marché de l'emploi" par la construction d'une minoterie dans une ville sans industrie. De même que l'inexistence d'une zone industrielle équipée (sauf dans les dispositions du P.A) laissait la porte ouverte à l'implantation d'unités industrielles dans des parties de la ville ayant d'autres affectations (qu'industrielles dans le PA).

Cependant, le Président-député refusa de donner une autorisation de construire à ce projet, puisque, "polluant et situé à proximité des habitations, du collège et des bâtiments administratifs" (239). Ce blocage du projet durant l'année 1991 va déterminer les Berkya à s'allier à toute faction qui s'opposerait à celle de A'rchane.

Avec la formation du groupe de Khamis lors des élections de 1992, les Berkya vont trouver l'allié idéal. Ce dernier, n'ayant que 11 membres du conseil sur 25, avait besoin des 7 élus du groupe Berkya pour s'assurer la présidence du Conseil. Cette alliance sera monnayée par les Berkya. Dès son accession à la présidence, Khamis devra leur fournir l'autorisation nécessaire pour construire la minoterie (240). Alliance, ou "prise en otage", les Berkya joueront ce rôle de balancier durant ces cinq dernières années entre les deux factions Bouyahyaoui (241). Quelle place accorder à la valorisation de leur patrimoine foncier dans leur "stratégie politique"? La question est sans doute mal posée. La défense de leurs intérêts fonciers et économiques passe par leur poids dans la vie politique locale, notamment à travers le conseil municipal. Une logique bien comprise qui leur a permis de maintenir une "faction" au sein du CM durant plus de 20 ans.

Dans une ville marquée par la faible rentabilité des secteurs économiques dominants (artisanat, commerce et services), la prédominance du melk face à une forte urbanisation ne pouvait qu'entraîner des conflits et alliances entre les divers propriétaires fonciers. La gestion urbaine va en être fortement affectée, de même que les alliances politiques.

239- Nous ne disposons pas du P.V de la réunion de la commission qui statua sur ce projet, mais cette information nous a été confirmée aussi bien par un technicien de la cellule locale chargée de l'Urbanisme au sein du pachalik que par le responsable de la cellule technique de la Municipalité, tous deux présents dans cette commission.

240- En effet, l'autorisation de construire d'une minoterie de 568 m2 figure parmi les premières signées par le nouveau Président du CM. Elle date du 8-12-1992 (n° d'enregistrement 92/606).

241- Factions et Alliances au sein du CM de Tiflet (1976-1997)

1976 - formation de la faction Berkya autour d'une vieille famille Doukkali ayant de fortes assises politiques au niveau central.

1983 - formation de la faction A'rchane autour d'une famille des Aït Bouyahya ayant de puissants appuis au niveau central.

1992 - formation d'une faction autour d'un fils de notable des Aït Bouyahya (Khamis) ayant des appuis au sein du parti de l'Istiqlal.

1992-1995 - Alliance de Khamis et des Berkya assurant la Présidence du CM à Khamis.

1995-1997 - Retournement d'alliance des Berkya - A'rchane reprend la présidence du CM.

Le foncier devient une pierre angulaire par où passe le "fil" de cette gestion. A Tiflet, cela a atteint aussi bien l'orientation de l'urbanisation que l'opposition à la réalisation d'une zone industrielle ou le déplacement par deux fois du souk hebdomadaire.

Face à ce trait fondamental de la gestion urbaine, l'élite locale reste à interroger dans ses pratiques qui la mettent en situation de réponse aux demandes sociales alors que sa légitimité reste en "construction". La restructuration et l'équipement des quartiers périphériques ont constitué des enjeux majeurs dans le cas de Tiflet. Ils formeront la trame de fond de cette analyse.

S.S.2- Les douars et leur restructuration : le cas du douar Qotbyines

A- L'enjeu de l'habitat précaire (242) *à Tiflet*

En 1984, Oujarou Lahcen (243) étudiant l'habitat précaire à Tiflet introduisait ainsi son mémoire "Si la tente et surtout la nouala et la baraque constituaient l'essentiel du tissu urbain de Tiflet avant les années 60, aujourd'hui par contre ce sont la baraque, la *nouala* en pisé et surtout la maison en parpaing, ou tout en tôle ondulée (zinc) qui forment la majorité de l'habitat sous-intégré de ce centre ... Cet habitat sous-intégré (244) qui représentait 80% de l'habitat de la ville en 1952, en constitue 67% en 1971 et près de 60% en 1983" (245).

En effet, à cette date, outre le quartier Administratif, le noyau ancien de Aïn Mouka et le nouveau lotissement Laadir (PAM - voir supra), Tiflet rassemblait un ensemble de douars où primait la baraque, la tôle ondulée et l'absence totale d'équipement (voir tableau).

Tableau n° 77 : Les douars de Tiflet avant la restructuration

	Douar Aïssi	Douar Skouila	Douar Dbaba	Douar Lacave	Douar Jdid	Douar Od Chrifa	Douar Qotbyines
Salles d'eau	14%	9%	0%	0%	0%	0%	0%
Electricité	44%	13%	0%	0%	0%	0%	0%
Assainissement	33%	28%	7%	0%	0%	0%	0%
Ordures ménagères	33%	2%	0%	0%	0%	0%	0%

Source : OUJAROU L. Enquête 1983.

242- L'habitat précaire renvoie principalement dans notre acception à la notion de sous-équipement et d'irrégularité : irrégularité foncière, mais aussi irrégularité par rapport aux normes urbanistique, de construction, d'équipements, d'hygiène, d'accès aux services. Il concerne aussi bien les bidonvilles que les autres formes d'habitat périphérique formé de baraques ou de huttes légères composées de roseaux. Le processus de formation de ce type d'habitat est fortement rattaché à l'exode rural et à la fixation de migrants dans des formes d'habitat dont les conditions d'accès restent peu coûteuses (faible prix du foncier, constructions légères ...). C'est la continuation d'un phénomène observé depuis la fin des années 30. Ici nous le distinguerons de l'habitat "clandestin" que nous qualifierons de non réglementaire, formé d'un tissu construit en matériaux durables, mais ne répondant pas aux règles et normes d'urbanisme. Développé surtout à partir des années 70-80, le processus de formation même de ce type d'habitat diffère en tous points de l'habitat précaire (couches sociales concernées, acteurs ...).

243- OUJAROU Lahcen "Urbanisation et Habitat sous-intégré : le cas de Tiflet" mémoire de l'INAU Rabat - Juin 1984

244- L'expression de sous-intégration a été proposée par M. Mohamed NACIRI au groupe interdisciplinaire préparant le colloque de Vincennes sur les formes de croissance urbaine dans les pays sous développés. Cette notion regroupe aussi bien des critères de précarité du foncier, de la construction et de l'équipement que des critères culturels et économiques. Voir Mohamed NACIRI "Les formes d'habitat sous intégré : essai méthodologique" in Herodote n°19 - 1980.

245- OUJAROU Lahcen - Ibid - p.5.

Le terme de douar renvoie au caractère rural de ces habitations, mais il ne fait pas référence à des communautés rurales enracinées possédant un finage et des terroirs qui auraient été intégrés dans le périmètre urbain. Il s'agit d'un phénomène d'agglutination de *noualα* (huttes) autour du noyau administratif et résidentiel colonial. Autrefois périphériques, ces douars ont été créés entre 1920 et 1950 autour de magasins de commerce (douar El Aissi), d'équipements collectifs (l'école musulmane et le douar Skouila), d'une cave (douar la Cave) ou d'une ferme (la ferme Mellina devenue douar Marina). La domination d'une collectivité ethnique ne se retrouve que dans les deux douars de Dbaba avec les Doukkali (collectivité installée dès les années 20 pour exercer des activités commerciales) et les Qotbiynes au douar Qotbiynes (implanté sur le territoire des Ait Bouyahya, mais localisé sur le chemin menant de la tribu des Qotbiynes à Tiflet) (voir fig. 16).

La situation de l'habitat précaire à Tiflet a retenu l'attention du Ministère de l'Habitat et de l'Aménagement du Territoire (MHAT) dans le cadre de son programme d'action de restructuration des bidonvilles [(246)]. Son choix s'est alors porté sur douar Dbaba et douar Jdid, présentant tous deux une proximité des réseaux d'assainissement, d'eau potable et d'électricité et des situations foncières "adéquates" (le sol appartient aux bidonvillois à douar Dbaba, il fait partie des terres domaniales dans le cas de douar Jdid). L'évaluation de ces deux opérations [(247)] montre une situation (en 1984) qui reste loin de répondre aux besoins des populations.

246- Il faut attendre le plan 1973-1977 et le plan de transition 1978-1980 pour voir le Ministère de l'Habitat, sous l'impulsion de la Banque Mondiale, introduire une nouvelle conception de lutte pour la résorption des bidonvilles dans une optique d'intégration urbaine à travers les projets de Développement Urbain dans les trois grandes villes de Rabat, Meknès et Kénitra (restructuration, assistance technique aux collectivités locales, zone d'activité). Mais, c'est au début des années 80, que la Banque Mondiale insuffla un "changement de politique" (demande d'abandon des opérations de recasement, adoption de la restructuration comme mode de traitement principal des bidonvilles - rapport de mission BIRD au Maroc du 8/7/1982) qui se traduira à travers le financement de la restructuration de 75 petits et moyens bidonvilles en 1983. Ces opérations devaient reconnaître des droits des occupants et une amélioration des équipements ("l'idée fondamentale de cette action (restructuration) est de sortir de la clandestinité une large part de la population urbaine et d'offrir un niveau minimum d'équipement et d'infrastructure" - plan quinquennal 1981-1985-). Toutefois, sur le terrain, elles étaient menées par les services techniques du Ministère de l'Habitat et de l'Aménagement du Territoire. Dans leurs débuts, ces services concevaient ces opérations sous leurs seuls aspects techniques (proximité du réseau, situation foncière "simplifiée", alignement - raccordement et mise en place du réseau d'assainissement) sans concertation avec les populations concernées sur le processus de régularisation de la situation foncière ou des conditions d'octroi de l'équipement.

247- A douar Dbaba, la réalisation d'une partie du réseau d'assainissement devait s'accompagner d'une restructuration. L'établissement d'un plan du parcellaire n'a pas été suivi par un processus de négociation avec les populations concernées pour déboucher sur le respect de plan type. A douar Jdid, la réalisation du réseau d'assainissement et l'établissement d'un plan de voirie n'ont débouché sur aucun branchement. Le statut domanial du sol et la non clarification de la situation foncière des parcelles occupées par les habitants ont vite débouché sur un refus de toute participation de la population concernée à l'amélioration de son habitat. Voir pour plus de précisions : OUJAROU Lahcen op. cit; p.156 à 162.

Figure 16

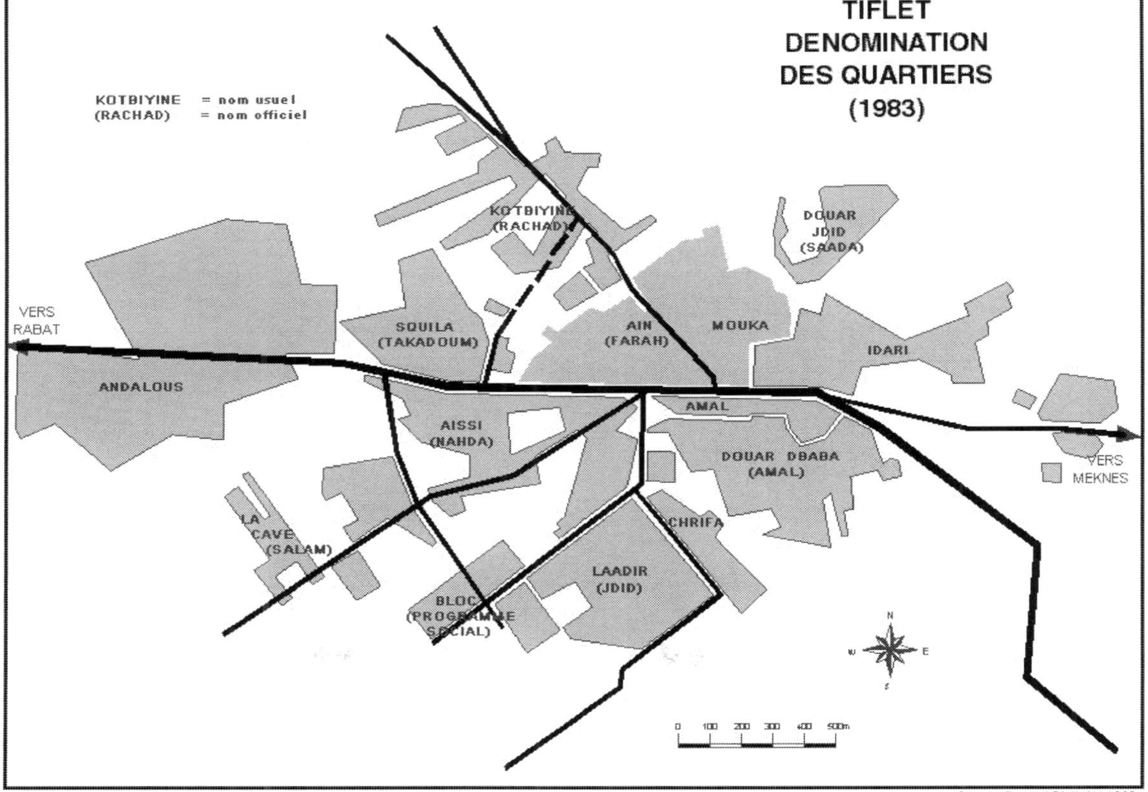

Source: Etude ACA/INAU 1983

Outre cette opération timide du MHAT, la commune de Tiflet a profité d'une enveloppe budgétaire de l'opération promotion de l'emploi (suite au recensement des foyers les plus démunis mené par le Ministère de l'Intérieur en 1983) pour commencer le réseau d'assainissement du douar Skouila et pour aider à terminer celui de douar Aissi.

Ces différentes opérations sur les douars de la ville, ajoutées à celles menées par les populations à douar Marina[248] n'ont eu qu'un impact réduit sur l'intégration de ces quartiers, l'amélioration de leurs équipement ou la reconnaissance des droits des occupants. Jusqu'en 1986, la population vivant dans les différents douars de la ville représentait 50 à 60% de la population totale (voir tableau).

Tableau n° 78 : La population par quartier en 1982

Quartiers	Population	%
Quartier Administratif	869	
Ain Mouka	6795	
PAM et Programme Social	5408	
Andalous (lotissement)	1079	
Total quartiers réglementaires	14.278	48,14
Douar Dbaba	2963	
Douar Od Chrifa	1191	
Douar Aissi	2315	
Douar La cave	1460	
Douar Qotbyines	4849	
Douar Skouila	809	
Douar Jdid	1793	
Total Douars	15.380	51,86
Total Population	29.658	100%

Source : R.G.P.H 1982.

L'habitat précaire à Tiflet a longtemps constitué aussi un enjeu principal de la gestion urbaine et de l'accession à la présidence du Conseil. Jusqu'en 1983, 55% des élus de la ville provenait de ces douars (voir tableau).

248- Voir pour plus de précisions l'étude de OUJAROU Lahcen op. cit.

Tableau n° 79 : Circonscriptions électorales et quartiers en 1983

Quartier	Nombre de circonscriptions électorales (A)	Nombre d'inscrits (B)	%	Moyenne A/B
Quartier Administratif Ain Mouka PAM + Programme Social	01 06 02	381 2592 839		
Total quartiers réglementaires	09	3812	34,03	423
Douar Jdid Douar Dbaba + Douar Od Chrifa Douar Aissi + La cave Douar Qotbyines + Douar Sekouila	01 04 03 03	529 1868 1331 1375		
Total douars	11	5103	45,56	464
Ait Bou Yahya Hajjama	03 02	1332 953		
Total Rural	05	2285	20,40	457
Total Général	25	11.200	99,99	448

Source : Pachalik de Tiflet - Dépouillement personnel.

L'accès à la tête de la gestion urbaine locale passait par l'adhésion des représentants de ces douars. De même que le sort de ces élus dépendait du niveau de réponse (qu'ils pouvaient satisfaire) aux demandes de ces populations (équipement, régularisation).

Enfin, l'importance de l'habitat précaire à Tiflet a mis en exergue l'incapacité des structures du MHAT à répondre aux demandes des classes les plus défavorisées.

Cette incapacité va prendre une ampleur nationale lorsque le chef de l'Etat cite Tiflet, comme l'exemple même de la perte d'un patrimoine architectural ancestral.

En effet, une conjoncture spéciale va entraîner la mise en marche d'une opération de restructuration particulière sur l'initiative conjuguée du conseil municipal et des autorités locales (écartant toutes les structures du MHAT [(249)]). C'est suite au discours royal du 14 Janvier 1986 devant les architectes [(250)] qu'une vaste opération pouvait être envisagée. Sachant que les moyens de la commune ne pouvaient répondre à une telle demande, les investigateurs de cette opération pouvaient utiliser le discours royal pour entamer une action en dehors de

249- La Délégation Provinciale du MHAT, l'Agence Nationale de Lutte Contre l'Habitat Insalubre (ANHI) créée en 1984, l'Etablissement Régional d'Aménagement et de Construction (ERAC) du Nord Ouest.

250- Extrait du discours royal fait devant les architectes le 14 Janvier 1986 à Marrakech. La protection de notre patrimoine architectural régional et national.

"Nous avons un beau pays de par ses monuments historiques mais nos nouvelles constructions sont de qualité médiocre. Je ne parle pas ici des bidonvilles, mais de nos boulevards et avenues et je parle de ce que voient les étrangers et de ce que nous voyons, nous même lorsque nous traversons quelques rues et boulevards. Mieux encore, je vous donne un exemple : Il y a des endroits dans lesquels si nous transportons quelqu'un les yeux bandés par hélicoptère, et nous lui demandons de deviner la ville où il se trouve. Certainement, il ne reconnaîtra pas cette localité, et, pire encore, il restera perplexe et ne saura même pas qu'il se trouve au Maroc. Et ceci reste le cas, aussi bien des villes de montagne que des centres proches des grandes villes. Et à ce titre je vous donne l'exemple des villes de Tiflet et de Midelt. Et quand je cite ces deux villes, c'est pour résumer mes propos... A contrario, personne ne pourra ne pas reconnaître une ville comme Azemmour , il suffit de voir ses anciens remparts et l'Oued Oum Rbi' pour que le visiteur sache qu'il est dans une ville côtière du Maroc, avec ses casbahs construites par les sultans marocains, Saadiens ou Alaouites.
La protection de notre patrimoine architectural est une responsabilité qui vous incombe. Votre amour et votre attachement à votre pays exige de vous de montrer votre pays sous le meilleur de ses aspects".

toutes les normes d'urbanisme en écartant par là même la délégation du MHAT. En ce sens, cette opération met en valeur la (les) logique(s) du pouvoir local et ses contradictions internes. L'opération de restructuration, et particulièrement celle menée à douar Qotbyines montre l'usage local qui est fait des paroles du chef de l'Etat. Une lettre, du Président du C.M de Tiflet au gouverneur de la Province de Khemisset (à la suite du passage d'une commission Ministérielle d'Inspection en 1996) retrace parfaitement cet état de fait (voir Annexe III [(251)]).

Le Discours Royal donne droit à tous les dépassements -y- compris celui d'écarter les services techniques de la Division de l'Urbanisme et de l'Habitat de la Province. Le député-président, fort de ces paroles ayant force de loi, a pu exiger une nouvelle procédure de restructuration (en dehors de toutes celles en vigueur dans les services d'urbanisme), plus rapide, menée entièrement par ses propres services avec l'aide d'architectes du secteur privé. Le gouverneur n'avait alors que son chef de cercle de Tiflet pour contrôler cette opération alors que ses services techniques ont été écartés. Cette autonomie dans l'action permettait alors une "légalisation" des lotissements non réglementaires. Partant du principe de l'alignement en différant toutes les infrastructures de base (électricité, eau, assainissement, voirie), ces opérations devaient permettre aux grands propriétaires fonciers de valoriser leurs terrains sans participer à leurs équipements. Déjà, au début des années 80, de petits lotissements d'une vingtaine de lots chacun non viabilisés étaient initiés par quatre propriétaires fonciers influents au sein du conseil municipal[(252)].

La restructuration de chacun de ces quartiers va intégrer ces petits lotissements, de même que d'autres terres de "grands" propriétaires fonciers des Ait Bou Yahya. Une situation qui ne manque pas de donner à cette opération une dimension personnelle qui influera sur les rapports entre la population résidente, le C.M, les autorités locales et les instances centrales.

B- L'importance du douar Qotbyines avant la restructuration

Le choix du douar Qotbyines émane en premier lieu de sa place essentielle dans l'opération de restructuration que connaîtra la ville à partir de 1986. En effet, sur les six douars que concernera cette opération il regroupe à lui seul 55,6% de la superficie restructurée, soit 58,56 hectares sur 105,31 ha au total (voir tableau).

Tableau n° 80 : Opération de restructuration par douar

Douar	Nouvelle appellation	Superficie concernée	Nbre de lots
Dbaba	Hay Amal	20 ha	981
Oulad Chrifa	Oulad Chrifa	7,37 ha	630
Aissi	Hay Nahda	4 ha	510
Marina - La Cave	Hay Salam	9 ha	995
Douar Jdid	Hay Jdid	6,38 ha	941
Qotbyines	Hay Rachad	58,56 ha	4827

Source : Municipalité de Tiflet.

Exception faite de Douar Dbaba, tous les autres douars ont des superficies n'atteignant pas les dix hectares. Le douar Qotbyines, par le grand nombre de lots qu'il ouvre à l'urbanisation (4827 lots) occupe une position stratégique dans le développement futur de la

251- Lettre du Président du CM de Tiflet au Gouverneur de la Province de Khemisset du 11-12-1996.

252- Il s'agit de Bendaanoun Maâti (membre du C.M de 1977, 1992 et 1997) à douar Dbaba, les Berkya (présents dans tous les CM depuis 1976) près de douar Aïssi, de Sabri Mohamed membre du CM de 1983, 1992 et 1997) à Hay Salam et de Jebbari Brahim (membre du CM depuis 1969, député en 1976) à l'Ouest de Hay Farah.

ville (importance démographique : quartier le plus peuplé actuellement avec 19% de la population urbaine en 1994, importance des enveloppes budgétaires que demande son équipement en V.R.D, poids sur le marché foncier ...).

Si par ailleurs l'ensemble des douars connaissait une occupation humaine assez dense (voir tableau), le douar Qotbyines n'atteignait que 86 habitants à l'hectare avec une occupation spatiale assez lâche. Ici, l'opération de restructuration concernera non seulement la population des propriétaires de baraques, mais aussi le reste des terrains qui seront ouverts à l'urbanisation "légalement" (voir fig. 17).

Tableau n° 81 : Densité de population dans les douars (1983)

Douar	Densité Hts/ha	Douar	Densité Hts/ha
Dbaba	154	Ouled Chrifa	160
Aissi + la Cave	324	Jdid	289
Qotbyines	86,25		

L'intérêt du cas du douar Qotbyines réside alors dans les acteurs qu'il met en oeuvre autour du patrimoine foncier. Situé sur les terres des Ait Bouyahya, il concernera de grands propriétaires fonciers (voir infra) directement impliqués dans la gestion municipale (alors que la restructuration des autres douars a surtout touché de petits propriétaires de lots inférieurs à 100 m2 - [253]).

1- Emergence et caractéristiques socio démographiques du douar Qotbyines

C'est dans les années 20 que les tentes et *noualа* [254] des premiers migrants Zemmouri sont venus s'installer sur ce vaste territoire (75 hectares) des Ait Bouyahya. Situé au Nord de la ville, ce douar restait localisé dans le prolongement de la « médina » (Ain Mouka) à quelques 600 mètres de la route principale. Si un talweg marque bien sa séparation avec Ain Mouka, à l'Ouest et au Nord il formera le principal point de chute des populations migrantes durant la colonisation. En 1952, sa population atteindra déjà 1951 habitants [255]. Sa localisation sur la piste reliant le territoire de la tribu des Qotbyines voisine a favorisé la fixation de migrants originaires de cette tribu. L'accès à la propriété était alors assez aisé. Les grands propriétaires Bouyahyaoui cédaient des parcelles à des prix modiques. Le douar tire son nom de cette époque et de l'origine des premiers migrants installés.

L'évolution démographique de ce quartier montre une certaine stagnation jusqu'à la fin des années 60. La décennie 70 va constituer, à l'instar de l'ensemble de la ville, la période d'un afflux massif de migrants, multipliant la population par 2,4 (A Tiflet, le pourcentage dû à la migration était alors de 72,7 [256]).

253- Douar Oulad Chrifa y fait exception avec quelques "grands propriétaires" fonciers. Trois familles y détiennent 33.544 m2 sur 73.774 m2 de superficie totale restructurée. Il s'agit des familles Idrissi, Jabari et Lakbir qui détiennent respectivement 26.141 m2, 5023 m2 et 2380 m2. Municipalité de Tiflet - recensement des grands propriétaires.

254- "Huttes légères, au toit conique, à la carcasse composée de roseaux entrelacés puis recouverte de chaume" c'est ainsi que les décrit Marcel LESNE qui en dénombrait 416 en 1952.

255- M. LESNE op. cit. P405. Ce chiffre semble exagéré à la vue des photos aériennes de 1962. Vingt ans plus tard (1971) nous retrouvons une population équivalente.

256- Estimation du Centre d'Etudes et de Recherches Démographiques (CERED) in "Situation Démographique Régionale au Maroc" CERED - Publication de la Direction de la Statistique - 1988.

Figure 17

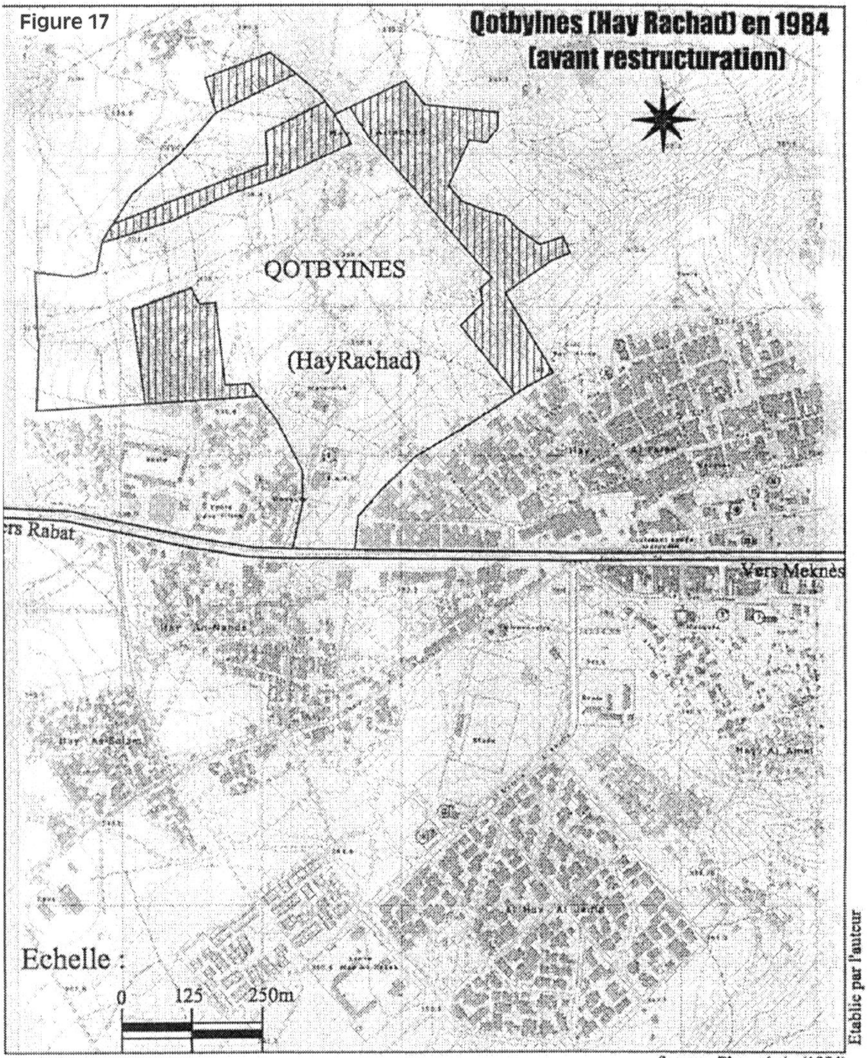

Source : Plan urbain (1984)

Tableau n° 82 : Evolution démographique du douar Qotbyines (1971-1982)

	Population Douar	Ménages	TAA*	Population Tiflet	TAA
1971	2001	424		14142	
1982	4849	953	8,38%	29658	7,25%

Source : RGPH 1971, 1982.

** Taux d'Accroissement Annuel de la population entre 1971 et 1982*

C'est, en effet, dans les années 70 que le douar Qotbyines recevra la grande part des ménages qui bénéficieront de l'opération de restructuration. Le recensement de 1982 (voir tableau) montre ainsi l'importance du nombre des migrants ayant au plus dix années de résidence.

Tableau n° 83 : Durée de résidence des chefs de ménage Douar Qotbyines (1982)

Nés		+ 50 ans			30 - 50 ans			21-30 ans		
Nb	%	Nb	%	% cum	Nb	%	% cum	Nb	%	% cum
27	14,59	01	0,54	15,13	05	2,70	17,83	21	11,35	29,18

16 - 20 ans			11 - 15 ans			6 - 10 ans			0 - 5 ans		
Nb	%	% cum	Nb	%	% cum	Nb	%	% cum	Nb	%	% cum
13	7,02	36,2	15	8,10	44,3	49	26,48	70,78	54	29,19	99,97

Source : RGPH - 1982 échantillon 20%

En excluant la population née sur place, 65,18% des chefs de ménage sont concernés. Ceux qui résident depuis cinq années (au plus) représentent 34,17% des chefs de ménage. Malgré son ancienneté, le douar Qotbyines est donc surtout peuplé de migrants fraîchement installés. L'origine des chefs de ménage montre une certaine continuité historique. La tribu des Qotbyines continue de fournir la grande part de ces migrants (voir tableau).

Tableau n° 84 : Lieu de naissance des chefs de ménages (Qotbyines) 1982

Nés sur place		C.R du cercle de Tiflet – Qotbyines		C.R du cercle de Tiflet – Autres CR cercle		Autre rural Province		Autre rural		Urbain		N.D.	
Nb	**%**	**Nb**	**%**	**Nb**	**%**	**Nb**	**%**	**Nb**	**%**	**Nb**	**%**	**Nb**	**%**
27	14,59	78	42,16	42	22,70	06	3,24	22	11,89	09	4,86	01	0,54
% cum	14,59		56,75		79,45		82,69		94,58		99,44		99,98

Source : RGPH 1982. Dépouillement 20%.

Près de 50% des chefs de ménage y sont nés (les filières familiales et tribales fonctionnent pour permettre l'installation de ces migrants). Les autres tribus (avoisinantes) du cercle de Tiflet (Khzazna, Mzourfa, Ait Ouahi, Ait Ali Ou Lahcen) constituent la seconde zone émettrice avec 26,58% des chefs de ménage. A l'instar de la ville de Tiflet, le douar Qotbyines a recruté essentiellement dans son arrière pays immédiat. Quelques ruraux du pays Jbala et des Doukkala y ont certes élu domicile, mais ils restent peu nombreux face à la population Zemmouri (83% des chefs de ménage) : il s'agit surtout de petits commerçants, *fqih* et couturiers traditionnels. Certains, par leur connaissance du Coran et de la langue arabe, joueront un rôle d'intermédiation non négligeable lors du lancement de l'opération de restructuration.

Les migrants urbains concernent quelques 5% des chefs de ménage. Ils viennent aussi bien des grandes villes de Rabat-Salé que des petites villes avoisinantes de Rommani ou Sidi Yahya du Rharb. Il s'agit, pour les rares cas recensés, de chômeurs ou de candidats à des petits métiers. Ce qui ne les différencie guère des autres migrants ruraux du douar.

Enfin, la proximité des grandes villes (Rabat-Salé, Meknès, Kénitra) montre plusieurs cas (5% des chefs de ménage) de passage par ces villes par des migrants originaires des Qotbyines ou des tribus avoisinantes. Cette tendance concerne en grande partie des femmes (veuves ou célibataires) qui ont travaillé soit comme domestiques à Rabat-Salé, soit comme employées dans les usines de tapis de Salé (deux activités qui "s'alimentent" de filières rurales des Zemmour).

En 1982, la population du douar Qotbyines connaissait une situation économique particulière : le taux de chômage (257) atteignait déjà 25,29% (258) alors que ce taux n'était que de 12% (259) pour l'ensemble de la ville.

La population active occupée répartie par branche d'activité montre aussi certaines spécificités (voir tableau).

Tableau n° 85 : Population occupée par branche d'activité (1982)

Activité	Douar Qotbyines*		Tiflet**
	Nombre	%	%
Agriculture, élevage, forêt	07	3,64	5,22
Industrie	04	2,08	-
Artisanat de production	38	19,79	21,79
Artisanat de service	19	9,89	18,26
Commerce	45	23,43	24,80
Bâtiment et travaux publics	35	18,23	6,22
Transport	28	14,58	4,40
Administration	16	8,33	19,28
Total	192	99,97	99,97

*Source : * RGPH 1982 - Dépouillement 20%.*
*** Etude ACA - INAU 1983.*

Si à l'instar de l'ensemble de la ville l'artisanat de production (formé essentiellement des tisseuses, mais également de quelques métiers liés au secteur du bâtiment - menuisier, ferronnier ...), le commerce et les services occupent la majeure partie de la population active occupée (respectivement 53,11% à Qotbyines et 64,95% à Tiflet), les secteurs du bâtiment et des transports se distinguent particulièrement dans ce douar (respectivement 18,23% et 14,58% de la population active occupée) au détriment de celui de l'administration.

Une autre lecture de ces chiffres montre surtout la précarité de l'emploi et l'importance de petits métiers sans local fixe. Ainsi, les tisseuses à domicile (tapis des Zemmour), les soukiers, les marchands ambulants (fruits et légumes avec charrette, friperie), les portefaix

257- Le taux de chômage est le rapport entre la population en chômage (âgée de 15 ans et plus) et la population active totale du même groupe d'âge.

258- RGPH, Dépouillement 20%.

259- Etude ACA - INAU 1983.

et les charretiers représentent 39,58% des actifs occupés. Les quelques employés dans l'administration sont des gardiens de nuit, des subalternes et des femmes de ménage souvent non titularisés. En 1983, les militaires ne représentaient alors que 2% de la population active occupée du douar. Ils formaient, avec quelques commerçants (possédant un local fixe), des chauffeurs de camion et/ou de taxi et des tâcherons (sous-entrepreneurs du bâtiment), les personnes les plus nanties du douar.

En termes de revenus, le douar Qotbyines se distingue par un revenu moyen mensuel par ménage inférieur à la moyenne urbaine : 683 Dh [260] contre 855,00 Dh [261]. Toutefois, si on enregistre les plus forts revenus dans les quartiers administratifs et la "médina" (Ain Mouka), parmi les douars à restructurer, celui des Qotbyines bénéficie d'un niveau de revenu parmi les plus hauts (voir tableau). Cette situation cache mal cependant la précarité des revenus, la combinaison des sources de revenus diverses et des inégalités.

Tableau n° 86 : Revenu moyen mensuel par ménage et par habitant selon les quartiers (en dirhams) - 1983

Quartiers	Revenu par ménage	Revenu par tête
Q. Administratif	4730	703
Ain Mouka	1285	244
D. Aissi	1209	195
Bloc	1104	155
D. Skouila	720	131
D. Dbaba	1 675	132
D. Qotbyines	683	143
Bir Anzarane	635	111
D. Chrifa	577	113
D. Dbaba 2	596	155
D. Jdid	404	103

Source : enquête 1983 - OUJAROU Lahcen

En effet, si 46% des ménages enquêtés en 1983 avaient entre 500 Dh et 1000 Dh de revenu moyen mensuel, 26% des ménages atteignait au maximum 300 Dh (voir tableau).

Tableau n° 87 : Les revenus par tranche à douar Qotbyines (1983)

	<100	100-200	201-300	301-500	501-750	751-1000	>1000
D. Qotbyines*	3%	11%	12%	14%	23%	23%	14%
D. Qotbyines*	26%			14%	46%		14%
Tiflet **	17%			19%	33%		31%

*Source : * Enquête OUJAROU 1983.*
** Enquête INAU-CERAU 1983.*

Ainsi, la population du douar Qotbyines avant sa restructuration se distingue par quatre caractéristiques :

260- OUJAROU Lahcen op. cit. p.119.
261- Etude Urbaine Tiflet. ACA - INAU 1983 . p.87.

- Une population sans grand passé urbain.

- La prédominance tribale rurale. Seule une véritable filière migratoire basée sur des relations ethniques et familiales a pu permettre l'installation d'un grand nombre de migrants de la tribu des Qotbyines (ou des tribus voisines). La permanence de ces flux montre celle de la relation que continue à entretenir le migrant avec son milieu d'origine après son installation en ville. L'appartenance ethnique constitue une caractéristique qui ne manquera pas de marquer toutes les pratiques et représentations de ces populations.

- La prédominance d'une population rurale fraîchement installée : même si les premières baraques de ce douar datent des années 20, la majeure partie de sa population n'y a même pas dix années de résidence au moment de sa restructuration. L'ancienneté dans le douar bénéficiera aux plus vieux, devant un tissu social en formation. L'habitat reflétera cette double caractéristique : la baraque avoisinera un habitat évolutif en parpaing de ciment ou en brique de terre avec une toiture en pente en tôle ondulée [(262)]. Les constructions en parpaing correspondent souvent à une étape qui succède à celle de la *noualu* ou de la baraque.

- Malgré de fortes relations avec le milieu rural d'origine (voir supra), l'emploi dans la ville reste prédominant.

- Chômage et précarité de l'emploi concernent plus de la moitié de cette population. Mais si cela se traduit par la faiblesse des revenus d'une grande partie de la population, le douar ne connaît pas pour autant un nivellement social. A l'ancienneté de certains habitants dans le douar vient s'ajouter un niveau de revenu non négligeable qui instaure des différenciations sociales.

2- Appropriation de l'espace

Avant sa restructuration, le douar Qotbyines se présentait avec un tissu éclaté. Les constructions s'y sont développées dans trois directions :

- A l'Est le long de la rue de Kénitra (qui part de Ain Mouka pour rejoindre la RP1),

- Au Nord où les constructions mitent progressivement l'espace agricole,

- Au Sud vers le douar Skouila et la maternité.

262- La description suivante y a été faite par Abdelkamel Essafar "L'entrée de la parcelle s'ouvre directement sur la cour. Les locaux principaux sont prolongés par des auvents. Ces abris à l'ombre constituent les espaces de jour. Les matériaux de construction sont : le parpaing de terre et la parpaing de ciment, le bois d'eucalyptus, la tôle ondulée, la terre et le roseau (pour quelques constructions). La toiture est en pente. Les eaux pluviales se déversent dans la parcelle. Le sol des espaces de jour et de nuit est recouvert d'une chape de ciment. Les habitations sont constituées pour la plupart de deux ou trois locaux polyvalents. Les dimensions d'un local sont de 2,5 X 5m .... souvent, dans l'espace de la cour, des parpaings sont entreposés. Ils sont faits par les habitants eux-mêmes à la mesure du temps libre dont ils disposent et des économies réalisées.
Deux formes d'espace constituent cet habitat : - la pièce couverte et sa repetitivité, - le prolongement découvert de cette pièce. Le mur d'enclos et la maison introvertie caractérisent l'espace bâti. Les fonctions domestiques se font dans l'espace découvert. La pièce demeure simple et nue, interchangeable à souhaits et sans spécialisation... L'enclos est le premier acte d'appropriation de l'espace. Il fait partie du paysage rural".
Abdelmalek ESSEFAR "L'habitat clandestin ou les lotissements défectueux au Maroc - Restructuration du Douar Qotbyines à Tiflet" Mémoire de fin d'études - Ecole d'Architecture de Paris La Défense . Paris - Juin 1985 P. 127 à 130.

Cet éclatement du tissu pourrait correspondre au processus de formation même du douar. Situé sur un terrain agricole appartenant à quelques grandes familles des Ait Bouyahya (voir infra), le douar Qotbyines a connu différentes opérations de morcellement par ces dernières. Chaque "grand propriétaire" a créé sur son terrain un "lotissement sans équipement". De grandes zones de concentration de population se sont créées, chacune ayant à sa tête un "grand propriétaire" foncier.

C'est à partir de la fin des années 70 que ce processus a pris de l'ampleur. Les parcelles sont de formes régulières. La surface moyenne varie de 60 m2 à 100 m2. Si le prix du m2 était de 10 Dh à 20 Dh dans les années 60, il a atteint 100 Dh à 150 Dh en 1983. Cette évolution des prix a fini par se répercuter sur la taille des parcelles, devenues de plus en plus petites. Malgré l'exiguïté des parcelles, la plupart des habitations avaient une cour intérieure (indispensable même lorsque le logement ne bénéficiait que d'une seule pièce : aération, ensoleillement, extension, dépôt, travaux domestiques ...). Les arbres qui existaient avant les constructions ont souvent été préservés. 86% des habitations avaient une ou deux pièces[263]. Le caractère rural de ce douar se manifestait par l'absence totale de services et équipements urbains. Les besoins en eau potable étaient satisfaits par huit puits (privés à usage collectif) et une borne fontaine en 1983. Les années de sécheresse entraînaient une baisse du niveau de l'eau dans les puits et des réticences des propriétaires quant à l'usage collectif de ces puits. C'est en 1976-77 que nous enregistrons la première démarche collective de la population pour l'installation d'une borne fontaine.

Une petite "commission" formée de deux anciens soldats et un ouvrier forestier (dont le fils est militaire) originaires des Qotbyines associés à un ancien *fqih* - couturier des Jbala (voir infra) - présentèrent leur requête au chef de cercle (autorité locale). Les services techniques de la commune furent associés, et la "commission" organisa une quête auprès de la population du douar pour l'achat du matériel [264]. La main d'oeuvre et le reste du matériel furent assurés par la commune. Une borne fontaine fut alors installée sur la rue de Kénitra dès 1977. L'eau était alors gratuite et les sécheresses de 1981-82 ont vite entraîné un usage de plus en plus massif de cette borne fontaine (réticences des propriétaires des puits). Face à la forte consommation et à l'importance des factures à payer à l'ONEP, le Conseil Communal fit appel au gouverneur pour imposer un paiement de l'eau. Malgré plusieurs menaces des autorités locales, c'est finalement le nouveau conseil communal de 1983 qui arrivera à organiser le paiement de l'eau en instituant un gérant de la borne fontaine (ancien membre de la "commission", payé mensuellement par la commune, il assurait le paiement de l'eau par bidons de cinq litres).

A cette première démarche collective nous pouvons ajouter dès 1977 une requête similaire pour l'octroi d'une parcelle de 200 m2 (sur terrain domanial) pour la construction d'une mosquée. L'élu du douar (ancien *fqih* des Jbala) au sein du conseil communal mena cette action avec onze autres personnes en clôturant la parcelle demandée. Il serait hasardeux de donner à la mosquée chez les Zemmour le rôle structurant qu'elle joue dans

263- Recensement OUJAROU L. 1983 - op. cit. p.93.
1 pièce : 28%
2 pièces : 58%
3 pièces : 14%

264- 2250 DH furent ainsi collectés et remis au chef de cercle.

d'autres contrées du Maroc (Haut-Atlas, Rif, pays Jbala...[265]). Cette caractéristique locale[266] peut certainement expliquer un fait majeur : l'existence jusqu'en 1993 d'un seul lieu de prière, (construit en matériaux légers) dans tout le douar Qotbyines (qui contenait alors près de 10.000 habitants). Assurément, ce n'est pas qu'autour du lieu de culte que cette collectivité a pu organiser sa territorialisation.

C'est aussi autour de l'eau, dans un contexte de rareté, que les habitants ont "marqué" leur ancrage territorial. Comme le souligne Beatrice Mansouri : "l'accès systématique et régulier à un point d'approvisionnement collectif est en grande partie conditionné par sa proximité. Sa fréquentation donne lieu à l'émergence de pratiques socio-spatiales qui traduisent l'ancrage territorial des usagers" [267]. La lutte pour l'obtention de la borne fontaine et l'organisation de son utilisation à Qotbyines a été la marque la plus importante de territorialisation d'un noyau de population autour de la rue de Kénitra jusqu'en 1997 (date du raccordement individuel au réseau d'eau potable de la ville).

C- L'élite locale et la restructuration du douar Qotbyines

L'appréciation du comportement de l'élite locale face à l'enjeu de la restructuration et de l'équipement du plus grand quartier de Tiflet nécessite, outre la description des processus de négociation entre les différents acteurs (autorités locales, conseil municipal, grands propriétaires fonciers, population résidente, ...) lors de l'opération de restructuration (C.1), de placer cet enjeu dans l'ensemble de la vie politique locale sur les vingt dernières années (C.3) à la lumière des transformations sociales engendrées au sein de la population locale (C.2) et les acteurs qui en ont émergé (C.4). En effet, seule une lecture à double entrée peut éclairer quelque peu les logiques qui impriment chez le même individu un besoin de répondre à ses propres intérêts fonciers, à ceux de sa clientèle, à la quête d'une légitimité dans une collectivité en forte mutation, à des demandes sécuritaires ou de prébendes à partager avec quelques agents de l'administration locale... Si "l'entrée" par le foncier est essentielle dans l'explication des flux descendants, celle par les contours de la population locale, ses besoins, valeurs et représentations devient primordiale dans "le processus de légitimation local" nécessaire au maintien de l'élite locale.

1- L'opération de restructuration : initiative et acteurs

L'arrivée au CM d'une nouvelle "équipe" en 1983 va entraîner une plus forte implication de cette instance dans la gestion foncière urbaine. Formé essentiellement de personnes originaires de la tribu des Ait Bouyahya (voir supra), ce CM avait aussi bien à répondre à des demandes pressantes en équipement formulées par la population des douars

265- Projet d'Aménagement de bassins versants. Assistance au développement forestier - Phase II. Rapport des études complémentaires Bassins versants de Lakhdar et du Msoun - Composante socio-spatiale et institutionnelle. M.A.R./F.A.O. I.A.V. Hassan II. IRAKI Aziz, MAHDI Mohamed, TAMIM Mohamed, TOZY Mohamed - Juin 1995.
- "Les Mgouna - Les systèmes d'action collective - Diagnostic et fonctionnement" programme de Développement Communautaire du Haut Atlas Central PNUD/MOR/2/010 - par AIT HAMZA M., IRAKI A., TAMIM M.

266- Le capitaine QUERLEUX décrit ainsi les Zemmour "Ils ne sont pas plus soumis à l'autorité makhzanienne qu'ils ne se sont laissés dominer par l'absolutisme de la religion musulmane" op. cit. (P159). Ainsi les talebs étaient méprisés, Rahma Bourqia y voit "un champ profane stratifié autour d'une structure guerrière qui formait le lieu de compétition et qui plaçait les talebs au bas de la hiérarchie" op. cit.

267- Beatrice ALLAIN - EL MANSOURI "La politique de l'eau et ses effets territoriaux au Maroc "in" colloque villes et territoires - Tunis Octobre 1998 à paraître p.11.

(promesses électorales) qu'à une régularisation, valorisation des terres de ces Bouyahyaoui qui ont initié des lotissements "clandestins" ou des morcellements avec installation de baraques donnant naissance à différents "douars" dans la ville.

C'est suite au discours royal du 14 Janvier 1986 que le président du conseil communal, en étroite collaboration avec les autorités locales, confient à deux architectes privés de Rabat (associés à un topographe), l'élaboration des plans de restructuration et les levées topographiques des différents douars à restructurer. Si à douar Dbaba, Oulad Chrifa, douar El Aissi et Marina, un listing des résidents a été réalisé avec un levé parcellaire identifiant chaque résident avec la superficie de la parcelle occupée et sa localisation, à douar Qotbyines cette procédure n'a pas été respectée. Dans la foulée de la restructuration du douar Dbaba (devenu Hay El Amal), les "grands" propriétaires fonciers de douar Qotbyines ont formulé la demande de restructuration de ce douar. La grande étendue du douar (49,56 hectares), l'importance du nombre de ménages concernés (2170) et la précipitation dans laquelle s'est faite cette opération ont joué dans le sens d'un changement de procédure devenue plus expéditive. Le levé parcellaire, étape assez longue et demandant un report de toute action (d'alignement ou d'équipement) sur le terrain fut éliminé au profit d'une procédure basée sur un découpage par secteur, épousant les contours des zones morcelées et loties par chaque "grand" propriétaire foncier[268]. La superficie possédée par ces derniers atteint, en effet, 66,71% de la superficie à restructurer (soit 33,06 hectares sur 49,56 hectares)[269]. A partir d'un découpage en quinze secteurs, les moulkya et actes de propriété de tout propriétaire furent collectés par secteur afin d'établir l'état de la propriété par secteur. Le résultat de cette procédure était que la somme des superficies contenues dans les moulkya et actes de propriété dépassait la superficie réelle sur le terrain. Travaillant sur des terres non immatriculées, l'identification du foncier sans levé topographique sur le terrain devient une opération complexe. Au problème du manque de précisions topographiques et métriques des moulkya, s'ajoute celui des ventes de parcelles dans l'indivision. Souvent, un des héritiers d'une propriété finit par vendre plus de parts qu'il n'en possède. Avec le recensement réalisé, tous ces cas litigieux sont "remontés en surface" pour complexifier davantage la situation foncière dès le départ de cette opération.

L'architecte chargé de ce projet justifie cette "restructuration par secteur" par le respect de l'existant. *"Il fallait laisser chaque grand propriétaire sur ses terrains et négocier avec lui"!* Le plan prévoit ensuite les alignements et la constitution de 5 types de lots allant de 64m2 à 100 m2. Dans cette opération, population résidente et grands propriétaires fonciers deviennent les acteurs les plus impliqués. Si les propriétaires de petites parcelles allaient bénéficier de petits lots en attendant les équipements, les locataires de baraques (29% de la population résidente d'après le recensement réalisé par Oujarou en 1983) devaient connaître l'expulsion du quartier.

Sur l'initiative des autorités locales et du Président du conseil communal, une amicale des populations résidantes (propriétaires) fut créée pour assurer la médiation. Le plus grand propriétaire foncier du douar présidait alors cette amicale, secondé en cela par un instituteur

268- Seul le secteur de Kénitra Droite a bénéficié d'un levé parcellaire en 1988. Après constatation des problèmes posés par l'absence de cette opération dans les autres secteurs, la commission de restructuration l'a exigé pour ce secteur.

269- La Municipalité recensait comme "grands" propriétaires fonciers toutes les personnes possédant une parcelle de plus de 1000 m2 dans le douar. Mais seuls quatre grandes familles possédaient plus de 3 hectares - (voir infra).

originaire des Qotbyines et membre du conseil communal (pour la circonscription électorale du douar). Le reste de cette amicale était composé des résidants les plus anciens. Originaires dans leur grande majorité de la tribu des Qotbyines (voir tableau), deux groupes socio-professionnels se distinguent : les petits commerçants et soukiers d'une part, les militaires en retraite d'autre part. Dans leur rapport à l'autorité locale, trois groupes émergent :

- Le groupe représentant les grands propriétaires fonciers et le conseil communal,

- Le groupe des militaires qui cherche plus appui sur les autorités locales pour assurer les intérêts de cette couche de population particulière,

- Le groupe formé de petits commerçants des Qotbyines, en relation permanente avec la population du douar (vente services, prêts ...).

Tableau n° 88 : Les membres de l'amicale du douar Qotbyines

Origine	Profession	Lieu de résidence	Observations
Ait Bouyahya	Fellah, grand propriétaire	Sur place foncier	Président de l'amicale
Qotbyines	Instituteur	centre Tiflet	Membre du C.M élu des Qotbyines
Qotbyines	Musicien	Sur place	
Qotbyines	Vente poulet détail	Sur place	
Qotbyines	Vente fruits et légumes	Sur place	
Qotbyines	Maquignon	Sur place	
Qotbyines	Retraité de l'armée	Sur place	
Mwarid (voisins)	Retraité de l'armée	Sur place	
Ait Belkacem	Retraité de l'armée	Sur place	Fellah à Ait Belkacem
Qotbyines	Retraité de l'armée	Sur place	Fellah à Qotbyines (tribu)
Qotbyines	- Ouvrier forestier - Fils dans l'armée	Sur place	Assure la gestion de la borne fontaine du douar
Qotbyines	Fellah à Qotbyines	Sur place	

Source : enquête personnelle.

Dès le départ, l'amicale a été présentée (par le président du CM) aux populations comme le moyen par lequel allait être assuré l'équipement du quartier (le douar restructuré ayant désormais la dénomination officielle de Hay Rachad).

L'échec de l'amicale :

Les premières actions de l'amicale furent dirigées vers les ménages les plus démunis : les (résidants) propriétaires de lots dont la superficie était inférieure à 64 m2. Ils devaient payer la différence de superficie existante entre leur parcelle et le lot minimum de 64 m2 pour avoir accès à un lot minimum. Le prix du mètre carré était alors de 100,00 Dh. Cette action a permis de collecter quelque 120.000 Dh. L'ouverture des grandes voies fut réalisée à l'aide de gros engins qui ont nécessité une participation de l'amicale à hauteur de 35.000 Dh.

Une année et demi après sa création, les propriétaires de petites parcelles (non "conformes") ne voulaient plus payer la différence. Outre l'alignement, aucun équipement n'était réalisé alors que l'autorité locale exigeait du Président de l'Amicale une contribution financière pour la construction d'une mosquée du Vendredi située à douar Skouila (Hay

Takaddoum) [270]. Après l'acceptation de cette proposition par le Président, l'ensemble des membres de l'amicale mené par les petits commerçants alla déposer sa démission de l'amicale au chef de cercle (ils refusaient que leur argent serve à la construction d'une mosquée localisée dans une zone assez éloignée de leur quartier). Cet épisode, raconté avec véhémence par les anciens membres de cette amicale [271], montre aussi bien la nécessité d'une structure d'intermédiation durant le lancement de l'opération pour s'assurer l'adhésion des populations que sa fragilité lorsqu'elle renferme des groupes d'intérêts opposés.

1.1- Péréquation et négociation

Le plan de restructuration du douar Qotbyines prévoit de réserver à la voirie, passages piétons, places, et équipements publics quelques 25,92 hectares ; soit 48,38% de la superficie totale (voir tableau).

Tableau n° 89 : Occupation du sol projetée - Restructuration douar Qotbyines

	Superficie (m2)	%
Lots d'habitation	276.486	51,60
Voirie et passages	244.889	45,71
Equipements publics	14.315	2,67
Sup. totale	535.690	99,99

Source : Municipalité de Tiflet.

L'importance des "chutes" a demandé à la commission chargée de la gestion du projet[272] l'établissement d'un barème de paiement général qui instaure un "paiement des chutes" inversement proportionnel à la superficie possédée.

Barème théorique pour le "paiement des chutes"

Jusqu'à 64 m2 : aucun paiement
de 64 m2 à 100 m2 : 25%
de 100 à 500 m2 : 30%
de 500 à 1000 m2 : 35%
+ de 1000 m2 : 50%

Ce barème théorique opérait ainsi une péréquation : les "grands" propriétaires paient pour les petits.

- Dans la pratique, le barème appliqué aux petits propriétaires a été appliqué sans tenir compte des situations d'iniquité que pouvait créer un "règlement par tranche". En effet, les propriétaires de parcelles de 60 m2 à 83m2 se retrouvent tous deux bénéficiaires d'un lot de 64 m2. Pour le propriétaire initial de 60m2 il y a eu gain de superficie, alors que celui qui

270- Hay Takaddoum se trouve dans la continuité de Hay Rachad (zone Sud).

271- Avec la contribution de Mohamed TAMIM, plusieurs réunions ont été organisées avec les anciens membres de cette amicale. Aucun document se rapportant à cette période n'existe au pachalik ou à la municipalité. Le passage de chef lieu de cercle à pachalik a été l'occasion d'un transfert des archives qui a occasionné des pertes de documents.

272- Cette commission présidée par le chef de cercle était composée de : l'architecte municipal, le membre du C.M élu de la circonscription électorale dont dépend le douar, le 2ème Khalifa du bureau du CM, l'architecte privé concepteur du projet (lorsque son avis était exigé) et de quelques grands propriétaires suivant le secteur en discussion.

possédait 83m2 "perd" 20% de sa superficie initiale. Passé à la tranche de 84m2 son propriétaire ne "perd" plus que 14% de sa superficie initiale puisqu'il obtient un lot de 72m2. Dans ce système, le "paiement des chutes" (voir tableau) est "censé" progresser avec la superficie, mais il entraîne avec lui une incompréhension des petits propriétaires les plus lésés ainsi que la colère des propriétaires de parcelles dont la superficie correspond à la limite supérieure de la tranche [273].

Superficie initiale	Superficie des lots attribués	Taux de "chute"
- Moins de 60 m2 à 83 m2	64 m2	0 à 20%
- 84 m2 à 100 m2	72 m2	14% à 28%

Outre l'application de ce système de répartition inégalitaire, des traitements de faveur ont amplifié cet état de fait chez les propriétaires de parcelles de plus de 100 m2. Le registre des petits propriétaires du Bloc A laisse apparaître les cas suivants :

	Superficie initiale (m2)	Superficie des lots attribués	Nbre de lots	Taux de "chute"
E.M.	150	84	02	+12%
A.B.	150	100	01	-50%
K.M.	162	64	02	-21%

Source : Registres de la Municipalité de Tiflet.

Au-delà de 100 m2, les petits propriétaires ont eu à négocier au cas par cas. Une même superficie initiale peut se transformer soit en un gain de superficie et de lot (cas n°1), soit en une "perte" de 50% (cas n°2).

- Si les petits propriétaires de lots de 60 m2 à 100 m2 ont fini par accepter le principe d'une perte de superficie, ils n'y voyaient pas seulement le gain d'une régularisation et les besoins fonciers pour la voirie et les équipements du quartier, mais bien une "retenue" qu'opère le conseil municipal afin d'équiper le quartier en V.R.D ultérieurement. Cette confusion persistera et jouera un grand rôle dans la chute du Président du CM sortant et ses alliés.

- Pour les grands propriétaires, cette péréquation demandait une plus grande contribution malgré l'introduction d'un terrain domanial de 7,50 hectares dans l'opération.

1.2- L'importance des "grands" propriétaires dans l'opération de restructuration.

Possédant plus de 66% de la superficie à restructurer, les grands propriétaires représentent un acteur primordial dans cette opération qui s'apparente à une restructuration doublée d'une légalisation d'un "lotissement à équipement différé". Une quinzaine de grandes familles se partagent plus de 33 hectares (voir tableau).

273- Avec une parcelle initiale de 81 m2, Mr Lamdardar Si Mohamed du Bloc A se retrouve avec un lot de 64 m2 alors que sa voisine El Miloudya Bent Haj Med possédant au départ 84 m2 bénéficie d'un lot de 72 m2.

Tableau n° 90 : Les grands propriétaires de Qotbyines

	[10-15ha[	[5-10ha[	[2-5ha[	10.000-20.000 m2	5000-10.000 m2	1000-5000 m2	Total
Nbre famille prop.	01	01	02	04	03	04	15 %
famille prop.	6,66	6,66	13,33	26,66	20	26,66	99,97
Superficie m2	116.480	64.100	64.942	51.760	24.150	9.252	330.684
% sup. totale	35,22	9,38	19,64	15,65	7,30	2,75	99,98
Sup. moyenne/prop. m2	116.480	64.100	32.471	12.940	8.050	2.313	-
Nbre parcelles	05	04	05	07	03	05	29

Source : Dépouillement liste des grands propriétaires - Municipalité de Tiflet.

Parmi elles, se distinguent la famille El Aydi et El Qafsaoui dont les héritiers possèdent 54,6% des terres appartenant à de "grands" propriétaires et 36,4% de la superficie restructurée (au sein de la propriété de statut melk du douar, ils possèdent 42,92% des terres). Avec respectivement 11,6 hectares et 6,4 hectares, ces deux familles occupent de grandes parcelles (de trois à quatre hectares chacune) qu'ils avaient commencé à morceler. Si un membre de la famille El Aydi était président de l'Amicale du douar lors des débuts de l'opération, les Qafsaoui étaient toujours représentés au sein du Conseil Communal (de 1976-1983 et 1983-1992). Avec eux, la négociation est en même temps nécessaire et difficile ; les El Aydi finissent par obtenir 288 lots (l'ensemble de leur patrimoine foncier n'a pas été restructuré) tandis que les Qafsaoui se partagent 247 lots (Driss 127 - Mohamed 81 et Lhoucine 39).

Cinq autres "grands" propriétaires de moindre importance ont intervenu dans cette opération. Il s'agit de propriétaires de parcelles de deux à trois hectares qui ont pu bénéficier de 100 à 200 lots dans le programme de restructuration [274]. Parmi eux, se retrouveraient aussi plusieurs membres du conseil (1983) et un haut gradé militaire [275].

Ainsi donc, si l'opération de restructuration a pu dégager quelques 4217 lots pour 2170 familles recensées en 1986, elle a également mis à la disposition des "grands" propriétaires 40% des lots [276]. Par la restructuration, il s'agissait aussi bien d'améliorer les conditions de logement des populations résidantes que de valoriser le patrimoine foncier de quelques grands propriétaires.

Chaque propriétaire a eu à négocier avec les membres du Conseil Municipal, les techniciens et les représentants de l'autorité locale la part de son terrain retenue pour la voirie, les équipements et la péréquation. Cette part représente, (sur 26 parcelles de plus de 1000 m2 totalisant 24,33 hectares), 58,37% de la superficie totale [277]. Cette moyenne

274- Tahri Boudriss : 119 lots, les héritiers de El Ayachi Chelh : 123 lots, la famille Moubarek 129 lots.

275- Le dépouillement des listes fournies par la Municipalité ne laisse apparaître aucune trace des propriétés de ces élus ou du haut gradé militaire. Cependant, le moqadem de douar Qotbyines et les adjoints techniques du Pachalik responsables de l'Urbanisme « voient » un député-président possédant une grande partie du secteur 8 qui regroupe quelques 215 lots. De même, les listes "ignorent" la Société civile immobilière Rawd Chamal qui gère la propriété Marie Dolores à Hay Rachad dans les secteurs 10 et 10-2 qui contiennent 397 lots.

276- Dans le détail, le dépouillement des listings des "petits propriétaires" (moins de 4 lots) donnait un nombre moyen de lots par bénéficiaire de 1,18 (1596 bénéficiaires possédant 1893 lots). Appliqué aux familles de petits propriétaires recensées, ce taux impliquerait un nombre total de lots possédé par les "petits propriétaires" de 2533. Les grands propriétaires posséderaient ainsi quelques 1684 lots. Ce chiffre semble le plus probable puisque le listing des "grands" propriétaires fourni par la Municipalité "recense" 1296 lots auxquels il faut ajouter ceux possédés par des grands propriétaires ommis dans ce listing (note précédente).

277- Sur 243.333 m2 nous avons pu recenser 1266 lots (de 64 à 100 m2). Avec une superficie moyenne de 80 m2 par lot.

retenue pour les grands propriétaires a été inégalement répartie entre eux. L'option de les faire bénéficier de lots à l'intérieur de leur parcelle restructurée ne pouvait que déboucher sur des retenues plus importantes dans les grandes parcelles (la probabilité de contenir des espaces réservés à la voirie et aux équipements est plus forte que dans les petites parcelles). La retenue représente ainsi en moyenne 62% de la superficie initiale dans les parcelles dépassant un hectare, alors qu'elle n'atteint que 51% dans les parcelles de moins de 5000 m2 (voir tableau).

Tableau n° 91 : Pourcentage de chute par parcelle dans l'opération de restructuration de douar Qotbyines

	N°	Super. parcelle	Nbre de lots	% chute
Parcelles de 1000 m2 à 5000 m2	1	1.400	11	37,14
	2	1.420	07	60,56
	3	1.500	13	30,66
	4	1.581	10	49,39
	5	2.000	13	48,00
	6	1.960	15	38,77
	7	2.180	13	52,29
	8	3.540	16	63,84
	9	4.050	27	46,66
	10	3.190	15	62,38
		28.821	140	50,92
Parcelles de [5.000 m2 à 10.000 m2[	11	5.390	24	64,37
	12	6.500	27	66,76
	13	6.020	62	17,60
	14	7.488	41	56,19
	15	9.350	39	66,63
	16	9.400	50	57,44
		44.146	243	55,96
Parcelles de plus de 10.000 m2	17	10.100	90	28,71
	18	10.552	43	67,39
	19	16.800	99	52,85
	20	17.350	81	62,65
	21	24.000	119	60,33
	22	27.680	133	61,56
	23	31.200	127	67,43
	24	33.812	123	70,89
		171.494	815	61,98

Source : Dépouillement personnel. Municipalité de Tiflet

Cependant, ces moyennes cachent aussi des tractations, marchandages et relations clientélistes entre les propriétaires fonciers, les autorités locales et le président du conseil municipal qui expliquent alors que, pour certaines parcelles, des propriétaires n'ont eu des taux de chute que de 17 ou 30%. Souvent, ces faibles taux concernent les petites parcelles appartenant aux plus grands propriétaires. Ils s'expliquent alors comme résultat d'une négociation ayant permis des compensations(278). Les différences de traitement entre les

278- C'est le cas de la parcelle n°9 appartenant à Lhoucine El Aydi, de la parcelle n°13 de Mekki Moubarak, ou d'une parcelle de 620 m2 appartenant aux héritiers Qafsaoui (taux de chute de 35,48%).

propriétaires ont soulevé plusieurs protestations auprès des autorités locales. Mais quelque soit la superficie retenue, ces propriétaires mesurent parfaitement les gains réalisés grâce à la spéculation[(279)]. Une opération où ils n'ont investi ni capitaux, ni réseau relationnel local (nécessaires à la réalisation de lotissements réglementaires ou "clandestins") leur a ainsi permis de valoriser leur capital foncier.

2- Restructuration, transformations sociales et territorialité

La restructuration est une opération qui participe aussi bien aux mobilités résidentielles dans la ville qu'au mouvement d'installation de nouveaux migrants. Ces différents flux engendrent des transformations au sein du tissu social (en emmenant de nouvelles couches et en chassant d'autres). De même qu'ils impliquent de nouvelles territorialités des populations résidantes. Autant d'éléments qui restent à interroger avant d'étudier les pratiques et représentations de l'élite politique à travers l'enjeu de la restructuration et de l'équipement de ce quartier.

2.1- Caractéristiques de la population résidente après la restructuration

Avec son changement d'appellation après la restructuration, douar Qotbyines a aussi continué à recevoir de nouvelles populations qui représentent plus du tiers de sa population actuelle (1994). En effet, les chefs de ménages installés depuis moins de sept ans en 1994 (après ou pendant l'opération de restructuration) représentaient 37,43% du total (voir tableau).

Tableau n° 92 : Durée de résidence des chefs de ménages du douar Qotbyines (1994)

[0 -5] c		[6-10] ans		[11-15] ans		[16-20] ans		[21-30] ans		[31-40] ans		[41-50] ans		[+50] ans		nés		Non Det	
Nb	%	Nb	%	Nb	%	Nb	%	Nb	%	Nb	%	Nb	%	Nb	%	Nb	%	Nb	%
57	31,84	27	15,08	26	14,52	29	16,20	22	12,29	07	3,91	-	-	01	0,55	08	4,47	02	4,47

Source : RGPH 1994 -10% Dépouillement.

Si la population née sur place concernait 14,59% des chefs de ménages en 1982, elle ne représente plus que 4,47% en 1994, montrant ainsi le flux continu d'une population exogène qui finit par devenir quasi majoritaire dans un quartier en formation (malgré son ancienneté).

La permanence de ce mouvement de population due à la vente de lots à des prix relativement bas avant le branchement du quartier à l'électricité et à l'eau potable (300 Dh à 500 Dh le m2 contre 500 Dh à 1000 Dh à Ain Mouka, Amal Nord[(280)]) se constate aussi bien à travers l'importance des chefs de ménage ayant moins de deux années de résidence (18,43% du total, soit quatre fois plus que ceux qui sont nés sur place) qu'à travers le mouvement de construction. En effet, Hay Rachad concerne encore entre 27% et 32% des autorisations de construire délivrées dans la ville entre 1995 et 1997[(281)].

279- Un des hérités de la famille Chelh s'est plaint d'avoir eu le taux de chute le plus important parmi les grands propriétaires (Sur 3,38 hectares ils n'ont reçu que 123 lots - soit un taux de 70,89% - parcelle n°24). Dans une entrevue réalisée en Mars 1998, il reconnaît, en tant qu'ingénieur des travaux publics, les gains réalisés maintenant que le quartier a l'électricité, l'eau potable (et l'assainissement en cours). Ceci se répercute sur le prix du foncier. Si avant la restructuration le mètre carré se vendait entre 100 Dh et 150 Dh, dix années plus tard (1998), il a atteint 500 Dh à 700 Dh, soit cinq fois plus.

280- Le SDAU de Khemisset Tiflet - étude foncière - Document Diagnostic P101.

281-

	1995		1996		1997	
	Nb	%	Nb	%	Nb	%
Autorisations de construire délivrées totales	658	100	1013	100	762	100
Autorisations de construire Hay Rachad	196	29,78	275	27,14	237	31,10

Source : Municipalité de Tiflet. Dépouillement personnel.

Toutefois, face à ces nouveaux arrivés de la restructuration - lotissement, nous retrouvons un groupe tout aussi significatif de chefs de ménages ayant plus de seize années de résidence (37,43% du total) qui représente un peu la "mémoire" de ce quartier.

En 1997, Hay Rachad se présente encore comme un quartier en forte mutation même si les réseaux de relations basés sur une même origine tribale subsistent.

L'origine des chefs de ménage montre encore la prédominance des originaires de la tribu des Qotbyines (voir tableau) qui représentent plus de 38% du total contre 42,46% en 1982. Cette légère régression s'est faite au profit des migrants originaires du cercle de Tiflet (35,75 des chefs de ménage) ou de la province. Hay Rachad a surtout recruté une population de son arrière pays immédiat (83,22% des chefs de ménages).

Tableau n° 93 : Origine des chefs de ménage du douar Qotbyines (1994)

ND		Nés		Qotbiynes		Cercle Tiflet		Province		Autre Rural		Urbaine	
Nb	%	**Nb**	%	**Nb**	%	**Nb**	%	**Nb**	%	**Nb**	%	**Nb**	%
02	1,11	08	4,47	69	38,54	64	35,75	17	9,49	08	4,47	11	6,14
1,11		**5,58**		**44,12**		**79,87**		**89,36**		**93,83**		**99,97**	

Source : RGPH 1994 Dépouillement 10%.

La faible participation de migrants urbains à sa population (6,14% des chefs de ménage) doit toutefois être "corrigée" par un phénomène récent : l'installation à Hay Rachad de migrants ruraux originaires de la périphérie qui ont passé auparavant plusieurs séjours dans d'autres localités urbaines. Ainsi, 22,90% des chefs de ménages ont eu pour dernière résidence un autre centre urbain (dans 72,50% des cas il s'agit de grandes villes [(282)]). Les migrants ruraux ayant transité par un centre urbain représentent 18,43% des chefs de ménages. Cette proportion augmente chez les migrants arrivés depuis la restructuration. En effet, chez ces derniers ils représentent 28,35% des chefs de ménages. Si ces nouveaux migrants viennent toujours en masse de la périphérie immédiate (et plus spécialement des Qotbyines), ils sont de plus en plus nombreux à avoir tenté d'abord leur chance dans les grandes villes. Outre des militaires (et retraités), et quelques petits employés subalternes de l'administration, il s'agit surtout de petits maçons, commerçants ambulants, chômeurs, artisans, n'ayant pas pu s'intégrer dans la grande ville, alors que les conditions d'insertion à Tiflet présentent souvent l'avantage de la présence d'un réseau familial et de la proximité du douar d'origine.

Si Hay Rachad a vu un renouvellement de sa population, il semble toujours recruter dans les mêmes couches sociales. Le référentiel à la tribu d'origine persiste, puisque les flux continuent (voir tableau).

282- Dernière résidence urbaine des chefs de ménage par ordre décroissant

Salé	: 09	Casablanca	: 02	Sidi Slimane	
Laayoune	: 04	Oujda	: 02	Souk Tlet	
Rabat	: 04	Meknès	: 02	Mechraa Bel Kciri	
Kénitra	: 03	Khemisset	: 02	Boulmane	
Marrakech	: 03			Ouarzazat	Sidi Yahya
				Rommani	Beni Mellal
				Sidi kacem	

Tableau n° 94 : Origine des chefs de ménages ayant moins de 7 années de durée de résidence à Qotbyines

Qotbyines		Autre commune rurale du cercle de Tiflet		Autre rural de la province		Autre rural		Urbain	
Nbre	%	Nbre	%	Nbre	%	Nbre	%	Nbre	%
25	37,31	33	49,25	04	5,97	03	4,47	02	2,98

Source : RGPH 1994 Dépouillement 10%

En effet, en 1994, la plus grande partie de la population active occupée est toujours cantonnée dans les commerces et services et dans un artisanat de production de type domestique (64,41% des actifs occupés). Le secteur de la construction continue à jouer un rôle non négligeable dans l'emploi (12,64% des actifs occupés) alors que le fait nouveau concerne l'administration qui intègre davantage d'actifs (12,64% des actifs contre 8,33% en 1982).

Tableau n° 95 : Activités et actifs à Hay Rachad en 1994

Activité	1994**	1982*
	%	%
Agriculture, élevage	3,95	3,64
Industrie	0,79	2,08
Artisanat de production	24,50	19,79
Administration (dont militaires et retraités)	12,64	8,33
Commerce	22,92	23,43
Artisanat de service	16,99	9,89
Transport	5,53	14,58
Bâtiment et Travaux Publics	12,64	18,23
TOTAL	**99,96**	**99,97**

*Source : *RGPH 1982 Dépouillement 20%*
*** RGPH 1994 Dépouillement 10%*

Comme en 1982, il s'agit surtout de petits emplois subalternes (concierges, gardiens de nuit, femmes de ménage, "*chaouch*" dans différentes administrations, chauffeurs de la Municipalité). Les petits cadres dans l'administration (ingénieurs d'application, instituteurs...) représentent moins de 10% des actifs dans ce secteur alors que son gonflement a été surtout assuré par l'installation des militaires ou de retraités militaires (59,37% des actifs dans ce secteur) [283].

La population de Hay Rachad se distingue toujours par la précarité de l'emploi et l'instabilité des revenus. Les charretiers, les commerçants ambulants de fruits et légumes, de friperie et de produits alimentaires divers, les soukiers, les portefaix et les tisseuses à domicile représentent encore 47,03% des actifs occupés. Si le taux de chômage dans ce quartier atteint "seulement" 19,93% (contre 35,5% pour l'ensemble de la ville alors que ce taux est de 22,9% dans le Maroc urbain en 1994), il cache surtout l'importance des petits métiers et de certains travaux à domicile peu rémunérés et très instables.

283 - Emploi subalterne dans l'administration : 31,25%
- Petits cadres de l'administration : 9,37%
- Militaires et retraités militaires : 59,37%
(RGPH 1994)

Après 10 ans, il n'y a pas eu de changements fondamentaux dans le type de couche sociale qui habite ce quartier. Sans doute la faible augmentation des prix du foncier (avant l'équipement en électricité et eau potable) lui a laissé son côté "attractif" auprès des populations à faible revenu. Cette situation risque de changer dans les années à venir avec les équipements actuels (et en cours) et les augmentations du prix du foncier.

Dans ce quartier, les couches les plus aisées sont encore représentées par des commerçants de produits alimentaires, des chauffeurs de taxi, des tâcherons et des militaires à la retraite que nous retrouverons comme principaux "médiateurs" auprès des autorités locales, du C.M et des administrations locales.

2.2- Questions autour de la territorialité

Contrairement aux opérations de restructurations qui respectent le parcellaire initial, celle de Hay Rachad a introduit un grand "chamboulement" dans la morphologie de ce quartier.

L'importance des superficies réservées à la voirie, la priorité donnée aux grands propriétaires pour garder des lots dans leur parcelle d'origine et l'absence de parcellaire pour les petits propriétaires ont fini par introduire le choix d'un "recasement dans un même secteur" pour la grande majorité de la population. Outre les tractations autour de l'emplacement des lots et des manipulations qu'elles engendrent[(284)], les petits propriétaires ont tous connu des déplacements de leur localisation initiale. Si pour certains, le déplacement s'est fait dans le même secteur, pour d'autres il s'est effectué d'une partie à l'autre du quartier. Quelle que soit l'ampleur de ce phénomène, l'opération de restructuration a engendré un bouleversement dans les relations de voisinage. L'ensemble des liens tissés par la population (et des pratiques collectives) dans une rue ou autour d'une place ou d'un point d'eau ont été transformés dans des rapports plus lâches relevant du quartier.

La restructuration ainsi pratiquée a été un vaste mouvement de déterritorialisation. Mais il faut souligner un certain "respect" des relations de voisinage dans le noyau ancien du douar, autour de la rue de Kénitra. Le seul secteur ayant bénéficié d'un levé parcellaire... Ici aussi, le branchement individuel au réseau d'eau potable a été tardif (1997), la borne fontaine a fonctionné pendant près de 20 ans. Le mouvement de déterritorialisation - reterritorialisation est à ses débuts.

Au-delà de ce constat général, partant des commerces et services et de leur implantation ainsi que des équipements initiés par la population, nous essayerons de dessiner les contours de la nouvelle structuration du quartier après l'opération de restructuration.

L'offre en commerces et services reflète l'indigence de la population d'un quartier en construction. En effet, le commerce alimentaire (86,7% des locaux commerciaux) est dominé soit par des petites boutiques de vente de produits alimentaires au détail, soit par des commerçants qui associent la vente de poulet au détail à celle de quelques légumes. Des commerces "vivriers" qui s'adaptent bien aux caractéristiques socio-économiques de cette population.

284- Les protestations qui en ont résulté après une année (octroi par la commission ad hoc) ont fini par obliger les autorités locales et le président du Conseil à instituer un tirage au sort par secteur et par type de lot pour les petits propriétaires.

Tableau n° 96 : Commerces et services à Qotbyines

Commerces	Nombre
Alimentaire divers	157
Matériaux de construction (dont 2 drogueries)	12
Equipement domestique (éponge, matelas)	07
Intrants agricole (pts phytosanitaires, aliment de bétail, semences)	05
Artisans	
Menuisiers	15
Ferronniers	09
Liés à l'hygiène	06
Autres (mécanicien, réparateur radio/Tv, tailleur, vulcanisation)	13
Total	**224**

Source : Enquête personnelle Mai 1998.

Par ailleurs, les services et le commerce "spécialisé" restent dominés par le secteur de la construction. Menuisiers et ferronniers représentent plus de 55% des artisans possédant un local. De même que les commerces de matériaux de construction concernent 50% des commerces autres qu'alimentaires (voir tableau).

A Hay rachad, les commerces et services spécialisés reflétant un certain standard urbain n'ont pas pu encore émerger : point de café doté d'une télévision couleur et d'une parabole pour recevoir les programmes par satellite, de salles de jeu, de téléboutique, de salle d'arts martiaux ou de studio de photographie. Ce type de services reste concentré dans l'ancien noyau de douar Skouila (Hay Takaddoum) dont l'équipement ancien (début des années 1980) a permis "l'appel" de petits fonctionnaires et des familles de militaires. A Hay Rachad, quelques cafés anciennement installés dans des baraques reflètent la survivance de ces lieux de rencontre qui continuent à donner à la rue de Kénitra toute sa centralité (voir infra).

Les autres commerces spécialisés montrent encore le caractère rural de ce quartier. La vente de l'aliment de bétail, des produits phytosanitaires ou des semences relève aussi bien de la grande part de la population exploitant et/ou possédant un patrimoine foncier dans l'arrière pays que de l'importance des foyers pratiquant l'élevage à Hay Rachad. Un recensement réalisé par le caïdat du 2° arrondissement de Tiflet a pu dénombrer 54 foyers, résidant pour la plupart dans les limites périphériques du quartier. Il s'agit surtout de foyers élevant des petits troupeaux d'ovins (seuls 13% de ces ménages possèdent quelques vaches laitières - 7 exploitants pour 24 têtes) de 10 à 50 têtes. (Voir tableau).

Tableau n°97 : Taille des troupeaux du cheptel ovin recensé chez les résidents de Hay Rachad

Taille du troupeau	Exploitants		Cheptel possédé	
	Nbre	%	**Nbre**	%
0 à 5 Têtes	01	2,13	5	0,47
6 à 10 Têtes	13	27,66	110	10,43
11 à 20 Têtes	14	29,79	207	19,63
20 à 50 Têtes	15	31,91	442	41,93
51 à 80 Têtes	04	8,51	290	27,51
Total	**47**	**100**	**1054**	**99,97**

Source : Dépouillement personnel - recensement caïdat 2° arrondissement de Tiflet 1998.

La présence d'une trentaine d'exploitants ayant plus de 20 têtes et d'un troupeau rudéral global de plus de 1000 est une source d'inquiétude pour les autorités (le ramassage des ordures ménagères devient difficile après le passage des troupeaux, les ordures ménagères constituant une base de l'alimentation de cet élevage urbain).

L'implantation des commerces et services et des équipements dans le quartier.

Les réalisateurs du plan de restructuration du quartier n'ont pas prévu d'équipements structurants à Hay Rachad. Seule une grande place sur la voie de 30 mètres apparaît sur les plans à côté de deux hammams et un moulin. Même l'emplacement de l'école primaire n'a pas été fixé.

Cette situation, corrélée à la morphologie initiale du quartier a créé une structuration en deux pôles excentrés. En effet, avant toute restructuration, Hay Rachad était constitué d'un îlot d'habitations formant un pôle autour du quartier Takaddoum et de la maternité, le second pôle s'étalant le long de la rue de Kénitra au Nord (voir fig. 18). La création d'un véritable lotissement entre les deux pôles n'a pas pu engendrer une nouvelle centralité. Malgré le passage d'une voie de 30 mètres, le centre du quartier reste occupé par des services et commerces liés à la construction et aux produits alimentaires. Aucun lieu de rencontre, ni services rares (photographes, pharmaciens, ...) ni équipement privé n'y a été installé.

L'appropriation de l'espace par les populations a continué à se faire autour de Hay Takaddoum et le long de la rue de Kénitra. En effet, mosquées, salles de prière, hamams, fours et cafés ne vont être localisés que dans ces deux pôles. Parmi ces divers équipements, la mise en place d'une mosquée par la population constitue sans doute le processus d'action collective le plus significatif d'une volonté d'identification et d'appropriation de l'espace.

A Hay Rachad, nous ne retrouvons qu'une seule mosquée et deux salles de prière :

- Une baraque en tôle servant de salle de prière à l'extrême Nord Ouest du quartier (Secteur Kénitra Droite) réalisée par un "*mohcine*" (bienfaiteur).
- Une salle de prière mise à la disposition de la population par un "*mohcine*" des Mzourfa dans le secteur n°9 (prolongement de Hay Takaddoum).
- Une mosquée réalisée par une action collective dans les débuts des années 90.

Il serait erroné de transposer chez les Zemmour l'importance de la mosquée comme lieu de cristallisation d'une collectivité et d'affirmation d'une gestion d'intérêts collectifs. Mais, à ne considérer que le lieu de prière commun qui nécessite une certaine proximité du lieu de résidence, force est de constater, ici, la multiplication, certes faible, de ces lieux (trois pour une population dépassant les 12.000 habitants en 1998). La réalisation de la mosquée principale du douar a donné lieu à une véritable mobilisation des anciens du douar. Une action collective qui s'affirme comme une appropriation de l'espace par ses habitants, mais où, certes, les implications politiques n'étaient pas absentes (voir encadré).

L'action collective autour de la mosquée principale de Hay Rachad.

Avant 1976, la mosquée de douar Qotbyines fonctionnait comme toutes les mosquées du milieu rural Zemmouri[285]. Un des principaux leaders de cette action en fait la description suivante : *"Chaque Aïd (fête religieuse) on se retrouvait à plus de 200 personnes, mais seule une trentaine participait au chart du taleb, chacun suivant sa foi ("Imane"). La baraque de 40 m2 (louée) qui nous servait de mosquée s'averait trop exiguë. En 1976, je suis allé (avec deux personnes du douar) voir le premier Khalifa du Président du Conseil Municipal pour qu'il nous octroie une parcelle de terre*

(150 m2) sur le terrain domanial se trouvant à proximité de la rue de Kénitra. Une demande signée par 12 personnes du douar a été remise au premier Khalifa qui a chargé un ingénieur de la Municipalité pour mesurer et fixer l'emplacement de la future mosquée. Une mosquée provisoire (baraque) y a été installée et la Jmaa a profité de cette occasion pour occuper le terrain attenant (200 m2) pour servir de "mçalla" (286). *Cette situation a duré jusqu'en 1992 malgré nos demandes répétées au Président du Conseil Municipal. C'est lors de la campagne électorale de 1992 que le futur Président du C.M a fait établir les plans de la mosquée et formé une association pour collecter les fonds nécessaires à sa réalisation (voir tableau).*

Après son élection, le nouveau Président a pu avoir l'appui financier de plusieurs "mohcines" qui ont contribué à la construction de la mosquée (propriétaire de l'usine de textile de Hay Takaddoum et plusieurs entrepreneurs locaux)" (287). Les autres membres de l'Association ont surtout assuré la collecte auprès des résidants du quartier. Leur profil montre la permanence des anciens membres de l'amicale dissoute (des résidants installés depuis les années 60 originaires des Qotbyines) auxquels se sont ajoutés quelques nouveaux résidants de la restructuration.

	Statut dans l'association	**Profession, autre rôle dans le quartier**	**Origine**
I.M	Président	Grand prop. foncier, futur Président du C.M	Ait Bouyahya
C.M	Secrétaire Général	Ancien résidant, tailleur/commerce, ancien représentant du quartier au C.M, ancien membre de l'amicale dissoute.	Jbala
J.M	Trésorier	Ancien résidant (début 1960)	Qotbyines
H.T	Membre	Ancien résidant, coiffeur, présent dans toutes les initiatives locales autour de l'eau en 1993 et 1995.	Rharb
H.M	Membre	Ancien résidant, maquignon , ancien membre de l'amicale dissoute.	Qotbyines
S.H	Membre	Ancien résidant, vendeur fruit et légumes dans le quartier, ancien membre de l'amicale dissoute;	Qotbyines
R.B	Membre	Ancien résidant, retraité de l'armée, ancien membre de l'amicale dissoute.	Qotbyines
M.B.L	Membre	Membre Ancien résident, commerce alimentaire dans le quartier.	Qotbyines
B.M	Membre	Membre Résidant (1983), commerce alimentaire dans le quartier.	Qotbyines
S.H	Membre	Résidant (1986), boucher dans le quartier.	Ait Bouyahya
A.C	Membre	Ancien résidant, grand propriétaire foncier du quartier.	Ait Bouyahya

Source : Enquête personnelle.

285- IRAKI Aziz « Développement et territorialités ches les Zemmours » in La revanche des territoires ». L'Harmattan 1997..

286- Esplanade servant de lieu de prière en plein air lors des fêtes religieuses.

287- Propos recueillis auprès de M. Cherif ancien membre du C.M en 1976 (voir infra) en présence de six membres de l'amicale dissoute (dont quatre membres de l'Association) et une dizaine de résidants du quartier.

Figure 18

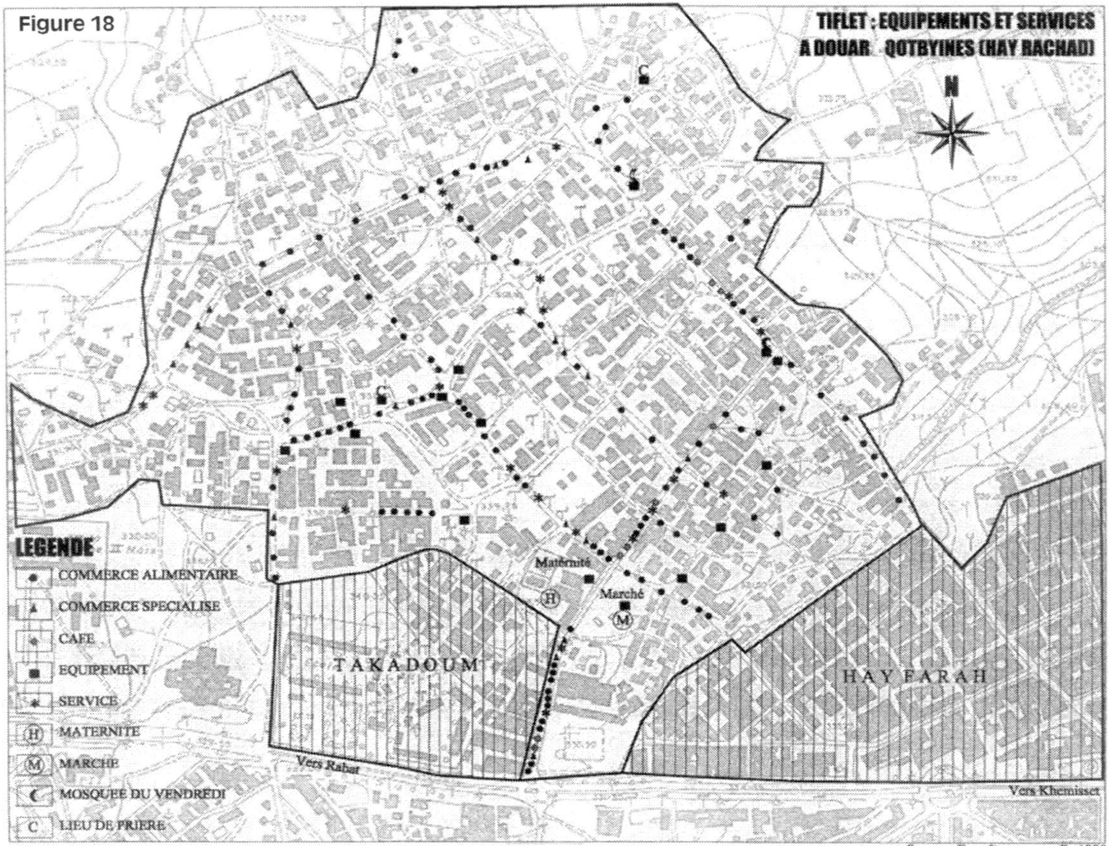

Source : Enquête personnelle 1998

Avec la construction de la mosquée du Vendredi de Hay Rachad au croisement de la rue Ibn Sina (venant de la route principale) et de la rue de Kénitra, un renforcement de la centralité de ce pôle s'est opéré. La rue de Kénitra, située dans le prolongement du quartier le plus ancien de la ville (Ain Mouka), forme désormais, malgré son excentricité, le véritable centre de Hay Rachad. C'est à partir de là que les "taxis clandestins" assurent la liaison du quartier avec son milieu rural. Deux fonctions qui donnent à cette rue une centralité en tant que lieu de rencontre renforcé par la présence d'anciens cafés (ces trois cafés sont les seuls du quartier en dehors de ceux de la rue principale Ibn Sina), de fours (un ancien et un nouveau), de coiffeurs (anciens encore installés dans des baraques - lieu de rencontre), et d'une multitude de petits commerces alimentaires (23 locaux) - voir fig. 18.

L'autre pôle autour duquel se structure le quartier concerne le prolongement du quartier Takadoum au Nord (secteurs 8 et 9). Là, la maternité et le marché de gros (journalier) de fruits et légumes le long de l'avenue Ibnou Sina marquent des lieux qui, par leur proximité de l'avenue principale de la ville, intègrent cette partie du quartier au reste de la ville. Autour du noyau ancien de douar Skouila, les nouveaux secteurs d'habitation de Hay Rachad ont vite attiré plusieurs équipements et services. Pharmacie, pressing, téléboutique, café moderne et pâtisserie dénotent aussi bien de cette proximité que de la présence d'une nouvelle couche de population. C'est dans ces secteurs que nous retrouvons quatre jardins d'enfants, deux fours modernes, deux hamams (dont un en construction) et une salle de prière.

Hay Rachad est donc loin de constituer un tissu urbain et social uniforme :

- Sa partie Nord s'intègre encore fortement à son arrière pays avec des appropriations renouvelées par une population ancienne (originaire surtout des Qotbyines);
- Sa partie Sud jouxtant Hay Takadoum a davantage reçu une nouvelle couche de population aux standards urbains plus affirmés;
- Sa partie centrale se construit encore par l'arrivée continue de migrants ruraux de l'arrière pays.

Cette lecture (un peu risquée) de la réalité spatiale et sociale de Hay Rachad montre surtout des territorialités en devenir. Mais elle implique aussi, d'une part, une permanence des relations avec le milieu rural d'origine, d'autre part, un prolongement des relations entre les nouveaux migrants et les anciens qui confère une certaine cohésion sociale à ce quartier. Une hypothèse qui restera à interroger au gré des actions menées par cette population et ses représentants.

3- L'enjeu de l'équipement dans les quartiers restructurés

L'opération de restructuration entamée dans les années 1986-1987 a été immédiatement suivie d'un large mouvement de construction dans ces quartiers. Ainsi, le nombre d'autorisations de construire délivrées par la municipalité de Tiflet (annuellement) est passé de 478 à 1328 entre 1985 et 1987 soit une multiplication par trois (voir tableau).

Tableau n° 98 : Autorisations de construire dans les quartiers restructurés (1981-1997)

	Nbre d'autorisations de construire délivrées (ville)	Nbre d'autorisations de construire délivréés (quartiers restructurés)	
	Nombre	Nombre	%
1981	244	36	14,75*
1982	342	93	27,19*
1983	541	172	31,79*
1984	515	166	32,23*
1985	478	IND	IND
1986	744	228	30,64
1987	1328	1072	80,72
1988	1002	497	49,60 1
1989	993	389	39,17
1990	825	IND	IND
1991	611	IND	IND
1992	614	121	19,70
1993	579	132	22,79
1994	607	118	19,43
1995	658	196	29,78
1996	1013	275	27,14
1997	762	237	31,10

* Avant la restructuration de 1986, quelques opérations d'équipement à douar Dbaba, Skouila et surtout le long de Charii Bir Anzarane (douar Marina et douar El Aissi) ont donné lieu à des constructions avec autorisation. Dans différents "lotissements clandestins", les lotisseurs ont pu aussi se procurer des autorisations pour "encourager" l'achat des lots.

Source : Dépouillement des livrets des autorisations. Municipalité de Tiflet.

Ce mouvement qui a débuté avec douar Dbaba en 1986, s'est amplifié en 1987 avec la restructuration de Douar Qotbyines (47% des autorisations de construire délivrées à Tiflet en 1987) pour se stabiliser dans les années 90 (seul le douar Qotbyines continue de recevoir de nouvelles constructions, les autres "douars" restructurés étant arrivés à saturation).

Parallèlement à ce mouvement, la population de ces quartiers a vite exigé leur équipement. Dans l'orientation de ses investissements et face à l'ampleur de l'enveloppe financière nécessaire à l'équipement de l'ensemble de ces quartiers, le Conseil Municipal a opéré des choix :

- L'entretien, l'agrandissement et l'embellissement de l'avenue principale (correspondant à une partie de la route principale n°1 reliant Fès - Meknès à Rabat),
- La construction de nouveaux équipements publics qui agissent comme gisement fiscal en augmentant les recettes (le souk hebdomadaire, la gare routière et le marché couvert),
- La concentration de l'effort financier de la municipalité sur l'assainissement et la voirie du quartier jouxtant le centre ville et son quartier administratif (douar Dbaba - Hay El Amal). (voir tableaux).

Tableau n° 99 : Investissements en équipements et infrastructures de 1983 à 1993 - Municipalité de Tiflet

Type d'équipement et d'infrastructure		Montant	%
Chaussée, éclairage, embellissement centre ville	: 6.449.480 DH	6.449.480	12,87
Complexe culturel	8.577.956 DH		
Souk hebdomadaire	* 3.767.826 DH	21.875.256	43,64
Gare routière	* 343.000 DH		
Marché couvert	6.099.474 DH		
Voirie - Assainissement Hay Amal	21.797.662 DH	21.797.662	43,48
Total		50.122.398	99,99

Source : Municipalité de Tiflet - Dépouillement Budgets communaux.
** Marchés lancés sur prêts FEC en 1981 par l'ancien Conseil Municipal.*

Dans ses choix, le Président du C.M montre surtout une orientation qui suit les directives des autorités locales et "centrales" : un traitement prioritaire de la "traversée" qui émane de l'urbanisme du symbole et de ce que l'on donne à voir(288).

Dans le même temps, l'opération de restructuration avait attisé les attentes et les premiers équipements n'ont été réalisés qu'à partir de 1991, soit cinq années après l'ouverture des voies et le mouvement de construction qui s'en était suivi.

Ainsi, outre l'assainissement et la voirie de Hay Amal, le Président du C.M n'a intervenu dans l'équipement des différents quartiers restructurés qu'en sollicitant ses relations au niveau central et régional. Il en a été ainsi pour l'électrification qui a touché l'ensemble des quartiers. Après une demande formulée au siège de l'Office National de l'Electricité, ce dernier a introduit ces différents douars dans le Programme National d'Electrification des Faux Bords (P.N.E.F.) à autofinancement interne (à l'ONE). Après des études (1989) la mise sous tension n'a pu être réalisée qu'en Mars 1991. Le seul douar Qotbyines a nécessité un financement de 3.818.953 DH par l'ONE.

Pour l'eau potable, les différents quartiers ont bénéficié du Programme Accès à l'Eau Potable lancé par l'Office National de l'Eau Potable en 1991(289). C'est dans ce contexte qu'une requête déposée par le Président du Conseil Municipal a été transmise par le

---

288- Le terme est de Gustave MASSIAH et Jean François TRIBILLON qui reprennent les paroles d'un dirigeant Africain "Les routes bitumées coûtent trop cher, j'en suis d'accord ; mais je ne demande pas grand chose, juste 30 kilomètres d'asphalte, c'est ce qu'il faut pour recouvrir les routes qui mènent aux aérodromes pour les six principales villes du pays. Dans un Etat moderne, on ne peut quand même pas recevoir les hôtes de nos villes dans la poussière". Dans le cas de Tiflet c'est aussi la "fonction" de la traversée par les "étrangers" qui est mise en avant. La construction d'un complexe culturel à l'architecture arabo-islamique (arcades, tuiles vertes, pierres de Salé...) est venu remplacer un bidonville trop visible à partir de la route principale. C'est à partir de cet axe routier que s'est construite la ville "légale".
Gustave MASSIAH et Jean François TRIBILLON "Villes en développement" ed. La Découverte - Paris 1998.

289- Une lettre dans ce sens a été transmise le 24/02/1991 par le Directeur Régional de l'ONEP (Kénitra) à la Direction Provinciale de Khemisset : "Afin de faire bénéficier le maximum d'habitants à cette opération, nous vous demandons - de faire une campagne d'information auprès des abonnés potentiels et des autorités locales avant même l'achèvement des travaux des extensions du réseau.
- d'alimenter toute Borne Fontaine se trouvant dans une zone concernée par l'extension du réseau,
- de généraliser, dans la mesure du possible, le système des branchements sociaux à tous les abonnés.
- nous vous demandons également à l'avenir de programmer dans le cadre du Budget autofinancé une rubrique intitulée "Etudes" et ce, afin de financer les études nécessaires précédant toute action".

gouverneur de Khemisset au Directeur Provincial de l'ONEP (290). Ce programme à budget autofinancé pose les conditions suivantes :

- Etude de viabilité économique préalable,
- Action sur des quartiers bénéficiant d'un plan de restructuration,
- Action sur des quartiers assainis,
- Action sur des quartiers dont le taux de construction dépasse les 50%.

L'ensemble de ces conditions vise les respects de l'hygiène (et des normes internationales: pas d'A.E.P sans assainissement) et l'assurance d'un grand taux de branchement qui permettrait, par l'entremise de la taxe riveraine, de rendre le projet viable économiquement. Dans ce système, le bénéficiaire paie son équipement par l'intermédiaire de la taxe riveraine (calculée sur la base de la longueur de la façade - 217 Dh par mètre linéaire) suivant des modalités de paiement particulières (branchements sociaux : possibilités d'étalement du paiement sur 5 ans et demi - taux d'intérêt annuel de 2%).

Ainsi, les conditions exigées par l'ONEP ont d'abord orienté son action sur les quartiers assainis (ou bénéficiant du réseau principal) : Hay Amal (douar Dbaba), Hay Nahda (Douar El Aissi) et Hay Salam (Marina - le long de Charii Bir Anzarane) qui ont bénéficié du branchement à l'eau potable en 1992. Douar Oulad Chrifa, Hay El Jadid et douar El Qotbyines n'auront leur A.E.P que cinq à six années plus tard (1996 et 1997), suite à de vastes protestations des populations concernées relayées par des promesses de financement d'installation du réseau d'assainissement par le Président du C.M.

Le cas du douar Qotbyines.

Dès 1992, l'ONEP avait déjà réalisé l'étude économique pour l'AEP du douar. Le taux de construction observé depuis 1990 a évolué favorablement passant de 33% à 52% en 1992. Malgré l'absence d'assainissement, la pression des autorités locales a fini par se traduire par la réalisation du réseau en deux tranches(291) entre Mai 1994 et Décembre 1995. Cependant, les promesses d'une réalisation future du réseau d'assainissement par le CM sont toujours rappelées par le Directeur Provincial de l'ONEP au Président du CM (292). Au cours de l'année 1995, la pression des populations du douar va augmenter. Un soukier des Qotbyines accompagné d'un exploitant forestier et d'un coiffeur du douar font circuler une pétition qui recueillera 175 signatures. Elle sera présentée au Gouverneur et au Directeur de l'ONEP de Khemisset. Les actions des populations de ce quartier de plus de 10.000 habitants se multiplient (envoi d'une délégation de 18 personnes dans une estafette auprès du Gouverneur). Le Président du CM opère des démarches auprès du FEC et obtient une promesse de financement du réseau d'assainissement du douar Qotbyines qu'il transmet au Directeur de l'ONEP(293). Un accord pour le branchement est bien donné par le Directeur de l'ONEP (294), mais il reste conditionné par des modalités pratiques qui retarderont le branchement jusqu'au début

290- Lettre du 15-7-1991 "Je vous informe que le Président du CM de Tiflet a présenté une doléance lors de la réunion du Comité Technique Provincial demandant l'intervention de vos services dans certains quartiers de Tiflet...".

291- 1ère tranche : 2.146.843 Dh - 2ème tranche : 2.154.956 Dh, soit un budget global de 4.301.799 Dh. Afin d'éviter les infiltrations et en l'absence d'un réseau d'assainissement préalable, les canalisations ont été réalisées en P.V.C.

292- Lettres du 23/11/1994 et du 8/5/1995.

293- Lettre du 4/7/1995 du Président du Conseil Municipal sous couvert le pacha de la ville de Tiflet : demande de branchement.

294- Lettre du 21/7/1995.

de l'année 1997 (exigence de réalisation des fosses sceptiques dans les normes, inadéquation entre le plan de restructuration et la réalité sur le terrain, exigence de la mise sur pied d'une structure locale de l'ONEP pour assurer le branchement donné à une entreprise privée-). L'historique du cas du douar Qotbyines montre une articulation des logiques des différents acteurs qui débouche sur des dysfonctionnements dus en partie ici, à une faible implication du Président du CM qui, n'ayant pas fait le choix d'équiper ce quartier en priorité, a été contraint à différer son équipement et à trouver des solutions "transitoires".

En 1992, l'ensemble des quartiers restructurés connaissait encore un sous équipement qui se traduisait surtout dans l'AEP, l'assainissement et la voirie. (voir tableau).

Tableau n° 100 : Etat de l'équipement des quartiers restructurés en 1992

Quartier	Electricité	A.E.P.	Assainissement	Voirie
Hay Rachad (Qotbyines)	70%	0%	0%	0%
Hay El Jadid	90%	0%	0%	0%
Hay Salam (Marina - la Cave)	90%	90%	30%	0%
Hay Nahda (Aïssi)	90%	90%	90%	50%
Hay Amal (Dbaba)	90%	90%	90%	90%
Oulad Chrifa	85%	0%	0%	0%

Seul Hay Amal a bénéficié d'un équipement tardif. Hay Salam et Hay Nahda ne doivent une partie de leur équipement en assainissement qu'à une organisation de la population autour des principaux collecteurs qui traversent charii Bir Anzarane et la rue n°32[(295)] alors que le douar Qotbyines, Oulad Chrifa et Hay Jadid n'ont que le seul branchement à l'électricité. Cet état de sous-équipement et la faiblesse de l'aide apportée par le C.M aux populations de ces douars n'ont pas manqué d'être à la base du changement de la majeure partie des représentants de la population de ces quartiers lors de l'élection locale de 1992. En effet, sur 10 élus des quartiers restructurés en 1983, seuls deux ont été réélus[(296)]. La faction de l'ancien Président du CM n'a pu faire élire que trois de ses membres sur les quatorze élus des quartiers restructurés dans le CM de 1992. Il n'obtiendra ainsi que deux sièges sur quatre à Hay Amal et un siège à Takadoum.

295- Lahcen OUJAROU fait la description suivante de l'initiative même de la restructuration de ces douars en 1983-1984. "Ce qui a déclenché le processus de cette opération c'est que les parcelles situées sur les abords de ces deux rues ont eu des autorisations de construire et des maisons ont été déjà édifiées. Par contre derrière le rang de cette façade, les autorisations sont interdites par manque d'aménagement. Cette situation a provoqué un mouvement de protestation des populations désirant construire en dur (notamment les familles des militaires qui prédominent). Cette protestation s'est manifestée par la revendication auprès des autorités locales et par le nombre de dépôts de demandes de construire auprès des services communaux.
Ce mouvement a coïncidé avec la campagne électorale et l'élu du quartier a saisi l'occasion et a fait de ce point un des principaux objectifs de son mandat. Mais une fois élu et devenu membre du conseil, il informe la population que la commune n'a pas pour le moment les moyens pour réaliser tous les aménagements nécessaires et en particulier l'assainissement. Il propose ainsi aux habitants de se grouper en "Amicale" comme cela a eu lieu à Khemisset. Mais ceux-ci étant au courant des problèmes et des "abus" qui ont eu lieu dans ces amicales, ont refusé catégoriquement de passer par ce chemin. Ils se sont engagés alors tous seuls à réaliser l'assainissement et à laisser des voies de 6 mètres qui ont été exigées par la délégation du M.H.A.T. En contre partie de ces aménagements, la commune s'engage à leur délivrer les autorisations de construire.

296- Un grand propriétaire foncier, principal entrepreneur dans la ville et employeur d'une grande partie de la population du douar restructuré de douar Jdid.
- Un retraité des eaux et forêts qui a changé de circonscription électorale en 1993 en se présentant dans un lotissement réglementaire (P.A.M).

Tableau n° 101 : Etiquette politique des membres du CM de 1992-97

Quartier	Parti politique de l'élu		
	P.I	**R.N.I**	**M.N.P.**
Hay Rachad *	2	-	-
Hay Nahda *	1	-	-
Hay Salam *	1	-	-
Ext. La Cave* + Andalous Sud	1	-	-
Oulad Chrifa *	1	-	-
Hay Amal *	2	-	2
Hay Saada (Jadid)*	-	2	-
Takadoum*	-	1	1
Quartier Administratif	-	1	-
Hay Farah	2	2	2
P.A.M + P.S (ext)	1	-	2
Hay Andalous Nord		1	-

Source : Pachalik de Tiflet ** Quartier restructuré*

Se présentant sous l'étiquette du Mouvement National Populaire (MNP), les élus du groupe de l'ancien Président du C.M en 1992 se retrouvent essentiellement dans les quartiers réglementaires (voir tableau). Un "vote-sanction" semble se dégager de toutes les circonscriptions électorales regroupant les quartiers restructurés. Ce vote a correspondu à la formation d'une nouvelle faction menée par un jeune Bouyahyaoui sous l'étiquette du parti de l'Istiqlal (voir supra). Il obtiendra l'élection de huit de ses candidats (sur douze) dans les quartiers restructurés.

Outre les retards dans l'équipement, l'opération de restructuration entraîne avec elle l'expulsion des ménages formés de locataires[297] qui représentent entre 25 et 29% des ménages, ainsi que les manipulations autour de la propriété foncière (recensement, levé du parcellaire, choix de la localisation des lots, ...). Autant de situations qui impliquent souvent le C.M et son Président en le discréditant aux yeux des populations (même si souvent, des opérations sont menées par des techniciens qui "rackettent" la population - lors des levés topographiques, de la vérification de la conformité du plan pour l'obtention de l'autorisation de construire, du choix de l'emplacement du lot...). Assurément, la restructuration a joué un rôle primordial dans le seul grand changement dans la vie politique locale de Tiflet depuis la charte communale de 1976 : l'arrivée d'un nouveau Président du CM et d'une nouvelle majorité malgré tout l'appui de l'administration dont bénéficiait le député - Président sortant (Mahmoud A'rchane).

L'évolution de l'équipement des quartiers restructurés après dix ans montre des situations controversées où les anciens douars situés au Sud de la route principale (Dbaba, Oulad Chrifa, Marina et Aïssi) ont pu recevoir les équipements essentiels (eau, assainissement, électricité et une partie de la voirie) alors que les douars Qotbyines et El

297- En 1983, l'enquête menée par l'Oujarou (op. cit) en faisait le recensement suivant :

Locataires et propriétaires dans les quartiers à restructurer (1983)

	D. Dbaba	**Od Chrifa**	**La Cave**	**Al Aïssi**	**Qotbyines**	**D. Jdid**
Propriétaires	76%	75%	75%	75%	71%	96%
Locataires	24%	25%	25%	25%	29%	4%

Jadid n'ont pu bénéficier que dernièrement (1997) du branchement à l'eau potable (voir tableau). Malgré ces différences, le CM a pu investir dans l'équipement de deux quartiers (Oulad Chrifa et Hay Salam) pour assurer l'assainissement et une partie de la voirie dès 1997. C'est au cours de la même année que Hay Rachad et Hay El Jadid recevront l'eau potable alors qu'un marché de 7.851.224 Dh est lancé pour l'assainissement d'une partie (le tiers) de Hay Rachad (marché à l'approbation du ministère de l'Intérieur).

Tableau n° 102 : Etat de l'équipement des quartiers restructurés en 1997

Quartier	Electricité	A.E.P	Assainissement	Voirie
Hay Rachad (Qotbyines)	80%	80%	0%	0%
Hay Jadid	90%	90%	90%	0%
Hay Salam (Marina - La Cave)	90%	90%	90%	50%
Hay (Aïssi)	90%	90%	90%	50%
Hay Amal (Dbaba)	90%	90%	90%	90%
Oulad Chrifa	90%	90%	90%	50%

Source : - Municipalité de Tiflet
- Direction Provinciale ONE
- Direction Provinciale ONEP

L'ensemble de ces éléments a sans doute redonné plus de poids au député-Président dans une période où il s'affirme de plus en plus sur la scène politique nationale alors que les manipulations de l'opération de restructuration se font plus lointaines.

Les élections locales de 1997 laissent apparaître une "reconquête" des quartiers restructurés. Ainsi, neuf élus sur onze de ces quartiers sont passés sous l'étiquette politique du Mouvement Démocratique et Social (M.D.S), nouveau parti créé par le député-Président en 1997 (voir tableau).

Tableau n° 103 : Etiquette politique des membres du CM 1997 par quartier

Quartier	P.I	R.N.I	M.D.S	U.S.F.P
Hay Rachad *			2	
Hay Nahda *			1	
Hay Salam * + extension	1		1	
Oulad Chrifa *			1	
Hay Amal *			3	
Hay Jadid *		1		
Takadoum *			1	
Hay Farah		2	3	
P.A.M + P.S	1		5	
Hay Andalous		1	1	
Quartier Administratif				1

Source : Pachalik de Tiflet
** Quartiers restructurés.*

Depuis sa nouvelle élection en 1997, le C.M a lancé les marchés de l'assainissement de Hay Rachad et d'une étude pour l'électrification de certains îlots non électrifiés à Hay Rachad, Hay Amal et Hay Jadid (298). Mais, il suit la nouvelle tendance actuelle : aider la population afin qu'elle assure elle même son équipement. C'est dans ce sens que le Président a saisi le Directeur de l'ONE de la Province de Khemisset (lettre du 17/04/1998) pour assurer le préfinancement de l'électrification de certains quartiers de Tiflet, lui précisant que "les bénéficiaires étaient prêts à payer leur quote-part avant leur raccordement, comme cela avait été fait à Nabaouia" (lotissement privé dans le lequel la population s'est organisée en amicale et a fait une demande à l'ONE- la quote-part de chaque bénéficiaire était de 3800 Dh).

La même démarche prime actuellement pour la restructuration de nouveaux quartiers périphériques (Dayat el Haya dans le prolongement de Hay Rachad et Douar El Ayachi à l'Ouest de Hay Salam). Deux amicales ont été créées (fin 1997-1998) aidées en cela par les autorités locales et le Président du CM. Là aussi, de grands propriétaires restent derrière l'action(299). Partant de 46 baraques recensées, la restructuration de Dayat El Hay concerne 640 lots vendus à de petits spéculateurs, des fonctionnaires, des familles de militaires et des migrants ruraux en cours d'installation. Le Bureau de l'amicale, présidé par un adjoint technique de la Municipalité, élu actuel des Qotbyines, assure lui-même le suivi des prestations d'un architecte et d'un topographe pour la réalisation du plan de restructuration. "L'amicale assurera elle même les équipements"(300). Dans cette nouvelle formule, le CM se décharge de tout financement d'équipement.

Cette vision globale du rôle de la restructuration et de l'équipement des quartiers périphériques de Tiflet dans la vie politique locale reste certainement trop générale pour appréhender toutes les nuances des relations complexes qu'entretiennent les populations avec leurs représentants et le pouvoir politique local. L'étude du douar Qotbyines et de ses "élites" nous permettra de mieux cerner à travers un cas, ses véritables capacités de médiation.

4- Profil des représentants du douar Qotbyines et leur poids dans le CM

Un bref aperçu du profil et de l'itinéraire politique des représentants du douar Qotbyines (voir tableau) laisse apparaître trois faits majeurs :

- Une courte expérience de ces élus qui se résume à un mandat,
- La prédominance de non-résidants,
- La relation familiale ou tribale de ces élus avec les Ait Bou Yahya ou les Qotbyines.

298- Il s'agit de 1276 lots non encore électrifiés répartis entre les quartiers :
Hay Rachad : 1033 lots non électrifiés
Hay Jadid : 0294 lots non électrifiés
Hay Amal : 0077 lots
Source : Municipalité de Tiflet

299- A Dayet El Haya les héritiers Qafsaoui possèdent quelque 18 hectares.

300- Le Président de l'amicale (El Qods) de Dayat El Haya.

Tableau n° 104 : Les élus de Hay Rachad (douar Qotbyines) de 1976 à 1997

Nom	Année d'élection	Parti politique	Origine	Lieu de résidence	Profession	Nbre de mandat au CM
Echriff	1976	PI	Jbala	Sur place	Couturier commerçant	Un
Sbaï	1983	SAP	Qotbyines	Centre Tiflet	Enseignant	Un
Benezha	1983	SAP	Doukalla marié chez les Qotbyines	Centre Tiflet	Enseignant	Un
Sabir	1992	PI	Qotbyines	Sur place	Maquignon	Un
Khyitti	1992	PI	Ait Bou Yahya	Sur place	Ancien RME, a hérité de qq lots à Hay Rachad	Un
Ichou	1997	MDS	Mouaride (voisins immédiats des Ait Bou Yahya)	Centre Tiflet	Adjoint technique au Pachalik de Tiflet	Un
Ben Chelh	1997	MDS	Ait Bou Yahya	Centre Tiflet	Adjoint technique aux Travaux Publics, héritier lots	Un

Source : Pachalik de Tiflet - Enquête personnelle.

Si la troisième caractéristique de ces élus relève d'un nécessaire enracinement local de l'élu qui reste à interroger, les deux autres montrent surtout leur faible capacité à engendrer un processus de légitimation locale à même de leur assurer une certaine longévité.

Ici plus qu'ailleurs, les interférences extérieures à la vie de ce quartier ont été déterminantes. Le changement permanent des élus de ce douar semble directement lié aux conflits existant entre les différentes factions dans la ville et au type de relations qu'entretient le chef de groupe de clientèle avec les élus du quartier.

Une certaine "légitimité locale" est recherchée chez le candidat : aucun candidat n'est parachuté. Il doit avoir un réseau de relations local (dans le quartier) tissé soit à travers sa tribu d'origine (Qotbyines) soit en tant que famille de grands propriétaires (vente de parcelles). Les deux exceptions montrent : le cas d'un Jebli ayant une ancienneté dans le quartier et un statut acquis par sa connaissance du Coran dans un milieu d'analphabètes (ayant besoin de ce profil pour assurer une intermédiation avec les autorités locales et l'administration) et celui d'un Maroudi (membre d'une tribu voisine des Qotbyines), qui, par le poste stratégique qu'il occupe au sein du pachalik (vérification des implantations sur le terrain), a pu développer un large réseau de relations local.

Partant de cette position dans le quartier, ces différents candidats potentiels ont surtout été "poussés" par une des factions qui domine la vie politique locale. C'est la faction qui lui assure alors sa campagne électorale et son élection. Les changements intervenus dans la représentation de ce quartier au sein du CM ne peuvent se départir de ceux qui se sont opérés dans la vie politique locale dans son ensemble. Aucune figure charismatique de ce quartier n'a pu s'imposer d'elle même à ces factions (du moins pour ceux qui situent leur action dans le conseil municipal).

Ainsi, chaque période fera émerger des élus qui suivent la tendance globale du Conseil Municipal.

1976 : la vie politique locale est encore dominée par la lutte du parti de l'Istiqlal pour la reconquête de la présidence du Conseil face au groupe des Berkya. Le parti trouve dans un Jebli Istiqlalien, le candidat idéal pour contrer El Aydi (le plus grand propriétaire foncier du douar) et des militaires retraités des Qotbyines.

Cas n° 1 :

"Echrif est né en 1943 à Aouf Qraoucha dans la Commune Rurale de Ain Dfali (Jbala). Dès l'âge de 13 ans il est envoyé à Béni Messara pour parfaire ses connaissances coraniques. A 16 ans il est recruté en tant que *taleb* dans un douar de la tribu des Qotbyines. Après trois ans passés au douar, Echrif, qui est aussi couturier, tente l'expérience de l'exode vers Tiflet. Il arrive en 1962 à Douar Qotbyines et loue, puis achète une parcelle de 80 m2 dans laquelle il loge et confectionne des habits. En 1964, il revient se marier dans son douar d'origine et amène sa femme avec lui . A Douar Qotbyines, Echrif a toujours participé à tous les événements de la vie du quartier. C'est d'ailleurs lui qui s'occupe de collecter l'argent pour assurer les cérémonies des funérailles, ou même de les organiser lorsque la famille du défunt est indigente.

Sympathisant istiqlalien, il se laissera convaincre par le responsable du parti pour se présenter aux élections locales. Une fois élu, Echrif juge de façon négative son expérience au sein du CM. Il n'a pas pu, au cours de son mandat, répondre aux multiples demandes des populations de son quartier. En 1983, le futur Président du CM lui fait appel. Il refuse. Dorénavant, Echrif situera davantage son action dans toutes les démarches des populations pour les demandes d'équipement, au sein du bureau de l'amicale pour la restructuration ou dans le comité d'organisation de la mosquée du quartier (1992).

Parmi la population du quartier, il émerge comme une personne étrangère, différente [301], mais qui sait se faire respecter car porteur d'un « savoir ».

Sa relation à son milieu d'origine reste vivace. Si une partie des terres laissées en héritage à la mort de son père lui a permis de construire son logement à Hay Rachad (1988), il n'a pas abandonné pour autant l'agriculture au "bled". Son beau-père s'occupe de son patrimoine laissé sur place et il continue à y faire quatre à cinq visites par an. Echrif a aussi "marié" son aîné (24 ans) au bled où il a encore ses frères et ses beaux-parents. Et si ses enfants, dit-il, se sont habitués à la ville de Tiflet qu'ils ne voudront pas quitter, pour lui, une retraite au centre rural de Ain Dfali (à cinq kilomètres de son douar) serait l'idéal.

Le cas de Echrif Jebli montre certes une bonne intégration dans la vie du quartier, mais il reste, par sa culture et ses valeurs identitaires, un personnage dans lequel la population locale ne peut se retrouver que partiellement !

1983 : Les élections de 1983 ont donné lieu à une campagne sans précédent menée par un Bouyahyaoui, ancien commissaire à la retraite. A partir de la section de Tiflet de l'Association des Anciens Elèves des Zemmour, le futur président du CM

301- Des propos qui lui sont souvent rappelés même en présence d'étrangers lors de nos réunions notamment.

recrutera deux enseignants ayant des réseaux relationnels dans le douar pour le représenter. Ces deux candidats n'agissaient pas en leur nom propre, supportés en cela par un parti politique, mais ils se présentaient à la population comme membres de la faction de A'rchane qui va enfin donner à la population de Tiflet des dirigeants "autochtones" qui vont s'occuper du sous-équipement généralisé que connaît la ville et leur quartier.

Cas n° 2 :

"Sbaï est né à Douar Ait Benacer des Qotbyines en 1949, ses parents ont habité Tiflet dès 1945. Il fera ses études primaires à l'école centre de Tiflet, puis secondaires au collège de Tiflet entre 1962 et 1965. Après un passage par le secteur scolaire de Tiflet-Est, Sbaï retournera enseigner dans sa propre école primaire à partir de 1969. Faisant partie des anciens instituteurs de la ville, il est appelé à intégrer l'Association des Anciens élèves des Zemmour et à représenter la nouvelle faction Bouyahyaoui au douar Qotbyines. Même s'il réside au "Bloc" (302), par ses origines (des Qotbyines) Sbaï a des liens de parenté avec les résidants du douar Qotbyines. Il les représentera même au sein de l'Amicale pour la restructuration en 1986-1987. En tant qu'élu du quartier, il siégera dans la commission ad hoc de la restructuration. Les changements de localisation des lots attribués, l'attribution d'un même lot à plusieurs bénéficiaires ou les décisions concernant les taux de chute pour chaque propriétaire de parcelle seront des déconvenues qui se transformeront en autant de raisons pour les populations pour entraîner son échec aux élections de 1992. Son discrédit vis à vis de la population a été amplifié aussi bien par les avantages matériels qu'il a pu tirer de sa position au sein de la commission (octroi de lots) que par le faible niveau d'équipement du quartier six années après sa restructuration. En 1997, n'obtenant plus le soutien de A'rchane, Sbaï se mettra sous la protection des Berkya. Il se présentera sous l'étiquette du RNI. Mais il sera contré par un jeune qui rappellera sans cesse aux populations son action passée en tant qu'élu du quartier".

Le cas de Sbaï est représentatif de celui de ces élus passant de la protection d'une faction à l'autre alors que sa propre légitimité paraît sans fondement. Il devient un "figurant" conjoncturel de la vie politique locale.

1992 : Aux élections de 1992, le discrédit touchant le Président du CM et ses représentants locaux dans le quartier ne pouvait que bénéficier à une troisième faction menée par un jeune Bouyahyaoui sous la bannière du parti de l'Istiqlal. Ce parti choisit deux candidats résidants du quartier et ayant des réseaux relationnels assez développés. Le premier, fils d'un "grand" propriétaire Bouyahyaoui (1400 m2) ayant résidé en France. Le second, un maquignon des Qotbyines.

Cas n° 3 :

"Sabir Moh a 51 ans, il est né au douar d'Ait Moussa A'mer des Qotbyines. Après des études coraniques, il est recruté en tant que taleb chez les Ait Ouribel voisins. Il y passe quatre années. A 24 ans il décide de s'installer à Tiflet. Avec l'argent du "*chart*" il loue une boutique à Ain Mouka et commence à vendre des produits alimentaires. Il loge alors dans la boutique. Cinq années plus tard (1973) il se maria avec une femme de son douar d'origine, résidante à Ain Mouka. Il résidera avec ses beaux parents jusqu'en 1981. De 1973 à 1977 il abandonna sa boutique pour faire le commerce de bétail dans les souks de la région. Une activité qu'il quittera durant treize ans pour celle de transporteur clandestin (taxi sans agrément) avant d'y revenir depuis 1990. Parallèlement à cet itinéraire professionnel, Sabir ne s'installera au douar Qotbyines qu'en 1981. Il achètera alors 2 parcelles de 80m2 chacune et logera dans une baraque jusqu'en 1986. Avec la restructuration, il

302- Lotissement relevant du programme social réalisé à la fin des années 70 par le Ministère de l'Habitat. Parcelle de 81 m2 avec plan-type.

vendra une parcelle. L'argent récupéré lui permettra de construire une maison sur l'autre parcelle. A la mort de son père en 1973, Sabir a hérité de 3 hectares du patrimoine familial dans le "bled" auquel il ajouta un hectare acheté à d'autres héritiers. En 1993, il vend 2 hectares du "bled" pour acheter un nouveau lot de 100 m2 sur une voie de 30 mètres. Actuellement (Avril 1998), il y construit une maison à deux niveaux avec un rez de chaussée réservé au commerce. Les liens de Sabir avec son douar d'origine sont permanents. Ses frères et sa mère y résident. Outre pour les fêtes religieuses ou les cérémonies familiales (mariages, baptêmes...), son activité (de maquignon) l'y amène sans cesse. Tiflet (situé à quinze kilomètres de son douar) lui permet cette bilocalisation. Cinq de ses enfants y sont scolarisés. Il y a développé un réseau de relations basé sur la confiance mutuelle (avec les bouchers). Une localisation qui lui permet de rayonner sur les quatre grands souks de la région : Salé (50 km) Khemisset (20 km) Houderrane (30 km) et Tiflet.

Les différentes activités exercées par Sabir expliquent pleinement son choix par les "agents recruteurs" du parti de l'Istiqlal. Une fois élu, Sabir voit dans l'activité de l'élu des capacités à répondre aux différentes demandes de ses électeurs. Or, dés 1995, le changement d'alliance au sein du CM éloigne de la présidence son protecteur Istiqlalien - Sabir restera marginalisé au sein du CM. Pour lui, cette expérience est à oublier ! Il ne cherchera plus à se représenter et "refusera dorénavant toutes les propositions dans ce sens".

1997 : Le renforcement du Président-député sortant sur la scène nationale conjuguée à une amélioration des conditions d'équipement du quartier ont certes permis le retour et l'élection de deux de ses partisans à Hay Rachad. Le choix s'est porté sur deux adjoints techniques. L'un a hérité de plusieurs lots dans le quartier (si lui réside au centre ville, ses deux frères habitent toujours Hay Rachad), l'autre présente un profil plus particulier:

Cas n° 4 :

"Ichou est originaire des Mouarides. Ses parents sont venus s'installer au douar Qotbyines (en 1953) où il est né en 1956. Son père, ancien résistant a fait plusieurs métiers avant d'être titularisé dans un petit poste au Ministère de la Santé Publique. Aîné des garçons, Ichou fait toute sa scolarité à Tiflet où il obtient son baccalauréat. Après une année passée au CPR de Kénitra, il rejoint l'Ecole des Adjoints Techniques Spécialisés de Casablanca durant deux ans. Après l'obtention de son diplôme, il est recruté au Ministère de l'Intérieur dans la Province de Larache durant 6 ans (1985-1991) où il se marie avec une Rifaine. Il rejoindra Tiflet après un court séjour à Benslimane. Au pachalik, il représente l'autorité locale sur les chantiers et donne la conformité des implantations des constructions. Ce poste le met en relation permanente avec les populations de Hay Rachad. Ichou réside dans un lotissement public (Hay Andalous) non loin de Hay Rachad. Malgré une absence de plus de dix ans, il a pu garder les liens nécessaires dans ce quartier où habite toujours sa mère.

A son retour à Tiflet, malgré une sensibilité politique proche du Parti du Progrès et du Socialisme, il ne peut refuser l'étiquette du MDS que lui propose le Président sortant. Pour lui, choisir la faction du président-député devait lui permettre en tant que technicien, d'asseoir sa position dans le quartier en élargissant sa clientèle par un accès plus facile aux dérogations administratives. Après une expérience d'une année et demi, Ichou juge ainsi son action "*Je ne me représenterai plus jamais au "majlis" (conseil) car ce "majlis" travaille suivant d'anciennes logiques, vieilles de 13 ans et plus, les nouveaux venus y sont marginalisés. A part pour les sessions ordinaires du majlis, le Président est absent. Il ne délègue aucun pouvoir. Il n'y a personne qui peut prendre des décisions à sa place dans le bureau du "majlis". Même quand j'ai besoin d'une ampoule je ne peux recourir à personne du majlis"*. Cette situation laisse apparaître toute l'amertume de l'élu qui n'a pas accès aux "prestations de services" qu'il est censé pouvoir procurer à la population pour se constituer une clientèle.

Le cas de Ichou n'est pas isolé, celui de l'élu de la circonscription électorale voisine (regroupant une partie de Hay Takadoum et de Douar Qotbyines) présente plusieurs similitudes.

Cas n° 5 :

"Bennouri est né en 1966 à Msellat près de Tiflet dans une ferme de la SODEA où travaillait son père. Venu avec sa famille à Tiflet (douar Skouila - devenu Takadoum) en 1972 il a commencé sa scolarisation. Son père a émigré dans les pays du Golfe en 1979. Bennouri arrêta ses études en 7ème année. Il jouait alors avec l'équipe de football du Widad Tiflet de 1986 à 1990. Bennouri était très connu dans le quartier puisqu'il était le seul à le représenter au sein de l'équipe de football de la ville qui avait réussi à "monter" en Division 2. En 1990, des problèmes de genou ont nécessité deux opérations chirurgicales et ont éloigné définitivement Bennouri des stades. Son père l'aidait financièrement pour payer ses séances de rééducation. En 1992, le Président du CM, qui était alors Président du club, lui trouva un stage de formation (automobile) à Casablanca. De retour à Tiflet, il l'engagea durant quatre années dans sa station-service. Lors des élections locales de 1997, le Président l'encourage à se présenter sous l'étiquette de son parti politique (le M.D.S). Son aura auprès des jeunes du quartier et son rapprochement du Président ont sans doute contribué à son élection. Après une année et demi passée au sein du CM, il porte un jugement très dur sur la vie politique locale : "*Après mon élection, je suis devenu détesté. Personne dans ma rue ne m'adresse plus la parole. Tout cela parce que je ne peux pas répondre à des demandes telles que celle du recrutement d'un jeune dans l'armée, de l'octroi d'une autorisation de construire non conforme ou de la gratuité d'une telle autorisation. Moi, je défends le quartier, je ne peux pas répondre à des demandes personnelles. Mais lorsqu'il y a des problèmes d'égouts ou d'électricité (ma propre rue n'est pas éclairée) je ne trouve personne dans le conseil pour satisfaire mes demandes. Mon élection ne m'a amené que des problèmes. La politique à Tiflet demande des hommes (msanthines) qui n'ont pas froid aux yeux. Moi, je ne me représenterai plus jamais aux élections locales!*".

Si l'ensemble des cas exposés montre une certaine légitimité de départ du candidat, cette dernière doit être entretenue lors du passage en tant que représentant par l'octroi de faveurs. Or, dans le système présent, le président-député n'a pas permis aux différents élus du quartier de développer un réseau de clientèle basé sur des obligations réciproques. Le système reste manipulé par le haut. Les règles du clientélisme ne suivent pas. Entre la population et le Président il n'y a pas de place pour l'élu de proximité qui va porter la demande. Si certains élus du quartier ont pu bénéficier d'un certain "pouvoir" au sein de la commission de restructuration, ils l'ont davantage utilisé à des fins personnelles se discréditant par-là même aux yeux des populations. Pour les autres, l'incapacité de répondre aux différentes demandes reste un moyen sûr de leur abandon.

Le véritable pouvoir reste entre les mains du Président (détention des ressources externes et de la plénitude des pouvoirs de l'exécutif) qui exerce le monopole de ses prérogatives et ne délègue que les plus accessoires. La population a affaire directement à lui. Les intermédiaires sont "schintés". Il y a alors une confusion qui s'installe. Le maire agit comme un caïd tout puissant n'ayant pas besoin de médiateurs bien enracinés dans la collectivité résidente de ce quartier. Une grande distance s'opère alors entre cette population et ses représentants directs. En aucun cas cette gestion par le haut, ne peut remplacer la médiation de proximité nécessaire à la constitution d'un tissu social intégré où chaque individu trouve une certaine sécurité dans des réseaux, certes teintés de clientélisme, mais qui utilisent plusieurs maillons occupant des positions sociales et territoriales particulières dans la société locale.

A Hay Rachad, si le député-président est arrivé à discréditer les fonctions de l'élu local du quartier aux yeux de la population, cette situation n'a pas pour autant permis l'émergence d'une contre-élite organisée en réseau sur des bases religieuses. Les principales organisations islamistes du pays (El Adl oua El Ihsane et El Islah oua Tajdid) ne comprennent que quelques adhérents bien répertoriés par les autorités locales [303]. La population de Hay Rachad a pu "sécréter" des représentants en dehors des organes élus. Encore une fois, même restructuré, l'ancienneté de ce douar construit sur des bases "tribales" a permis le maintien d'une certaine cohésion sociale. A Hay Rachad, l'aide des populations pour les plus démunis d'entre elles lors des fêtes religieuses ou des décès reste un phénomène constant. Les mariages dans les douars de l'arrière pays perpétuent ces liens de solidarité ethnique et les prolongent pour donner une certaine stabilité sociale dans ce quartier.

C'est autour de ces réseaux familiaux que certains des plus anciens des immigrés des Qotbyines ont pu émerger comme représentants des populations en dehors des instances élues. Dans leur sillage, un Jebli et deux Rharbaoui, résidants depuis plus de trente ans, ont pu gagner la confiance des populations par leur action pour la promotion et l'entretien d'un lieu de culte dans le quartier (voir les membres de l'Amicale, puis de l'Association). Autour d'eux se sont cristallisées toutes les demandes sociales. Ils ont "organisé" toutes les actions (pétitions, délégations) et doléances présentées aux autorités provinciales et aux administrations centrales. Des actions qui ont fini par acculer le Président-député à multiplier les démarches pour l'obtention des crédits nécessaires à la réalisation du réseau d'assainissement dans le quartier[304].

La population de Hay Rachad, ou de moins, ce qu'il en est resté après la restructuration, a pu certes bénéficier en dix ans d'un niveau d'équipement non négligeable (après les travaux d'assainissement) sans avoir eu à le payer (sauf pour l'AEP). Un bénéfice acquis par ses revendications permanentes et la place particulière occupée par le Président-député dans ses relations aux administrations centrales et régionales [305]. Mais cette situation issue de

303- Appréciation du caïd de l'arrondissement, du cheikh et des deux moqadmines de Hay Rachad.

304- La lettre du 11/12/1996 envoyée par le Président-député au Gouverneur de la Province de Khemisset montre bien cet état du fait *
"A l'issue de la visite dernièrement effectuée par l'honorable Commission Ministérielle suite aux doléances présentées au Ministère par une délégation relevant en partie de ce quartier, le Conseil saisit l'occasion de faire respectueusement et honorablement part pour signaler que depuis les premières opérations restructurelles entamées avec réussite à Tiflet, il n'a jamais, selon les moyens dont il dispose, fait preuve de recul ou de découragement face à la situation mais par contre il poursuit sans lassitude et par étape les travaux de complémentarité en matière d'Assainissement en agissant dans la limite des disponibilités financières, loin de l'action d'un tâtonnement ou la mauvaise gérance comme prétendu dans la lettre Ministérielle.
Il est profondément à noter que la Délégation en question ne constituait très sincèrement que des éléments excitants dont le but n'était que politique et hors d'intérêt populaire, cherchant à perturber l'action des responsables.
Le conseil de son côté souhaite par la circonstance l'intervention précieuse de l'Autorité Supérieure pour trouver une solution qui dépasse de loin les possibilités Budgétaires de cette Municipalité et éventuellement une participation financière à titre de contribution des habitants de ce quartier notamment l'accord du dossier du crédit FEC déjà constitué en 1989, le tout sera envisageable à la réalisation des travaux complémentaires de l'assainissement général et autres équipements comme sollicités par les habitants".
* reproduction du texte de la lettre et non traduction.

305- Si pour l'AEP, l'électricité ou l'assainissement, le rôle du Président-député a été déterminant - pour celui du secteur scolaire prévu dans le quartier, un conflit d'intérêt autour du terrain privé devant recevoir l'école a trouvé sa solution dans le transfert de l'école sur un terrain domanial éloigné des principales habitations du quartier. Le changement de Président du CM entre 1993 et 1995 a entraîné avec lui un changement dans le poids des appuis des grands propriétaires fonciers du quartier. Celui qui bénéficiait de l'appui du Président sortant ne l'avait plus avec le nouveau Président qui proposa le terrain de l'un de ses "clients". Ce conflit a permis à la troisième faction (Berkya) au sein du CM de s'associer à une position d'arbitre prise par les autorités locales : ne choisir ni l'un, ni l'autre, et implanter l'école sur une terrain domanial (même si l'école se retrouve près d'une école déjà existante, celle de Beni Amer).

la formation d'une contre élite non organisée après le discrédit qui a entouré les organes élus laisse envisager tous les cas de figures (organisations islamistes, délinquance...) dans un quartier occupé de plus en plus de jeunes chômeurs.

QUELQUES ENSEIGNEMENTS

Si le cas de Tiflet se présente comme l'archetype d'une instance municipale « monopolisée » par une élite locale fortement soutenue par le centre, il a aussi l'interêt de démentir toute analyse monolithique du pouvoir, d'un pouvoir émanant d'un foyer unique ! En effet, malgré toutes les ressources de pouvoir détenues par un député président, les autres acteurs participent tout autant à la gestion urbaine qui reste traversée par plusieurs logiques.

- Ainsi, la valorisation du patrimoine foncier dans une ville où prédominent les terres de statut melk face à une forte urbanisation entraîne des conflits et alliances entre propriétaires fonciers qui affectent la gestion urbaine et le système politique local. Toutefois, les "registres" menant aux décisions prises localement (en termes de gestion urbaine) par l'élite politique montrent autant la défense d'intérêts fonciers que des conflits de pouvoir entre factions, des réponses à des directives centrales (embellissement de la voie principale) ou aux demandes de la collectivité (garder le monopole du souk de Tiflet dans le territoire des Aït Bouyahya) et des populations des quartiers périphériques.

- L'enjeu de l'habitat précaire à Tiflet souligne encore une fois la non linéarité du processus de régularisation. Ce dernier épouse les conditions locales dans leur articulation aux impulsions du centre. En termes d'acteurs, les élites locales agissent chacune avec ses ressources (matérielles, poids dans le centre, capacité de médiation) face aux autorités locales, aux techniciens chargés de l'urbanisme, aux services techniques chargés des équipements et infrastructures de base et aux populations résidentes. Ainsi, ce processus montre des acteurs qui, chacun à un moment, a bloqué ou accéléré la régularisation de ces quartiers et leur équipement. La première étape a fait coïncider les intérêts des grands propriétaires fonciers, du C.M et de son président, des autorités locales et régionales et des populations au détriment de la logique "techniciste" des services chargés de l'urbanisme. La reconnaissance au droit à la construction a été acquise très vite alors que l'équipement qui devait suivre a fait défaut dans un second temps. Le redéploiement des acteurs indique toujours la mise à l'écart des services de l'urbanisme, mais aussi la pression des populations et la logique sécuritaire des autorités locales, le mode de décision fortement centralisé des services techniques (ONE, ONEP), les changements de priorités (dans l'orientation de l'investissement communal) du CM et de son président qui ont débouché sur une remise en question du groupe élu chargé de la gestion urbaine ... Si aucun acteur ne possède tous les fils du système de décision, force est de constater dans le cas de Tiflet l'omnipotence d'un président-député dans le système politique local. A la « fermeture » des instances municipales et à leur incapacité de répondre aux demandes sociales en équipement, les populations réagissent par une forme particulière d'organisation et par la formation d'une contre-élite porteuse des revendications sociales les plus urgentes. Cette résistance finit par trouver écho dans les instances centrales. Malgré tous les appuis dont peut bénéficier une élite locale au niveau central, des « lignes rouges » se dessinent dès que l'ordre social se trouve menacé. Les « contestations populaires » se traduisent souvent par des changements momentanés au sein des instances de gestion locale. Le mode de gestion sécuritaire prime !

CONCLUSIONS PARTIE II

Des spécificités du local, aux caractéristiques du global.

La gestion foncière urbaine devient de plus en plus un champ privilégié d'observation de la négociation des normes centrales entre élites locales et pouvoir central au Maroc.

Les types d'élites locales dans les villes moyennes se caractériseraient ainsi par trois critères :

1- le degré de continuité (historique),
2- la réponse à certaines valeurs de la société locale,
3- le rapport et le poids face aux agents du pouvoir central (mandat parlementaire, relations dans l'appareil central).

Les deux premiers critères distinguent clairement les villes traditionnelles des villes de création récente. En quoi le type d'élite locale générerait-il une gestion urbaine et une négociation des normes centrales particulières ? Et, à inverser la question, quel type d'acteurs et de médiateurs émergent dans chaque système politique local pour assurer la négociation des normes? Quel éclairage peut-on faire du système politique local lui-même?

Gestion urbaine et émergence d'une nouvelle élite dans les villes (moyennes) traditionnelles [306].

Généralement au Maroc, la continuité historique des élites traditionnelles a été assurée[307]. Elles tirent leur légitimité dans un enracinement ancien, un prestige familial, un patrimoine foncier... Principales détentrices des terres melk privées dans la ville, ces vieilles familles traditionnelles vont fortement marquer la gestion urbaine.

La promotion administrative, l'arrivée des fonctionnaires et l'impulsion donnée au marché foncier et immobilier vont créer des opportunités vite saisies par ces familles. La petite promotion immobilière est réalisée en dehors des normes d'urbanisme (viabilisation incomplète des lotissements, non respect du nombre de niveaux, surélévations et transformations en médina). Dans ce type de ville, l'état de l'inter-connaissance est tel que toutes ces familles et ces petits promoteurs trouvent au sein du C.M les appuis qui leur fourniront les dérogations nécessaires.

Toutefois, en dehors du périmètre urbain "l'orientation de l'urbanisation" devient un enjeu où les intérêts complémentaires s'estompent pour laisser place à des conflits d'intérêts (la valorisation des terres d'un groupe d'intérêts se fait au détriment des autres suivant l'orientation que prend la ville).

Or, le cas des villes traditionnelles de la taille de Chefchaouen montrent toutes une caractéristique claire : la montée (depuis les années 80) d'une nouvelle génération de jeunes enseignants et cadres de l'administration (pas forcément originaires de la ville, y ayant souvent fait leurs études primaires et secondaires) qui remettent en question le pouvoir des élites traditionnelles et prennent en charge la gestion de la ville (Sefrou, Taroudant, Ouazzane, Chefchaouen). Au passé de ces villes aux fonctions religieuses prononcées (Ouazzane, Chefchaouen) dominées par l'activité artisanale, se substituent de plus en plus

306- Il s'agit de villes de 20.000 à 50.000 habitants qui regroupent Chefchaouen, Sefrou, Ouazzane, Taroudant...

307- R. LEVEAU a bien montré cette continuité des élites locales en place sous le protectorat et la permanence des réseaux familiaux. Car elles ont conservé la base économique de leur pouvoir "certains de leurs membres retrouvent, à partir de 1960, une influence politique personnelle, dans d'autres cas c'est un membre de la famille, plus jeune ou moins compromis, qui en bénéficie ..." R. LEVEAU "le fellah marocain défenseur du trône" p.213.

les fonctions administratives et commerciales. Promotion administrative, afflux de fonctionnaires et accélération de l'exode rural ont marqué les années 80, changeant par-là même la physionomie de ces villes. A l'ancienne médina viennent se greffer de nouveaux espaces périphériques où résident des migrants ruraux.

Petits fonctionnaires sans enracinement local, ces nouvelles élites ont choisi l'activité politique dans le principal parti de l'opposition (socialiste) pour se trouver une place dans la ville. Le mécontentement généré par 20 ans de gestion municipale par l'élite traditionnelle et les changements démographiques survenus dans ces villes ont favorisé la mise en place de cette nouvelle élite porteuse d'un discours populiste en faveur des plus démunis. En quête de légitimité, sans patrimoine foncier à valoriser, cette nouvelle élite va se placer comme médiateur (entre autorités locales, services techniques et population) lors de la régularisation des quartiers périphériques(308).

Dans tous les cas de figure, de nouvelles alliances sont tissées avec les élites traditionnelles. La quête de légitimité et la création de réseaux de clientèles entraînent des comportements souvent ambivalents. Ce nouvel acteur de la gestion urbaine dans les villes traditionnelles constitue désormais un élément possible ou latent de substitution à l'élite traditionnelle.

L'appartenance à un même parti politique ne semble pas définir un cadre de référence et des moyens d'action clairs. Le comportement de cette nouvelle élite reste encore marqué par le local (conflits et alliances, clientélisme, intérêts individuels...).

C'est aussi dans ce type de ville que se distinguent de nouveaux acteurs dans les "affaires de la cité". C'est ici que de jeunes entrepreneurs associés à des enseignants se regroupent et orientent leur action dans des associations en dehors des partis politiques, des syndicats ou des institutions élues de la ville (CM, Chambres du Commerce et de l'Industrie, de l'Agriculture, de l'Artisanat...). Leur action "citoyenne" montre une nouvelle approche des populations dans l'appropriation de leur espace (chantiers d'embellissement des façades, de repérage des habitations à risque ...).

Sans doute ici, la médina, en tant que patrimoine a été réinvestie d'une symbolique sociale "délaissée" par l'élite traditionnelle : le maintien de la cohésion sociale et de la solidarité. La jeune expérience de ces nouveaux acteurs reste difficile à évaluer actuellement (des tentatives de récupération ont été mises en place), mais leur émergence éclaire autant sur les capacités endogènes de ce type de milieu que sur un processus de complexification du système politique local où l'élite traditionnelle ne constitue plus qu'une composante.

Les villes de création récente : émergence d'une élite urbaine, multiplication des factions et gestion urbaine.

Les villes créées durant la colonisation à partir d'un souk et d'un poste militaire dans des zones de colonisation agraire ou, au carrefour des grandes voies de communication constituent actuellement le grand lot des villes moyennes au Maroc.

Ici, se pose le problème de la continuité et/ou rupture entre élite rurale et urbaine. En effet, l'élite rurale traditionnelle ne s'est pas toujours fixée dans ces petites villes de création récente. Leur relation avec les grandes villes est souvent ancienne et la petite ville créée dans les années 20 est souvent laissée entre les mains de migrants ruraux faisant partie des grands mouvements de populations du Sud (Doukkali et surtout Soussi) ou des campagnes environnantes. Ici, la politique de formation développée par les autorités coloniales va fortement influer sur la fixation d'une partie de l'élite rurale dans ces petits centres. Si dans le Rharb, zone Makhzen par excellence, l'implantation très tardive des écoles va entraîner une rupture entre élite rurale et élite urbaine, chez les Zemmour, zone berbère dissidente aux

308- C'est le cas à Chefchaouen, mais aussi à Taroudant.
Voir Mohamed DIAI "Acteurs locaux et planification urbaine : cas de Taroudant" Mémoire DESAU - Rabat INAU 1998 p.60-64.

portes de Rabat, l'école primaire de Tiflet (1938), le collège de Khemisset et le collège berbère d'Azrou vont vite constituer des lieux de formation et d'implantation de notables ruraux qui marqueront ainsi non seulement une continuité entre élite rurale et urbaine, mais également leur intégration à l'élite nationale.

Leur territorialisation passera alors par ces nouvelles entités socio-spatiales formées par ces villes faiblement démarquées des racines rurales de leur population(309). C'est à partir de Tiflet et de Khemisset que les nouveaux parlementaires seront élus. La gestion municipale sera très tôt investie par des familles de notables ruraux ayant acquis un patrimoine foncier dans (et autour de) la ville après le départ des colons.

Continuité ou rupture vont marquer l'élite locale de ces villes. Une caractéristique qui va toucher le système politique local dans sa relation aux représentants du pouvoir central et aux populations.

Dans le premier cas, l'action de l'Administration sera déterminante pour porter cette nouvelle élite. Mais, le propre de cette société en construction reste certainement celui d'une élite sans statut. Une élite en quête de légitimité qui se traduit par un besoin permanent de répondre aux différentes demandes sociales pour maintenir des réseaux de clientèles. Mais si pour cela l'Administration joue un rôle central, les réseaux se construisent aussi sur des processus de légitimation qui passent par des valeurs communes et un "vivre ensemble" propres à des groupes liés à des entités socio-spatiales (quartier, îlot de quartier formant un groupe de voisinage...).

Si l'administration a joué, dans le cas de Souk Larbaa, un rôle primordial dans l'émergence de nouveaux riches, ces derniers ne se sont maintenus politiquement que par la création de réseaux de clientèles et par une réponse permanente aux demandes sociales.

La prédominance des terres de statut collectif et domanial va imprégner également l'action de l'élite locale. L'implication de collectivités ethniques et leurs représentants, de même que la construction de nouvelles unités socio-spatiales (Kallito) vont faire émerger une nouvelle élite qui va s'appuyer sur les relais de la population sans être "portée" par l'administration. La légitimité locale se construira davantage à travers de nouveaux référents de l'identité collective et la réponse à diverses demandes de ces collectivités.

Ici, la référence au passé et au système d'appartenance évolue davantage vers une mémoire du groupe en perpétuel changement. La légitimité locale "évolue" avec cette mémoire collective en construction où la proximité, le voisinage, la lutte pour l'obtention des équipements de base et le partage de nouvelles valeurs identitaires (islam, solidarité, repères communs), constituent les ciments essentiels. Toute nouvelle élite ne pourra se maintenir que si elle répond à ces éléments de la "légitimité locale".

Pour occuper une place prépondérante dans la gestion municipale, cette élite est obligée de créer un véritable réseau qui s'appuit sur des relais ayant chacun un enracinement local. La territorialisation se fait à travers ces relais.

Toutefois, ce processus ne se développera pas sans contrôle. Il agira dans le sens d'une multiplication des cercles de patronage. Mais l'intervention de l'administration centrale par les découpages administratifs successifs risquent de provoquer de plus en plus une "injustice spatiale" opérant une déconnexion entre les élus et "leur" population (310).

309- 69% de la population de Tiflet est originaire des quatre tribus qui l'entourent Khzazna, Mzourfa, Qotbiynes, Ait Belkacem. Jusqu'en 1986, même les quartiers avaient une forte consonance tribale (douar Qotbyines, douar Dbaba...).

310- En effet, la logique sécuritaire qui prime encore au sein des autorités locales et centrales corrélées aux pressions des différentes factions locales ne laissent pas se développer un système de représentation qui respecterait chaque quartier dans son intégralité, possédant un nombre d'élus équivalent à sa population afin qu'il puisse influer sur la gestion municipale. Dès que cela se présente, le découpage est refait, atténuant de plus en plus du poids même des élus d'un même quartier pour les "marginaliser" au sein du CM.

La petite ville de création récente, sans élite statutaire ni grands propriétaires fonciers, serait la plus porteuse de "démocratie locale" malgré le clientélisme qui marque les relations entre la population et ses élites!

Dans le deuxième cas (Tiflet), la gestion urbaine va être dominée par la présence de fils de notables ruraux ayant acquis un réseau relationnel dans les services centraux leur permettant aussi bien de contourner les normes centrales que de bénéficier des subventions de l'Etat pour valoriser leur patrimoine foncier.

La régularisation des quartiers périphériques a permis la valorisation des terrains des propriétaires fonciers alors qu'ils se présentaient comme principaux médiateurs.

Mais, la puissance d'un ancien commissaire (devenu président-député) ayant un large réseau de relations au niveau central lui ayant permis la création d'un nouveau parti politique va marquer fortement le système politique local. Ce dernier reste manipulé par le haut. Les règles du clientélisme ne suivent pas.

L'élu de proximité est incapable de porter les demandes sociales ni d'y répondre. Le système a discrédité les fonctions de l'élu local auquel se sont substitués des réseaux informels de représentants de la population qui ont pu porter les demandes sociales jusqu'au niveau central.

Dans ce niveau de ville, les capacités d'organisation des populations semblent multiples. Elles prennent des formes variées. Face à un système politique "verrouillé", des voies de contournements sont ouvertes. Malgré l'omnipotence d'un président-député et l'appui du centre dont il peut bénéficier, l'organisation des populations des quartiers périphériques se fait.

Ainsi, les différents cas de gestion urbaine dans la ville montrent tous un rapport de pouvoir où l'Etat gère, distribue, une rente en négociation avec l'élite locale et assure la régulation sociale au niveau local. Si l'Etat intervient toujours dans le règlement des conflits autour de la régularisation et l'équipement des quartiers périphériques, il le fait de concert avec des élites locales de plus en plus diversifiées. Le système politique local des villes moyennes paraît capable aujourd'hui de faire émerger des acteurs représentatifs des populations qui se meuvent dans des cadres plus ou moins formels.

Jusqu'où le pouvoir central acceptera de les porter au-devant de la scène politique locale? L'approche sécuritaire est encore fortement présente dans la gestion locale (découpages administratifs favorisant l'émiettement du pouvoir municipal et la mise en avant d'élus sans légitimité, marginalisation de certaines élites par les fraudes électorales, dépendance financière et technique des organes élus...) de même que le pouvoir discrétionnaire de certaines élites ayant de puissants appuis au centre risquent de faire porter la demande sociale par d'autres canaux.

Au risque de voir les petites villes et villes moyennes devenir aussi des champs d'expression violente des demandes sociales, de nouvelles formes de régulation économiques, sociales et politiques deviennent nécessaires afin "d'ouvrir" le système politique local, de répondre aux demandes de base des populations et aux attentes et représentations socioculturelles des jeunes, d'assurer l'articulation ville-campagne et d'appuyer les initiatives économiques locales.

CONCLUSION GENERALE

L'étude de la place et du rôle des élites locales dans la gestion urbaine rejoint la problématique du développement local même si le premier thème a de plus en plus les faveurs des organismes des Nations Unies ou celles des bailleurs de fonds internationaux. Les slogans de la décentralisation accordent une place privilégiée au « management » et à de nouveaux aménagements institutionnels (gestion déléguée de services urbains, « participation » des populations). Cette tendance incite encore une fois à analyser le contenu réel des relations entre les pouvoirs locaux et centraux créés par ces nouveaux dispositifs institutionnels. Si nous avons pu dégager des spécificités de l'élite locale et de la « négociation » avec le centre suivant les territoires, la gestion urbaine éclaire aussi quelques permanences qui nous renseignent autant sur « le mode de gestion » poursuivi par le centre que sur l'émergence de nouvelles formes de leadership local.

1- Développement économique et articulation des pouvoirs

A considérer la place des élites locales dans le développement économique (accumulation, action sur les bases productives de la ville), force est de constater encore le poids déterminant de l'Etat. Dans les villes moyennes, le comportement économique de l'élite locale reste plus qu'ailleurs enchâssé dans le politique. Lorsque le statut de terres melk prédomine, le domaine foncier devient celui où va investir l'élite politique de la ville, délaissant les autres secteurs d'activités. A la tête de la gestion communale, cette élite politique n'agira pas dans le sens d'une préparation de la ville à recevoir de l'emploi et des investissements. Le rôle de promoteur du développement attribué à la commune dans le dahir de 1976 sera entravé aussi bien par la faiblesse des moyens financiers dont disposent les CM que par le comportement de cette élite (le faible intérêt porté aux zones industrielles le montre clairement). Dans cette situation, l'Etat a non seulement peu investi (matériellement) dans la ville moyenne pour assurer son équipement ou pour épauler ses entrepreneurs, mais il a développé une gestion sécuritaire et clientéliste.

En effet, l'histoire de l'élite économique montre en dehors des cas spécifiques, l'importance primordiale qu'a joué l'Etat dans son renforcement ou sa formation. Peu concernée par l'industrie, la ville moyenne a surtout vu se développer son secteur commercial, de transport, et de B.T.P. Dans ces trois cas l'aide de l'Etat est essentielle : agrément de transport, de vente et de collecte de grains et de produits de base sont aussi importants que la réglementation d'exploitation des carrières, ou les marchés d'Etat des grands chantiers ouverts localement (écoles, bâtiments publics, lotissements d'Etat...). En fait, c'est surtout le commerce alimentaire de gros, le commerce spécialisé et le commerce de produits ruraux en situation de monopole (dans des périodes particulières : marocanisation, indépendance politique) qui ont permis l'émergence, sinon le renforcement de cette élite. Ensuite, cette dernière a le plus souvent quitté la ville pour investir dans le secteur industriel des grandes villes ou l'import-export international. La ville moyenne agit comme tremplin. Les actions en retour de ré-investissement dans la ville moyenne d'origine par cette élite se font rares. Seule subsiste une attitude de "prédateur" à l'affût d'opportunités locales.

Dans ce contexte, le système urbain agit comme un système intégrateur des couches sociales supérieures de la ville moyenne dans la grande ville. La ville moyenne est écrémée, seule une couche moyenne supérieure constitue sa véritable élite économique. Grossistes alimentaires, petits entrepreneurs des B.T.P, vendeurs de matériaux de construction ou détenteurs d'une petite résidence touristique forment le propre de cette couche renforcée dans les années 70. Elle reste faiblement représentée au niveau local. Son expression politique se limite souvent à une "protection" assurée par l'élite politique et/ou l'autorité locale. La faible extension de son réseau de relations limite certes son action, mais elle représente le véritable atout du local lorsque le lien est assuré avec d'autres marchés. Cette attitude se retrouve actuellement chez une génération de jeunes entrepreneurs. Conscients des atouts du "local" et bénéficiant des divers avantages de "l'homme du terroir" (relations de travail, inter-connaissances locales, bénéfices de la proximité ...), de jeunes diplômés se re-localisent dans leur ville (ou région) d'origine utilisant dans leur projet leur connaissance du marché (capital culturel et relationnel ...). Ces jeunes, encore peu nombreux dans la ville, forment une nouvelle expression politique (vie associative) en dehors des circuits formels (partis politiques, syndicats, CM). Sans doute se présentent-ils comme des relais majeurs d'un développement local puisant ses forces dans les atouts du local conjugués aux impulsions externes. La question de leur « renforcement » ne se pose pas en termes de « leviers économiques » à mettre en place par l'Etat, mais en termes de dégagement des entraves au fonctionnement de la démocratie locale et de l'ouverture du système politique local à ces nouveaux acteurs.(311).

Cependant, ces jeunes entrepreneurs n'apparaissent pas (avec la même intensité) dans toutes les villes étudiées, de même que n'importe quelle ville moyenne ne "voit" pas l'émergence d'entrepreneurs de stature nationale. Les études de cas valent autant pour les permanences qu'elles dégagent que pour les spécificités. Ces dernières constituent autant de facettes par lesquelles peut être lu le global. Elles montrent l'importance du territoire et des territorialités.

Territoires et territorialités

Qu'il s'agisse de villes traditionnelles ou de villes de création récente, l'origine géographique de l'élite locale reste une donnée qui marque aussi bien le pouvoir local que les secteurs d'investissement et le comportement économique de l'élite. Sans doute le "local" reste-t-il encore fortement imprégné par des systèmes d'appartenance anciens (tribal, citadin andalou, chorfa,...) qui re-émergent en permanence sous des formes particulières.

Si le réfèrent originel des villes traditionnelles reste le citadin Andalou ou les *chorfa* Idrissides, celui des villes de création récente est plus flou, intégrant la/ou les tribus de la région environnante. Dans les deux cas, les populations migrantes des zones périphériques pour le premier, des régions lointaines pour le second, malgré une installation de plusieurs générations, restent considérées comme allogènes. La mobilisation politique lors des élections locales se fait encore sur cette base. Cette mobilisation peut se faire pour le contrôle de la gestion de la ville, comme elle peut investir des espaces plus réduits (quartiers).

311- Le scrutin de liste proposé actuellement (Juin 2002) ne semble pas aller dans ce sens. Il risque surtout de renforcer des têtes de liste souvent puisées parmi les notables des partis et de fermer la porte à ces nouveaux acteurs.

Au niveau économique, ces populations allogènes n'intègrent pas les mêmes secteurs d'activités. Celles bénéficiant de réseaux familiaux de solidarité investissent très tôt le commerce comme c'est le cas pour les Soussi. La territorialité dessinée par ce groupe reste fortement marquée par les relations à la région d'origine, sans pour cela former une communauté fermée dans la ville. A contrario, les Doukkali s'intègrent davantage par des liens de mariage et d'achat de terres qui finissent par établir des ponts avec la population autochtone.

Interroger le territoire dans sa diversité nous montre aussi des cas de villes moyennes très tranchés, entre celles bénéficiant d'un enracinement fonctionnel et social produisant "un milieu englobant (métasystème) avec toutes les représentations qui s'y rattachent" ("l'appropriation de la ville par le groupe communautaire suggérant parfois un véritable ethnicisme urbain... entretenant la mémoire historique collective fondatrice" (312)) et ces villes nouvelles créées ex nihilo, subissant des mouvements incessants de population. Y-a-t-il alors formation d'un tissu social cohérent, d'une bourgeoisie locale capable de produire des cadres et des élites représentatives? En effet, la "haute société locale" décrite par W. Mills (313) dans les petites villes d'Amérique ne se retrouve pas partout au Maroc, de même que l'existence d'un "milieu englobant" ou d'un "tissu social cohérent". Cette question renvoie à l'unité territoriale qui "fait le local". Si pour les villes traditionnelles fortement enracinées, le patrimoine urbain peut paraître comme un outil d'intégration traversant d'autres instances d'identification (R. Escallier), pour les autres, les limites de l'urbain et du rural deviennent plus floues. La ville porte en elle les structures tribales et ethniques environnantes aussi bien dans la construction des quartiers périphériques que dans les compétitions entre élites locales. Si l'unité territoriale se construit par un mode d'action collectif, mobilisateur, qui exprime une intégration sociale, alors, force est de constater la fragmentation spatiale qui caractérise ces villes. Jusqu'où cette fragmentation(314) se reflète au niveau social (des communautés qui se tournent le dos mutuellement) ?

312- R. ESCALLIER "Les villes intermédiaires en Méditerranée, essai de synthèse" in. "les villes intermédiaires en Méditerranée" ouvrage collectif Université de Nice- 1995.

313- W. MILLS op. cit. p.34.

314- Dans le rapport scientifique du réseau "Fragmentation Spatiale et Urbanité au Maghreb", (URBAMA - Avril 1998) Françoise NAVEZ BOUCHANINE définit ainsi fragmentation spatiale et fragmentation sociale : "La fragmentation du tissu urbain serait la co-présence d'un certain nombre de caractéristiques : un mode de croissance marqué par un éclatement et un éparpillement des nouvelles implantations, qui génère une discontinuité et une discontiguité des éléments formant ce tissu, une absence d'articulations et de communication aisée entre ces "éclats", une forte hétérogénéité des typomorphologies tant au niveau du tissu lui-même qu'à celui de l'habitat, et enfin, une hétérogénéité non moins remarquable entre type et niveau d'équipement (infrastructure, équipements collectifs) et de service des différents fragments, qui se caractérisent ainsi par des inégalités spatiales remarquables". (M. SANTOS, 1990 ; M. BALBO et F. NAVEZ BOUCHANINE , 1995 ; L. VIDAL, 1992 ; M. F. Prevôt-Schapira, 1996). D'un autre côté, la fragmentation sociale serait "un processus de désagrégation ou de désaffiliation collective qui conduirait au regroupement, par assignation ou par action volontaire, d'individus formant des collectivités, de type variable, mais porteuses d'une identité commune reconnue, quelle que soit par ailleurs l'origine de cette dernière -sociale, culturelle, ethnique, religieuse ...- dans des espaces appropriés de manière exclusive, espaces où s'exprimerait dès lors l'absence de référence à la société urbaine comme globalité. Cette absence de référence serait perceptible à plusieurs niveaux -social, économique, culturel, politique et administratif-. La société urbaine serait, selon cette vision, en voie de se transformer en une somme de territoires à forte connotation identitaire, où les populations vivraient d'une manière quelque peu autarcique, développant leurs propres référents socioculturels et pouvant aller jusqu'à refuser de manière explicite les normes, les institutions, et les codes communs ou spécifiques aux autres"; in rapport scientifique p.6 et 7.

Deux caractéristiques majeures ont pu être mises en lumière dans nos études de cas : le particularisme urbain prononcé et la mise en avant du patrimoine dans des actions de développement au sein des villes dites traditionnelles. En effet, le quasi monopole sur les possibilités d'investissement dans la cité devient un trait caractéristique d'une élite locale qui fait corps par le tissage d'un réseau matrimonial et relationnel local dans un espace de déploiement réduit géographiquement (la région Nord pour Chefchaouen). De même que la notion de patrimoine change avec le territoire. A Chefchaouen, les cadres de la vie sociale ont eu le temps nécessaire pour se cristalliser dans des supports spatiaux devenus des points de repères de la mémoire collective. Un patrimoine urbain est reconnu par tous, son instrumentalisation fait partie intégrante de la logique d'investissement de certaines élites économiques, certes peu nombreuses, mais conscientes de tout son intérêt à l'heure de la mondialisation. A contrario, cette version du patrimoine ne se retrouve pas dans les villes de création récente. La mémoire du groupe se reformerait sur les opérations de changement. Le changement lui-même participerait à l'invention d'une mémoire collective. Que représente alors le patrimoine ? Quels sont ces atouts qui dégagent ce « nous », ce patrimoine collectif qui ferait la différence, qui s'impose par sa spécificité ? Ne sommes-nous pas dans un entre-deux, où, revendiquer le « local » dans sa version rurale constituerait une certaine négation de ces nouvelles entités urbaines en quête d'une identité(315) ?

2- Pouvoir central et mode de gestion du « local ».

L'intervention du pouvoir central sur la vie politique locale se fait à tous les niveaux (tutelle sur les collectivités locales, dépendance financière, découpages administratifs, ...). A travers les études de cas de la régularisation et de l'équipement de quartiers périphériques (posés comme enjeu urbain) nous avons pu mesurer le type de relations population / élite locale / autorités locales / administration centrale. Sans revenir sur la complexité des relations population - élite locale et autorité locale - administration centrale, les liens entre autorités locales et élite semblent essentiels.

Le désengagement de l'Etat et ses faibles capacités redistributives actuelles au niveau local ont donné à la gestion foncière une importance capitale qui met aux avant-postes le notable local, grand propriétaire foncier. Avec un mandat parlementaire, le président du C.M prend une stature particulière. Polarisant la représentation locale, ses relations avec le Gouverneur et/ou le Pacha sont ambivalentes. A. Abouhani voit dans le gouverneur qui réussit "celui qui arrive à régler des problèmes politiques en les dépolitisant et en les contenant dans les limites locales. D'où la volonté constante du gouverneur, d'une part, de rechercher un consensus extra-réglementaire, et d'autre part, de verrouiller l'accès de l'élite locale au centre"(316). La possibilité d'accès au centre du président-député et le danger de politisation des problèmes locaux entraînent une recherche permanente de compromis et une résistance à la centralité. Ainsi en est-il de l'opération de restructuration des quartiers périphériques de Tiflet, réalisée sous la bénédiction du gouverneur et du pacha, en dehors de toutes les normes centrales par le président-député.

Il en est de même quant aux opérations de surdensification de la médina de Chefchaouen ou de la création de lotissements. Face à une convergence des intérêts entre élite et administration locale se dressent aussi la pression des demandes sociales en équipements (et/ou logement) et une nécessaire régulation sociale.

315- La multiplicité des identités se fait dans un processus évolutif où elles s'articulent et s'affrontent au gré des instrumentalisation politiques.

316- A. ABOUHANI "Médiation notabilaire et gestion des conflits liés au logement" op. cit. P6.

Cette double exigence montre les limites de toute "autonomie du local" (appuyé sur l'appareil d'Etat). Dès que l'ordre social semble perturbé ou risque de l'être, les décisions centrales viennent s'imposer. Les besoins d'équipement (et de régularisation) des quartiers périphériques ne trouvent pas toujours une solution négociée entre population et élite locale. Elles arrivent souvent à des situations faisant intervenir des intérêts contradictoires demandant un "arbitrage" qui ne peut s'exercer que par le centre (cas de Tiflet et Chefchaouen). La déconnexion entre la population et ses élites se traduit souvent par un changement des élites politiques dans la ville.

Dans le système politique local de la ville moyenne, cette "réponse favorable" du pouvoir central aux demandes des populations ne peut s'expliquer que par la prédominance d'une approche sécuritaire de la gestion des conflits urbains. Elle laisse entrevoir dans ce type de milieu les exigences d'un enracinement local de l'élite dans son territoire, seul à même de lui faire jouer son rôle de véritable intermédiaire entre la population et le centre.

En traçant des «lignes rouges», les initiatives du centre créent toujours des opportunités locales qui sont utilisées différemment suivant chaque acteur selon ses ressources propres, ses relations aux autres acteurs dans le nouveau contexte créé par ces initiatives.

La compétition politique locale est aussi surdéterminée par les ressources matérielles et symboliques externes dans les processus de capture et de redistribution. Alliances et conflits jalonnent la vie politique locale. Tout se passe comme si cette compétition reste ouverte, les seules limites étant celles du refus de toutes perturbations de l'ordre social. La gestion urbaine est alors traversée par plusieurs logiques d'acteurs où celle des élites montre la confrontation d'intérêts individuels autour des patrimoines fonciers. Si la régularisation des quartiers non réglementaires et leur équipement s'imposent de plus en plus aussi bien par la pression des demandes du centre et des populations que par une synergie d'intérêts locaux (élites – autorité locale), la mobilisation des ressources municipales et la planification urbaine indiquent toute la faillite d'un système mis sous tutelle où règnent le clientélisme et les intérêts privés individuels. C'est ainsi qu'il faut lire l'absence de tout espace public dans ces villes (espace vert, places,…) les entraves à la mise en place de zones industrielles ou l'étalement « démesuré » de l'urbanisation le long des principales voies de communications. Voir dans les petites et moyennes villes une « meilleure gestion » que celle des métropoles paraît ainsi une question dénuée d'intérêt. C'est du type de relation au local qu'il s'agit.

3- De l'émergence de nouvelles formes de leadership local

Ancrage territorial et émergence d'une élite de proximité

La ville moyenne, par sa taille et son mode de recrutement des populations périphériques devient le creuset d'une nouvelle culture, de nouvelles identités en construction souvent favorisées par le regroupement de populations démunies dans des conditions de logement difficiles.

Ainsi, ont pu se dégager des possibilités de construction de nouvelles territorialités autour d'îlots de quartier (mosquée, point d'eau) ou de quartier (organisation autour des grands équipements du quartier) qui se sont traduites par l'émergence de nouveaux représentants de la population (*taleb*, instituteurs, joueurs de football, *mohcine*...). Ces nouveaux acteurs reflètent avant tout une appropriation collective de l'espace. Leur rôle sera de porter cette demande aussi bien par des canaux officiels (le conseil municipal) que par des voies informelles (pétitions, demandes formulées par des groupements autour d'une mosquée...). C'est la forte maîtrise de ces populations sur leur territoire qui donne au système politique local une certaine autonomie. Ici, la vie municipale est plus conforme aux luttes et conflits internes entre les élites (pour porter les demandes sociales) qu'aux désirs du centre de "soutenir" une élite particulière. Les principaux changements de Président du CM l'ont été par des exigences de la base.

L'émergence et le maintien de l'élite locale dans les nouvelles villes passent par son type d'enracinement dans les quartiers périphériques. Son mode de territorialisation devient essentiel. Il concerne le choix des relais avec la population de ces quartiers, la réponse donnée aux enjeux de l'équipement et les éléments de légitimité (anciens et nouveaux). Des spécificités se dessinent d'un espace à l'autre aussi bien dans cette territorialisation que dans le rapport au centre de l'élite locale. Mais, dans tous les cas, la ville moyenne présente une société locale capable d'une relative "autonomie politique". L'enracinement local et la légitimité de l'élite sont aussi importants à son maintien que l'obtention des ressources et de la caution octroyée par le centre.

Déterritorialisation - reterritorialisation

L'étude de toute expression politique ne trouve sa pertinence que dans la territorialisation opérée par les différents acteurs. Elle pose la question des relations entre « action » et « territoire ».

Or, toutes les actions de restructuration, de branchement au réseau urbain de l'eau, de l'assainissement et des différents équipements de base, d'obligation de respect de normes d'urbanisme et d'équipement faites aux espaces autrefois "exclus" de l'urbain finissent par déterritorialiser et par casser des liens de voisinage et de solidarité créés autour de lieux communs (points d'eau, mosquée, place), d'un "vivre ensemble" et d'une lutte commune pour l'obtention des équipements et de conditions de logement décentes. La reterritorialisation se fait dans des conditions d'intégration aux standards urbains, correspondant à des référentiels composites. L'action collective semble moins présente. Par ces déterritorialisations rapides, la ville en tant que société locale ayant une cohésion interne n'arriverait plus qu'à créer des "liens mous" (Peraldi) alors que se maintiennent des liens familiaux, une référence à un territoire tribal commun, des valeurs de solidarité, d'aide aux plus démunis, d'intégrité, traduites dans des pratiques de certains acteurs de la vie urbaine.

En effet, si les déterritorialisations agissent dans le sens d'une rotation rapide des représentants des populations, certaines permanences finissent par montrer aussi le maintien de nouvelles élites bien ancrées dans leur territoire.

D'une façon générale, il semble que les chercheurs sur le monde Arabe ont davantage amplifié la vision de l'Etat courtier, du clientèlisme-roi[(317)], de la ville arabe (historiquement) non autonome d'un pouvoir central sans limite[(318)]. Une vision qui finit par voir la "permissivité" actuelle des Etats en matière "d'illégalité urbaine" comme "une forme de contrôle social dont l'objectif est l'instauration d'attitudes passives à l'égard du politique, de

317- J. LECA et Y. SCHEMEIL op. cit. partie introductive.

318- Max. WEBER "La ville" ed. Aubier Montaigne Paris 1982 - Caractère associatif de la "Commune" et qualification corporative du bourgeois en Occident. Absence de ces deux notions en Orient. p.37 à 48.

non-contestation de l'ordre établi[319]", alors que la ville n'est perçue que comme un espace "qui réprime toute citadinité, produisant des agglomérations composites, lieu de rupture et de démesure"[320]. Mais pourquoi alors ne pas inverser l'angle de vue ?

La permissivité actuelle, n'a-t-elle pas favorisé des "circuits informels" de production de l'élite, permettant l'émergence d'une élite non voulue par le pouvoir, mais qu'il s'efforce d'intégrer, sinon d'une contre-élite ?

Les études de cas réalisées montrent toutes de nouvelles formes de leadership local fortement territorialisées. Jeune entrepreneur, président d'une association, ancien *taleb* leader d'un groupe de pression représentant un quartier en dehors de toute forme institutionnelle d'organisation, enseignant, ancien joueur de l'équipe de football locale, sont autant de profils qui représentent une nouvelle forme d'expression des populations des quartiers périphériques des villes moyennes. Leur articulation à l'élite traditionnelle et/ou leur cooptation par le pouvoir est toujours possible, mais ils représentent une nouvelle donnée sur le marché politique local. Actuellement, la multiplication des candidats sans appartenance politique aux élections locales au Maroc, la forte implication des jeunes, le développement du mouvement associatif, interpellent quant à une situation qui serait plutôt "le début d'un long processus d'apprentissage démocratique" [321]!

319- Robert ESCALLIER "Ville et informalité dans les pays du Monde Arabe" in Cahiers de la Méditerranée Centre de la Méditerranée Moderne et Contemporaine n°56 - Juin 1998 - p.50.

320- R. ESCALLIER - Ibid. P39.

321- Mohamed TOZY "Entretien à propos des élections" - in "Temps Présent" n°2 - Juin 1997.

ANNEXE 1

Les principaux partis politiques (1999)

A/ Organisations politiques du mouvement national marocain

Istiqlal : Parti créé en 1944, issu du Parti National (1937). Il subira sa principale scission en 1959 avec la création de l'U.N.F.P. Droite nationaliste populiste.

P.D.C : Parti Démocratique et Constitutionnel, nouvelle appellation en 1959 du Parti de la Démocratie et de l'Indépendance P.D.I. (issu du mouvement Qaoumia 1937) de Hassan El Ouazzani. Importance de son fondateur dans la construction théorique de la pensée nationaliste entre 1944 et 1956.

U.S.F.P : Union Socialiste des Forces Populaires, issu de la scission en 1971 de l'Union Nationale des Forces Populaires (U.N.F.P.) créée en 1959 (scission du parti de l'Istiqlal). A l'origine de tendance socialiste, actuellement dans la mouvance sociale démocrate.

P.P.S : Parti du Progrès et du Socialisme : parti issu du Parti Communiste Marocain-(1975)- il évolue dans la mouvance sociale démocrate.

B/ Les autres organisations politiques.

M.P : Mouvement Populaire, parti berbériste modéré créé par Mahjoubi AHARDANE et le Dr Abdelkrim EL KHATTIB en 1959. Il subira plusieurs scissions. Actuellement, cette mouvance berbériste regroupe les composantes suivantes:

(1) M.N.P : Mouvement National Populaire. Parti berbériste radical issu de la scission du Mouvement Populaire dirigé par Mahjoubi AHARDANE.

(2) M.P : Mouvement Populaire de Mhand LAENSAR. Berbériste modéré, tendance libérale.

(3) M.D.S : Mouvement Démocratique et Social. Parti berbériste modéré centriste (Scission 1997 du M.N.P)

(4) M.P.C.D : Mouvement Populaire Constitutionnel et Démocratique. Parti issu de la 1ère scission du M. P. créé par le Dr Abdelkrim EL KHATTIB. Il quitte la mouvance berbériste. Devenu en 1999 P.J.D. Parti de la Justice et du Développement, de tendance islamiste modérée.

R.N.I : Rassemblement National des Indépendants. Parti créé au milieu des années 70. A l'origine, droite libérale. Il évolue en tant que parti du centre. Participe au gouvernement d'altèrnance de Mars 1998.

U.C. : Union Constitutionnelle. Parti né d'une scission au sein du RNI à la veille des élections de 1983. Droite libérale.

P.N.D : Parti National Démocratique. Scission du RNI au début des années 80. Droite libérale.

ANNEXE 2
Tiflet : Thèmes abordés par les CM* de 1976 à 1997

	CM 1976-1983		CM 1983-1993		CM 1993-1995		CM 1996-1997		CM 1976-1997	
Thème abordé	**Nbre O.J****	%	**Nbre O.J****	%	**Nbre O.J****	%	**Nbre O.J****	%	**Nbre O.J****	%
1. Espace rural de la commune	8	3,9	17	6,03					25	3,7
2. Gestion financière, fixation taxes et redevance	30	14,63	45	15,96	20	16,13	9	14,06	104	15,41
3. Gestion de fonctionnement (personnel, véhicules…)	4	1,95	13	4,6	1 4	3,22	5	7,81	26	3,85
4. Relations autorités locales, jumelage, autres services extérieurs	7	3,41	23	8,15	8	6,45	10	15,62	48	7,11
5. Gestion du patrimoine municipal	19 60	9,27 29,26	28 109	9,93 38,65	12 44	9,68 35,48	7 31	10,94 48,43	66 244	9,78 36,15
6. Equipements structurants	34	16,58	44	15,6	14	11,29	8	12,5	100	14,81
7. V.R.D. et circulation au niveau de l'ensemble urbain	10	4,88	12	4,25	7	5,65	3	4,69	32	4,74
8. Entretien réseau de voierie, éclairage	15	7,32 28,78	7 63	2,48 22,33	5 26	4,03 20,97	0 11	- 17,19	27 159	4,00 23,55
9. Quartiers « périphériques » questions diverses	18	8,78	27	9,57	11	8,87	2	3,12	58	8,59
10. Lotissements réglementaires questions diverses	14 32	6,82 15,6	13 40	4,61 14,18	14 25	11,29 20,16	6 8	9,38 12,5	47 105	6,9 15,55
11. Autorisation de construire, démolitions…	7	3,41	9	3,19	0	-	-	-	16	2,37
12. Déplacement équipement, zone d'activité	3	1,47	8	2,84	4	3,22	1 1,56	16	2,37	
13. Révision P.A.	7	3,41	4	1,42	0	-	-	-	11	1,63
14. Elargissement périmètre urbain	6 23	2,93 11,22	2 23	0,71 8,16	0 4	- 3,22	- 1	- 1,56	8 51	1,18 7,55
15. Ordures ménagères	1	0,49	6	3,19	2	2,42	2	3,12	11	2,22
16. Espaces verts	0	-	3	-	1	-	0	-	4	-
17. Sécurité, hygiène, protection civile	9	4,39	7	2,48	8	6,45	3	4,69	27	4,00
18. Appellations rues, places, logo	2	0,97	4	1,42	6	4,84	2	3,12	14	2,07
19. Développement activités économiques****	2	0,97	2	0,71	3	2,42	4	6,24	11	1,63
20. Divers ***	9	4,39	8	2,84	5	4,03	2	3,12	24	3,55
Total	**205**	**99,97**	**282**	**99,99**	**124**	**99,99**	**64**	**99,97**	**675**	**99,97**

* Le CM de 1993-1997 a été traité en deux périodes correspondant à un changement de présidence : 1993-1995 et 1995-1997** O.J. : Ordre du jour

*** : Dans la rubrique divers nous avons intégré des thèmes difficiles à classer :

- demandes de fermeture des points de vente d'alcool, - réponse à des demandes royales : mosquée Hassan II et fonds de solidarité avec le milieu rural, - fonctionnement de l'équipe de football locale, - aide à la famille d'une personne morte noyée dans la piscine municipale, - distribution de dons durant le mois de Ramadan.

**** Cette rubrique concerne les diverses demandes faites au Ministère de l'Artisanat, du Commerce et de l'Industrie pour des aides éventuelles.

ANNEXE 3

Lettre du Président du CM de Tiflet au Gouverneur de la Province de Khemisset du 11-12-1996. (reproduction intégrale et non traduction)

Objet : Opération de restructuration du quartier Er-rachad à la ville de Tiflet.
Référence : votre envoi n° 78/CAB du 28/11/1996.

J'ai l'honneur de vous signaler que le Conseil à l'époque et plus particulièrement à partir de 1985 se trouvait en face des problématiques résolutives dans les procédés de restructurations générales de plusieurs quartiers de la ville de Tiflet qui se présentait presque en totalité en des bidonvilles et des édifices ne répondant pas aux constructions de forme.

C'est ainsi que les démarches effectuées, les études entamées et les crédits obtenus du FEC, la première restructuration a débuté aux quartiers El Amal et Es-salam connaissant un résultat exemplaire ayant été accueilli et apprécié par l'ensemble de la population de ces quartiers.

Cette opération engendrée d'une grande satisfaction n'a cessé de se poursuivre à travers les autres quartiers grâce aussi à l'étroite collaboration de l'autorité locale et par étape venait le tour de celui de Hay Er-rachad autrefois connu sous le titre d'un simple douar appelé "Douar Qotbyines", situé alors à l'extrême périphérie de la ville dont les habitants représentent 15 à 20%, dispersés en bidonvilles et l'entourage n'était aussi que des parcelles cultivables et agricolement exploitables.

La nature parcellaire du terrain sur lequel est implantée une partie du quartier relevait d'une parcelle domaniale mise à la disposition de la commune pour la création des services administratifs et socio-économiques et dont la majeure superficie a été affectée aux habitations de ce quartier sur un niveau de 5% de la totalité.

Le conseil conscient des intérêts de la population dont il relève directement a attaché une importance capitale et profitant des expériences vécues en matière de restructuration, pour faire de ce douar un quartier exemplaire dans le cadre de l'extension de la ville en pleine expansion.

A la première opération, le Conseil avait entamé l'étude et en collaboration constante de l'autorité locale, tenu des contacts avec les principaux propriétaires de cette zone visant à leur expliquer et les informer sur les règles et les formes exécutives de la restructuration et les études qui en dépendent.

Après l'accord et l'entente commune agréable, le conseil a alors entamé la première opération en faisant appel à un Ingénieur Topographe lui confiant les travaux d'établissement des plans parcellaires élaborés ensuite sans difficulté grâce à l'aide et la volonté des habitants satisfaits de cette mesure modèle.

C'est en 1986 que le Discours Royal prononcé par S.M le Roi "Que Dieu le glorifie" lors d'une conférence tenue à Marrakech devant les Architectes du Royaume, évoquant du renouveau dans les structures Architecturales Islamiques à travers le Maroc en citant à titre d'exemple la non application dans les villes de Tiflet et Midelt, venait favorablement redonner de la volonté et du courage au Conseil de pouvoir procéder à des réformes constructives n'ayant pas cessé à ce jour de permettre à la ville une esthétie et un visage sollicités.

Poursuivant les opérations en la matière dans ce quartier, le Conseil et l'autorité locale avaient alors procédé à la distribution des lots aux ayants-droit et délivré des autorisations de construire et par étape les constructions avaient débuté dans ce secteur avec une large réussite et évolution tout en appliquant les Hautes Instructions Royales.

Signé, SABRI Mohamed,
Le Président par délégation.

GLOSSAIRE

-Adane :	appel à la prière
-Adoul :	(pluriel de Adel) : notaire religieux
-Amine :	représentant d'un corps de métier, autrefois représentant de corporation
-Alem :	(oulama) savant ayant étudié les sciences islamiques
-Azib :	domaine, fief
-A'zoua :	lignage (Nord du Maroc)
-Baraka :	signe de sainteté, bénédiction
-Boukhar :	soldat de la garde noire
-Cadi :	juge religieux
-Caïd :	représentant le sultan au niveau local (tribu); chef d'une circonscription administrative (caïdat) depuis l'indépendance.
- Chart :	contrat de recrutement du clerc
- Cheikh :	dans l'administration , chef de fraction subordonné au Caïd.
- Cheikh rma :	leader de tir
- Chorfa (cherif) :	descendant du prophète Mohamed
- Choura :	consultation
- Chrâa :	droit islamique
- Dahir :	décret du sultan
- Dchar :	collectiivté de base rurale (Nord du Maroc)
- Douar :	collectivité de base rurale
- Faqih :	savant, clerc
- Guich :	tribu privilégiée, devant le service militaire
- Hassar :	personne designée pour la gestion de l'eau.
- Habous :	biens d'une fondation religieuse
- Harka :	expédition du sultan
- Hioual :	assolement collectif
- Houma :	quartier
- Ihsane (berbère) :	contribution volontaire ne faisant pas partie du contrat de recrutement du taleb
- Ikhs :	lignages (berbère)
- Khaima :	tente, par extension famille
- Khotba :	prêche
- Kif :	canabis
- Mahalla :	expédition armée, camps du sultan
- Mçalla :	esplanade réservée à la prière lors des fêtes religieuses.
- Merja :	marais temporaire
- Mhatta :	emplacement réservé aux habitations sur terres collectives.
- Melk :	terre soumise au régime de l'appropriation privée

- Mohcine : bienfaiteur
- Moqadem : littéralement celui qui se présente le premier. Employé ici pour les auxiliaires de l'administration en contact immédiat de la population.
- Moqef : lieu de recrutement des travailleurs journaliers.
- Mouqawime : expert
- Moussem : pélerinage, fête en l'honneur d'un saint
- Msid : école coranique

- Naïb : représentant (designé par l'autorité) d'une collectivité ethnique
- Naïba : impôt et contingent exigés d'une tribu
- Naqib : délégué des chorfa
- Nouba : à tour de rôle
- Nouala : hutte

- Orf : coutume berbère

- Qaria : grande demeure d'un notable rural
- Quaraouyine : université islamique de Fès
- Qbila : tribu

- Souk : marché hebdomadaire rural

- Taleb : clerc, étudiant

- Zaouia : lieu d'instruction religieuse et de dévotion animé par les descendants d'un saint ou par une famille de chorfa.
- Ziara : visite, offrande à un saint
- Zriba : enclos pour bétail

BIBLIOGRAPHIE

- *ABOUHANI A.* "Le pouvoir local et l'espace urbain au Maroc. Le cas de Tabriquet Nord à Salé" Thèse de Doctorat d'Etat en Droit Public - Faculté de Sciences Juridiques, Economiques et Sociales - Rabat 1988.

- *ABOUHANI A.* "Médiation notabilaire et gestion des conflits liés au logement" texte présenté au colloque "Politiques, instruments et acteurs de l'Aménagement Urbain dans le Monde Arabe "URBAMA-Tours Octobre 1996.

- *ABOUHANI A.* "Pouvoir communal et gestion territoriale" in "La revanche des territoires" Ali Sedjari - GRET - L'Harmattan 1997.

- *ADAM A.* "Casablanca" ed. CRNS - 1972.

- *AHMADAN A.* "L'évolution récente d'un espace rural périphérique Marocain : le pays Rhomara" Thèse de Doctorat de l'Université de Tours - Université François Rabelais - Tours - 1991.

- *AÏT HAMZA M., IRAKI A. et TAMIM M.* "Les systèmes d'action collective dans la vallée de Mgoun" projet PNUD/MOR Z/010 - 1994.

- ALAMI A. "La production foncière et immobilière à Chefchaouen - place du clandestin dans l'offre de logements" - mémoire DESAU, INAU 1994 - Rabat.

- *ALAMI HAMDOUNI M. et BAHI H.* "Urbanisation et gestion urbaine au Maroc" imprimerie Toumi, Rabat, 1992.

- *ALLAIN - EL MANSOURI B.* "La politique de l'eau et ses effets territoriaux au Maroc" colloque villes et territoires IRMC - Tunis Octobre 1998 à paraître.

- *ALLAIN - EL MANSOURI B.* "l'eau et la ville, le cas de la Wilaya de Rabat-Salé thèse de doctorat. Université de Poitiers - 1996.

- *AMPHOUX P.* "Mémoire Collective et Urbanisation" in "Villes, espace et valeurs" sous la Direction de J. L. GOURDON / E. PERRIN / A. TARRIUS. L'Harmattan: Plan Urbain, Paris 1995.

- *ARNAUD L.* "Au temps des mehallas ou le Maroc de 1860 à 1912" Ed. Atlantides, Casablanca 1952.

- *AYACHE G.* "Société Rifaine et pouvoir central marocain" in "Etude d'Histoire Marocaine", ed. SMER - Rabat 1983.

- *AYDALOT Ph.* "La prise en compte des facteurs spatiaux et urbains" in Revue d'Economie Regionale et Urbaine n°2- 1985.

- *BAILLY A.* "La Perception de l'espace urbain" Centre de Recherche d'Urbanisme 1978.

- *BAILLY A.* "Représenter l'espace" Anthropos 1989.

- *BARBIER J. C. , B. DEPECH, F. GIRAUT* : "Développement et autonomie des villes secondaires dans le tiers-monde" in "Villes en parallèle" n° spécial "Villes secondaires d'Afrique") n°22 - 1995 - Université Paris X Nanterre.

- *BARDEM I.* "L'émancipation des jeunes : un facteur négligé des migrations inter africaines" in Cahier des Sciences Humaines n°29 - 1993, ORSTOM - Paris.

- *BAREL Y.* "Modernité, code, territoire" in les Annales de la Recherche Urbaine n°10-11 - 1981.

- *BASRI D.* "L'administation territoriale - l'expérience marocaine - Bordas - 1990.

- *BAYART J-F.* " Le politique par le bas en Afrique Noire » Karthala , Paris, 1992.

- *BEAUDET G.* "Types d'implantations humains en pays Zaïan" in Revue de Géographie du Maroc (RGM) n°8 1965.

- *BENABOUB M.* "Les missions culturelles de Tétouan au Moyen Orient : la mission à Naplouse et les missions au Caire" in "Elites et pouvoir dans le Monde Arabe pendant la période moderne et contemporaine" Université de Tunis. C.E.R.E.S Série Histoire n°5 - Tunis 1992.

- *BENALI D.* "Essai sur la formation économique et sociale du Maroc Précolonial" Thèse d'Etat en Economie- Grenoble 1976.

- *BENALI D.* "Un exemple de transition . Fès au XIX° siècle in R.J.P.E.M n°8 1980.

- *BENBADDI K.* "Rapports ville-campagne et organisation de l'espace dans la Province de Khémisset". Doctorat de 3ème cycle en géographie. Université Lumière Lyon 2 - 1987.

- *BENHADDOU A.* "Itinéraire de la Bourgeoisie marocaine d'hier à aujourd'hui" Article Dact. à paraître.

- *BENHADDOU A.* "Maroc : les élites du Royaume" L'Harmattan 1997.

- *BENHLAL M.* "Les consultations électorales au Maroc : Le cas du Sous" in ouvrage collectif "Développements politiques au Maghreb" CRESM - 1979.

- *BENHLAL M.* "Migration interne et stratification sociale au Maroc : le cas des Soussis" in "Les classes moyennes au Maghreb". ed CNRS 1981 Paris.

- *BENJELLOUN A.* "Le pouvoir colonial espagnol et le mouvement nationaliste marocain dans l'ex-zone d'influence espagnole au Maroc -1930-1956" in "Elites et pouvoir dans le Monde Arabe pendant la période moderne et contemporaine" Université de Tunis. C.E.R.E.S Série Histoire n°5 - Tunis 1992.

- *BERQUE J.* "De l'Euphrate à l'Atlas" Tome 1. Espaces et moments ed. Sindbad - 1978.

- *BERQUE J.* "Etudes d'histoire rurale maghrébine" 1938.

- *BERRADY L.* "Les Chorfas d'Ouazzane, le Makhzen et la France, 1850-1912". Thèse. Aix en Provence, 1971.

- *BERTRAND M.* : "Petites et moyennes villes d'Afrique Noire - Quelques jalons pour la reflexion". Le bulletin du CERA - Presses Universitaires de Caen, n° 39. Terrains urbains dans le tiers monde 1994.

- *BERTRAND M.* "Plaidoyers pour les centres urbains secondaires en Afrique au Sud du Sahara " in revue Tiers Monde n°133 Janvier 1993.
- *BERTRAND M et DUBRESSON A.* "Petites et moyennes villes d'Afrique Noire" Karthala, Paris, 1997.
- *BOTTAZI G.* "On est toujours le "local" de quelque "global". Pour une (re) définition de l'espace local". in Espaces et Sociétés "Les échelles de l'espace local" L'Harmattan 1996.
- B*OUDERBALA N.* "Quelques données élémentaires sur l'évolution des structures agraires dans la plaine du Gharb". in - Revue de géographie du Maroc - R.G.M. n°20 - 1971. Rabat.
- *BOURDIEU P.* "Raisons pratiques. Sur la théorie de l'action" Paris -Seuil - 1994.
- *BOURDIEU P.* "Avenir de classe et causalité du probable" Revue Française de Sociologie : XV, 1974
- *BOURDIEU P.* "Le sens pratique". Éditions de Minuit -1980.
- *BOURQIA R.* "L'Etat et la gestion du symbolique au Maroc précolonial" in "Le Maghreb : Approches des mécanismes d'articulation" ed. Alkalam - 1991 Casablanca."
- *BOUTERFA F.* "Le jeune entrepreneur marocain" mémoire de DEA-Aix en Provence 1994.
- *BRAHIMI M.* "La loi Communale de 1976 à l'épreuve de la pratique" in Decentralisation et pratiques locales du développement - Université Hassan II. Aïn Chock - Actes des colloques et Séminaires 1996. .
- *BRAHIMI M.* "Les ressources financières de la décentralisation" in l'Administration Publique et le changement - Publication de l'Association Marocaine des Sciences Administratives (AMSA). ed. Afrique-Orient - Rabat - 1989.
- *BRAHIMI M.* "Grandeur et décadence des élites rurales » in La société civile au Maroc. Edition Smer, Rabat, 1992.
- *BRAS J. Ph.* "A la recherche des élites locales" in Etat, Espace et pouvoir local sous direction. Ali Sedjari - Ed Guessous 1991.
- *BRAS J. Ph.* Table ronde de Tunis (Septembre 1998). Programme "Villes et Territoires au Maghreb" Institut de Recherche sur le Maghreb Comtemporain (IRMC)- Atelier "Les notabilités et leur rôle dans l'articulation des entités locales et des espaces englobants".
- *CADÈNE Ph.* : Réseaux économiques et territoires de l'identité dans une petite ville indienne, in Cahiers des Sciences Humaines n° 29. ORSTOM 1993.
- *CAMAU M.* "Pouvoirs et institutions au Maghreb. Ceres Production, Tunis 1978.
- *CHAMBERGEAT P.* "L'administration et le douar" in RGM n°8 - 1965.
- *CHARMES J.* "Une revue critique des concepts, des définitions et des études dans le secteur informel" in D. TURNHAM (et al.). Nouvelles approches du secteur informel, OCDE, Paris, 1990.

- *CHATELUS M. et SCHEMEIL Y.* "Stragégies économiques et politiques industrielles dans le monde arabe" in Monde Arabe n°120 Avril-Juin 1988.

- *CHERAÏ A.* "Pouvoir et élite locale : cas de la rebellion de la ville de Fès au début du 19° siècle d'après l'historien marocain Abou Al Kacim Ezzayani" colloque "Villes et territoires" IRMC Tunis - Septembre 1998 - à paraître-

- *CHIGUER M.* "Petites villes et centres ruraux dans le Rharb Septentrional" Université d'Aix Marcille - Institut de géographie - Thèse de Doctorat de 3° Cycle. 1988.

- *CHORFI A.* "L'habitat insalubre au Maroc - définitions et caractéristiques". Séminaire "Habitat insalubre et statégie d'intervention" A.N.H.I / U.S.A.I.D - Mai 1994.

- *CLAISSE A.* "Le Makhzen aujourd'hui" in "Le Maroc actuel" ed CNRS, Paris - 1992.

- *CLAISSE A.* "Stratégie d'Aménagement et supports sociaux au Maroc" in "Etats, territoires et terroirs au Maghreb" - Ed. CNRS. Paris - 1995.

- *COTTEN A. M. et MARGUERAT. Y.* "Deux réseaux urbains africains. Cameroun et Côte d'Ivoire. Les villes et leurs fonctions. Cahiers d'Outre-mer - 1977.

- *CROZIER M. et E. FRIEDBERG* "L'acteur et le système" Ed. Seuil - 1977.

- *DALOZ J-P* "Le (non -) renouvellement des élites en Afrique subsaharienne » Centre d'étude d'Afrique noire, Bordeaux1999.

- *DAMETTE F.* "La question urbaine dans le Monde Arabe" in Espace et Société "Succès de la ville, crise de l'urbanité" n° 65-1991.

- *DAMETTE F.* "Un nouvel outil d'analyse géographique. La grille fonctionnelle" Vol 1 Université Paris I Labo Strates CNRS U.A. 142. Septembre 1994.

- *DAOUD Z.* : "Maroc : les élections de 1997" in Maghreb - Machrek n° 158 Oct.-Déc. 1997.

- *DE FOUCAULD Ch.* "Reconnaissance au Maroc "Journal de route - 1ère édition 1888. Société d'editions géographiques, maritimes et coloniales . Paris 1939.

- *DE MAS P.* "Marges marocaines" Projet Remplod. La Haye 1978.

- *DE CERTEAU. M.* "L'invention du quotidien. Arts de faire. » Gallimard, Paris,1990.

- *DECROUX P.* "Droit Foncier Marocain" Ed-Laporte 1977.

- *DENIEUIL P. N.* "Les entrepreneurs du développement. L'éthno-industrialisation en Tunisie : La dynamique de Sfax" . L'Harmattan 1992.

- *DI MÉO G.* "L'homme, la Société, l'Espace" Ed Anthropos, 1991.

- *DI MÉO G.* "Les formations socio-spatiales ou la dimension infra-régionale en géographie" in Annales de Géographie n°526 - 1985.

- *DI MÉO G.* "Objectivation et représentation des formations socio-spatiales : de l'acteur au territoire" in Annales de géographie n°537, 1987.

- *DIAI M.* "Acteurs locaux et planification urbaine : cas de Taroudant" Mémoire DESAU - Rabat INAU 1998.

- *DOWIDAR M.* "L'économie politique" ed. Maspero 1981.

- *DUPONT V et DUREAU F.* "Renouveler l'approche de la dynamique urbaine par l'analyse des migratoires" - Interurba Tiers - Monde CNRS/ORSTOM - Pratiques Urbaines n°4 1988.

- *DUPONT V. et K. ATTAHI* "L'insertion urbaine des migrants en Afrique" Ed. ORSTOM 1989.

- *DUPONT V. et LELIÈVRE E.* "La ville antenne villageoise" 1990. Communication Seminaire de l'A.I.D.E.L.F. mai 90 -Rabat.

- *DUPONT V. et LELIÈVRE E.* : De la navette à la migration en ville (Ouest-Inde), in Cahiers des Sciences Humaines n°29, ORSTOM, 1993.

- *DURAND - LASSERVE A. et TRIBILLON J. F.* "La production foncière et immobilière dans les villes des pays en développement" - in Herodote n°31 Octobre-Décembre 1983.

- *DURAND - LASSERVE A. et TRIBILLON J. F.*"La régularisation foncière dans les pays du Sud" in Etudes Foncières n° 68, Septembre 1995.

- *DUREAU F.* "Migration et urbanisation : le cas de la Côte-d'Ivoire" Doctorat de 3°cycle de Démographie - Université de Paris I. Institut de Démographie de Paris - 1985.

- *DUREAU F.* "Pour une approche non fonctionnaliste du milieu urbain Africain" Colloque AIDELF Rabat 1990.

- *DUVIGNAUD J.* "Relecture d'Halbwachs : représentations collectives et valeurs de l'espace" in "Villes, espace, valeurs". L'Harmattan 1995.

- *DUVIGNEAU G. et LAVERGNE M.* Ouvrage collectif "Monde Arabe : Le retour du local". Revue Peuples Méditerranéens n°72-73, 1995.

- *EL DAHAN M.* "Chaouen et sa Région" Thèse de doctorat en géographie - Université de Tours 1996.

- *EL MOSSATI L.* "La dynamique urbaine actuelle dans le Rif central" mémoire DESAU - INAU1993 - Rabat.

- *ELLIS S. et Y. A..FAURE* "Entreprises et entrepreneurs Africains" ed. Karthala - 1995.

- *EN-NACIRI ES-SLAOUI A.* "Kitab el Istiqsa" traduction vol. IV Archives Marocaines 1956.

- *ESCALIER R. et SIGNOLES P.* "Les nouvelles formes de mobilité spatiale dans le Monde Arabe". Fas. de Recherche n° 28. TOURS - 1995. URBAMA/CMM/CEDEJ.

- *ESCALLIER R.* : "Le système urbain marocain" in Maghreb. Machrek n°96 Août - Juin 1982

- *ESCALLIER R.* "Elites, pouvoirs et villes dans le monde Arabe : éléments d'analyse de la citadinité" in citadinité en question. Fas. n°29. URBAMA 1996 - Tours.

- *ESCALLIER R.* "Les villes intermédiaires en Méditerranée, essai de synthèse" in. "Les villes intermédiaires en Méditerranée", ouvrage collectif - Université de Nice - Juin 1995.

- *ESCALLIER R.* "Petites et moyennes villes dans le mouvement d'urbanisation du Maghreb : essai de bilan statistique et cartographique" in URBAMA Fas.16-1986 - Tours.

- *ESCALLIER R.* "Populations et systèmes migratoires du monde arabe" Communication Arab Régional Population Conference. Cairo - Dec. 1996.

- *ESCALLIER R.* "Ville et informalité dans les pays du Monde Arabe" in Cahiers de la Méditerranée. Centre de la Méditerranée Moderne et Contemporaine n°56 - Juin 1998.

- *ESCALLIER R.* "Villes et Citadins au Maroc" Pub. URBAMA - 1981 - Tours.

- *ESSEFAR A.* "L'habitat clandestin ou les lotissements defectueux au Maroc - Restructuration du Douar Qotbyines à Tiflet" mémoire de fin d'études - Ecole d'Architecture de Paris La Défense . Paris - Juin 1985.

- *ETIENNE B.* "La formation des élites politiques Maghrébines" CRESM Librairie générale de Droit et de Jurisprudence - Paris - 1975.

- *FAY G.* "Etude de la zone 1. Forêt de la Maamora - PNUD/FAO Projet MOR 73/016 (1973).

- *FENEYROL O.* "Notabilités urbaines et pouvoir local dans la Tunisie independante" in "Les notabilités locales au Maghreb" Atelier de recherche. XI° Rencontre de l'AFEMAM - Aix en Provence - 1996.

- *FOSSET R.* "L'évolution de la propriété en Chaouia de 1962 à 1969" in R.G.M n° 21 - 1972.

- *FOUCAULT M.* "Histoire de la sexualité , I La volonté de savoir » Gallimard, Paris 1976.

- *FRELIN C.* "LEIMDORFER F., MARIE A. et NGUYEN N. in "Etat et Société dans le Tiers-monde" - Publications de la Sorbonne 1992.

- *FREMONT A.* "La région, espace vécu" Paris P.U.F. 1976.

- *GAGNON Ch.* "La recomposition des territoires - développement local viable" L'Harmattan 1994.

- *GALLISSOT R.* "De la colonisation à l'indépendance, les métamorphoses du couple entreprises privées - Etat" in "Entreprises et entrepreneurs en Afrique" l'Harmattan 1983.

- *GARREAU J. E.* "Représentations spatiales et territorialité des habitants de Sinn El Fil Baldé (Banlieue-Est de Beyrouth). Mémoire de Maîtrise de Géographie - Universtié François Rabelais, Tours 1997.

- *GAUDIN J. P.* "Pouvoirs locaux et territoires" in Etudes Rurales n° 101-102 - Janvier-Juin 1986.

- *GHAZALI A.* "L'approche du concept de l'urbain -le cas du Maroc" in URBAMA. Fas. 16-1986 - Tours.

- *GIOVANNI B.* "élite et élitisme" PUF 1992.

- *GIRAUT F.* "La petite ville, un milieu adapté aux paradoxes de l'Afrique de l'Ouest" Université de Paris I. Thèse de doctorat de géographie 1994.

- *GREMION P.* "Le pouvoir périphérique : Bureaucrates et notables dans le système politique français" ed. Seuil - 1976.

- *GUELLNER E.* "Système tribal et changement social en Afrique du Nord" in Annales Marocaines de Sociologie - Institut de Sociologie - Rabat, 1969.

- *GUMUCHIAN H.* "Représentations et Aménagement du Territoire" ed. Anthropos - 1991.

- *HAERINGER Ph.* "La petite ville face au procès de mégapolisation" in Villes en parallèle n° 22 1995.

- *HAMMOUDI A.* "Maîtres et disciples » ed Toubkal / Maisonneuve et Larose 2001.

- *HANZAZ M.* "Aspect de l'organisation de l'espace rural au Maroc du douar au centre rural de service dans le Bas Pays Zemmour" Université Paul Valery Montpellier III - Thèse de Doctorat de Géographie 1992.

- *HARRIS W.* " Le Maroc disparu" réédité "le Maroc au temps des sultans" ed. Ballard 1994.

- *HEUZÉ G.* : "Fils du sol et migrants" in Cahiers des Sciences Humaines n°29, ORSTOM 1993.

- *HUGON Ph.* "La crise des systèmes urbains et l'ajustement structurel" in Afrique Contemporaine n° spécial 4° trim. 1993.

- *IBN ABDELJALIL N* "Le créateur d'entreprise" Lamalif n° 173 - 1986.

- *IBRAHIMI My A.* "Développement agricole et inégalités dans les campagnes marocaines: le cas du Gharb et de ses bordures", Université de Tours 1991.

- *IRAKI A.* "Développement / Territorialités chez les Zemmour" in "La Revanche des territoires" coll. GRET. L'Harmattan 1997.

- *IRAKI A. et SOUAFI M.* "Equipements et services, armature urbaine et stratégie d'aménagement". in Annales marocaines d'Economie n°3 - 1992.

- *IRAKI A. et TAMIM M.*"Evaluation du tourisme de montagne dans la vallée du Mgoun "Projet Haut Atlas Central, PNUD. Direction des Affaires Rurales. PNUD/MOR/2/010 - 1997.

- *IRAKI A.* "Petites villes et villes moyennes : relations ville-campagne et flux intra-familiaux". in "Les nouvelles formes de la mobilité spatiale dans le Monde Arabe "Tome II URBAMA - R. Escallier et P. Signoles. Fascicule de Recherche n°28-1995.

- *IRAKI A., SAKROUHI A. et SOUAFI M.* "L'armature urbaine du Maroc : Les équipements et les services" in RGM vol 14 nouvelle série n° 1 et 2, 1992.

- *IRAKI A., TAMIM M. et TOZY M.*"Participation des populations et développement rural au Maroc" - Projet PNUD-MOR/92/053 - Rabat- Juin 1993.

- *JERKECH M.* "Rôle d'une ville moyenne dans le développement et l'aménagement du territoire : cas de Souk El Arbaa du Gharb" - Mémoire DESAU, INAU 1995 Rabat.

- *KHAROUFI M* «Gouvernance et sociétés civiles , les mutations urbaines au Maghreb» Ed. Afrique - Orient - Rabat 2000.

- *L'AFRICAIN Léon.* "Description de l'Afrique" ed. Maisonneuve - Paris 1956.

- *LAHLIMI A.* "Les collectivités rurales traditionnelles et leur évolution" in "Etudes sociologiques sur le Maroc" Publication du BESM -1978-

- *LAJUGIE J.* "Les villes moyennes" ed. Cujas 1973.
- *LANDY F.* : "Campagnes et Villes de l'Inde : deux cultures antagonistes? in Cahiers des Sciences Humaines n°29 ORSTOM 1993.
- *LAROUI A.* "Les origines sociales et culturelles du nationalisme marocain". Centre Culturel Arabe - réédition 1993.
- *LAVERGNE M.* "Autour du concept de villes petites et moyennes en Jordanie" in Annales de géographie n°575 - 1994
- *LAVERGNE M. et TROIN J. F.* "Villes petites et moyennes au Moyen-Orient "in Annales de Géographie n° 575, 1994.
- *LAZAREV G. et PASCON P.* "Les caractéristiques des exploitations agricoles" - in Homme, Terre et Eau - n°2 1962.
- *LAZAREV G.* "Répartition de la propriété et organisation villageoise dans le Prerif : l'exemple des Hayaïna" in Revue de Géographie du Maroc - n°8 - 1965.
- *LE BRIS E.* "Ville irrégulière, ville non maîtrisée" in Afrique contemporaine. n° spécial 4° trimestre 1993.
- *LE COZ J.* "Fellahs et colons" - Thèse de Doctorat d'Etat en Géographie 1964.
- *LECA J. et SCHEMEIL Y.* "Clientèlisme et patrimonialisme dans le Monde Arabe" art. dact.
- *LEHZAM A.* "Pauvreté, Propriété et Location au Maroc" in les Annales de la Recherche Urbaine n°66 Paris 1995.
- *LE PETIT .B. et PUMAIN .D.* "Temporalités urbaines" Anthropos, Paris 1999.
- *LESNE M.* "Evolution d'un groupement berbère : Les Zemmour" Ed. Ecole du Livre - Rabat - 1962.
- *LETOURNEAU R.* "Fès avant le protectorat" thèse lettres Université Paris 1950.
- *LEVEAU R.* : "Le fellah marocain défenseur du trône" Presses de la Fondation Nationale des Sciences Politiques 2° édition 1985.
- *LEVEAU R.* "Réussir la transition démocratique au Maroc" in le Monde Diplomatique n°536 Novembre 1998.
- *LEVY J.* : "L'espace légitime. Sur la dimension géographique de la fonction politique". Presses de la Fondation Nationale des Sciences Politiques. Paris 1994.
- *LEWANDOWSKI O.* "Differenciation et mécanismes d'integration de la classe dirigeante - L'image sociale de l'élite d'après le Whoswho in France" in Revue Française de Sociologie n°XV - 1974.
- *LFARAKH A.* "Structures et caractéristiques des familles au Maroc" texte présenté au Séminaire sur la famille au Maroc. Novembre 1996 (Traitement de l'Enquête Nationale sur la Famille - 1995).
- *LIOP TORNÉ J. Md.* : Programme de travail "Villes moyennes et Urbanisation Mondiale" U.I.A Novembre 1997.

- *LOUBINOUX J.* "Considérations sur la délimitation des douars" in Revue de Géographie du Maroc n°8 1965.
- *LUSSAULT M.* : "L'espace en actions - de la dimension spatiale des politiques urbaines" Diplôme d'Habilitation à Diriger des Recherches en Géographie. Université François Rabelais - Tours - Décembre 1996.
- *MAHIEU F. R.* "Les fondements de la crise économique en Afrique" ed. L'Harmattan 1990.
- *MAJDI M.* "Les luttes de classes au Maroc depuis l'indépendance" éditions Hiwar - Rotterdam - 1987.
- *MARAIS O.* "Elites intermédiaires, pouvoir et légitimité dans le Maroc indépendant" in Annuaire de l'Afrique du Nord. 1971.
- *MARCY G.* "Le Droit coutumier Zemmour" La Typo-Litho 1947.
- *MARQUEZ C.* "Les épiciers Chleuhs et leur diffusion dans les villes du Maroc" in Bulletin Economique du Maroc 1935.
- *MASSIAH G. et TRIBILLON J. F.* "Villes en développement" ed. La découverte 1988.
- *MASSIGNON L.* "Enquête sur les corporations musulmanes d'artisans et de commerçants au Maroc" Revue du Monde Musulman 1924.
- *MATHIEU D.* "De la cogestion de la marginalité au sondage" in Les annales de la recherche urbaine n°66 - 1995.
- *MAUREL M. C.* "Pour une géopolitique du territoire. L'étude du maillage politico-administratif" in Herodote n° 33-34. Avril - Septembre 1984.
- *MERLER A. et PIGA M. L.*"Approches micro et macrosociologiques du développement composite" in Res-Mediterranéa n° 2 - 1995.
- *MGHARI M.* "Perception par les parents des coûts et bénéfices des enfants" in Séminaire sur la famille au Maroc - Rabat. Novembre 1996.
- *MICHAUX - BELAIRE Ed.* "La Maison d'Ouazzan" - R.M.M. Paris Juillet 1908. Vol V.
- *MICHAUX - BELLAIRE Ed.* - Archives Marocaines - Tome XX - 1913.
- *MONTAGNE R.* "Les Berbères et le Makhzen dans le Sud du Maroc" Librairie Felix Alcan Paris 1930.
- *MORICONI - EBRARD F.* "Villes secondaires et métropoles du tiers - monde" in "Villes en parallèle - n°22 Paris - 1995.
- *MOUHAMER J.* "Les transformations sociales et spatiales d'une petite ville marocaine : exemple de Chefchaouen" thèse de Géographie. Université du Mirail 1994 - Toulouse.
- *MOULIERAS A.* "Le Maroc inconnu - étude géographique et sociologique" A. Challamel editeur, Paris, 1899.
- *NACIRI M.* "La mosquée, un enjeu dans la ville" Lamalif n°192 Octobre 1987.

- *NACIRI M.* "Les formes d'habitat sous-intégré : essai méthodologique" in Herodote n°19 - 1980.
- *NAVEZ - BOUCHANINE F.* : "Enquête, mode d'emploi" Dar El Khattabi - 1989.
- *NAVEZ BOUCHANINE F.* Rapport scientifique "Fragmentation Spatiale et Urbanité au Maghreb", (URBAMA - Avril 1998)
- *NAVEZ BOUCHANINE F* « Autour du territoire urbain, la société civile ?» in La société civile. - Edition Smer - Rabat 1992.
- *NOUSCHI A.* "Qu'est ce qu'un bourgeois, qu'est ce qu'un notable?" in Cahiers de la Méditérrannée n°45 Décembre1992, Université de Nice.
- *O'DÉYÉ M.* "Les relations ville-campagne dans la vie quotidienne de Dakar" in "Nourrir les villes en Afrique subsaharienne" L'Harmattan, Paris 1985.
- *OLSON M.* "Logique de l'action collective" P.U.F, 1978.
- *OSMONT A.* "Espaces disputés en Afrique noire - pratiques foncières locales" B. CROUSSE, E. LE BRIS, E. LE ROY - Edition Karthala - Paris 1986.
- *OUHADDA M.* "Centres de Collecte de lait et nouvelle forme d'intégration régionale : cas de la commune rurale de Khemis Sidi Yahia" - mémoire DESAU / INAU - 1985 Rabat.
- *OUJAROU L.* "Urbanisation et Habitat Sous-Integré : le cas de Tiflet" - mémoire DESAU-INAU- Juin 1984.
- *PARETO V.* "Manuel d'économie politique" Paris 1909.
- *PASCON P.* "La nature composite de la société marocaine" in Lamalif - Décembre 1967.
- *PIERMAY J-L.* "Armatures urbaines en Afrique centrale" in Petites et moyennes villes d'Afrique Noire , Karthala, Paris 1997.
- *POURTIER R* "Petites villes et villes moyennes : développement local et encadrement étatique" in Afrique Contemporaine n° spécial "Villes d'Afrique" n°168 1993. La documentation Française - Paris.
- *PUMAIN D. et OFFNER. J. M.* "Réseaux et Territoires" ed, l'Aube, 1996.
- *QUERLEUX* Capitaine "Les Zemmours" (Etude ethnographique d'après le questionnaire de la Résidence Générale de France au Maroc" in "les Archives berbères" publication du Comité d'Etudes Berbères de Rabat 1915-1916.
- *RACHIK A.* "Ville et pouvoir au Maroc" Afrique-Orient Rabat 1995.
- *RACHIK H.* " Collectivités traditionnelles et modernisation : les Ait Zekri d'Zemmour" mémoire de D.E.S es-sciences politiques. Faculté de Sciences Juridiques Economiques et Sociales. Université Hassan II. Casablanca - 1982.
- *RAFFESTIN Cl* « Pour une géographie du pouvoir » ed LITEC Paris 1980.
- *RÉGALA R.* "Ouazzane : espace et société d'une ville traditionnelle du Maroc". Thèse 3° cycle en géographie, Université de Paris I - 1987.

- *REYNAUD A.* "Société, espace et justice" Presses Universitaires de France - Paris 1981.

- *REYNAUD J. D.* "Les règles du jeu - L'action collective et la régulation sociale" Armand Colin-réédition1997.

- *ROCHEFORT M.* : "L'armature urbaine et le réseau urbain" Revista gesgrafica - 1961.

- *ROCHEFORT M.* "Méthode d'étude des réseaux urbains : intérêt de l'analyse du secteur tertiaire de la population active". in Annales de Géographie n° 354. 1957

- *ROCHEFORT M.* "Système des centres urbains et économie régionale dans les pays du Tiers Monde". CEGET n°45 1981.

- *ROCHEFORT Michel* "Typologie fonctionnelle des villes en Afrique Noire et à Madagascar" - Acte du colloque sur la croissance urbaine en Afrique Noire et à Madagascar - Bordeaux 1972.

- *SAAF A.* "Tendances actuelles de la culture politique des élites marocaines in "Le Maroc Actuel" Ed. CNRS Paris 1992.

- *SAAF A.* « Maroc, espérance d'Etat moderne » Afrique-Orient , Rabat 1999.

- *SAHMOUDI N.* "L'émergence de la ville dans le pays Ghomara : le cas de la tribu des Beni Khaled et de son chef lieu Bab Berred". Mémoire DESAU 1997- INAU - Rabat.

- *SANTUCCI J. C.* "La Formation des élites politiques Maghrébines" ouvrage collectif - C.R.E.S.M. Librairie Générale de Droit et de Jurisprudence - Paris - 1973.

- *SAUTTER G.* "Réflexions sur les petites villes dans les pays en voie de développement" in Travaux et Documents de Géographie Tropicale n°45, CEGET, 1981.

- *SCHUMPETER J.* "Capitalisme, Socialisme et Démocratie" Ed. Payot. 1970.

- *SCHUMPETER J.* "Classes sociales et imperialisme" Ed. Minuit - Paris 1972.

- *SEDJARI A.* "Production et reconstruction régionale" in "Etat, Espace et pouvoir local". Ouvrage collectif. Ed. Guessous 1991.

- *SIDI BOUMEDINE R.* "Les instruments de l'aménagement urbain en Algérie : formes nouvelles, contenus anciens ?" Colloque de Tours URBAMA 24-25 Octobre 1996.

- *SIGNOLES P.* "Acteurs publics et acteurs privés dans le développement des villes du monde arabe" communication présentée à la Fondation Giovanni Agnelli, Turin - 12-13 Décembre 1994.

- *SIGNOLES P.* "Petites villes et villes moyennes dans le monde Arabe" URBAMA Fas. n°16. Tours - 1986.

- *SOUAFI M.* "Contribution à l'étude de l'organisation urbaine du Gharb. "Thèse 3° cycle en Géographie - Université de Paris 1 - 1981.

- *SOUAFI M.* "Infrastructures et Equipements Urbains" Schéma National d'Aménagement du Territoire (SNAT), phase diagnostic - Direction de l'Aménagement du Territoire-Octobre 1991.

- *SOUAFI M.* Rapport de synthèse sur le "système urbain national" (SNAT). idem.

- *TAHIRI My. C.* "Politiques d'intervention de l'Etat en matière d'habitat : expériences et enseignements",Séminaire "Habitat insalubre et statégie d'intervention" A.N.H.I / U.S.A.I.D Mai 1994.

- *TANGEAOUI S.* "Les entrepreneurs marocains" Ed Karthala1993.

- *THARRAUD J. J.* "Fès ou la bougeoisie de l'Islam" Revue des deux mondes. 1930

- *TOZY M.* "Champ et contre champ politico-religieux au Maroc" Thèse de Doctorat d'Etat en Sciences Politiques - Université de Droit, d'Economie et des Sciences d'Aix-Marseille. 1984.

- *TOZY M.* "Entretien à propos des élections" - in "Temps Présent" n°2 - Juin 1997.

- *TOZY M.* "Le prince, le clerc et l'Etat : la restructuration du champ religieux au Maroc" in intellectuels et militants de l'Islam contemporain" sous la direction de Gilles Kepel et Yann Richard - Seuil. 1990.

- *TRIBILLON J. F.* "Contourner la propriété par l'équipement dans les villes africaines" in. Les annales de la recherche urbaine n°66 Mars 1995.

- *TRIBILLON J. F.* "Les trois fronts du dualisme urbain" in Etudes foncières n°72 - Septembre 1996.

- *TROIN J. F.* "Les agglomérations routières du Maroc : vers un nouveau mode de fixation des activités" Mediterranée n°112-1979.

- *TROIN J. F.* "Les souks marocains : marchés ruraux et organisation de l'espace dans la moitié nord du Maroc". Aix - Edi Sud. 1975.

- *TROIN J. F.* "Trois exemples de centres ruraux en pays Zemmour" in R.G.M n°8 1965.

- *WATERBURY J.* : "Le commandeur des croyants" PUF 1975.

- *WEBER M.* "L'éthique protestante et l'esprit du capitalisme" ed. Plon 1964 Paris.

- *WEBER M.* "La ville" ed. Aubier Montaigne Paris 1982 - Ed. française.

- *WEISGERBER F.* "Description de la ville de Fès" in Bulletin sociologie géographique 1899.

- *WRIGHT MILLS C.* "L'élite du pouvoir" Maspero - 1969.

- *WRIGHT MILLS C.* "L'imagination sociologique" Maspero - 1967

- *ZYANI B.* "Espace urbain et gestion des grandes villes" in Etat, Espace et pouvoir local - collectif- ed. Guessous 1991.

OUVRAGES ET DOCUMENTS (non exhaustifs)

- Actes de Séminaire CRDI - ORSTOM - URD Lomé 10-14 Février 1987. "L'insertion urbaine des migrants en Afrique" ed. ORSTOM 1989.

- Agence Coopération et Aménagement (ACA) "Les villes secondaires en Afrique, leur rôle et leur fonction dans le développement national et régional" Paris 1984.

- Mission Scientifique du Maroc. "Villes et Tribus du Maroc - Rabat et sa Région" 1918 ed. Ernest Leroux Paris.

- Rapport scientifique - URBAMA - Tours - Juin 1994.

- Agence Nationale de Lutte contre l'Habitat Insalubre (ANHI). Recueil des textes réglementaires et législatifs relatifs à la lutte contre l'insalubrité. - 1996.

- Fonds d'Equipement des Nations Unis - LAZAREV G. "Vers un éco-développement participatif - leçon et perspectives des projets d'investissement du FENU" - FENU, Octobre 1992.
- Direction de l'Aménagement du Territoire. "Analyse des données enquête équipements publics" 1992. Projet MOR/88/P04 - Mai 1993.

- Centre d'Etudes et de Recherches Démographiques (CERED) - Direction de la Statistique :
  - "Analyse et tendances démographiques au Maroc" CERED 1986.
  - "Les caractéristiques socio-économiques et démographiques de la population" RGPH-1994.
  - "Situation démographique régionale au Maroc - analyses comparatives" CERED 1988.
  - "Education et changement démographique au Maroc" 1989.
  - Documentation Marocaine n°1 - 1995.
  - "Exode rural" 1995.
  - "Migration et Urbanisation au Maroc" CERED - Direction de la Statistique - 1993.

- Direction de la Statistique "Niveaux de vie des ménages 1990/91. Rapport de synthèse - Direction de la Statistique - ed. Guessous Rabat 1992.

- Plan de Développement Economique et Social 1981-1985, orientations générales.

- Plan de Développement Economique et Social 1973-1977 Vol I.

- Direction de l'Aménagement du Territoire. Ministère de l'Aménagement du Territoire, de l'Environnement, de l'Urbanisme et de l'Habitat (MATEUH).
  - Projet Migration Interne et Aménagement du Territoire (MIAT) "Analyse des données de la migration interne à partir du RGPH 1994".
  - Séminaire sur le rôle des villes moyennes dans le développement du Maroc, Direction de l'Aménagement du Territoire 19-22 Juin 1979. Rapport introductif.
  - Schéma d'Armature Rurale (SAR) de la Région Nord-Ouest. INAU - CERAU 1985. Direction de l'Aménagement du Territoire - Tome I.

• Schéma National d'Aménagement du Territoire "Rapport diagnostic projet MOR/88/014- 1991.

- Direction de l'Urbanisme et de l'Architecture. Division de la Planification Urbaine (MATEUH) Etude ACA - INAU 1983.
  • Schéma Directeur d'Aménagement Urbain de Chefchaouen. Rapport final. Mars 1997.
  • Schéma Directeur d'Aménagement Urbain de Souk Larbaa, Sidi Yahya et Sidi Slimane. Note de Présentation 1997.
  • Schéma Directeur d'Aménagement Urbain de Tiflet - Khemisset. Etude Diagnostic 1997.
  • Schéma Directeur d'Aménagement Urbain de Kalaat Sraghna. Etude des acteurs. IRAKI A., TAMIM M. et TOZY M.

- Institut National d'Aménagement et d'Urbanisme (CERAU)
  • Evaluation du SAR Nord-Ouest - Cahiers du CERAU 1987. IRAKI Aziz - SAKROUHI Allal - SOUAFI Mohamed.
  • Etude Urbaine de Tiflet ACA/INAU 1983-1984.

- Projet d'aménagement de la Maamora. GCP/MOR/010/DEN. Décembre 1992. "Etude de viabilité" IRAKI A. et TAMIM M.

- Projet d'Aménagement de bassins versants. Assistance au développement forestier - Phase II. Rapport des études compémentaires Bassins versants de Lakhdar et du Msoun - Composante socio-spatiale et institutionnelle. M.A.R.A/F.A.O. I.A.V. Hassan II. IRAKI Aziz, MAHDI Mohamed, TAMIM Mohamed, TOZY Mohamed - Juin 1995.

- Office Régional de Mise en Valeur Agricole du Gharb (ORMVAG) Kénitra "Etude de faisabilité du périmètre du Mda" 1997.

SOMMAIRE

616614 - Août 2015
Achevé d'imprimer par

1livre.com
du rêve à la réalité !

Made in United States
Orlando, FL
04 November 2026

90201389R10238